普通高等教育“十二五”规划教材

光电子技术原理与应用

裴世鑫　崔芬萍　孙婷婷　编著

国防工業出版社

·北京·

内容简介

本书首先介绍了学习光电子技术所需要的辐射度学与光度学的基础知识，然后围绕光电子技术体系，以光源——光的传播——光的调制——光的探测——光成像——光显示——光存储为主线，从原理与应用两个方面，分章节讨论了光电子技术系统中的常用光源、光辐射的传播、光辐射的调制、光辐射的探测、光辐射的成像、光辐射的显示和光辐射的存储等原理与技术，最后介绍了光电子技术的一些典型应用。

本书可作为光电信息科学与工程、测控技术与仪器、电子信息工程、电子科学与技术、通信工程、微电子科学与工程、信息工程、应用物理学等专业及其相关专业的本科生教材，也可供有关工程技术人员参考使用。

图书在版编目（CIP）数据

光电子技术原理与应用/裴世鑫，崔芬萍，孙婷婷编著．—北京：国防工业出版社，2016.8 重印
普通高等教育"十二五"规划教材
ISBN 978-7-118-08980-6

Ⅰ．①光… Ⅱ．①裴… ②崔… ③孙…
Ⅲ．①光电子技术-高等学校-教材 Ⅳ．①TN2

中国版本图书馆 CIP 数据核字（2013）第 198564 号

※

国防工业出版社出版发行
（北京市海淀区紫竹院南路 23 号　邮政编码 100048）
北京京华虎彩印刷有限公司印刷
新华书店经售

*

开本 787×1092　1/16　**印张** 22　**字数** 544 千字
2016 年 8 月第 1 版第 2 次印刷　**印数** 3001—4000 册　**定价** 39.80 元

（本书如有印装错误，我社负责调换）

国防书店：（010）88540777　发行邮购：（010）88540776
发行传真：（010）88540755　发行业务：（010）88540717

前　言

光电子技术是光子技术与电子技术相结合的产物，现在的光电子技术已成为信息技术的基础，涵盖了信息的采集、传输、处理和存储等各个环节，光电子技术的发展对光电产业具有重要的意义，因此，光电子技术是光电信息科学与工程、电子信息工程、电子科学与技术、通信工程、微电子科学与工程等专业及其相关专业本科生的主干课程，一些学校将其设为物理学、应用物理学、材料物理学等专业的选修课。

作者在参阅了大量国内外优秀教材和科技论文，总结多次讲授光电子技术课程的教学经验的基础上，编写了本教材。本书比较全面地反映了光电子技术的基本理论和应用，首先介绍了光电子技术的背景知识，接着介绍了学习光电子技术所需要的辐射度学与光度学基础知识，然后围绕光电子技术体系，以光源出光到光信息被存储为主线，分章节讨论了光电子技术体系中的常用光源、光辐射的传播、光辐射的调制、光辐射的探测、光辐射的成像、光辐射的显示和光辐射的存储等原理与技术，最后举例介绍光电子技术在通信、气象、医疗等领域的典型应用。

全书共 10 章，第 1 章为绪论，着重介绍光电子技术的发展、应用和学习光电子技术的意义；第 2 章为辐射度学与光度学基础知识；第 3 章为光电子技术中的常用光源，虽然激光是现代光电子系统中最常用的光源，但考虑到很多学校将“激光原理”课程单独设置，而光电子技术的课程设置又是在激光原理之后，为此，有关激光原理与技术方面的内容在本书中不做详细介绍，重点介绍热辐射光源、气体放电光源和半导体光源，并对多数光电子技术教材都不做介绍，但在科研领域具有广泛应用的同步辐射光源从原理到技术都做了简要介绍；第 4 章为光辐射的传播，着重介绍光辐射在大气和几种晶体中的传播，为后面介绍光辐射的调制打下理论基础；第 5 章为光辐射的调制原理与技术，这一章以第 4 章中所介绍的光在磁光晶体、电光晶体和声光晶体中传播的理论为基础，介绍了光的电光调制、磁光调制、声光调制以及直接调制技术；第 6 章为光辐射的探测原理与技术，分别从探测器的物理效应、探测器的评价参数和典型的光电探测器等几个方面对光电探测器做了详细介绍；第 7 章为光辐射的成像技术，主要介绍常见光电成像器件的基本工作原理和各种光电成像系统的结构；第 8 章为光辐射的显示技术，介绍显示技术的发展及分类，着重对发光型和非发光型显示器件的原理和技术做了介绍；第 9 章为光信息存储技术，主要介绍光盘存储技术的原理和发展以及一些新的光信息存储技术；第 10 章是光电子技术的一些典型应用原理和技术，突出介绍了光电子技术在气象、通信、医疗、军事、遥感等领域的应用。

本书各章节的编排在注重知识点之间相互联系的同时，力求章节的独立性，每章内容都从基本原理入手，然后阐述基本概念、基础知识、基本理论，直至与之相关的技术，以便于教师根据不同专业的学时要求和专业需求独立选择适当的内容讲授。

本书由南京信息工程大学裴世鑫、崔芬萍和孙婷婷编著，其中第 1 章到第 3 章，第 10 章由裴世鑫编写，第 4 章到第 6 章由崔芬萍编写，第 7 章到第 9 章由孙婷婷编写；由裴世鑫统稿。

在本书编写过程中，顾芳、苏静、徐林华、赵立龙、武旭华、王俊锋、赵静、张仙玲、夏江涛等老师对本书的编写提出了很多宝贵的建议，并参与了一些章节的校稿；肖韶荣教授、张成义教授、赖敏教授和詹煜副教授对本书的编写给予了大力指导和帮助。另外本书编写工作得到了南京信息工程大学教务处和南京信息工程大学物理与光电工程学院的大力支持，被列为“南京信息工程大学 2010 年度教材基金立项建设项目”，在此深表感谢。

本书可作为光电信息科学与工程、测控技术与仪器、电子信息工程、电子科学与技术、通信工程、微电子科学与工程、信息工程、应用物理学等专业及其相关专业的本科生教材，也可供有关工程技术人员参考使用。

由于光电子技术涉及的内容很多，且发展迅速，加之编者水平有限，书中在内容取舍、文字表述等方面存在的问题在所难免，敬请广大读者批评指正，以便我们再版修正。

裴世鑫

2013 年 8 月于南京

目　录

第1章　绪　论

光电子技术是光学技术和电子学技术的融合,靠光子和电子的共同行为来执行其功能,是继微电子技术之后迅速兴起的一个高科技领域,集中了固体物理、导波光学、材料科学、微细加工和半导体科学技术的科研成就,是一门具有强烈应用背景的新兴交叉技术学科,是继微电子技术之后,信息技术的另一个核心和基础。光电子技术的发展极大地推动了众多相关科学技术的相互渗透和相互作用,并由此形成了规模宏大、内容丰富的光电子产业,对科技、经济、军事和社会发展的各领域都具有重要的战略意义。

1.1　光电子技术概念的演变

随着20世纪科学与技术的迅猛发展,学科之间互相渗透,在光学技术的发展过程中,人们发现许多在电子学中行之有效的技术方法,如编码、振荡、放大、调制等都可以移植到光学中;一些在电子学中使用的有源、可控器件也可以用光学的方法实现;同时,光学信息技术以其突出的特点吸引着电子技术与光学技术的融合,使信息载波从微波频域扩展到光波频域。随着光学技术与电子技术的互相渗透,人们发现可以将光、电各自的优势结合起来,形成综合利用光学技术和电子技术的新的技术学科,这就是早期的光电子技术。

现在我们所说的光电子技术是指以光电子学为理论基础,由光学和电子学相结合而形成的新技术学科,其主要内容是光电信号的形成、传输、采集、变换及处理,是信息技术的重要组成部分,其最大特点是所有被研究的信息,包括光学的、电学的或其他非光学的信息,通过机械、热、声、电、磁等各种效应调制到光载波上,然后通过光学的或是电学的手段处理光载波,最终完成对信息的处理。

1.2　光电子技术及发展

光电子技术发展的标志性成果是1960年激光器的问世。激光器的发明,是光学技术与电子技术的完美结合,不但是现代意义上光电子技术问世的标志,也成为研究光电子技术的强有力的工具,使光电子技术获得了飞速发展,此后,每十年,光电子技术都有一个里程碑式的发展。

在20世纪60年代,光电子技术的典型成就是各种激光器的相继问世,进而引起围绕激光及其应用领域的发展。1960年,美国T·H·梅曼研制成世界上第一台激光器——红宝石激光器,在世界范围内引起了极大的轰动,并形成了连锁反应,短短几年内,He－Ne激光器、半导体激光器、钕玻璃激光器、氩离子激光器、CO_2激光器、化学激光器、染料激光器等包括气体、液体和固体在内的各类激光器相继出现。几乎在激光器问世之初,人们就开始探索激光的应用,尤其是在军事领域的应用,并为此投入了大量的人力、物力和财力;同时,激光器的出现从技术上为光与物质的相互作用提供了强有力的保障,使激光物理学、导波光学、非线性光学等学科涌现出来。

20 世纪 70 年代,光电子技术领域的标志性成果是低损耗光纤的实现、半导体激光器的成熟以及 CCD 的问世。1970 年,美国研制成功损耗为 20dB/km 的石英光纤和室温连续运转的半导体激光器,这些重要突破,导致以光纤通信、光纤传感、光盘信息存储与显示以及光信息处理等为代表的光信息技术蓬勃发展。有关成果不仅从深度和广度上促进了相应学科,特别是半导体光电子学、导波光学和非线性光学的发展和彼此之间的相互渗透,而且还和数学、物理学、材料学等基础学科交叉,形成新的边缘领域,如:半导体超晶格量子阱理论与技术、纤维光学技术等。在 20 世纪 70 年代光电子技术发展的同时,应用也在展开,1972 年荷兰飞利浦公司演示了其模拟式激光视盘,70 年代初美国激光制导炸弹投入使用,而 70 年代中后期,日本、美国、英国开始建设光纤通信骨干网。

20 世纪 80 年代,光电子技术的典型成就是对量子阱结构材料和光纤技术的理论和应用所取得的成就。例如,通过对超晶格量子阱结构材料和工艺的深入研究,导致了超大功率量子阱阵列激光器的出现;通过对量子阱结构材料的非线性光学研究,使得以往只有在强激光作用下的介电材料中才能观察到的非线性光学效应,发展到在弱光激发的量子阱材料中也可以观察到很强的非线性,从而导致半导体光学双稳态功能器件的迅速发展;通过对光纤物理特性的深入研究,出现了利用光纤的偏振和相位敏感特性制作的光纤传感器;对光纤非线性光学效应和色散特性的研究,形成了光孤子概念,进一步推动了对特种光纤的研究,并于 80 年代末研制成功了掺稀土的光纤放大器与光纤激光器。这一时期光电子技术在应用方面的典型成就是:1982 年,第一台数字式激光唱机诞生,80 年代初,日、美、英等国的光纤通信骨干网相继建成,其他各国也竞相开始自己的光纤干线网建设。

20 世纪 90 年代,光电子技术的典型成就是在通信领域取得了极大成功。这一时期,无论是光电子器件还是光电子系统,均有大量产品走出实验室,形成了光纤通信产业,如海底光缆铺设,各国新铺设的通信骨干网纷纷实现光纤化,并向城域、区域网发展;各国光电子器件研制取得了实质性进展,半导体激光器已走向产业化,出现了分布反馈激光器;光无源器件得到长足发展,光纤耦合器、衰减器、放大器、隔离器、光开关、波分复用器等的实用化,大大扩展了通信容量,增大了光通信在通信领域中的份额,使互联网深入到千家万户;同时光纤光栅等研究取得重大进展。到 1998 年 3 月,美国单根光纤的传输容量已经达到 Tbit/s,并已尝试光纤入户;除此之外,这一时期,光电子技术在光存储方面也取得了很大进展,光盘已成为计算机存储数据的重要手段,CD、VCD 已深入到千家万户,DVD 也于 90 年代中期开始走向家庭;同时,光计算机的研究也开展起来,加拿大多伦多大学等都报道了其光计算机研究的重大进展。

21 世纪的第一个十年已经过去,这一阶段,光电子技术的典型成果是满足了人们不断增长的信息需求。人类正在步入信息化社会,信息与信息交换的爆炸性增长对信息的采集、传输、处理、存储与显示都提出了严峻的挑战,国家经济与社会的发展、国防实力的增强等都更加依赖于使用信息的广度、深度和速度,而这取决于人们获取、传输、处理和存储信息的速度;同时,随着现代科学技术的迅速发展,人们在空间科学、现代防御体系、生命科学、遥感及管理科学等领域中都拥有巨量科学信息,需要在有限的时间、空间,甚至实时地进行信息处理。随着光电子技术的发展,以智能化超高速计算机系统和全光网为代表的超高速、超大容量信息处理和传输已经实现;同时,光存储也在向超高密度、超大容量方向发展;而光显示已进入等离子体显示、液晶显示、场致发射显示、薄膜显示等平板显示技术取代阴极射线管(CRT)显示的时代。

1.3　光电子技术的内容

光电子技术是一个较为庞大的领域,在这个领域中包括信息传输,如光纤通信、空间和海洋中的光通信等;信息处理,如计算机光互连、光计算、光交换等;信息获取,如紫外线、可见光和红外波段的光电成像和遥感、光纤传感等;信息存储,如光盘、全息存储技术等;信息显示,如大屏幕平板显示、固体激光投影电视、激光打印和印刷等;激光加工,如激光快速原型/模具制造、激光微细加工和激光医学等;光化学、生物光子学和材料学;军用光电技术,如夜视仪、红外成像探测和激光武器等。因此,光电子技术是多学科相互渗透、相互交叉而形成的高新技术学科。

虽然光电子技术的内容非常庞杂,但总体可以分为激光技术、光电子器件与技术以及激光与光电子技术的应用三个方面。

1. 激光技术

激光被誉为20世纪下半叶堪与原子弹、半导体、计算机相媲美的四项重大发明之一,也是光电子技术发展的典型成就,激光具有单色性好、方向性强、亮度高等特点,这些特点使得激光具有非常广泛的应用领域,因此,自1960年第一台红宝石激光器问世以来,激光理论和技术得到了迅速发展,而随着激光技术的发展,又极大地促进了光电子技术的蓬勃发展。现已发现的激光工作介质有几千种,波长覆盖了从软X射线到远红外区域。激光技术的核心是激光器,激光器的种类很多,可按工作物质、激励方式、运转方式、工作波长等不同方法分类。根据不同的使用要求,采取一些专门的技术提高输出激光的光束质量和单项技术指标,比较广泛应用的单元技术有共振腔设计与选模、倍频、调谐、Q开关、锁模、稳频和放大技术等。

2. 光电子器件与技术

光电子器件指的是利用光来运行或者能产生光的一类电子学器件,光的概念覆盖了太赫兹、红外、可见光及紫外区域。实际上,各种基于材料的电子学行为并对光进行存储、调制、操控的器件都可以统称为光电子器件,包括各种光源、探测器、光调制与光互连器件、成像器件、发射与接受设备、显示设备以及太阳能电池等。光电子学器件的范围非常广泛,从根本上说,光电子器件所涉及的问题无外乎基础物理学问题、器件的概念与设计问题、新材料基础与器件制作新技术等方面。

当前,光电子器件的研究热点包括: ① 高效太阳能电池的研制,其本质是直接利用太阳能的问题,这是解决人类能源危机的根本出路;② 太赫兹(THz,即10^{12}Hz)辐射的光源及探测器的研制,太赫兹辐射是大自然光谱中缺失的一部分,但其对生命体的成像和研究具有特别的意义,其产生和探测都是对固体物理学/光学研究的极大挑战;③ 光电子学集成电路,其目标之一是实现光子计算机;④ 新型相干光源的研制,包括二极管激光器和三极管激光器,平面垂直发射激光器等;⑤ 高效单色发光和白光照明问题,即如何提高电能的利用效率等。

3. 激光与光电子应用技术

20世纪60年代激光问世以来,最初应用于激光测距等少数领域,到70年代,由于有了室温下连续工作的半导体激光器和传输损耗很低的光纤,光电子技术迅速发展起来。现在全世界铺设的通信光纤总长超过1000万千米，主要用于建设宽带综合业务数字通信网；以光盘为代表的信息存储和激光打印机、复印机和以发光二极管大屏幕为代表的信息显示技术称为市场最大的电子产品；人们对光电神经网络计算机技术抱有很大希望，希望获得功耗低的、响应带宽很大，噪声低的光电子技术。

1.4 光电子技术的功能

光电子技术有许多功能，概括起来包括以下几个方面：

1. 扩展人眼视觉功能

科学研究表明，人眼在吸收外界信息时，具有其他感官所不及的特征，如获取的信息量最多，大约占80%以上的信息量是由光通过眼睛输入的；获取信息的速度最快，看来的比听来的快7倍左右；获取信息后记得最牢，看来的比听到的要牢靠得多。所谓“耳听是虚，眼见为实”不是没有根据的。

然而，人眼由于自身生理特点的原因存在着许多局限性，极大地限制了它获得光信息的能力。光电子系统可以使人眼功能得到极大程度的增强。它大大地扩展了人眼在低照度下的视觉能力，利用各种夜视侦察、探测设备，能使伸手不见五指的黑夜成为白昼，大大扩展了人眼对于电磁波段的敏感范围；利用各种照相、显像设备，使红外线、紫外线和光射线的光图像能被肉眼所看见，大大扩展了人眼对于光学过程的分辨能力，按照现代的信息技术水平，已经可以做到在极其短暂的时间(10^{-15}s)内观察到信息的万千变化。

2. 电路集成功能

集成电路也叫微电子芯片，是微电子技术的“心脏”，是利用微细工艺处理技术，将成百上千甚至上万个彼此分立的电子元器件及其相互之间的连接线，按照一定的规律，全部制作在一块小小的半导体硅片或砷化镓上，从而将各种分立的元器件“集”合而“成”为一个完整的构体。集成度或集成密度是度量集成电路规模大小的一个重要指标，按照当前的技术水平，世界上最高集成度的集成电路能在一张普通邮票大小($35mm^2$)的硅片上集成十亿个晶体管、电阻、电容、电感等元器件，最小尺寸只有0.08μm。如此高的集成度，使得一台微处理机的芯片可以做得比小姆指的指甲还要小，一台每秒运算100万次以上的电子计算机体积只有一包香烟那样大小，而且省电，可靠性高。

然而，在光电子集成电路面前，即使是最大规模的集成电路仍是技低三分。光电子集成电路是将光学系统集成到一块半导体芯片上，与集成电路相比，具有运算速度快、存储容量大和保密性能好的优点，堪称当今世界最“神奇的魔片”，大有替代集成电路之势，科学家预测，高运算速率、大存储容量的“集成光路”的广泛使用，仅是个时间问题而已。

3. 信息存储功能

在信息存储能力上，光电子技术更比电子技术高一等。人们常将磁带、磁盘说成是由电磁兄弟联营的“信息储蓄所”，这不是没有道理的。因为声音和图像的存储与播放是基于“电生磁”和“磁生电”的原理，这是电子技术在信息存储领域的应用。然而，随着光盘技术的出现，无论是在存储的容量、信息的读写还是存储的寿命等方面，都比基于纯电子技术的磁带、磁盘等磁存储技术更胜一筹，将信息的存储能力推向更高的阶段。

光盘存储系统是一种借助于光电子技术，通过光学方法进行数据的读、写，既可录制文字信息，也可录制图像信息。为了提高声音和图像的质量，增强信息的保真度，现在使用的都是数字式光盘。存储信息时,先将声音、图像等模拟信号转换成相应的数字信号,并将数字信号调制成相应的激光信号,然后用经过调制后的光信号照射到光盘的感光材料上,在它上面形成一圈圈由微小凹坑组成的纹迹,称为“光道”。光道实质上起着声像“化身”的作用。从光盘上提出(读出)信息是存入(写入)信息的逆变换。当用直径极细的激光束照射光盘上的凹坑时,就会根据凹坑的形状产生出强弱不同的反射光,再将这种光信号转换成相应的电信号,这种电信号是数字式的,经过数字模拟转换以后,就能使人们耳闻目睹原先录制下的优美清晰的声像节目。

光盘作为一种新型的信息载体,存储容量很大,一张光盘可以存储上亿个汉字,享有“掌上书库”的美称。光盘的使用寿命非常长,享有光存储技术的“寿星”之称。从光盘上读取或写入信息时,是通过一枚非常纤细精确的“激光针”(激光束)去拾取或写入所存储的信息。由于是非接触方式,它不产生机械摩擦,不会损伤光盘上的信息纹迹。只要用于制造光盘的材料性能稳定,从理论上讲,它的使用寿命是无限长的,实际使用寿命至少在10年以上。

4. 光通信功能

长期以来,在信息传输上,声音、文字及图像等信息都是以无线电波为载体进行传播的,广播、电视是其中的代表;然而,无线电波和光波同属电磁波范畴,因此,从理论上来说,借助于光电子技术,凡是传统电子学所能实现的问题,原则上都可延伸到光波段。随着20世纪60年代激光的问世,实现了基于激光的信息传输,使古老的光通信技术(如烽火通信)返老还童,呈现出一派蓬勃发展的生机。

以光纤电话为例,在发话端先将用户送出的声音通过电话机变成相应的电信号,再将电信号经过光端机变成相应的光信号,沿着光纤传送到对方。到了接收端,先由光端机将光信号变回电信号,再由电话机将电信号还原成声信号,送给通话的用户。

1.5 光电子技术的应用

从光电子技术的发展初期,人们就在不停地探索其应用价值,现在,光电探测、光通信、光电测量与控制、光电信息处理和光存储等的应用已经遍及军事、科研、工业、农业、环境、医疗等各个领域,光电子技术已经成为现代科学技术和人类生活不可缺少的环节。

1. 光电子技术在传统产业领域的应用

光电子技术具有精密、准确、快速、高效等特点,有助于全面提高工业产品的高、精、尖加工水平,并大幅度提高附加值及竞争能力。以激光加工技术为例,它应用于汽车、航空、航天、通信、微电子等工业,具有加工速度快、效率高、质量好、变形小、控制方便和易于实现自动化生产等优点,对提高产品质量、降低生产成本、提高国际市场竞争能力具有重要作用。例如在汽车制造、有源阵列液晶显示器和太阳能光伏技术等方面都有重要应用。光电子技术在汽车制造行业的应用极大地推进了汽车工业的发展,首先是高功率的激光器被用作切割、焊接材料的处理工艺;其次是机械视觉系统正在汽车制造加工中被广泛地应用,并通过产生的信息来调整制造加工工艺,并由此提高产品的质量;而利用激光超声对固体材料进行非破坏性测试也显示了其在汽车制造业中极大的应用潜力。

2. 光电子技术在军事领域的应用

光电子技术使国防军事具有快速反应和准确攻击的能力,它能为军事提供既快又准的信息,使己方看得更清、反应更快、打得更准、生存能力更强。因此光电子技术被认为是军事领域的主流技术,国防军事现代化的重要支柱。

激光聚变不仅可以作为未来能源,它还有重要的军事应用价值。它可以模拟氢弹的爆炸过程,代替既费钱又不安全的空中或地下核试验,从而改进核武器的性能。目前激光致盲武器已装备部队,舰载和机载激光反导器已开始走出实验室。

光电子技术已成为军方的核心技术,美国的国防防务水平随着电光技术的开发呈现快速增长的势头。

3. 光电子在尖端科学技术领域的应用

光电子技术在科学技术的发展中起着巨大的推动作用。光电子技术涵盖众多学科与技术,特别是基础学科和技术,如材料科学和技术、计算机科学技术、生命科学及技术等。光电子技术所涉及的科学领域都是21世纪发展的尖端科学技术,如兆兆纪元和医学应用等。例如用光学生物医学仪器研究艾滋病已取得重要进展,利用自动化基因顺序测定器、扫描激光荧光计,科学家能够对艾滋病毒的全部基因作顺序测定。下一代艾滋病诊断技术将集中于测定外周血流中自由HIV的浓度,即病毒负荷。这种诊断测量对于发展有前途的抗艾滋病病毒新药、蛋白酶抑制剂,以及涉及联合这些抗病毒药物治疗确定其有效性是非常重要的。在这种尖端的分子生物学实验室中如果使用光学探测,如定量化的聚合酶链反应PCR和定量化衍生的DNA,将对开展与HIV的战斗具有战略影响。

1.6 光电子产业及其发展趋势

当今全球范围内,已经公认光电子产业是21世纪的第一主导产业,是经济发展的制高点。跨入21世纪,人类充分利用了上个世纪的计算机技术和光电子技术发明,构造出前所未有的、基于因特网的信息社会。光电子技术属于信息技术的关键硬件设备之一,提供把全世界的计算机联系起来的可能,甚至可以和卫星或外星球组成网络,目前成为组成覆盖范围巨大的因特网的支柱技术。单就提供和保障人类信息需求和信息发展之手段而言,光电子技术产业的战略地位是不言而喻的。

1.6.1 光电子产业的最新动态

光子作为能量载体可提供极高功率密度与能量密度的光能、极短的光脉冲、极精细的光束等,创造出极端的物理条件:极高的温度、极高的压强、极低的温度和极精密的刻划与极精细的加工,从而使光电子学和光电子技术在信息、能源、材料、航空航天、生命科学、环境科学及国防军事领域中得到广泛的应用。光电子技术的内涵包括真空光电子技术及相关器件与系统,半导体光电子技术及相关器件与系统,激光技术及相关器件与系统,其他光电子材料及器件以及大型光电子装置等几个大的方面。下面仅就一些热点问题进行讨论。

1. 激光技术锋芒毕露

激光是20世纪的重大发明之一。一台普通的脉冲固体激光器,输出的光脉冲宽度是几百微秒,甚至毫秒量级,峰值功率只有几十千瓦级,显然满足不了诸如激光测距、激光雷达、高速摄影、高分辨率光谱学研究等的要求。正是在这些要求的推动下,1961年人们研究了激光调Q技术和锁模技术,到80年代使激光脉冲宽度和峰值功率达到纳秒(ns)量级和吉瓦(GW)量级的巨型脉冲。1964年科学家们又提出了压缩脉宽、提高功率的锁模技术,使脉宽达到皮秒

(ps,10^{-12}s)量级;70年代超短脉冲技术得到迅速发展;80年代初有人又提出了碰撞锁模理论,在此基础上得到了90fs光脉冲系列。90年代自锁模技术的出现,产生了脉宽为飞秒(fs,10^{-15} s)、峰值功率为太瓦(TW,10^{12}W)以上的超短脉冲,为物理学、化学、生物学以及光谱学等学科对微观世界和超快过程的研究提供了重要手段。为了改善光束质量,又发展了选模技术和稳频技术以满足精密干涉计量、全息照相、精细加工等要求。

2. 光纤通信生机无限

光通信经历了自由空间光通信和光纤通信两个重要发展阶段。早期的自由空间光通信(Free Space Optical Communication,FSO)曾掀起了全世界的研究热潮,但当时的器件研究技术、系统技术和大气信道光传输特性本身的不稳定性等诸多客观因素阻碍了其进一步发展。随着近年来大功率半导体激光技术、自适应变焦技术、光波窄带滤波技术、光源稳频技术、信号压缩编码技术和光学天线的设计制作及安装校准技术的发展和成熟,自由空间光通信又重新浮出了水面,且比早期激光大气通信具备更坚实的基础和更明确的应用目标。FSO将是今后构筑电信网不可缺少的一项技术。

3. 光电显示日新月异

目前显示技术主要有两种方式,阴极射线管(CRT)和平板显示(Flat Panel Display,FPD)。从技术发展水平看,CRT每个像素的性能价格比要比其他显示器件高得多。每当CRT采用新技术,就能提高它的附加价值,因此它不会在短期内消失。FPD种类较多,按实现媒质和工作原理分为液晶显示(LCD)、等离子体显示(PDP)、电致发光显示(ELD)等。LCD主要在微型和中小屏幕占优,PDP由于制作工艺相对简单,易于制作大屏幕,是发展多媒体显示、壁挂式电视和高清晰度电视(HDTV)最有竞争力的显示技术。

1.6.2 不断涌现的光电子新奇产业

1. 光子中医学技术

光子中医技术是现代光子学说与古老中医理论的完美结合,是指在中医理论指导下,将光子学理论和技术应用到中医预防、诊断、治疗、康复与保健等领域,从细胞、器官及整体水平研究机体发射和接收光信息的运动规律,并进行定性、定量和半定量分析的系统性学科。它属于光子学和中医学的交叉学科。目前已经应用于诊断中的有超弱辐射技术、激光穴位照射治疗、激光中医信息治疗仪、中药光敏剂的光动力疗法等。

2. 纳米光子学技术

随着光电技术的发展,纳米技术中又冒出了一个古怪的名词——纳米光子学技术。其主要研究内容包括以下几个方面:

(1) 纳米光器件:开关、逻辑门、存储单元、量子态控制器。

(2) 纳米器件的耦合:解决纳米单元之间近场能量耦合传递问题、实现高效的无接触连接。

(3) 外部连接:解决纳米光器件与外部微光子器件的输入—输出问题。

(4) 纳米近场光学中的新现象及功能集成问题。

(5) 光子晶体、纳米结构及量子点的制备。

(6) 全光信息处理器等。

3. 光纤激光器在微加工中的应用

激光束可以聚焦得非常细,能量密度非常高,且具有可调可控等优点,利用它可以给生物体最细的细胞做手术,可以切世界上最硬的金刚石,因此在微细加工和医学中得到了越来越多的应用。

1.7 学习光电子技术的意义

近代光电子学是光学与电子学相结合的产物。光的基本单位是光子,光子具有确定的能量和动量,可以被物质发射和吸收,是典型的量子力学波包。光有微粒和波动双重性,而且以 3×10^8m/s 的速度传播,振动频率可以大于 10^{15}Hz,有极大的应用开发价值。近代光电子技术是研究以光子作为信息载体和能量载体的技术科学,光子作为信息载体突破了电子学发展的瓶颈限制,使响应时间从 10^{-9}s 提高到 10^{-15}s,工作频率从 10^{11}Hz 提高到 10^{14}Hz,从而使高速、大容量的信息系统得以实现。光电子技术已经成为信息科学的重要发展方向之一,涵盖了信息的采集、载入、传输、存储、处理、交换、读出与显示的完整过程。

光子作为能量载体可提供极高功率密度的光能,形成极短的光脉冲或极精细的光束,创造出极端的物理条件,从而在信息、能源、材料、航天航空、生命科学与环境科学以及国防军事等领域中得到广泛应用。光电子学发展的巨大推动力是光电子技术的应用,光电子学应用是目前最复杂、最精密、最快速、最先进,而且互相渗透、互相支持的技术,通常称为光电子技术。产业的发展对于技术发展的依赖性在这里表现得非常突出。

近年来,国内外掀起一股"光电子学"和"光电子产业"的热潮,一些国家把大量资金投入光电子学及光电子技术的研究和开发,许多以光子学或光电子学命名的研究中心、实验室与公司如雨后春笋般地建立起来,重点开发光电子技术,是光电子产业发展的前提和条件。

可以说,光电子时代已经到来,光电子是目前和未来相当长一段时间内都将迅速发展的高技术高附加值产业。光子技术将引起一场超过电子技术的产业革命,给工业和社会带来比电子技术更为巨大的冲击。因此,学习光电子技术是适应光电子时代的需要。

第2章　辐射度学与光度学基础知识

光是一种电磁波，对电磁波能量的计算涉及辐射度学相关知识。在380～780nm之间的电磁波能够被人眼所感受，呈现不同的色彩，因此，这部分的电磁被称为可见光。

由于人眼视觉细胞的生理特点，不同波长、相同能量的可见光作用到视觉细胞后，人眼却感受到它们的强度是不同的，也就是说，相同能量、不同波长的可见光照射到人眼后，人眼却认为它们的亮度不同；实际上，就同一个人而言，在不同环境下，对同一波长的可见光的感受也有所差异，这就是说，人眼对颜色的感觉、判断是有心理作用的。而光的辐射量是纯物理量，是建立在物理测量的基础上的，不受人的主观视觉的限制，无法给出人眼对颜色的这种敏感作用。

因此，科学家就人眼对不同波长的可见光在相同辐射能下的感受，做了大量的测试工作，得到了一个不同波长时，相同能量的光辐射所对应的人眼亮度感受的相对值，将可见光范围内，不同波长下的辐射能量与人眼所感受到的能量对应起来，这就是光度量。

辐射度量和光度量的名称基本一致，表示的符号也基本相同，为了在表示中将辐射量与光度量做区分，一般用符号的下标来表示。无论是人眼还是光电探测仪器，都是对光波中的电场分量比较敏感，因此，辐射度量通常以下标 e(Emission)表示；因为光度量是建立在人眼的视觉效果上的，通常以下标 v(Visibility)来表示。

2.1　光的基本概念

17世纪中期，在光的属性的争论中，惠更斯的波动学说和牛顿的粒子学说都得到了发展，接下来的100多年中，对光的观测研究所取得的一系列进展，让许多学者倾向支持光的波动说；1864年，麦克斯韦(Maxwell)建立了普通电磁波方程，通过方程式证明了横向电磁波的存在，推导出了光波在真空中的传播速度，给出了在极宽频率范围内产生电磁波的前景；20年后，赫兹(Hertz)第一次通过实验证实光波就是一种电磁波，从而肯定了麦克斯韦的理论。

2.1.1　电磁波谱及其产生方式

按波长顺序把全部电磁波排列起来而形成的谱，称为电磁波谱，如图2-1所示。整个电磁波谱约覆盖24个数量级的波长范围。在电磁波谱中，人眼所能直接感受的仅是可见光，只占电磁波谱中的很小一部分，其余的波谱都不能直接被人眼看见。

表2-1给出了电磁波谱及其主要产生方式。从表中可以看出，光波与电波虽然同是电磁波，但其产生的本质却不相同，因而波长(频率)相差很大。

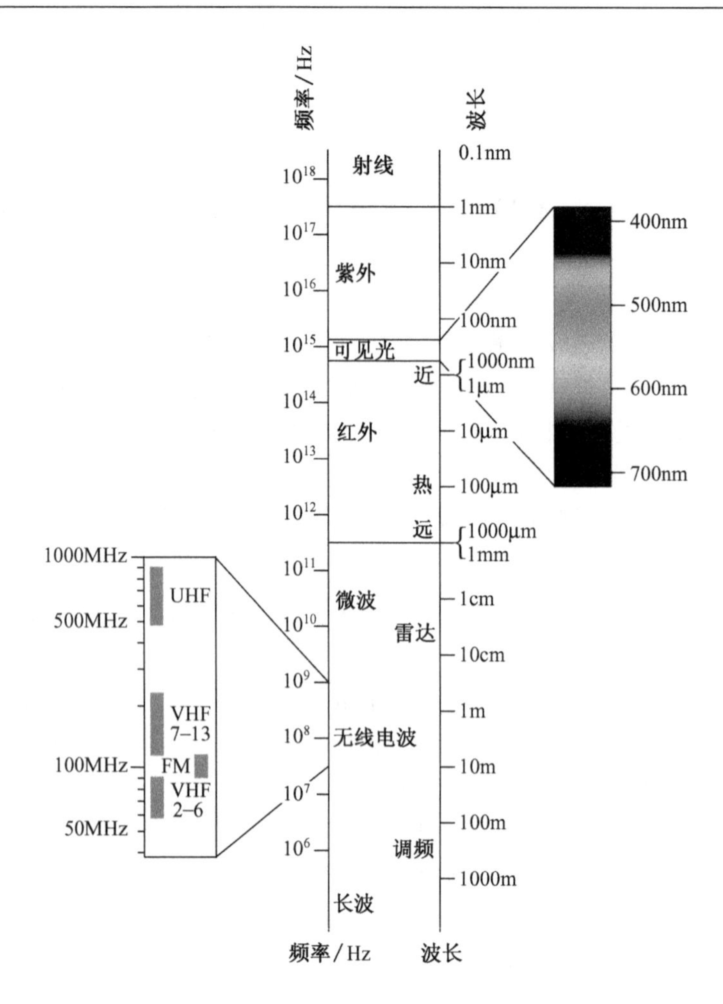

图 2-1 电磁波谱

表 2-1 电磁波谱及其主要产生方式

电磁波谱		真空中的波长	频率/Hz	主要产生方式	本质
无线电波	长波	3 ~ 30km	$10^4 \sim 10^5$	振动电路所产生的电磁辐射	
	中波	200m ~ 3km	10^5 ~ 1.5M		
	短波	10 ~ 200m	1.5M ~ 30M		
	超短波	1 ~ 10m	30M ~ 300M		
	微波	1mm ~ 3m	100M ~ 300G		
	亚毫米波	0.1 ~ 1mm	300M ~ 3T		
红外光		0.76μm ~ 0.6mm	500G ~ 400T	由炽热物体、气体放电或其他光源激发分子或原子等微观客体所产生的电磁辐射	外层电子跃迁
可见光		0.40 ~ 0.76μm	400T ~ 750T		
紫外线		0.03 ~ 0.40μm	750T ~ 10^4T		
X 射线		0.1nm ~ 0.03μm	10^4T ~ 3×10^6T	用高速电子流轰击原子中的内层电子而产生的电磁辐射	内层电子跃迁
γ 射线		1.0pm ~ 0.1nm	3×10^6T ~ 3×10^8T	放射性原子衰变或用高能粒子与原子核碰撞时所发出的电磁辐射	原子核衰变或裂变

激光的出现,促进了人们对光本质的直观认识。波动学说成功地将光归结为一种横波电磁波,但直到与真正电磁波源一样相位一致的激光出现以前,光只是杂乱无章的、相位不整齐的噪声光,根据经验很难相信光是一种电磁波的说法。但波动学说虽能解释光的干涉、衍射、偏振等现象,但用在能量交换场合,如光的吸收、发射、光电效应等,就完全失效了。

粒子学说将光看做一群能量零散、运动着的粒子,爱因斯坦提出用光频率 ν 与普朗克常量 h 的乘积所得的能量值 $h\nu$ 作为最小单位,认为光是以 $h\nu$ 的整数倍发射与吸收的,这种最小单位称为光子。光子学说可以合理地解释光的吸收、发射与光电效应等现象。

迄今为止,说到光的本质,粒子性与波动性各有其存在的合理性,因而通常称光具有波粒二象性。

2.1.2　电磁波谱中的光学区

为研究方便,将电磁波谱分为长波区、光学区和射线区三大区。光电子技术所涉及的只是电磁波的光学区,其波长范围为 0.01 ~ 1000μm,覆盖红外、可见和紫外三个波段。其中可见光的波长范围为 0.38 ~ 0.78μm,紫外波段约从 0.38μm 向短波方向延伸到 0.01μm,红外波段约从 0.78μm 向长波方向延伸至 1000μm。

红外波段可进一步细分为近红外(Near Infrared,NIR)0.75 ~ 2.5μm、中外红(Middle Infrared,MIN)2.5 ~ 25μm、远红外(Far Infrared,FIR)25 ~ 300μm 和极远红外(Deep Far Infrared,DFIR)300 ~ 1000μm 四个区域。

紫外波段也可以细分为近紫外(Near Ultraviolet,NUV)400 ~ 300nm、中紫外(Middle Ultraviolet,MUV)300 ~ 200nm、远紫外(Far Ultraviolet,FUV)200 ~ 122nm 和极远紫外(Extreme Ultraviolet,EUV)121 ~ 10nm 四个区域。

在光电子技术中,远紫外、中紫外、近紫外、可见光、近红外、中红外和远红外等波段已经有成熟的应用技术;极远红外波段处于开发研究阶段。

2.1.3　光子及其能量和动量

当光和物质作用时,如果产生原子对光的发射和吸收的,光的粒子性表现得较为明显。这时往往把光当作一个以光速 c 运动的粒子流。

光子说认为,光子和其他基本粒子一样,具有能量 ε 和动量 $\boldsymbol{P}$,它们与光波的频率 ν、真空中波长 λ 之间有如下数值上的关系:

$$\varepsilon = h\nu \tag{2.1}$$

$$\boldsymbol{P} = \frac{h\nu}{c}\boldsymbol{n} = \frac{h}{\lambda}\boldsymbol{n} \tag{2.2}$$

式中: h 为普朗克常数。光子的动量 $\boldsymbol{P}$ 是一个矢量,它的方向就是光子运动的方向,即光的传播方向 $\boldsymbol{n}$。ε 为每一个光子的能量,光的能量就是所有光子能量的总和。当光与物质(原子、分子)交换能量时,光子只能整个地被原子吸收或发射。

式(2.1)、式(2.2)把表征粒子性的能量 ε 和动量 $\boldsymbol{P}$ 与表征波动性的频率 ν 和波长 λ 联系起来,体现了光的波粒二象性的内在联系。

光的频率越高,光子的能量就越大。红外光与可见光相比,其频率较低,故它的光子能量就较小。可见光、紫外光、X 射线、γ 射线的频率依次增高,相应的光子能量也逐渐增大。

2.2 立体角及其计算

所谓立体角是一个物体对特定点的三维空间的角度，是站在某一点的观察者测量到的物体大小的尺度。一个在观察点附近的小物体可以与一个远处的大物体对于同一个观察点有相同的立体角。在光辐射测量中，立体角是一个常用的概念，有些辐射量就是通过立体角来定义的，如点光源的发光强度等。

2.2.1 立体角的定义

立体角是从一点出发，通过一条闭合曲线各点的射线所构成的图形。如图 2－2 所示，一个面元矢量 d$\boldsymbol{A}$，其大小为该面元的面积，方向取该面积元所在平面的外法线方向，$\boldsymbol{r}$ 为面元 d$\boldsymbol{A}$ 相对于 O 点的位置矢量，θ 是 d$\boldsymbol{A}$ 所在平面的外法线方向与 $\boldsymbol{r}$ 之间的夹角。

则面元 d$\boldsymbol{A}$ 对空间 O 点所构成的立体角元 dΩ 的大小定义为

$$\mathrm{d}\Omega = \frac{\mathrm{d}\boldsymbol{A} \cdot \boldsymbol{r}}{r^3} \tag{2.3}$$

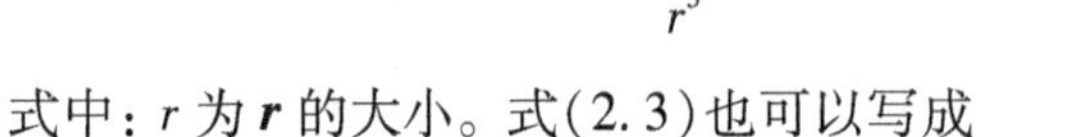

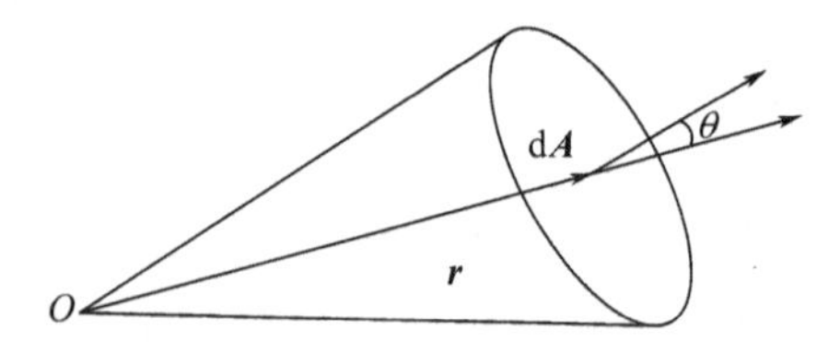

图 2－2 立体角的定义

式中：r 为 $\boldsymbol{r}$ 的大小。式(2.3)也可以写成

$$\mathrm{d}\Omega = \frac{\mathrm{d}A\cos\theta}{r^2} \tag{2.4}$$

2.2.2 曲面的立体角

根据立体角的定义，对任意一个以 L 为周界的曲面 A 而言，对 O 点构成的立体角 Ω 的大小则是对式(2.3)的积分，如图 2－3(a)所示，即

$$\Omega = \iint_A \frac{\mathrm{d}\boldsymbol{A} \cdot \boldsymbol{r}}{r^3} \tag{2.5}$$

可以看出，以 L 为周界的曲面 A 可以任意选取，并不影响 Ω 的计算结果。实际上，只要选取周界在锥面上的任意曲面都可以得到相同的结果。例如，也可以选择如图 2－3(a)所示中的曲面 A'，得到的立体角和曲面 A 所对应的立体角是相同的。

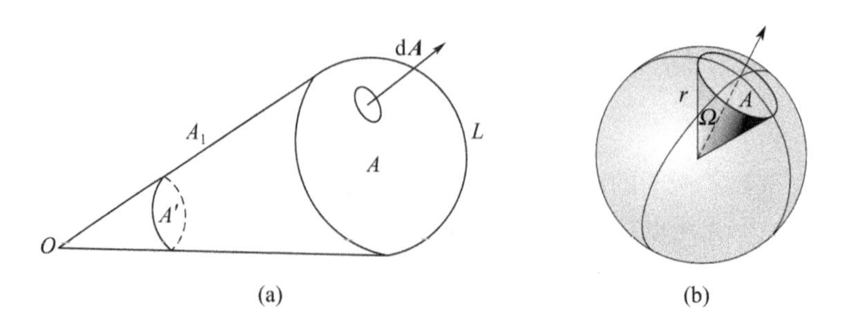

图 2－3 任意曲面的立体角

在图 2－3(a)中，O 点叫做立体角的顶点，A 称为立体角的量度曲面；以 O 点为顶点的锥面 A_1 叫做立体角的侧面。

1. 球面的立体角

如果曲面 A 是以顶点 O 为球心的球面的一部分，如图2－3(b)所示，因为 $\mathrm{d}\boldsymbol{A}\cdot\boldsymbol{r}=\mathrm{d}A$，所以，曲面 A 对点 O 构成的立体角 Ω 为

$$\Omega=\iint_A\frac{\mathrm{d}\boldsymbol{A}\cdot\boldsymbol{r}}{r^3}=\iint_A\frac{\mathrm{d}A}{r^2}=\frac{A}{r^2}\tag{2.6}$$

因为整个球面的面积为 $4\pi r^2$，因此，整个球面对球心构成的立体角 Ω 为 $\frac{4\pi r^2}{r^2}=4\pi$，即任意封闭曲面对其内部一定构成的立体角为 4π，对其外部一点构成的立体角为0。

2. 单位立体角

以 O 为球心、r 为半径作球，若立体角 Ω 截出的球面部分的面积正好是 r^2，则此球面部分所对应的立体角称为一个单位立体角，或一球面度。

3. 微小面积的立体角

如果 A 为面积较小的平面图形 ΔA，则 ΔA 对 O 点构成的立体角近似为

$$\Omega=\iint_A\frac{\Delta A\cos\theta}{r^2}=\frac{\Delta A_{\perp}}{r^2}\tag{2.7}$$

其中 $\Delta A_{\perp}$ 表示 ΔA 在垂直于 $\boldsymbol{r}$ 的平面上的投影。

2.2.3　立体角的计算举例

如图2－4(a)所示，设 S 处有一盏白炽灯，白炽灯发出的光照到直径 $d=1.2\mathrm{m}$ 的圆桌上，图中 AB 表示圆桌的一条直径，已知 S 到圆桌直径 AB 的距离为3m。求圆桌桌面对 S 构成的立体角。

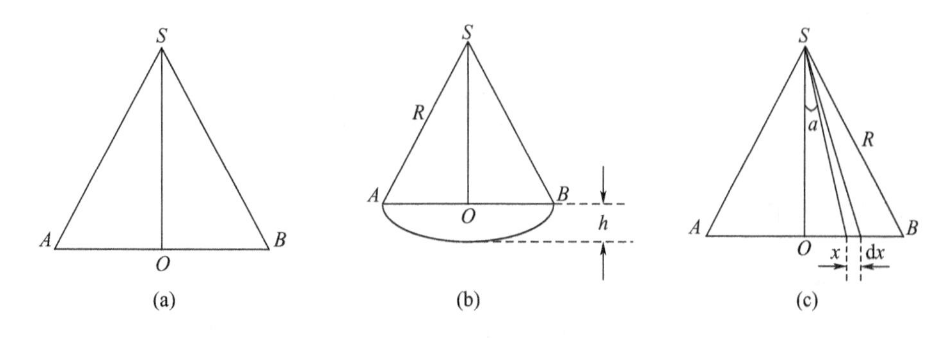

图2－4　立体角的计算

计算此类问题的立体角 Ω 有三种方法，分述如下。

方法1： 先计算以 SA 为半径 R 的球面与桌面所截部分的面积 A，面积 A 即为球冠的面积，如图2－4(b)所示，令 h 为球冠的高，则

$$A=2\pi Rh$$

$$h=SB-SO=\sqrt{\left(\frac{d}{2}\right)^2+SO^2}-SO$$

即

$$\Omega = \frac{A}{R^2} = \frac{2\pi R}{R^2}\left(\sqrt{\left(\frac{d}{2}\right)^2 + SO^2} - SO\right) = \frac{2\pi}{R}\left(\sqrt{\left(\frac{d}{2}\right)^2 + SO^2} - SO\right)$$

将 $d = 1.2\text{m}$, $SO = 3\text{m}$, $R = \sqrt{SO^2 + \left(\frac{d}{2}\right)^2}$ 代入上式，可得

$$\Omega = 0.122\text{sr}$$

方法2：在图2-4(c)中，以 O 为圆心的桌面上距 O 为 x 与 $x+\mathrm{d}x$ 的圆环对 S 点构成的立体角 $\mathrm{d}\Omega$ 为

$$\mathrm{d}\Omega = \frac{2\pi x \cdot \mathrm{d}x \cdot \cos a}{SO^2 + x^2} = 2\pi\frac{x \cdot \mathrm{d}x}{SO^2 + x^2} \cdot \frac{SO}{\sqrt{SO^2 + x^2}} = 2\pi \cdot SO \cdot \frac{x \cdot \mathrm{d}x}{\left(\sqrt{SO^2 + x^2}\right)^3}$$

积分得

$$\Omega = \int \mathrm{d}\Omega = 2\pi \cdot SO \cdot \int_0^{\frac{d}{2}} \frac{x \cdot \mathrm{d}x}{\left(\sqrt{SO^2 + x^2}\right)^3} = 2\pi \cdot SO \cdot \frac{R - SO}{R \cdot SO} = \frac{2\pi}{R}(R - SO) = 0.122\text{sr}$$

这种方法称为积分法，其结果与方法1所得到的结果相同，不过比方法1要复杂一些。

方法3：这是一种近似的方法。以圆桌面积代替球冠的面积计算立体角，分别以白炽灯到桌面距离 SO 和白炽灯到桌沿距离 R 作为立体角定义式中的 r 值，可得两个立体角值：

$$\Omega_1 = \frac{\pi r^2}{SO^2} = 0.1257\text{sr}$$

$$\Omega_2 = \frac{\pi r^2}{R^2} = \frac{\pi r^2}{r^2 + SO^2} = 0.1208\text{sr}$$

Ω_1 偏大些，Ω_2 又偏小些，可见立体角的准确值介于二者之间。

2.3 描述辐射场的物理量

2.3.1 辐射度学中的基本物理量

辐射度学中的基本物理量是指用物理学中对电磁辐射的测量方法来描述光辐射的一套参量，主要包括辐射能 Q_e、辐射通量 Φ_e、辐射强度 $I_e(\theta,\varphi)$、辐射出射度 M_e、辐射亮度 B_e 和辐射照度 L_e 等，辐射度学中的基本物理量适用于整个电磁波谱。

1. 辐射能量 Q_e

将以电磁波形式发射、传播或接收的能量称为辐射能(Radiant Energy)，用 Q_e 表示，单位为焦耳(J)。

$$Q_e = h\nu \tag{2.8}$$

h 是普朗克常数，ν 是光的频率。

辐射能既可以表示辐射源发出的电磁波的能量，也可以表示被辐射表面接收到的电磁波的能量。

2. 辐射通量 Φ_e

把单位时间内通过某一面积的所有波长的总电磁辐射能定义为辐射通量(Radiant Flux),因此,辐射通量又称为辐射功率,单位为瓦(W)。

$$\Phi_e = \frac{dQ_e}{dt} \tag{2.9}$$

3. 辐射强度 $I_e(\theta,\varphi)$

辐射强度(Radiant Intensity)是描述点辐射源特性的辐射量。

如图 2-5 所示,若点辐射源在小立体角 $\Delta\Omega$ 内的辐射功率为 $\Delta\Phi$,则将 $\Delta\Phi$ 与 $\Delta\Omega$ 之比的极限值定义为辐射强度,用 I_e 表示,单位为瓦/球面度(W/sr)。

$$I_e(\theta,\varphi) = \lim_{\Delta\Omega\to 0}\frac{\Delta\Phi}{\Delta\Omega} = \frac{d\Phi_e}{d\Omega} \tag{2.10}$$

因此,辐射强度是描述点辐射源在某方向的单位立体角内所发出的辐射通量。

点辐射源在整个空间发出的辐射通量则是辐射强度对整个空间立体角的积分,即

$$\phi = \int_\Omega I_e d\Omega$$

对于各向同性的辐射源,I_e 是常数,由上式可以得到 $\phi = 4\pi I$。

需要注意的是,辐射源尺寸的大小是相对的,如果辐射源与观测点之间的距离大于辐射源最大尺寸的 10 倍时,可以将辐射源当做点源处理,忽略其物理尺寸,在光路中只看做一个点,否则称为扩展源或面源。

4. 辐射出射度 M_e

辐射出射度(Radiant Exitance)简称辐出度,是描述扩展源辐射特性的辐射度量,其定义为辐射源单位表面积向半球空间发射的辐射功率,用 M_e 表示。

如图 2-6 所示,若面积为 A 的扩展源上围绕 x 点的一个小面元 ΔA,向半球空间发射的辐射功率为 $\Delta\Phi$,则将 $\Delta\Phi$ 与 ΔA 之比的极限定义为该扩展源在 x 点的辐射出射度,即

$$M_e = \lim_{\Delta A\to 0}\frac{\Delta\Phi}{\Delta A} = \frac{d\Phi_e}{dA} \tag{2.11}$$

因此,辐射出射度的含义是通过辐射源单位面元所辐射出的功率,其单位为瓦/米^2(W/m^2)。

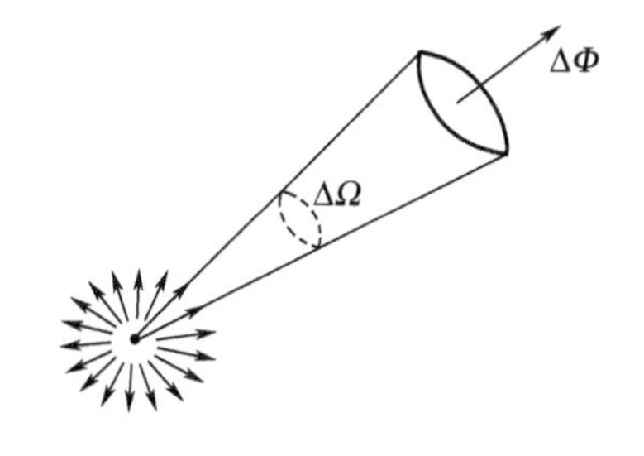

图 2-5　辐射强度的定义

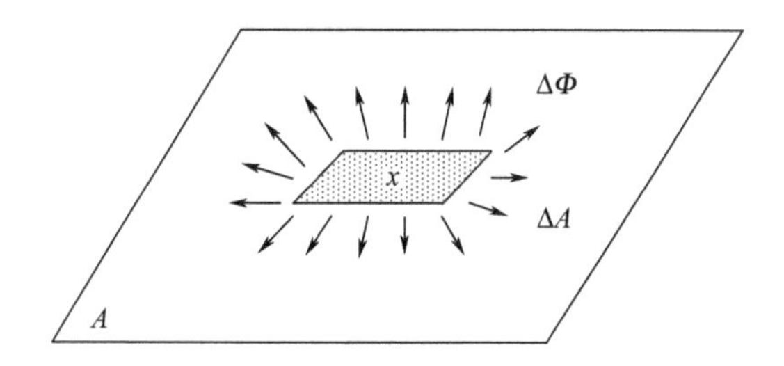

图 2-6　辐射出射度的定义

辐射出射度是描述扩展源所发射的辐射功率在源表面分布特性的量,是辐射功率在某一点附近的面密度的度量。

对于发射不均匀的辐射源，表面上各点附近将有不同的辐射出射度。一般来讲，辐射出射度 M_e 是源表面位置 x 的函数。辐射出射度 M_e 对源发射表面积 A 的积分，就是该辐射源发射的总辐射功率，即

$$\Phi = \int_A M_e \mathrm{d}A \tag{2.12}$$

如果辐射源表面的辐射出射度 M_e 为常数，则它所发射的辐射功率为 $\Phi = M_e A$。

5. 辐射亮度 L_e

由前面的定义可知，辐射强度 I_e 可以描述点辐射源在空间不同方向上辐射功率的分布，而辐射出射度 M_e 可以描述扩展源在源表面不同位置上辐射功率的分布，但这两个辐射度量都无法描述扩展源所发射的辐射功率在源表面不同位置上沿空间不同方向的分布特征。为了能同时描述扩展源的辐射功率在源表面不同位置沿空间不同方向的分布，特别引出辐射亮度(Radiation Brightness)的概念。

辐射亮度也称为辐射率，是衡量物体表面以辐射的形式释放能量相对强弱的能力，是另一个描述扩展源辐射特性的物理量。其定义为：辐射源在给定方向上的辐射亮度，是辐射源在该方向投影面积上、单位立体角内发出的辐射功率，用 L_e 来表示。

如图 2－7 所示，如果在扩展源 A 的表面某点 x 附近取一小面元 ΔA，若该面积向半球空间小立体角 $\Delta\Omega$ 内发射的辐射功率为 $\Delta\Phi$，那么，从面源 ΔA 向立体角元 $\Delta\Omega$ 内发射的辐射通量将是二阶小量 $\Delta(\Delta\Phi) = \Delta^2\Phi$。由于从 ΔA 向 θ 方向发射的辐射（也就是在 θ 方向上观察到的来自 ΔA 的辐射），在 θ 方向看到的面源 ΔA 的有效面积，是 ΔA 的投影面积 $\Delta A_\theta = \Delta A\cos\theta$，所以，在 θ 方向的立体角元 $\Delta\Omega$ 内发出的辐射，就等效于从辐射源的投影面 ΔA_θ 上发出的辐射。因此，在 θ 方向上观测到的源表面上位置 x 的辐射亮度，就是 $\Delta^2\Phi$ 与 ΔA_θ 及 $\Delta\Omega$ 之比的极限值

$$L_e = \lim_{\substack{\Delta A \to 0 \\ \Delta\Omega \to 0}} \left(\frac{\Delta^2 \Phi_e}{\Delta A_\theta \Delta\Omega} \right) = \frac{d^2\Phi_e}{\mathrm{d}A_\theta \partial\Omega} = \frac{d^2\Phi_e}{\mathrm{d}A\mathrm{d}\Omega\cos\theta} \tag{2.13}$$

这个定义表明：辐射亮度是描述扩展源辐射功率在空间分布特性的辐射量，辐射亮度的单位是 $\mathrm{W/(m^2 \cdot sr)}$；瓦/(米^2·球面度)。

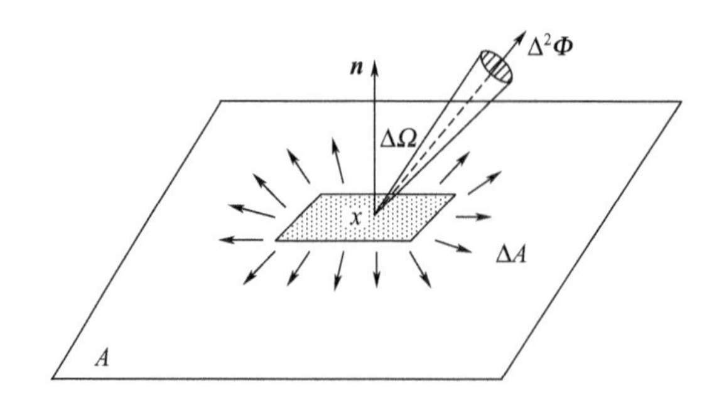

图 2－7 辐射亮度的定义

6. 辐射照度 E_e

以上从辐射源发出辐射的角度讨论了描述辐射源辐射特性的辐射度量。除此以外，还可以从被辐射源照射的角度，即受照物体的表面接受辐射的情况来描述辐射源的辐射特性。为了描述一个物体表面被辐照的程度，引入辐射照度(Irradiance)的概念。

辐射照度是表示辐射接受面上单位面积承受的辐射通量，用 E_e 来表示。其意义如图2-8所示，如果被照表面上围绕 x 点取小面元 ΔA，投射到 ΔA 的辐射通量为 $\Delta\Phi$（或辐射功率为 ΔP），则受照物体表面 x 点处的辐射照度定义为

$$E_e = \lim_{\Delta A \to 0} \frac{\Delta P}{\Delta A} = \frac{dP}{dA} = \frac{d\Phi}{dA} \tag{2.14}$$

辐射照度的单位是：瓦/米²（W/m^2）。

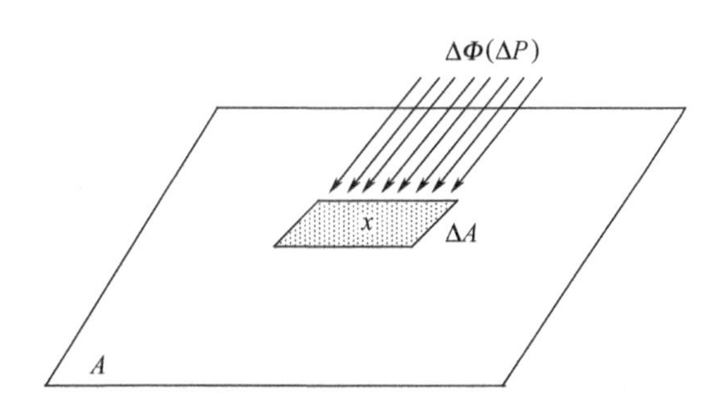

图2-8　辐射照度的定义

2.3.2　全辐射量与光谱辐射量

前面在定义辐射强度、辐射出射度、辐射亮度和辐射照度等辐射量时，只考虑了辐射的空间分布，认为辐射波长 λ 覆盖了从0到∞的所有波长的全辐射，我们将这种在定义中不考虑波长范围或者认为覆盖了整个波长范围的辐射量称为全辐射量。由于辐射源的辐射往往是由许多单色辐射所组成，而且在很多时候，人们关心的是辐射源在某一特定波长附近的辐射特征，因此，在辐射度量的定义中需要考虑辐射源的辐射波长，我们将这种在定义中考虑了辐射波长的辐射量称为光谱辐射量。

1. 光谱辐射通量与单色辐射通量

将辐射源在波长 $\lambda - \Delta\lambda$ 间发出的辐射通量，称为在波长 λ 处的光谱辐射通量（或单色辐射通量），用 Φ_λ 表示，其定义为

$$\Phi_\lambda = \lim_{\Delta\lambda \to 0} \frac{\Delta\Phi_e}{\Delta\lambda} = \frac{d\Phi_e}{d\lambda} \tag{2.15}$$

光谱辐射通量也称为光谱功率（Spectral Power），单位为：瓦/米（W/m）。

严格来讲，单色辐射通量和光谱辐射通量是不同的，其区别在“单色辐射通量”比“光谱辐射通量”的波长范围更小。

值得注意的是，光谱辐射通量的单位是W/m，而不是辐射通量的单位 W/m^2。光谱辐射通量是辐射通量与波长的比值，描述的是某一波长或波段的辐射特性，表征的是在指定波长 λ 处，单位波长间隔内的辐射通量。

从光谱辐射通量的定义式可以看出，在波长 λ 处的小波长间隔 $d\lambda$ 内的辐射通量为

$$d\Phi_e = \Phi_\lambda d\lambda \tag{2.16}$$

只要 $d\lambda$ 足够小，式(2.16)中的 $d\Phi_e$ 就可以称为波长 λ 的单色辐射通量。

2. 光谱带辐射通量与全辐射通量

在一定的波长范围内，如 λ_1 到 λ_2 范围内对 $d\Phi_e = \Phi_\lambda d\lambda$ 积分，即可得到光谱带 $\lambda_1 - \lambda_2$ 间

的辐射通量,即光谱带辐射通量

$$\Phi_{\Delta\lambda} = \int_{\lambda_1}^{\lambda_2} \Phi_\lambda \mathrm{d}\lambda \tag{2.17}$$

根据这个意义,将光谱带的范围选择为从 0 到∞,即可得到全辐射通量

$$\Phi_e = \int_0^\infty \Phi_\lambda \mathrm{d}\lambda \tag{2.18}$$

3. 其他光谱辐射量

与光谱辐射通量的定义类似,其他光谱辐射量的定义可以写为:

光谱辐射强度(Spectral Intensity)I_λ

$$I_\lambda = \lim_{\Delta\lambda\to 0}\frac{\Delta I}{\Delta\lambda} = \frac{\mathrm{d}I}{\mathrm{d}\lambda} \tag{2.19}$$

光谱辐射出射度(Spectral Radiant Emittance)M_λ

$$M_\lambda = \lim_{\Delta\lambda\to 0}\frac{\Delta M}{\Delta\lambda} = \frac{\mathrm{d}M}{\mathrm{d}\lambda} \tag{2.20}$$

光谱辐射亮度(Spectral Radiation Brightness)L_λ

$$L_\lambda = \lim_{\Delta\lambda\to 0}\frac{\Delta L}{\Delta\lambda} = \frac{\mathrm{d}L}{\mathrm{d}\lambda} \tag{2.21}$$

光谱辐射照度(Spectral Irradiance)E_λ

$$E_\lambda = \lim_{\Delta\lambda\to 0}\frac{\Delta E}{\Delta\lambda} = \frac{\mathrm{d}E}{\mathrm{d}\lambda} \tag{2.22}$$

2.3.3　光子辐射量

光谱辐射量是波长 λ 的函数,用于描述单位波长间隔内的辐射特性。但在研究光子类探测器的性能及其对入射光的响应时,往往不是考虑入射光的功率,而更多地是考虑其每秒接收的光子数,为了方便地解决这类问题,需要引入光子辐射量的概念。

所谓光子辐射量就是用每秒接收(或发射、传输)的光子数代替辐射通量(功率)而定义的各种辐射量。

1. 光子数 N_p

光子数是指由辐射源发出的光子数量,用 N_p 表示,是纯数字,无量纲。

2. 光子数的光谱辐射能表达式

如果 Q_v 代表以频率表示的光谱辐射能,$h\nu$ 代表一个光子的能量。则光子数应该等于总能量除以一个光子的能量,再乘以频率间隔,即

$$\mathrm{d}N_p = \frac{Q_v}{h\nu}\mathrm{d}\nu \tag{2.23}$$

对于光辐射而言,因有 $\lambda\nu = c$,所以式(2.23)可以写成

$$\mathrm{d}N_p = \frac{Q_v}{h\nu}\mathrm{d}\nu = \frac{Q_\lambda}{h\nu}\mathrm{d}\lambda \tag{2.24}$$

所以有

$$N_p = \int \mathrm{d}N_p = \frac{1}{h}\int\frac{Q_v}{n}\mathrm{d}n \tag{2.25}$$

或

$$N_p = \int \mathrm{d}N_p = \frac{1}{hc}\int \lambda Q_\lambda \mathrm{d}\nu \tag{2.26}$$

3. 光子通量

有了光子数的概念后，可以将光通量转化为以光子数表示的光子通量，意为单位时间内发送、传输或接收的光子数

$$\Phi_p = \frac{\mathrm{d}N_p}{\mathrm{d}t} \tag{2.27}$$

单位为 s^{-1}(1/s)。

4. 以光子数定义的其他辐射度量

因为辐射度量都是由辐射通量定义的，因此，有了以光子数表示的辐射通量（光子通量）后，就可以用光子通量表示其他的辐射量，即光子辐射量。

光子辐射强度

$$I_p = \frac{\mathrm{d}\Phi_p}{\mathrm{d}\Omega} \tag{2.28}$$

光子辐射亮度

$$L_p = \frac{D^2\Phi_p}{\mathrm{d}\Omega \mathrm{d}A\cos\theta} \tag{2.29}$$

光子辐射出射度

$$M_p = \frac{\mathrm{d}\Phi_p}{\mathrm{d}A} = \int L_p \cos\theta \mathrm{d}\Omega \tag{2.30}$$

光子辐射照度

$$E_p = \frac{\mathrm{d}\Phi_p}{\mathrm{d}A} \tag{2.31}$$

2.3.4 辐射度学中的基本物理量小结

表 2-2 列出了辐射度学中常见的基本物理量的名称、代表符号以及在国际单位制中的单位和对应的单位符号，并简要描述了各个量的物理意义。

表 2-2　辐射度学中的基本物理量

物理量	符号	国际单位制	单位符号	物理意义简介
辐射出射度	M_e	瓦/米^2	$\mathrm{W \cdot m^{-2}}$	表面出射的辐射通量
辐射度	J_e	瓦/米^2	$\mathrm{W \cdot m^{-2}}$	表面出射及反射的辐射通量总和
辐射亮度	L_e	瓦/(米^2 球面度)	$\mathrm{W \cdot sr^{-1} \cdot m^{-2}}$	每单位立体角每单位投射表面的辐射通量
辐射能量	Q_e	焦	J	能量
辐射强度	I_e	瓦/球面度	$\mathrm{W \cdot sr^{-1}}$	每单位立体角的辐射通量
辐射通量	Φ_e	瓦	W	每单位时间的辐射能量，亦作“辐射功率”
辐射照度	E_e	瓦/米^2	$\mathrm{W \cdot m^{-2}}$	入射表面的辐射通量

（续）

物理量	符号	国际单位制	单位符号	物理意义简介
光谱辐射出射度	$M_{e\lambda}$	瓦/米^3 或瓦/(米^2·赫)	$W \cdot m^{-3}$或 $W \cdot m^{-2} \cdot Hz^{-1}$	表面出射的辐射通量的波长或频率的分布
光谱辐射率	$L_{e\lambda}$	瓦/(球面度·米^3)或瓦/(球面度·米^2·赫)	$W \cdot sr^{-1} \cdot m^{-2} \cdot Hz^{-1}$ 或 $W \cdot sr^{-1} \cdot m^{-3}$	常用 $W \cdot sr^{-1} \cdot m^{-2} \cdot nm^{-1}$
光谱辐射照度	E_λ	瓦/米^3 或瓦/(米^2·赫)	$W \cdot m^{-3}$或 $W \cdot m^{-2} \cdot Hz^{-1}$	通常测量单位为 $W \cdot m^{-2} \cdot nm^{-1}$
光谱功率	$\Phi_{e\lambda}$	瓦/米	$W \cdot m^{-1}$	辐射通量的波长分布
光谱强度	$I_{e\lambda}$	瓦/(球面度·米)	$W \cdot sr^{-1} \cdot m^{-1}$	辐射强度的波长分布

2.4 人眼与光度量

人眼只能感知波长在0.38～0.78μm之间的辐射，故称这个波段的辐射为可见光。在可见光范围内，我们都有这样的感觉，同样功率的光源，如果发光颜色不同，则人眼所感觉到的亮度也有所差异，这种现象说明，人眼对不同颜色的光的敏感程度是有区别的，如何描述这种区别，需要用到光度量的知识。所谓光度量是辐射度量对人眼视觉的刺激值，是“标准人眼”对所接收到的辐射量的度量，光度量除了包括对客观辐射能的度量之外，还考虑了人眼视觉机理的生理和感觉印象等心理因素。

2.4.1 明视觉、暗视觉和中间视觉

人眼存在视锥和视杆两种光感受器细胞，由于视锥和视杆细胞特性不同，人眼的视觉也根据环境亮度的变化分为明视觉、暗视觉和中间视觉。

国际照明学会(CIE)1983年定义，明视觉指环境亮度超过$3cd/m^2$时的视觉，此时视觉主要由视锥细胞起作用，最大的视觉响应在光谱蓝绿区间的555nm处；暗视觉指环境亮度低于$10^{-3}cd/m^2$时的视觉，此时视杆细胞是主要的感光细胞，光谱光视效率的峰值约在507nm；中间视觉介于明视觉和暗视觉亮度之间，此时人眼的视锥和视杆细胞同时响应，并且随着亮度的变化两种细胞的活跃程度也发生变化。

一般从白天晴朗的太阳到晚上台灯的照明，都在明视觉范围内；道路照明和明朗的月夜，都是中间视觉范围；而昏暗的星空下就是暗视觉了。

2.4.2 视见函数

为了确定人眼的光谱响应，可将各种波长的光在引起相同亮暗感觉时所需要的辐射通量进行比较。统计结果表明，在亮环境下，人眼对波长为555nm的绿光最为敏感，因此，在亮环境下，当产生相同亮暗感觉时，将波长为555nm的绿光所需的辐射通量Φ_{555}和波长为λ的可见光所需要的辐射通量Φ_λ的比值定义为光度函数(Luminosity Function)或视见函数(Visual Sensitivity Function)，用$V(\lambda)$表示

$$V(\lambda) = \frac{\Phi_{555}}{\Phi_\lambda} \tag{2.32}$$

例如,实验表明,1mW 的 555.0nm 绿光与 2.5W 的 400.0nm 紫光引起的亮暗感觉相同。于是在 400.0nm 的光度函数值为

$$V(400\text{nm}) = \frac{10^{-3}}{2.5} = 0.0004$$

1924 年,国际照明委员会(CIE)根据几组科学家对 200 多名观察者测定的结果,推荐了一组明视觉环境下的标准视见函数值,在 400～750nm 的光谱范围内,每隔 10nm 用表格的形式给出该波长下的视见函数值,若将其画成曲线,则称为视见函数曲线,其结果如图 2-9所示。

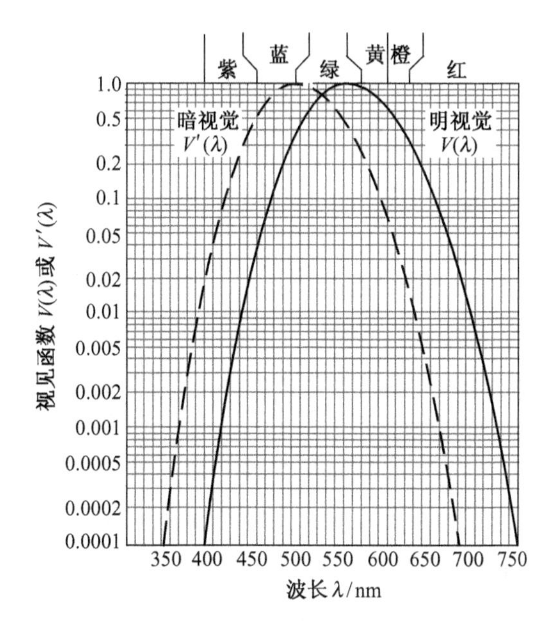

图 2-9　明、暗视觉条件下的视见函数曲线

从图 2-9 中可以看出,视见函数曲线是一条有一中心波长,两边大致对称的光滑的钟形曲线。我们将视见函数值所代表的观察者称为 CIE 标准观察者,1978 年和 2005 年,CIE 对 1924 年的视见函数值做了进一步的修正。1951 年,CIE 公布了暗视见函数 $V'(\lambda)$的标准值,其峰值波长为 507nm。

表 2-3 和表 2-4 分别给出的是亮视觉条件下和暗视觉条件下,经过内插和外推的以 10nm 为间隔的标准视见函数值 $V(\lambda)$和 $V'(\lambda)$。在大多数情况下用这两个表所列值进行的各种光度计算,均可以达到足够高的精度。

表 2-3　明视觉环境下的视见函数值简表

光的颜色	波长/nm	$V(\lambda)$	光的颜色	波长/nm	$V(\lambda)$	光的颜色	波长/nm	$V(\lambda)$
紫	380	0.00004	绿	520	0.7100	橙	650	0.1070
紫	390	0.00012	绿	530	0.8620	红	660	0.0610
紫	400	0.0004	黄	540	0.9540	红	670	0.0320
紫	410	0.0012	黄	550	0.9950	红	680	0.0170
靛	420	0.0040	黄	555	1.0000	红	690	0.0082
靛	430	0.0116	黄	560	0.9950	红	700	0.0041

（续）

光的颜色	波长/nm	$V(\lambda)$	光的颜色	波长/nm	$V(\lambda)$	光的颜色	波长/nm	$V(\lambda)$
靛	440	0.0230	黄	570	0.9520	红	710	0.0021
蓝	450	0.0380	黄	580	0.8700	红	720	0.00105
蓝	460	0.0600	黄	590	0.7570	红	730	0.00052
蓝	470	0.0910	橙	600	0.6310	红	740	0.00025
蓝	480	0.1390	橙	610	0.5030	红	750	0.00012
蓝	490	0.2080	橙	620	0.3810	红	760	0.00006
绿	500	0.3230	橙	630	0.2650	红	770	0.00003
绿	510	0.5030	橙	640	0.1750	红	780	0.000015

表 2-4 暗视觉环境下的视见函数值简表

光的颜色	波长/nm	$V'(\lambda)$	光的颜色	波长/nm	$V'(\lambda)$	光的颜色	波长/nm	$V'(\lambda)$
紫	380	0.0006	蓝	490	0.9040	黄	580	0.1212
紫	390	0.0022	绿	500	0.9820	黄	590	0.0655
紫	400	0.0093	绿	507	1.0000	橙	600	0.0332
紫	410	0.0348	绿	510	0.9970	橙	610	0.0159
靛	420	0.0966	绿	520	0.9350	橙	620	0.0074
靛	430	0.1998	绿	530	0.8110	橙	630	0.0033
靛	440	0.3281	黄	540	0.6500	橙	640	0.0015
蓝	450	0.4550	黄	550	0.4810	橙	650	0.0007
蓝	460	0.5670	黄	555	0.4020	红	660	0.0003
蓝	470	0.6760	黄	560	0.3288	红	670	0.0001
蓝	480	0.7930	黄	570	0.2076	红	680	0.0001

2.4.3 基本光度学量

光度学是以人的视觉为基础，对光辐射进行测量的科学。光度量的基本物理量与辐射度量是一一对应的，都是定量描述光辐射的物理量，但光度量体现了人眼的视觉特性。

1. 光能

按人眼的感觉强度进行度量的辐射能大小称为光能（Luminous Energy），与辐射能的大小、人眼的视觉灵敏度成正比，用符号 Q_v 表示

$$Q_v = Q_e V(\lambda) \tag{2.33}$$

单位为流明·秒（lm·s），该单位有时被称为 talbots。

2. 光通量

光通量是一种表示可见光功率的物理量，其含义为单位时间内由光源所发出的光能（或被照物所吸收的光能）。但与辐射功率不同，光通量体现的是人眼感受到的光功率，即辐射功率经过“标准人眼”的视见函数影响后的光谱辐射功率，其单位为流明（lm，1lm = 1cd·sr）。

在明、暗视觉条件下，光通量的物理表达式分别为

$$\Phi_v = K_m \int_0^{\infty} V(\lambda) \Phi_{e\lambda} \mathrm{d}\lambda \tag{2.34}$$

$$\Phi_v' = K_m' \int_0^{\infty} V'(\lambda) \Phi_{e\lambda} \mathrm{d}\lambda \tag{2.35}$$

式中：K_m 和 K_m' 分别为亮、暗环境下光谱光视效能的最大值。

所谓光视效能 K 定义为光通量 Φ_v 与辐射通量 Φ_e 的比，即

$$K = \frac{\Phi_v}{\Phi_e} \tag{2.36}$$

即人眼对不同波长的辐射所产生的光感觉效率，因此也称为光敏度、感光度。

因为人眼对不同波长的光的敏感程度不同，因此，即便式(2.36)中的辐射通量 Φ_e 不变，对不同波长的光而言，光通量 Φ_v 也会随着波长 λ 的变化而发生变化，这就是说式(2.36)中的 K 并不是一个常数，而是一个与波长有关的量，因此，光视效能与波长 λ 密切相关，通常写成光谱光视效能的形式

$$K(\lambda) = \frac{\Phi_{\nu\lambda}}{\Phi_{e\lambda}} \tag{2.37}$$

式中：$\Phi_{\nu\lambda}$ 表示波长 λ 处的光通量，$\Phi_{e\lambda}$ 表示波长 λ 处的辐射通量。

$K(\lambda)$ 值使光通量 $\Phi_{\nu\lambda}$ 的单位（流明，lm）与辐射功率 $\Phi_{e\lambda}$ 的单位（瓦特，W）得到了统一，因此也称为光功当量。

在标准明视见函数 $V(\lambda)$ 的峰值波长 555nm 处的光谱光视效能 K_m 值，是一个重要的常数，一些国家的实验室经过测定和理论计算，确定 K_m 的值为 683lm/W，即在 555nm 处，每瓦光功率发出 683lm 的可见光。

对于明视觉，由于视见函数的峰值在 555nm 处，因此，$K_m = 683$lm/W 自然也就是明视觉条件下的最大光谱光视效能值。

但对于暗视觉而言，在波长为 555nm 处，所对应的视见函数值为 0.402（见表 2－3），即 $V'(555) = 0.402$，而暗视觉条件下视见函数的峰值波长为 507nm，即 $V'(507) = 1.000$，因此，暗视觉的最大光谱光视效率 K_m' 为

$$K_m' = 683 \times \frac{1.000}{0.402} = 1699\text{lm/W}$$

国际计量委员会将其标准化为

$$K_m' = 1700\text{lm/W}$$

因此，明、暗视觉条件下的光通量的表达式分别为

$$\Phi_v = 683 \int_{380}^{780} V(\lambda) \Phi_{e\lambda} \mathrm{d}\lambda \tag{2.38}$$

$$\Phi_v = 1700 \int_{380}^{780} V'(\lambda) \Phi_{e\lambda} \mathrm{d}\lambda \tag{2.39}$$

从式(2.38)和式(2.39)可知，从辐射通量变换到光通量一般没有简单的关系，这是因为光谱光视效率 $V(\lambda)$ 与波长 λ 之间没有简单的函数关系，因而，积分值只能用图解法或者离散数值法计算。例如，对于线光谱，其光通量为

$$\Phi_v = \sum_{\lambda_i=380\text{nm}}^{780\text{nm}} 683V(\lambda_i)\Phi_{e\lambda}(\lambda_i)\Delta\lambda \tag{2.40}$$

由于在可见光范围之外，$V(\lambda)$和$V'(\lambda)$的值均为零。因此，在范围内不管光辐射功率有多大，对光通量的贡献均为零，即“看不见”。

光通量用一个特殊的单位——流明(lm)来表示，其大小是反映某一光源所发出的光辐射引起人眼的光亮感觉的能力的大小。与1W的辐射通量相当的光通量随波长的不同而不同。在红外和紫外区域，与1W相当的光通量为零。但是在明视觉条件下，在波长555nm处，光谱光视效能最大，即$K_m=683\text{lm/W}$，且此波长处光谱光视效率函数值为1，即$V(555\text{nm})=1$，因此，可以认为，在明视觉条件下，对555nm的绿光而言，1W就相当于683lm，或者将其称为明视觉条件下，555nm处的光功当量为683lm/W。

一般来说，不能从光通量直接变到辐射通量，除非光通量的光谱分布一致，且所研究的全部波长在光谱的可见区。

3. 光出射度

因扩展源具有一定的面积，不同于点光源，不能向下或向内发射，因此，将扩展源单位面积向2π空间发出的全部光通量称为光出射度，用M_v表示，单位为lm/m^2，其物理表达式为

$$M_v = \frac{d\Phi_v}{dA} \tag{2.41}$$

式中：A为扩展源面积。

4. 发光强度

发光强度(Luminous Intensity)简称光强，用I_v表示。用于表示光源在给定方向上单位立体角内发光强弱程度的物理量，国际单位为坎德拉(cd)，旧称烛光。

在给定方向上的发光强度的物理表达式为

$$I_v = \frac{d\Phi_v}{d\Omega} \tag{2.42}$$

式中：Φ_v是光通量，Ω是立体角。

在国际单位制(SI)中，发光强度的单位是七个基本单位之一。与通常测量辐射强度或测量能量强度的单位相比较，发光强度的定义考虑了人的视觉因素和光学特点，是在人的视觉基础上建立起来的。

早年发光强度单位叫做烛光(Candle)，是通过一定规格的实物为基准来定义的。最初的基准是标准蜡烛，后来用一定燃料的标准火焰灯，再后来用标准电灯。但所有这些标准源在一般实验室中都不易复制，很难保证其客观性和准确性。

1948年第9届国际计量大会决定用一种绝对黑体辐射器作标准，并给予发光强度以现在的命名candela(坎德拉)。

1967年第13届国际计量大会上作了修正，规定：“坎德拉是在一个标准大气压下，处于铂凝固温度黑体的$(1/6000000)\text{m}^2$表面垂直方向上的发光强度”。

随着现代照明技术和电子光学工业的发展，各种新型光源和探测器相继出现，要求对各种复杂辐射能进行准确测量，而上述坎德拉的定义是以铂在凝固点下的光谱成分为基点的，要换算到其他光谱成分，还要考虑相应的光度函数，此外上述定义没有明确规定最大光功当量K_m的值，影响整个光度学和辐射度学之间的换算关系。

1979年第16届国际计量大会对坎德拉做了新的定义：坎德拉是发出 540×10^{12} Hz (555nm)的单色辐射源在给定方向上的发光强度，该方向上的辐射强度为(1/683)W/sr。

5. 光亮度

光亮度也称为亮度(Luminance)，表示人对发光体或被照射物体表面的发光或反射光强度实际感受的物理量，用 L_v 表示，其物理定义为光源在给定方向上单位面积、单位立体角内所发出的光通量，即

$$L_v = \frac{d\Phi_v}{d\Omega dA\cos\theta} \tag{2.43}$$

式中：Φ_v 是光通量，Ω 是立体角，θ 是给定方向与单位面积元 dA 法线方向的夹角。

根据发光强度的定义，光亮度还可以改写为

$$L_v = \frac{dI_v}{dA\cos\theta} \tag{2.44}$$

因此，光源在给定方向上的光亮度也是指该方向上单位投影面积上的发光强度。

国际单位制中规定，亮度的单位是尼特(nit)，1nit = 1cd/m^2。

光亮度和光强这两个量在一般的日常用语中往往被混淆使用。为了对光亮度的大小有一个基本的概念和直观的了解，表2-5中列出了一些常见发光体的亮度值，以供参考。

表2-5　常见发光体的亮度

发光体及条件		亮度/($\times 10^4$ cd/m^2)
太阳	大气外层	1.9×10^5
	海平面	1.6×10^5
天空	夏日平均	0.5
	离太阳远的纯蓝天	<0.1
	稍有云	1
月亮		0.25
2856K 时的钨灯		10^3

6. 光照度

光照度也称为照度(Illuminance)，是指被照射物体表面的单位面积上接收到的光通量，我们平常所说的桌面够不够亮，就是指光照度。

照度用 E_v 表示，其物理定义为

$$E_v = \frac{d\Phi_v}{dA} \tag{2.45}$$

式中：A 为被照面积。

照度的单位为流明/米^2，其SI单位是勒克斯(lux，通常简写为lx)，1lx = 1lm/m^2。居家的一般照度建议在100~300lx之间。

为了对光照度的大小有一个基本的概念和直观的了解，表2-6中列出了一些不同环境下的光照度值，以供参考。

表2-6　一些日常的代表性照度

环　境	照度/lx	环　境	照度/lx
太阳直射的照度	$(1 \sim 1.3) \times 10^5$	办公室/教室	300
晴天室外(无阳光直射)	$(1 \sim 2) \times 10^4$	辨认方向所需要的照度	1
阴天室外	8000	满月在天	0.2
绘图	600	上下弦月	10^{-2}
阅读	500	无月晴空(星光)	10^{-3}
夜间棒球场	400	无月阴空	10^{-4}

2.4.4 光度学中的基本物理量小结

表 2－7 列出了光度学中常见的基本物理量的名称、代表符号以及在国际单位制中的单位和对应的单位符号，并简要描述了各个量的物理意义。

表 2－7 光度学中的基本物理量

物理量	符号	国际单位制	单位符号	注 释
光能	Q_v	流明·秒	lm·s	单位有时被称作 talbots
光通量	Φ_v	流明 1lm = 1cd·sr	lm	单位时间内由光源/被照物所发出/吸收的光能
发光强度	I_v	坎德拉（烛光）（1cd = 1lm/sr）	cd	发光强度是一光源所发出的在给定方向上单位立体角内的光通量
亮度	L_v	尼特（1nit = 1cd/m²）	nit	亮度是一光源在给定方向上单位面积单位立体角内所发出的光通量
照度	E_v	勒克斯（1lx = 1lm/m²）	lx	照度是每单位面积所接受可见光的光通量，用于入射表面的光
光发射度	M_v	勒克斯（1lx = 1lm/m²）	lx	光发射度是每单位面积所发出可见光的光通量，用于出射表面的光
光视效能	η	流明/瓦	lm/W	光通量与辐射通量的比值，最大为 683.002
发光效率	V	纯数量	无单位	也称作光视效率、发光系数（Luminous Coefficient）

2.5 光度量与辐射度量的对照

由前面的内容可知，波长不同而量值相同的辐射度量引起人眼的视觉效果不同，这种差异是辐射度量所无法描述的。为此，以人眼的视觉特性为基础，建立了光度量，光度量与辐射度量之间具有一定的对应关系。

表 2－8 和表 2－9 分别给出了光度学和辐射度学中的基本物理量及其对照关系。

表 2－8 光度学和辐射度学中的基本物理量

	辐射量	光谱辐射量	光子辐射量	光度量
能量	$Q_e = h\nu$	$\Phi_{\Delta\lambda} = \int_{\lambda_1}^{\lambda_2} \Phi_\lambda \mathrm{d}\lambda$	$N_p = \frac{1}{h}\int \frac{Q_v}{n}\mathrm{d}n$	$Q_v = Q_e V(\lambda)$
通量	$\mathrm{d}\Phi_e = \frac{\mathrm{d}Q_e}{\mathrm{d}t}$	$\mathrm{d}\Phi = \Phi_\lambda \mathrm{d}\lambda$	$\Phi_p = \frac{\mathrm{d}N_p}{\mathrm{d}t}$	$\Phi_v = K_m \int_0^\infty V(\lambda)\Phi_{e\lambda}\mathrm{d}\lambda$
强度	$I_e(\theta,\varphi) = \frac{\mathrm{d}\Phi_e}{\mathrm{d}\Omega}$	$I_\lambda = \frac{\mathrm{d}I}{\mathrm{d}\lambda}$	$I_p = \frac{\mathrm{d}\Phi_p}{\mathrm{d}\Omega}$	$I_v = \frac{\mathrm{d}\Phi_v}{\mathrm{d}\Omega}$
亮度	$L_e = \frac{\mathrm{d}^2\Phi_e}{\mathrm{d}A\mathrm{d}\Omega\cos\theta}$	$L_\lambda = \frac{\mathrm{d}L}{\mathrm{d}\lambda}$	$L_p = \frac{\mathrm{d}^2\Phi_p}{\mathrm{d}\Omega\mathrm{d}A\cos\theta}$	$L_v = \frac{\mathrm{d}\Phi_v}{\mathrm{d}\Omega\mathrm{d}A\cos\theta} = \frac{\mathrm{d}I_v}{\mathrm{d}A\cos\theta}$
出射度	$M_e = \frac{\mathrm{d}\Phi_e}{\mathrm{d}A}$	$M_\lambda = \frac{\mathrm{d}M}{\mathrm{d}\lambda}$	$M_p = \int L_p \cos\theta \mathrm{d}\Omega$	$M_v = \frac{\mathrm{d}\Phi_v}{\mathrm{d}A}$
照度	$E_e = \frac{\mathrm{d}\Phi}{\mathrm{d}A}$	$E_\lambda = \frac{\mathrm{d}E}{\mathrm{d}\lambda}$	$E_p = \frac{\mathrm{d}\Phi_p}{\mathrm{d}A}$	$E_v = \frac{\mathrm{d}\Phi_v}{\mathrm{d}A}$

表2-9　光度量与辐射度量的对照表

辐射度学			光度学		
辐射度量	符号	单位	光度量	符号	单位
辐射能	Q_e	焦耳(J)	光能	Q_v	流明秒(lm·s)
辐射通量	Φ_e	瓦(W)	光通量或光功率	Φ_v	流明(lm)
辐射照度	E_e	瓦/米^2(W/m^2)	[光]照度	E_v	勒克斯(1lx = 1lm/m^2)
辐射出射度	M_e	瓦/米^2(W/m^2)	[光]出射度	M_v	流明/米^2(lm/m^2)
辐射强度	I_e	瓦/球面度(W/sr)	发光强度	I_v	坎德拉(1cd = 1lm/sr)
辐射亮度	L_e	瓦/(米^2·球面度)(W/m^2·sr)	[光]亮度	L_v	坎德拉/米^2(cd/m^2)

2.6　辐射度学和光度学中的基本定律

2.6.1　辐射强度余弦定理

1. 漫辐射源

大多数均匀发光的物体,不论其表面形式如何,在各个方向上的辐射亮度都近似一致。例如,太阳虽是一个圆球,但我们看到在太阳整个表面上其中心和边缘都一样亮,与看到一个均匀打光的圆形平面相同,这说明太阳表面各方向的辐射亮度是一致的,我们将辐射亮度与方向无关的辐射称为漫辐射,与漫辐射对应的辐射源称为漫辐射源。

2. 朗伯余弦定律

对于理想的漫辐射源,辐射功率的空间分布可以表示为

$$\Delta^2\Phi = B\cos\theta \cdot \Delta A \cdot \Delta\Omega \tag{2.46}$$

式中:B 为常数;θ 为辐射法线与观察方向的夹角;ΔA 为辐射源面积;$\Delta\Omega$ 为辐射立体角。

该辐射特性可以用语言描述为:理想漫辐射源单位表面积向空间指定方向单位立体角内辐射的功率和该指定方向与表面法线夹角的余弦成正比。这就是朗伯余弦定律,我们将具有这种性质的辐射源称为余弦辐射体。

朗伯余弦定律是一个理想化的概念。但实际遇到的许多辐射源的辐射特征,在一定范围内都十分接近朗伯余弦定律。例如,黑体辐射精确遵守朗伯余弦定律。在工程计算中,在相对于表面法线方向的观察角不超过50°时,尽管导电材料的表面有较大差异,也还可以用朗伯余弦定律。

3. 辐射强度余弦定律

根据辐射亮度的定义:

$$L_v = \frac{d\Phi_v}{d\Omega dA\cos\theta} = \frac{dI_v}{dA\cos\theta}$$

法向亮度为

$$L = \frac{I_0}{\Delta A \cdot \cos\theta} = \frac{I_0}{\Delta A} \tag{2.47}$$

则 θ 方向的亮度可以表示为

$$L_{\theta} = \frac{I_{\theta}}{\Delta A \cdot \cos\theta} \tag{2.48}$$

对理想漫辐射源而言,各方向的辐射亮度相等,即式(2.47)中的 L 和式(2.48)中的 L_{θ} 相等,即 $L = L_{\theta}$,故有

$$I_{\theta} = I_0\cos\theta \tag{2.49}$$

式(2.49)是朗伯余弦定律定律的另一种形式,也称为辐射强度余弦定律。这个式子表明,各方向上辐射亮度相等的小面元,在某一方向上的辐射强度等于这个面垂直方向上的辐射强度乘以方向角的余弦。太阳、荧光屏、毛玻璃灯罩、坦克表面等都近似于满足这种辐射特征。

4. 小朗伯辐射源的辐射强度分布曲线

根据式(2.49),可以描绘出小朗伯辐射源的辐射强度分布曲线,如图 2-10 所示,小朗伯辐射源的辐射强度分布曲线是一个与发射面相切的正圆形。

在实际应用中,为了确定一个辐射面或漫反射面接近理想朗伯面的程度,通常可以测量其辐射强度分布曲线。如果辐射强度分布曲线很接近图 2-10 所示的形状,则可以认为是一个朗伯面。

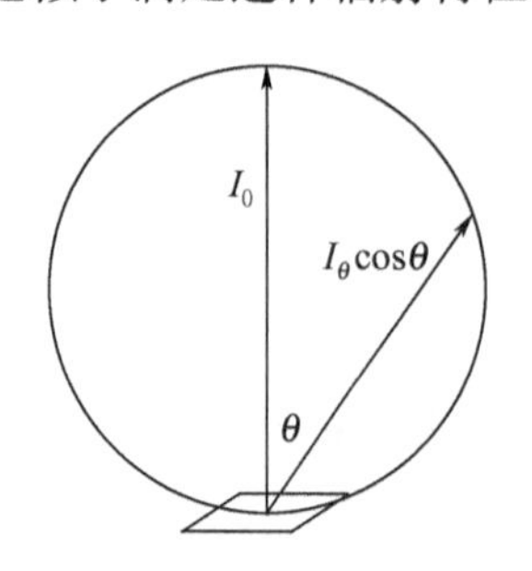

图 2-10 朗伯体辐射强度的分布曲线

2.6.2 距离平方反比定律

如图 2-11 所示,一个点辐射源照明一个微小的平面 $\mathrm{d}A$,辐射源到被照表面 P 点的距离为 d,面元 $\mathrm{d}A$ 的法线与到辐射源之间的夹角为 θ,假设点辐射源的辐射强度为 I,则由辐射强度的定义可知:

$$I = \frac{\mathrm{d}\Phi}{\mathrm{d}\Omega} \tag{2.50}$$

根据立体角的定义,结合图 2-11 中的几何关系,有

$$\mathrm{d}\Omega = \frac{A}{d^2} = \frac{\mathrm{d}A\cos\theta}{d^2}$$

则有

$$\mathrm{d}\Phi = I\mathrm{d}\Omega = I\frac{\mathrm{d}A\cos\theta}{d^2}$$

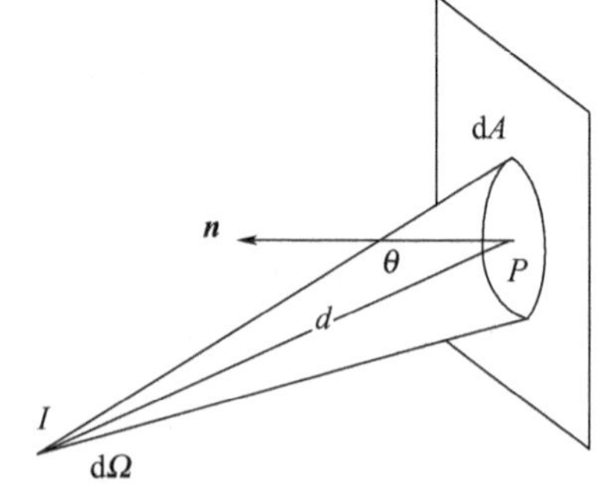

图 2-11 点辐射源产生的辐射照度

根据辐射照度的定义

$$E = \frac{\mathrm{d}\Phi}{\mathrm{d}A}$$

则有

$$E = \frac{\mathrm{d}\Phi}{\mathrm{d}A} = I\frac{\mathrm{d}A\cos\theta}{\mathrm{d}Ad^2} = \frac{I}{d^2}\cos\theta \tag{2.51}$$

从式(2.51)可以看出,被照明物体表面的辐射照度和光源在照明方向上的辐射强度及被照明表面的倾斜角的余弦成正比,而与距离的平方成反,这个规律被称为距离平方反比定律,是描述点辐射源在某点产生的照度的规律。

值得注意的是，式(2.51)虽然是由点光源导出的公式，但在光源尺寸大小与距离 R 比较起来不大的情况下，同样可以应用。

2.6.3　亮度守恒定律

如图2－12所示，在光束传输路径上任取两个单位面积1和2，面积分别 dA_1 和 dA_2。取这两个单位面积时，使通过单位面积 dA_1 的光束也都通过单位面积 dA_2。设两个单位面积之间的距离为 r，单位面积 dA_1 和单位面积 dA_2 的法线与光的传输方向的夹角分别为 θ_1 和 θ_2，则

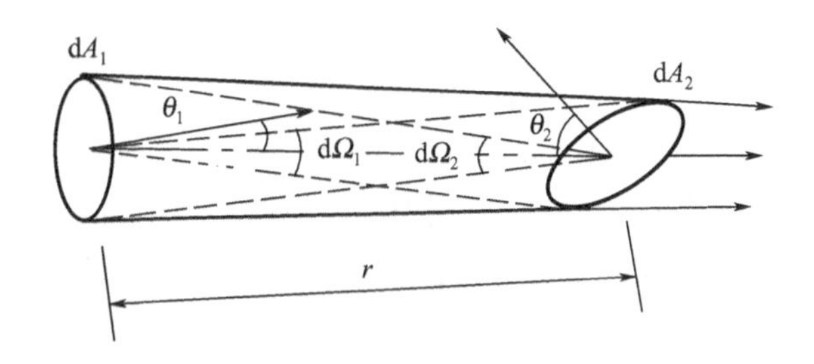

图2－12　辐射亮度守恒关系

$$d\Omega_1 = \frac{dA_2\cos\theta_2}{r^2}$$

$$d\Omega_2 = \frac{dA_1\cos\theta_1}{r^2}$$

设单位面积 dA_1 的辐射亮度为 L_1。当把单位面积 dA_1 看作子光源，单位面积 dA_2 看作接收表面时，则由单位面积 dA_1 发出、单位面积 dA_2 接收的辐射通量

$$d^2\Phi_{12} = L_1 dA_1\cos\theta_1 d\Omega_1 = L_1 dA_1\cos\theta_1 \frac{dA_2\cos\theta_2}{r^2}$$

根据辐射亮度定义，单位面积 dA_2 的辐射亮度 L_2 为

$$L_2 = \frac{d^2\Phi_{12}}{dA_2 d\Omega_2\cos\theta_2} = \frac{d^2\Phi_{12}}{dA_2\cos\theta_2 dA_1\cos\theta_1 d\Omega_2/r^2} \tag{2.52}$$

将 $d^2\Phi_{12}$ 值代入式(2.52)，得

$$L_2 = L_1 \tag{2.53}$$

可见，光辐射能在传输介质中没有损失时，单位表面 dA_2 的辐射亮度和单位表面 dA_1 的辐射亮度是相等的，即辐射亮度是守恒的。

第3章　光电子技术中的常用光源

一切能产生光辐射的辐射源，无论是天然的，还是人造的，都称为光源。光电子技术中所用的光源可以简单地划分为自然光源和人造光源两类。自然光源是自然界中存在的光源，按其产生原理可以分为两类，一类是热效应光源，如太阳、燃烧的篝火等；另一类是生物能光源，如萤火虫、水母等。人造光源是为了某种需要而制作的能够将各种形式的能量，如热能、电能、化学能等转化为光辐射的器件，如黑体辐射器、白炽灯、激光器等。

自然光源主要在被动探测中使用，其信息来源于被探测目标自身的辐射，没有人为辐射发射系统，如天文光电探测、红外跟踪制导、微光夜视等仪器；而人造光源在仪器系统中主要组成主动探测系统，其信息来源于人造光源对目标的反射、透射、散射等。

因此，光源是光电子技术中的一个重要内容，本章将从评价光源的基本参数出发，介绍热辐射光源、气体放电光源、固体放电光源、半导体光源、同步辐射光源和激光等光源的发光机理、主要特征及其应用，以帮助我们在设计光电探测系统时正确选用光源或针对光源的特性选择合适的探测方法。

3.1　光源的基本特征参数

3.1.1　辐射效率和发光效率

我们常用的光源大都是将电能转换为光能的光源，这类光源称为电光源，辐射效率和发光效率是评价电光源的两个主要参数。

1. 辐射效率

在给定波长范围($\lambda_1 \sim \lambda_2$)内，某一光源发出的辐射通量与产生这些辐射通量所需的电功率之比，称为该光源在规定光谱范围内的辐射效率，即

$$\eta_e = \frac{\Phi_e}{P} = \frac{\int_{\lambda_1}^{\lambda_2} \Phi_{e\lambda} \mathrm{d}\lambda}{P} \tag{3.1}$$

2. 发光效率

某一光源所发射的光通量与产生这些光通量所需要的电功率之比，称为该光源的发光效率，即

$$\eta_e = \frac{\Phi_v}{P} = \frac{K_m \int_{380}^{780} \Phi_{e\lambda} V(\lambda) \mathrm{d}\lambda}{P} \tag{3.2}$$

辐射效率和发光效率的单位均为流明/瓦(lm/W)。在照明领域或光度测量系统中，一般应选用发光效率较高的光源。表3-1中列出了一些常用光源的发光效率。

表3-1 一些常用光源的发光效率

光源种类	发光效率/(lm/W)	光源种类	发光效率/(lm/W)
普通钨丝灯	8~18	高压汞灯	30~40
卤钨灯	14~30	高压钠灯	90~100
普通荧光灯	35~60	球形氙灯	30~40
三基色荧光灯	55~90	金属卤化物灯	60~80

3.1.2 光谱功率分布

自然光源和人造光源所发出的光辐射大都是由多种单色光组成的复色光,因此,光源的输出功率与其波长分布有关,光源的这种输出功率与波长 λ 之间的关系称为光源的光谱分布。

如果令光源光谱功率分布的最大值为1,将光谱功率分布进行归一化处理,那么经过归一化后的光谱功率分布称为相对光谱功率分布。

如图3-1所示,光源的光谱功率分布通常可分成四种情况。图(a)称为线状光谱,由若干条明显分隔的细线组成,如低压汞灯的光谱。图(b)称为带状光谱,由一些分开的谱带组成,每一谱带中又包含许多细谱线,如高压汞灯、高压钠灯的光谱。图(c)称为连续光谱,所有热辐射光源的光谱都是连续光谱,如黑体辐射器的光谱。图(d)称为混合光谱,它由连续光谱与线、带谱混合而成,一般荧光灯的光谱就属于这种分布。

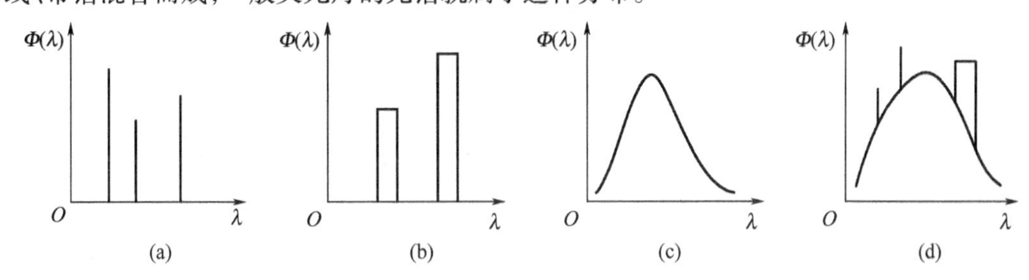

图3-1 四种典型的光谱功率分布
(a) 线状光谱;(b) 带状光谱;(c) 连续光谱;(d) 混合光谱。

3.1.3 空间光强分布

大多数光源在空间各方向上的发光强度都不一样,这种光源称为非等向性光源,可以用数据或图形把光源发光强度在空间的分布状况记录下来,通行的做法是在光辐射空间的某一截面上,将发光强度相同的点连线,就得到光源在该截面发光强度曲线,该曲线也称为配光曲线。

因为大部分光源(尤其是灯具)的形状是轴对称的旋转体,其发光强度在空间的分布也是轴对称的。所以,通过光源轴线取任一平面,以该平面内的光强分布曲线来表明光源在整个空间的分布就足够了。如果光源的发光强度在空间的分布是不对称的,例如长条形的荧光灯,则需要用若干测光平面的光强度分布曲线来说明空间光强分布。图3-2是超高压球形氙灯在垂直平面和水平平面上的发光强度曲线。

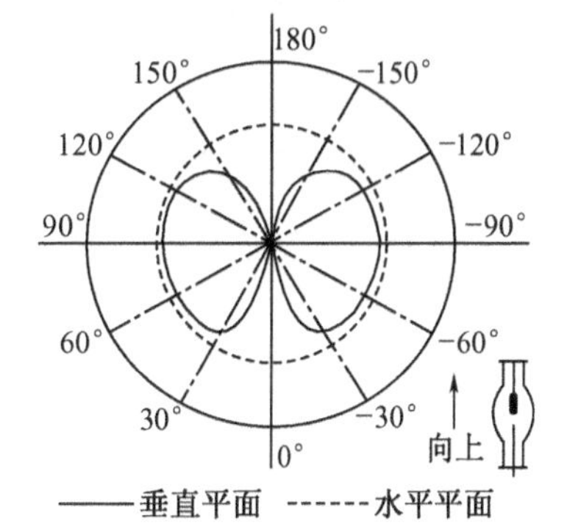

图3-2 超高压球形氙灯光强分布

为了提高光的利用率，一般选择发光强度高的方向作为照明方向。为了充分利用其他方向的光，可以用反光罩，反光罩的焦点应位于光源的发光中心。

3.2 黑体辐射

3.2.1 单色吸收比和单色反射比

描述某一温度下物体辐射规律的物理量是辐射出射度 $M_e(T)$ 和单色辐射出射度 $M_{e\lambda}(T)$，二者之间的关系是

$$M_e(T) = \int_0^{\infty} M_{e\lambda}(T)\,\mathrm{d}\lambda \tag{3.3}$$

但是，任一物体向周围发射电磁波的同时，也吸收周围物体发射的辐射能。当辐射从外界入射到不透明的物体表面上时，一部分能量被吸收，另一部分能量从表面反射（如果物体是透明的，则还有一部分能量透射）。将被物体吸收的能量与入射的能量之比称为该物体的吸收比 $\alpha(T)$，将被物体反射的能量与入射的能量之比称为该物体的反射比 $\rho(T)$。将波长 λ 到 $\lambda + \mathrm{d}\lambda$ 范围内的吸收比称为单色吸收，用 $\alpha_\lambda(T)$ 表示；相应的反射比称为单色反射比，用 $\rho_\lambda(T)$ 表示。对于不透明的物体，单色吸收比和单色反射比之和等于 1，即

$$\alpha_\lambda(T) + \rho_\lambda(T) = 1 \tag{3.4}$$

3.2.2 黑体

假设有这样一类物体，在任何温度下，物体的表面对任何波长的辐射能的吸收比都等于 1，即 $\alpha_\lambda(T) = 1$，并且不会有任何的反射与透射，将这类物体称为绝对黑体，简称为黑体（Blackbody）。

实际存在的物体中没有一个是黑体，有些物体看起来比较接近黑体，但和严格意义下的黑体仍然有相当的距离。但在实验上，可以用一个开了一个小孔的空腔来模拟一个黑体，如图 3－3 所示，当外界辐射能经由小孔射入空腔后，此辐射线经过多次反射，几乎无机会再由小孔出射，故可视为辐射能被空腔所完全吸收，可以将其近似看成是理想黑体。

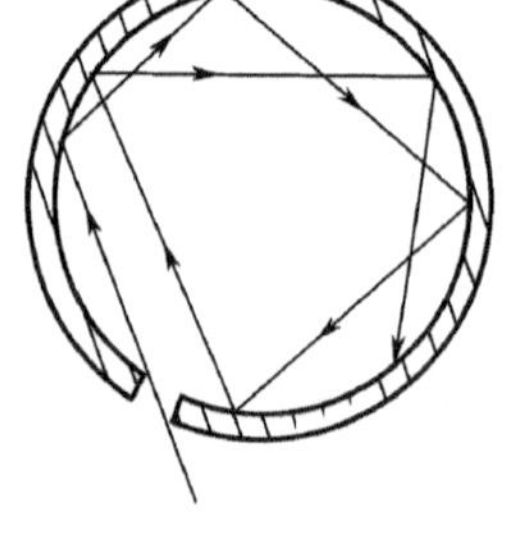

图 3－3　黑体的原理图

3.2.3 基尔霍夫定律

如图 3－4 所示，用一根不导热的线将物体 A_1 悬挂于黑体空腔中，使它与黑体空腔的腔壁保持热绝缘，令 $E_{eb}(\lambda, T)$ 为热平衡温度 T 时，黑体投射在物体 A_1 上的光谱辐射照度，$\alpha_1(\lambda, T)$ 为物体 A_1 在相同条件下的吸收比，$M_{eb}(\lambda, T)$ 为相同温度下物体 A_1 的光谱辐射出射度，根据系统中的能量守恒定律，有

$$M_{e1}(\lambda, T) = \alpha_1(\lambda, T) E_{eb}(\lambda, T) \tag{3.5a}$$

假定黑体空腔内还有其他物体 A_2、A_3、…、A_n，则这些物体的吸收比 $\alpha(T)$ 和光谱辐射出射度 $M_e(\lambda, T)$ 可分别表示为 $\alpha_2(\lambda, T)$、

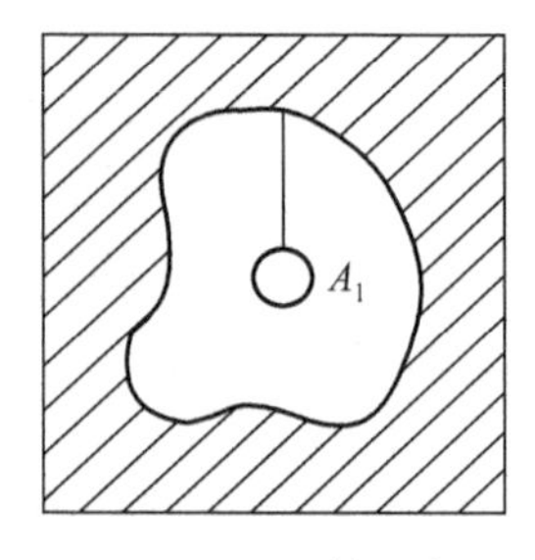

图 3－4　黑体辐射

$\alpha_3(\lambda,T)$、…、$\alpha_n(\lambda,T)$ 和 $M_{e2}(\lambda,T)$、$M_{e3}(\lambda,T)$、…、$M_{en}(\lambda,T)$，因此，可以列出以下方程式：

$$M_{e2}(\lambda,T) = \alpha_2(\lambda,T)E_{eb}(\lambda,T) \tag{3.5b}$$

$$M_{e3}(\lambda,T) = \alpha_3(\lambda,T)E_{eb}(\lambda,T) \tag{3.5c}$$

$$\vdots$$

$$M_{en}(\lambda,T) = \alpha_n(\lambda,T)E_{eb}(\lambda,T) \tag{3.5n}$$

将式(3.5a～n)联立，可以得到

$$E_{eb}(\lambda,T) = \frac{M_{e1}(\lambda,T)}{\alpha_1(\lambda,T)} = \frac{M_{e2}(\lambda,T)}{\alpha_2(\lambda,T)} = \frac{M_{e3}(\lambda,T)}{\alpha_3(\lambda,T)} = \cdots = \frac{M_{en}(\lambda,T)}{\alpha_n(\lambda,T)} \tag{3.6}$$

假设图3－4中的黑体空腔内悬挂的物体 A_1 是一个黑体，则式(3.6)可以变为

$$\frac{M_{eb}(\lambda,T)}{\alpha_b(\lambda,T)} = M_{eb}(\lambda,T) = \frac{M_{e2}(\lambda,T)}{\alpha_2(\lambda,T)} = \frac{M_{e3}(\lambda,T)}{\alpha_3(\lambda,T)} = \cdots = \frac{M_{en}(\lambda,T)}{\alpha_n(\lambda,T)} \tag{3.7}$$

即在相同的温度下，各种不同物体对相同波长的单色辐射出射度与单色吸收比的比值相等，都等于该温度下黑体对同一波长的单色辐射出射度，并且都等于该温度下黑体对同一波长的单色辐射出射度，这就是1859年，德国物理学家基尔霍夫提出了的热辐射定律(Law of Radiation)，即基尔霍夫定律。

对于一般物体而言，其吸收比 $\alpha(\lambda,T)$ 总小于1，所以黑体的单色辐射出射度 $M_{eb}(\lambda,T)$ 总大于一般物体的单色辐射出射度 $M_e(\lambda,T)$，我们把一般物体的辐射出射度 $M_e(\lambda,T)$ 与相同条件下黑体的辐射出射度 $M_{eb}(\lambda,T)$ 的比值定义为该物体的光谱发射率 $\varepsilon(\lambda,T)$，即

$$\varepsilon(\lambda,T) = \frac{M_e(\lambda,T)}{M_{eb}(\lambda,T)} \tag{3.8}$$

从式(3.7)可以得到

$$\frac{M_e(\lambda,T)}{M_{eb}(\lambda,T)} = \alpha(\lambda,T) \tag{3.9}$$

联立式(3.8)和式(3.9)有

$$\varepsilon(\lambda,T) = \alpha(\lambda,T) \tag{3.10}$$

即物体的光谱发射率总等于其光谱吸收比，这就是说强吸收体必然是强发射体。如果一个物体的吸收比 $\alpha(\lambda,T)$ 是一个常数并小于1，那么该物体常称为灰体。

3.2.4　黑体辐射规律

黑体不仅仅能全部吸收外来的电磁辐射，而且，其发射电磁辐射的能力比同温度下的其他物体要强，所谓黑体辐射就是指黑体发出的电磁辐射。黑体辐射的能量按波长的分布仅与温度有关，在室温下，黑体辐射出的基本为红外线，但当温度涨幅超过了百度之后，黑体开始放出可见光，根据温度的升高过程，分别变为红色、橙色、黄色、白色和蓝色；当黑体变为白色的时候，黑体会辐射出大量的紫外线。

图3－5所示是不同温度下的黑体辐射曲线，从图中可以看到，黑体辐射的能量按波长的分布是黑体的温度函数，黑体所处温度不同，其辐射曲线的分布不同，黑体温度越高，最大辐射出射度越高，同时，随着黑体温度的升高，最大辐射出射度所对应的波长向短波方向移动。

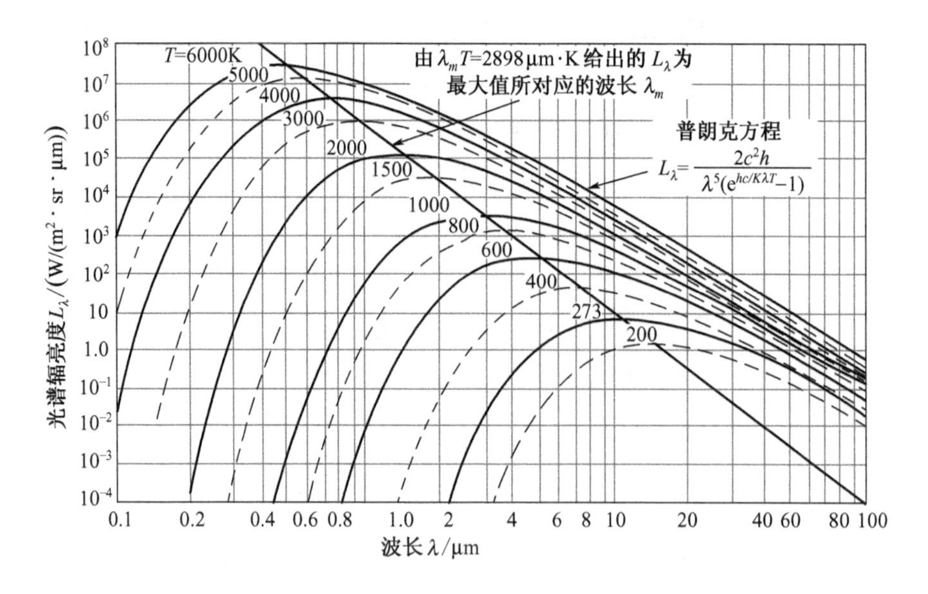

图 3-5 黑体辐射谱

1. 斯特藩—玻耳兹曼定律

斯特藩—玻耳兹曼定律(Stefan-Boltzmann Law),又称斯特藩定律,是热力学中的一个著名定律,其内容为:一个黑体表面单位面积在单位时间内辐射出的总能量(即物体的辐射出射度)M_e 与黑体本身的热力学温度 T(又称绝对温度)的四次方成正比,即:

$$M_e = \sigma T^4 \tag{3.11}$$

式中:σ 是斯特藩—玻耳兹曼常数或斯特藩常量。它可由自然界其他已知的基本物理常数算得,因此它不是一个基本物理常数。该常数的值为:

$$\sigma = \frac{2\pi^5 k^4}{15c^2h^3} = 5.6704 \times 10^{-8}(\mathrm{J \cdot s^{-1} \cdot m^{-2} \cdot K^{-4}})$$

斯特藩—玻耳兹曼定律是一个典型的幂次定律。

斯特藩—玻耳兹曼定律由斯洛文尼亚物理学家斯特藩(Stefan)和奥地利物理学家玻耳兹曼(Boltzmann)分别于 1879 年和 1884 年各自独立提出。两个人工作的区别是,斯特藩是通过对实验数据的归纳总结而得到,玻耳兹曼则是从热力学理论出发,假设用光(电磁波辐射)代替气体作为热机的工作介质,最终推导出与斯特藩的归纳结果相同的结论。值得注意的是,该定律只适用于黑体这类理想辐射源。

2. 维恩位移定律

1893 年,维恩(Wien)进一步计算出不同温度的黑体波谱之间的联系,发现黑体辐射的强度达到最大时的波长 λ_{max} 只和黑体的温度相关:

$$\lambda_{max} = \frac{b}{T} \tag{3.12}$$

式中:b 为比例常数,称为维恩位移常数。

式(3.12)表明,某一温度下的黑体的最大辐出度所对应的波长 λ_{max} 与该温度 T 的乘积等于维恩位移常数,这就是著名的维恩位移定律。2002 年国际科技数据委员会(CODATA)推荐的维恩位移常数值等于 2.8977685×10^{-3} m·K。

维恩位移定律指出，随着温度的升高，λ_{max}向短波方向移动，由于λ_{max}与温度 T 的乘积是一个常数，所以在测出 λ_{max}后，就可以根据维恩位移定律确定辐射体的温度。光测温度计就是根据这一原理制成的。

3. 维恩公式

1896 年，维恩从热力学的普遍理论出发，结合对黑体辐射实验数据的分析，得到了一个描述黑体辐射曲线的半经验公式

$$M(\nu,T) = \alpha\nu^3\exp\left(-\frac{\beta\nu}{T}\right) \tag{3.13}$$

式中：$M(\nu,T)$是黑体辐射的辐射出射度；ν 是频率；T 是绝对温度；α 和 β 是两个经验参数，通过符合实验曲线来确定。

如图 3－6 所示，将同一温度下的维恩公式所给出的曲线与黑体辐射曲线作比较，可以看到，维恩公式在短波情况下与黑体辐射的实验曲线吻合的很好，但在长波长波段，与实验有明显的偏离。

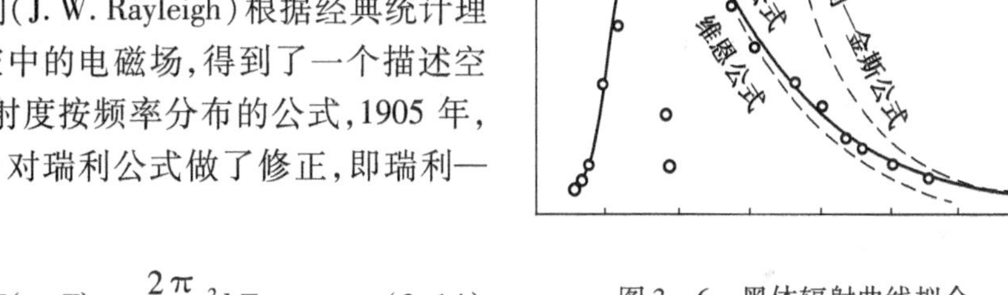

图 3－6　黑体辐射曲线拟合

4. 瑞利—金斯公式

1900 年，瑞利（J. W. Rayleigh）根据经典统计理论，研究密封空腔中的电磁场，得到了一个描述空腔辐射的辐射出射度按频率分布的公式，1905 年，金斯（J. H. Jeans）对瑞利公式做了修正，即瑞利—金斯公式

$$M(\nu,T) = \frac{2\pi}{c^2}\nu^2 kT \tag{3.14}$$

式中：$M(\nu,T)$是黑体辐射的辐射出射度；k 是玻耳兹曼常数；c 为真空中的光速；T 是热力学温度。

如图 3－6 所示，将瑞利—金斯公式所给出的曲线与同一温度下黑体辐射曲线作比较，可以看到，瑞利—金斯公式在长波或高温情况下，同实验结果相符，但在短波范围，能量密度则迅速地单调上升，同实验结果矛盾。

1911 年，奥地利物理学家埃伦费斯特对瑞利—金斯公式的这一严重缺陷用“紫外灾难”来形容，它深刻揭露了经典物理的困难，从而对辐射理论和近代物理学的发展起了重要的推动作用。

5. 普朗克公式

1900 年，德国物理学家普朗克（M. Planck）提出量子假说：对于频率为 ν 的电磁辐射，其辐射是按照最小能量单位 $h\nu$ 的整数倍进行的。这里 h 是一个普适常数，称为普朗克常数。在这个假说的基础上，普朗克导出一个新的辐射能量对频率的分布公式，认为黑体光谱辐射出射度 $M(\nu,T)$与频率 ν、热力学温度 T 之间有以下关系

$$M(\nu,T) = \frac{\lambda^{-5}c_1}{\exp(c_2/\lambda T) - 1} \tag{3.15}$$

式中：c_1 称为第一辐射常量；c_2 称为第二辐射常量，其值分别为

$$c_1 = 2\pi hc^2 = 3.7418 \times 10^{-16} \mathrm{W \cdot m^2}, \quad c_2 = \frac{hc}{k} = 0.01438 \mathrm{m \cdot K}$$

如图 3－6 所示，这个公式在频率较低时自动回到瑞利—金斯公式，在频率较高时又自动回到维恩公式，对所有频率都与实验符合得很好。

这个假说太富于革命性了，在它刚被提出时，没有人赞同它，甚至连普朗克本人都不喜欢它。的确，在经典物理学的思想里，能量是连续的，而在量子假说中，能量只能是一份一份地被发出来，这看上去是不可思议的。普朗克认为这个假说破坏了物理学的完美，因此，他曾经花费了 15 年时间来试图找到一种能从经典物理学导出的方法来代替量子假说，以解决科学家们在黑体辐射方面所遇到的困难。但是这个试探没有成功，只有采用量子假说，黑体辐射的理论才能与实验很好地符合。直到 5 年后，著名物理学家爱因斯坦使人们真正注意到了量子假说所闪现的光芒。

3.3 热辐射光源

热辐射光源是将热能转化为辐射能的光源，最常见的是白炽光源，也就是使物体加热到白炽程度而发光。在高温下，物体中的各类原子、分子可以因热运动而改变其能量状态并辐射出各种波长的光波，实验表明，热辐射具有连续的辐射谱，波长自远红外区延伸到紫外区，并且辐射能按波长的分布主要取决于物体的温度。常见的热辐射光源有黑体辐射模拟器、太阳、白炽灯、卤钨灯（卤素灯）等。

3.3.1 黑体辐射器

在许多光电仪器及光电系统中，往往需要一种角度特性和光谱特性酷似理想黑体特性的辐射源，这种辐射源常称为黑体辐射器，也称为黑体辐射模拟器，其结构如图 3－7 所示。

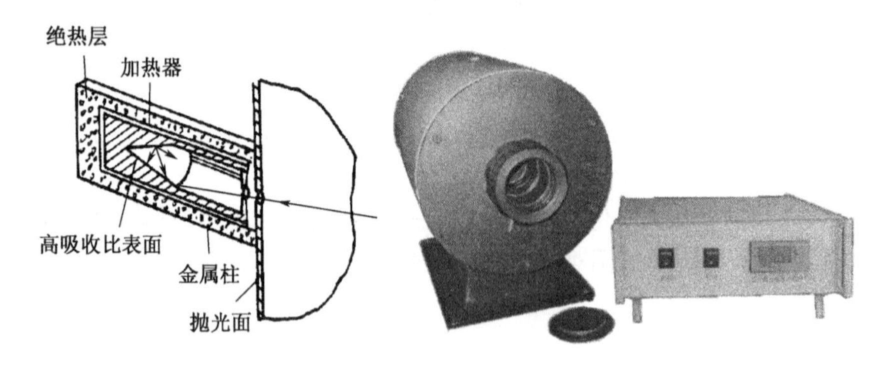

图 3－7 黑体辐射模拟器

黑体辐射器是为科学设计制作的小孔空腔结构的辐射器，有绝热层、测温和控温传感器，可保持热平衡和调节温度，可以很好地实现辐射功能，常用作标准光源，有多种规格。最高工作温度可达 3000K，实际应用大多在 2000K 以下，辐射的峰值波长在红外区。

3.3.2 太阳

太阳可看成一个直径为 1.392×10^9m 的光球，它到地球的年平均距离是 1.496×10^{11}m。

因此，从地球上观看太阳时，太阳的张角只有0.533°。图3-8所示是太阳的光谱能量分布曲线。

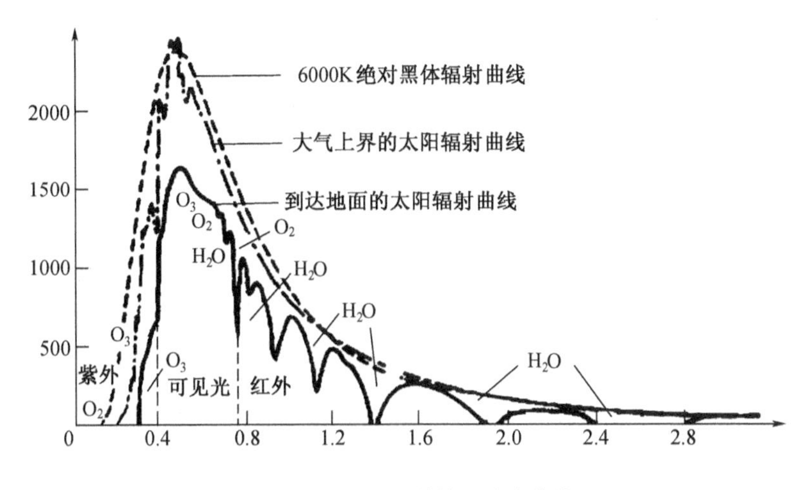

图3-8　太阳光谱能量分布曲线

从图3-8中可以看出，大气层外的太阳光谱能量分布相当于6000K左右的黑体辐射，辐射波长峰值恰是人眼最敏感波长0.55μm，其平均辐亮度为$2.01\times10^{7}W\cdot m^{-2}\cdot sr^{-1}$，平均亮度为$1.95\times10^{9}cd\cdot m^{-2}$。

到达地球上的太阳辐射，要斜穿过一层厚厚的大气层，大气层使太阳辐射在光谱和空间分布、能量大小、偏振状态等方面都发生了变化。从图3-8中可以看到，大气中氧气(O_2)、水蒸气(H_2O)、臭氧(O_3)、二氧化碳(CO_2)、一氧化碳(CO)、甲烷(CH_4)和其他碳氢化合物(C_nH_m)对太阳辐射有选择地吸收，主要吸收区域集中在红外区，可见光区也受到很强的大气衰减。

3.3.3　白炽灯

白炽灯是将灯丝通电加热到白炽状态，利用热辐射发出可见光的电光源。

1. 白炽灯的结构

白炽灯的结构如图3-9所示，主要由玻璃壳、灯丝、导线、感柱、灯口等组成。

玻璃壳做成圆球形，用耐热玻璃制作，玻璃壳把灯丝和空气隔离，既能透光，又起保护作用。白炽灯工作的时候，玻璃壳的温度最高可达100℃左右。

灯丝是用比头发丝还细得多的钨丝，做成螺旋形。看起来灯丝很短，其实把这种极细的螺旋形钨丝拉成直线有1m多长。

导线看上去很简单，实际上由内导线、杜美丝和外导线三部分组成。内导线用来导电和固定灯丝，用铜丝或镀镍铁丝制作；中间一段很短的红色金属丝叫杜美丝，要求它同玻璃密切结合而不漏气；外导线是铜丝，其任务是连接灯头用以通电。

感柱是一个喇叭形的玻璃零件，它连着玻壳，起着固定金属部件的作用，其中有个排气管，用来把玻壳里的空气抽走，然后将下端烧焊密封，使灯不漏气。

灯口是连接灯座和接通电源的金属件，用焊泥将其与玻璃壳粘结在一起。

2. 白炽灯的特点

白炽灯的优点是光色和集光性能好，是产量最大，应用最广泛的电光源。但其显著缺点是光效能低，寿命短，使用寿命通常不会超过1000h。在所有用电的照明灯具中，白炽灯的效率是最低的，它所消耗的电能只有很小的部分，12%～18%可转化为光能，而其余部分都以热能的形式散失了。

白炽灯的光参数（光通量Φ、光效η）、电参数（灯电压V、电流I、功率P、电阻R）和寿命之间有密切的关系。如图3-10所示，对一定的白炽灯，当灯的工作电压升高时，就会导致灯的工作电流I和功率P增大，灯丝工作温度升高，发光效率η和光通量Φ增加，而灯的寿命急剧下降。在实际使用中，可适当降低灯电压，从而有效延长灯的寿命。

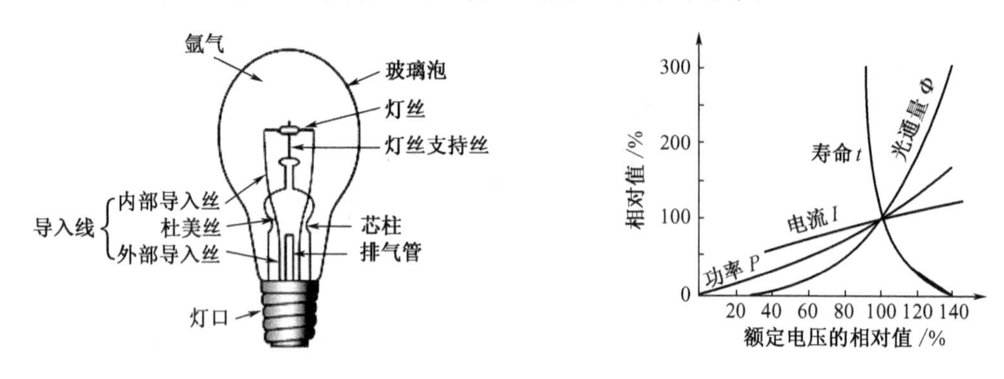

图3-9　白炽灯结构　　　　图3-10　白炽灯的电压与灯参数的变化曲线

3. 中国政府淘汰白炽灯计划

因为白炽灯的光效能低这一显著缺点，为减少温室气体排放，应对全球气候变暖，世界各国相继提出淘汰白炽灯使用的计划，中国政府于2011年也正式宣布在5年内逐步淘汰白炽灯计划。表3-2列出了中国政府淘汰白炽灯分阶段实施计划。

表3-2　中国淘汰白炽灯计划阶段实施表

步骤	实施期限	目标	额定功率	实施范围与方式
第一阶段	2011.10.1—2012.9.30	过渡期为一年		
第二阶段	2012.10.1起	普通照明用白炽灯	≥100W	禁止进口、国内销售
第三阶段	2014.10.1起	普通照明用白炽灯	≥60W	禁止进口、国内销售
第四阶段	2015.10.1—2016.9.30	进行中期评估，调整后续政策		
第五阶段	2016.10.1起	普通照明用白炽灯	≥15W	禁止进口、国内销售

3.3.4　卤钨灯

1959年，人们发现了卤钨循环原理后，在白炽灯的基础上发展了体积和衰光极小的卤钨灯（Halogen Lamp），也称为卤素灯。卤钨灯的出现显著延长了白炽灯的使用寿命，给热辐射光源注入了新的活力，这类灯体积小，光维持率达到95%以上，光效和寿命均明显优于白炽灯。

卤钨灯的外形一般都是一个细小的石英玻璃管，和白炽灯相比，其特殊性就在于钨丝可以“自我再生”，如图3-11所示。

在这种灯的灯丝和玻璃外壳中充有一些卤族元素，如碘和溴。当灯丝发热时，钨原子被蒸发向玻璃管壁方向移动。在它们接近玻璃管时，钨蒸气被“冷却”到大约800℃并和卤素原子结合在一起，形成卤化钨（碘化钨、溴化钨）。卤化钨向玻璃管中央移动，又落到被腐蚀的灯丝上。因为卤化钨很不稳定，遇热后就会分解成卤素蒸气和钨，这样钨又在灯丝上沉积下来，弥补了被蒸发的部分。如此循环，灯丝的使用寿命就会延长很多。为了使灯壁处生成的卤化物处于气态，卤钨灯的管壁温度要比普通白炽灯高得多，因此，卤钨灯的泡壳尺寸就要小得多，必须使用耐高温的石英玻璃或硬玻璃。

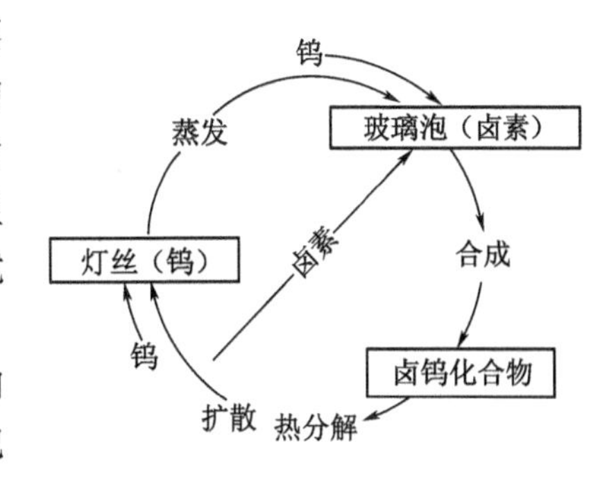

图3-11　卤钨循环原理

由于玻壳尺寸小，强度高，灯内允许的气压高，加之工作温度高，故灯内的工作气压要比普通充气灯泡高得多。既然在卤钨灯中钨的蒸发受到更有力的抑制，同时卤钨循环消除了泡壳的发黑，灯丝工作温度和光效就可大为提高，而灯的寿命也得到相应延长。

卤钨灯分为主高压卤钨灯（可直接接入220V～240V电源）及低电压卤钨灯（需配相应的变压器）两种，低电压卤钨灯具有相对更长的寿命，更高的安全性能等优点。近年来又推出多种新型卤钨灯，如节能型卤钨灯在石英泡壳上涂敷TiO_2/ SiO_2红外反射层，让可见光透过，而将红外线反射回灯丝，使灯的光效有30%～45%的提高，寿命达3000h。

由于卤钨灯的显色性特别好，而且体积小易于装饰，因此至今仍备受人们青睐和广泛使用，但在选择卤钨灯时需要注意灯的色温、寿命、安全性及是否隔除了紫外光灯。

3.4　气体放电光源

通常干燥气体不能传导电流，但当气体中存在自由带电粒子时，就变为电的导体。在强电场、光辐射、粒子轰击和高温加热等条件下，气体分子会发生电离，产生出可以自由移动的带电粒子，并在电场作用下形成电流，使绝缘气体成为良好的导体，这种电流通过气体的现象就是气体放电。气体放电光源就是利用气体放电发光原理制成的光源，也称为气体灯。

3.4.1　气体放电光源的原理及特点

1. 气体放电光源的一般原理

如图3-12所示，在一个密封并抽成真空的玻璃管或者石英管（可以透过紫外光）中，充入某种气体，再将两个电极埋在玻璃管的两侧，并将两个电极与高压电源相连，管内气体在电场作用下激励出电子和离子，电子和离子在电场作用下，分别向阳极和阴极移动，移动过程中再次从电场获得能量，因此，当这些电子和离子在电场中移动时将会与其他气体原子或分子碰撞而激励出新的电子和离子，也会使气体原子受激，内层电子跃迁到高能级，成为受激电子，受激电子返回低能级时，辐射出光子。所以，气体放电光源是一种很优良的单色光源，在光学实验研究中经常使用。

2. 气体放电光源的特点

气体放电光源具有效率高、结构紧凑、寿命长、辐射光谱可选择等特点。

效率高：比同瓦数的白炽灯发光效率高2～10倍，节能。

结构紧凑：气体放电光源不是靠灯丝发光，电极牢固紧凑，耐振，抗冲击。

寿命长：一般比白炽灯的寿命长2～10倍。

辐射光谱可以选择：只要选择适当的发光材料，就可以选择合适的辐射光谱。

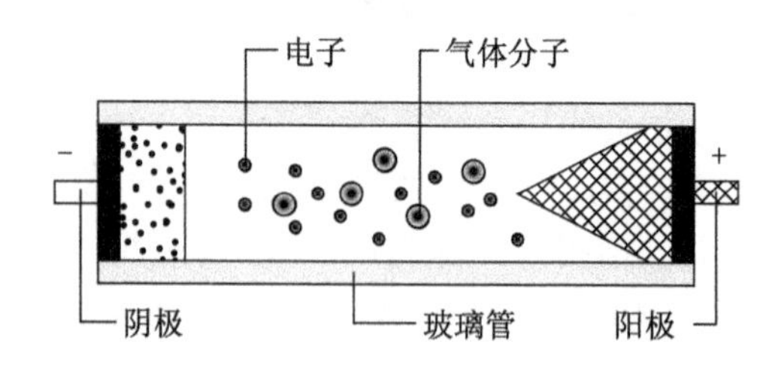

图 3-12　气体放电管

3.4.2　常用的气体放电光源

1. 汞灯

汞灯是利用汞放电时产生汞蒸气获得可见光的气体放电光源。汞灯可分为低压汞灯、高压汞灯和超高压汞灯三种。如图 3-13 所示,汞的气压越高,汞灯的发光效率也越高,发射的光也由线状光谱向带状光谱过渡。

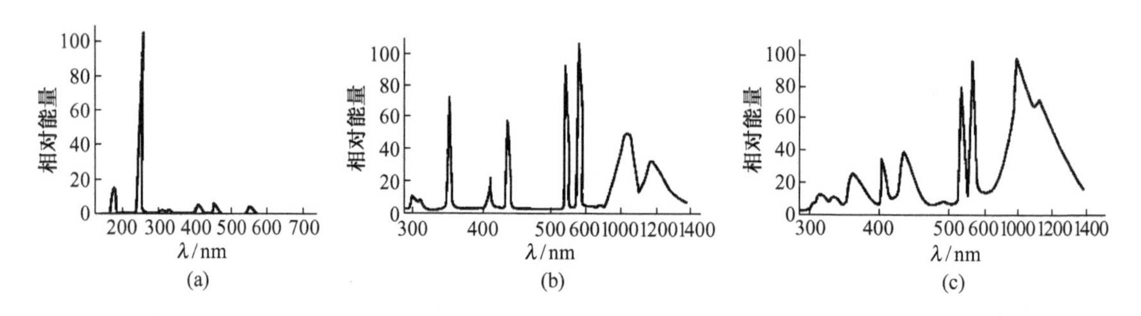

图 3-13　汞灯光谱能量的分布
(a) 低压汞灯;(b) 高压汞灯;(c) 超高压汞灯。

低压汞灯:汞蒸气气压为 0.8Pa,主要辐射 253.7 nm 的紫外光。常用于光谱仪的波长基准、紫外杀菌、荧光分析和日光灯的发光前级等。如图 3-14 所示,常用的"日光灯"是在冷阴极低压汞灯的灯管内壁涂以卤磷酸钙荧光粉,将 253.7nm 的紫外光转变为可见光。节能型荧光灯内壁涂有稀土荧光粉,发光效率更高。

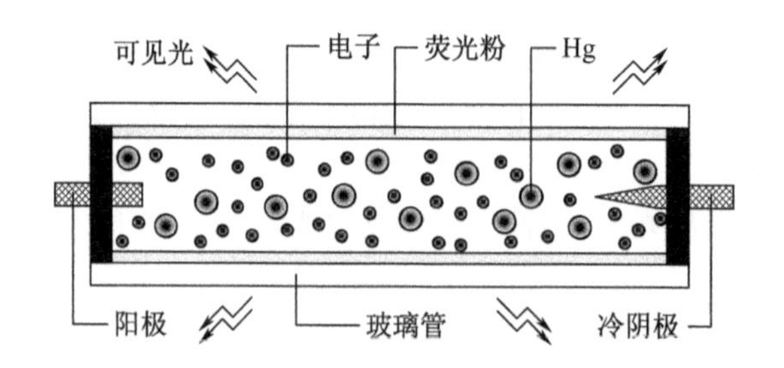

图 3-14　日光灯的发光机理

高压汞灯:汞蒸气气压为 1~10 个大气压,即$(1 \sim 10) \times 10^5$Pa。可见区呈带状光谱,红外区呈弱的连续光谱。常用于紫外辐照度标准、荧光分析、紫外探伤和大面积照明等。

球形超高压汞灯:汞蒸气气压为 10~20MPa。光谱线较宽,形成连续背景,可见区偏蓝,红外辐射增强。常作为点光源用于光学仪器、荧光分析和光刻技术等。

2. 氙灯

氙灯是利用氙气放电而发光的气体放电光源。由于灯内放电物质是惰性气体氙气，其激发电位和电离电位相差较小。氙灯的光谱分布与日光接近，亮度高，被称为“小太阳”，寿命可达 1000h 以上。

根据氙灯的电极间距和灯内氙气的压力，一般将氙灯分为长弧氙灯、短弧氙灯和脉冲氙灯。

长弧氙灯：是一种在管状石英泡壳内充有适量高纯度氙气、两端封有极距大于 100mm 的钍钨、钡钨或铈钨电极的氙灯，如图 3－15 所示，长弧氙灯有自然冷却和水冷两种。

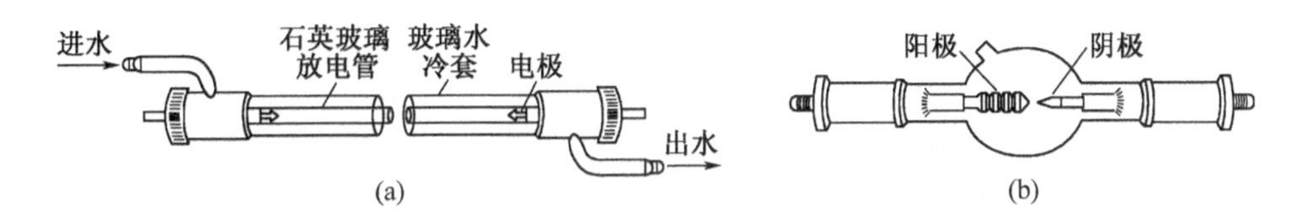

图 3－15　氙灯

（a）水冷长弧氙灯；（b）短弧氙灯。

自然冷却氙灯一般充 $2.66\times(10^2\sim10^3)$ Pa 的氙气，功率范围为 $10^2\sim2\times10^6$ kW，发光效率为 24～37lm/W。

水冷式长弧氙灯充 $(1.33\sim5.32)\times10^4$ Pa 的氙气，发光效率可达 60lm/W，一般寿命达 3000h。

长弧氙灯的色温为 5500～6000K，辐射光谱与日光接近，适用于大面积照明，也可用作电影摄影、彩色照相制版、复印等方面的光源；同时，在棉织物的颜色检验、药物和塑料老化试验、植物栽培、光化反应等方面，也可作模拟日光和人工老化光源。

短弧氙灯：短弧氙灯又称短弧球形氙灯，是一种具有极高亮度的点光源，色温为 6000K 左右，光色接近太阳光，是目前气体放电灯中显色性最好的一种光源，适用于电影放映、探照、火车车头以及模拟日光等方面。

脉冲氙灯：管内气压在 100Pa 以下，由高压电脉冲激发产生光脉冲，在极短的时间内发出很强的光。脉冲氙灯的一个重要参数是脉冲宽度，主要由光源的结构和点灯电路决定。现有脉冲光源的脉冲宽度一般为 $10^{-9}\sim10^{-2}$ s，瞬时亮度可达 10^{10} cd/m²，是除激光外亮度最高的人造光源，它的瞬时光通量可达 10^9 lm，闪光重复频率为 $1\sim10^6$ 次/分，工作寿命达 10^6 次以上，发光效率为 40lm/W。脉冲氙灯广泛用于固体激光器的光泵、照相制版、高速摄影和光信号源等。

3. 钠灯

钠灯是利用钠蒸气放电产生可见光的一种气体放电光源。钠灯可分低压钠灯和高压钠灯。低压钠灯的工作蒸气压不超过几个帕。

低压钠灯的放电辐射集中在 589.0nm 和 589.6nm 的两条谱线上，它们非常接近人眼视觉曲线的最高值（555nm），故其发光效率极高，目前已达到 200lm/W，成为各种电光源中发光效率最高的节能型光源。

高压钠灯的工作蒸气压大于 0.01MPa，是针对低压钠灯单色性太强、显色性很差、放电管过长等缺点而研制的。

高压钠灯具有发光效率高、耗电少、寿命长、透雾强和不诱虫等特点，常用于道路照明、泛光照明和广场照明等。

4. 空心阴极灯

空心阴极灯(Hollow Cathode Lamp，HCL)又称原子光谱灯，是一种特殊形式的低压辉光放电光源，放电集中于阴极空腔内。空心阴极灯的结构如图3－16所示，阳极和圆筒形阴极封在玻壳内，玻壳上部有一透明石英窗，工作时窗口透射出辉光。

当在两极之间施加几百伏电压时，便产生辉光放电。在电场作用下，电子在飞向阳极的途中，与载气原子碰撞并使之电离，放出二次电子，使电子与正离子数目增加，以维持放电。正离子从电场获得动能，如果正离子的动能足以克服金属阴极表面的晶格能，当其撞击在阴极表面时，就可以将原子从晶格中溅射出来。除溅射作用之外，阴极受热也要导致阴极表面元素的热蒸发。溅射与蒸发出来的原子进入空腔内，再与电子、原子、离子等发生第二类碰撞而受到激发，发射出相应元素特征的共振辐射；除此之外，空心阴极灯所发射的谱线中还包含了内充气、阴极材料和杂质元素的谱线等。

通过控制空心阴极灯的阴极材料、电压与电流、内充气种类和压力，空心阴极灯基本满足发射谱线的半宽度窄、谱线强度大且稳定、谱线背景小、操作方便和经久耐用等锐线光源的基本要求。

空心阴极灯的主要作用是引出标准谱线的光束，确定标准谱线的分光位置，以及确定吸收光谱中的特征波长等，主要用于元素，特别是微量元素的光谱分析装置中。

5. 氘灯

氘(D)是氢(H)的同位素，又叫重氢。氘灯是一种热阴极弧光放电灯，泡壳内充有高纯度的氘气。氘灯的结构如图3－17(a)所示，阴极是直热式氧化物，阳极用0.5mm厚的钽皮做成矩形，阳极矩形中心正对着灯的输出窗口，外壳由紫外透射比较好的石英玻璃制成；工作时先加热灯丝，产生电子发射，当阳极加高压后，氘原子在灯内受高速电子的碰撞而激发，从阳极小圆孔中辐射出185～400nm的连续紫外光，其光谱分布如图3－17(b)所示。

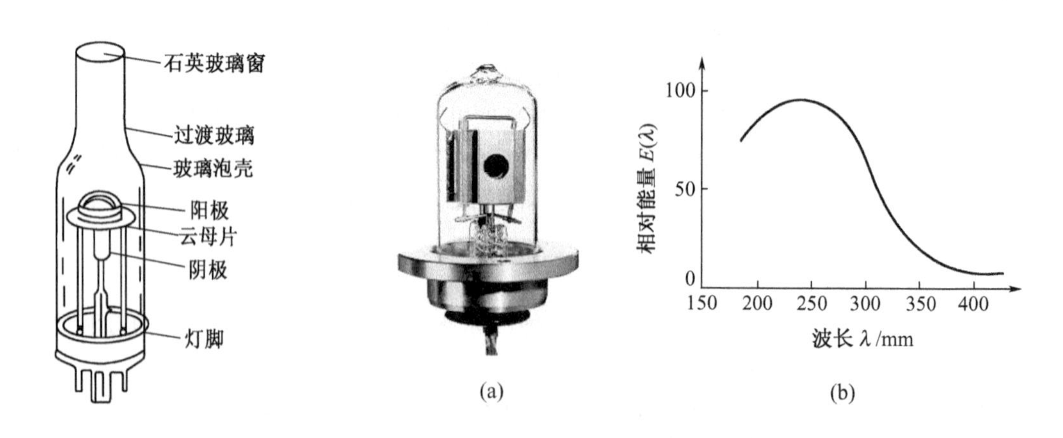

图3－16 空心阴极灯的结构

图3－17 氘灯的结构和光谱分布图

氘灯的紫外辐射强度高、稳定性好、寿命长，因此常用作各种紫外分光光度计的光源。表3－3列出了一些常见氘灯的规格参数。

表3-3　一些常见氘灯的规格参数

型号	工作电流	工作电压	灯丝电压	启动电压	灯丝电流	使用寿命
国产 QH4	300mA	75V	4V	350V	8A	200h
滨松 L1625	300mA	80V	10V	350V	1.2A	1000h
日立 H4141	300mA	90V	10V	300V	0.8A	500h
英国 DE75	300mA	75V	4V	300V	8A	

3.5　电致发光光源

电致发光(Electro Luminescences,EL)光源又称为场致发光光源,是利用固体发光材料在电场激发下的发光现象制成的光源。

3.5.1　电致发光光源的发展

1920年,德国学者古登和波尔发现,某些物质加上电压后会发光,人们把这种现象称为电致发光或场致发光。

1936年,德斯垂将ZnS荧光粉浸入蓖麻油中,并加上电场,荧光粉便能发出光。

1947年,美国学者麦克马斯发明了导电玻璃,多人利用这种玻璃做电极制成了平面光源,但由于当时发光效率很低,还不适合作照明光源,只能勉强作显示器件。

1970年代后期,由于薄膜技术带来的革命,薄膜晶体管(TFT)技术的发展使场致发光在寿命、效率、亮度、存储上的技术有了相当的提高,使得场致发光成为显示技术中最有前途的发展方向之一。

3.5.2　电致发光光源的类型

电致发光按激发过程的不同分为注入式电致发光和本征型电致发光两大类。

注入式电致发光是直接由装在晶体上的电极注入电子和空穴,当电子与空穴在晶体内再复合时,以光的形式释放出多余的能量。注入式电致发光的基本结构是结型二极管(LED)。

本征型电致发光又分为高场电致发光与低能电致发光。高场电致发光是荧光粉中的电子或由电极注入的电子在外加强电场的作用下在晶体内部加速,碰撞发光中心并使其激发或离化,电子在回复到基态时辐射发光。高场电致发光光源的种类繁多,大致可分为交流粉末电致发光(ACEL)、直流粉末电致发光(DCEL)、交流薄膜电致发光(ACTFEL)、直流薄膜电致发光(DCTFEL)。低能电致发光是指某些高电导荧光粉在低能电子注入时的激励发光现象。

3.5.3　交流粉末电致发光光源

交流粉末电致发光(ACEL)光源由外加电压驱动,其驱动电压、频率对光源的光电性能(如寿命、亮度等)影响极大。

1. ACEL光源的结构

图3-18所示是交流粉末电致发光光源的结构,在玻璃基板或柔性塑料板上先制作一层透明导电膜,然后在其上面覆盖一层发光材料(如硫化锌等)粉末,厚度为10~100μm,再覆盖一层TiO_2反射层,然后在TiO_2反射层上覆盖一层金属薄膜,形成光源的背电极,为防止光源

受潮,在背电极之上覆盖一层防潮树脂,最后加上防潮盖板,形成电致发光器件。发光材料母体一般为 ZnS 粉末,其中添加了一些作为发光中心的活化剂和共活化剂的 Cu、Cl、I 及 Mn 等原子,由此得到不同的发光颜色。当在透明导电薄膜和金属背电极膜之间加上一定的交流电压时,大量发光物质粉末受到外加电压的激发,会产生碰撞电离,发出荧光质材料特有的光,可以透过玻璃或塑料基板看到所发出的光。

2. ACEL 光源的工作特性

交流粉末电致发光光源的发光亮度与所加交流电压幅度和频率有关,而且在使用中会出现老化等现象。

(1) 发光强度与频率的关系。交流粉末电致发光光源的亮度与所加的交流电的频率关系如图 3-19(a)所示,在低频范围内,发光强度同频率成正比,随着频率增高(约几千赫),发光强度呈饱和状态,饱和频率的高低随发光材料的不同而不同。对同一种发光材料,激发电压越高饱和频率也越高。如果荧光粉有两个发光中心,由于各发光中心的发光强度同频率的关系不同,因而随着频率的变化,电致发光光源的发光颜色也随着改变,图 3-19(b)所示是目前常用的 ZnS:Cu 绿色电致发光光源在两种不同驱动频率下的光谱能量分布,从图中可以看出,当驱动电压的频率不同时,ZnS:Cu 基质包含两个谱带,一个是蓝绿带,一个是黄绿带,随着频率的增高,蓝绿带相对增强,而发光颜色由黄绿向蓝绿改变。

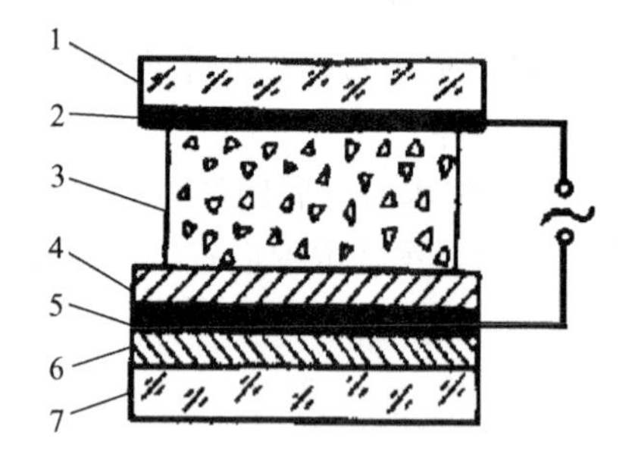

图 3-18 ACEL 光源的基本结构

1—玻璃基板;2—透明导电膜;3—发光材料;4—TiO_2 反射层;5—背电极(金属);6—防潮树脂;7—防潮盖板。

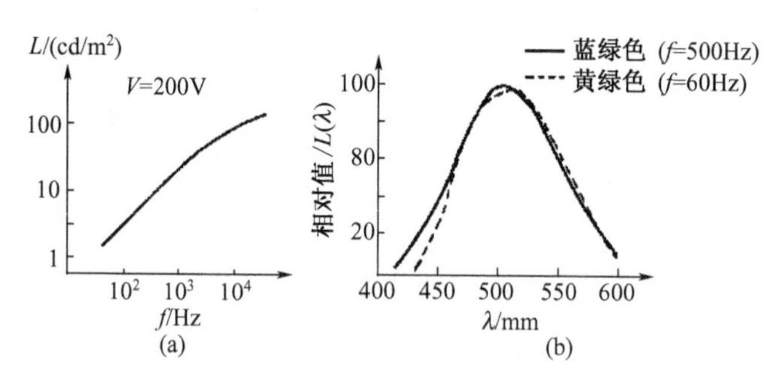

图 3-19 ACEL 发光亮度与工作频率关系

(2) 发光亮度与工作电压的关系。实验表明,交流粉末电致发光光源的发光亮度 L 与外加电压 V 有以下关系:

$$L = L_0 \exp\left(-\sqrt{\frac{V_0}{V}}\right) \tag{3.16}$$

式中:L 为光源的发光亮度;V 是外加电压;L_0、V_0 为常数。

从式(3.16)可知,交流粉末电致发光光源的发光亮度与所加电压有关,电压越高,亮度越高。

(3) 光源老化。交流粉末电致发光光源在发光过程中亮度逐渐下降的现象称为老化。老化曲线的主要部分可用经验公式表示为

$$L = \frac{L_0}{1 + t/t_0} \tag{3.17}$$

式中：L_0 为初始亮度；t_0 为时间常数，与频率有关。

通常把交流粉末电致发光光源的发光亮度下降到初始亮度一半时的时间称为寿命。实验表明，对交流粉末电致发光所施加电压的频率越高，则老化越快，因此，为了提高电致发光光源的发光亮度，宜适当增加电压，而不宜增加频率。另外，在老化过程中，单元电容减小、电阻增大，但是发光光谱不变。

(4) 发光波形。交流粉末电致发光光源的外加激发电压是随时间变化的，相应的发光亮度也随时间变化，这种变化的图形称为交流粉末电致发光的发光波形。

如图3-20(a)所示，当用正弦交流电压激发时，电致发光的波形在交流电压的每半周期中有高低两个发光峰值，高峰叫主峰，低峰叫次峰。

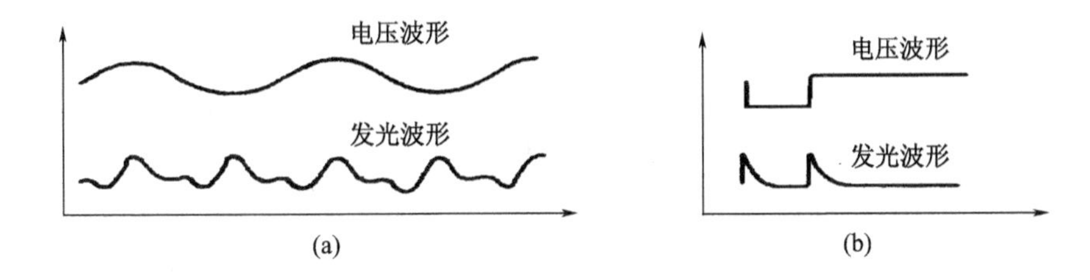

图3-20　交流粉末电致发光光源的发光波形

如图3-20(b)所示，当用矩形脉冲电压激发时，在脉冲激发电压的前沿和后沿位置分别出现一个发光峰值，脉冲激发的电致发光峰值衰减很快，衰减时间常数是微秒量级。

3.5.4　直流粉末电致发光光源

如图3-21所示，直流粉末电致发光光源的结构与交流粉末电致发光光源的结构类似，但其发光材料(常用ZnS:Cu,Mn)的涂层是导电的 Cu_xS，而不是大量分布在中间的绝缘胶合介质，其激发情况也与交流电致发光不同，后者是依靠交变电场激发，也就是从交变电场中吸收能量实现光的转换；而直流电致发光吸收的能量等于发光体的传导电流与实际施加在发光体上电压的乘积，要求发光体与电极有良好的接触，有电流流过发光体颗粒。

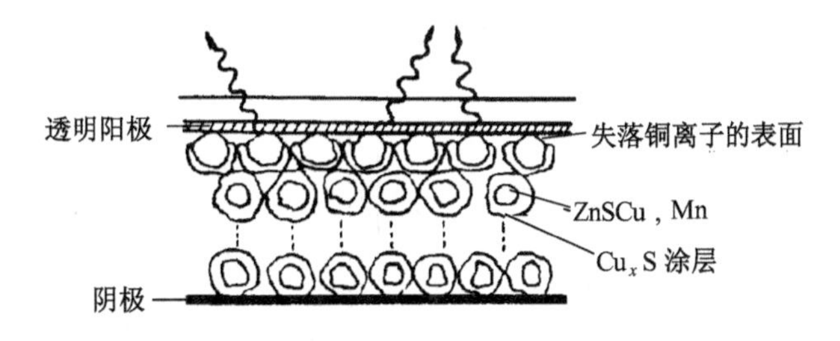

图3-21　直流粉末电致发光光源结构

正常使用之前，一般需在两电极上施加短暂的高压脉冲，使铜离子从紧挨着阳极的发光体表面上失落，该表面就形成一薄层高电阻的ZnS。

3.5.5　薄膜电致发光光源

薄膜电致发光(Thin Film Electro-Luminescence,TFEL)具有主动发光、全固体化、耐冲击、视角大、反应快、工作温度范围宽、图像清晰度高等诸多优点，曾经被认为是一种很有前景的平板显示技术。但由于这种显示技术存在的固有问题和其他与之竞争的平板显示技术的快速发展,使得 TFEL 虽经过 30 多年的发展,仍然没有能实现产业化。

1. TFEL 光源的基本结构

传统的薄膜电致发光光源采用双绝缘层夹层结构,其典型结构如图 3-22 所示,在钠钙基或硅硼基基片玻璃衬底的基础上,利用磁控溅射的方法镀一层厚度约为 200nm 的铟锡氧化物(Indium Tin Oxide,ITO)膜,用作光源的一个电极,俗称 ITO 电极,然后在 ITO 电极上再镀两层厚度约为 250nm 的绝缘层,将厚度约为 600nm 的发光层夹在两层绝缘层之间,最后在上绝缘层背面再覆盖一层厚度约为 200nm 的金属电极。

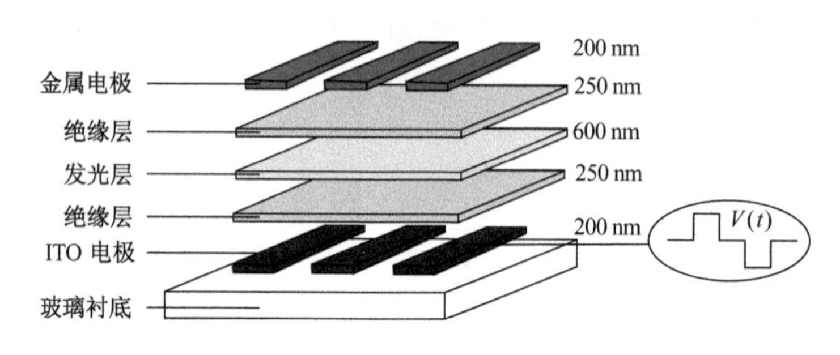

图 3-22 TFEL 光源的基本结构

在厚度只有几百纳米的情况下,氧化铟具有很高的透过率,而氧化锡具有很高的导电性,因此,用铟锡氧化物薄膜作为电极可以同时满足 TFEL 的导电性和透光性;当 TFEL 开始发光时,发光层内部电场高达 1.5MV/cm,在这样高的电场下,若将电极直接加在发光层上,发光层的任何缺陷都可能引起漏电,形成短路,导致发光层局部击穿,因此,发光层两侧的绝缘层起到了限流、保护的作用。

2. TFEL 的电光特性

薄膜电致发光光源的发光亮度、发光效率与其所加的电压、频率都具有很大的关系。

(1) 亮度—频率特性。理论上,TFEL 光源的发光亮度会随着所加载电信号频率的升高而非线性增加,当电压的频率升高到一定程度时,发光亮度将不再变化,如图 3-23(a)所示;但在实际测量中,由于绝缘层的性能不好,或者高频驱动时电源电压的波形失真,当加载在发光层两侧的电压频率升高到一定程度时,TFEL 的发光亮度将会随着所加载频率的升高而降低,如图 3-23(b)所示。

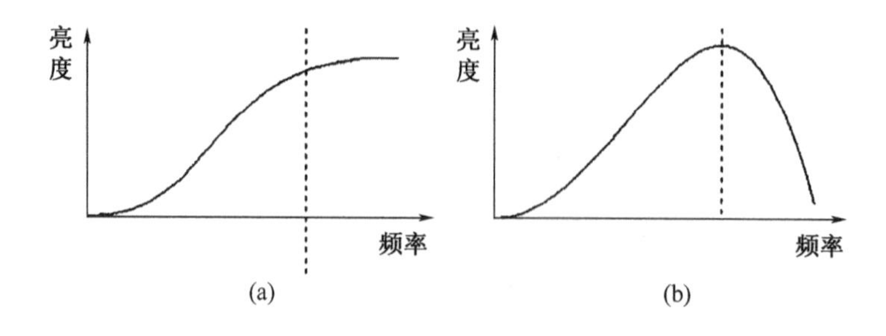

图 3-23 TFEL 光源的亮度—频率曲线

(a) 理论曲线;(b) 实际曲线。

(2) 亮度和效率与电压特性。图 3-24 所示是用 ZnS:Mn 作发光层的 TFEL 光源的发光亮度和发光效率随电压变化的关系曲线。从图中可知,当加载在 TFEL 两个电极上的电压增加时,发光亮度也非线性地随之增大,但其发光效率却在电压增加到一定程度时开始下降,而且,随着电压的升高,TFEL光源的半亮度寿命会大幅度下降。因此,实际设计时,应综合考虑TFEL光源的发光亮度、发光效率、工作电压和频率之间的关系。

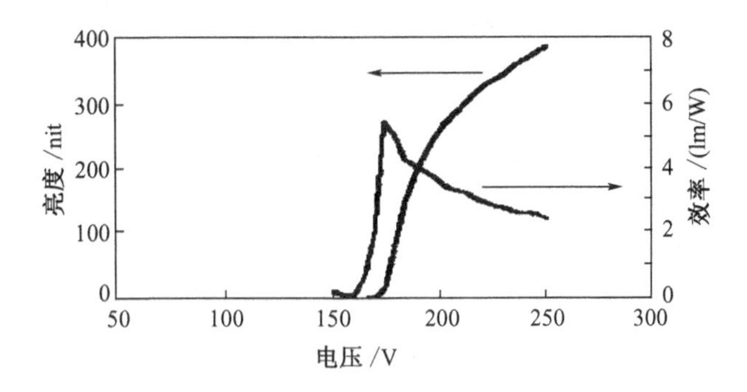

图3-24　一种TFEL光源的亮度、效率与电压的关系

(3) 记忆特性。薄膜电致发光光源在工作过程中,绝缘层和发光层的界面处会形成空间电荷,当电压反向时,空间电荷增大了内部场强,使薄膜电致发光光源具有记忆效应,通常室内光照度下,记忆可维持几分钟,黑暗中可保持十几个小时。

3. TFEL光源的发光机理

目前,关于薄膜电致发光机理的理论尚未完全成熟,现在广泛认可的是碰撞激发模型,根据该模型,TFEL光源的发光过程可分为以下几步:

(1) 在绝缘层、发光层界面或绝缘层中,处于深能级的电子在高场作用下被激发,形成初电子,并经隧穿作用进入发光层。

(2) 初电子在发光层中被高场加速,成为过热电子。

(3) 过热电子碰撞激发发光中心,使发光中心的电子能量从基态跃迁到高能态。

(4) 当发光中心的电子由高能态返回基态时,发出光子。

(5) 未被捕获的过热电子穿越整个发光层,最后在阳极一侧的绝缘层和发光层的界面处被捕获,成为空间电荷。

对于交流TFEL,当电压极性反向时,新的电子从绝缘层和发光层界面注入,这些电子与集结在界面处的空间电荷共同作为载流子返回发光层,由于高能电子数增多,发光强度必然增加。因此,通过交替变换电极极性,发光亮度不断增加,直至电子的产生与复合过程达到平衡,器件才能稳定发光。

在发光层中,过热电子碰撞激发发光中心的几率取决于发光中心的横截面大小、发光中心的空间密度和电子达到碰撞激发阈值能量的几率。TFEL光源的发光效率则取决于发光中心、基质晶格和绝缘层的性质以及器件工作的方式。为了进一步优化TFEL光源的性能,需要对载流子的产生、电荷的运输和倍增、碰撞激发过程、发光中心的重新复合特性、绝缘层以及两边连接层的物理机制等作深入的研究。

4. TFEL光源的发光材料与彩色化

薄膜电致发光材料是在基质化合物中掺杂发光中心而制备的,为了无吸收地发射可见光,基质材料的禁带宽度必须大于可见光范围内光子的最大能量,即$E_g>2.5\text{eV}$。然而,禁带宽度过大(一般为$E_g>4.5\text{eV}$),又不利于提高过热电子的传输效率。因此,通常基质材料为Ⅱ-Ⅵ族化合物;同时,任何有效的发光中心,都必须具备碰撞截面大、在基质中充分可溶、在高场下稳定性好等条件。

薄膜电致发光光源的彩色化有两种途径：一是直接通过红、绿、蓝三基色发光材料来实现；二是通过高亮度、宽带白色发光材料和 RGB 三色有机滤色膜来实现。以前，由于蓝色薄膜电致发光材料的性能较差，因此，人们认为第二种途径的前景更为看好，近年来，由于新型高效蓝色发光材料的出现，这种观点开始有所改变。

5. TFEL 光源的优势与应用

目前，薄膜电致发光光源主要应用于工业自动化、测量测试设备、LCD 背光源、交通安全发光标志等领域。此外，当薄膜电致发光光源用作显示器时，由于其具有抗震能力强、工作温度范围宽等优势，可以在恶劣环境下工作，因此在军事显示领域具有广泛应用。

现在，薄膜电致发光光源的应用范围正在向信息显示领域扩展，美国 Planar 公司、日本 Sharp 公司在这方面处于领先地位，已经各自研制成功计算机终端用的显示屏，部分产品已实现了商品化。

3.6 激　光

激光(Light Amplification by Stimulation Emission of Radiation，LASER)是一种特殊的光源，是20 世纪最伟大的发明之一。与阳光、灯光等光源向四面八方辐射，没有一个确定的传播方向不同，激光具有高亮度、单色性、方向性及相干性好等特点，广泛应用于工业、农业、科学技术、国防等领域。

3.6.1 激光发展简史

1917 年，爱因斯坦从理论上描述了原子的受激辐射，指出光与物质的相互作用除了自发辐射、受激吸收之外，还有受激辐射，并指出通过受激辐射可以实现光放大，但因为这个过程需要存在粒子数密度的反转分布，所以在之后的很长时间，人们都在猜测，受激辐射是否可以用来加强光场。

1958 年，美国科学家肖洛(Schawlow)和汤斯(Townes)发现，当他们将氖光灯泡所发射的光照在一种稀土晶体上时，晶体的分子会发出鲜艳的、始终会聚在一起的强光。根据这一现象，他们提出，物质在受到与其分子固有振荡频率相同的能量激发时，都会产生这种不发散的强光，这是激光器的最初模型，他们为此发表了重要论文，并获得了 1964 年的诺贝尔物理学奖。

肖洛和汤斯的研究成果发表之后，各国科学家提出了各种实验方案，但都没有获得激光。1960 年 5 月 16 日，美国加利福尼亚州休斯实验室的科学家梅曼宣布获得了波长为 694.3nm 的激光，这是人类有史以来获得的第一束激光。

1960 年 7 月 7 日，梅曼在表面镀上反光膜的红宝石的一个表面上钻了一个小孔，然后利用一个高强闪光灯管照射红宝石，从该小孔中溢出一条相当集中的红色光柱。世界上第一台激光器由此诞生。

在梅曼宣布世界上第一台激光器诞生后不久，苏联科学家尼古拉·巴索夫于 1960 年发明了半导体激光器。

1961 年 8 月，中国第一台激光器在中国科学院长春光学精密机械研究所研制成功。

1987 年 6 月，10^{12}W 的大功率脉冲激光系统(神光装置)，在中国科学院上海光学精密机械研究所研制成功。

3.6.2　光与物质的相互作用

光与物质的相互作用，实质上是组成物质的微观粒子吸收或辐射光子，同时改变自身运动状况的表现。

物质是由一些同类微粒（即原子、分子、离子）组成，微观粒子具有特定能级，任一时刻，粒子只能处在某一特定的能级上，如果用 E_1 和 E_2 分别表示两个能级的能量，且 E_1 的能量低，E_2 的能量高，则 E_1 称为低能级，E_2 称为高能级；根据能量最低原理，在热平衡下，粒子主要集中在低能级。当粒子与光子相互作用时，会从一个能级跃迁到另一个能级，并相应地吸收或辐射出光子，光子的能量 $h\nu$ 正好是这两个能级的能量差 $\Delta E = E_2 - E_1$。爱因斯坦将光与物质的相互作用分为受激吸收、自发辐射和受激辐射三种过程。

1. 受激吸收

受激吸收简称吸收，如图3－25所示，是指处于较低能级 E_1 上的粒子在受到外界的激发（如光子）而吸收能量时，跃迁到与此能量相对应的较高能级 E_2 上，这种跃迁称为受激吸收。

在这种过程中，粒子进行跃迁不是自发的，要靠外来能量（如光子）的刺激进行，粒子是否能吸收外来的光子，还得取决于两个能级（E_1 和 E_2）的性质和趋近于粒子的光子数的多少。

2. 自发辐射

处于高能级 E_2 的粒子是不稳定的，如果能级系统中存在着可以接纳粒子的较低能级（如 E_1），即使没有外界的作用，粒子也有一定的概率，自发地从高能级 E_2 向低能级 E_1 跃迁，同时辐射出能量为（$E_2 - E_1$）的光子，如图3－26所示，这种辐射过程称为自发辐射。

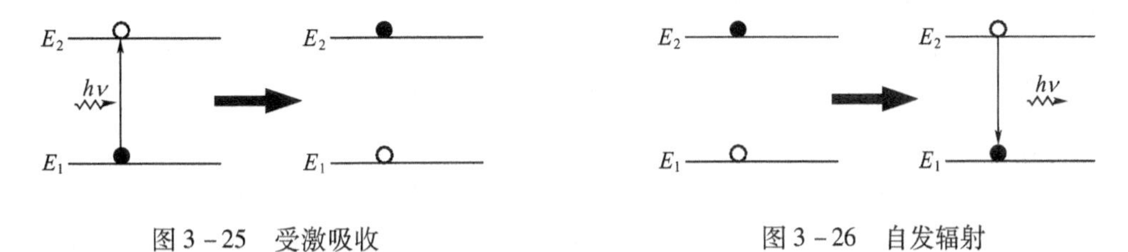

图3－25　受激吸收　　图3－26　自发辐射

自发辐射过程不受到外界的作用，是自发进行的，该过程所产生的光没有一定的规律，相位和方向都不一致，不是单色光。我们在日常生活中看到的如日光灯、汞灯、钠灯等光源的发光，都是自发辐射。

3. 受激辐射

1917年爱因斯坦从理论上指出，当能量恰好为 $h\nu = E_2 - E_1$ 的光子入射到粒子系统时，处于高能级 E_2 上的粒子还可以以一定的概率，迅速地从高能级 E_2 跃迁到低能级 E_1 上，同时辐射一个与外来光子的频率、相位、偏振态以及传播方向都相同的光子，这个过程称为受激辐射，如图3－27所示。

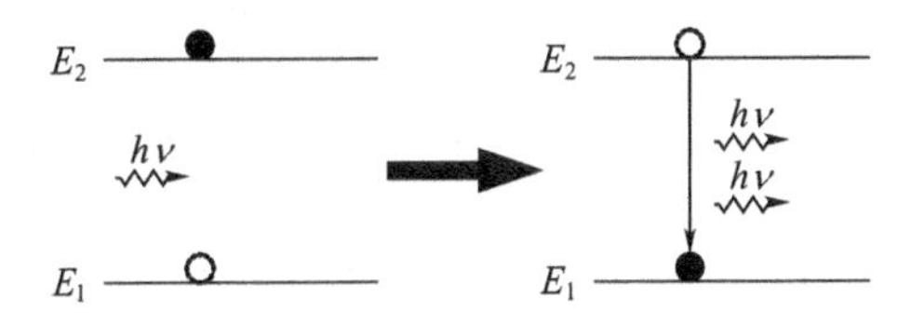

图3－27　受激辐射

受激辐射的特点本身不是自发跃迁,而是受外来光子的刺激产生,因而粒子释放出的光子与原来光子的频率、传播方向、相位及偏振等完全一样,无法区别出哪一个是原来的光子,哪一个是受激发后而产生的光子。受激辐射中由于光辐射的能量与光子数成正比例,因而在受激辐射以后,光辐射能量增大1倍。从波动观点看,设外来光子是一种波,受激辐射产生的光子是另一种波,由于两列波的相位、振动方向、传播方向及频率均相同,因此,两列波合在一起的能量就增大1倍,这就是说通过受激辐射光波被放大1倍。

3.6.3 粒子数密度反转分布

1. 粒子数密度的反转分布

在热平衡状态下,同种粒子在能级上的分布遵守玻耳兹曼分布公式:

$$N_i = N_0 \exp\left(-\frac{E_i}{kT}\right) \tag{3.18}$$

式中:N_i 为分布在第 i 能级上的粒子数密度;N_0 为单位体积中总的粒子数;E_i 为第 i 能级的能量;k 为玻耳兹曼常数(1.38×10^{-6});T 为绝对温度。

对于一个双能级系统来说,把两个能级上的粒子数密度相比时可得

$$\frac{N_2}{N_1} = \exp\left\{-\frac{(E_2 - E_1)}{kT}\right\} \tag{3.19}$$

在式(3.19)中,由于 $E_2 > E_1$,而 $T>0$,k 是正值,故 $kT>0$,因此 $N_2 < N_1$,也就是说在热平衡状态下,高能级上的粒子数总是比低能级上的粒子数少,因此,当光辐射与热平衡状态下的粒子体系相互作用时,粒子体系受激吸收的光子数总是大于受激辐射产生的光子数,即光吸收起主导作用,因此,在热平衡状态下,观察不到光的放大现象,只能观察到光的吸收现象。

要想实现光的放大作用,必须得把热平衡状态下粒子数密度的分布倒转过来,使能级中的粒子数密度进行另一种新的分布,即非热平衡分布。这种新的分布使高能级上粒子密度要大于在低能级上的粒子数密度,即 $N_2 > N_1$,这时受激辐射过程才会大于受激吸收过程,从而实现光放大。我们将非热平衡下,高能级上的粒子数密度分布高于低能级上的粒子数密度分布的情况称为粒子数密度的反转分布,因此,所谓“反转”是相对于热平衡状态下粒子数密度的分布比较而言的;而且,高能级被反转上去的粒子很不稳定,常会自发的或在外场刺激下辐射出能量,从高能级跃迁到低能级上,促使粒子体系回到热平衡分布状态。

2. 泵浦

我们已经知道,实现粒子数密度的反转分布是实现受激辐射的必要条件,但是,粒子数密度如何实现反转分布,必须要满足两个方面的条件:一是粒子体系(工作物质)的自身结构,二是给工作物质所施加的外部作用。

对于粒子体系(工作物质)而言,需要在特定条件下,能使两个能级间达到非热平衡状态,从而实现粒子数密度的反转分布,但不是每一种物质都能满足这一条件。因为粒子体系中,大多数粒子的能级寿命都很短暂,只有 10^{-8}s 量级;但是也有一部分粒子的能级寿命相对较长,如铬离子(Cr^{3+})在高能级 E_2 上的能级寿命可以达到几个毫秒,即 10^{-3}s 量级,我们将这种能级寿命较长的粒子能级叫做亚稳态能级,除 Cr^{3+} 外,还有一些亚稳态能级,如钕离子(Nd^{3+})、氖原子(Ne)、二氧化碳分子(CO_2)、氪离子(Kr^+)、氩离子(Ar^+)等。因为亚稳态的能级寿命相对较长,因此,粒子在亚稳态上停留的时间也就相对较长,因此,在这一较长的能级寿命时间

内，就有可能在亚稳态能级与某一低能级之间实现粒子数密度的反转分布。

亚稳态能级的存在是实现粒子数密度反转分布的内因，但热平衡状态下，亚稳态能级上的粒子数密度总是低于能量更低能级上的粒子数密度，因此，要实现粒子数密度的反转分布，除了具有亚稳态能级这一内因之外，还需要具备一定的外部因素（外因），也就是说在外部能量的激发下，使得粒子能够从低能级被激发到亚稳态能级上之后，才可以真正实现粒子数密度的反转分布，我们把这种在外部能量的激发下，使粒子从低能级跃迁到高能级的过程被叫做激励，如图3－28所示，这个过程犹如把低处的水抽到高处一样，因此，也称为泵浦（Pump）。

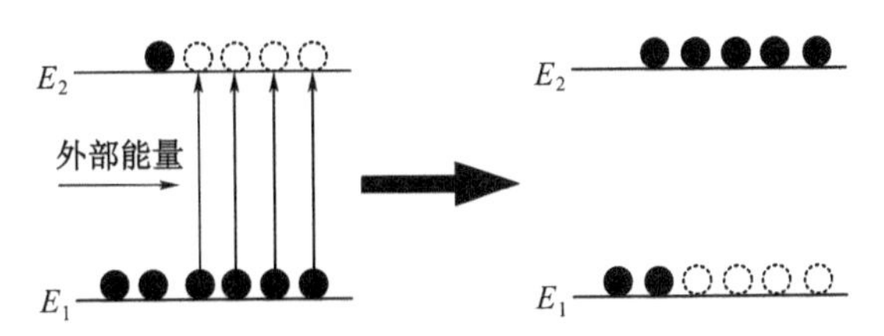

图3－28　泵浦与粒子数密度的反转分布原理

经过大量的实践，研究人员掌握了一些泵浦的有效方法。对固体工作物质，常用强光照射的办法来泵浦，即为光激励，如图3－29（a）所示，常用光泵浦的工作物质有，掺铬刚玉（Cr^{3+}：Al_2O_3）、掺钕玻璃（Nd^{3+}：SiO_2）、掺钕钇铝石榴石（Nd^{3+}：YAG）等；对气体工作物质，常用气体放电的方法来激励，如图3－29（b）所示，常用气体放电法泵浦的工作物质有，分子气体（如CO_2气体）、原子气体（如He－Ne气体）和准分子气体等；如工作物质为半导体，则采用注入大电流方法来泵浦，常见的有砷化镓，这类注入大电流的方法被称为注入式激励。此外，还可应用化学反应方法（化学激励法）、超声速绝热膨胀法（热激励）、电子束（电子束泵浦），甚至用核反应中生成的粒子进行轰击（核泵浦）等方法，都能实现粒子数密度的反转分布。

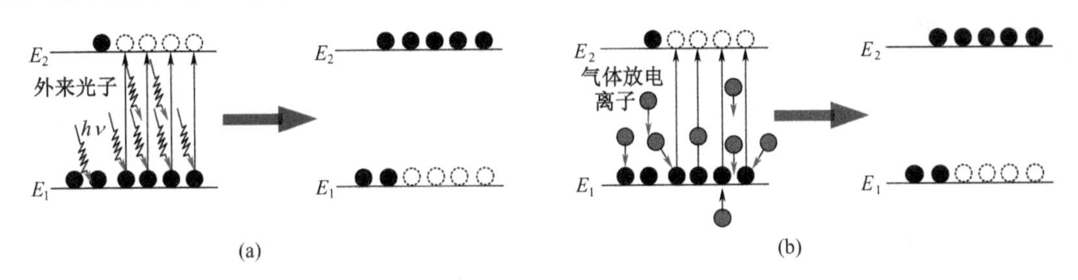

图3－29

（a）光泵浦原理；（b）气体放电泵浦原理。

从能量角度看，泵浦过程就是外界提供能量给粒子体系的过程，激光能量的来源是泵浦装置将其他形式的能量（如光能、电能、化学能、热能等）转化成光能。

3.6.4　光学谐振腔与激光的形成

1. 光学谐振腔

激光振荡器中工作物质发出的光不是外来的，而是工作物质本身发生自发辐射（非受激辐射）而产生的，由于自发辐射没有确定的频率及传播方向，且杂乱无章，为使自发辐射的频率单一化，并使受激辐射所产生的光子在有限的空间得到足够的放大，需要有一装置来实现，即光学谐振腔。

如图 3-30 所示,光学谐振腔是由两块反射镜(M_1、M_2)组成,两块反射镜须彼此平行,工作物质置于光学谐振腔内,两块反射镜与工作物质的光轴垂直。两块反射镜中,一块是全反射镜,一块是部分反射镜,反射率在 50% 左右。根据构成光学谐振腔腔镜的不同,光学谐振腔有凹—凸腔(图(a))、凸—凸腔(图(b))、凹—凹腔(图(c))、平—凹腔(图(d))、平—凸腔(图(e))、平行平面腔(图(f))以及共心腔(图(a))、共焦腔(图(c))等。

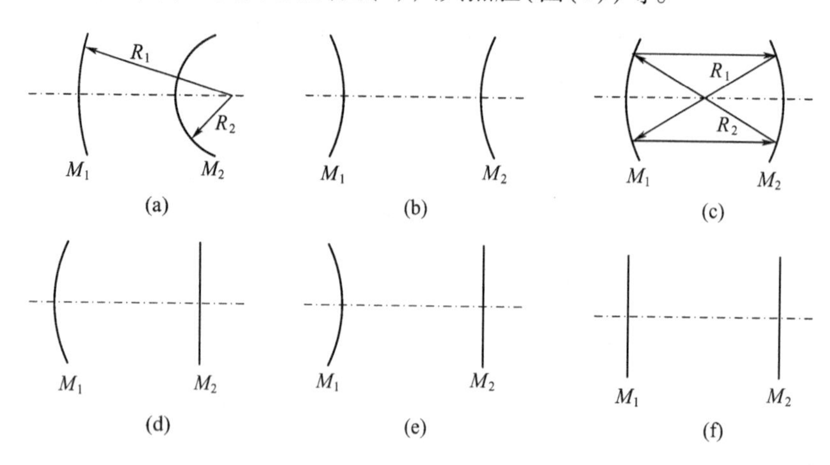

图 3-30　几种开放式光学谐振腔

2. 激光的形成

在谐振腔中,初始的光辐射是来自自发辐射,由于自发辐射出来的光子初相位无规律地向四面八方射出,因此,这种光不是激光。当自发辐射光子不断产生,并射向工作物质时,将再激发工作物质产生新的光子(受激辐射),光子在传播中一部分射到反射镜上,另一部分则通过侧面的透明介质损耗掉。光在反射镜的作用下又回到工作物质中,再激发高能级上的粒子向低能级跃迁,进而又产生新的光子。在这些光子中,不在沿谐振腔轴方向运动的光子,就不与腔内的物质作用,而沿光轴方向运动的光子(傍轴光),经过谐振腔两个反射镜的多次反射,使受激辐射的强度越来越强,促使高能级上的粒子不断以受激辐射形式发光,当光放大超过因衍射、吸收、散射等因素造成的光损耗时,使积累在光轴方向的光从部分反射镜中射出,这就形成了激光。

3. 激光的特性

激光具有与普通光源很不相同的特性,一般称为激光的四性,即单色性好、方向性好、相干性好以及能量集中。激光的这些特性不是彼此独立的,它们相互之间是有联系的。实际上,正是由于激光的受激辐射的本质决定了它是一个相干光源,因此其单色性和方向性好,能量集中。

(1) 单色性好。发射单种颜色光的光源称为单色光源,它发射的光波波长单一,如氪灯、氦灯、氖灯、氢灯等,都只发射某一种颜色的光。单色光源的光波波长虽然单一,但仍有一定的分布范围,如同位素氪(Kr^{86})灯发出的波长 $\lambda=0.6057\mu m$ 的光谱线,在低温条件下,其宽度 $\Delta\lambda=0.47\times10^{-6}mm$。与此相比,一台单模稳频 He-Ne 激光器发出的波长 $\lambda=0.6328\mu m$ 的激光,其宽度可窄到 $\Delta\lambda<10^{-11}\mu m$。由此可见,采用单模稳频技术后的激光,其单色性非常好,是任何普通光源无法达到的。

(2) 方向性好。普通光源向四面八方发光,要让发射的光朝一个方向传播,需要给光源装上一定的聚光装置,如汽车前灯和探照灯都是安装有聚光作用的反光镜,使辐射光汇集起来向一个方向射出。激光器发射的激光，天生就是朝一个方向射出，光束的发散度极小，大约只有0.001rad，接近平行。1962年，人类第一次用激光照射月球，地球离月球的距离约38万千米，但激光在月球表面的光斑不到2km；若以聚光效果很好，看似平行的探照灯照射月球，其光斑直径将覆盖整个月球。

（3）相干性好。激光的频率、振动方向、相位高度一致，使激光的相干性能比普通光源要强得多，如线宽 $\Delta\lambda = 10^{-9}$nm 的激光，相干长度可达几十千米；而有些激光波面上的点几乎全部都是相干光源。

（4）能量集中。在激光发明前，高压脉冲氙灯的亮度与太阳亮度不相上下，是亮度最高的人工光源，而红宝石激光器的亮度，能超过氙灯的几百亿倍。激光亮度极高的主要原因是定向发光，大量光子集中在一个极小的空间，能量密度自然极高。因为激光的亮度极高，所以能够照亮远距离的物体。如红宝石激光器发射的光束在月球上产生的照度约为0.02lx，颜色鲜红，光斑明显可见；若用功率最强的探照灯照射月球，产生的照度只有约万亿分之一勒克斯，人眼根本无法察觉。

3.6.5　激光器的基本构成要素

综上所述，产生激光的过程可归纳为外界能量激发激光工作物质，实现粒子数密度反转分布，再通过受激辐射实现光放大，最后通过光学谐振腔的反馈作用，将受激辐射所产生的光子振荡放大，直至产生激光。因此，产生激光的基本要素包括含有亚稳态能级的工作物质，有将低能级粒子抽运到高能级的泵浦装置和有对受激辐射所产生振荡放大的光学谐振腔，即工作介质、泵浦装置和光学谐振腔是组成激光器的三个要素，如图3-31所示。

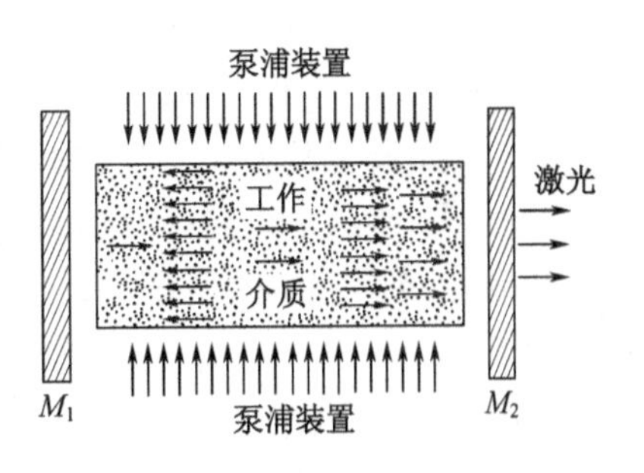

图3-31　激光振荡示意图

1. 工作介质

激光工作介质，即前面所述具有亚稳态能级的工作物质，如氖原子、氩原子、CO_2 分子、Nd^{3+}：YAG、Cr^{3+}：Al_2O_3 等，因为工作介质具有亚稳态能级，当低能级上的粒子被激发到亚稳态能级后，粒子在亚稳态能级停留相对较长的时间，为实现粒子数密度的反转分布提供了可能。

2. 泵浦装置

粒子数密度的反转分布是产生激光的基本条件，但根据玻耳兹曼的统计分布规律，热平衡状态下，能量越低的能级上分布的粒子数密度越高，因此，要实现粒子数密度的反转分布，必须要依赖外界的能量，将低能级上的粒子抽运高能级上，这种能够提供能量将激光工作介质中低能级上的粒子抽运到高能级上的装置称为泵浦装置，是构成激光器的第二个基本要素，如固体激光器中常用的氙灯、气体激光器中的放电装置、液体激光器中的激光光源和半导体激光器中的电源等。

3. 光学谐振腔

一般情况下，光学谐振腔是在激活物质两端放置两个反射镜组成，其作用是提供正反馈，使激活介质中产生的辐射能多次通过介质，当受激辐射所提供的增益超过损耗时，在腔内得到放大，建立并维持自激振荡。光学谐振腔的另一个重要作用是控制腔内振荡光束的特性，使腔内建立的振荡被限制在谐振腔所决定的少数本征模式中，从而提高单个模式内的光子数，获得单色性好、方向性好的相干光。通过调节腔的几何参数,还可以直接控制光束的横向分布特性、光斑大小、振荡频率及光束发散角等。根据谐振腔的特性,可以正确设计和使用谐振腔,使激光器的输出光束特性达到应用要求。

3.6.6 激光器的类型

激光器的种类很多,如以组成激光器的工作物质来分,可分为气体激光器、液体激光器、固体激光器、半导体激光器、化学激光器等。在同一类型的激光器中又包括许多不同材料的激光器,如固体激光器中有红宝石激光器、钇铝石榴石(Nd^{3+}:YAG)激光器;气体激光器又有 He-Ne 激光器、CO_2 激光器及氩离子激光器等。

1. 固体激光器

固体激光器是以掺杂离子的绝缘晶体或玻璃作为工作物质的激光器。在激光发展史上,固体激光器是最早实现激光工作的。目前已经实现激光振荡的固体工作物质有百余种,激光谱线有数千条,但最常采用的固体工作物质仍然是掺钕钇铝石榴石(Nd^{3+}:YAG)、钕玻璃(Nd^{3+}:SiO_2)和红宝石(Cr^{3+}:Al_2O_3)三种。

红宝石激光器是最早出现的激光器,下面以红宝石激光器为例,说明固体激光器的结构及其工作原理。

1)工作原理

红宝石中的激光作用是通过铬离子(Cr^{3+})的受激发射过程而实现的,因而 Cr^{3+} 通常称为激活离子,它是红宝石中产生激光的"主体",而红宝石的主要成分氧化铝(Al_2O_3)只是容纳铬离子的基质,对激光的作用只起间接作用,因此,要理解红宝石激光器的工作原理,需要对红宝石中 Cr^{3+} 的能级结构及其光学特性进行阐述。

图 3-32 所示是红宝石中 Cr^{3+} 与激光作用有关的部分能级图。如图所示,Cr^{3+} 的基态为 $^4A_2$ 能级,激发态 $^4F_1$ 和 $^4F_2$ 是能态分布较宽的两个能级,激发态 ^2E 是一个由两个分能级 $2\overline{A}$ 和 $\overline{E}$ 组成的亚稳态能级,二者之间的能量差为 $29cm^{-1}$。

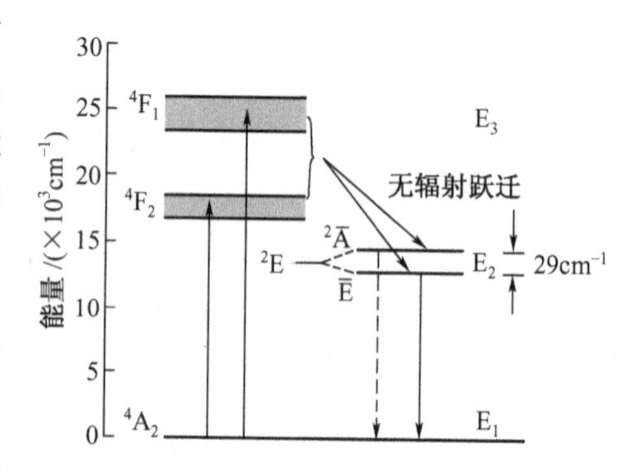

图 3-32 红宝石中 Cr^{3+} 的部分能级结构

应当指出,红宝石中 Cr^{3+} 的能级结构和自由状态的铬离子的能级结构有明显差别,这是因为红宝石中的 Cr^{3+} 处在红宝石基质原子组成的晶格场中,受这种晶格场的作用较大,使原来自由状态的铬离子的能级发生较大的分裂和改组,所以红宝石中 Cr^{3+} 的能级符号不能再用一般原子光谱中的符号来表示,需要特别的晶场理论中所规定的符号。

图 3-33 所示是红宝石晶体中 Cr^{3+} 的吸收光谱。由图可见,在 360nm 到 450nm 和 510nm 到 610nm 的两个光谱区内有两个带宽约为 50nm 的吸收带。前一吸收带的峰值位于 410nm 附近的紫光区,称为紫带;后一个吸收带的峰值位于 550nm 附近的绿光区,称为绿带,这两个吸收带的吸收系数比较大,分别对应于从基态 $^4A_2$ 到激发态 $^4F_2$ 和 $^4F_1$ 态的跃迁。另外在 694.3nm 和 692.7nm 处有两个弱而锐的吸收谱线 R_1 和 R_2 线,它们统称为 R 锐线系,这两条谱线对应于从基态 $^4A_2$ 到 ^2E 态的两个分能级 $2\overline{A}$ 和 $\overline{E}$ 的跃迁。因为红宝石不是单轴晶体,因此,无论是宽吸收带,还是锐吸收线,都具有各向异性的光吸收特性,它们对于平行于晶体光轴

C 和垂直于光轴 C 的光波电矢量，具有不同的吸收值。

图3－34所示是红宝石晶体的荧光光谱，该光谱是用连续发光的碘钨灯发出的光，经透镜聚焦到红宝石晶体后，红宝石发出荧光，再用摄谱仪摄谱得到的。从图中可以看到，红宝石晶体的荧光是由两条荧光谱线组成的，谱线的中心位置恰好与R锐线系的吸收线一致，因此也把它们称作R荧光谱线，谱线的宽度约为0.7nm，荧光谱线 R_1 的强度比 R_2 大，这说明 R_1 线的自发辐射跃迁几率要比 R_2 的大，除此而外，没有出现其他的荧光谱线。

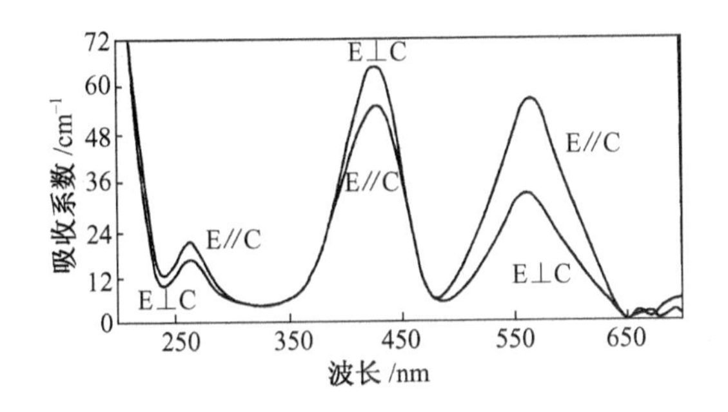

图3－33　红宝石晶体的吸收光谱

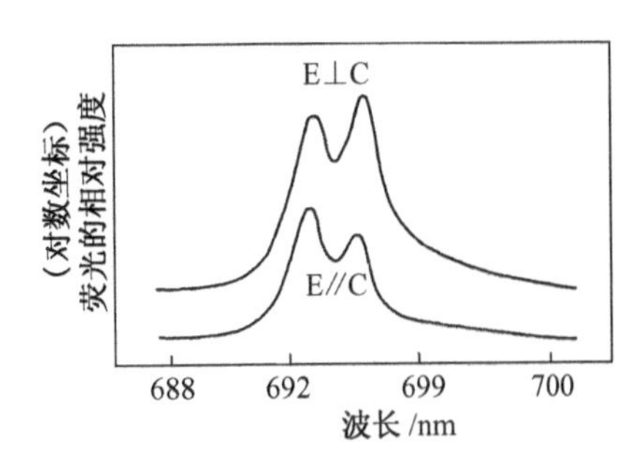

图3－34　红宝石晶体的荧光光谱

红宝石的荧光光谱实验证明，碘钨灯发出的连续可见光照射红宝石时，其中一部分可见光（紫光和绿光）被红宝石中的铬离子吸收，并从基态 $^4A_2$ 跃迁到激发态 $^4F_1$ 和 $^4F_2$ 上，处于该两能态的铬离子是不稳定的，由于晶体内部热运动的扰动，很快以无辐射形式向 ^2E 能级跃迁，跃迁的弛豫时间为 10^{-6}s。最后，当铬离子从 ^2E 回到基态 $^4A_2$ 时，则发出R荧光谱线。实验测得，当用360～610nm波段的可见光激发荧光时，红宝石的这两条荧光谱线的荧光量子效率比较高，即被激发到 $^4F_1$ 和 $^4F_2$ 态的铬离子，其相当大的一部分通过跃迁到 ^2E 态这一中间过程，而最后回到基态 $^4A_2$；实验结果还表明，室温下R荧光谱线的寿命比较大，约3ms，这反映了能级 ^2E 是一亚稳态能级。

从红宝石的能谱特性可知，Cr^{3+} 在外激励源的作用下，在 ^2E 态和基态 $^4A_2$ 间可能造成粒子数的反转分布，使受激辐射的产生成为可能，因此红宝石被选为受激辐射光的材料。计算表明，要实现红宝石激光的振荡，红宝石棒上每平方厘米的光照功率至少要达到1200W，这样高的光照功率，一般的照明光源是达不到的，脉冲氙灯是可用的合适激励光源。

2）一般结构

图3－35是红宝石激光器的结构示意图，一般由红宝石晶体棒、脉冲氙灯、聚光器和光学谐振腔四部分组成，工作物质是红宝石晶体棒，以掺铬的氧化铝（$Cr^{3+}:Al_2O_3$）人工晶体磨制而成，按氧化铬与氧化铝的重量比，铬离子浓度的典型值为0.05%。

红宝石晶体棒的光学质量要求很高，将晶体棒的两端研磨并抛光成光学平行平面，其平行度要求优于10s，表面平整度不低于1/4光圈，端面与棒轴的垂直度不低于1′；侧面不抛光，以防止产生寄生的激光振荡。

红宝石激光器通常采用脉冲氙灯泵浦，为了使脉冲氙灯发出的光集中照射在红宝石棒上，可利用聚光器。聚光器是一内壁抛光镀金属的椭圆柱形的腔体，氙灯和红宝石棒并排对称地放在聚光器椭圆柱腔的两个焦线上。

与其他种类激光器相比，固体激光器具有输出能量大（可达数万焦），峰值功率高（连续功率可达数千瓦，脉冲峰值功率可达千兆瓦、几十兆兆瓦），结构紧凑、牢固耐用等特点，在工业、

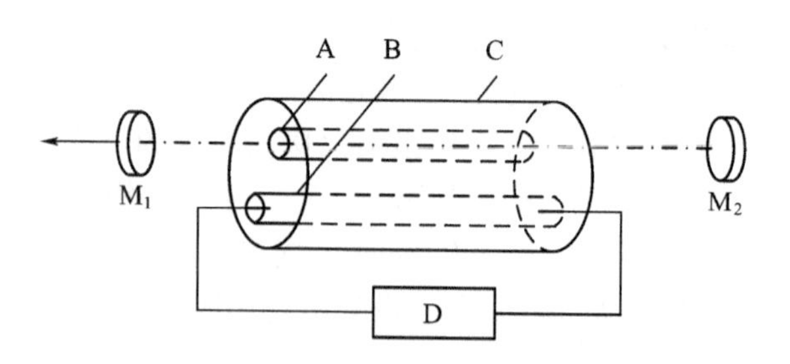

图 3-35 红宝石激光器的结构

A—红宝石晶体；B—氙灯泵浦源；C—聚光腔；D—电源；M_1—谐振腔部分反射镜；M_2—谐振腔全反射镜。

国防、医疗、科研等方面得到了广泛的应用，如打孔、焊接、测距、制导等。随着固体激光器性能的不断提高，其应用范围还在继续扩大。

2. 气体激光器

对于在常温常压下是气体（如 He-Ne 气体、CO_2），或在常温常压下是液体（如汞、水）或固体（如 Cu^{2+}、Cr^{3+} 等粒子），但在工作中使其先变为蒸气，然后利用蒸气作为工作物质的激光器，统称为气体激光器。气体激光器中除了发出激光的工作气体外，为了延长器件的工作寿命及提高输出功率，有时还需要加入一定量的辅助气体。

气体激光器大多应用电激励发光，即用直流、交流及高频电源进行气体放电，使气体放电产生的电子与工作物质中的原子或分子发生碰撞，将自身的能量转移给对方，使分子或原子被激发到某一高能级上而形成粒子数密度的反转分布，进而通过受激辐射过程产生激光。与固体激光器相比，气体激光器的结构简单、造价较低、操作简便。

氦—氖（He-Ne）激光器是 1960 年末研制成功的第一种气体激光器，由于其具有结构简单、使用方便、光束质量好、工作可靠和制造容易等优点，至今仍然是应用最广泛的一种气体激光器。下面以 He-Ne 激光器为例，介绍气体激光器的工作原理和结构。

1）一般结构

如图 3-36（a）所示，He-Ne 激光管由放电管和光学谐振腔所组成。激光管的中心是一根直径约 1mm 的毛细玻璃管，称作放电管，外侧是用硬质玻璃制成的储气外套，外套直径约 45mm；A 是放电管的阳极，一般用钨制作；K 是放电管的阴极，一般用钼或铝制成圆筒状（其圆管状结构可减少放电测射），在储气壳的两端贴有两块与放电管垂直并相互平行的反射镜 M_1 和 M_2，构成 He-Ne 激光管的谐振腔；一般 M_1 为凹面镜，M_2 为平面镜，两个镜片都镀以多层介质膜，全反射镜通常采用真空交替蒸镀 17 层氟化镁（MgF_2）与硫化锌（ZnS）；部分反射镜（输出镜）通常根据最佳透过率的需要，真空蒸镀 7 层或 9 层膜；按（5:1）~（7:1）的比例在毛细管内充入 He、Ne 混合气体，混合气体的总气压约 2.66 ~ 3.99Pa。He-Ne 激光管的这种结构称为内腔式，内腔式 He-Ne 激光管的结构紧凑，使用方便，应用比较广泛，但有时为了特殊需要，He-Ne 激光管也常选用外腔式或半外腔式结构。

如图 3-36（b）和图 3-36（c）所示，外腔式 He-Ne 激光管的放电管和镜片是完全分离，而半外腔式 He-Ne 激光管的结构则是内腔式 He-Ne 激光管与外腔式 He-Ne 激光管的结合。

值得注意的是，外腔式和半外腔式 He-Ne 激光管都需要粘贴布儒斯特窗片 B 实现真空密封，以减少损耗，并能保证激光输出是线偏振光。如图 3-36（c）所示，窗片法线 $\boldsymbol{n}$ 与激光光轴 C 之间的夹角 θ，应等于布儒斯特角：

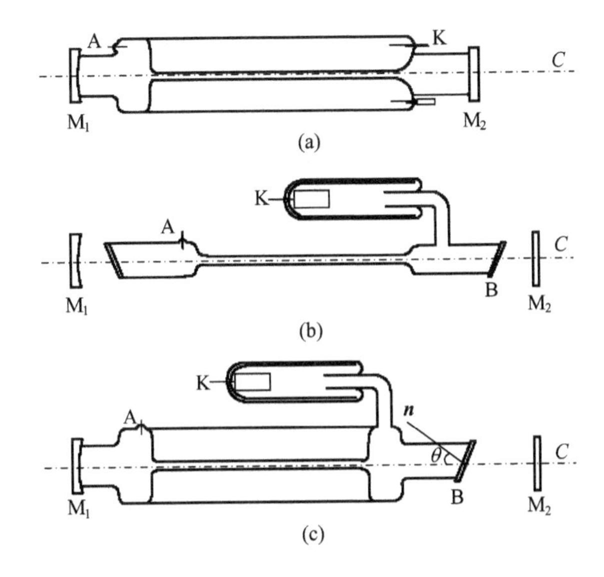

图3-36　He-Ne激光器的基本结构
（a）内腔式；（b）外腔式；（c）半外腔式。
A—阳极；K—阴极；B—布儒斯特窗片；C—光轴，M_1—谐振腔部分反射镜，M_2—谐振腔全反射镜。

$$\theta = \arctan n_{\lambda} \tag{3.20}$$

式中：n_{λ} 是窗口玻片材料的折射率。不同的材料有不同的 θ 值，由于材料有色散效应，故对同一种材料，不同的激光波长 θ 值也不同。

常用的窗口材料有K8光学玻璃与石英玻璃，对于632.8nm的激光波长，它们的折射率以及对应的θ值分别为：

K8光学玻璃，$n_{\lambda}=1.516$，$\theta=56°35'$；熔融石英玻璃，$n_{\lambda}=1.46$；$\theta=55°36'$。

2）工作原理

He-Ne激光器的工作物质是Ne原子，即激光辐射发生在Ne原子的不同能级之间。He-Ne激光器放电管中充有一定比例的He气，主要起着提高Ne原子泵浦速率的辅助作用。He-Ne激光器的外界激励能源与固体激光器不相同，不能使用光泵激励，而采用电激励的方法，即把工作物质封入放电管中，以直流、交流或射频等方式激励气体放电，通过放电过程把能量传给工作物质，促使气体中的离子、原子被激发。

图3-37所示是He-Ne激光器中与产生激光有关的Ne原子的部分能级图，图中用LS耦合表示氦原子能级符号，氖原子能级用帕邢表示法。氦原子最低的两个能级为 1^1S_0 与 2^3S_1，氖原子基态是 $(2P)^6$，激发态是1S、2S、3S、…及2P、3P、…。氖的1S、2S、3S、…态都是由四个子能级组成，2P、3P、…都是由10个子能级组成。2S态与基态有光学联系，但在气体压强不太低时，在2S态与基态之间发生的共振俘获效应变得比较显著，即当处于2S态的氖原子辐射跃迁到基态时，它所发射的光子在未离开容器（例如放电管）之前，又被另外的基态氖原子所吸收，并被激发到2S态，共振俘获等效地延长了2S态的寿命，因此2S态的寿命主要是由到2P态的跃迁速率所决定。在偶极跃迁近似下，2P态与基态无光学联系，但2P态到1S态的辐射速率极快。根据测量结果，2S态各子能级寿命比2P态约高一个数量级。因此从能级寿命来看，在2S与2P的子能级之间是有利于实现粒子数反转的。

因此，2S态的粒子数主要有下列几个来源：

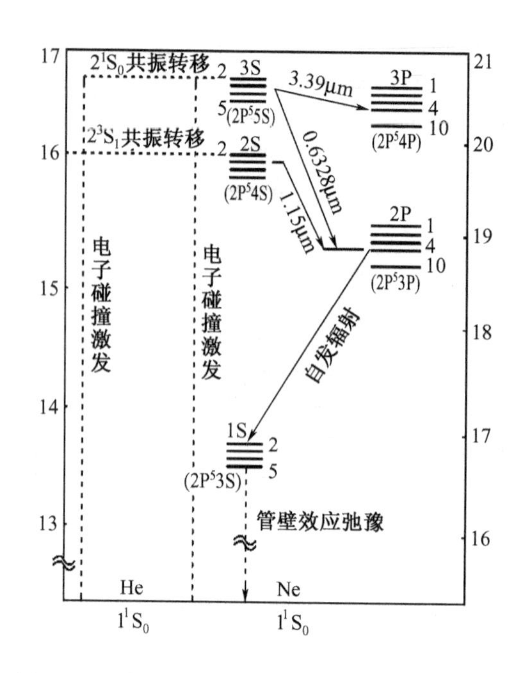

图 3-37 与 He-Ne 激光跃迁有关的部分能级图

第一个来源是所谓共振能量转移过程。氦的 2^3S_1 态与氖的 2S 态很接近,仅相差 0.04 ~ 0.15eV。而氦的 2^3S_1 是一个亚稳态,在气体放电过程中,处于 2^3S_1 的氦原子与基态氖原子发生第二类完全非弹性碰撞,由氦原子转移能量来激发基态氖原子到 2S 态的概率很大。而 2P 态与 2^3S_1 能量相差较多,因此上述过程对 2P 态积累粒子数的贡献可以忽略。

第二个来源是气体放电过程。基态氖原子与具有一定动能的电子进行第一类非弹性碰撞直接被激发到 2S 态,而 2P 态与基态无光学联系,因此直接由基态获得激发的概率很小。氖气体中加进氦气时,放电的电子数目比纯氖气放电时大大增加,同时也提高了电子温度,这进一步增加了直接激发过程的速率。但是与共振能量转移过程相比,这种过程只占次要的地位。

第三个来源是串级跃迁。即原子从较高的能级依次跃迁到 2S 态,但同前述两种过程相比较,此过程的贡献比较小。

根据跃迁定则,在 2S 态与 2P 态之间有 30 种可能跃迁,相应的波长范围是 0.89 ~ 1.7μm。但是实验尚未观察到全部的跃迁。在这些跃迁中,实验发现波长 1.15μm 的激光最强。

应当指出,氖的 1S 态是亚稳态,如果激光器运转条件不适当,例如放电毛细管内径太粗、氖气压强太高或放电电流太大等,都会使 1S 态粒子数过大,这就加强了在 2P 与 1S 之间的共振捕获效应;同时电子碰撞使从 1S 态激发到 2P 的速率也增加,结果是延长了 2P 态的寿命,降低了能级粒子数反转值,甚至使激光停止振荡。1S 能级是通过扩散与容器壁碰撞把能量交给器壁而回到基态的,增益近似与放电管内径成反比的效应与此过程有关系。

3S→3P 与 3S→2P 的激光跃迁原理和 2S→2P 类似,这里不再赘述,但此时是靠氦原子 2^1S_0 能级共振能量转移实现的,它与氖的 3S 态能级极为接近。在 3S→3P 的一系列跃迁中,波长为 3.39μm($3S_2 \to 3P_4$)的激光最强;在 3S→2P 的一系列跃迁中,最强的激光是 632.8nm($3S_2 \to 2P_4$)。

现在的商用 He-Ne 激光器的主要谱线是 0.6328μm 的红光,其他还有黄光(0.594μm)、绿光(0.543μm)和橙光(0.606μm、0.612μm) He-Ne 激光器商品出售。

3）谱线竞争

如前所述，He－Ne激光器中有多条激光谱线，而且有些谱线还对应同一个激光上能级，因此在这些谱线之间就存在着对共有能级上粒子数的竞争，其中一条谱线产生振荡以后，用于其他谱线的反转粒子数自然减少，将使其他谱线的增益和输出功率降低，甚至完全被抑制，这就是谱线的竞争效应。

He－Ne激光器的三条最强的激光谱线分别为0.6328μm、1.15μm和3.39μm，具体哪条谱线起振完全取决于谐振腔介质膜反射镜的波长选择。由图3－37可见，0.6328μm和3.39μm两条激光谱线具有相同的上能级，因此这两条谱线之间存在着强烈的竞争，由于增益系数与波长的三次方成正比，显然3.39μm谱线的增益系数远大于0.6328μm谱线，在较长的0.6328μm He－Ne激光器中，虽然介质膜反射镜对0.6328μm波长的光具有较高的反射率，但仍然会产生较强的3.39μm波长的放大的自发辐射或激光，这将使上能级粒子数减少，从而导致0.6328μm激光功率下降。为了获得较强的0.6328μm的激光输出，需采用色散法、吸收法或外加磁场法等抑制3.39μm辐射的产生。

4）功率特性

He－Ne激光器的放电电流对输出功率有很大的影响。图3－38是实验测得的He－Ne激光器的输出功率与放电电流的关系曲线，可以看出，对于每种充气总压强都有一个使输出功率最大的放电电流，它与气体混合比及总压强有关。在最佳充气条件下，使输出功率最大的放电电流叫最佳放电电流。由该图可见，在最佳放电电流附近，因放电电流变化引起的输出功率的变化不大。因此，在实际使用时，对最佳放电电流的要求并不十分严格，有利于工作状态的调整。

3. 液体激光器

液体激光器的典型代表是各种类型的染料激光器，染料激光器是采用溶于适当溶剂中的有机染料作为激光工作物质的激光器。液体激光器的问世，源于1966年人们利用巨脉冲红宝石激光器泵浦氯化铝酞化菁（CAP）和花菁类染料并获得了受激辐射。

因为染料激光器具有波长可调、脉冲宽度窄、功率大、工作物质均匀等特点，进而在光化学、光生物学、光谱学、化学动力学、同位素分离、全息照相和光通信等领域中获得了广泛应用。

1）染料分子能级与光辐射过程

染料激光器的工作物质是有机染料溶液，每个染料分子由许多原子组成，能级结构十分复杂，其分子运动包括电子运动、原子间的相对振动以及整个染料分子的转动等，所以在染料分子的能级中，对应每个电子能级都有一组振动—转动能级，并且由于分子碰撞和静电扰动，振动—转动能级被展宽。因此，染料分子能级图可以表示成准连续态能级结构，如图3－39所示。在电子能级中，有单态和三重态两类，三重态较相应的单态能级略低。染料分子能级中，每一个单态（S_0、S_1、S_2…）都对应有一个三重态（T_1、T_2…）。S_0是基态，其他能级均为激发态。

在泵浦光的照射下，大部分染料分子从基态S_0激发到激发态S_1、S_2…上，其中S_1态有稍长一些的寿命，因此，其他激发态的分子很快跃迁到S_1态的最低振动能级上，这些分子跃迁到S_0态上较高的振动能级时，即发出荧光，同时很快地弛豫到最低的振动能级上。如果分子在S_1和S_0之间产生了粒子数反转，就可能产生激光。

2）染料激光的可调谐性

染料激光器与其他激光器相比较的突出特点是其波长可调谐性。常用的调谐方法有光栅调谐、棱镜调谐和双折射滤光片调谐。

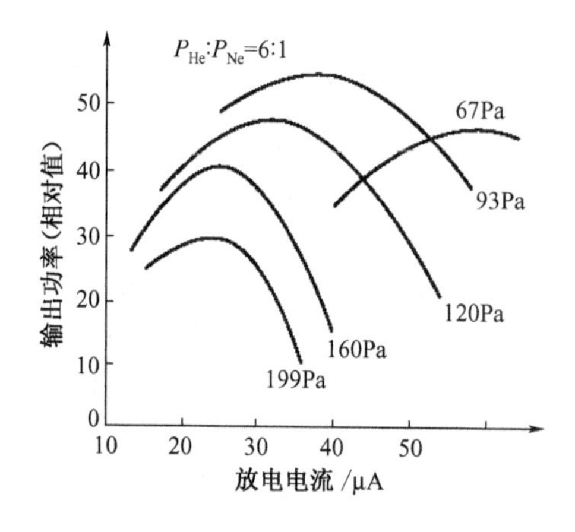

图 3－38　输出功率与放电电流的关系曲线

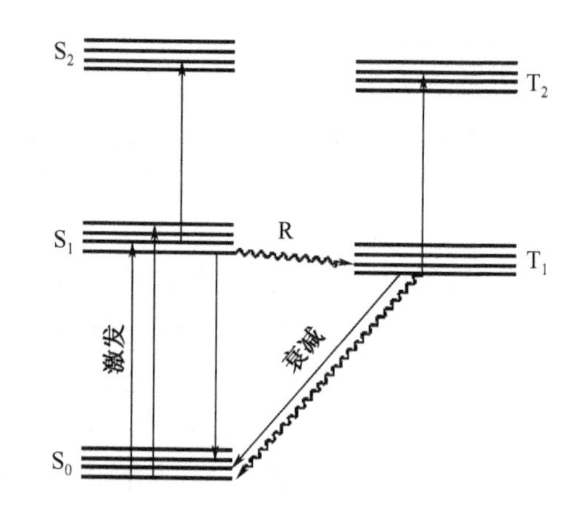

图 3－39　染料分子能级示意图

图 3－40 所示是染料激光器的一种基于光栅调谐的原理图。放在染料激光器谐振器腔中的光栅 G 具有扩束和色散作用，G 的不同波长的一级衍射光相对反射镜 R_2 来说，有不同的入射角。于是，当旋转 R_2 使某一波长的入射角为零时，该波长光便能低损耗地返回谐振腔，形成振荡。因此，旋转 R_2 便起到了调谐作用。

图 3－41 所示是染料激光器的一种基于棱镜调谐原理图。利用棱镜的色散特性，将泵浦光耦合到腔内，并与染料形成同轴泵浦形式；由于棱镜的色散作用，一束来自 M_3、M_2 的不同波

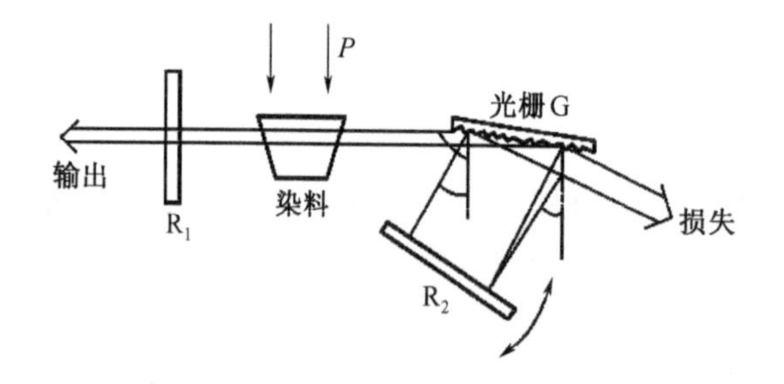

图 3－40　染料激光的一种光栅调谐示意图

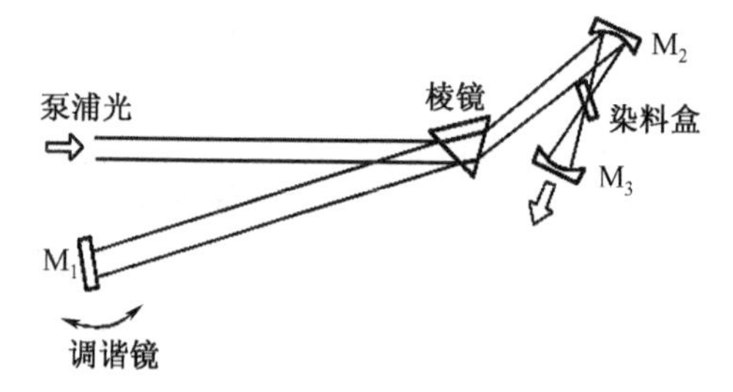

图 3－41　染料激光的一种棱镜调谐示意图

长的光，将有不同的折射方向，当旋转平面反射镜 M_1 使其与某一波长的光垂直时，该波长光便能返回谐振腔，形成振荡。因此，旋转 M_1 便实现了调谐作用。为了获得更窄的带宽或精调谐，也可在长支路的平行光束中插入一个或多个 F－P 标准具。

图 3－42 所示是一种基于双折射滤光片调谐的染料激光器原理图。这是一种单纵模环行腔染料激光器，工作物质是以喷流方式循环工作的染料喷膜，泵浦光源是 Ar^+ 激光器；谐振腔是 8 字形环行腔，可实现单向行波振荡，消除了空间烧孔效应，提高了振荡效率。双折射滤光片是调谐元件，标准具用以压缩线宽。这个激光器的典型参数是：环行腔 $L=1.5$m，用若丹明 6G 作激活介质，染料喷膜厚 20μm，输出镜 M_1 的透过率 $T=6\%$，用 4W Ar^+ 激光泵浦时，可获得 500mW 的单频输出，谱宽仅为

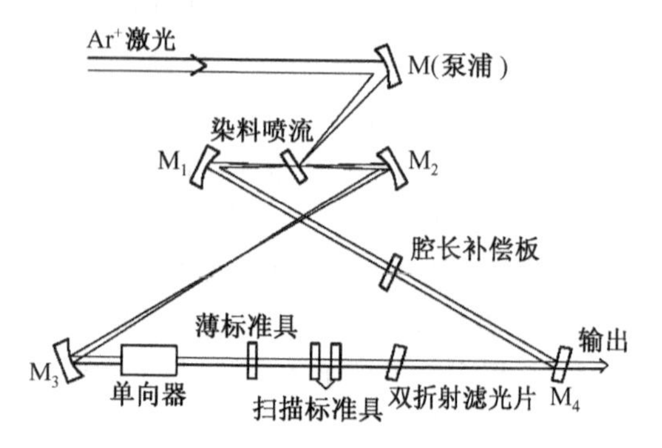

图 3－42　一种基于双折射滤光片调谐的染料激光器原理图

2MHz。利用双折射滤光片调谐，是目前染料激光器广泛采用的调谐方法，国内外的 Ar^{+} 激光、YAG 倍频激光泵浦的染料激光器，都使用这种方法调谐。

液体染料工作物质的能带很宽，这就使它成为锁模激光器所要求的良好的激活介质。20世纪70年代，人们利用同步泵浦锁模染料激光器获得了 ps 量级的光脉冲，后来又利用碰撞锁模染料激光器及腔外脉冲压缩技术，将光脉冲宽度压缩到6fs。

4. 半导体激光器

半导体激光器是注入式的受激光放大器。虽然它形成激光的必要条件与其他激光器相同，也须满足粒子数反转、谐振腔等条件，但其激发机理和前面讨论的几种激光器截然不同。其电子跃迁是发生在半导体材料导带中的电子和价带中的空穴之间，而不像原子、分子、离子激光器那样发生在两个确定的能级之间。半导体材料中也有受激吸收、受激辐射和自发辐射过程。在电流或光的激励下，半导体价带中的电子可以获得能量，跃迁到导带上，在价带中形成了一个空穴，相当于受激吸收过程。此外，价带中的空穴也可被从导带跃迁下来的电子填补复合。在复合时，电子把大约等于 E_g 的能量释放出来，放出一个频率为 $\nu = E_g/h$ 的光子，这相当于自发辐射或受激辐射。显然，如果在半导体中能够实现粒子数反转，使得受激辐射大于受激吸收，就可以实现光放大；如果谐振腔使光增益大于光损耗，就可以产生激光。

关于半导体激光器详细的发光原理，将在后面的章节专门讲述。

3.7　半导体光源

半导体光源是指基于半导体材料的光源，属电致（场致）发光光源的一类，是目前发展迅速、应用广泛的一类的光源，比较典型的半导体光源是发光二极管和半导体激光器。

3.7.1　半导体基础知识

1. 晶体中电子的共有化运动

制造半导体器件所用的材料大多是单晶体，单晶体是由靠得很紧密的原子周期性重复排列而成的，相邻原子的间距只有零点几个纳米，因此半导体中的电子状态与原子中的电子状态有所区别，特别是外层电子有显著的变化，但晶体又是由分立的原子凝聚而成，因此，两者的电子状态必定存在某种联系。

如图3-43(a)所示，原子中的电子在原子核和其他电子的作用下，分列在不同能级上，形成所谓的电子壳层，不同支壳层的电子分别用1s;2s,2p;3s,3p;4s,3d,4p 等符号表示，每一支壳层对应确定的能量。当原子相互接近形成晶体时，不同原子的内外电子壳层就有了一定程

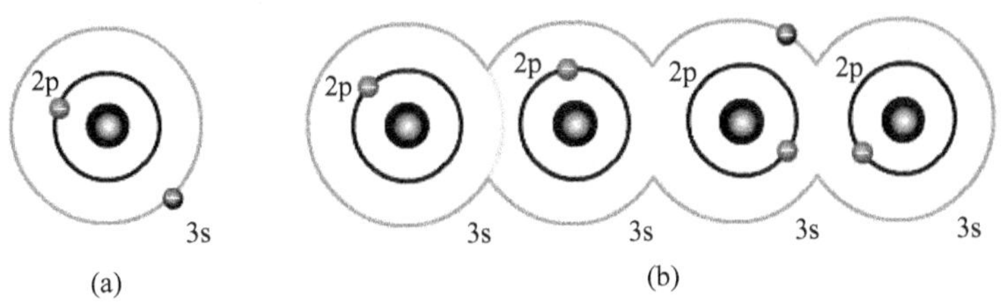

图3-43　晶体中电子的固有化运动

(a) 单个原子中电子的运动；(b) 晶体中电子的共有化运动。

度的交叠，相邻原子最外壳层交叠最多，内壳层交叠最少，如图 3-43(b)所示。将这种原子组成晶体后，由于电子壳层的交叠，电子不再局限于某一个原子上，可以由一个原子转移到相邻的原子上去，进而电子可以在整个晶体中运动的现象，称为电子的共有化运动，此时电子已不局限于某个原子而为晶体中所有原子所共有。

必须注意的是，因为各原子中相似壳层上的电子才有相同的能量，电子只能在相似壳层间转移，因此电子共有化运动的产生是由于不同原子的相似壳层间的交叠，外层电子的共有化运动最显著，内层电子的情况仍然和在单独原子中一样，并且，电子在原子间的迁移仅能发生在能量相同的轨道之间。

2. 半导体能带理论与材料的导电性

同一个原子能级上产生的电子共有化运动，可以有许多种共有化运动的速度，从一个能级演变成的共有化运动可以有多个共有化量子能级，这些共有化量子能级靠得很近，密集成一种准连续的分布，因此我们称它为能带；相邻的原子能级演变成的能带之间有一定的间隙，称为禁带。图3-44表示 N 个原子相互接近形成晶体时，电子的共有化量子态与原子能级之间的对应关系。

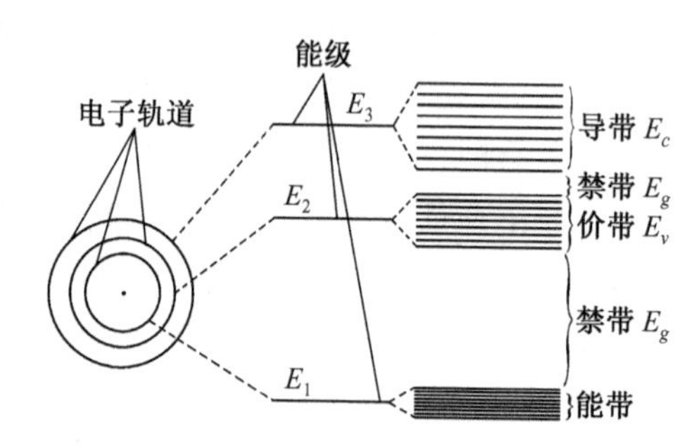

图 3-44 晶体中的能带

从图中可以看到，当 N 个原子相互接近形成晶体时，由于共有化运动，原来单个原子中每一个能级分裂成多个与原来能级很接近的新能级，分裂之后，电子便以某一新能级的能量在晶体点阵的周期性场中运动，两个新能级的间距很小，约为 10^{-2}eV，因而，这些新能级可以认为是连续的，通常把 N 个新能级具有的能量范围称为“能带”，与价电子（最外层电子）能级相对应的能带称为“价带”（Valence Band），在温度很低时，半导体材料的价带都被电子填满，因此，价带也称为“满带”；价带以上的能带在未激发的正常情况下，往往没有电子填入而称为“空带”，当电子因某种因素受激进入空带，则此空带又叫“导带”（Conduction Band），不同能带之间可以有一定的间隔，在这个间隔范围内，电子不能处于稳定能态，实际上是形成了一个禁区，称为“禁带”（Forbidden Band）。

处于价带中的电子（价电子），受原子束缚的能力较强，不易参与导电；而处于导带中的电子，受原子束缚能力较弱，可以看成是自由电子，能参与导电。价带中的电子要跃迁到导带成为自由电子，至少要吸收高于或等于禁带宽度的能量，所以，可以通过能带图来分析材料的导电性能。

对于绝缘材料来说，因为禁带宽度很宽（如 SiO_2 的 $E_g \approx 5.2$eV），因此，导带中的电子极少，导电性很差；半导体材料的禁带宽度相对较窄（如 Si 的 $E_g \approx 1.1$eV），因此，导带中有一定数目的电子，具有一定的导电性；而金属的导带与价带有一定程度的重合，即 $E_g = 0$eV，因此，价电子可以在金属中自由运动，所以金属具有良好的导电性。

3. 半导体的分类与能带

1）本征半导体

高度提纯的半导体（制造半导体器件的材料纯度要达到 99.9999999%，常称为“九个 9”）在物理结构上呈单晶体形态，我们将高度提纯、结构完整的半导体单晶称为本征半导体。光电子技术中用的最多的是硅和锗，对于高纯度的硅或锗来说，可以称为本征硅或本征锗。

硅和锗是四价元素，在原子最外层轨道上的四个电子称为价电子。它们分别与周围的四个原子的价电子形成共价键，共价键中的电子为这些原子所共有，并为它们所束缚，在空间形成排列有序的晶体，这种结构的平面示意图如图3－45(a)所示。

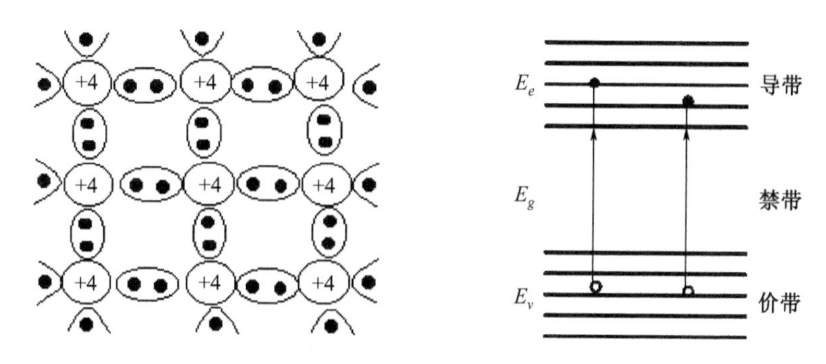

图3－45　本征半导体
(a) 共价键结构示意图；(b) 能带与电子—空穴对。

自然界中，完全理想的本征半导体是没有的。由于晶体每立方厘米体积内约有$10^{22}\sim10^{23}$个原子，在工程实际中，一般认为杂质粒子的含量在一定程度以内，就可以视为本征半导体。例如，InSb材料，当杂质含量小于$10^{14}/cm^3$时，就可以视为本征半导体，而人为掺杂时，其杂质含量通常在$10^{16}/cm^3\sim10^{17}/cm^3$以上。

对于本征半导体来说，当半导体处于热力学温度0K且无外部激发能量时，半导体中没有自由电子。当温度升高或受到光的照射时，价电子能量增高，有的价电子可以越过禁带到达导带而成为自由电子，并在价带中留下等量空位，原子的电中性被破坏，呈现出正电性，其正电量与电子的负电量相等，这个呈现正电性的空位称为空穴，如图3－45(b)所示。自由电子和空穴可以在外加电场作用下定向移动，形成电流，所以在常温下，本征半导体的电子和空穴是成对出现的，称为电子—空穴对，电子—空穴对的出现，使得本征半导体具有一定的导电性。这种因半导体温度升高，使半导体中的电子吸收能量摆脱共价键束缚而形成电子—空穴对的过程，称为半导体的本征激发。我们将本征激发时产生电子—空穴对的过程称为产生；部分自由电子也可能回到空穴中去，我们把自由电子回到空穴中去的过程称为复合。

运载电荷的粒子称为载流子，单位体积内的载流子数称为载流子浓度，半导体中的载流子为自由电子和空穴。在本征半导体中，空穴是因为处于价带中的电子因某种因素被激发到导带中而留下的空位，因此，当这个空位产生后，附近原子中的价电子会移过来填补这个空穴，从而此空穴消失，但在价电子原来的位置会出现另一个空穴，这就好像呈正电性的空穴在移动，在外电场作用下，空穴移动方向与电场方向相同，形成空穴电流，也称为漂移电流；因为本征半导体中，电子和空穴成对出现，且电荷量相等，极性相反，因此，二者漂移运动方向相反，但漂移电流实际方向相同，共同形成半导体中的电流。

2) N型半导体(电子型半导体)

如图3－46(a)所示，在四价的锗(Ge)和硅(Si)组成的晶体中掺入五价的砷(As)或磷(P)，则晶格中的某个锗原子就会被磷原子替代，五价的磷用四个价电子和周围的锗原子形成共价键，尚有一个电子多余，这个电子受到的束缚力比共价键上的电子受到的束缚力小得多，很容易被磷原子释放，跃迁成为自由电子，这样，该磷原子就成为正离子。我们将相对容易释放电子的原子称为施主，施主束缚电子的能量状态称为施主能级，它位于禁带中靠近材料的导带底，如图 3－46(b)所示。在掺入施主杂质的半导体材料中，自由电子的浓度将高于空穴的浓度，我们将这类半导体材料称为 N 型半导体，也称电子型半导体。

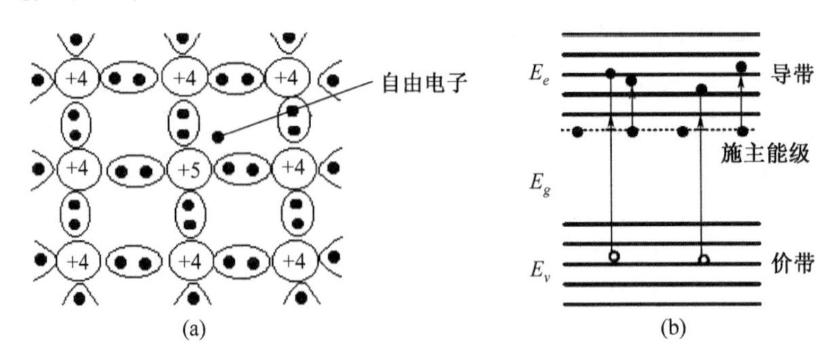

图 3－46　N 型半导体

(a) 价键结构示意图；(b) 能带与施主能级。

施主能级表明，五价原子中多余电子很容易从该能级(而不是价带)跃迁到导带而形成自由电子。因此，只要掺入少量杂质，就可以明显改变导带中的电子数目，从而显著影响半导体的电导率。实际上，杂质半导体的导电性能完全由掺杂情况决定，掺杂百万分之一就可以使半导体的载流子浓度达到本征半导体的百万倍。

N 型半导体中，除杂质提供的自由电子外，原晶体本身也会产生少量的电子—空穴对，但由于施主能级的作用增加了许多额外的自由电子，使自由电子数远大于空穴数，如图 3－46(b)所示，因此，在 N 型半导体中，自由电子是多数载流子(简称多子)，主要由杂质原子提供；空穴是少数载流子(简称少子)，由本征激发形成，所以，N 型半导体将以自由电子导电为主。

3) P 型半导体(空穴型半导体)

如图 3－47(a)所示，如果在四价的硅(Si)或锗(Ge)晶体中掺入三价原子硼(B)，因三价杂质原子在与四价原子形成共价键时，缺少一个价电子而在共价键中留下一个空穴，这就使三价原子变成负离子而在四价晶体中出现空穴，我们将这个容易获取电子的原子称为受主原子，或受主(Accepter)。由于受主原子的存在，也会产生附加的受主获取电子的能量状态，这种能量状态称为受主能级，位于材料禁带中价带顶附近，如图 3－47(b)所示。以 Si 晶体中掺杂 B 原子为例，受主能级表明，硼原子很容易从硅晶体中获取一个电子形成稳定结构，即电子很容

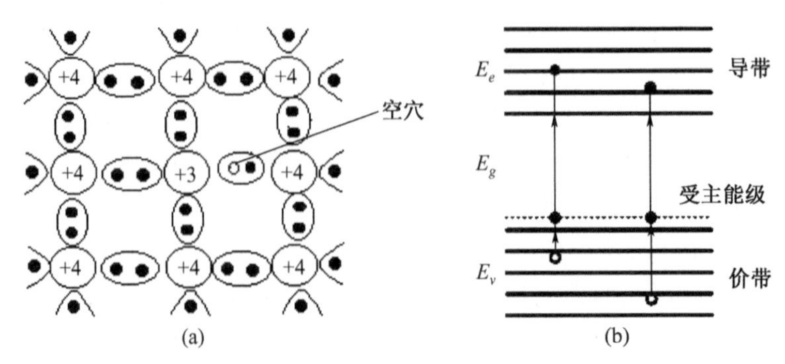

图 3－47　P 型半导体

(a) 价键结构示意图；(b) 能带与受主能级。

易从价带跃迁到该能级(不是导带),或者从空穴跃迁到价带。

与N型半导体的分析同理,P型半导体中的空穴数远大于导带中的电子数,因此,空穴是P型半导体中的多数载流子,主要由掺杂形成;电子是少数载流子,由本征激发形成。因此,P型半导体以空穴导电为主。

4. 费米能级与热平衡状态下的载流子

根据量子理论和泡里不相容原理,半导体中电子的能级分布服从费米统计分布规律,即在热平衡状态下,电子在能带中的分布不再服从玻耳兹曼分布,而服从费米分布,能量为E的能级被电子占据的概率为

$$f_N(E) = \frac{1}{1 + e^{(E-E_f)/kT}} \tag{3.21}$$

式中:E_f为费米能级;k为玻耳兹曼常数;T为绝对温度。

E_f是一个描述电子在各能级中分布的参量,并不是一个可以被电子占据的能级。当$T>0$时,如果$E=E_f$,则有$f(E)=0.5$;若$E<E_f$,则有$f(E)>0.5$;若$E>E_f$,则有$f(E)<0.5$,可见,费米能级并非是由电子占据的能级,而是半导体能带的一个特征参量,它由半导体材料的掺杂浓度和温度决定,反映电子在半导体能带上的分布情况。对于本征半导体,费米能级在禁带的中间位置,价带能级低于费米能级,导带能级高于费米能级。由式(3.21)可以算出,价带中的电子总是比导带中多。在温度趋于绝对零度时,导带被电子占据的几率为零。因此,费米能级E_f的意义是电子占据概率为0.5的能级。

基于此,在半导体材料中,能量为E的能级被空穴占据的概率,也就是不被电子占据的概率,应为

$$f_p(E) = 1 - f_N(E) = \frac{1}{1 + e^{(E_f-E)/kT}} \tag{3.22}$$

以本征半导体为例,绝对温度为零时,由于没有任何热激发,电子全部位于价带;当温度高于绝对温度时,价带的部分电子由于热激发跃迁到导带成为自由电子。这两种情况下,价带中电子的分布可以用式(3.21)来解释:价带(E_v)能级低于费米能级(E_f),即$E_v<E_f$,当$T=0$时,能量为E_v的能级被电子占据的概率为100%;当温度高于绝对温度时,能量为E_v的能级被电子占据的概率小于100%;同理,可以解释导带中电子的分布和价带中空穴的分布。

可见,费米能级E_f具有标尺的作用,可以用来定性描述半导体中载流子的分布。实际上,在式(3.21)中,当$\exp\left(-\frac{E-E_f}{kT}\right)>1$或$E-E_f>5kT$时,有

$$f_N(E) \approx \exp\left(-\frac{E-E_f}{kT}\right) \tag{3.23}$$

对于导带能级,在室温条件下,很容易满足$E-E_f>5kT$,从而导带中电子占据的概率

$$f_N(E_c) \approx \exp\left(-\frac{E_c-E_f}{kT}\right) \tag{3.24}$$

同理,价带中空穴占据的概率为

$$f_p(E_v) \approx \exp\left(-\frac{E_f-E_v}{kT}\right) \tag{3.25}$$

半导体物理学进一步指出,热平衡状态下,在整个导带中总的电子浓度 n 和价带中的空穴浓度 p 分别为

$$n = N_c \exp\left(-\frac{E_c - E_f}{kT}\right) \tag{3.26}$$

$$p = N_v \exp\left(-\frac{E_f - E_v}{kT}\right) \tag{3.27}$$

式中:$N_c = 2\left(\frac{2\pi m_e^* kT}{h^2}\right)^{3/2}$ 称为导带有效状态密度;$N_v = 2\left(\frac{2\pi m_p^* kT}{h^2}\right)^{3/2}$ 称为价带有效状态密度;m_e^* 为自由电子的有效质量;m_p^* 为自由空穴的有效质量,h 为普朗克常量。

利用式(3.26)和式(3.27),可以得到热平衡状态下本征半导体和杂质半导体中的费米能级分布。如图3-48(a),本征半导体的费米能级 E_{fI} 大致位于禁带中线 E_I 处;如图3-48(b),N型半导体的费米能级 E_{fN} 位于禁带中央以上,掺杂浓度越高,费米能级离禁带中央越远,越靠近导带底;如图3-48(c),P型半导体的费米能级 E_{fP} 位于禁带中央以下,掺杂浓度越高,费米能级离禁带中央越远,越靠近价带顶。

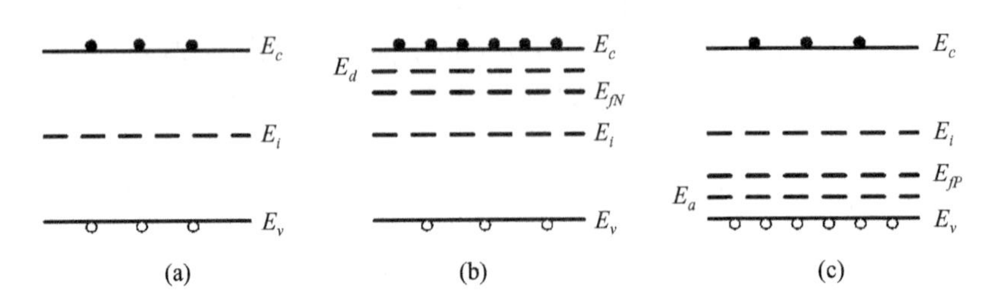

图3-48 热平衡状态下半导体中的费米能级分布

(a) 本征半导体; (b) N型半导体; (c) P型半导体。

5. PN结的形成

在P型半导体中,多数载流子是空穴,少数载流子是电子,带正电的空穴与等量带负电的电子受主离子使P型半导体呈现电中性。N型半导体中,多数载流子是电子,少数载流子是空穴,带负电的电子和等量带正电的施主离子使N型半导体呈现电中性。

当P型半导体和N型半导体合在一起形成PN结时,载流子的浓度差自然会引起扩散运动,P区的空穴向N区扩散,剩下带负电的受主离子;N区的电子向P区扩散,剩下带正电的施主离子,从而在靠近PN结界面的区域形成一个空间电荷区,如图3-49所示。

空间电荷区里载流子很少,是高阻区,电场的方向由N区指向P区,称为自建电场。在自建电场的作用下,载流子将产生漂移运动,漂移运动的方向与扩散运动的方向相反。漂移运动与扩散运动将会达到动态平衡状态,即在不加外电压时,PN结宏观上没有电流流过。

6. PN结的特性

PN结具有单向导电性,若外加电压使电流从P区流到N区,PN结呈低阻性,所以电流大;反之是高阻性,电流小。如果外加电压使PN结P区的电位高于N区的电位称为正向接法,此时PN结处于正向偏置状态;PN结P区的电位低于N区的电位称为反向接法,此时PN结处于反向偏置状态。

当PN结加正向电压时,因为外加的正向电压有一部分降落在PN结区,方向与PN结内电

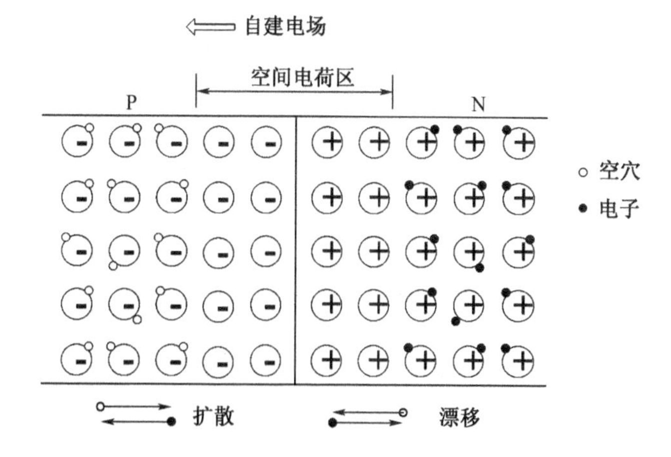

图3－49　PN结空间电荷区的形成

场方向相反,削弱了内电场,使得空间电荷区变窄,因此,内电场对多子扩散运动的阻碍减弱,扩散电流加大,扩散电流远大于漂移电流,可忽略漂移电流的影响,PN结呈现低阻性。

当PN结加反向电压时,外加的反向电压有一部分降落在PN结区,方向与PN结内电场方向相同,加强了内电场,空间电荷区变宽。内电场对多子扩散运动的阻碍增强,扩散电流大大减小。此时PN结区的少子在内电场作用下形成的漂移电流大于扩散电流,可忽略扩散电流,PN结呈现高阻性。

在一定的温度条件下,由本征激发决定的少子浓度是一定的,故少子形成的漂移电流是恒定的,基本上与所加反向电压的大小无关,这个电流也称为反向饱和电流。

因为PN结加正向电压时,呈现低电阻,具有较大的正向扩散电流;PN结加反向电压时,呈现高电阻,具有很小的反向漂移电流;由此可以得出: PN结具有单向导电性。

3.7.2　发光二极管

发光二极管(Light-Emitting Diode,LED)是一种能发光的半导体电子元件,最早出现于1962年。与所有半导体二极管一样,LED具有体积小、寿命长、可靠性高等优点,并且是低电压工作,能与集成电路等外部电路良好结合,便于控制。几十年来,人们致力于研究和开发LED,并想以此代替目前使用的普通光源,但受半导体材料加工工艺的限制,商用发光二极管的发展一直较为缓慢。直到近几年,随着新型半导体材料的开发和加工工艺技术的提高,人们不仅可以得到高亮度的红、黄、绿LED,而且制造出极为重要的高亮度蓝色LED,1996年,白光LED也成功问世。因LED具有结构简单、体积小、耗电少、寿命长、造价低等优点,被认为是最有前景的照明光源。

1. LED的发光原理

发光二极管的核心部分是由P型半导体和N型半导体组成的晶片,在P型半导体和N型半导体之间有一个过渡层,即PN结。根据PN结的导电特性,在PN结加正向偏置电压时,PN结的势垒降低,载流子的扩散运动大于漂移运动,致使P区的空穴注入到N区,N区的电子注入到P区,进入对方区域的少数载流子(少子)一部分与多数载流子(多子)复合,复合时产生的能量以光的形式出现。

如图3－50所示,假设发光是在P区中发生,那么注入的电子与价带空穴直接复合而发光，或者先被发光中心捕获，再与空穴复合发光；除了这种发光复合外，还有些电子被非发光中心（这个中心介于导带、介带中间附近）捕获，而后再与空穴复合，每次释放的能量不大，不能形成可见光。发光的复合量相对于非发光复合量的比例越大，光量子效率越高。由于复合是在少子扩散区内发光的，所以 LED 发光仅能在靠近 PN 结面数微米内产生。

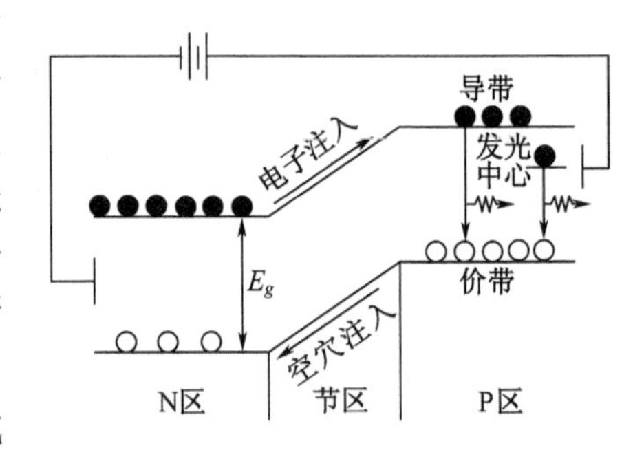

图 3－50　LED 的发光原理示意图

理论和实践证明，光的峰值波长 λ 与发光区域的半导体材料禁带宽度 E_g 有关，即

$$\lambda = \frac{1240}{E_g}(\mathrm{nm})$$

式中：E_g 的单位为电子伏特（eV）。若能产生可见光（380～780nm），半导体材料的 E_g 应在 3.26～1.63eV 之间。现在已有红外、红、黄、绿及蓝光发光二极管，但其中蓝光二极管成本、价格很高，使用不普遍。

2. LED 的类型

根据不同的分类标准，LED 可以分为多种不同类型，目前对 LED 的分类，常用的分类依据有发光管的发光颜色、发光管的出光面特征、发光强度角分布、LED 的结构和发光强度等几个标准。除此之外，还有按芯片材料分类及按功能分类等方法。

1）按发光管的发光颜色分

按发光管的发光颜色分，LED 可分成红色、橙色、绿色、蓝色等。另外，有的 LED 中包含两种或三种颜色的芯片。另外，根据 LED 出光处掺或不掺散射剂、有色还是无色，上述各种颜色的 LED 还可分成有色透明、无色透明、有色散射和无色散射四种类型。散射型 LED 适用于做指示灯用。

2）按发光管的出光面特征分

按发光管的出光面特征，LED 可分为圆灯、方灯、矩形灯、面发光管、侧向管、表面安装用微型管等。圆形灯按直径分为 ϕ2mm、ϕ4.4mm、ϕ5mm、ϕ8mm、ϕ10mm 及 ϕ20mm 等。国外通常把 ϕ3mm 的发光二极管记作 T－1；把 ϕ5mm 的记作 T－1（3/4）；把 ϕ4.4mm 的记作 T－1（1/4）。

3）按发光强度的角分布图分

按发光强度的角分布图分，LED 可以分为高指向性、标准型和散射型三类。高指向性一般为尖头环氧封装，或是带金属反射腔封装，且不加散射剂。半值角为 5°～20°或更小，具有很高的指向性，可作局部照明光源用，或与光检出器联用以组成自动检测系统；标准型通常作指示灯用，其半值角为 20°～45°；散射型是视角较大的指示灯，半值角为 45°～90°或更大，散射剂的量较大。

4）按发光二极管的结构分

按发光二极管的结构分，LED 可分为全环氧包封、金属底座环氧封装、陶瓷底座环氧封装及玻璃封装等结构。

5）按发光强度和工作电流分

按发光强度和工作电流分，LED 可分为普通亮度 LED（发光强度 <10mcd）；超高亮度 LED（发光强度 >100mcd）。把发光强度在 10～100mcd 间的 LED 称为高亮度 LED。一般 LED 的工作电流在十几毫安至几十毫安，而低电流 LED 的工作电流在 2mA 以下（亮度与普通发光管相同）。

3. LED 的材料与色彩

制造 LED 的材料不同，可以产生具有不同能量的光子，借此可以控制 LED 所发出光的波长。历史上第一个 LED 所使用的材料是砷化镓（GaAs），其正向 PN 结压降（V_F，可以理解为点亮或工作电压）为 1.424V，发出的光在红外区域；另一种常用的 LED 材料为磷化镓（GaP），其正向 PN 结压降为 2.261V，发出的光线为绿光。

基于这两种材料，早期 LED 运用 $GaAs_{1-x}P_x$ 结构（下标 x 代表磷元素取代砷元素的百分比），理论上可以生产从红外光一直到绿光范围内任何波长的 LED，一般通过 PN 结压降可以确定 LED 的波长颜色。其中典型的有 $GaAs_{0.6}P_{0.4}$ 的红光 LED，$GaAs_{0.35}P_{0.65}$ 的橙光 LED，$GaAs_{0.14}P_{0.86}$ 的黄光 LED 等。由于制造采用了镓、砷、磷三种元素，所以俗称这些 LED 为三元素发光管。而氮化镓（GaN）的蓝光 LED、磷化镓（GaP）的绿光 LED 和砷化镓（GaAs）的红外光 LED，被称为二元素发光管。而目前最新的工艺是用混合铝（Al）、钙（Ca）、铟（In）和氮（N）四种元素材料制造的 AlGaInN 四元素 LED，可以涵盖所有可见光以及部份紫外光的光谱范围。表 3-4 列出了不同发光波段的 LED 的材料及其发光颜色。

表 3-4　一些 LED 的材料的及其发光颜色

颜色	波长 /nm	正向偏压 /V	半导体材料	
			名称	化学式
红外	>760	<1.9	砷化镓、铝砷化镓	GaAs、AlGaAs
红	760~610	1.63~2.03	铝砷化镓、砷化镓磷化物、磷化铟镓铝、磷化镓（掺杂氧化锌）	AlGaAs、GaAsP、AlGaInP、GaP:ZnO
橙	610~590	2.03~2.10	砷化镓磷化物、磷化铟镓铝	GaAsP、AlGaInP
黄	590~570	2.10~2.18	砷化镓磷化物、磷化铟镓铝、磷化镓（掺杂氮）	GaAsP、AlGaInP、GaP:N
绿	570~500	2.18~4.00	铟氮化镓/氮化镓、磷化镓、磷化铟镓铝、铝磷化镓	InGaN/GaN、GaP、AlGaInP、AlGaP
蓝	500~450	2.48~3.70	硒化锌、铟氮化镓、碳化硅、硅	ZnSe、InGaN、SiC、Si
紫	450~380	2.76~4.00	铟氮化镓	InGaN
紫外	<380	3.10~4.40	钻石、氮化铝、铝镓氮化物、氮化铝镓铟	C、AlN、AlGaN、AlGaInN

需要指出的是，LED 的制造材料有直接跃迁型和间接跃迁型之分。间接跃迁型材料的电子—空穴复合时，除放出光子外，还伴随有晶格振动，其发光效率比直接跃迁型要差，在前述制造 LED 的主要材料中，GaP 属于间接跃迁型，而 GaAs 和 GaN 属于直接跃迁型。为了将 GaAs 的直接跃迁带隙扩展到可见光波段，采用 GaAs 和 GaP 混晶（$GaAs_{1-x}P_x$）以及砷化镓和砷化铝混晶（$Ga_{1-x}Al_xAs$），这两种混晶在全部组成范围内都是完善的固溶体。$GaAs_{1-x}P_x$ 是 GaAs 与 GaP 按 $(1-x):x$ 比例混合的晶体。图 3-51 是 $GaAs_{1-x}P_x$ 和 $Ga_{1-x}Al_xAs$ 混晶带隙和成分的关系曲线。

为了保证材料是直接跃迁型，对于 $GaAs_{1-x}P_x$ 来说，x 值一定要小于 0.45，而在 $x=0.4$ 时，发光波长又趋于近红外，因此一般 x 值选在 0.45 附近。这时材料的 $E_g=2\text{eV}$，发光波长在 0.65μm。

$x>0.45$ 时，$GaAs_{1-x}P_x$ 变成间接跃迁型，发光效率显著降低。但是由于此时材料的性质

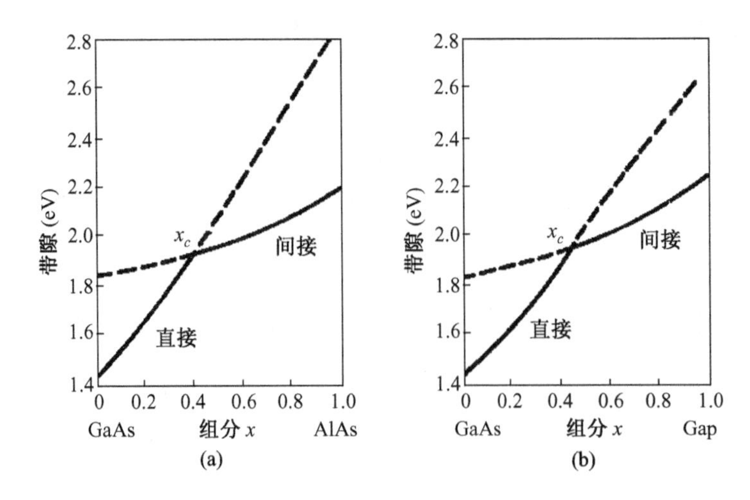

图 3-51 $GaAs_{1-x}P_x$(a) 和 $Ga_{1-x}Al_xP$(b) 混晶带隙和成分的关系曲线

比较接近磷化镓,对材料掺氮也能形成等电子陷阱,从而使 $GaAs_{1-x}P_x$ 在间接跃迁范围内实现效率较高的激子复合发光。$x\approx0.5$ 时发橙色光,波长接近 0.61μm,$x\approx0.85$ 时发黄色光,波长接近 0.59μm。

4. LED 的结构与封装

1) 传统 LED 的结构与封装

半导体材料往往折射率较高,如 GaAs,$n\approx3.6$,故在材料与空气的界面易发生全反射,使光不能辐射出去,少部分出射光的发散角也较大。为了能有效地增加光输出,一般用透明的高折射率塑料($n=15$)密封,头部铸塑成半球形,如图 3-52(a)所示,LED 主要由支架、银胶、晶片、金线、环氧树脂五种物料所组成,图 3-52(b)所示是封装后的 LED 实物图。

(1) 支架。支架是 LED 中用来导电和支撑晶片的,由制作支架的材质经过电镀而形成,由里到外包括支架材质、铜、镍、铜、银五层;根据支架的形状,有聚光型带杯支架和散光型平头支架。

(2) 银胶。银胶是一种由银粉、环氧树脂(EPOXY)和银胶添加剂按照一定比例组成的物质,具有导电性,用于将 LED 的晶片固定在支架上。银胶需冷藏,长时间放置后,银粉会沉淀,因此,使用前需解冻并充分搅拌。

(3) 晶片。晶片(Chip)是 LED 中的发光原件,其核心是前面讲述的 PN 结,结构如图 3-53 所示,在基片上生长结晶一层 N 型半导体和一层 P 型半导体材料,形成 PN 结,为防止半导体材料受潮,往往在 P 型半导体材料上面再覆盖一层 SiO_2,最后在基片底和 SiO_2 层顶各覆盖

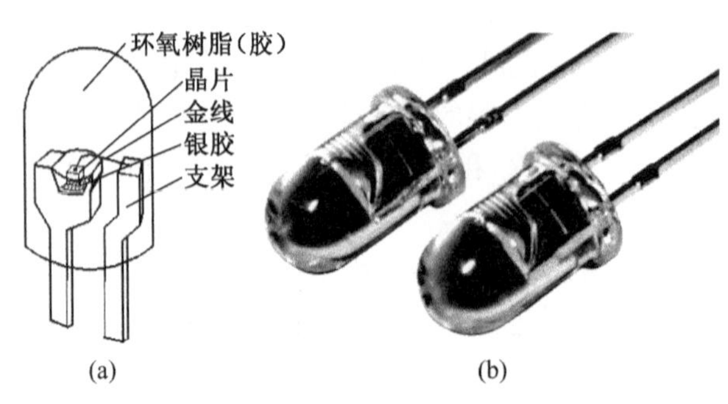

图 3-52 LED 的结构与封装

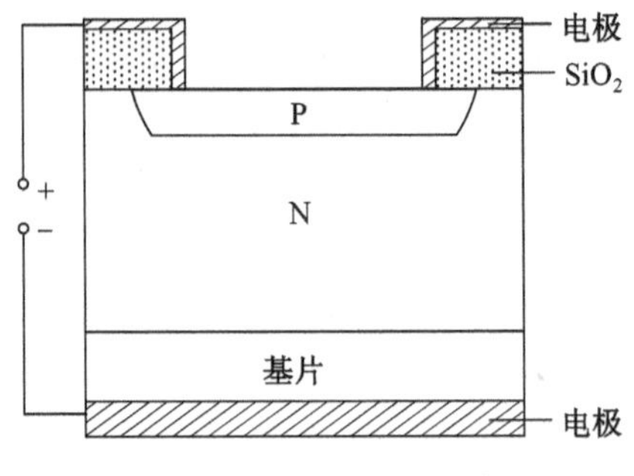

图 3-53 LED 晶片结构

一层金属电极(焊垫)。

晶片的基片根据LED的发光波长不同而不同,如蓝色LED和白色LED等GaN类半导体材料的LED芯片,一般使用蓝宝石、SiC和Si等作为基片,而红色LED等采用AlInGaP类材料的LED芯片,则使用GaAs作为基片;晶片的焊垫一般为金垫或铝垫,形状有圆形、方形、十字形等,如图3-54所示,LED晶片有焊单线正极性晶片(图(a)、图(b))和双线晶片(图(c)、图(d))两种结构,晶片的尺寸一般以mil为单位(1mil = 1/1000inch = 0.0254mm),厚度一般为3.7~5.4mil。

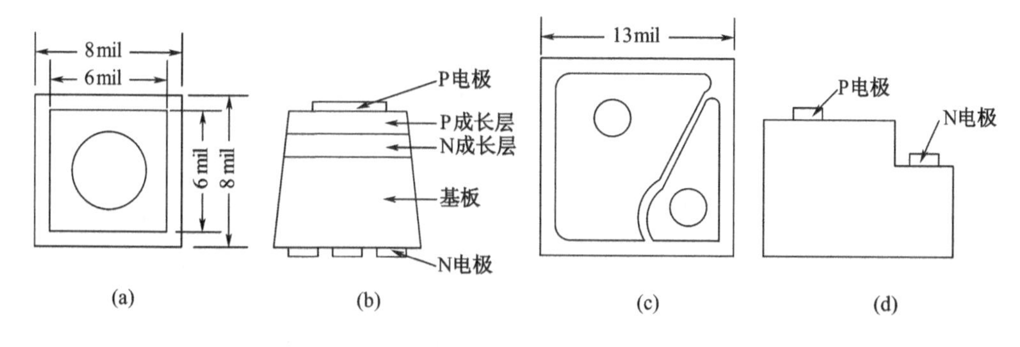

图3-54 LED晶片的两种结构与尺寸

(4)金线。金线用于连接晶片焊垫与支架,并使其能够导通,是纯度为99.99%的黄金,金线的尺寸有0.9mil、1.0mil、1.1mil等。

(5)环氧树脂。环氧树脂用于保护LED的内部结构,可稍微改变LED的发光颜色、亮度及角度,使LED成形。

2)大功率LED的结构与封装

大功率LED是指拥有大额定工作电流的发光二极管。普通LED的功率一般为0.05W,工作电流为20mA,而大功率LED可以达到1W、2W,甚至数十瓦,工作电流可以是几十毫安到几百毫安不等。因大功率LED具有体积小、安全电压低、寿命长、电光转换效率高、响应速度快以及节能、环保等优势,享有"绿色照明光源"之称,被认为是取代传统的白炽灯、卤钨灯和荧光灯的新一代光源。

图3-55所示是一种大功率LED的结构图。由于目前大功率LED在光通量、转换效率和成本等方面的制约,因此决定了大功率白光LED短期内的应用主要是一些特殊领域的照明,中长期目标才是通用照明,这里不再对其做详细介绍。

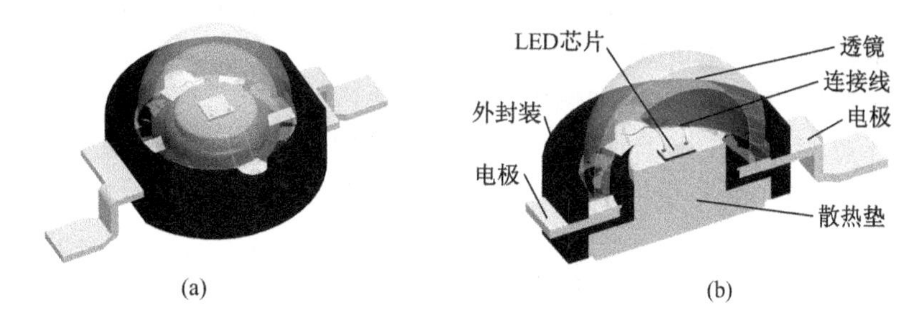

图3-55 大功率LED的结构与封装

(a)大功率LED的外观;(b)大功率LED的剖面图。

5. LED 的电学特性

LED 的颜色和发光效率等光学特性与半导体材料及其加工工艺有密切关系。在 P 型和 N 型材料中掺入不同的杂质，就可以得到不同发光颜色的 LED；同时不同外延材料也决定了 LED 的功耗、响应速度和工作寿命等诸多光学特性和电气特性。

1）伏—安($V-I$)特性

$V-I$ 特性是表征 LED 芯片 PN 结性能的主要参数。LED 具有非线性单向导电性，即外加正偏压表现低接触电阻，反之为高接触电阻，LED 的 $V-I$ 特性曲线如图 3-56(a)所示。

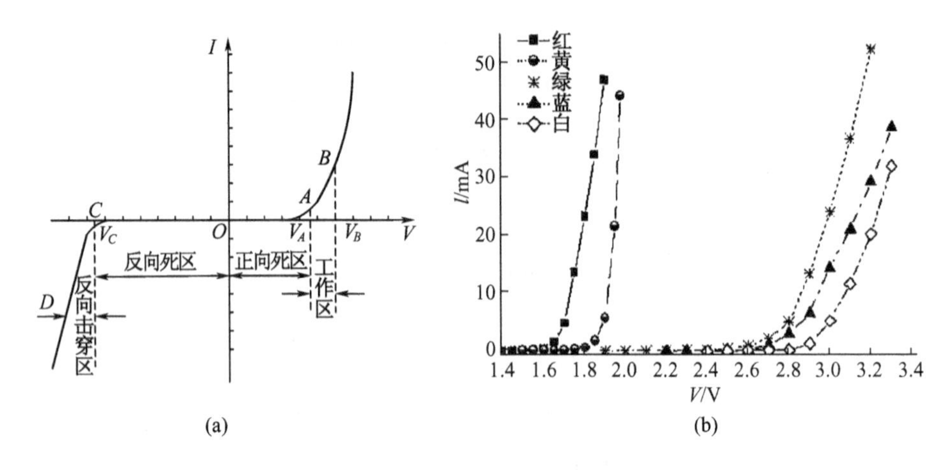

图 3-56 LED 的 $V-I$ 特性曲线

(a) 示意图；(b) 实测图。

(1) 正向死区(OA 段)：当 $V>0$，但 $V<V_F$ 时，LED 中仍然没有电流流过，此时 R 很大，外加电场尚克服不了因载流子扩散而形成势垒电场，这一区域称为正向死区，V_F 称为 LED 的开启电压。不同 LED 的开启电压不同，如 GaAs 为 1V，GaAsP 为 1.2V，GaP 为 1.8V，GaN 为 2.5V。

(2) 工作区(AB 段)：在这一区段，一般是随着电压增加电流也跟着增加，发光亮度也跟着增大。但在这个区段内要特别注意，如果不加任何保护，当正向电压增加到一定值后，发光二极管的正向电压会减小，而正向电流会加大。如果没有保护电路，会因电流增大而烧坏发光二极管。

(3) 反向死区(OC 段)：LED 加反向电压是不发光的，但有反向电流。这个反向电流通常很小，一般在几微安内。1990—1995 年，反向电流定为 10μA，1995—2000 年为 5μA，目前一般是在 3μA 以下，但基本上是 0μA。

(4) 反向击穿区(CD 段)：当反向偏压一直增加使 $V<-V_C$ 时，则 I 突然增加而出现击穿现象，V_C 称为反向击穿电压。由于所用化合物材料种类不同，各种 LED 的反向击穿电压 V_C 也不同，一般不超过 10V，最大不得超过 15V，超过这个电压，就会出现反向击穿，导致 LED 报废。

图 3-56(b)所示是对 5mm 封装的 InGaAlP 基红光和黄光 LED，INGaN 基绿光和蓝光 LED，以及 InGaN 基荧光物质转换为白光 LED 的 $V-I$ 特性的测量结果。从图中可以看到，红、黄、绿、蓝、白光 LED 的开启电压分别为 1.40V、1.55V、2.00V、2.30V 和 2.50V，即各种 LED 的开启电压依次是红光 LED < 黄光 LED < 绿光 LED < 蓝光 LED < 白光 LED；而且在同样的正向电流下，各种 LED 的正向电压也符合红光 LED < 黄光 LED < 绿光 LED < 蓝光 LED < 白光 LED

的规律。

2）电光转换特性（$P-I$）

当流过LED的电流为I、电压降为V时，则功率消耗为$P=V\times I$。LED工作时，外加偏压、偏流一定促使载流子复合发出光，还有一部分变为热，使结温升高。LED的$P-I$特性是指LED的注入正向电流I与输出光功率P之间的关系。由于LED是直接将电能转换成光能的器件，因而电光转换效率成为标志LED器件性能好坏的重要参数。LED的电光转换效率可以用下式来定义

$$\eta_e=\frac{\phi_e}{P_e}=\frac{\phi_e}{IV} \tag{3.28}$$

式中：η_e表示LED的电光转换效率；ϕ_e表示LED的辐射功率；P_e表示LED的电功率，其值等于正向电流跟电压的乘积。

图3-57所示是图3-56（b）中所介绍的几种颜色LED的$P-I$特性曲线。从图中可以看出，在额定电流以下，LED的光辐射功率与正向电流之间基本上成线性关系。

3）响应时间

如图3-58所示，响应时间是用于表征器件跟踪外部信息变化快慢的参数。从使用角度来看，LED的响应时间就是点亮与熄灭所延迟的时间，即图中t_r、t_f。图中t_0值很小，可忽略。响应时间主要取决于载流子寿命、器件的结电容及电路阻抗。LED的点亮时间（上升时间）t_r是指接通电源使发光亮度达到正常的10%开始，一直到发光亮度达到正常值的90%所经历的时间。LED熄灭时间（下降时间）t_f是指正常发光减弱至原来的10%所经历的时间。

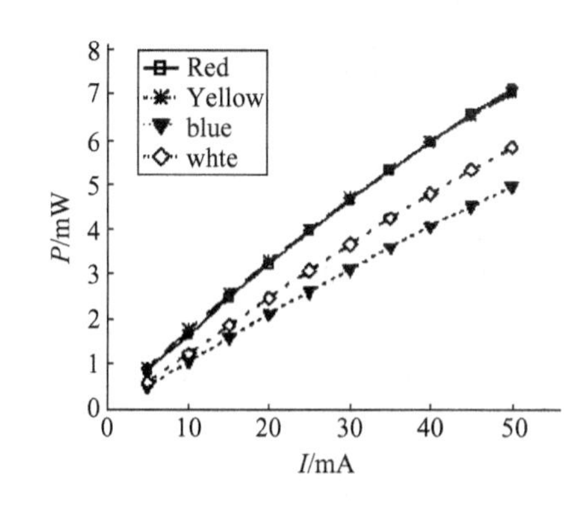

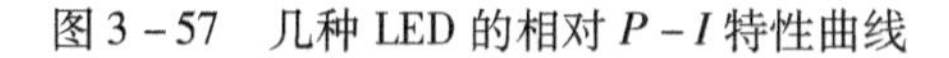
图3-57　几种LED的相对$P-I$特性曲线

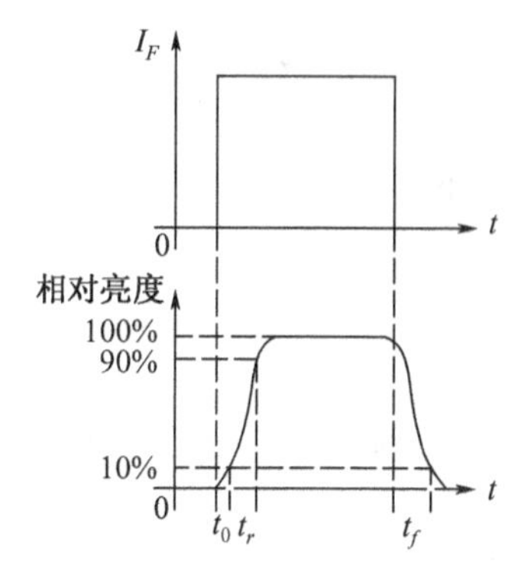

图3-58　LED的时间响应特征

不同材料制得的LED响应时间各不相同；如GaAs、GaAsP、GaAlAs其响应时间$<10^{-9}$s，GaP为10^{-7}s。因此它们可用在10～100MHz高频系统。

6. LED的光学特性

发光二极管有红外与可见光两个系列。

1）LED的发光强度

LED的发光强度是表征发光器件发光强弱的重要参数。LED大量用圆柱、圆球封装，由于凸透镜的作用，都具有很强指向性，位于法向方向光强最大，LED的发光强度通常是指法线（对圆柱形发光管是指其轴线）方向上的发光强度。若在该方向上辐射强度为（1/683）W/sr时，则发光1cd。

2）LED 发光强度的角分布 I_θ

如图 3－59 所示，I_θ 是描述 LED 发光在空间各个方向上光强分布的主要参数，发光强度的角分布主要取决于 LED 的封装工艺。当 LED 在某个方向的光强度是轴向强度值的 1/2 时，该方向与轴向方向之间的夹角称为半值角，用 $\theta_{1/2}$ 表示，如果 $\theta_{1/2}$ 较大，则 LED 的指向性弱，如图 3－59(a)所示；反之，如果 $\theta_{1/2}$ 较大，则 LED 的指向性强，如图 3－59(b)所示。将半值角 $\theta_{1/2}$ 的 2 倍($2\theta_{1/2}$)称为视角。

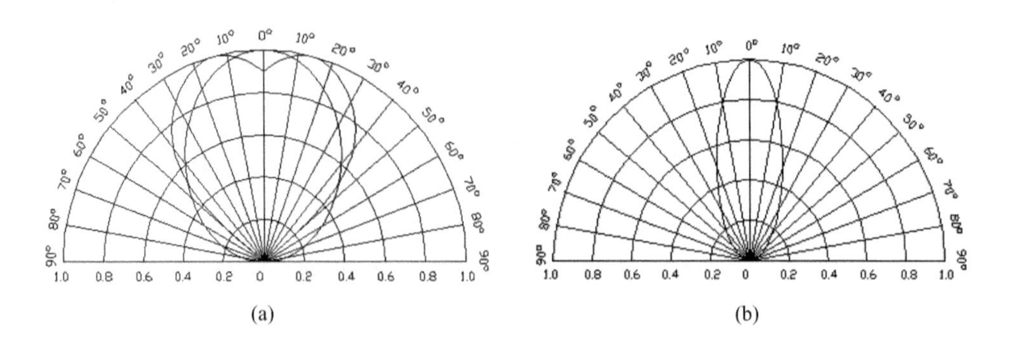

图 3－59　LED 发光强度的角度分布

(a) 弱指向性；(b) 强指向性。

3）LED 发光峰值波长及其光谱分布

将 LED 发光强度或光功率随波长的变化而变化，绘成一条分布曲线，即为 LED 的光谱分布曲线。LED 的光谱分布与制备所用化合物半导体种类、性质及 PN 结的结构等有关，与器件的几何形状、封装方式无关。如图 3－60 所示，是几种由不同半导体材料及掺杂制得的 LED 光谱分布曲线。其中：

1——蓝色 InGaN/GaN 发光二极管，发光谱峰 $\lambda_p = 460 \sim 465$nm；

2——绿色 GaP：N 的 LED，发光谱峰 $\lambda_p = 550$nm；

3——红色 GaP：Zn－O 的 LED，发光谱峰 $\lambda_p = 680 \sim 700$nm；

4——红外 LED 使用 GaAs 材料，发光谱峰 $\lambda_p = 910$nm；

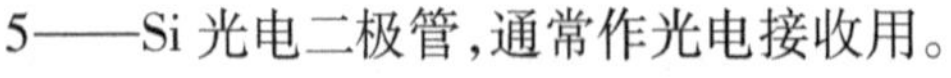

5——Si 光电二极管，通常作光电接收用。

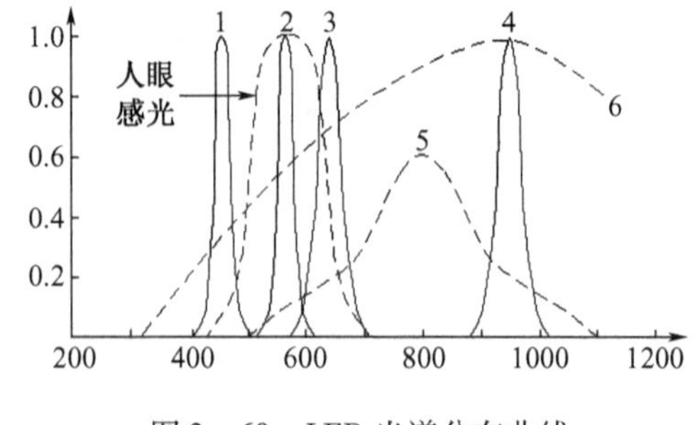

图 3－60　LED 光谱分布曲线

由图 3－60 可见，无论什么材料制成的 LED，都有一个相对光强度的最大值，与之相对应的波长，称为峰值波长，用 λ_p 表示，只有单色光才有 λ_p 波长。

4）光通量

光通量 Φ 是表征 LED 总光输出的辐射能量，它标志器件的性能优劣。Φ 为 LED 向各个方向发光的能量之和，与工作电流直接有关。随着电流增加，LED 光通量随之增大。LED 向外辐射的功率(光通量)与芯片材料、封装工艺水平及外加恒流源大小有关。目前单色 LED 的最大光通量约为 1lm，小晶片白光 LED 的光通量为 1.5～1.8lm，而 1mm×1mm 功率级芯片制成的白光 LED，其光通量可达 18lm。

7. LED的热学特性

LED的光学参数与PN结结温有很大的关系。一般工作在小电流 $I<10\text{mA}$，或者10～20mA长时间连续点亮时，LED的温升不明显。但如果环境温度较高，LED的主波长或 λ_p 就会向长波方向漂移，B_0 也会下降，尤其是点阵、大显示屏的温升对LED的可靠性、稳定性影响较大，因此，需要专门设计散射通风装置。

LED的主波长与温度的关系可表示为

$$\lambda_p(T') = \lambda_0(T_0) + \Delta T_g \times 0.1\text{nm/℃}$$

由上式可知，每当结温升高10℃，则波长向长波漂移1nm，且发光的均匀性、一致性变差。因此，在LED作为照明灯具时，尤其是对于那些光源要求小型化、密集排列以提高单位面积上的光强的LED阵列，设计中需要特别注意LED的散热问题，一般应该采用散热好的灯具外壳或专门的散热设备，以确保LED长期稳定工作。

8. LED的老化与寿命

在一般说明中，LED都是可以使用5万小时以上，还有一些生产商宣称其LED可以工作10万小时。实际上，LED的额定使用寿命不能用传统灯具的衡量方法来计算，LED之所以持久，是因为它不会产生灯丝熔断的问题，因此，LED不会直接停止工作，但会随时间而逐渐退化。有预测表明，高质量LED经过5万小时的持续工作后，还能维持初始亮度的60%以上，也就是说，假定LED已达到其额定使用寿命，但还是可以继续发光，只不过光比较弱罢了。我们将LED的发光亮度随长时间工作而出现光强或光亮度衰减的现象称为LED的老化，LED的老化程度与外加恒流源的大小有关，可描述为

$$B_t = B_0 e^{-\frac{t}{\tau}} \tag{3.29}$$

式中：B_t 为LED点亮 t 时间后的亮度；B_0 为LED的初始亮度，通常把LED的亮度降到初始亮度的1/2时所经历的时间 t 称为LED的寿命。

测定LED的寿命 t 要花很长的时间，通常以推算求得。推算的方法是，先给LED通以一定恒电流，测得 B_0 值，再经过1000～10000h后，再测得 B_t 值，将 B_0 和 B_t 值代入式(3.29)中求出 τ 值，再把 $B_t=0.5B_0$ 代入，即可求出寿命t。

据估计，LED本身可使用成千上万个小时，但这并不能保证LED产品就可以使用如此之久，错误的操作及工序就可以轻易地“毁掉”LED。比如说，供应的电流高于生产商认可的尺度，LED产生的灯光会更亮，但持续的热能会缩短LED的使用寿命。

3.7.3　半导体激光器

半导体激光器(Diode Laser，DL)是以半导体材料作为激光工作物质的激光器。半导体激光器具有体积小、效率高、结构简单、价格便宜等一系列优点。自1962年问世，特别是20世纪80年代以来，发展极为迅速，是目前光通信领域使用的最重要光源，并且在CD、VCD、DVD、计算机光驱、激光打印机、全息照相、激光准直、测距及医疗等方面都获得了广泛应用。

DL与LED的根本区别在于，LED没有谐振腔，其发光是基于自发辐射，发出的是荧光，是非相干光；而DL有谐振腔，其发光是基于受激辐射，发出的是相干光。

1. 半导体激光器的分类

半导体激光器的种类繁多，分类方法也各不相同，可按结构、结型、波导机制、波长或者性能参数等对其分类，这里介绍五种主要的分类方式。按结构分类，可将LD分为法布里—珀罗

(F－P)型、分布反馈(DFB)型、分布Bragg反馈型(DBR)、量子阱(QW)和垂直腔面发射激光器(VCSEL);按结型分类,可分为同质结和异质结半导体激光器;按波导机制分类,可分为增益导引和折射率导引半导体激光器;按性能参数分,可分为低阈值、高特征温度、超高速、动态单模、大功率等类型;按波长分,可分为可见光、短波长、长波长和超长波长(包括中远红外波段)。另外,为了提高半导体激光器的输出功率,增大有源区,将其做成阵列式,又可分为单元列阵、一维线列阵、二维面阵等。本书从结型入手来介绍半导体激光器的发光机理、封装及工作参数等。

2. 半导体激光器的发光机理

半导体激光器产生激光的机理与气体激光器和固体激光器基本相同,即需要具备激光工作物质、光学谐振腔和激光阈值三个基本条件。

1) 粒子数反转分布条件

按照光辐射和吸收的量子理论,物质发光和吸收光的过程即是光子和电子之间的相互作用过程。如前面对有关光与物质的相互作用一节(3.6.2节)中所述,这种相互作用包括三个基本过程,即自发辐射、受激辐射和受激吸收。为了简化讨论和理解,通常将物质视为二能级的原子系统,当一个能量为$h\nu=E_2-E_1$的光子入射到这个系统时,一个处于低能态E_1的粒子吸收了这个光子并跃迁到高能态E_2,这个过程就叫做受激吸收。粒子在高能态E_2时是不稳定的,如果在一段时间内,没有外界激发,又会自动回到低能态E_1,并发出一个能量为E_2-E_1的光子,这个过程称为自发辐射过程,在自发辐射过程中产生的光子,其频率、传播方向、相位及偏振态都是随机的,因此出射光为非相干光,前文讨论的LED发光就是基于这种自发辐射。如果处于高能态E_2的粒子在能量为E_2-E_1的外来光子的激励下跃迁到低能态E_1,并且发出一个与外来激励光子完全相同,属于同一光子态的光子,这种发射称为受激辐射。可见受激辐射使入射光得到了放大,并且出射光具有相干性,LD发光就是利用这种原理工作的。可见要使入射光得到放大,必须保证受激辐射大于受激吸收,即导带能级上被电子占据的概率应该大于与辐射跃迁相联系的价带能级上被电子占据的概率,这就是粒子数密度反转分布条件。下面介绍半导体激光器实现粒子数反转分布的过程。

半导体激光器的核心是PN结,它与一般半导体PN结的主要差别是,PN结是由高掺杂的半导体材质构成,P型半导体中的空穴极多,N型半导体中的电子极多。对费米能级的讨论可知,在低温下,本征半导体中,价带被电子充满,导带是空的,所以,本征半导体的费米能级E_f位于禁带中心;但在N型半导体中,由于施主杂质易释放电子到导带,因而,它的费米能级E_f^n高于E_f,接近导带,重掺杂N型半导体的E_f^n则进入导带;类似地,P型半导体中,费米能级E_f^p低于E_f,接近价带,重掺杂P型半导体的E_f^p则进入价带。因此,N型半导体的费米能级E_f^n要高于P型半导体的费米能级E_f^p,如图3－61(a)所示。

当P型半导体和N型半导体结合成为PN结时,由于一个平衡系统只能有一个费米能级,所以,P区的能级要提高,N区的能级要降低,PN结能带发生弯曲,如图3－61(b)所示,这个能带的弯曲是PN结区自建电场作用的结果。因为构成半导体激光器的PN结都是高掺杂的,即P型半导体中的空穴和N型半导体中的电子都很多,因此,半导体激光器PN结的自建场很强,PN结两边产生的电位差V_D(即势垒)很大。当无外加电场时,P区的能级比N区的能级高eV_D,并且导带能级底E_c^n比价带顶E_v^p还要低。由于能级越低,电子占据的可能性越大,所以N区导带中与费米能级E^f间的电子数比P区价带中与费米能级E^f间的电子数多。

当外加正向电压时，PN结势垒降低，在电压较高，电流足够大时，P区空穴和N区电子大量扩散并向结区注入，如图3－61(c)所示，在PN结的空间电荷层附近，导带与价带之间形成电子数反转分布区域，称为激活区(或介质区、有源区)。因为电子的扩散长度比空穴大，所以激活区偏向P区一侧。

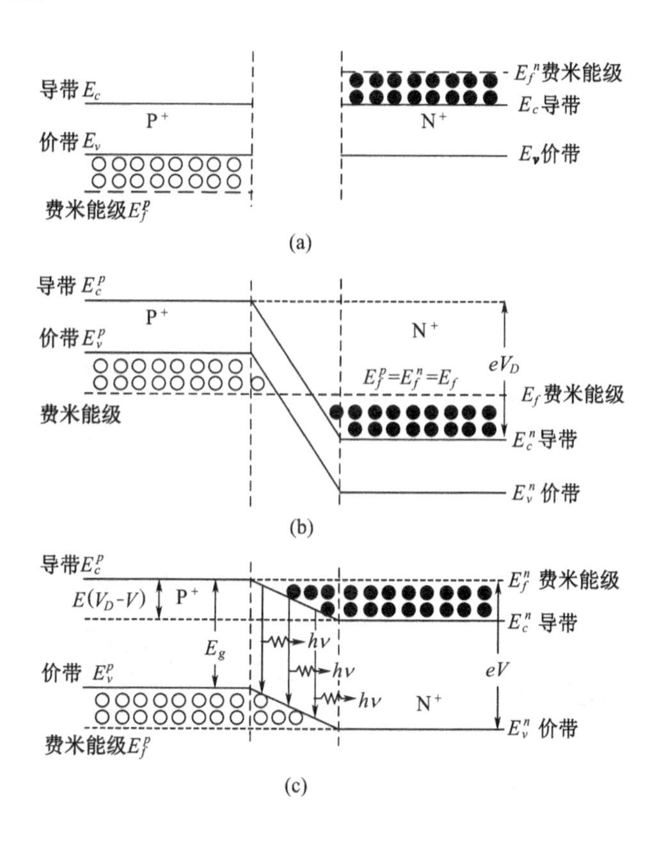

图3－61　PN结的能级结构和激活区示意图

(a) 重掺杂P型、N型半导体能带；(b) 热平衡时PN结的能带弯曲；(c) 加正向电压后的PN结能带。

2）光学谐振腔条件

在激光器中，既存在受激辐射又存在自发辐射，而作为激发受激辐射用的初始光信号本身就来源于自发辐射。自发辐射的光是随机的，为了在其中选取具有一定传播方向和频率的光信号，使其具有最优的放大作用，而抑制其他方向和频率的光信号，就需要一个合适的光学谐振腔。在结型激光器中用的最多的就是用两个解理面构成的F－P谐振腔。

3）阈值条件

在激光器中，不是满足粒子数密度反转分布和光学谐振腔条件就能够产生激光。因为激光器中还存在许多使光子数减少的损耗，比如反射面的透射和工作物质内部对光的吸收等。只有当光在谐振腔里往返一次的增益大于损耗时，才能形成稳定的激光，这就是所谓的阈值条件。一般用下面的式子表示阈值条件：

$$G \geqslant a - \frac{1}{2L}\ln\frac{1}{R_1R_2} \tag{3.30}$$

式中：G表示增益系数；a是内部吸收系数；L是两个端面之间的距离；R_1、R_2分别表示两个端面的反射系数。

综上所述,由PN结构成的半导体激光器,正是由于注入了正向电流,才形成粒子数密度的反转分布,使有源区电子和空穴复合发光,引发受激辐射,光在由两个解理面所组成的谐振腔中被放大。经过谐振腔的选频,放大系数大于损耗的光频可形成稳定的激光输出。有关LD更详细的原理可以参考固体物理和光电子学的相关论述。

3. 半导体激光器的基本结构

包括半导体激光器在内的所有激光器的工作原理必须满足粒子数密度的反转分布条件与阈值条件,而这些条件是靠激光器的外部结构来实现的,任何激光器包括三个部分,即能产生粒子数反转的工作物质,使光子不断反馈振荡从而使光增益达到阈值的光学谐振腔以及激励起粒子束反转的电源。早期的注入式半导体激光器的工作物质是用GaAs或$GaAS_{1-x}P_x$材料,采用扩散方法制成的,通常称为同质结激光器。这里的"同质结"指的是PN结的结构,即PN结由同一种材料的P型和N型构成,"注入式"是指激光器的泵浦方式,即直接给半导体的PN结加上正向电压,注入电流。

图3-62所示是基于GaAs材质的半导体激光器的结构图,其核心部分是PN结,PN结的两个端面按晶体的天然晶面剖切,称为解理面,两个解理面极为光滑,可以直接用作平行反射镜面,构成谐振腔,上下电极施加正向电压,使结区产生双简并的能带结构及激光工作电流,激光可以从一侧解理面输出,也可由两侧输出。

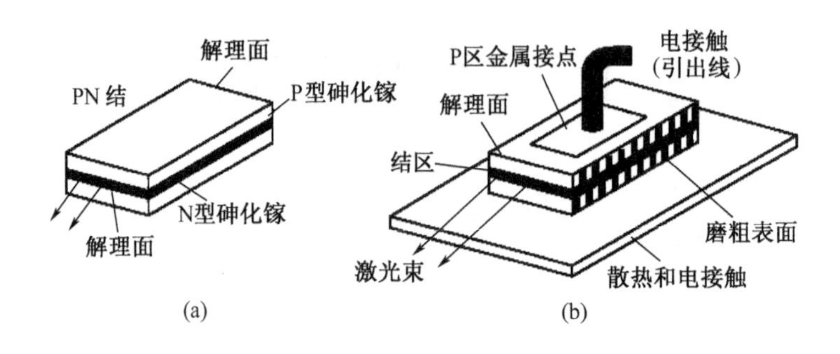

图3-62 半导体激光器的基本结构

(a) 内芯结构; (b) 外形。

图3-62所示的半导体激光器,其PN结的构成是基于同一种半导体材料,将这种半导体激光器称为同质结激光器,其典型结构如图3-63(a)所示。同质结半导体激光器的最大缺点是室温受激发射的阈值电流密度特别高,通常超过50000A/cm^2,致使其不能在室温下连续工作。为了有效降低半导体激光器的阈值,必须将注入有源区的载流子限制在很小的区域内,以提高注入载流子浓度,同时要有一个光波导将辐射复合产生的光子限制在有源区内,要同时实现这两个目的,一种有效的途径是采用异质结,即PN结两边的半导体材料具有不同的禁带宽度。

1967年,单异质结(SH)半导体激光器在实践中初见成效,使半导体激光器实现了室温下脉冲工作,其阈值电流也比同质结激光器降低了一个数量级。单异质结器件结构如图3-63(b)所示,单异质结是由P-GaAs与P-GaAlAs形成。电子由N区注入P-GaAs,由于异质结高势垒的限制,激活区厚度$d\approx 2\mu m$,同时,因P-GaAlAs折射率小,"光波导效应"显著,将光波传输限制在激活区内。这两个因素使得单异质结激光器的阈值电流密度降低了1~2个数量级,约8000A/cm^2。

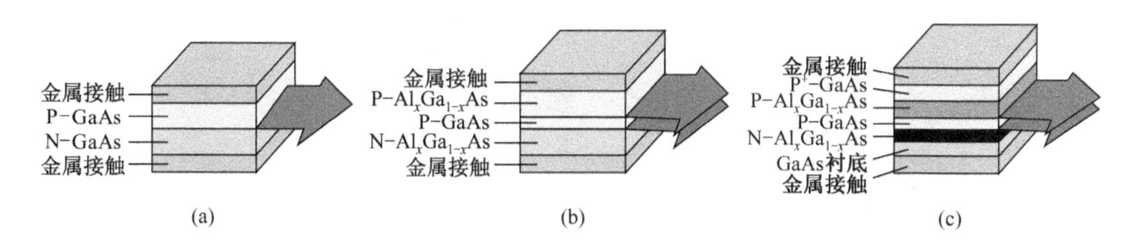

图3-63 基于F-P腔的半导体激光器结构

(a) 同质结激光器；(b) 单异质结激光器；(c) 双异质结激光器。

1970年制造出了双异质结(DH)半导体激光器，它是把P-GaAS有源层夹在N-Ga$_{1-x}$Al$_x$AS层和P-Ga$_{1-x}$Al$_x$AS层之间，双异质结半导体激光器指的是在激活区两侧，有两个异质结，如图3-63(c)所示。双异质结激光器激活区内注入的电子和空穴，由于两侧高势垒的限制，深度剧增，激活区厚度变窄，$d\approx0.5\mu m$。同时，由于激活区两侧折射率差都很大，"光波导效应"非常显著，使光波传输损耗大大减小。所以，双异质结激光器的阈值电流密度更低，可降到$10^2\sim10^3A/cm^2$。室温下可获得几毫瓦至几十毫瓦的连续功率输出。

4. 半导体激光器的封装

半导体激光器封装技术大都是在分立器件封装技术的基础上发展而来，但却与分立器件的封装有很大的不同。一般情况下，分立器件的管芯被密封在封装体内，封装的作用主要是保护管芯和完成电气互连。而半导体激光器封装除了要具备分立器件封装的这些功能外，还要具备输出激光的功能，封装中既有电参数，又有光参数的设计及技术要求，无法简单地将分立器件的封装用于半导体激光器。根据半导体激光的使用场合、成本大小和半导体材料的不同，半导体激光器的封装方法都有一定的区别。目前使用最为广泛的封装方法是双列直插封装、蝶形封装和同轴封装。

图3-64(a)所示是双列直插封装的半导体激光器。这种封装方式的半导体激光器外观类似于一些单片机芯片，其管脚分别位于底部的两侧，具有易于拔插，方便调换和检查等优点，主要作为一些设备的激光发射或者激光接收模块的组件使用。这种封装方式的半导体激光器一般应用在信号频率小于500MHz的场合，主要原因是其管脚较长，如果信号频率高于500MHz，容易产生较大的电感，对传输的信号造成干扰。

图3-64(b)所示是蝶形封装的半导体激光器。其外观类似于展开翅膀的蝴蝶，由此而得名"蝶形封装"。这种封装方式的半导体激光器的管脚分别位于其两个侧面，由于其管脚相对其他封装方式较短，电路中产生的电感和电容较小，对信号的干扰相对较低，所以，信号频率在500MHz以上的高速电路大多使用蝶形封装的半导体激光器。

图3-64(c)所示为同轴封装的半导体激光器，因其内部结构类似于同轴电缆而得名。这种封装方式的半导体激光器不但其物理性能好，而且具有体积小、成本低、连接方便等优点，被广泛应用于接入网、局域网和机架交换设备的光收发模块，已成为极具潜力的半导体激光器封装形式。

5. 几种常见的可调谐半导体激光器

随着波分复用(Wavelength Division Multiplexing，WDM)技术等在光通信领域中的广泛应用，需要在特殊的波长段进行精确调谐的光源，可调谐半导体激光器(Tunable Diode Laser，TDL)就是随着WDM的普及而产生的。目前较为常见的TDL有分布反馈(Distributed Feed-

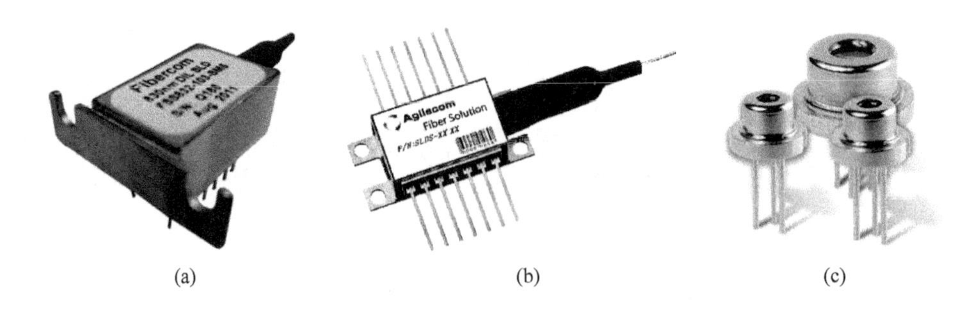

(a) (b) (c)

图 3 - 64 半导体激光器的常用封装
(a) 双列直插封装;(b) 蝶形封装;(c) 同轴封装。

Back,DFB)式可调谐半导体激光器(DFB - TDL)、外腔式可调谐半导体激光器(External Cavity Tunable Diode Laser,EC - TDL)、分布布喇格反射(Distributed Bragg Reflector,DBR)式可调谐半导体激光器(VCSEL - TDL)以及垂直腔面发射(Vertical Cavity Surface Emitting Laser,VC-SEL)可调谐半导体激光器(VCSEL - TDL)。TDL 的调谐机理有电流调谐、温度调谐以及微电子机械系统(Microelectro Mechanical Systems,MEMS)调谐三种基本技术。采用 MEMS 技术的 TDL 是最有效的一种。

1) 可调谐分布反馈半导体激光器(DFB - TDL)

DFB - TDL 是依靠沿纵向等间隔分布的光栅所形成的光耦合来实现谐振,图 3 - 65 所示为这种类型半导体激光器的基本组成。

当电流注入激光器时,有源区内电子空穴发生复合并产生相应能量的光子,这些光子将受到光栅的反射,只有满足特定波长条件的光才会相干叠加,进而发生谐振,实现单纵模输出。通过改变注入电流或控制加热槽温度可改变有源材料的折射率,使得输出波长发生改变,达到调谐的目的。一般的 DFB 激光器的输出功率为 10 ~ 20mW,且输出模式相对稳定;但随着调谐温度的上升,有源材料的阈值将明显增大,量子效率会降低,从而导致激光器的有效输出功率下降。此外,DFB 激光器只能对输出激光的中心波长进行粗略的调谐,调谐范围较为有限,一般情况下,可调谐范围为 5 ~ 10nm。

如果将 DFB 激光器集成为阵列的形式,则可扩大其调谐范围,这一方案最早由日本 NEC 公司提出。这种激光器体积稍大一些,主要是由四分之一相移 DFB 激光器阵列、S 型弯曲波导、多模干涉耦合器(Multimode Interference Couplers) 和半导体光放大器(Semiconductor Optical Amplifier,SOA)四部分组成,图 3 - 66 为其平面结构示意图。由于阵列中每个激光器的光栅周期都各不相同,其相应的激射波长也不相同,通过选择阵列中对应的激光器并使其发生激射,再配合上温度调谐装置最终便可得到想要的光输出,SOA 则用来补偿耦合器引起的功率损耗。这种激光器在保留了单个 DFB 激光器良好的光谱特性以及波长稳定特性的同时,大大提高了调谐范围,且控制相对简单。其缺点是仍旧采用温度调谐技术,调谐速率相对较低,而且通过 SOA 的功率放大还会导致其输出噪声特性下降。

2) 外腔式可调谐半导体激光器(EC - TDL)

EC - TDL 是 R. Lang 等人在 1980 年将外腔反馈技术应用到半导体激光器上而实现的,主要是利用外腔结构将部分输出光反馈回有源区,通过反馈光与有源区内光场之间的有效相互作用,可明显压窄半导体激光器的线宽,得到主边模抑制比很高的单模输出,且能获得极大的调谐范围。

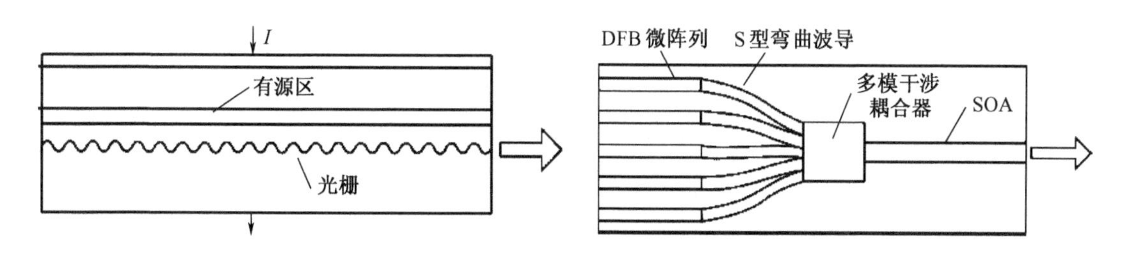

图3-65　DFB激光器的基本结构　　图3-66　DFB阵列激光器的平面结构示意图

在外腔反馈中，利用光栅提供外部反馈是一种简单而有效的方法。根据光栅外腔结构的不同可分为Littrow和Littman两种形式。如图3-67所示为Littman式的谐振腔结构，在量子阱激光二极管的一个解理面镀上抗反射膜，将一个固定的反射型衍射光栅作为色散元件，通过压电陶瓷控制镜面绕一个虚支点旋转，使得不同波长的1级衍射光在激光器和外腔镜之间形成振荡，而0级衍射光为输出光。由于外腔镜在改变位置的同时还能满足相应波长的相位匹配条件，使其形成谐振输出，从而达到连续调谐的目的。

由于可调谐外腔激光器的诸多优点，使其在实验室以及各种测量仪器中应用甚广，如相干检测技术、高分辨率光谱测量等。然而它的体积过大，且光路对准需要较高的精度，尤其是它的机械调谐设计会具有滞后性，同时机械本身还会产生细微的磨损，这将导致其在光通信应用中的可靠性严重降低，因而在光网络通信中很难有较大的实用性。

3）分布布喇格反射式可调谐半导体激光器(DBR-TDL)

DBR-TDL是一种应用较为广泛的可调谐激光器，图3-68所示为其基本组成结构。其中有源区产生光子，光栅区则基于布喇格反射原理对特定波长的光具有较高的反射率，可实现选频作用。相位区的引入可以使其连续调谐范围更大，波长选择更为精确，一般其连续调谐范围都在7nm以上。这种激光器具有调节速度快，采用现有生产工艺等优点，是目前商用化比较好的一种半导体激光器。但其缺点也是比较明显的，如输出线宽较宽，控制较为复杂等。

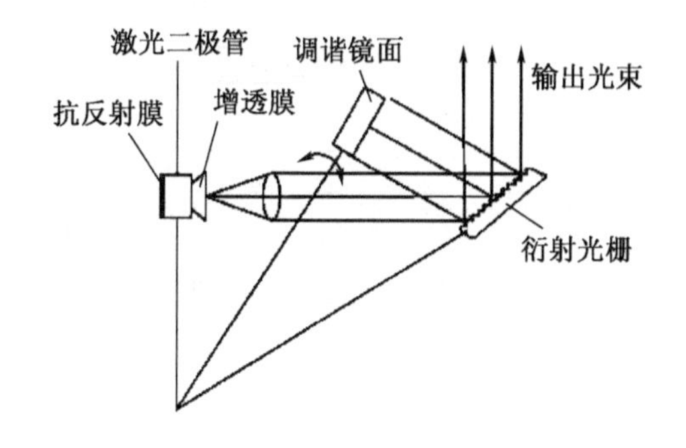

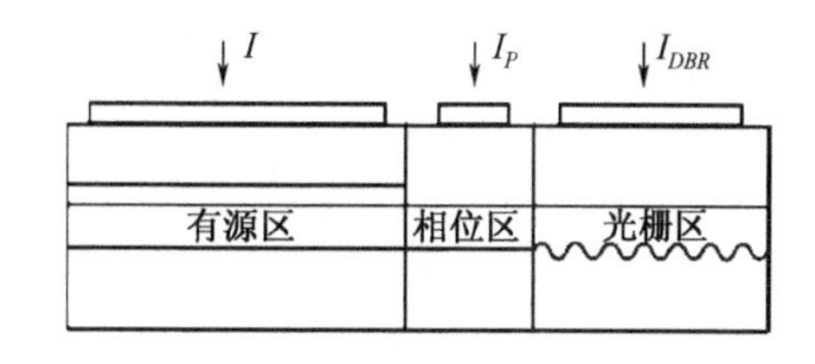

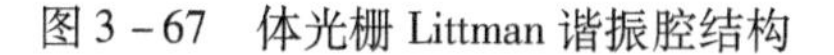

图3-67　体光栅Littman谐振腔结构　　图3-68　DBR激光器的基本结构

后来人们开始在DBR激光器上增设非均匀的光栅结构，目的就是通过较小的折射率变化来产生较大的调谐范围。典型的有取样光栅DBR(Sampled Grating DBR，SG-DBR)、超结构光栅DBR(Super Structure Grating DBR，SSG-DBR)及光栅辅助耦合取样光栅DBR(Grating-assisted Coupler with Sampled Grating DBR)等。其中取样光栅DBR较具代表性。

图3-69所示为取样光栅DBR激光器，这种激光器在谐振腔的两端分别有一个取样光栅作为反射光栅。将两取样光栅的光栅间隔设计得略微有些不同，这将使产生的光谱梳有略微

不同的模式间隔,只有同时处于两个光栅反射峰值上的模式才可能形成光的谐振放大。通过改变注入电流来移动其中一个光栅的反射谱,便可以使反射峰重合位置发生变化,从而得到不同频率的输出光。同样,这里的相位区也是作为一个精细调节区,通过此区改变各模式振荡位置来实现准连续的波长调谐,调谐范围可达到上百纳米,而且选择波长更为精确。其缺点就是输出功率较低(2mW),但也可以通过与 SOA 集成的方式实现较大功率的输出。

4) 垂直腔面发射式可调谐半导体激光器(VCSE－TDL)

VCSE－TDL 是近几年来新兴的一种可调谐激光器。它一般包括两部分:有源区和上下分布式布喇格反射器,其中有源区的厚度极小,谐振腔的长度也只是波长量级,若要激射就必须提高反射器的反射率。因此,其分布式布喇格反射器被设计成由多层四分之一波长厚度的高低折射率交替外延的材料组成,使得 Bragg 波长附近的反射率可达 99%。

图 3－70 所示为可调谐 VCSEL 的典型结构。上部分 DBR 可以移动,下部分 DBR 与衬底相连,中间是一个可以改变厚度的空气隙和量子阱结构的有源区,工作时在有源区加正向电压,注入电流使其产生光子,在上部分 DBR 加反向电压,由于静电引力作用,使其在衬底方向移动,从而改变了谐振腔长度,实现波长选择。上部分 DBR 的固定可通过单悬臂来实现。可调谐 VCSEL 的谐振腔极短,纵模间隔极宽,因此可连续调谐波长而不会有跳模产生,而且其阈值电流较低,生产成本小,易于二维集成和批量生产。然而,这种结构的分布式布喇格反射器明显增大了器件的串联电阻,从而引发自热效应,导致器件内部温度过高,影响材料的折射率和禁带宽度,降低了器件的输出功率,而且其调节速度也不够快。

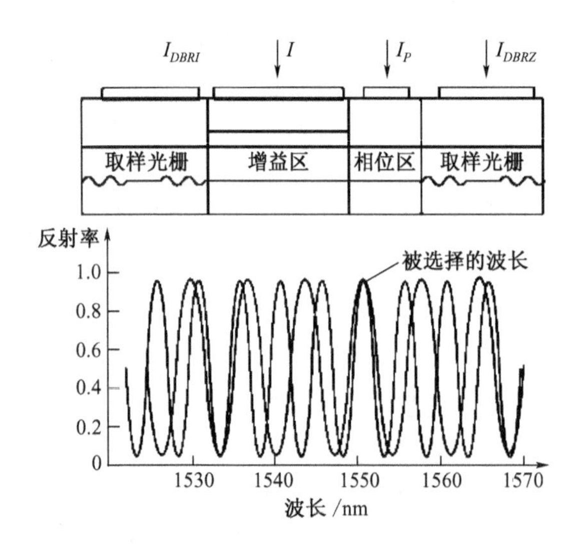

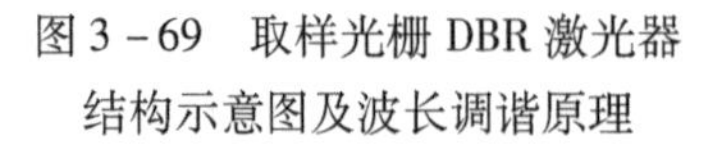

图 3－69 取样光栅 DBR 激光器结构示意图及波长调谐原理

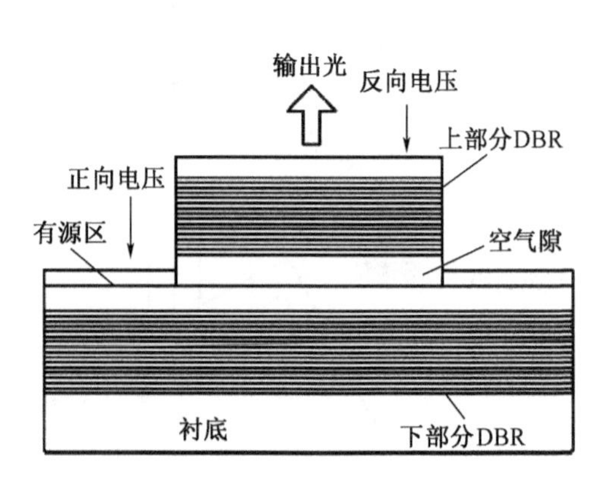

图 3－70 微电子机械系统的可调谐 VCSEL 的典型结构示意图

6. 半导体激光器的主要特性

与 LED 相同,DL 的特性参数也包括电学特性参数和光学特性参数。下面对 LD 的主要特性参数进行介绍。

1) 转换效率

注入式半导体激光器是一种把电功率直接转换为光功率的器件,转换效率极高。转换效率通常用量子效率和功率效率量度。

量子效率定义为

$$\eta_D = \frac{(P - P_{th})/h\nu}{(i - i_{th})/e} \tag{3.31}$$

式中：P 是输出功率；P_{th}是阈值发射光功率；$h\nu$ 为发射光子能量；i 是正向电流；i_{th}是正向阈值电流；e 为电子电量。由于 P 比 P_{th}大得多，所以上式可改写为

$$\eta_D = \frac{P/h\nu}{(i - i_{th})/e} = \frac{P}{(i - i_{th})V} \tag{3.32}$$

式中：V 是正向偏压。由该式可见，η_D 实际上对应于输出功率与正向电流的关系曲线中阈值以上的线性范围内的斜率。

功率效率 η_p 定义为激光器的输出功率与输入电功率之比，即

$$\eta_P = \frac{P}{iV + i^2 R_S} \tag{3.33}$$

式中：V 是 PN 结上的电压降；R_S 是激光器串联电阻（包括材料电阻和接触电阻）。由于激光器的工作电流较大，电阻功耗很大，所以在室温下的功率效率只有百分之几。

2）$V-I$ 特性

由于 DL 的核心也是 PN 结芯片，因此，DL 的 $V-I$ 特性曲线和普通 LED 的 $V-I$ 特性曲线相似，也具有单向导电性，但 DL 只能正向使用，其电阻主要取决于晶体体电阻和接触电阻。图 3－71 所示，是中心输出波长为 650nm 的小功率 F－P 型 DL 的 $V-I$ 特性曲线，与图 3－56（b）中 LED 的 $V-I$ 特性曲线很相似。

3）$P-I$ 特性

$P-I$ 特性是指 DL 的输出功率与注入电流之间的关系，图 3－72 所示是中心输出波长为 650nm 的小功率 F－P 型 DL，经实验测得的 $P-I$ 特性曲线。从图中可以看出，对于被测的 DL，在正向电流约为 40mA 的地方，光辐射功率发生突变，突变后，DL 的输出功率 P 与注入电流 I 之间基本呈线性关系，用直线法，可得到该 $P-I$ 曲线与电流轴的交点，该交点所对应的电流值，称为该 DL 的阈值电流，从图中可以看到，该 DL 的阈值电流约为 41mA。

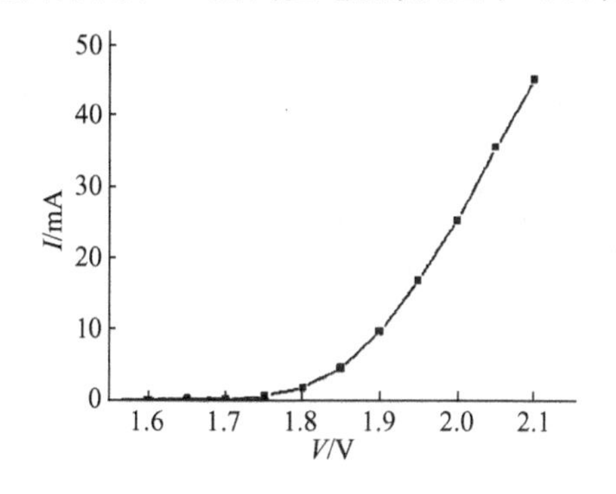

图 3－71　DL 的 V－I 特性曲线

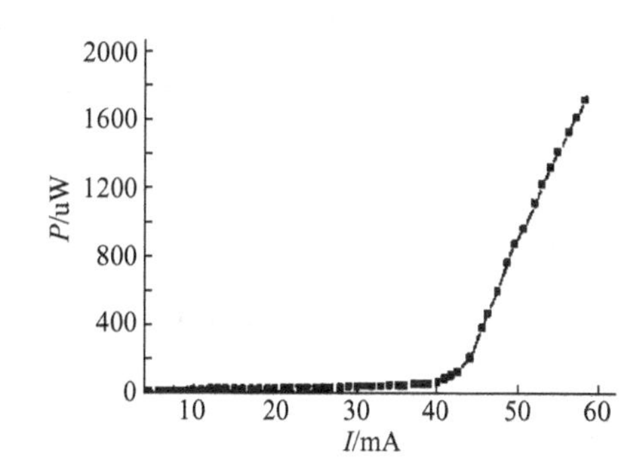

图 3－72　DL 的 $P-I$ 特性曲线

半导体激光器阈值电流的产生源于激光产生中的阈值条件，即激光的产生除了具备谐振腔和粒子数密度的反转分布外，还需要满足阈值条件，即增益系数满足式(3.30)

$$G \geqslant a - \frac{1}{2L}\ln\frac{1}{R_1R_2}$$

增益系数和粒子数反转的关系也取决于谐振腔内的工作物质，根据《激光原理》教材中对增益系数的介绍，半导体激光器的增益系数可以写成

$$G(\nu) = \frac{\Delta n \cdot c^2 A_{21}}{8\pi\mu^2\nu^2}f(\nu) = \frac{\Delta n \cdot c^2}{8\pi\mu^2\nu^2 t_{复合}}f(\nu) \tag{3.34}$$

式中：$t_{复合}$是PN结区电子的寿命，其倒数等于在两个能级间的爱因斯坦自发辐射系数；Δn为粒子数反转值。

半导体激光器作用区的粒子数密度反转分布值很难确定，但是可以与半导体工作电流I联系起来。在低温下，假设在一定的时间间隔内，注入激光器的电子总数与同样时间内发生的电子—空穴复合数相等而达到平衡，则有

$$\frac{\Delta nLwd}{t_{复合}} = \frac{I}{e} \tag{3.35}$$

式中：w和d分别为晶体的宽度和作用区的厚度。代入式(3.34)得

$$G(\nu) = \frac{c^2 f(\nu)}{8\pi\mu^2\nu^2 ed}J \tag{3.36}$$

式中：$J=\frac{I}{Lw}$为通过作用区的电流密度。当$f(\nu)$近似为$1/\Delta\nu$时，可以得到阈值电流密度的近似表达式

$$J_{阈} = \left(a - \frac{1}{2L}\ln R_1R_2\right)\frac{8\pi\mu^2\nu^2 ed\Delta\nu}{c^2} \tag{3.37}$$

例如，GaAs激光器，$\Delta\nu = 3\times10^6\mathrm{MHz}$，$a - \frac{1}{2L}\ln R_1R_2 \approx 40\mathrm{cm}^{-1}$，$\lambda = 0.84\mu\mathrm{m}$，$\mu = 3.35$，$d = 2\mu\mathrm{m}$，代入式(3.37)中可以得到$J_{阈} \approx 150\mathrm{A/cm^2}$。此值与低温时的实测值很接近，但是与室温下的阈值电流密度（$(3\sim5)\times10^4\mathrm{A/cm^2}$）相差很远。因此上述讨论只是近似分析，主要是提供一个分析方法。

影响DL阈值电流的因素主要有以下几个方面：① 晶体的掺杂浓度越大，阈值越小；② 谐振腔的损耗越小，阈值越小；③ 在一定范围内，腔长越长，阈值越低；④ 温度对阈值电流的影响很大，半导体激光器宜在低温或室温下工作。同质结半导体激光器的阈值电流密度很高，达$(3\times10^4\sim5\times10^4)\mathrm{A/cm^2}$。这样高的电流密度，将使器件发热。故同质结半导体激光器在室温下只能在低重复率（几千赫到几十千赫）下脉冲工作。

4）方向性

由于半导体激光器的谐振腔短小，激光方向性较差，特别是在结的垂直平面内，发散角很大，可达20°~30°。在结的水平面内，发散角约为几度。图3-73给出了半导体激光束的空间分布示意图。

5）光谱特性

图3－74所示是GaAs激光器的发射光谱。其中图(a)是低于阈值时DL的荧光光谱，谱宽一般为几十纳米，图(b)是注入电流达到或超过阈值电流时，DL的激光光谱，谱宽达几纳米。半导体激光的谱宽尽管比荧光窄得多，但比气体和固体激光器要宽得多。随着一些新型半导体激光器的出现，DL的谱宽已有很大改善，如DFB－DL线宽只有0.1nm左右。

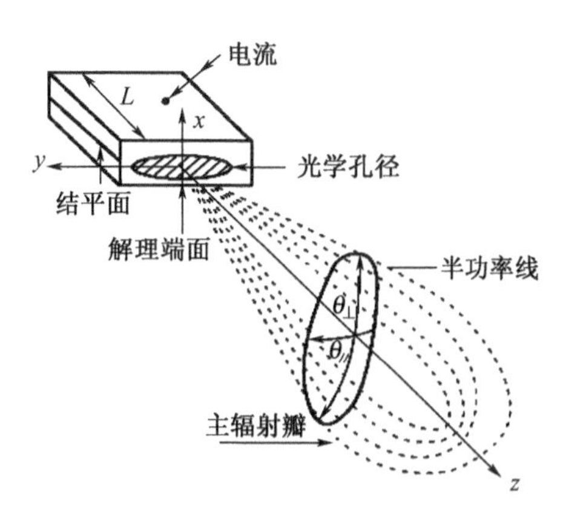

图3－73　DL光束的空间分布

7. 可调谐半导体激光器的波长定标

由于材料的折射率随温度的改变而变化，所以，可调谐半导体激光器可以通过改变温度或驱动电流实现DFB－DL的调谐。一般来说，激光器的输出波长每摄氏度漂移零点几个阿米(am，1am = 10^{-18}m)。因为驱动电流越大，器件发热越厉害，所以驱动电流可以产生同样的效应，电流与波长偏移的关系是0.1nm/mA。

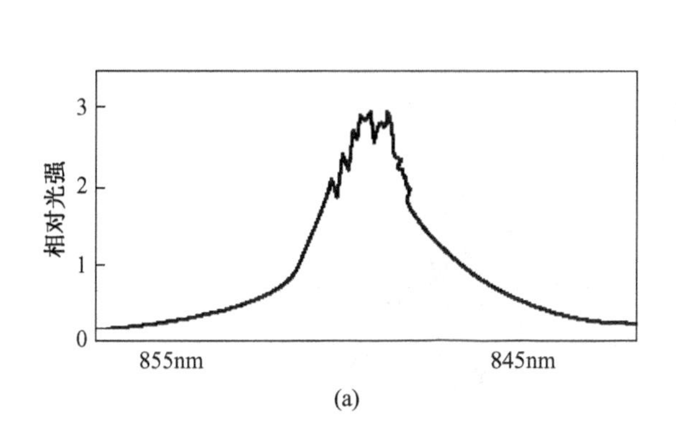

(a)

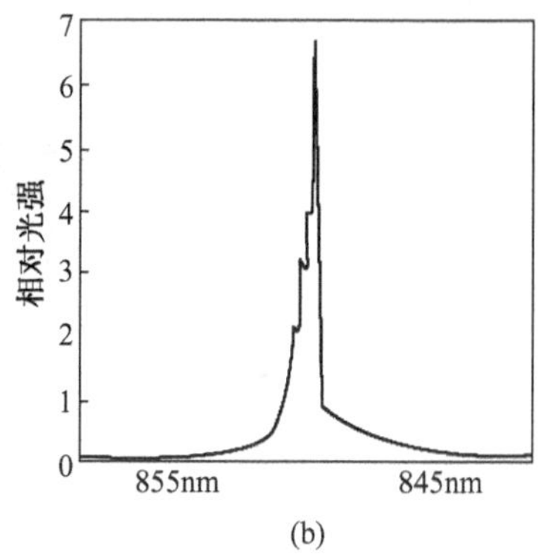

(b)

图3－74　GaAs激光器的发射光谱

(a) 低于阈值；(b) 高于阈值。

1）激光器的输出波长随工作电流的变化

图3－75是DFB－DL的输出波长随注入电流之间的关系。图中横坐标是激光器的注入电流I(mA)，纵坐标是激光器的输出波长，用波数表示，单位为cm^{-1}。从图中可以看到，在一定温度下，激光器的输出波长随注入电流的增加而变长。通过对不同温度下激光器的工作波长随注入电流的变化关系进行线性拟合发现，激光器的工作波长和注入电流之间呈二次曲线的关系，激光器的工作波长随电流的增加而增加。

2）激光器的输出波长随工作温度的变化

图3－76是DFB－DL在注入电流一定的情况下，激光器的输出波长随工作温度的变化关系，研究结果表明，激光器的工作波长(以波数cm^{-1})和温度(℃)之间呈近似线性关系变化。

3）可调谐DFB半导体激光器的波长定标

因为DFB－DL的调谐是通过改变激光器的注入电流或工作温度，或者同时改变注入电流和工作温度来实现，因此，在使用可调谐半导体激光器之前，需要对激光器进行波长定标，即确

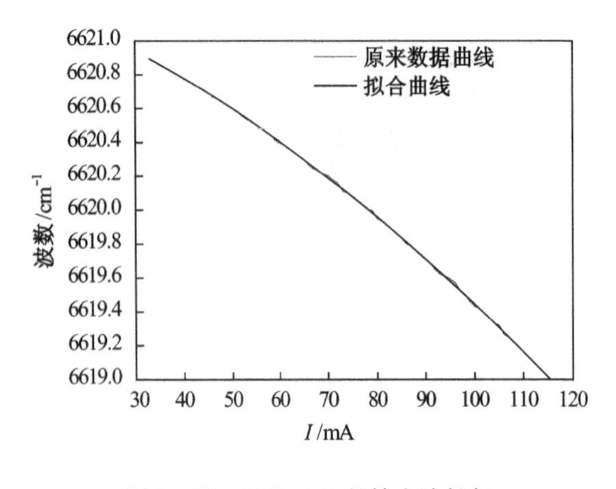

图 3-75 DFB-DL 的输出波长与工作电流间的关系

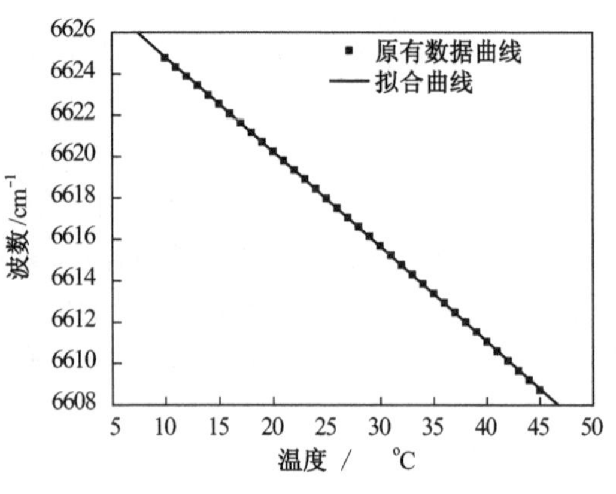

图 3-76 DFB-DL 的输出波长与工作温度的关系

定激光器的输出波长与注入电流和工作温度之间的关系。

图 3-77 是一种类型的半导体激光器的波长定标结果,从图中可以看出,对于一定类型的 DFB-DL,只要确立了激光器的工作温度和注入电流,就可以确定激光器的输出波长。

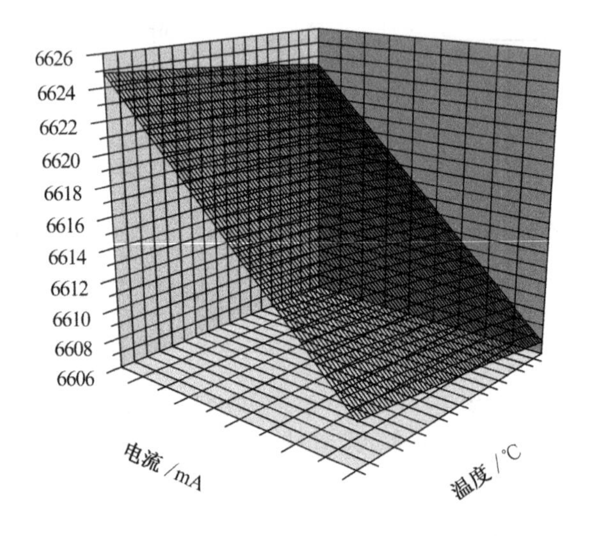

图 3-77 DFB-DL 的工作波长与工作电流和温度的变化关系

3.8 同步辐射光源

同步辐射是速度接近光速的带电粒子在作曲线运动时沿轨道切线方向发出的电磁辐射,又叫同步光。它会使粒子失去能量,曾给卢瑟福的类太阳系原子结构模型带来困难。1947 年,同步辐射现象在电子同步加速器中被首次观察到,因而被命名为同步加速器辐射,简称同步辐射。

3.8.1 同步辐射光源的发展与现状

早在 1898 年和 1900 年,法国圣太田矿业学校李纳(Alfred-Marie Liénard)教授和德国格丁根地球物理实验室维谢尔(Emil Wiechert)教授根据电磁场理论分别独立地发表了高速运动的带电粒子在状态发生变化时,会向外发射电磁波的预言,得到了著名的李纳—维谢尔公式。

1912 年,英国阿伯里斯特威斯大学应用数学系主任肖特(G. A. Schott)对李纳—维谢尔所预言电磁波的空间角分布、频谱及其极化特性进行了详细研究。

1947 年,为验证同步加速原理,美国通用电气公司(the General Electric)的一个研究所建造了一台 70MeV 的电子同步加速器,并首次观测到了李纳—维谢尔所预言的电磁波,并称其为同步辐射,后来又称为同步辐射光,并称产生和利用同步辐射光的科学装置为同步辐射光源。

由于同步辐射造成的粒子能量损失限制了加速器所能达到的最高能量,在其发现初期是科学家们努力克服的现象之一。但人们很快就发现同步辐射所具有的高亮度、高准直性等特点可以用来作为一种新型光源,利用它来探索未知的微观世界。

到目前为止,同步辐射光源的建造经历了三代,并向第四代发展。

第一代同步辐射光源是在为高能物理研究所建造的电子加速器和储存环上的副产品。

第二代同步辐射光源是专门为同步辐射的应用而设计建造的,美国的 Brokhaven 国家实验室两位加速器物理学家 Chasman 和 Green 把加速器上使电子弯转、散热等的磁铁按特殊的序列组装成 Chasman - Green 阵列,Chasman - Green 阵列在电子储存环中的采用标志着第二代同步辐射光源的成功。

第三代同步辐射光源的特征是大量使用插入件(Inserction Devices),其特征是对电子束发射度进行了优化设计,使电子束发射度比第二代小得多,因此同步辐射光的亮度大大提高,并且可引出高亮度、部分相干的准单色光。

近年来,由于自由电子激光(FEL)技术的发展和成功应用,从 FEL 中引出同步辐射已经实现,这就是第四代同步辐射光源。第四代同步辐射光源的标志性性能为:亮度要比第三代高两个量级以上,要求空间完全相干;脉冲宽度达到、甚至小于皮秒量级;能实现多用户、高稳定性。

因此有人认为,同步辐射光源就像能量广泛分布的一台超大型激光光源,特别是光的相干性大大改善的第三代和第四代同步辐射光源更是如此。

表 3 - 5 列出了三代同步辐射光源的重要参数,其中表征性能的指标是同步辐射亮度,发散度以及相干性。

表 3 - 5 三代同步辐射光源主要性能指标的比较

	电子储存环工作模式	电子能量/GeV	发散度/(nm · rad)	同步辐射亮度	发光元件	光的干涉性	开发年代
第一代	兼用	1 ~ 30	< 1000	$10^{13} \sim 10^{14}$	二极弯曲磁铁	无	20 世纪 60 年代
第二代	专用	约为 1,产生真空紫外及软 X 射线	40 ~ 150	$10^{15} \sim 10^{16}$	二极弯曲磁铁为主,少量插入件 Wiggler 和 Undulator	少数	20 世纪 70 年代
第三代	专用	低能约为 1,中能 1 ~ 3.5,高能 6 ~ 8	5 ~ 20	$10^{17} \sim 10^{20}$	Undulator 为主	部分相干	20 世纪 90 年代

目前,世界上已使用的第一代光源 19 台,第二代光源 24 台,第三代光源 11 台。正在建设或设计中的第三代光源 14 台,遍及美、英、欧、德、俄、日、中、印度、韩、瑞典、西班牙和巴西等国家和地区。大概可分为三类:

第一类,建立以 VUV(真空紫外)为主的光源,借助储存环直线部分的扭摆磁体把光谱扩展到硬 X 射线范围,我国台湾新竹 SRRC 和合肥 NSRC 光源属此类。

第二类,利用同步电子加速器,能在高能和中能两种能量模式下工作,可在同一台电子同步加速器下,建立 VUV 和 X 射线两个电子储存环,位于美国长岛 Brookhaven 国家实验室的 NSLS 光源属于此类。

第三类,建立以 X 射线为主、同时兼顾 VUV 的储存环,因为 X 射线环能提供硬 X 射线、软 X 射线或(和)紫外及可见光到红外的光谱分布,但长波部分的亮度较 VUV 环低些,也可用长波段进行工作,上海 SSRF 光源就属此类。

图 3-78 为上海同步辐射装置 SSRF 示意图。增强器可以采用高能和中能两种模式工作,在中能模式下操作,注入储存环提供光子通量较高,主要进行 VUV 环的工作;在高能模式下操作,只要光束线和实验站作合理布置,既能进行硬 X 射线、软 X 射线方面的工作,也能进行很多 VUV 方面的工作。

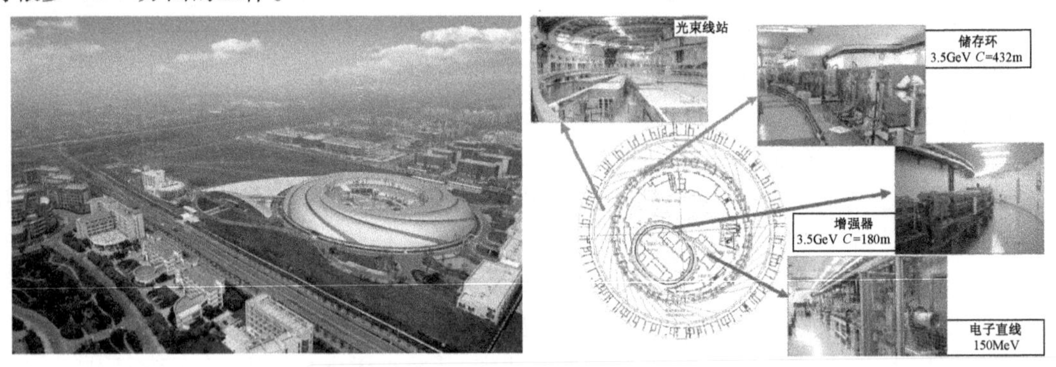

图 3-78 上海同步辐射光源(SSRF)

3.8.2 同步辐射光源的构造

由图 3-78 可见,同步辐射光源由一台直线加速器、一台电子同步加速器(又称增强器,Booster)和电子储存环三大部件组成。在直线加速器产生并加速后注入增强器继续加速到设定能量后,再注入电子储存环中作曲线运动,而在运行的切线方向射出同步辐射光。

1. 直线加速器

一般采用电子行波直线加速器,由电子枪、低能电子束流输运线、盘荷波导、微波功率源与微波传输系统、真空系统、聚焦系统、水冷与恒温系统、束流检测系统、控制系统和束流输出系统等部分组成。

(1) 电子枪提供加速用的电子束,由发射电子的阴极、对电子束聚焦的聚焦极和吸出电子的阳极组成。通常阴极负高压为 40 ~ 120keV,脉冲电流强度约几百毫安。

(2) 低能电子束流输运线将从电子枪出来的电子束注入到加速波导中,输运线上还有束流导向、聚焦、测量及聚束等装置。

(3) 盘荷波导是电子直线加速器的主体,行波电子直线加速器的盘荷波导可分常阻抗和常梯度两种,前者将波导的阻抗设计得各处相同,后者则使波导上各处的加速场速度不变,通常采用前者。现在加速波导几乎都用无氧铜制成,盘荷波导的加工精度及表面粗糙度等工艺要求很高。

(4) 微波功率源与微波传输系统,前者提供在电子直线加速器工作频率波段建立加速电场所需的微波功率,后者把微波功率传输到加速波导的传输系统包括隔离器、耦合器、真空窗和吸收载荷等元件。

(5) 真空系统是同步辐射的基本要求,加速波导的真空度一般应为 $1.3 \times 10^{-3} \sim 6.7 \times 10^{-5}$ Pa。

(6) 聚焦系统包括建立纵向磁场的螺线管、磁四极透镜组及其电源与稳定调节系统,以提供电子束所需的横向聚焦。

(7) 水冷与恒温系统是同步辐射中电子行波直线加速器对温度的稳定度和温度梯度的要求而设计的装置。

(8) 束流检测系统用于对电子束的强度、剖面、发散度、能量、能谱、束团相宽和相位能等进行测量。

控制系统负责管理和控制加速器系统的运行、保护和调整等。

2. 电子同步加速器和电子回旋加速器

同步加速器的作用是把直线加速器出来的电子束继续加速到所需的能量,同时使束流强度和束流品质得到改善。一般采用强聚焦电子同步加速器,由下列几部分组成。

(1) 主导磁铁。引导电子束弯曲作近似圆周运动,很多块二极磁铁安放在电子束的理想轨道上,使电子回转 2π 角度。

(2) 聚焦磁铁。在组合作用的同步加速器中设有独立的聚焦磁铁,是靠二极磁铁极面形状来实现聚焦的;对于分离作用的加速器,聚焦作用由四极磁铁来承担。无论是哪种加速器,聚焦和散焦磁铁都是交替排列在电子的封闭轨道上,用 F、D 和 O 分别表示聚焦磁铁、散焦磁铁和自由空间。同步加速器的磁铁结构可写为 FOFDOD,有时用 B 表示弯曲磁铁,故可写成 FOBOD 等形式。

(3) 校正磁铁。二极磁铁和四极磁铁制造和安装都会偏离设计要求,故引起理想封闭电子轨道的畸变,所以必须对电子轨道进行测量和校正。校正是采用小型二极磁铁或附加在四极磁铁上的二极场绕组进行的。

(4) 真空室。对磁场变化速率较快的加速器,其真空室选用高纯氧化铝陶瓷管,内壁镀一层金属镍,真空度一般要求 10^{-5} Pa。

(5) 高频加速腔。电子加速是通过高频加速腔来实现的,并在固定频率下工作。

电子回旋加速器(Microtron)又称微加速器,是用改变倍频系数的方法保证电子谐频加速的回旋式谐振加速器,它分普通电子回旋加速器、跑道式和超导跑道式电子回旋加速器。电子回旋加速器的加速系统主要由高频功率源、传输波导和谐振腔组成。跑道式电子回旋加速器是把多腔结构的直线电子加速器中加速电子的部件加以组合,于是在圆形轨道的基础上增加了直线段,形状像跑道,故称跑道式电子回旋加速器。当采用超导电子直线加速器作加速设备时称超导跑道式电子回旋加速器。

3. 电子储存环

电子储存环是同步辐射光源的核心设备,它不仅主要用于积累电子,即不断地让具有所需能量电子注入并进行积累,使储存的电子流到达要求值,并较长时间在储存环里循环运动,还要使储存环的能量及磁铁、聚焦结构布局符合同步辐射光源用户的需要。储存环的特征波长

λ_c、同步辐射的亮度和用户的可容纳度是三个重要参数。一般分为 X 射线环和 VUV 环两种。储存环中的主要部件如下：

（1）真空室。真空度要求在 10^{-7}Pa 左右。

（2）弯曲磁铁。使电子在圆弧中运动。

（3）四极磁铁。因储存环往往可被设计成多种方式运行，即可在不同工作点上工作，因此四极磁铁的磁场梯度在较大范围内变化时都应使四极磁铁有足够好的场区。

（4）插入元件。是指在储存环的直线段上插入的扭摆磁铁（Wiggler）、多极多周期的扭摆器（Multipole Wiggler）和波荡磁体（Undulator）等，它们的作用是在不提高储存环的能量和束流强度的条件下能得到更短波长和更高通量的同步辐射光，以扩大应用范围。

（5）射频腔和有关供电系统。补充电子束到同步辐射过程的能量损失。

3.8.3 同步辐射光源的主要特征

与一般 X 射线光源相比较，同步辐射光源有如下特征。

1. 高强度（高亮度）

同步辐射 X 射线亮度比 60kW 旋转阳极 X 射线源所发出的特征辐射的亮度分别高出 3～6 个数量级。描述亮度的另一参量是光子通量，即光子/（s · mm^2 · $mrad^2$ · 10^{-3}BW）。前面提到，第二代同步辐射光源的光通量达 10^{15}～10^{16}，第三代光源达 10^{17}～10^{20}，到了第四代，光子能量可大于 10^{22}，已大大超过高功率的激光器。从这个意义上讲，一台同步辐射光源相当于无数台激光器。

2. 宽而连续分布的谱范围

图 3－79 是日本光子工厂（PF）同步辐射光源的光谱分布图。其波谱的分布跨越了从红外→可见光→紫外→软 X 射线→硬 X 射线整个范围。实验所用的波长能方便地使用光栅单色或晶体单色器从连续谱中选出。谱分布的一个重要特点是临界波长 λ_c（又称特征波长），所谓特征波长是指这个波长具有表征同步辐射谱的特征，即大于 λ_c 和小于 λ_c 的光子总辐射能量相等，$0.2\lambda_c \sim 10\lambda_c$ 占总辐射功率的 95% 左右，故选 $0.2\lambda_c \sim 10\lambda_c$ 为同步辐射装置的可用波长是有充分理由的。

3. 高度偏振

同步辐射在运动电子方向的瞬时轨道平面内，电场矢量具有 100% 偏振，遍及所有角度和波长积分约 75% 偏振，在中平面以外呈椭圆偏振。图 3－80 概括了不同波长的单个电子的平行偏振分量、垂直偏振分量强度与发射角的关系，由图 3－80 可知，当 $\lambda \approx \lambda_c$ 时，即图中曲线 1，张角近似为 r^{-1}；在较短波时，张角变得较小；较长时，张角变得大得多，当 $\lambda = 100\lambda_c$ 时，张角达 $4r^{-1}$。

4. 脉冲时间结构

由储存环的机构引起，即由辐射阻尼现象引起，当电子从增强器注入储存环，且当注入的束团几乎充满储存环真空不能再注入电子时，由于自由振荡和同步辐射以及不断地由高频腔给电子提供能量补充，使其自由振荡的振幅越来越小，这种现象称为辐射阻尼。当经过 2～3 倍阻尼时间后振幅已变得小得多，这就意味着束团尺寸已由注入末了时的满真空室变得只占真空的 1/ 10 空间了。因此可进行注入 2～3 倍阻尼时间的重复过程，这样就积累了电子数，而且束团的横向尺寸变小，长度也短。具体脉冲时间间隔与储存环的参数和使用模式有关，已获得范围为 2.8～780ns。第三代同步辐射光源的最小光脉冲时间约达 30ps。同步辐射源的脉

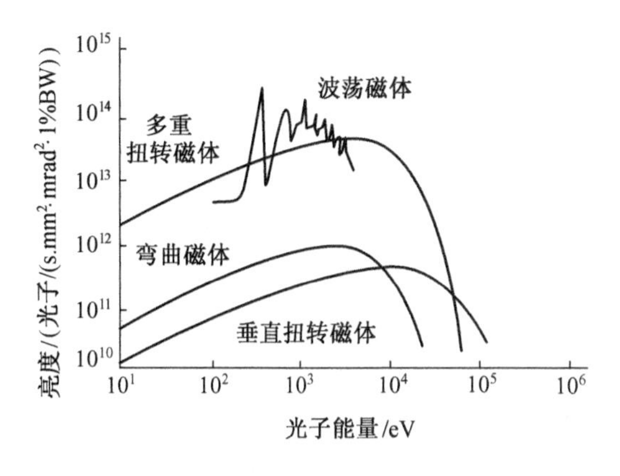

图3-79 日本PF同步辐射光源的光谱分布图

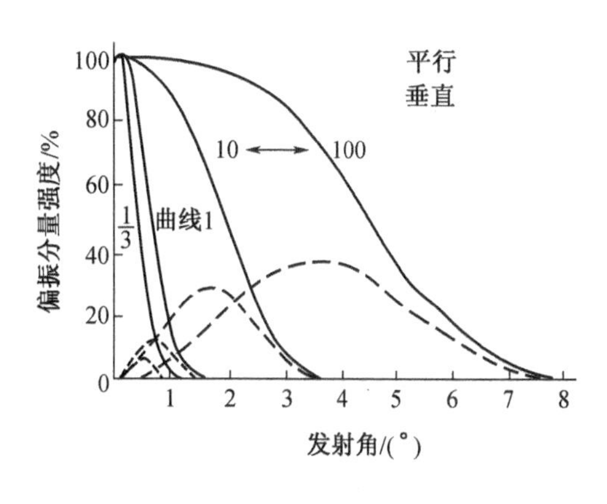

图3-80

冲时间结构可用来进行时间分辨光谱和时间分辨衍射研究，已在晶体学、化学和生物学方面获得应用。

5. 准直性好

由于天然的准直性和低的发散度，使得同步辐射光束的平行性可以与激光束相媲美。能量越高，光束的平行性越好。

6. 相干性不断提高

第一代和第二代同步辐射光源的相干性较差，到了第三代，光的相干性已相当好，预计第四代同步辐射光源的相干性将更好，且具有空间全相干性。

7. 设备庞大，可作为标准光源

同步辐射实验站的设备庞大，试样周围空间大，适宜于安装如高温、低温、高压、高磁场以及反应器等附件，能进行特殊条件下的动态研究；还特别有利于安装联合实验设备，用各种方法对试样进行综合测量分析和研究。同步辐射光源具有精确的可预算性，可以用作各种波长的标准光源。

8. 绝对洁净

同步辐射源在超高真空产生，没有任何如阳极、阴极和窗口带来的干扰，是一种绝对洁净的光源。潜在的实验问题是强度的稳定性不好，这与同步辐射光源的短暂性能有关，如储存环中电子流的变化和轨道漂移明显影响入射线的强度。所谓储存环的工作寿命是指当已注入的电子流达最大设计之后，能在储存环中循环运动中电子流损失至允许值的时间。

3.8.4 中国大陆地区的同步辐射光源

中国大陆地区目前有北京同步辐射实验室（BSRF）、合肥国家同步辐射实验室（NSRL）和上海光源（SSRF），分别属于第一、第二和第三代光源。

BSRF是北京正负电子对撞机国家实验室的一部分，是一个向社会开放的大型公共科研设施。BSRF拥有11个实验站，可提供从真空紫外到硬X波段的同步辐射光，提供形貌术、衍射、小角散射、漫散射、微量微区荧光分析、吸收精细结构、光电子能谱、圆二色谱、刻度和计量、X射线微细加工等分析和加工技术，可以为物理学、化学化工、材料科学、生物学、医学、地学、环境科学、微电子学、计量学等学科的基础研究和应用基础研究提供强有力的实验研究手段。

北京同步辐射装置贯彻“开放、联合、开拓、创新”八字方针，对全国科研单位、高等院校和企业全面开放。1991年以来，接待了200多个用户单位的800多个研究课题。研究项目涉及凝聚态物理、材料科学、化学化工、环境科学、高压物理、生物医学、地球科学、剂量学、地质资源和考古、软X光学、微电子技术等领域。

NSRL坐落在安徽合肥中国科学技术大学西校园，是国家计委批准建设的我国第一个国家级实验室。实验室拥有的同步辐射光源是目前国内高校中唯一一台大科学装置和国家级实验研究平台。NSRL建有我国第一台以真空紫外和软X射线为主的专用同步辐射光源。其主体设备是一台能量为800MeV、平均流强为100～300mA的电子储存环，用一台能量200MeV的电子直线加速器作注入器。来自储存环弯铁和扭摆磁铁的同步辐射特征波长分别为2.4nm和0.5nm。国家同步辐射实验室现建有X射线光刻、红外与远红外、LIGA、X射线衍射与散射、扩展X光吸收精细结构、燃烧、X射线显微术、原子与分子物理、表面物理、软X射线磁性圆二色、光电子能谱、真空紫外光谱、光声与真空紫外圆二色光谱、光谱辐射标准与计量等14条光束线和相应的实验站。国家同步辐射实验室是向国内外用户开放的国家级共用实验室。

SSRF由中国科学院和上海市政府共同向国家建议建设的第三代同步辐射光源，是一台高性能的中能第三代同步辐射光源，也是我国迄今为止最大的大科学装置和大科学平台，其电子束能量为3.5GeV，仅次于美、日和欧洲共同体的三台高能光源，其首批线站及其性能指标如表3-6所示。

表3-6 上海光源首批线站及其性能指标

光束线实验站名称	光源	主要性能指标
生物大分子晶体学	真空波荡器	光子能量范围：5～18keV； 聚焦光斑尺寸：$130\times40\mu m^2$； 样品处光通量：约2×10^{12}phs/s@12keV； 能量分辨率：$<2\times10^{-4}$； 光束发散角：约$0.3\times0.1mrad^2$
X射线衍射	弯铁	光子能量范围：4～22keV； 样品处聚焦光斑尺寸：约0.3mm； 光通量：$>2\times10^{11}$phs/s@10keV； 能量分辨率：$<2\times10^{-4}$； 角度分辨率：约10^{-4}
XAFS	扭摆器	光子能量范围：4～50keV； 样品处聚焦光斑尺寸：约0.2mm， 光通量：$>2\times10^{12}$phs/s@10keV； 能量分辨率：$<2\times10^{-4}$； 高次谐波含量：$<10^{-4}$
硬X射线微聚焦及应用	真空波荡器	光子能量范围：5～20keV； 样品处最小光斑尺寸：<2μm， 光通量：>1011phs/s@10keV； 能量分辨率：$<2\times10^{-4}$

（续）

光束线实验站名称	光源	主要性能指标
X射线成像及生物医学应用	扭摆器	光子能量范围：8～72.5keV； 能量分辨：$<5\times10^{-3}$； 最大束斑尺寸：45mm（H）×5mm（V）； 光子通量密度：约6×10^{10} phs/s/mm^2@20keV； 空间分辨率：1μm； 时间分辨率：1ms/帧
软X射线谱学显微	椭圆极化波荡器	光子能量范围：250～2000eV； 能量分辨本领：>10000@ 244eV； 空间分辨率：～30nm； 样品处光通量：$>10^8$phs/s
X射线小角散射	弯铁	光子能量范围：5～20keV； 聚焦光斑尺寸：约0.4mm， 样品处光通量：$>2\times10^{11}$phs/s@ 10keV； 能量分辨率：$<5\times10^{-4}$； 最小测量角：约0.4mrad

第4章　光辐射的传播

众所周知,光是沿直线传播的。但实际上,光沿直线传播是有条件的,即光在同种均匀介质中是沿直线传播的,因此,有关光的直线传播应该表述为在同种均匀介质中,光是沿直线传播的。光在两种均匀介质的接触面上是要发生折射的,此时光就不是直线传播了。认识光辐射在各种介质中的传播规律是学习光辐射调制原理与技术的基础。本章从光辐射的电磁理论出发,讨论光辐射在气体、液体和固体中的传播规律。

4.1　光辐射的电磁理论

光辐射的电磁理论是关于光的本性的一种现代学说,该理论将光看成是频率在某一范围的电磁波,19 世纪 60 年代由麦克斯韦提出,以此解释光的传播、干涉、衍射、散射、偏振等现象,以及光与物质相互作用的规律。因为光辐射场中引起生物视觉效应、其他生理效应、光化学效应以及探测器对光频波段电磁波的响应等,主要是光辐射电磁场量中的电矢量 $\boldsymbol{E}$,因此,光辐射的电磁理论主要是应用麦克斯韦方程求解光辐射电矢量 $\boldsymbol{E}$ 的变化规律。

4.1.1　麦克斯韦方程组

麦克斯韦方程组是英国物理学家麦克斯韦在 19 世纪建立的描述电场、磁场与电荷密度、电流密度之间关系的偏微分方程组,用于描述空间电场强度矢量 $\boldsymbol{E}$、磁场强度矢量 $\boldsymbol{H}$、介质中电位移矢量 $\boldsymbol{D}$ 和磁感应强度矢量 $\boldsymbol{B}$ 与电荷密度 ρ 及电流密度 $\boldsymbol{j}$ 之间的关系,该方程组由四个方程组成:

$$\oiint_S \boldsymbol{D} \cdot \mathrm{d}\boldsymbol{S} = q \tag{4.1}$$

$$\oiint_S \boldsymbol{B} \cdot \mathrm{d}\boldsymbol{S} = 0 \tag{4.2}$$

$$\oint_L \boldsymbol{E} \cdot \mathrm{d}\boldsymbol{l} = -\iint_S \frac{\partial \boldsymbol{B}}{\partial t} \cdot \mathrm{d}\boldsymbol{S} \tag{4.3}$$

$$\oint_L \boldsymbol{H} \cdot \mathrm{d}\boldsymbol{l} = I + \iint_S \frac{\partial \boldsymbol{D}}{\partial t} \cdot \mathrm{d}\boldsymbol{S} \tag{4.4}$$

这是麦克斯韦方程组的积分形式。

其中式(4.1)描述了电场的性质,在一般情况下,电场可以是库仑电场也可以是变化磁场激发的感应电场,而感应电场是涡旋场,它的电位移线是闭合的,对封闭曲面的通量无贡献;式(4.2)描述了磁场的性质,磁场可以由传导电流激发,也可以由变化电场的位移电流所激发,它们的磁场都是涡旋场,磁感应线都是闭合线,对封闭曲面的通量无贡献;式(4.3)描述了变化的磁场激发电场的规律;式(4.4)描述了变化的电场激发磁场的规律。

当电场与磁场均为稳恒场，即当$\frac{\partial \boldsymbol{B}}{\partial t}=0, \frac{\partial \boldsymbol{D}}{\partial t}=0$时，麦克斯韦方程组就还原为静电场和稳恒磁场的方程：

$$\oiint_S \boldsymbol{D} \cdot \mathrm{d}\boldsymbol{S} = q \tag{4.5}$$

$$\oiint_S \boldsymbol{B} \cdot \mathrm{d}\boldsymbol{S} = 0 \tag{4.6}$$

$$\oint_L \boldsymbol{E} \cdot \mathrm{d}\boldsymbol{l} = 0 \tag{4.7}$$

$$\oint_L \boldsymbol{H} \cdot \mathrm{d}\boldsymbol{l} = I \tag{4.8}$$

对于没有场源的自由空间，即 $q=0, I=0$ 时，麦克斯韦方程组就成为以下形式：

$$\oiint_S \boldsymbol{D} \cdot \mathrm{d}\boldsymbol{S} = 0 \tag{4.9}$$

$$\oiint_S \boldsymbol{B} \cdot \mathrm{d}\boldsymbol{S} = 0 \tag{4.10}$$

$$\oint_L \boldsymbol{E} \cdot \mathrm{d}\boldsymbol{l} = -\iint_S \frac{\partial \boldsymbol{B}}{\partial t} \cdot \mathrm{d}\boldsymbol{S} \tag{4.11}$$

$$\oint_L \boldsymbol{H} \cdot \mathrm{d}\boldsymbol{l} = \iint_S \frac{\partial \boldsymbol{D}}{\partial t} \cdot \mathrm{d}\boldsymbol{S} \tag{4.12}$$

因此，麦克斯韦方程组的积分形式反映了空间某区域的电磁场量（$\boldsymbol{D}$、$\boldsymbol{E}$、$\boldsymbol{B}$、$\boldsymbol{H}$）和场源（电荷 q、电流 I）之间的关系。

在电磁场的实际应用中，经常要知道空间逐点的电磁场量和电荷、电流之间的关系，这需要用到麦克斯韦方程组的微分形式。从数学形式上，麦克斯韦方程组的微分形式就是将其积分形式化为微分形式：

$$\nabla \cdot \boldsymbol{D} = \rho \tag{4.13}$$

$$\nabla \cdot \boldsymbol{B} = 0 \tag{4.14}$$

$$\nabla \times \boldsymbol{E} = -\frac{\partial \boldsymbol{B}}{\partial t} \tag{4.15}$$

$$\nabla \times \boldsymbol{H} = \boldsymbol{j} + \frac{\partial \boldsymbol{D}}{\partial t} \tag{4.16}$$

应用麦克斯韦方程组解决实际问题，还要考虑介质对电磁场的影响。在场强较弱的情况下，各场量之间存在以下关系：

$$\boldsymbol{j} = \sigma \boldsymbol{E} \tag{4.17}$$

$$\boldsymbol{D} = \varepsilon \boldsymbol{E} = \varepsilon_0 \boldsymbol{E} + \boldsymbol{P} \tag{4.18}$$

$$\boldsymbol{B} = \mu \boldsymbol{H} = \mu_0 \boldsymbol{H} + \mu_0 \boldsymbol{M} \tag{4.19}$$

式中：σ、ε 和 μ 分别为介质的电导率、电容率和磁导率。在各向异性介质中它们均为张量，在各向同性介质中则简化为标量；ε_0 和 μ_0 分别为真空电容率和真空磁导率；$\boldsymbol{P}$ 为电极化强度矢量；$\boldsymbol{M}$ 为磁化强度矢量。

麦克斯韦方程组的微分形式，通常称为麦克斯韦方程。在麦克斯韦方程组中，电场 $\boldsymbol{E}$ 和磁场 $\boldsymbol{B}$ 已经成为一个不可分割的整体。

4.1.2 电磁场的波动方程

在无源（$\rho=0$）非磁性介质中，运用麦克斯韦方程并经一系列数学运算，可以得到描述介质中电磁场的波动方程。

首先将式（4.15）的两边取旋度，可得

$$\nabla\times\nabla\times\boldsymbol{E}=-\frac{\partial}{\partial t}(\nabla\times\boldsymbol{B}) \tag{4.20}$$

式中已将对时间和对空间的微分符号交换。再将式（4.19）和式（4.16）代入式（4.20），可得

$$\nabla\times\nabla\times\boldsymbol{E}=-\mu\frac{\partial}{\partial t}\left(\boldsymbol{j}+\frac{\partial\boldsymbol{D}}{\partial t}\right) \tag{4.21}$$

利用式（4.17）和式（4.18），式（4.21）可以改写为

$$\nabla\times\nabla\times\boldsymbol{E}=-\mu\sigma\frac{\partial\boldsymbol{E}}{\partial t}-\mu\varepsilon\frac{\partial^2\boldsymbol{E}}{\partial t^2} \tag{4.22}$$

将式（4.18）代入式（4.22）中，可得

$$\nabla\times\nabla\times\boldsymbol{E}+\mu\varepsilon_0\frac{\partial^2\boldsymbol{E}}{\partial t^2}=-\mu\sigma\frac{\partial\boldsymbol{E}}{\partial t}-\mu\frac{\partial^2\boldsymbol{P}}{\partial t^2} \tag{4.23}$$

这就是普遍形式的光辐射波动方程。方程右边两项分别为介质中的传导电流和极化电流，反映了物质对光辐射场量的影响，起“波源”的作用。对导体，$-\mu\sigma\frac{\partial\boldsymbol{E}}{\partial t}$项起主要作用，方程的解将说明电磁波在导体中的衰减及在表面的反射；对绝缘体来说，因其电导率为零，即 $\sigma=0$，所以极化波源项 $-\mu\frac{\partial^2\boldsymbol{P}}{\partial t^2}$起主要作用，它导致电磁波的散射、吸收和色散等现象；而对于半导体来说，这两项都起重要作用。

4.1.3 光辐射场的亥姆霍兹方程

对于简谐波场，场量 $\boldsymbol{E}$ 可表示为

$$\boldsymbol{E}(\boldsymbol{r},t)=\boldsymbol{E}(\boldsymbol{r})\mathrm{e}^{\mathrm{i}\omega t} \tag{4.24}$$

此时，$\frac{\partial\boldsymbol{E}(\boldsymbol{r},t)}{\partial t}\to\mathrm{i}\omega$，$\frac{\partial^2\boldsymbol{E}(\boldsymbol{r},t)}{\partial t^2}\to-\omega^2$，因此，式（4.23）中的场量 $\boldsymbol{E}$ 的时间因子可以消去，得到

$$\nabla\times\nabla\times\boldsymbol{E}-(\omega^2\mu_0\varepsilon_0\mu_r\varepsilon_r-i\omega\mu_0\mu_r\sigma)\boldsymbol{E}(\boldsymbol{r})=0 \tag{4.25}$$

式中：ε_r 和 μ_r 分别为相对电容率和相对磁导率。引入复相对电容率

$$\tilde{\varepsilon}_r=\varepsilon_r-\mathrm{i}\frac{\sigma}{\omega\varepsilon_0}=\varepsilon_r-\mathrm{i}\varepsilon_r \tag{4.26}$$

式（4.25）可改写为

$$\nabla\times\nabla\times\boldsymbol{E}-\omega^2\mu\varepsilon_0\tilde{\varepsilon}_r\boldsymbol{E}(\boldsymbol{r})=0 \tag{4.27}$$

这称为复数形式的波动方程。

应用矢量恒等式

$$\nabla\times\nabla\times A = \nabla(\nabla\cdot A) - \nabla^2 A \tag{4.28}$$

并将电场散度方程代入,可得

$$\nabla^2 E + \omega^2\mu\varepsilon_0\,\hat{\varepsilon}_r \boldsymbol{E}(\boldsymbol{r}) = \frac{1}{\varepsilon}\nabla\rho \tag{4.29}$$

引入

$$k^2 = \omega^2\mu\varepsilon - \mathrm{i}\omega\mu\sigma$$

对于无源介质($\rho=0$)而言,式(4.29)可写成

$$\nabla^2 E + k^2\boldsymbol{E}(\boldsymbol{r}) = 0 \tag{4.30}$$

式(4.30)称为无源介质中的齐次矢量亥姆霍兹方程。

4.1.4　电磁场的边界条件

在光电子技术的许多实际应用中,经常涉及在两种或多种物理性质不同的介质交界面处光辐射场量之间的关系。如图 4-1 所示,在介质的交界面处,介质的电容率 ε、磁导率 μ 和面电荷密度 σ 等参量发生突变,此时,求解麦克斯韦方程需要考虑边界条件。

对于如图 4-1 所示的界面,应用麦克斯韦方程的积分形式,经过推导可以得到:

$$\begin{cases} D_{1n} - D_{2n} = \sigma_s \\ E_{1t} - E_{2t} = 0 \\ B_{1n} - B_n = 0 \\ H_{1t} - H_{2t} = j_s \end{cases} \tag{4.31}$$

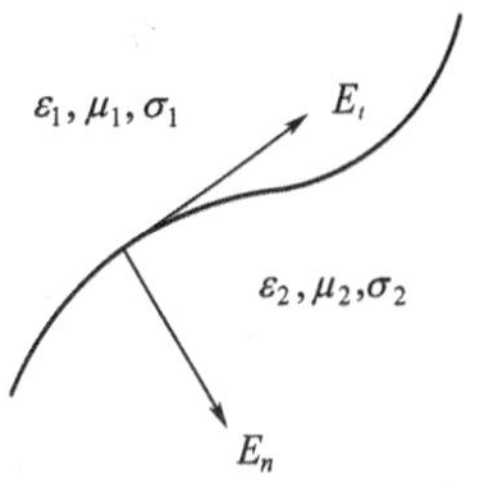

图 4-1　界面上电场的法向和切向分量

式中:下标 n 和 t 分别表示场量的界面法向分量和切向分量;σ_s 为界面面电荷密度;j_s 为界面面电流密度。在光辐射场中经常遇到的情况是 σ_s 和 j_s 等于零,这时,界面两边 $\boldsymbol{E}$ 和 $\boldsymbol{H}$ 的切向分量及 $\boldsymbol{D}$ 和 $\boldsymbol{B}$ 的法向分量均连续。

4.2　光辐射在大气中的传播

研究光辐射在大气中的传播对从事分子光谱、大气物理和天文工作的研究人员,具有特别重要的意义。对从事分子光谱研究的工作者而言,可以通过研究大气中出现的分子吸收光谱来研究大气分子结构与分子吸收和散射的机理;对大气物理工作者而言,可以把光辐射通过大气的分子吸收光谱作为一种工具,来研究大气的辐射平衡、大气的热结构,以及大气的组成成分等大气中的许多物理参量;对天文工作者而言,则可以通过观测目标所发出的红外辐射在大气中发生的变化,来考察星体的物理性质。

由于光辐射自目标发出后,要在大气中传输相当长的距离,才能达到观测仪器,因此,光辐射在大气中的传播一直是人们关注的一个问题。然而,由于大气成分的复杂性以及受天气等因素影响而导致的大气不稳定性,使得光辐射在大气中传播时,大气中的气体分子及气溶胶的

吸收和散射会引起光束能量的衰减，空气折射率不均匀会引起光波的振幅和相位起伏，从而给光辐射技术的应用造成了很大的限制，因此有必要研究光辐射在大气中的传播特性。

4.2.1 大气的基本组成与气象条件

光辐射通过大气所导致的衰减主要是因为大气分子和气溶胶的吸收和散射造成的，因此，要知道光辐射在大气中的衰减，首先要了解大气的基本组成。

1. 大气的基本组成

包围着地球的大气层，每单位体积中约有78%的氮气和21%的氧气，另外还有不到1%的氩(Ar)、二氧化碳(CO_2)、一氧化碳(CO)、一氧化二氮(N_2O)、甲烷(CH_4)、臭氧(O_3)和水汽(H_2O)等成分。有些气体成分相对含量变化很小，如氧气、氮气、二氧化碳、一氧化二氮等；有些气体含量变化很大，如水汽和臭氧。除氮气、氧气外的其他气体统称为微量气体。除了上述气体成分外，大气中还含有悬浮的尘埃、液滴、冰晶等固体或液体微粒，这些微粒通称为气溶胶。

大气的气体成分在60km以下是中性分子，自60km开始，白天在太阳辐射的作用下电离，在90km以上，则日夜都存在一定的离子和自由电子。如果将大气中的水汽和气溶胶粒子去除，这样的大气称为干燥、洁净大气。表4-1中所列为80km以下，干燥、洁净大气中各成分的含量。

表4-1 干燥、洁净大气的成分表

气体	相对分子质量	容积百分比/%	气体	相对分子质量	容积百分比/%
氮气	28.0314	78.084	氪气	83.80	0.000114
氧气	31.998	20.9476	氢气	2.01594	0.00005
氩气	39.948	0.934	氙气	131.30	0.0000087
二氧化碳	44.00995	0.322	甲烷	16.043	0.00016
氖气	20.183	0.001818	一氧化二氮	44	0.000028
氦气	4.0026	0.000524	一氧化碳	28	0.0000075

2. 大气的气象条件与大气分层

所谓大气的气象条件是指大气各种特性的参量，如大气的温度、强度、湿度、密度，以及它们随时间、地点、高度的变化情况。一般来说，大气的气象条件是非常复杂的，尤其是地表附近的大气更是经常变化，这给详细研究大气带来了很大的困难。

为了描述光辐射在大气中的传输特点，就必须对光辐射所经过区域的气象条件做详细的研究，有了充分的气象资料之后，方可恰当地、较为准确地估算大气对光辐射的效应。然而，一个国家或是某一地区的详细气象资料一般是保密的，因此，这里只能介绍大气的主要气象条件梗概，以及典型的气象条件数据。

如图4-2所示，依据大气的成分、温度、密度等物理性质在垂直方向上的变化，将大气层分为对流层、平流层、中间层、热层(电离层)和散逸层五个同心层。

对流层是紧贴地面的一层。地面附近的空气受热上升，而位于上面的冷空气下沉，这样就发生了对流运动，所以把这层叫做对流层。对流层的下界是地面，上界因纬度和季节而不同。据观测，在低纬度地区其上界为17~18km，在中纬度地区为10~12km，在高纬度地区仅为8~9km，夏季的对流层厚度大于冬季。

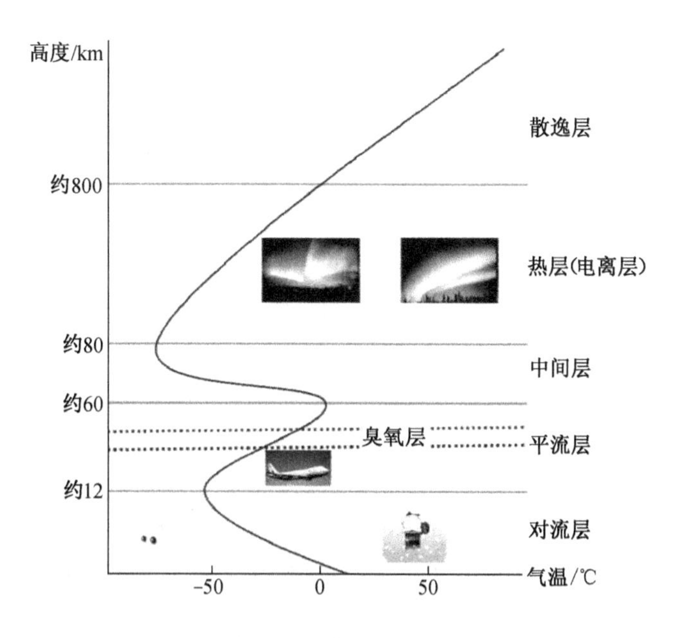

图4-2 大气温度—高度廓线与大气分层图

在对流层的顶部,直到高于海平面50~55km的这一层,气流运动相当平缓,而且主要以水平运动为主,故称为平流层。

平流层之上,到高于海平面85km高空的一层为中间层。这一层大气中,几乎没有臭氧,这就使来自太阳辐射的大量紫外线白白地穿过了这一层大气而未被吸收。所以,在这层大气里,气温随高度的增加而下降得很快,到顶部气温已下降到-83℃以下,由于下层气温比上层高,有利于空气的垂直对流运动,故又称为高空对流层或上对流层。

从中间层顶部到高出海面800km的高空,称为热层,又叫电离层。这一层空气密度很小,在700km厚的气层中,只含有大气总重量的0.5%。热层里的气温很高,据人造卫星观测,在300km高度上,气温高达1000℃以上。

暖层顶以上的大气统称为散逸层,又叫外层。它是大气的最高层,高度最高可达到3000km。这一层大气的温度也很高,空气十分稀薄,受地球引力的约束很弱,一些高速运动着的空气分子可以挣脱地球的引力和其他分子的阻力散逸到宇宙空间中。根据宇宙火箭探测资料表明,地球大气圈之外,还有一层极其稀薄的电离气体,其高度可延伸到22000km,称为地冕。地冕也就是地球大气向宇宙空间的过渡区域。

4.2.2 大气对光辐射的衰减

光辐射在大气中传播时,部分光辐射能量被吸收而转变为其他形式的能量(如热能等),同时部分能量被散射而偏离原来的传播方向(即辐射能量在空间的重新分配)。吸收和散射的总效果使光辐射传输强度衰减。

1. 大气衰减的朗伯定律

如图4-3所示,设一强度为I_0的单色光进入大气,大气厚度为L,在经过大气中的某一薄层$\mathrm{d}l$前,强度为I,经过厚度为$\mathrm{d}l$的大气薄层后,强度变为$I+\mathrm{d}I$,$\mathrm{d}I$是光经过薄层后的衰减量。

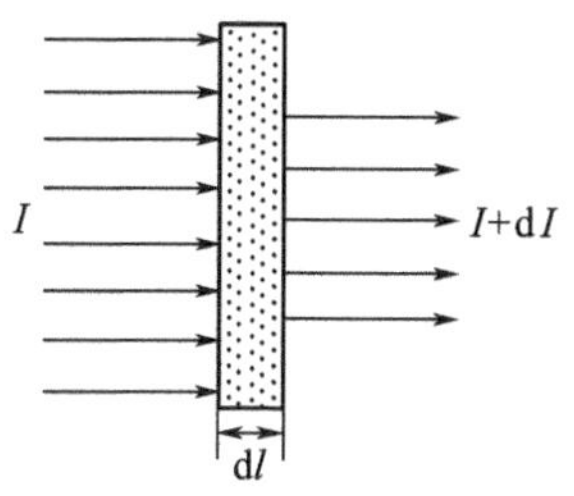

图4-3 大气衰减模型

在不考虑非线性效应的前提下,根据朗伯—比尔定律,光强

的衰减量 dI 与入射光的强度 I 及大气薄层厚度 dl 成正比，即

$$dI = -I\beta dl \tag{4.32}$$

如果将 $T=\frac{I}{I_0}$ 定义为大气透射率，则对上式积分后可得大气透过率 T 为

$$T = \frac{I}{I_0} = \exp\left(-\int_0^L \beta dl\right) \tag{4.33}$$

如果对所有大气 β 值都相等，则式(4.33)可以简化为

$$T = \exp(-\beta L) \tag{4.34}$$

式中：β 为大气衰减系数(1/km)。

式(4.34)即为描述大气衰减的朗伯定律，表明大气中的光强随传输距离的增加呈指数规律衰减。

2. 造成大气衰减的因素

衰减系数 β 描述了大气对光辐射的衰减效应，因为大气对光辐射的衰减有吸收和散射两种独立的物理过程，而造成吸收和散射的因素又包括大气分子和气溶胶两种不同性质的大气成分，所以大气衰减系数 β 可表示为

$$\beta = k_m + \sigma_m + k_a + \sigma_a \tag{4.35}$$

式中：k_m 和 σ_m 分别为分子的吸收和散射系数；k_a 和 σ_a 分别大气气溶胶的吸收和散射系数。应用中，衰减系数常用单位为(1/km)或(dB/km)，二者之间的换算关系为

$$\beta(\mathrm{dB/km}) = 4.343 \times \beta(1/\mathrm{km}) \tag{4.36}$$

对大气衰减的研究可归结为对这四个基本衰减参数的研究。造成辐射在大气中传输时的衰减因素主要有以下几种：

(1) 在 0.2 ~ 0.32μm 的紫外光谱范围内，光吸收与臭氧的分解作用有联系，因此，臭氧的生成和分解的平衡程度，在光辐射的衰减中起着重要作用。

(2) 在紫外和可见光谱区域中，由氮气分子和氧气分子所引起的瑞利(Rayleigh)散射是必须要考虑的，解决这一类问题应注意散射物质的分布，以及散射系数对波长的依赖关系。在可见光和近红外波段，辐射波长总是远大于分子的线度，这一条件下的散射为瑞利散射。

瑞利散射光的强度与波长的四次方成反比，瑞利散射系数的经验公式为

$$\sigma_m = 0.827 \times N \times A^3/\lambda^4 \tag{4.37}$$

式中：σ_m 为瑞利散射系数(cm^{-1})；N 为单位体积中的分子数(cm^{-3})；A 为分子的散射截面(cm^2)；λ 为光波长(cm)。

由于瑞利散射系数与散射波长的四次方成反比，故波长越长，散射越弱；波长越短，散射越强烈。因此，可见光比红外光散射强烈，蓝光又比红光散射强烈。在晴朗天空，其他微粒很少，因此瑞利散射是主要的，又因为蓝光散射最强烈，故明朗的天空呈现蓝色。

(3) 粒子散射或米(Mie)氏散射。这种散射大都出现在云和雾之中，大气中某些特殊物质的分布也会引起米氏散射，这种现象对于观察低空背景是特别重要的，因为这些特殊物质的微粒一般都是处在低空中，到达一定高度时，这种散射现象就不那么强烈了。

(4) 大气中某些元素原子的共振吸收，这主要发生在紫外及可见光谱区。

(5) 分子的带吸收是红外辐射衰减的重要原因。大气中的某些分子具有与红外光谱区域

响应的振动—转动共振频率,同时还有纯转动光谱带,因而能对红外辐射产生吸收。这些分子主要包括水汽 CO_2、O_3、N_2O、CH_4 及 CO 等,其中水汽、CO_2 和 O_3 引起最大的吸收量,这是因为这些分子均具有强烈的吸收带,而且在大气中具有相当高的浓度;其他一些分子,只有辐射通过相当长或者通过浓度很大的空气时,才能表现出较为明显的吸收。

4.2.3　大气吸收及大气窗口

由于大气中不同分子的结构不同,从而表现出完全不同的光谱吸收特性。当太阳辐射穿过大气层时,因为大气分子的吸收作用使辐射能量转变为分子的内能,从而引起这些波段太阳辐射强度的衰减,甚至某些波段的电磁波完全不能通过大气,使得太阳辐射到达地面时,形成了电磁波的某些缺失带。图4-4给出了大气上界的太阳辐射曲线和到达地面的太阳辐射曲线,并与6000K时绝对黑体的辐射曲线做了比对。从图中可以看出,造成太阳辐射在大气中衰减的主要气体有水汽、CO_2 和 O_3 等。

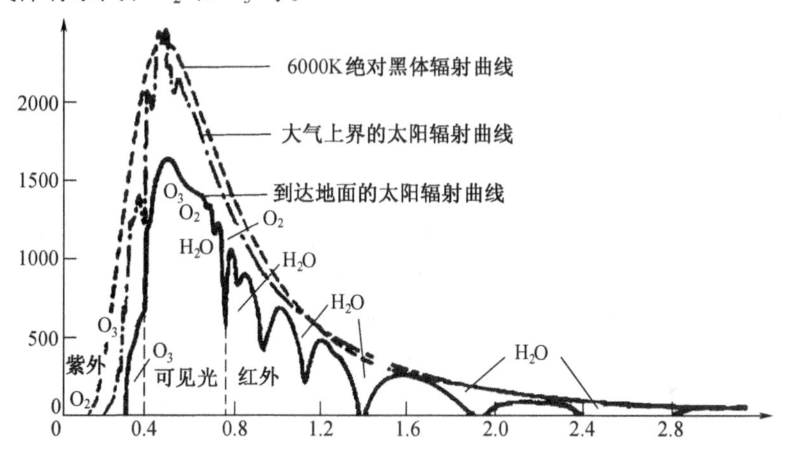

图4-4　太阳辐射在大气中的衰减

O_3:主要集中于20~30km高度的平流层。它是由高能的紫外辐射与大气中的氧分子(O_2)相互作用生成的。O_3 除了在紫外(0.22~0.32 μm)有个很强的吸收带外,在0.6mm附近有一宽的弱吸收带,在远红外9.6mm附近有个强吸收带。虽然 O_3 在大气中含量很低,只占0.01%~0.1%,但 O_3 对地球能量平衡起重要作用,O_3 的吸收阻碍了低层大气的辐射传输。

CO_2:主要分布于低层大气。其在大气中的含量仅占0.03%左右,人类的活动使之含量有所增加。CO_2 在中—远红外区段(2.7mm、4.3mm、14.5mm附近)均有强的吸收带,其中最强的吸收带出现在13~17.5 mm的远红外段。

H_2O:这里不包括固态水中的水滴。水汽一般出现在低空,它的含量随时间、地点的变化很大(从0.1%~3%),而且水汽的吸收辐射是所有其他大气组分的吸收辐射的多倍。水汽最重要的吸收带在2.5~3.0μm,5.5~7.0μm和>27.0 μm(在这些区段,水汽的吸收可超过80%)。在微波波段水汽在0.94mm、1.63mm及1.35mm处有三个吸收峰。

表4-2列出了几种主要的大气红外吸收气体吸收带的中心波长。根据大气的这种选择吸收特性,一般把电磁波通过大气层时,大气的衰减作用相对较轻、透射率较高、能量较易通过的电磁波段定义为大气窗口,有些地方也将太阳光透过大气层时透过率较高的光谱段称为大气窗口。为了利用地面目标反射或辐射的电磁波信息成像,遥感中对地物特性进行探测的电磁波"通道"应选择在大气窗口内。

表4-2 几种主要的大气红外吸收气体的吸收带的中心波长

成分	强吸收中心波长/μm	弱吸收中心波长/μm
H_2O	1.4,1.9,2.7,6.3,13.0~1000	0.9,1.1
CO_2	2.7,4.3,14.7	1.4,1.6,2.0,5.0,9.4,10.4
O_3	4.7,9.6,14.1	3.3,3.6,5.7
N_2O	4.5,7.8	3.9,4.1,9.6,17.0

目前在遥感中使用的一些大气窗口为：

(1) 0.3~1.155μm,包括部分紫外光、全部可见光和部分近红外波段。这一波段是摄影成像的最佳波段,也是许多卫星遥感器扫描成像的常用波段。比如,Landsat 卫星的 TM 的 1~4波段、SPOT 卫星的 HRV 波段等。其中：0.3~0.4μm,透过率约为 70%;0.4~0.7μm,透过率大于 95%;0.7~1.1μm,透过率约为 80%。

(2) 1.4~1.9μm,近红外窗口,透过率为 60%~95%,其中 1.55~1.75μm 透过率较高。在白天日照条件好的时候扫描成像常用这些波段。比如,TM 的 5、7b 波段等用以探测植物含水量以及云、雪或用于地质制图等。

(3) 2.0~2.5μm,近红外窗口,透过率约 80%。

(4) 3.5~5.0μm,中红外窗口,透过率为 60%~70%。该波段物体的热辐射较强,这一区间除了地面物体反射太阳辐射外,地面物体自身也有长波辐射。比如,NOVV 卫星的 AVHRR 遥感器用 3.55~3.93μm 探测海面温度,获得昼夜云图。

(5) 8.0~14.0μm,热红外窗口,透过率约 80%。主要来自物体热辐射的能量,适于夜间成像,测量探测目标的地物温度。

(6) 1.0~1.8mm,微波窗口,透过率 35%~40%。

(7) 2.0~5.0mm,微波窗口,透过率 50%~70%。

(8) 8.0~1000.0mm,微波窗口,透过率约 100%。由于微波具有穿云透雾的特性,因此具有全天候、全天时的工作特点。

4.2.4 大气湍流效应

自然界中的流体运动存在着两种不同的形式：一种是层流,看上去平顺、清晰,没有掺混现象;另一种是湍流,看上去毫无规则,显得杂乱无章。例如,如果流体以一定的速度流过一根管子,我们可以用带颜色的染料对它进行观察,在流体速度低的时候,流线光滑清晰,流体处于层流状态;不断增加流体速度,当流速达到一定值时,流线就不再光滑,整个流体开始做不规则的随机运动,此时,流体处于湍流状态。自 1883 年 Reynolds 做了著名的湍流实验以来,以 Monin-Obukhov 提出的相似理论、Deardorff 提出的大涡模拟和美国 Kansas 州的观测实验等为代表,大气湍流的研究已经取得了很大的进展和丰硕的成果,并在天气、气候研究和工程实际中获得成功的应用。

1. 雷诺数 Re

雷诺数 Re 是表示流体运动状态特征的参数。对流体而言,在其某一容积内,流体同时受到惯性力$\frac{\rho v^2}{d}$与此容积边界上的黏滞力$\frac{\mu v}{d^2}$的共同作用,对于在管内的流动,雷诺数 Re 定义为管内流体所受到惯性力与粘滞力的比值：

$$\mathrm{Re}=\frac{\rho v d}{\mu} \tag{4.38}$$

式中：ρ 为流体密度；v 为流体的流速；μ 为流体的动力黏度，单位为 Pa·S 或 N·S/m^2；d 为流体的某一特征线度，对于管内的流动而言，d 为管的直径。

雷诺数 Re 是一个无量纲的数。雷诺数越小意味着黏性力影响越显著，反之则惯性力影响越显著，利用雷诺数可区分流体的流动是层流或湍流，也可用来确定物体在流体中流动所受到的阻力。当 Re 小于临界值 Re_{cr}（由实验测定）时，流体处于稳定的层流运动，而大于 Re_{cr} 时为湍流运动。由于气体的动力黏度 μ 较小，所以气体的运动多为湍流运动。

2. 大气湍流效应

我们将大气层中空气密度的无规则起伏称为大气湍流。大气湍流对大气中声、光和其他电磁波的传播具有极为重要的影响，例如湍流风速、温度和湿度的脉动都会引起声音散射和减弱，大气小尺度光折射率的起伏，会严重影响光的传播和光学成像的质量等，我们将这种因大气湍流对光束传输所造成的影响称为湍流效应。

由于大气在地球表面，热空气上升，冷空气下沉，形成空气对流。这样，在大气中各点的温度和密度是无规则变化的，这种变化随高度和风速而不同，变化较为剧烈时形成湍流。而大气的折射率取决于密度，因此大气的折射率也随时间和空间作无规则的变化，从而形成了大气湍流效应。大气湍流效应对光辐射在大气中传输的影响主要表现为强度起伏、相位起伏和方向起伏。

3. 折射率湍流模型

在湍流大气中，折射率在不同地点、不同时刻都是变化的。一方面，我们还不可能对这些变化作出预测；另一方面，即使已知这些变化，要对所有时刻、所有地点的值作出描述也是不可能的。因此，有必要用统计方法来描述湍流大气。

考虑到湍流大气的折射率是随空间、时间和波长而变化的，因此可用空间、时间和波长的随机函数来描述湍流大气的折射率：

$$n(r,t,\lambda)=n_0(r,t,\lambda)+n_1(r,t,\lambda) \tag{4.39}$$

式中：n_0 是 n 的确定性部分，对湍流大气而言，可近似地取 $n_0\approx1$；$n_1(r,t,\lambda)$ 表示 $n(r,t,\lambda)$ 围绕平均值 $E[n]=n_0\approx1$ 的随机涨落。

大气湍流可以用 Kolmogorov 理论描述。大气中大的漩涡的能量被重新分配，随着能量损失，大的湍流的尺寸减小，直到消散。n_1 的结构函数定义为

$$D_{nn}(r_1,r_2)=E[\,|n_1(r_1)-n_2(r_2)|^2\,] \tag{4.40}$$

按照 Kolmogorov 理论，n_1 的结构函数就是著名的三分之二定律

$$D_{nn}(r)=C_n^2 r^{\frac{2}{3}} \tag{4.41}$$

这里 C_n^2 依赖湍流能量耗散率，称为折射率结构常数，r 为考察点之间的距离。

应该指出，折射率结构常数 C_n^2 的值与局部的大气条件和离地面的高度有关。根据大量闪烁实验数据，Hufnagel 提出，在夜晚可视与红外波段平均海拔 3km 以上的折射率结构常数满足下列关系：

$$C_n^2(h) = 2.72 \times 10^{-16}\left\{3E[v^2]\left(\frac{h}{10}\right)^{10}\exp(-h) + \exp\left(-\frac{h}{1.5}\right)\right\}(m^{-\frac{2}{3}}) \tag{4.42}$$

这里 $E[v^2]$ 是单位为 $(\mathrm{m/s})^2$ 的速度平方平均值，离开地面高度 h 的单位为 km，h 的范围为 5～20km。

研究表明，在几百米以下的近地面范围内，折射率结构常数 C_n^2 与日照和下垫面的结构有一定的关系。在白天，$C_n^2(h) \approx C_n^2(1)h^{-4/3}$，在夜晚，$C_n^2(h) \approx C_n^2(1)h^{-2/3}n$；在草地覆盖面上空，$C_n^2(h) \approx C_n^2(1)h^{-4/3}$，在海面上空，$C_n^2(h) \approx C_n^2(1)h^{-2/3}n$，$1\mathrm{m} \leqslant h \leqslant 10\mathrm{m}$。

一般而言，在近地面处 C_n^2 的典型值在 $10^{-12}\mathrm{m}^{-2/3}$（对于强湍流）～$10^{-18}\mathrm{m}^{-2/3}$（对于弱湍流）的范围内。

4. 激光的大气湍流效应

大气湍流折射率的统计特性直接影响激光束的传输特性，所谓激光的大气湍流效应，实际上是指激光辐射在折射率起伏的大气中传输时的效应。

因激光束是一种有限扩展的光束，因此，大气湍流对光束传播的影响与光束直径 d_B 和湍流尺度 l 之比密切相关。

当 $d_B \ll l$ 时，湍流主要作用是使光束整体随机偏折，在远处接收平面上，光束中心的投射点（即光斑位置）以某个统计平均值为中心，发生快速的随机性跳动，这种现象称为光束漂移，在数值上可以用漂移量或漂移角来表示；此外，若将光束视为一体，经过若干分钟会发现，其平均方向明显变化，这种偏移亦称为光束弯曲。

当 $d_B \approx l$ 时，湍流使光束波前发生随机偏折，在接收平面上形成到达角（波法线与光轴接收平面法线之间的夹角）起伏，致使接收透镜的焦平面上产生像点抖动。

当 $d_B \gg l$ 时，光束界面内包含有多个湍流漩涡，每个漩涡各自对照射其上的那部分光束独立地散射和衍射，从而造成光束强度在时间和空间上的随机起伏，光强忽大忽小，即所谓的光束强度闪烁。

同时，湍流还可能产生光束扩散和分裂，即使在湍流很弱，而大气又很稳定时，仍可观察到光斑形状及内部花纹结构发生畸变、扭曲等变化。

因为湍流尺度在一定范围内连续分布，而光束直径在其传播路径上又不断变化，故上述湍流效应总是同时发生，总的效果使光束的时间和空间相干性明显退化。

4.3 光辐射在水中的传播

在水中传播的各种波中，纵波的衰减最小，因而声纳技术被广泛用于水下探测；横波的衰减一般都很严重，以至于在陆地上广泛应用的无线电波和微波技术在水下几乎无法应用。然而，光波虽然也是一种横波，但相对于无线电波和微波而言，在水下衰减较小，尤其是激光技术出现之后，使得水下有限距离内的测距、准直、照明、摄影等成为可能。但因为水对光束传播的特殊影响，其应用仍然受到很大的限制，也与地面上的应用有很大的不同。

4.3.1 水对光束传播的衰减

如果光在水中的传输距离较短，则与在大气中传输一样，单色平行光束在水中的衰减规律近似服从指数衰减规律：

$$P = P_0 \exp(-\beta l) \tag{4.43}$$

式中：P_0 和 P 分别为传输距离为 0 和 l 时的光功率；β 是包括散射和吸收在内的衰减系数，单位为 m^{-1} 或 cm^{-1}。

习惯上还用衰减长度 L_0 表示光束在水中传播时的衰减程度

$$L_0 = \frac{1}{\beta} \tag{4.44}$$

衰减长度的单位为 m，其物理意义是：在一个衰减长度距离上，光束的功率将衰减到初始值的 $1/\beta$，显然，衰减系数越大，衰减长度就越小。

衰减系数 β 既与光的波长 λ 相关，同时也与水质有关。表 4－3 中所列是在水池中测得的各种光波的衰减系数，自来水的衰减包括水的吸收和微粒散射。

图 4－5 所示是不同海域中衰减长度随波长的变化情况，从图中可以看出，不同水质对光辐射在水中的衰减系数影响很大，在远海区，海水清洁，衰减距离较长，近海岸区海水浑浊，衰减长度则大为减小；同时，不同波长的光辐射在同样的水质中传输的距离也不相同，紫外和红外波段的光波在水中的衰减很大，无法在水下使用；在可见光波段，蓝绿光的衰减最小，故称该波段为“水下窗口”。

表 4－3　自来水衰减系数

波长/μm	衰减系数/m^{-1}		
	自来水衰减系数	蒸馏水吸收系数	微粒散射系数
0.4900	0.086	0.037	0.049
0.5200	0.099	0.041	0.068
0.5650	0.115	0.060	0.055
0.6000	0.243	0.197	0.046
0.6943	0.545	0.514	0.032

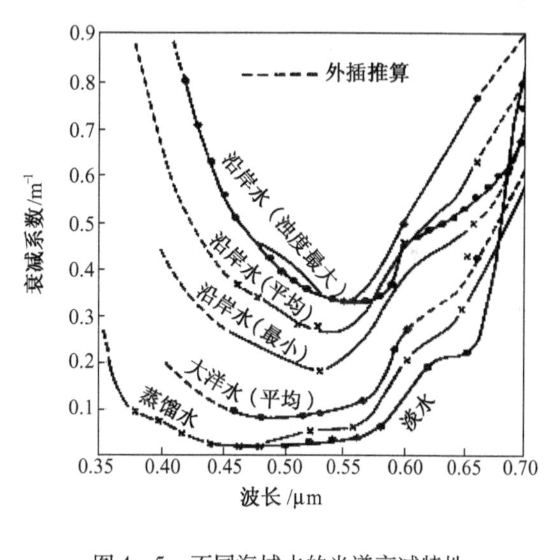

图 4－5　不同海域水的光谱衰减特性

根据表 4－3 中的数据可以求得，0.4900μm 和 0.6943μm 波长处，自来水的衰减长度分别为 11m 和 2m，这说明蓝光比红光在水中的传输性能要好得多。

对式（4.43）做简单变换，就可以得到光在水中的传输距离方程：

$$L = -\frac{1}{\beta}\ln\left(\frac{P}{P_0}\right) = \frac{1}{\beta}\ln\left(\frac{P_0}{P}\right) \tag{4.45}$$

如果把式（4.43）中的 P_0 和 P 分别理解为光发射功率和探测器的最小可探测功率，则 L 就是光辐射在水中所能传输的最远距离。例如，如果取 $P_0 = 10^6 W$，$P = 10^{-14} W$，对于波长为 0.4900μm 的光辐射，其作用距离可以达到 500m；对于波长为 0.6943μm 的光辐射而言，其作用距离仅为 80m，由此可见，红光很难在水下应用。

4.3.2 光辐射在水中传播时的散射现象

在实际测量中,如果增大测量距离,适当增加接收器的面积,则测量数据将偏离式(4.45)的计算值,即探测器所接收到的光辐射功率将大于式(4.45)的预计值,其原因在于用式(4.45)计算光辐射在水中的传输路径时没有考虑到光辐射在水中传输时的散射作用。光辐射在水中传输时的散射分为前向散射和后向散射。

1. 前向散射

前向散射是指光辐射沿传输方向上的散射现象。如图4-6所示,前向散射包含复杂的散射过程,一些单程散射而偏离光轴的散射光由另外的散射体再次散射,有的甚至多次重复这样的过程,其中相当一部分再次重新进入光轴方向或稍微偏离光轴方向而进入接收平面,将此现象称为光辐射的多程散射;而初始的平行光束中直接到达接收面的辐射为单程辐射。

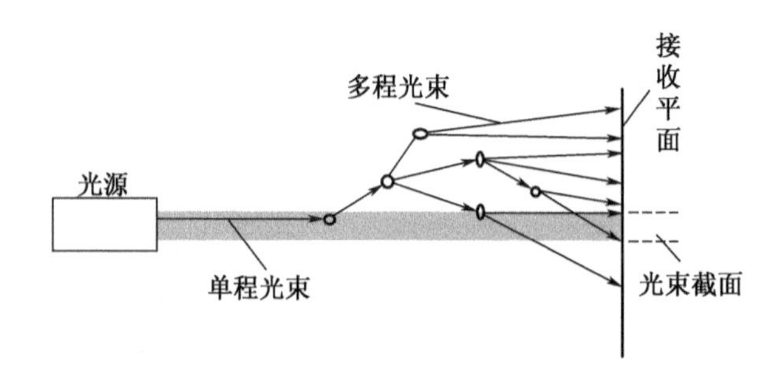

图4-6 前向散射示意图

考虑到光辐射在水中传输时的前向散射效应后,探测器接受面上的总照度 E_e 应为单程辐射照度 E_e^0 和多程散射照度 E_e^* 之和,即

$$E_e = E_e^0 + E_e^* \tag{4.46}$$

式中: E_e^0 和 E_e^* 分别为

$$E_e^0 = \frac{I_e}{L^2}e^{-\varepsilon L} \tag{4.47}$$

$$E_e^* = (I_e k)(4\pi L)e^{-kL} \tag{4.48}$$

式(4.47)和式(4.48)中: I_e 为辐射强度;k 为多程衰减系数;L 为传输距离。

用0.530μm的绿光,在湖水中测得 $\beta = 0.66\text{m}^{-1}$,$k = 0.187\text{m}^{-1}$。由此可见,前向散射使光束传输距离明显增大,传输距离越远,前向散射光的贡献就越大。这种效应对水下照明有利,但对水下光束扫描和水下摄影不利,它会使扫描分辨率和目标背景的对比度下降。

2. 后向散射

与前向散射相反,将光辐射在传输方向相反方向上的散射称为后向散射,对光辐射在水下传输而言,其后向散射要比前向散射强烈得多。例如在大雾天行车时,有经验的驾驶员一般是开亮尾灯而关闭前灯,借助于前车的尾灯可以看清楚前车,但如果打开前灯,则因为大雾强烈的后向散射光而使得驾驶员什么也看不见。在水下,后向散射则更为强烈,而且,入射光功率越大,后向散射光也越强,强烈的后向散射会使探测器产生饱和而接收不到任何有用的信息。因此在水下测距、摄影等应用中,主要是设法克服这种后向散射的影响。一般采取的措施包括以下几项:

(1) 适当选择滤光片和检偏器,以分辨无规则偏振的后向散射和有规则偏振的目标反射。

(2) 尽可能将发射光源和接收器分开。

(3) 采用如图4-7所示的光学距离选通技术。即当光源发出的光辐射向目标传播时,将接收器的快门关闭,这时,朝向接收器的连续后向散射光便无法进入接收器,而当水下目标反射的光辐射信号返回到接收器时,接收器的快门突然打开并记录接收到的目标信息,这样就能有效克服水下后向散射的影响。

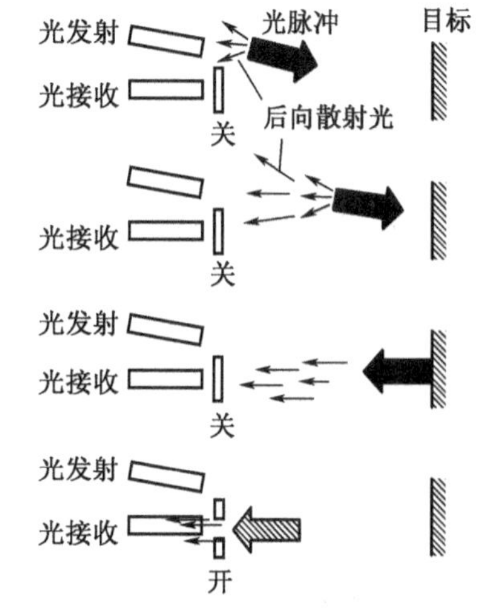

图4-7 光学距离选通技术示意图

4.4 光辐射在电光晶体中的传播

对于一些晶体材料,当施加电场后,将引起晶体材料中束缚电荷的重新分布,并可能导致离子晶格的微小形变,其结果将引起介电系数的变化,最终导致晶体折射率的变化,所以折射率成为外加电场 E 的函数,即

$$\Delta n = n - n_0 = c_1 E + c_2 E^2 + \cdots \tag{4.49}$$

式中:第一项称为线性电光效应或泡克耳(Pockels)效应;第二项称为二次电光效应或克尔(Kerr)效应。对于大多数电光晶体材料而言,一次电光效应要比二次电光效应显著,因此,本节只讨论线性电光效应。

4.4.1 折射率椭球

对电光效应的分析和描述通常有两种方法:一种是电磁理论法,另一种是几何图形法。因电磁理论法的数学推导太过复杂,这里只介绍电光效应的几何图形分析法。

电光效应的几何图形分析法也称为折射率椭球分析法或光率体分析法,这种方法直观、方便,故被广泛采用。

根据光辐射的电磁波理论,在主轴坐标系中,晶体中的电场储能密度为

$$w_e = \frac{1}{2}\boldsymbol{E} \cdot \boldsymbol{D} = \frac{1}{2\varepsilon_0}\left(\frac{D_x^2}{\varepsilon_x} + \frac{D_y^2}{\varepsilon_y} + \frac{D_z^2}{\varepsilon_z}\right) \tag{4.50}$$

将式(4.50)变形,可得

$$\frac{D_x^2}{\varepsilon_x} + \frac{D_y^2}{\varepsilon_y} + \frac{D_z^2}{\varepsilon_z} = 2\varepsilon_0 w_e \tag{4.51}$$

在给定能量密度 w_e 的情况下，方程(4.51)表示一个 $D(D_x, D_y, D_z)$ 空间的椭球面。

令

$$x = \frac{D_x}{\sqrt{2\varepsilon_0 w_e}}, \quad y = \frac{D_y}{\sqrt{2\varepsilon_0 w_e}}, \quad z = \frac{D_z}{\sqrt{2\varepsilon_0 w_e}}$$

并将其取为空间直角坐标系，则可得

$$\frac{x^2}{\varepsilon_x} + \frac{y^2}{\varepsilon_y} + \frac{z^2}{\varepsilon_z} = 1 \tag{4.52}$$

根据介质折射率 n 与介电常数 ε 及磁导率 μ 之间的关系：

$$n = \sqrt{\varepsilon\mu} \tag{4.53}$$

在可见光波段，介质的磁导率 μ 可认为等于1，因此，式(4.52)可以改写为

$$\frac{x^2}{n_x^2} + \frac{y^2}{n_y^2} + \frac{z^2}{n_z^2} = 1 \tag{4.54}$$

式中：x, y, z 为介质的主轴方向，也就是在晶体内沿着这些方向上的电位移 $\boldsymbol{D}$ 和电场强度 $\boldsymbol{E}$ 互相平行；n_x, n_y, n_z 为折射率椭球的主折射率。式(4.54)即为晶体未加外电场时，主轴坐标系中，晶体折射率椭球方程，它的半轴等于主折射率并与介电主轴的方向重合，这个椭球称为折射率椭球，又称为光率体，如图 4-8 所示。

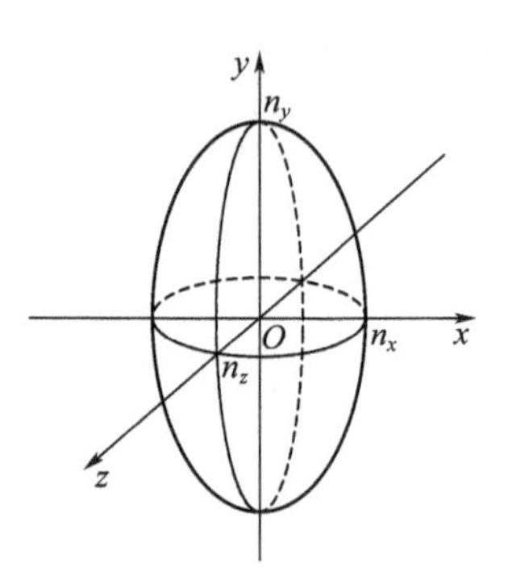

图 4-8 折射率椭球

注意，折射率椭球是一个抽象的几何概念和运算工具，不能将其与任一物理面相混淆。

4.4.2 电致折射率变化

当晶体施加电场后，因为晶体材料中束缚电荷的重新分布，将会引起晶体介电系数的变化，最终导致晶体折射率的变化，根据电光效应的折射率椭球分析法，当晶体加上电场后，其折射率椭球就发生“变形”，此时，折射率椭球方程可以改写为

$$\left(\frac{1}{n^2}\right)_1 x^2 + \left(\frac{1}{n^2}\right)_2 y^2 + \left(\frac{1}{n^2}\right)_3 z^2 + 2\left(\frac{1}{n^2}\right)_4 yz + 2\left(\frac{1}{n^2}\right)_5 xz + 2\left(\frac{1}{n^2}\right)_6 xy = 1 \tag{4.55}$$

比较式(4.55)和式(4.54)可知，由于外加电场的作用，折射率椭球各系数($1/n^2$)随之发生线性变化，其变化量可定义为

$$\Delta\left(\frac{1}{n^2}\right) = \sum_{j=1}^{3} \gamma_{ij} E_j \tag{4.56}$$

式中：γ_{ij}称为线性电光系数；i 取值1,2,…,6；j 取值1,2,3。式(4.56)可以用张量的矩阵形式表示

$$\begin{bmatrix} \Delta\left(\frac{1}{n^2}\right)_1 \\ \Delta\left(\frac{1}{n^2}\right)_2 \\ \Delta\left(\frac{1}{n^2}\right)_3 \\ \Delta\left(\frac{1}{n^2}\right)_4 \\ \Delta\left(\frac{1}{n^2}\right)_5 \\ \Delta\left(\frac{1}{n^2}\right)_6 \end{bmatrix} = \begin{pmatrix} r_{11} & r_{12} & r_{13} \\ r_{21} & r_{22} & r_{23} \\ r_{31} & r_{32} & r_{33} \\ r_{41} & r_{42} & r_{43} \\ r_{51} & r_{52} & r_{53} \\ r_{61} & r_{62} & r_{63} \end{pmatrix} \begin{bmatrix} E_x \\ E_y \\ E_z \end{bmatrix} \tag{4.57}$$

式中：E_x, E_y, E_z 是加载在电光晶体上的电场沿 x, y, z 方向的分量；具有 γ_{ij}元素的 6×3 矩阵称为电光张量，是表征感应极化强弱的量，每个元素的值由具体的晶体决定。

4.4.3　单轴晶体的电致折射率变化

磷酸二氢钾晶体（KDP，分子式 KH_2PO_4）是最常用的负单轴电光晶体，$n_x = n_y = n_o, n_z = n_e, n_o > n_e$，这里 n_o 为晶体对寻常光（o 光）的折射率，n_e 为晶体对非寻常光（e 光）的折射率，这类晶体的电光张量元素只有 $\gamma_{41}, \gamma_{52}, \gamma_{64} \neq 0$，而且 $\gamma_{41} = \gamma_{52}$，因此，式（4.57）可改写为

$$\begin{cases} \Delta\left(\frac{1}{n^2}\right)_1 = 0, & \Delta\left(\frac{1}{n^2}\right)_4 = r_{41}E_x \\ \Delta\left(\frac{1}{n^2}\right)_2 = 0, & \Delta\left(\frac{1}{n^2}\right)_5 = r_{52}E_y \\ \Delta\left(\frac{1}{n^2}\right)_3 = 0, & \Delta\left(\frac{1}{n^2}\right)_6 = r_{63}E_z \end{cases} \tag{4.58}$$

将式（4.58）代入式（4.59），即可以得到负单轴晶体加载外电场 E 后新的折射率椭球方程式

$$\frac{x^2}{n_o^2} + \frac{y^2}{n_o^2} + \frac{z^2}{n_e^2} + 2\gamma_{41}yzE_x + 2\gamma_{52}xzE_y + 2\gamma_{63}xyE_z = 1 \tag{4.59}$$

从式（4.59）可以看出，外加电场导致折射率椭球方程中交叉项的出现，这说明在加载了电场后，椭球的主轴不再与原来的 x, y, z 轴平行，因此，有必要找一个新的坐标系，使式（4.59）在新的坐标系中主轴化，这样才可能确定电场对光传播的影响。

为简便起见，令外加电场的方向平行于 z 轴，即 $E_z = E, E_x = E_y = 0$，于是式（4.59）可以简化为

$$\frac{x^2}{n_o^2} + \frac{x^2}{y_o^2} + \frac{z^2}{n_e^2} + 2r_{63}xyE_z = 1 \tag{4.60}$$

为了寻求一个新的、通常称为感应主轴的坐标系(x',y',z')，使得折射率椭球方程不含交叉项，可以将x坐标和y坐标绕z轴旋转α角得到感应主轴坐标系(x',y',z')，因此，从旧坐标系到新坐标系的变换关系为

$$\begin{cases} x = x'\cos\alpha - y'\sin\alpha \\ y = x'\sin\alpha - y'\cos\alpha \end{cases} \tag{4.61}$$

将式(4.61)中的x和y代入式(4.60)中，可得

$$\left(\frac{1}{n_0^2} + \gamma_{63}E_z\sin2\alpha\right)x'^2 + \left(\frac{1}{n_0^2} - \gamma_{63}E_z\sin2\alpha\right)y'^2 + \frac{1}{n_e^2}z'^2 + 2\gamma_{63}E_z\cos2\alpha x'y' = 1 \tag{4.62}$$

在式(4.62)中，令交叉项为零，即$\cos2\alpha = 0$，可得$\alpha = 45°$。

当$\alpha = 45°$时，式(4.62)变为

$$\left(\frac{1}{n_0^2} + \gamma_{63}E_z\right)x'^2 + \left(\frac{1}{n_0^2} - \gamma_{63}E_z\right)y'^2 + \frac{1}{n_e^2}z'^2 = 1 \tag{4.63}$$

式(4.63)所述即为KDP类负单轴晶体沿z轴加载电场后的折射率椭球方程，其新椭球的主轴的半轴长分别为$\frac{1}{n_{x'}^2} = \frac{1}{n_0^2} + \gamma_{63}E_z$，$\frac{1}{n_{y'}^2} = \frac{1}{n_0^2} - \gamma_{63}E_z$和$\frac{1}{n_{z'}^2} = \frac{1}{n_e^2}$，如图4-9所示。

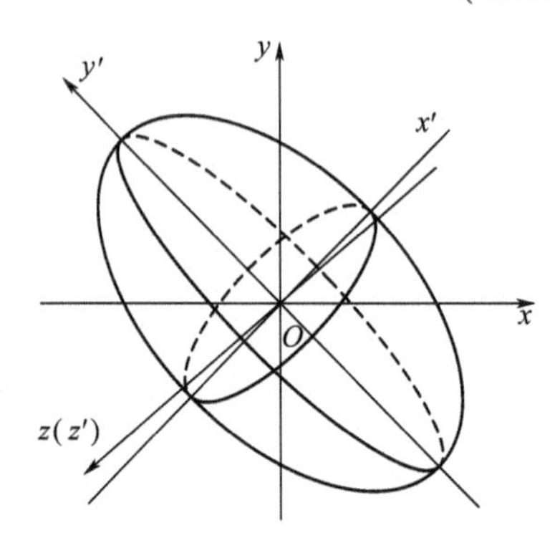

图4-9 加电场后折射率椭球的变化

因为γ_{63}的值很小，约为10^{-10}m/V，一般$\gamma_{63}E_z \ll \frac{1}{n_0^2}$，利用微分式$d\left(\frac{1}{n^2}\right) = -\frac{2}{n^3}dn$，可得KDP类负单轴晶体沿$z$轴加载电场后，主折射率的表达式：

$$\begin{cases} n_{x'} = n_o - \frac{1}{2}n_0^3\gamma_{63}E_z \\ n_{y'} = n_o + \frac{1}{2}n_0^3\gamma_{63}E_z \\ n_{z'} = n_e \end{cases} \tag{4.64}$$

可见，KDP晶体沿z轴加电场时，由单轴晶体变成了双轴晶体，折射率椭球的主轴绕z轴旋转了45°角，此转角与外加电场的大小无关，其折射率变化与电场成正比，这是利用电光效应实现光调制、调Q、锁模等技术的物理基础。

4.4.4 电光相位延迟

实际应用中，电光晶体总是沿着相对光轴的某些特殊方向切割而成的，而且外电场也是沿着某一主轴方向加到晶体上，常用的有两种方式：一种是电场方向与光束在晶体中的传播方向一致，由此所引发的电光效应称为纵向电光效应；另一种是电场与光束在晶体中的传播方向垂直，由此所引发的电光效应称为横向电光效应。

下面仍然以KDP类晶体为例，说明纵向电光效应和横向电光效应中的相位延迟。

1. γ_{63}晶体的纵向电光效应与相位延迟

如图4－10所示，沿晶体z轴加电场，光波沿z方向传播，此时晶体的切割方式称为z切割，晶体的双折射特性取决于椭球与垂直于z轴的平面相交所形成的椭圆。

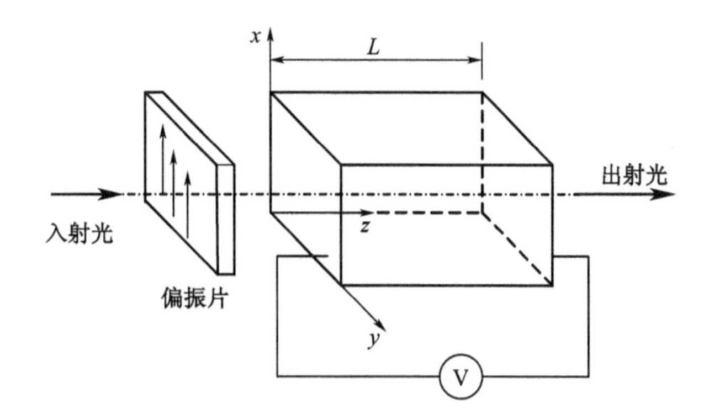

图4－10　纵向电光效应

令式(4.63)中$z'=0$，得到该椭圆的方程为

$$\left(\frac{1}{n_0^2}+\gamma_{63}E_z\right)x'^2+\left(\frac{1}{n_0^2}-\gamma_{63}E_z\right)y'^2=1 \tag{4.65}$$

该椭圆的长、短半轴分别与x'和y'重合，x'和y'也就是两个分量的偏振方向，相应的折射率为$n_{x'}$和$n_{y'}$，其大小可以根据式(4.64)计算。

当一束沿x方向偏振的线偏振光进入晶体($z=0$)后即分解为沿x'和y'方向的两个垂直偏振分量，从式(4.64)可以看出，这两个偏振分量在x'和y'方向上传输时的折射率不同，在x'方向传输时的折射率较在y'方向上传输时的折射率低，因此，沿x'方向振动的光传播速度较快，沿y'方向振动的光传播速度较慢，所以，当晶体沿z方向的尺寸为L时，两个垂直偏振分量经过晶体后，其光程分别为$n_{x'}L$和$n_{y'}L$，这样，两偏振分量的相位延迟分别为

$$\begin{cases}\varphi_{x'}=\dfrac{2\pi}{\lambda}n_{x'}L=\dfrac{2\pi L}{\lambda}\left(n_o-\dfrac{1}{2}n_0^3\gamma_{63}E_z\right)\\[2ex]\varphi_{y'}=\dfrac{2\pi}{\lambda}n_{y'}L=\dfrac{2\pi L}{\lambda}\left(n_o+\dfrac{1}{2}n_0^3\gamma_{63}E_z\right)\end{cases}$$

因此，当这两个光波沿z方向穿过长度为L的晶体后将产生一个相位差：

$$\Delta\varphi=\varphi_{x'}-\varphi_{y'}=\frac{2\pi}{\lambda}Ln_o^3\gamma_{63}E_z=\frac{2\pi}{\lambda}n_o^3\gamma_{63}V \tag{4.66}$$

这个相位延迟完全是由电光效应造成的双折射引起的，所以称为电光相位延迟。当电光晶体和传播的光波长确定后，相位差的变化仅取决于外加电压，即只要改变电压，就能使相位成比例地变化。

当光波的两个垂直分量$E_{x'}$，$E_{y'}$的光程差为半个波长（相应的相位差为π）时所需要加的电压，称为“半波电压”，通常以V_π或$V_{\lambda/2}$表示。由式(4.66)得

$$V_\pi=\frac{\lambda}{2n_o^3\gamma_{63}} \tag{4.67}$$

于是

$$\Delta\varphi = \pi\frac{V}{V_\pi} \tag{4.68}$$

半波电压是表征电光晶体性能的一个重要参数，这个电压越小越好，特别是在宽频带高频率情况下，半波电压越小，需要的调制功率就越小。

2. γ_{63}晶体的横向电光效应与相位延迟

如图4－11所示，当电场的施加方向沿z向，且与光的传播方向垂直时，起偏器的起偏方向与$z(z')$、x'（或y'，图中所示为x'）轴成45°角，此时晶体的切割方式为45°－z切割。

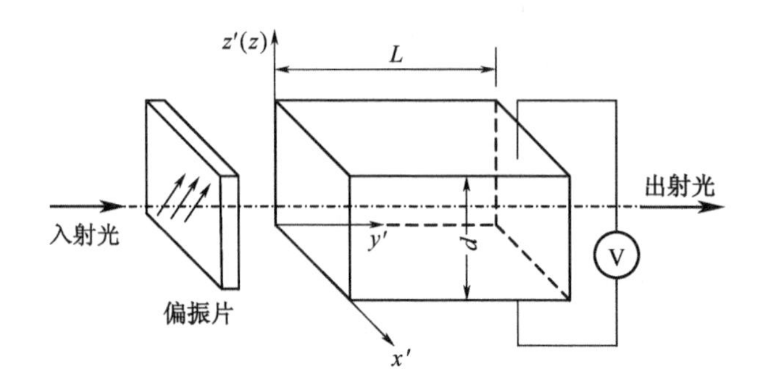

图4－11　γ_{63}晶体的横向电光效应

设光波垂直于$x'-z$平面入射，入射前，光辐射的电矢量$\boldsymbol{E}$与z轴成45°角，当入射光进入晶体（$y'=0$）后即沿感应主轴x'和z方向分解为两个垂直的等幅偏振分量，其相应的折射率分别为$n_{x'}=n_o+\frac{1}{2}n_0^3r_{63}E_z$和$n_z=n_e$。

因此，当光束在y'方向上的通光长度为L时，两偏振分量的相位延迟分别为

$$\begin{cases}\varphi_{x'} = \dfrac{2\pi}{\lambda}n_{x'}L = \dfrac{2\pi L}{\lambda}\left(n_o + \dfrac{1}{2}n_0^3\gamma_{63}E_z\right)\\ \varphi_{z'} = \varphi_z = \dfrac{2\pi}{\lambda}n_{z'}L = \dfrac{2\pi L}{\lambda}n_e\end{cases}$$

因此，当这两个光波沿y'方向穿过长度为L的晶体后将产生一个相位差：

$$\Delta\varphi = \frac{2\pi}{\lambda}\left[\left(n_o + \frac{1}{2}n_0^3\gamma_{63}E_z\right) - n_e\right]\cdot L = \frac{2\pi}{\lambda}(n_o - n_e)\cdot L + \frac{\pi}{\lambda}n_0^3\gamma_{63}\frac{VL}{d} \tag{4.69}$$

式中：d为晶体沿z方向的尺寸。从式(4.69)可见，在横向运用条件下，光波通过晶体后的相位差包括两项：第一项与外加电场无关，是晶体本身双折射引起的；第二项即为电光效应相位延迟。

KDP晶体的横向运用也可以采用沿x或y方向加电场，光束在与之垂直的方向传播，这里不再一一介绍。

比较KDP晶体的纵向运用和横向运用两种情况，可以得到如下两点结论：

（1）横向运用时，存在自然双折射产生的固有相位延迟，它们和外加电场无关。表明在没有外加电场时，入射光的两个偏振分量通过晶后其偏振面已转过了一个角度，这对光调制器等应用不利，应设法消除。

(2) 横向运用时,无论采用哪种方式,总的相位延迟不仅与所加电压成正比,而且与晶体的长宽比(L/d)有关。而纵向应用时相位差只和 $V=E_zL$ 有关。因此,增大 L 或减小 d 就可大大降低半波电压。

例如,在 z 向加电场的横向运用中,略去自然双折射的影响,求得半波电压为

$$V_\pi=\frac{\lambda}{2n_0^3\gamma_{63}}\left(\frac{L}{d}\right)\tag{4.70}$$

可见(L/d)越小,V_π 就越小,这是横向运用的优点。

4.5　光波在声光晶体中的传播

声波是一种弹性波,在介质中传播时,使介质产生相应的弹性形变,从而激起介质中各质点沿声波传播方向振动,引起介质的密度呈疏密相间的交替分布,因此,介质的折射率也随着发生相应的周期性变化。因此,在超声场作用下的介质,就如同一个光学"相位光栅",光栅常数等于声波长 λ_s。当光波通过此介质时,会产生光的衍射。衍射光的强度、频率、方向等都随着超声场的变化而变化。

4.5.1　声波在声光介质中传播时的两种形式

声波在介质中传播可以分为行波和驻波两种形式。光学"相位光栅"的瞬时情况可以用图 4-12 表示。

由于声速仅为光速的数十万分之一,所以对光波来说,运动的"声光栅"可以看作是静止的。设声波的角频率为 ω_s,波矢为 k_s,则沿 x 方向传播的声波方程为

$$a(x,t)=A\sin(\omega_st-k_sx)\tag{4.71}$$

式中:a 为介质质点的瞬时位移;A 为质点位移的振幅。可以近似认为,介质折射率的变化正比于介质质点沿 x 方向位移的变化率,即

$$\Delta n(x,t)=\Delta n\cos(\omega_st-k_sx)\tag{4.72}$$

式中

$$\Delta n=-k_sA$$

则声波为行波时的介质折射率为

$$n(x,t)=n_0+\Delta n\cos(\omega_st-k_sx)=n_0-\frac{1}{2}n_0^3PS\cos(\omega_st-k_sx)\tag{4.73}$$

式中:S 为超声波引起介质产生的应变;P 为材料的弹光系数。

超声驻波在一个周期内,介质两次出现疏密层,且在波节处密度保持不变,因而折射率每隔半个周期就在波腹处变化一次,由极大(或极小)变为极小(或极大)。在两次变化的某一瞬间,介质各部分的折射率相同,相当于一个没有声场作用的均匀介质。超声驻波的形式如图 4-13所示,由其所形成的折射率变化为

$$\Delta n(x,t)=2\Delta n\sin\omega_st\sin k_sx\tag{4.74}$$

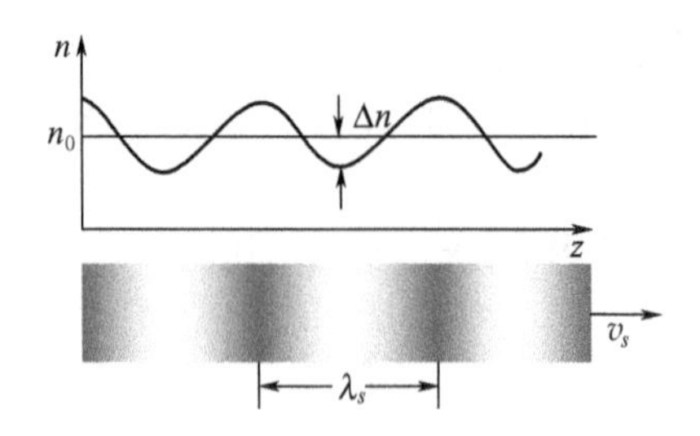

图4-12 超声行波在介质中的传播

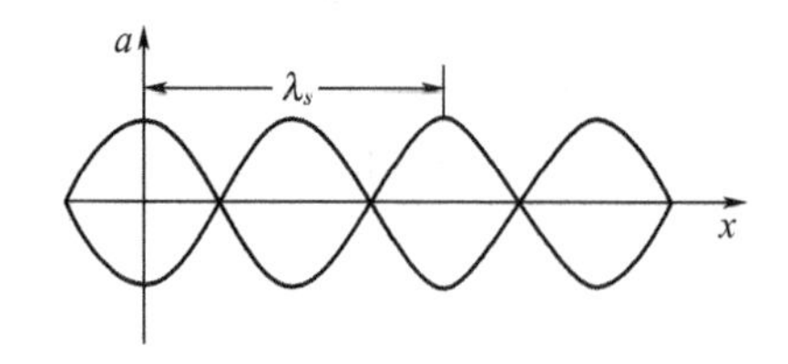

图4-13 超声驻波

若超声频率为f_s，那么光栅出现和消失的次数为$2f_s$，因而光波通过该介质后所得到的调制光的调制频率将为声频率的两倍。

按照声波频率的高低以及声波和光波作用长度的不同，声光相互作用可以分为拉曼—纳斯衍射和布喇格衍射两种类型。

4.5.2 拉曼—纳斯衍射

1. 拉曼—纳斯衍射的条件

当超声波频率较低，光波平行于声波面入射，声光相互作用长度L较短时，在光波通过介质的时间内，折射率的变化可以忽略不计，这种情况下，声光介质可近似看作相对静止的"平面相位光栅"，这种情况下的衍射称为拉曼—纳斯衍射。

在拉曼—纳斯衍射条件下，因为声波的波长λ_s比光波的波长λ大得多，当光波平行通过介质时，几乎不通过声波面，因此只受到相位调制，即通过光密部分的光波波阵面将延迟，而通过光疏部分的光波波阵面将超前，于是通过声光介质的平面波波阵面出现凸凹现象，变成一个折皱曲面，如图4-14所示。

由出射波阵面上各子波源发出的次波将发生相干作用，形成与入射方向对称分布的多级衍射光，这就是拉曼—纳斯衍射的特点。

2. 拉曼—纳斯衍射的光强分布

如图4-15所示，假设光波垂直入射宽度为L的声波柱，介质的弹性应变场为$s_1 = s_0\sin(\omega_s t - k_s x)$，根据式(4.73)，有

$$n(x,t) = n_0 + \Delta n\sin(\omega_s t - k_s x) \tag{4.75}$$

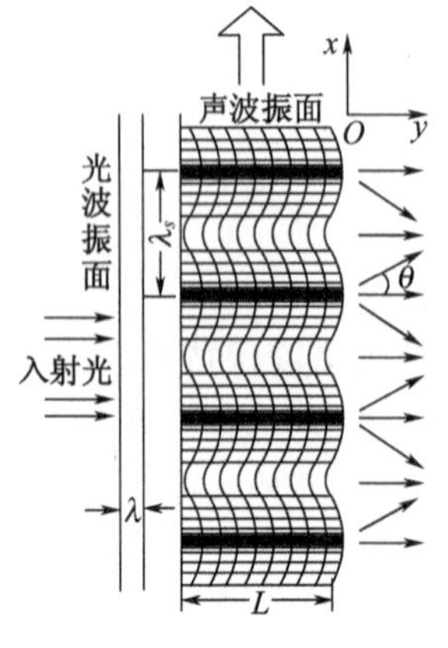

图4-14 拉曼—纳斯衍射

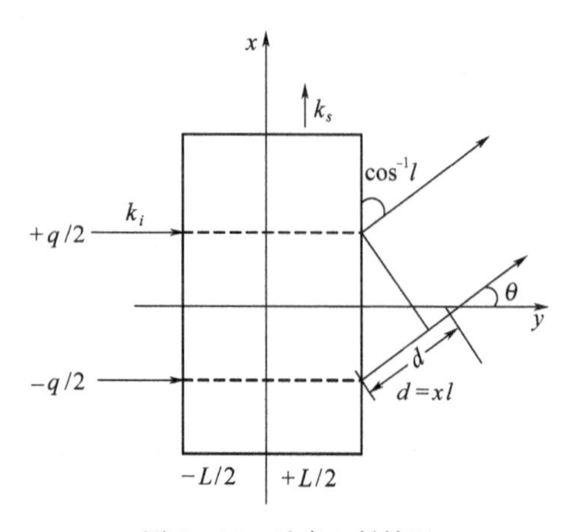

图4-15 垂直入射情况

略去对时间的依赖关系，这样沿 x 方向的折射率分布可以简化为

$$n(x) = n_0 + \Delta n \sin k_s x \tag{4.76}$$

式中：n_0 为平均折射率；Δn 为声致折射率变化。由于介质折射率发生了周期性变化，所以会对入射光波的相位进行调制。平面光波垂直入射时，出射光波不再是单色平面波，而是一个相位被调制了的光波，其等相面是由函数 $n(x)$ 决定的折皱曲面，其光场可以写成

$$E_{out} = A\exp\{i[\omega(t - n(x)L/c)]\} \tag{4.77}$$

该出射波阵面被分裂为若干个子波源，则在声场外一点 P 处，总的衍射光强是所有子波源贡献的和，即由下式积分所决定

$$E_p = \int_{-q/2}^{+q/2} \exp\{ik_i[lx + L\Delta n\sin(k_s x)]\}\,dx \tag{4.78}$$

式中：$l = \sin\theta$，表示衍射方向的正弦；q 为入射光束宽度，完成积分可得声场外 P 点处总的衍射光强是所有子波源贡献的和为

$$\begin{aligned} E_p =& q\sum_{r=0}^{\infty} J_{2r}(\nu)\left[\frac{\sin(lk_i + 2rk_s)q/2}{(lk_i + 2rk_s)q/2} + \frac{\sin(lk_i - 2rk_s)q/2}{(lk_i - 2rk_s)q/2}\right] + \\ & q\sum_{r=0}^{\infty} J_{2r+1}(\nu)\left\{\frac{\sin[lk_i + (2r+1)k_s]q/2}{[lk_i + (2r+1)k_s]q/2} - \frac{\sin[lk_i - (2r+1)k_s]q/2}{[lk_i - (2r+1)k_s]q/2}\right\} \end{aligned} \tag{4.79}$$

式中：$J_r(\nu)$ 是 r 阶贝塞尔函数；$l = \sin\theta$；$\nu = (\Delta n)k_i L$；k_i 为入射光波数。

衍射光场强度各项取极大值的条件为

$$k_i\sin\theta \pm mk_s = 0 \quad (m = 整数 > 0) \tag{4.80}$$

各级衍射的方位角为

$$\sin\theta_m = \pm m\frac{k_s}{k_i} = \pm m\frac{\lambda}{\lambda_s} \quad (m = 0, \pm 1, \pm 2, \cdots) \tag{4.81}$$

各级衍射光的强度为

$$I_m \propto J_m^2(\nu), \quad \nu = (\Delta n)k_i L = \frac{2\pi}{\lambda}\Delta n L \tag{4.82}$$

综合上述分析，拉曼—纳斯声光衍射的结果使光波在远场分成一组衍射光，它们分别对应于确定的衍射角 θ_m（即传播方向）和衍射强度，衍射光强由式(4.82)决定，这是一组离散型衍射光。

由于 $J_m^2(\nu) = J_{-m}^2(\nu)$，故各级衍射光对称地分布在零级衍射光两侧，且同级次衍射光的强度相等，这是拉曼—纳斯衍射的主要特征。

由于 $J_0^2(\nu) = 2\sum_{1}^{\infty} J_m^2(\nu) = 1$，表明无吸收时衍射光各级极值光强之和应等于入射光强，即光功率是守恒的。

以上分析略去了时间因素，采用比较简单的处理方法得到了拉曼—纳斯衍射声光作用的物理图像。实际上，由于光波与声波场的作用，各级衍射光波将产生多普勒频移，根据能量守恒原理，应有

$$\omega = \omega_i \pm m\omega_s \tag{4.83}$$

而且，各级衍射光强将受到角频率为 $2\omega_s$ 的调制。但由于超声波频率为 10^9 Hz，而光波频率则高达 10^{14} 量级，因此，频移的影响可以忽略不计。

以上推导是在理想的面光栅条件下进行的，考虑到声束的宽度，则当光波传播方向上声束的宽度 L 满足条件 $L<L_0\approx\frac{n\lambda_s^2}{4\lambda_0}$，才会产生多级衍射，否则从多级衍射过渡到单级衍射。

4.5.3 布喇格衍射

1. 布喇格衍射的条件

当声波频率较高，声光作用长度 L 较大，光束与声波波面间以一定的角度斜入射，光波在介质中需要穿过多个声波面，这时，介质就具有“体光栅”的性质。当入射光与声波面间的夹角满足一定条件时，介质内各级衍射光会相互干涉，各高级次衍射光将互相抵消，只出现 0 级和 +1 级（或 -1 级）衍射光，这是布喇格衍射的特点，如图4-16所示。

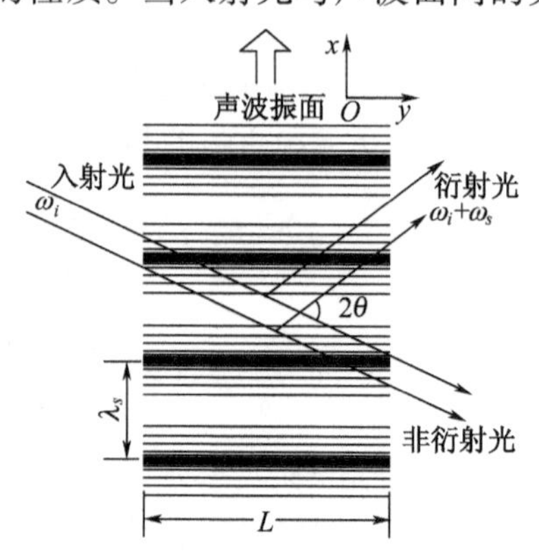

图 4-16 布喇格声光衍射

若能合理选择参数，并使超声场足够强，可使入射光能量几乎全部转移到 +1 级（或 -1 级）衍射极值上，从而使光束能量得到充分利用，所以，利用布喇格衍射效应制成的声光器件可以获得较高的效率。

2. 布喇格声波方程

在布喇格衍射中，可以把声波通过的介质近似看做许多相距为 λ_s 的部分反射、部分透射的镜面。对于行波超声场，这些镜面将以声速 v_s 沿 x 方向移动，同样因为光速远远高于声速，所以在某一瞬间，超声场仍然可以近似看成是静止的，因而对衍射光的强度分布没有影响。但是，对驻波超声场而言，情况则完全不同，这是因为驻波超声场在声光晶体（或声光介质）中是不动的，如图 4-17 所示，当平面波光线 1 和光线 2 以角度 θ_i 入射至驻波声波场，在 B、C、E 各点处部分反射，产生衍射光 1′，2′，3′，各衍射光相干增强的条件是它们之间的光程差应为波长的整数倍，或者说它们必须同相位。

如图 4-17(a)所示为同一镜面上的衍射情况，入射光 1 和 2 在 B 点和 C 点反射的 1′和 2′同相位的条件，必须是光程差 $AC-BD$ 等于光波波长的整数倍，即

$$x(\cos\theta_i-\cos\theta_d)=m\frac{\lambda}{n}\quad(m=0,\pm1)\tag{4.84}$$

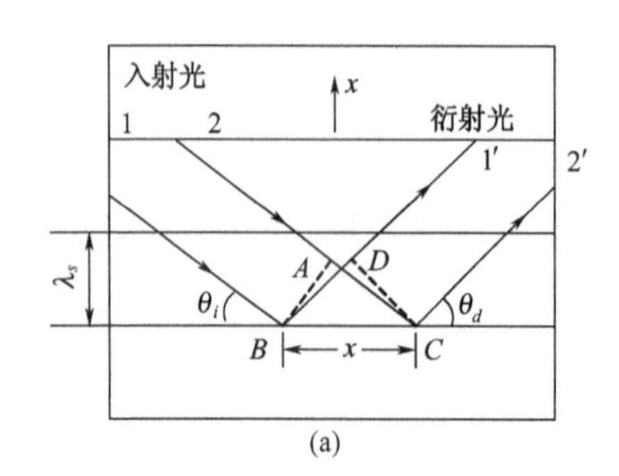

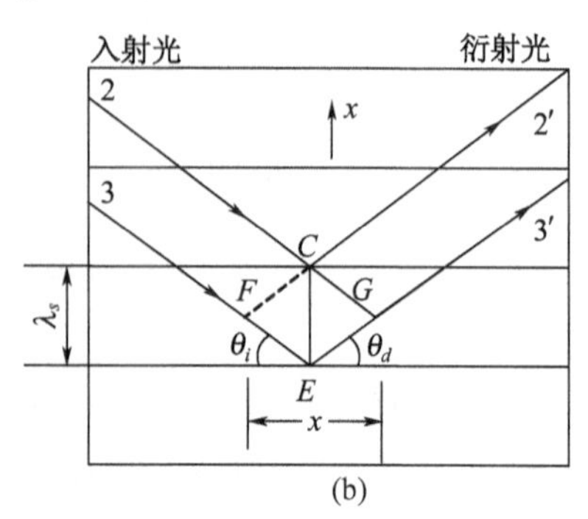

图 4-17 产生布喇格衍射条件的模型

(a) 同一镜面上的衍射；(b) 相距为 λ_s 的两个不同镜面上的衍射。

要使声波面上所有点同时满足这一条件，只有使

$$\theta_i = \theta_d \tag{4.85}$$

即入射角等于衍射角时才能实现。对于相距 λ_s 的两个不同镜面上的衍射情况，如图4－17(b)所示，由 C 点和 E 点反射的 $2'$ 和 $3'$ 光束具有同相位的条件，其光程差 $FE + EG$ 必须等于光波波长的整数倍

$$\lambda_s(\sin\theta_i + \sin\theta_d) = m\frac{\lambda}{n} \quad (m = 0, \pm 1) \tag{4.86}$$

考虑到 $\theta_i = \theta_d$，所以

$$\sin\theta_B = \frac{\lambda}{2n\lambda_s} = \frac{\lambda}{2nv_s}f_s \tag{4.87}$$

式中：$\theta_i = \theta_d = \theta_B$，$\theta_B$ 称为布喇格角。可见，只有入射角 θ_i 等于布喇格角 θ_B 时，在声波面上衍射的光波才具有同相位，满足相干加强的条件，得到衍射极值，式(4.87)称为布喇格方程。

3. 影响布喇格衍射光强度的因素分析

当入射光强为 I_i 时，布喇格声光衍射的0级和1级衍射光强的表达式可分别写成

$$\begin{cases} I_0 = I_i\cos^2\left(\dfrac{\phi}{2}\right) \\ I_1 = I_i\sin^2\left(\dfrac{\phi}{2}\right) \end{cases} \tag{4.88}$$

式中：ϕ 是光波穿过长度为 L 的超声场所产生的附加相位延迟，可以用声致折射率的变化 Δn 来表示，即 $\phi = \dfrac{2\pi}{\lambda}\Delta nL$。这样有

$$\frac{I_1}{I_i} = \sin^2\left[\frac{1}{2}\left(\frac{2\pi}{\lambda}\Delta n\right)L\right] \tag{4.89}$$

假设介质是各向同性的，由晶体光学可知，当光波和声波沿某些对称方向传播时，Δn 由介质的弹光系数 P 和介质在声场作用下的弹性应变幅值 S 决定，即

$$\Delta N = -\frac{1}{2}n^3PS \tag{4.90}$$

式中：S 与超声驱动功率 P_s 有关，而超声功率 P_s 与换能器的面积 HL（H，L 分别为超声换能器的宽度和长度）、声速 v_s 及能量密度 $\frac{1}{2}\rho v_s^2S^2$（ρ 是介质密度）有关，即

$$P_s = (HL)v_s\left(\frac{1}{2}\rho v_s^2S^2\right) = \frac{1}{2}\rho v_s^3S^2HL$$

因此

$$S = \sqrt{\frac{2P_s}{HL\rho v_s^3}}$$

于是

$$\Delta n = -\frac{1}{2}n^3P\sqrt{\frac{2P_s}{HL\rho v_s^3}} = -\frac{1}{2}n^3P\sqrt{\frac{2I_s}{\rho v_s^3}} \tag{4.91}$$

式中：$I_s = \frac{P_s}{HL}$，为超声强度。

定义 η_s 为衍射效率，则将式(4.91)代入式(4.89)，即可以求得衍射效率 η_s 的表达式

$$\eta_s = \frac{I_1}{I_i} = \sin^2\left[\frac{\pi L}{\sqrt{2}\lambda}\sqrt{\frac{L}{H}M_2 P_s}\right] \tag{4.92}$$

式中：$M_2 = n^6 P^2/\rho\nu_s^3$，是声光介质的物理参数组合，是由介质本身性质决定的量，称为声光材料的品质因数(或声光优质指标)，它是选择声光介质的主要指标之一；P_s 为超声功率；H 为换能器的宽度；L 为换能器的长度。

可见：

(1) 若在超声功率 P_s 一定的情况下，要使衍射光强尽量大，则要求选择 M_2 大的材料，并要把换能器做成长而窄(即 L 大，H 小)的形式。

(2) 当超声功率 P_s 足够大，使$\left[\frac{\pi L}{\sqrt{2}\lambda}\sqrt{\frac{L}{H}M_2 P_s}\right]$达到$\pi/2$ 时，$I_1/I_i = 100\%$。

(3) 当改变超声功率 P_s 时，I_1/I_i 也随之改变，因而通过控制超声驱动功率 P_s(即控制加在电声换能器上的电功率)就可以达到控制衍射光强的目的，实现声光调制。

4.6 光辐射在磁光介质中的传播

4.6.1 磁光效应

一般而言，磁光效应是指强磁场对光和物质相互作用的影响。光与物质的相互作用主要表现在物质对光辐射传输的影响上，例如光的折射和反射等，这是通过物质的若干电磁特性(如磁导率和介电常数)而影响光的传输特性的。在强磁场的作用下，物质的上述电磁特性会发生变化，因而使光的传输特性改变，这样就产生了磁光效应。

从广义上说，光波仅是从低频、射频到 X 射线、γ 射线的电磁波谱中的一部分；而任何物质都具有或强或弱的磁性，所以广义的磁光效应是范围广阔的光与物质相互作用现象。

磁光效应一般包括以下五种现象：

1. 法拉第效应

法拉第效应(Faraday Effect)是法拉第在 1845 年首先发现的，是指平面偏振光通过沿光传输方向磁化的介质时，偏振面产生旋转的现象。这种旋转的方向仅与介质的磁化强度或磁场方向有关，而与光的传输方向无关。换句话说，如果把磁场作用在晶体上，晶体就会显示出光学活性，这种性质就叫法拉第磁光效应。

2. 克尔效应

克尔效应是 1876 年，克尔发现当线偏振光入射到磁化媒质表面反射时，偏振面会发生旋转的现象，克尔效应涉及铁磁物质被磁化时其反射表面光学性质的变化。

当线偏振光从具有磁化 $\boldsymbol{M}$ 的磁性材料表面反射时，反射光的偏振面随磁化方向不同而发生旋转，成为椭圆偏振光，反射光偏振面的旋转角 θ_k 叫克尔旋转角，θ_k 与入射面内的磁化分量成正比：

$$\theta_k = K(\boldsymbol{M} \times \boldsymbol{i}) \tag{4.93}$$

式中：$\boldsymbol{i}$ 是平行于磁性材料的表面，同时平行于入射面的单位矢量；K 是物质的克尔旋转系数（是温度、光波的函数）；θ_k 是克尔旋转角，它的方向决定于磁化方向。

根据入射光和磁化方向的不同，如图4－18所示，克尔效应又可以分为极向效应、纵向效应和横向效应。

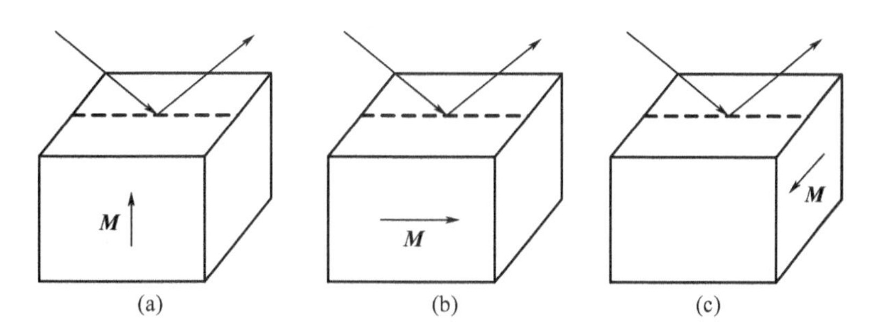

图4－18　克尔效应示意图

（a）极向克尔效应；（b）纵向克尔效应；（c）横向克尔效应。

极向克尔效应，如图4－18（a）所示，磁化方向垂直于反射介质表面。适用在垂直于膜面方向上发生磁化的磁性材料和单晶磁畴结构的研究。

纵向克尔效应，如图4－18（b）所示，磁化方向平行于反射介质的表面和光的入射面。这种效应适用于磁化方向在膜面内的面内磁化膜，主要用来研究金属磁性膜的磁化过程。利用纵向克尔效应也能观察磁畴和磁化特性的测定。

横向克尔效应，如图4－18（c）所示，磁化方向平行于反射介质表面，但垂直于光的入射面，垂直于入射面的磁化不会产生克尔效应。磁性材料的克尔效应可以利用纵向克尔效应和极向克尔效应。

3. Voigt 效应

Voigt 效应是1893年发现的，也称为抗磁介质的磁致双折射效应。在吸收谱呈现塞曼效应的磁场中，垂直和平行于磁力线的偏振光的折射率分别为 n_s 和 n_p，且彼此不同。观测横向磁致双折射的结果发现与（$n_s - n_p$）有关。与法拉第效应相反，磁致双折射的一级效应应是抵消的。所以 Voigt 效应只能在锐的吸收谱线附近才能观测到，也就是说，在原子蒸气中，在靠近原子的共振频率的地方和某些晶体（如稀土盐类）中，才能观测到磁场引起的双折射。就稀土盐来说，在很低的温度下，也可能观测到线性 Voigt 效应。又因位相差公式中含有振子强度 f，所以可用 Voigt 效应来测量这个重要的量。其位相差公式是：

$$\delta = \frac{2\pi l}{\lambda}(n_p - n_s) = \frac{\mathrm{e}^4 f l}{32\pi^2 c^3 n_0 (\nu - \nu_0)^3} N H^2 \tag{4.94}$$

式中：ν_0 是吸收谱线的频率；ν 是透过光的频率；e 是电子电荷；l 是光通过物质的路程长度；c 是光速；n_0 是没有磁场时的折射率；N 是单位体积内的吸收原子数；H 是磁场强度；f 是振子强度，它是吸收强度的量度。

4. 塞曼（Zeeman）效应

1896年，塞曼利用精密的分光镜把发光光源放入均匀的磁场时，观察到光谱线（能级）分裂的现象，即原来的一条谱线在加上磁场后会分裂成数条，其分裂的程度与磁场强度成正比；且未分裂前，光谱线没有偏振化的情形，但分裂的谱线却有偏振性，后人将这种现象称为塞曼效应。

最简单的是所谓正常塞曼效应(Normal Zeeman Effect),在量子力学中,当 $S=0$ 时,从面对着磁场的方向看去,即观测方向平行于磁场时,称为纵向塞曼效应,如图 4-19(a)所示,这时原来的一条谱线会分成两条,与原来的位置对称,且为圆偏振光,频率较大的是右旋圆偏振光,频率较小的是左旋圆偏振光。但是,若从垂直磁场的方向看去,即当观测的方向垂直于磁场时称为横向塞曼效应,如图 4-19(b)所示,这时谱线会分成三条,中间的一条和原来的频率一样,但却是线偏振,偏振的方向与磁场平行;另外两条侧线的频率与面对磁场方向观测时所看到的两条谱线的频率一样,不过其线偏振方向却与磁场方向垂直。这两条侧线与中央的一条线的距离 $\Delta\nu$(以频率为单位)为

$$\Delta\nu = \frac{e}{4\pi mc}H \quad \mathrm{s}^{-1} \tag{4.95}$$

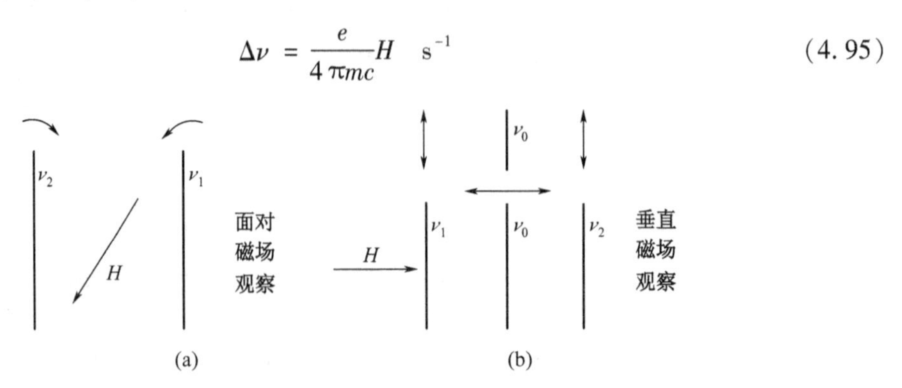

图 4-19 塞曼效应结果示意图

(a) 纵向赛曼效应;(b) 横向赛曼效应。

中央一条线的光谱频率若为 ν_0,那么其他两条侧线的光谱频率就各为 $\nu_0+\Delta\nu$ 和 $\nu_0-\Delta\nu$。然而一般的塞曼效应并不像上述般的简单,经常出现诸如分裂间隔并非如式(4.95)所示的表达形式及谱线分裂的线数更多的情况,这时称此种效应为异常塞曼效应(Anamalous Zeeman Effect)。因此可以概括说,塞曼效应是指置于外磁场中的原子所发射的谱线频率有所改变的现象。

5. Conton - Mouton 效应

Conton - Mouton 效应是 1907 年发现的。这种效应是磁化介质的磁双折射现象,即光通过置于横向磁场中的液体时所发生的双折射,是类似于克尔电光效应的一种在液体中可观察到的磁光效应,能够在复杂的分子结构的液体中观察到,它同塞曼效应无关。当不加外界磁场时各分子的排列杂乱无章,使得介质在宏观上表现为各向同性。如果把强磁场作用到透明的液体介质上,分子磁矩受到了力的作用,液体分子会在磁场的感应下形成一定规则的排列,分子有了一定的取向,若分子本身是光学上各向异性的,液体也该是各向异性的。因而像单轴晶体那样显示出双折射性质。也就是说,当光沿着垂直于磁场的方向通过液体时,就分解为两束线偏振光,一束线偏振光的光矢量平行于磁场,另一束线偏振光的光矢量垂直于磁场,两束线偏振光的折射率之差正比于磁场强度的平方:

$$n_e - n_o = K'H^2 \tag{4.96}$$

式中:H 为磁场强度;K' 为磁介质本身性质及所用光波波长所决定的常数。

Conton - Mouton 效应主要是在硝基苯和芳香族等有机液体中观测到,在脂肪族化合物中这种效应要小得多。Conton - Mouton 效应的相位差为

$$\delta = \lambda C_m L H^2 \tag{4.97}$$

式中：L 是光通过物质的路程长度；$C_m = \frac{K'}{\lambda}$，称为 Conton – Mouton 常数。1977 年，法国汤姆逊公司利用法拉第与 Conton – Mouton 效应的联系，首次制成光波导隔离器。

表 4 – 4 所示是对以上五种磁光效应的归纳。

表 4 – 4　磁光效应一览表

磁光效应与发现年代	光束与磁场的关系	研究对象	产生的现象	有何关系	表达的公式
法拉第效应 1845 年	光束平行于磁场	透明固体介质	透过光的偏振面发生旋转	与磁场方向有关，与光传播方向无关	$\theta_F = V_D LB$
克尔效应 1876 年	按入射光和磁化方向分为：极向效应、纵向效应、横向效应	反射膜面介质	反射光偏振面发生旋转	磁化方向与反射介质表面和光的入射面有关	$\theta_k = K(M \times i)$
塞曼效应 1896 年	观测方向平行于磁场时有纵向塞曼效应；观测方向垂直于磁场时为横向塞曼效应	发光源	光谱线发生分裂	大多数磁光现象的解释是以塞曼效应为基础的	$\Delta\nu = \frac{e}{4\pi mc}H$
Voigt 效应 1896 年	光束垂直于磁场	原子蒸气、稀土盐类	发生抗磁介质的磁致双折射	与塞曼效应有关	$\delta = \frac{2\pi l}{\lambda}(n_p - n_s) = \frac{e^4 f l}{32\pi^2 c^3 n_0 (\nu - \nu_0)^3} NH^2$
Conton – Mouton 效应 1907 年	光束垂直于磁场	透明液体介质及有机溶液	发生磁化介质的磁致双折射	与塞曼效应无关	$n_e - n_o = K'H^2$ $\delta = \lambda C_m LH^2$

总之，磁光效应这种物理现象，可以用来研究材料的磁光性质和机理；可以对磁化状态进行无接触、无损坏的高速测量，特别是把外部信息（磁场、光强、温度、压力）变成磁性材料的磁化状态，从而引出了用磁光效应进行计量的新技术；利用磁光效应可以研究磁畴的性质和结构进而控制磁畴，出现了所谓磁畴控制的研究；利用磁光效应还可以研究临界现象和磁相转变以及相应的各种磁光器件。

4.6.2　磁光效应的一般原理

前面提到，磁光效应是通过外加磁场（或内部磁化强度）使物质的磁导率或（和）介电常数改变，从而影响光（电磁波）的传输特性。要描述磁光效应的基本原理和物理过程，可以应用唯象（宏观）理论或原子（微观）理论。前者发展较早，应用磁场引起物质旋性的各向异性（旋磁性和旋电性），较为直观地说明了各种磁光现象；后者发展较晚，应用磁场引起物质微观能谱的变化，磁偶极矩或电（偶极）矩的跃迁等更为彻底地解释了各种磁光现象的微观机制。

现在，先以电子在磁场 $\boldsymbol{H}$（设在 z 方向）中的运动的最简单情况为例，用唯象理论来说明旋电性和法拉第等磁光效应的产生。设电荷为 e、静止质量为 m 的自由电子受电场 $\boldsymbol{E}$ 的作用以

速度 $\boldsymbol{v}$ 在垂直于磁场 $\boldsymbol{H}$ 的平面中运动，假设电子运动时的弛豫时间为 τ（表达运动时的损耗），这种情况下电子的运动方程为

$$m\frac{d\boldsymbol{v}}{dt} = -e\left(\boldsymbol{E} + \frac{\boldsymbol{v}\times\boldsymbol{H}}{c} - \frac{m\boldsymbol{v}}{\tau}\right) \tag{4.98}$$

式中：c 为光速。当略去损耗（即 $\tau\to\infty$）时，可以求得电流密度 $\boldsymbol{j}=ne\boldsymbol{v}$（$n$ 为电子密度）和电位移 $\boldsymbol{D}$ 与电场强度 $\boldsymbol{E}$ 之间的关系为

$$\boldsymbol{j} = \hat{\sigma}\boldsymbol{E} \tag{4.99}$$

$$\boldsymbol{D} = \hat{\varepsilon}\boldsymbol{E} \tag{4.100}$$

式(4.99)和式(4.100)中：$\hat{\sigma}$ 和 $\hat{\varepsilon}$ 分别为电导率张量和介电常数张量。在角频率为 ω 的交变电场情况下，$\boldsymbol{j}$ 和 $\frac{\partial \boldsymbol{D}}{\partial t}$（位移电流）均与电场强度 $\boldsymbol{E}$ 成比例，但在相位上相差 90°，故一般有以下关系：

$$\hat{\sigma} = \mathrm{i}\omega\hat{\varepsilon} \tag{4.101}$$

式(4.101)中，i 为虚数，$\mathrm{i}^2=-1$。

当介电常数张量 $\hat{\varepsilon}$ 在线性近似和不考虑损耗（即 $\tau\to\infty$）的简单情形下，可以求得式(4.98)的一级解，即

$$\hat{\varepsilon} = \begin{bmatrix} \varepsilon & -\mathrm{i}\varepsilon_a & 0 \\ \mathrm{i}\varepsilon_a & \varepsilon & 0 \\ 0 & 0 & \varepsilon_z \end{bmatrix} \tag{4.102}$$

其中

$$\begin{cases} \varepsilon = \dfrac{\omega_p^2}{\omega_e^2-\omega^2}, \quad \varepsilon_a = -\dfrac{\omega_p^2\dfrac{\omega_e}{\omega}}{\omega_e^2-\omega^2}, \quad \varepsilon_z = -\dfrac{\omega_p^2}{\omega^2} \\ \omega_e = \dfrac{eH}{mc} = \left(\dfrac{ge}{mc}\right)H = \gamma_e H, \quad \omega_p = \left(\dfrac{4\pi he^2}{m}\right)^{\frac{1}{2}} \end{cases} \tag{4.103}$$

ω_e 称为回旋（或抗磁）共振（角）频率，ω_p 称为等离子体（角）频率。对于晶体而言，需要用载流子的有效质量 m^* 代替 m，并对有贡献的所有载流子进行统计求和，在考虑损耗的情况下，介质常数张量的各分量均变为复数，即

$$\varepsilon = \varepsilon' - \mathrm{i}\varepsilon'', \quad \varepsilon_a = \varepsilon_a' - i\varepsilon_a'', \quad \varepsilon_z = \varepsilon_z' - i\varepsilon_z'' \tag{4.104}$$

图 4-20 给出了相对功率(p/p_0)情况下，回旋共振的吸收与 ω_e/ω 和 $\omega\tau$ 的关系。这种电子（广义为载流子）在磁场作用下的运动状态呈各向异性，也就是使介电常数电导率变为张量的性质，称为旋电性。不过，一般在光频范围内，磁介质的磁光效应（例如铁磁共振、反铁磁共振、顺磁共振、核磁共振等）是由磁矩引起的，故用磁导率张量处理，但在半导体等材料中的磁光效应（例如回旋共振），仍然要用介电常数或电导率张量。

从以上分析可知，原来是各向同性的物质在磁场作用下使载流子（或电偶极矩）的运动变为各向异性，进而使介质的介电常数（或电导率）成为张量，将这种现象称为旋电性；如果使磁

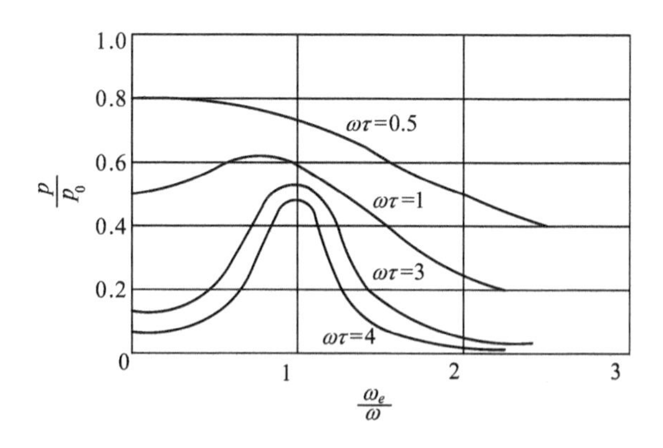

图4－20　相对功率情况下回旋共振吸收与 ω_e/ω 和 $\omega\tau$ 的关系

矩的运动变为各向异性，也就是使磁导率成为张量，则将这种现象称为旋磁性；如果介电常数和磁导率同时成为张量，则称为双旋（或旋电—旋磁）性。旋电性或旋磁性都是产生磁光效应的根本原因。

从1845年发现法拉第效应起，直到现在，在前面所述的五种磁光效应中，人们研究最多、应用最广的是法拉第磁光效应，因此，下面以法拉第效应为例，讨论光束在磁光介质中传播的基本规律，但仅限于介绍法拉第旋转效应对传播光束的影响。

4.6.3　法拉第旋转效应

法拉第磁光效应是发现最早、研究最多，也是最容易观察的磁光效应。1845年英国物理学家法拉第首先发现某些平时对光效应不活泼的物质（包括固体、液体甚至气体），在强磁场的作用下，都会显示出旋光性，即能使偏振光的振动面发生旋转。其旋转量当磁场与光束平行时显得特别明显，而当磁场与光束垂直时则无旋转现象。这种使光矢量发生旋转的现象叫做磁致旋转效应或称法拉第磁光效应。

这个现象的发现曾引起学者们的极大兴趣，它的发现在物理学史上有着特别重要的意义。它是人类发现光学过程和电磁过程之间有内在关联的第一个现象，也是光与磁介质有密切关系的最早证据，也是后来麦克斯韦所创造的光的电磁理论的有力证明。法拉第本人也曾预言这一现象的出现将会带来更丰富的知识。

法拉第磁光效应可用图4－21的装置进行观察。在通电螺线管（电磁铁）中放置一个待研究的物体K，把起偏器 P_1 和检偏器 P_2 放在通电螺线管的的两侧，当通电螺线管中通入直流电时，电磁铁将有磁场作用在物体上，这时在探测器位置处可观察到偏振光振动面的旋转，这个现象就称为法拉第磁光旋转。

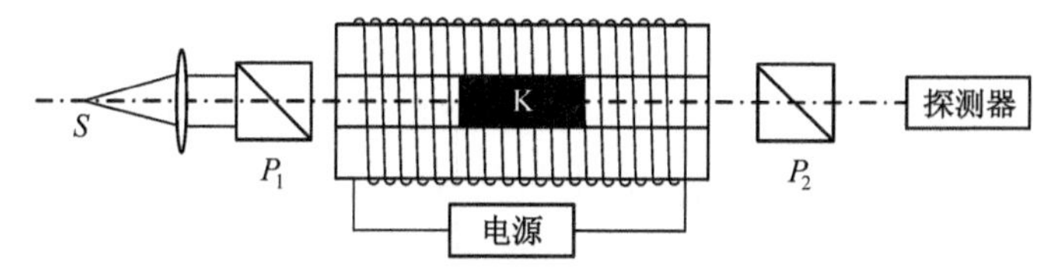

图4－21　观察法拉第效应的实验示意图

对于每一种给定物质，磁致旋转的方向仅由磁场方向决定，和光线的传播方向无关，这是磁致旋光和天然旋光现象不同的地方，即与旋光物质的旋光性不同。旋光物质的旋光方向与光的传播方向有关。也就是说，假如随着顺光线方向和逆光线方向观察，在天然旋光现象中，光的旋转方向是相反的,平面偏振光若两次通过天然旋光物质,一次沿某一方向,另一次沿其相反方向,结果振动面并不旋转。但是,当平面偏振光沿相反的方向两次通过磁致旋光物质时,其旋转角度加倍。

法拉第由实验得出振动面旋转的角度 θ 与偏振光在物质中所经过路程的长度 L 和磁感应强度 $\boldsymbol{B}$ 的乘积成正比,即

$$\theta = VL\boldsymbol{B} \tag{4.105}$$

式(4.105)中的比例系数 V 反映了磁场对物质旋光作用影响的程度,是法拉第效应的特征量,称为维尔德常数。实验表明,法拉第旋转有右旋和左旋两种,顺着磁场方向观察,振动面按顺时针方向旋转的称为右旋,这种物质叫正旋体;按逆时针方向旋转的称为左旋,这种物质叫负旋体。通常把右旋物质的系数 V 规定为正的。

4.6.4 法拉第旋转效应的理论分析

1. 法拉第效应的唯象解释

从光波在介质中传播的图像来看,法拉第效应可以做如下理解:一束平行于磁场方向传播的线偏振光,可以看作是两束相对于磁场方向等幅左旋和右旋圆偏振光的叠加,如图 4-22 所示。

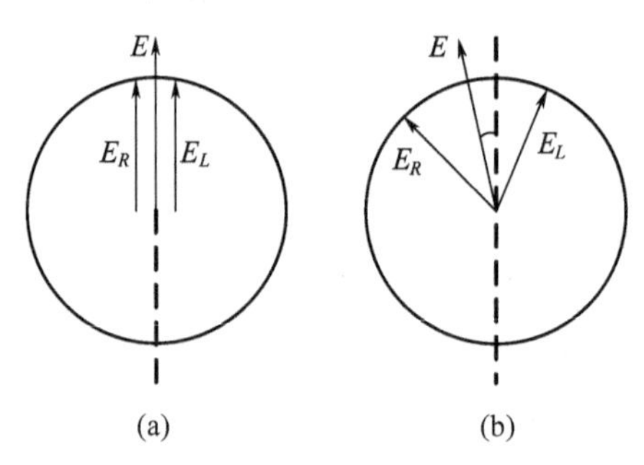

图 4-22 法拉第效应的唯象解释

如果磁场的作用是使右旋圆偏振光的传播速度 c/n_R 和左旋圆偏振光的传播速度 c/n_L 不等,于是通过厚度为 L 的介质后,便产生不同的相位滞后:

$$\begin{aligned} \varphi_R &= \frac{2\pi}{\lambda} n_R L \\ \varphi_L &= \frac{2\pi}{\lambda} n_L L \end{aligned} \tag{4.106}$$

式中:λ 为真空中的波长。

这里应注意,圆偏振光的相位就是指旋转电矢量的角位移,相位滞后即角位移倒转。在磁致旋光介质的入射截面上,入射线偏振光的电矢量 $\boldsymbol{E}$ 可以分解为图 4-22(a)所示两个旋转方向不同的圆偏振光 E_R 和 E_L,通过介质后,它们的相位滞后不同,旋转方向也不同,在出射界面上,两个圆偏振光的旋转电矢量则如图 4-22(b)所示。当光束射出介质后,左、右旋圆偏振光的速度又恢复一致,又可以将它们合成起来考虑,即仍为线偏振光。从图 4-22 中很容易看出,从介质射出后,两个圆偏振光的合成电矢量 $\boldsymbol{E}$ 的振动面相对于原来的振动面转过角度 θ,其大小可以由图 4-22(b)直接看出,因为

$$\varphi_R - \theta = \varphi_L - \theta \tag{4.107}$$

所以

$$\theta = \frac{1}{2}(\varphi_R - \varphi_L) \tag{4.108}$$

由式(4.106)得

$$\theta = \frac{\pi}{\lambda}(n_R - n_L)L = \theta_F \cdot L \tag{4.109}$$

当 $n_R > n_L$ 时,$\theta > 0$,表示右旋;当 $n_R < n_L$ 时,$\theta < 0$,表示左旋。假如 n_R 和 n_L 的差值正比于磁感应强度 B,由式(4.109)便可以得到法拉第效应公式(4.105)。式(4.109)中 $\theta_F = \frac{\pi}{\lambda}(n_R - n_L)$ 为单位长度上的旋转角,称为比法拉第旋转。

因为在铁磁或者亚铁磁等强磁介质中,法拉第旋转角与外加磁场不是简单的正比关系,并且存在磁饱和,所以通常用比法拉第旋转 θ_F 的饱和值来表征法拉第效应的强弱。式(4.109)同时也反映出法拉第旋转角与通过波长 λ 有关,即存在旋光色散。

微观上如何理解磁场会使左旋、右旋圆偏振光的折射率或传播速度不同呢?上述解释并没有涉及这个本质问题,所以称为唯象理论。从本质上讲,折射率 n_R 和 n_L 的不同,应归结为在磁场作用下,原子能级及量子态的变化。这已经超出了我们所要讨论的范围,具体理论可以查阅相关资料。

2. 法拉第效应的介质极化和色散的振子模型解释

从经典电动力学中的介质极化和色散的振子模型也可以得到法拉第效应的唯象理解。在这个模型中,把原子中被束缚的电子看做是一些偶极振子,把光波产生的极化和色散看作是这些振子在外场作用下做强迫振动的结果。因此,除了光波以外,还有一个静磁场 $\boldsymbol{B}$ 作用在电子上,于是电子的运动方程是

$$m\frac{\mathrm{d}^2\boldsymbol{r}}{\mathrm{d}t^2} + k\boldsymbol{r} = -e\boldsymbol{E} - e\left(\frac{\mathrm{d}\boldsymbol{r}}{\mathrm{d}t}\right) \times \boldsymbol{B} \tag{4.110}$$

式中:$\boldsymbol{r}$ 是电子离开平衡位置的位移;m 和 e 分别为电子的质量和电荷;k 是这个偶极子的弹性恢复力;等号右边第一项是光波的电场对电子的作用,第二项是磁场作用于电子的洛仑兹力。为简化起见,略去了光波中磁场分量对电子的作用及电子振荡的阻尼,因为这些小的效应对于理解法拉第效应的主要特征并不重要。

假定入射光波场具有通常的简谐波的时间变化形式 $\mathrm{e}^{\mathrm{i}\omega t}$,所以 $\boldsymbol{r}$ 的时间变化形式也应是 $\mathrm{e}^{\mathrm{i}\omega t}$,因此式(4.110)可以写成

$$(\omega_0^2 - \omega^2)\boldsymbol{r} + \mathrm{i}\frac{e}{m}\omega\boldsymbol{r} \times \boldsymbol{B} = -\frac{e}{m}\boldsymbol{E} \tag{4.111}$$

式中:$\omega_0 = \sqrt{k/m}$,为电子共振频率。设磁场沿 $+z$ 方向,又设光波也沿此方向传播并且是右旋圆偏振光,用复数形式表示为

$$E = E_x\mathrm{e}^{\mathrm{i}\omega t} + \mathrm{i}E_y\mathrm{e}^{\mathrm{i}\omega t}$$

将式(4.111)写成分量形式

$$(\omega_0^2 - \omega^2)x + \mathrm{i}\frac{e\omega}{m}By = -\frac{e}{m}E_x \tag{4.112}$$

$$(\omega_0^2 - \omega^2)y - \mathrm{i}\frac{e\omega}{m}Bx = -\frac{e}{m}E_y \tag{4.113}$$

将式(4.113)乘 i 并与式(4.112)相加可得

$$(\omega_0^2 - \omega^2)(x + \mathrm{i}y) + \frac{e\omega}{m}B(x + \mathrm{i}y) = -\frac{e}{m}(E_x + \mathrm{i}E_y) \tag{4.114}$$

因此,电子振荡的复振幅为

$$x + \mathrm{i}y = \frac{e}{m(\omega_0^2 - \omega^2) + e\omega B}(E_x + \mathrm{i}E_y) \tag{4.115}$$

设单位体积内有 N 个电子,则介质的电极化强度矢量 $\boldsymbol{P} = -Ne\boldsymbol{r}$。由宏观电动力学的物质关系式 $\boldsymbol{P} = e_0\chi\boldsymbol{E}$($\chi$ 为有效的极化率张量)可得

$$\chi = \frac{\boldsymbol{P}}{\varepsilon_0\boldsymbol{E}} = \frac{-Ne\boldsymbol{r}}{\varepsilon_0\boldsymbol{E}} = \frac{-Ne(x + \mathrm{i}y)\mathrm{e}^{\mathrm{i}\omega t}}{\varepsilon_0(E_x + \mathrm{i}E_y)\mathrm{e}^{\mathrm{i}\omega t}} \tag{4.116}$$

将式(4.114)代入式(4.116)得

$$\chi = \frac{\dfrac{Ne^2}{m\varepsilon_0}}{\omega_0^2 - \omega^2 + \dfrac{e\omega}{m}B} \tag{4.117}$$

令 $\omega_c = eB/m$(ω_c 称为回旋加速角频率),则

$$\chi = \frac{\dfrac{Ne^2}{m\varepsilon_0}}{\omega_0^2 - \omega^2 + \omega\omega_c} \tag{4.118}$$

由于 $n^2 = \varepsilon/\varepsilon_0 = 1 + \chi$,因此

$$n_R^2 = 1 + \frac{\dfrac{Ne^2}{m\varepsilon_0}}{\omega_0^2 - \omega^2 + \omega\omega_c} \tag{4.119}$$

对于可见光,ω 为$(2.5 \sim 4.7) \times 10^{15}\,\mathrm{s}^{-1}$,当 $B = 1\,T$ 时,$\omega_c \approx 1.7 \times 10^{11}\,\mathrm{s}^{-1} \ll \omega$,这种情况下式(4.119)可以表示为

$$n_R^2 = 1 + \frac{\dfrac{Ne^2}{m\varepsilon_0}}{(\omega_0 + \omega_L)^2 - \omega^2} \tag{4.120}$$

式中:$\omega_L = \omega_c/2 = (e/2m)B$,为电子轨道磁矩在外磁场中的经典拉莫尔(Larmor)进动频率。

若入射光改为左旋圆偏振光,结果只是使 ω_L 前的符号改变,即有

$$n_L^2 = 1 + \frac{\dfrac{Ne^2}{m\varepsilon_0}}{(\omega_0 - \omega_L)^2 - \omega^2} \tag{4.121}$$

对比无磁场时的色散公式

$$n^2 = 1 + \frac{\frac{Ne^2}{m\varepsilon_0}}{\omega_0^2 - \omega^2} \tag{4.122}$$

可以看到两点：一是在外磁场的作用下，电子做受迫振动，振子的固有频率由 ω_0 变成 $\omega_0 \pm \omega_L$，这正对应于吸收光谱的塞曼效应；二是由于 ω_0 的变化导致了折射率的变化，并且左旋和右旋圆偏振的变化是不相同的，尤其在 ω 接近 ω_0 时，差别更为突出，这便是法拉第效应。由此看来，法拉第效应和吸收光谱的塞曼效应是起源于同一物理过程。

实际上，通常 n_L，n_R 和 n 相差甚微，近似有

$$n_L - n_R \approx \frac{n_R^2 - n_L^2}{2n} \tag{4.123}$$

由式(4.109)得

$$\frac{\theta}{L} = \frac{\pi}{\lambda}(n_R - n_L) \tag{4.124}$$

将式(4.123)代入式(4.124)可得

$$\frac{\theta}{L} = \frac{\pi}{\lambda} \cdot \frac{n_R^2 - n_L^2}{2n} \tag{4.125}$$

将式(4.120)、式(4.121)、式(4.122)代入式(4.125)中，可得

$$\frac{\theta}{L} = \frac{-Ne^3\omega^2}{2cm^2\varepsilon_0 n} \cdot \frac{1}{(\omega_0^2 - \omega^2)^2} \cdot B \tag{4.126}$$

由于 $\omega_L^2 \ll \omega^2$，在上式的推导中略去了 ω_L^2 项。由式(4.122)可得

$$\frac{dn}{d\omega} = \frac{Ne^2}{m\varepsilon_0 n} \frac{\omega}{(\omega_0^2 - \omega)^2} \tag{4.127}$$

由式(4.126)和(4.127)可得

$$\frac{\theta}{L} = -\frac{1}{2c} \cdot \frac{e}{m}\omega \cdot \frac{dn}{d\omega} \cdot B = -\frac{1}{2c} \cdot \frac{e}{m} \cdot \lambda \cdot \frac{dn}{d\lambda} \cdot B \tag{4.128}$$

式中：λ 为观测波长；$\frac{dn}{d\lambda}$为介质在无磁场时的色散。

在上述推导中，左旋和右旋只是相对于磁场方向而言的，与光波的传播方向同磁场方向相同或相反无关。因此，法拉第效应便有与自然旋光现象完全不同的不可逆性。

4.6.5　法拉第磁光效应的测量

1. 法拉第磁光效应的磁光调制测量法

在法拉第磁光效应的测量中，通常得到的数值很小，需要灵敏度较高的仪器。主要的测量方法有磁光调制法、旋转检偏器法、光路分离法和偏振光分析法。下面以磁光调制法为例说明法拉第磁光效应的测量。

图 4－23 所示是采用带孔电磁铁测量法拉第效应的示意图，这种测量方法也称为透过测量法。

在处于相互垂直的起偏器和检偏器之间，放置样品和法拉第元件，以消光点作为测量基准，采用磁光调制器对信号进行调制放大，精确地测定 θ(法拉第旋转角)值。在这种方法中，一旦输出的光变成为交流信号，用锁相放大器进行相位检波，用 X－Y 记录仪进行记录也可以测得。若光源使用单色仪分光，则可测量不同波长所对应的法拉第旋转角，从而获得法拉第旋转谱图。

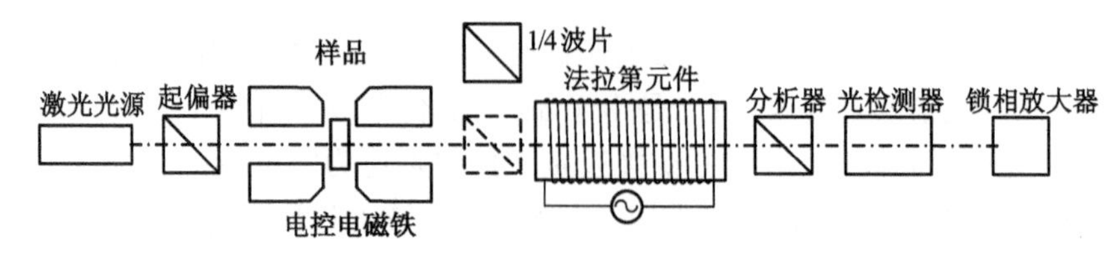

图 4－23 用法拉第调制元件进行调制的法拉第磁光效应的测量装置

磁光调制法设备相对比较简单，操作方便，由于采用消光点作为测量基准，同时又将信号进行调制放大，故灵敏度高，对于旋转角 $\theta>1°$ 的测量，所测得的数据波动范围≤5%。

2. 法拉第磁光效应的光路分离测量法

如图 4－24 所示，用激光做光源，激光经起偏器、样品加热器和沃拉斯顿棱镜(其中沃拉斯顿棱镜被用作为分束器)后被分成两束，经过分束器的光束分别用两个光电探测器探测，两路探测用以消除光强变化对探测的影响和温度对中间样品吸收系数的影响，最后将探测器转化的光电流传入电子分配器，定量表征法拉第磁光旋转效应。用这种方法可以检测法拉第旋转度为 10″的变化，可以提供对样品的法拉第磁光效应及其与温度或磁场相关的自动记录。

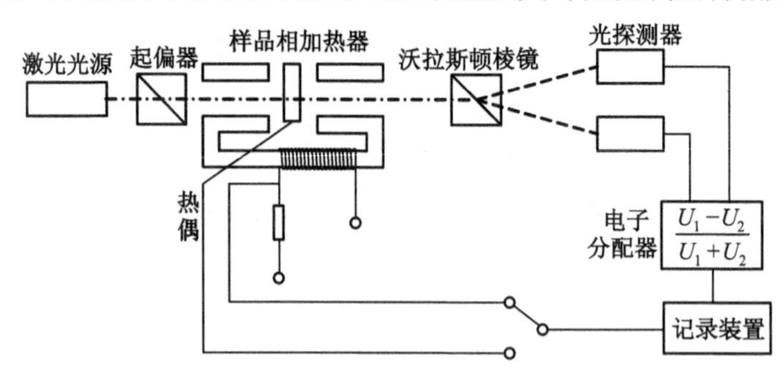

图 4－24 光路分离法测量法拉第磁光效应示意图

3. 法拉第磁光效应的偏振光分析法

法拉第效应的偏振光分析法是基于物体的表面，当光反射时，光的偏振状态在反射前后发生变化。偏振光分析法是根据测定各种偏振光状态的变化，从而获得物体的光学常数和表面性质。该法不是透射法，这里不做详细讨论。

4.6.6 法拉第磁光效应的应用

1. 法拉第磁光效应在磁场测量中的应用

根据公式 $\theta=VLB$，可以通过测量光的偏振面旋转角度来达到测量磁场强度，也是基于法拉第磁光效应(透射法)的原理。可以从 θ_F 的实测数值求得磁感应强度 $\boldsymbol{B}$ 的数值。当外磁场 $\boldsymbol{B}$ 为零时，由于偏振面不发生旋转，到达接收器的光强最大。如果加上某一数值的外磁场 $\boldsymbol{B}$，光在通过介质时偏振面就偏转一个角度 θ，θ 正比于磁感应强度 $\boldsymbol{B}$ 和穿过介质的长度 L。再经过检偏器，光强就会被削弱，其削弱的程度可以用马吕斯(Malus)定律，$I=I_0\cos^2\theta$ 来推算。对于一定的光源和介质，V是一个常数，加上穿过介质的长度L是已知的，所以就可以根据光强的变化来判断θ的大小，从而导算出$\boldsymbol{B}$值来。

用法拉第磁光效应原理来测量磁场，主要是应用于强磁场的测量，其优点是适用的温度范围很宽，还可用于低温条件下的测量。特别是用此法配合感应法来测量等离子体中的强磁场，可高至100kOe，精度一般是在1%左右。测量磁场的精度除了由L和θ决定之外，主要是取决于测量V的精度，但是，一般说来V值较小，所以该法不适合测量弱磁场。

2. 法拉第磁光效应在输电线电流测量中的应用

由于用电功率的不断增大，虽然增大输电线的电压能减小输电损耗，但因此带来的困难是采用以往的电流测量方法在超高压输电中的测量受到了限制。而通过测量导体周围磁场，以无接触技术测量超高压输电中的电流，是一种安全、有效的测量方法。因为载流导线的周围存在磁场，所以可以利用法拉第磁光效应达到测量大电流的目的，这种方法有其独特的优点，即很容易解决高压绝缘问题。

众所周知，对于处于高电压下的载流导线，测量其电流的主要困难是来自绝缘问题，如果采用法拉第磁光效应来测量，则可以把测量装置直接悬挂在导线上，使它处于和导线等电位的状态。反映导线周围磁场大小的光信号可用光纤来传送，由于光纤维中心直径非常小，在单模光传输的光纤中，光的偏振面在传播过程中性质不变。然而由于光纤维本身也具有法拉第效应，如图4-25所示，在电流流过的导体周围缠绕上光纤维，由输入输出偏振面状态的变化，能同时测定电流和磁场。

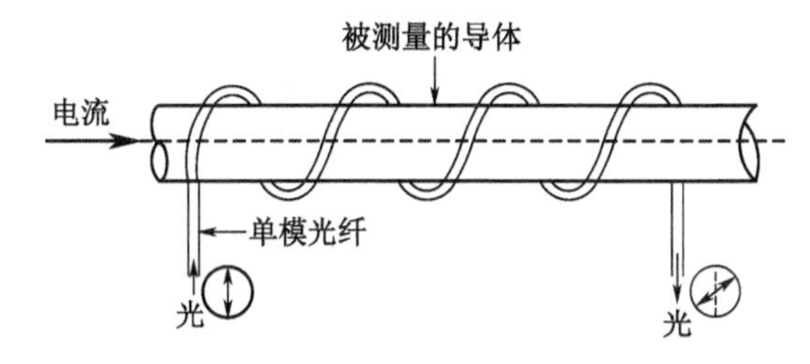

图4-25 用法拉第磁光效应测量超高压通电导线中的电流示意图

3. 法拉第旋光效应在光隔离器中的应用

法拉第旋光效应的一个典型应用是光隔离器。光隔离器的原理如图4-26所示，光隔离器包括两个偏振器和一个法拉第旋转器。两个偏振器分别置于法拉第旋转器的前后两边，透光方向彼此成45°。当入射平行光经过第一个偏振器P1时，变成线偏振光，然后经法拉第旋转器，其偏振面被旋转45°，刚好与第二个偏振器P2的偏振方向一致，于是光信号顺利通过，这个过程如图4-26(a)所示；反过来，由光路引起的反射光首先进入第二个偏振器P2，变成与第一个偏振器P1的偏振方向成45°夹角的线偏振光，再经法拉第旋转器时，由于法拉第旋转器效应的非互易性，被法拉第旋转器继续旋转45°，其偏振夹角变成了90°，即与起偏器P1的偏振方向正交，而不能通过起偏器P1，起到了反向隔离的作用，其过程如图4-26(b)所示，这样就达到了阻止光的逆向通过。

4. 法拉第旋光效应在激光技术中的应用

激光的出现标志着人们对光波的掌握和利用进入了一个新的时代。如何对激光的传输进行控制，原则上讲主要是利用激光与传输介质的相互作用来实现，经过几十年的发展，像电光效应、磁光效应、声光效应在激光的控制和利用中都发挥了重要作用。

利用材料的法拉第磁光效应就可以制作各种法拉第磁光器件，利用这些器件可以对激光

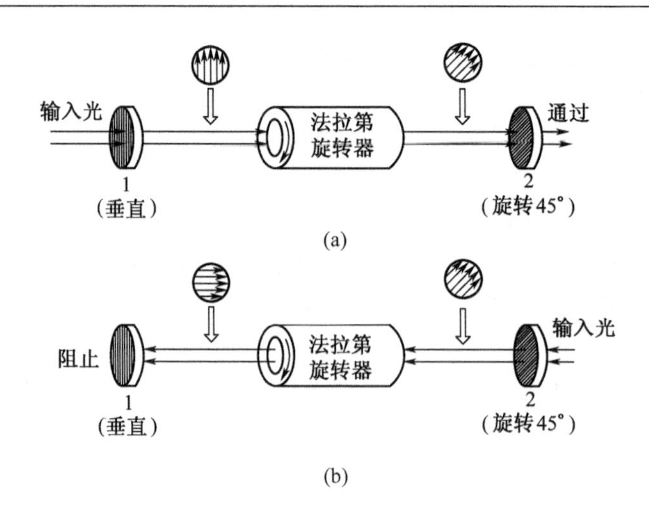

图4-26 光隔离器的工作原理示意图
(a) 入射光传输情形；(b) 反射光传输情形。

光束的强度、稳定度、相位、频率、传输方向、偏转的快慢进行控制。譬如为了高效率地传输激光可以使用具有单向传输特性的法拉第旋转隔离器，为了将信息加到光频波可采用法拉第磁光调制，为了使光偏转可采用法拉第磁光偏转器，为了显示各种信息（文字、图像、符号）可采用法拉第磁光显示器；为了提高存储容量和存取速度可以采用法拉第磁光存储，还可以利用法拉第磁光效应制成偏频盒、旋转器、环行器、相移器、锁式开关、Q 开关等快速控制激光参数的各种元器件。这些元器件可以应用在激光雷达、激光测距、激光通信、激光陀螺、激光放大器等光路系统中。法拉第磁光效应在激光技术中的应用内容十分丰富，限于篇幅，这里不一一叙述。

有关法拉第磁光效应的应用所涉及到的领域是非常广泛。比如利用某些材料的法拉第旋转与温度有关的特性可以制作温度敏感器；在电磁测量中可以作为光、电、磁传感器和光学扫描器；在光耦合通道上利用法拉第磁光效应控制光束可以作为引入信息变换的手段之一；也可以利用法拉第磁光效应研究透明和不透明材料的光散射；在近代天文学中，利用法拉第磁光效应可以发现与计算某些恒星及星际空间磁场，等等。不难看出，法拉第磁光效应在各个领域、各个方面的应用前景是非常广阔的。

4.7 光波在光纤中的传播

光纤是光导纤维的简写，是一种利用光在玻璃或塑料制成的纤维中的全反射原理而制成的光传导工具。前香港中文大学校长高锟和 George A. Hockham 首先提出光纤可以用于通信传输的设想，高锟因此获得 2009 年诺贝尔物理学奖。光在光纤中传输，信号不受电磁的干扰，传输稳定。具有性能可靠，质量高，速度快，线路损耗低，传输距离远等特点，适用于高速网络和骨干网。

4.7.1 光纤的结构

光纤是指由透明材料做成的纤芯和在它周围采用比纤芯的折射率稍低的材料做成的包层，并将射入纤芯的光信号，经包层界面反射，使光信号在纤芯中传播的媒体。光纤有两项主要指标：损耗和色散。

损耗一般指光在光纤中传输时每单位长度的损耗或者衰减(dB/km)，这一指标关系到光纤通信系统传输距离的长短和中继站间隔的距离的选择。光纤的色散反映的是光在光纤中传输过程中的时延畸变或脉冲展宽(ns/km)，这一参数对于数字信号的传输尤为重要，影响到一定传输距离和信息传输容量。

目前，通用光纤的典型结构如图4-27所示，由圆柱形纤芯(折射率为n_1)、包层(折射率为n_2)、涂敷层和保护套层四部分组成。

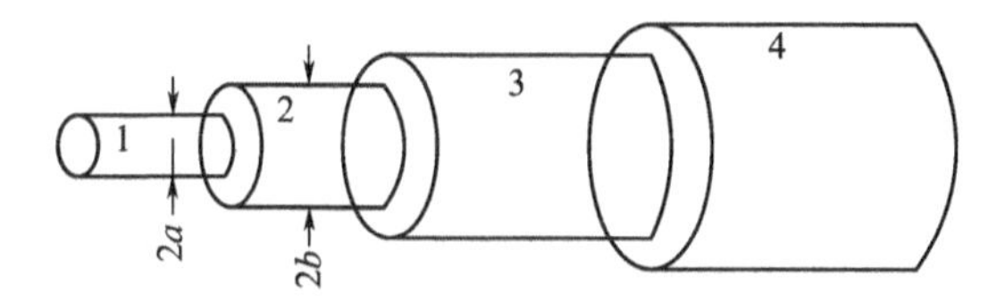

图4-27　典型单模光纤的内部结构及尺寸

1—纤芯；2—包层；3—涂覆层；4—保护外套。

纤芯材料的主体是二氧化硅，里面掺极微量的其他材料，例如二氧化锗、五氧化二磷等，掺杂的作用是提高材料的光折射率。包层的材料一般用纯二氧化硅，也有掺极微量的三氧化二硼，最新的方法是掺微量的氟，就是在纯二氧化硅里掺极少量的四氟化硅。掺杂的作用是降低材料的光折射率。这样，光纤纤芯的折射率略高于包层的折射率，保证光主要限制在纤芯里传输。包层外面还要涂一种涂料，可用硅酮或丙烯酸盐。涂料的作用是保护光纤，增加光纤的机械强度。光纤的最外层是保护套层，它是一种塑料管，也起保护作用，不同颜色的塑料管还可以用来区别各条光纤。

按照国际电信联盟远程通信标准化组织(ITU-T)的建议，在石英光纤中，标准单模光纤的纤芯直径为4~10μm，标准多模光纤的纤芯直径为25~200μm。

4.7.2　光纤的类型

光纤种类不断增多，而且千变万化。近年来用于传感器的特殊光纤发展尤其迅速。目前，光纤的一般分类方法如下：

1. 按制作材料分

(1) 高纯度石英玻璃光纤。这种材料损耗低，当光波长为1.0~1.7μm(约1.4μm附近)，损耗只有1dB/km，在1.55μm处最低，只有0.2 dB/km。

(2) 多组分玻璃光纤。通常用更常规的玻璃制成，损耗也很低，如硼硅酸钠玻璃光纤，在$\lambda=0.84\mu m$处的最低损耗为3.4dB/km。

(3) 塑料光纤(Plastic Optical Fiber)。这是将纤芯和包层都用塑料(聚合物)做成的光纤，原料主要是有机玻璃(PMMA)、聚苯乙稀(PS)和聚碳酸酯(PC)。与石英光纤相比具有重量轻，成本低，柔软性好，加工方便等特点，但受到塑料固有的C-H结合结构的制约，损耗相对较高，一般每千米可达几十分贝。早期产品主要用于装饰和导光照明及近距离光路的光通信中。由于塑料光纤的纤芯直径为1000μm，比单模石英光纤大100倍，接续简单，而且易于弯曲，施工容易。近年来，在网络宽带入户的推动下，作为渐变型(GI)折射率的多模塑料光纤的发展受到了社会的重视。最近，在汽车内部LAN中应用较快，未来在家庭LAN中也可能得到应用。

2. 按传输模式分

(1) 单模光纤(Single Mode Fiber，SMF)。纤芯很细(一般为9μm或10μm)，只能传一种

模式的光。因此,其模间色散很小,适用于远程通信,但还存在着材料色散和波导色散,这样单模光纤对光源的谱宽和稳定性有较高的要求,即谱宽要窄,稳定性要好。实验发现,在1.31μm处,单模光纤的材料色散和波导色散一正一负,大小相等。这样,1.31μm波长区就成了光纤通信的一个很理想的工作窗口,也是现在实用光纤通信系统的主要工作波段。1.31μm常规单模光纤的主要参数是由ITU-T在G652建议中确定的,因此这种光纤又称G652光纤。

(2)多模光纤(Multi Mode Fiber,MMF)。顾名思义就是能够传播多种模式电磁波(这里当然是光波)的光纤;由于有多个模式传送,所以存在很大的模间色散,可传输的信息容量较小;多模光纤纤芯较大,一般为50μm,数值孔径为0.2左右;模的数量取决于纤芯的直径、数值孔径和波长。

3. 按特殊用途分

(1)抗恶环境光纤(Hard Condition Resistant Fiber)。通信光纤是指用于通信系统中的光纤,是目前光纤最广泛的应用领域,通信用光纤通常的工作环境温度在-40℃~+60℃之间,设计时也是以不受大量辐射线照射为前提。相比通信光纤,对于更低温或更高温以及能在遭受高压或外力影响、曝晒辐射线的恶劣环境下,也能工作的光纤则称作抗恶环境光纤。

① 耐热光纤(Heat Resistant Fiber)。为了对光纤表面进行机械保护,多涂覆一层塑料,可是随着温度升高,塑料保护功能有所下降,致使使用温度也有所限制。如果改用抗热性塑料,如聚四氟乙稀(Teflon)等树脂,即可工作在300℃环境。也有在石英玻璃表面涂覆镍(Ni)和铝(Al)等金属的,这种光纤则称为耐热光纤。

② 抗辐射光纤(Radiation Resistant Fiber)。当光纤受到辐射线的照射时,光损耗会增加。这是因为石英玻璃遇到辐射线照射时,玻璃中会出现结构缺陷(也称作色心,Colour Center),尤在0.4~0.7pm波长时损耗增大,防止办法是改用掺杂OH或F元素的石英玻璃,就能抑制因辐射线造成的损耗缺陷,这种光纤则称作抗辐射光纤,多用于核电站的监测用光纤维镜等。

(2)密封涂层光纤(Hermetically Coated Fiber,HCF)。为了保持光纤的机械强度和损耗的长时间稳定,而在玻璃表面涂装碳化硅(SiC)、碳化钛(TiC)、碳(C)等无机材料,用来防止从外部来的水和氢的扩散所制造的光纤。目前,通用的是在化学气相沉积(CVD)法生产过程中,用碳层高速堆积来实现充分密封效应。这种碳涂覆光纤(CCF)能有效地截断光纤与外界氢分子的侵入。在室温的氢气环境中可维持20年不增加损耗;它在防止水分侵入,延缓机械强度的疲劳进程中,这种光纤的疲劳系数可达200以上。所以,HCF被应用于严酷环境中要求可靠性高的系统,例如海底光缆。

(3)多芯光纤(Multi Core Fiber)。通常的光纤是由一个纤芯区和围绕它的包层区构成的。但多芯光纤却是一个共同的包层区中存在多个纤芯的。由于纤芯的相互接近程度,可有两种功能。其一是纤芯间隔大,即不产生光耦合的结构。这种光纤,由于能提高传输线路的单位面积的集成密度,在光通信中,可以做成具有多个纤芯的带状光缆,而在非通信领域,作为光纤传像束,可以将纤芯做成成千上万个。其二是使纤芯之间的距离靠近,能产生光波耦合作用。利用此原理正在开发双纤芯的敏感器或光回路器件。

(4)空心光纤(Hollow Fiber)。将光纤做成空心,形成圆筒状空间,用于光传输的光纤,称作空心光纤。空心光纤主要用于能量传送,可供X射线、紫外线和远红外线光能传输。空心光纤结构有两种:一是将玻璃做成圆筒状,其纤芯和包层原理与阶跃型相同。利用光在空气与玻璃之间的全反射传播。由于光的大部分可在无损耗的空气中传播,具有一定距离的传播功能。二是使圆筒内面的反射率接近 1，以减少反射损耗。为了提高反射率，在筒内设置电介质，使工作波长段的损耗减少。

（5）保偏光纤。保偏光纤传输线偏振光，广泛用于航天、航空、航海、工业制造技术及通信等国民经济的各个领域。在以光学相干检测为基础的干涉型光纤传感器中，使用保偏光纤能够保证线偏振方向不变，提高相干信噪比，以实现对物理量的高精度测量。保偏光纤作为一种特种光纤，主要应用于光纤陀螺、光纤水听器等传感器和 DWDM、EDFA 等光纤通信系统。保偏光纤在拉制过程中，由于光纤内部产生的结构缺陷会造成保偏性能的下降，即当线偏振光沿光纤的一个特征轴传输时，部分光信号会耦合进入另一个与之垂直的特征轴，最终造成出射偏振光信号偏振消光比的下降，这种缺陷就是影响光纤内的双折射效应。保偏光纤中，双折射效应越强，波长越短，保持传输光偏振态越好。

4.7.3　光纤的结构参数

1. 直径

光纤的直径包括纤芯直径 $2a$ 和包层直径 $2b$。从成本考虑，光纤的直径应尽量小，从机械强度和柔韧性考虑也应细些，这是因为石英光纤很脆，如果太粗，则很容易折断；但从对接、耦合、损耗等方面考虑，光纤应以粗为宜。光纤外面有包层、涂敷层和保护外套。一般来说，在多模光纤中，纤芯的直径是 15 ~ 50μm，大致与人的头发的粗细相当。而单模光纤的纤芯直径为 8 ~ 10μm。

2. 数值孔径

数值孔径（$N.A.$）是光纤的一个重要参数，代表光纤接收入射光的能力。

如图 4 - 28 所示，设光线从折射率为 n_0 的介质通过光纤端面中心点入射，进入折射率为 n_1 的光纤纤芯，其中入射光线与光纤轴线之间的夹角 φ_0 称为受光角。

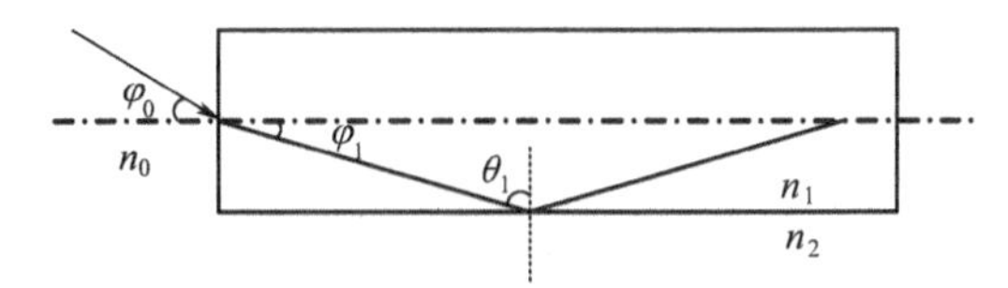

图 4 - 28　光在光纤中的传播示意图

光纤的数值孔径定义为光纤能接受外来入射光的最大受光角（$\varphi_{0\max}$）的正弦与入射区折射率的乘积，即 $n_0\sin(\varphi_{0\max})$。

如图 4 - 28 所示，因为只有 $\theta_1 > \theta_c = \arcsin\dfrac{n_2}{n_1}$ 的光线才能在光纤中传播（其中 n_1 为纤芯折射率，n_2 为包层折射率，n_0 为空气折射率），所以

$$n_0\sin\varphi \leqslant n_1\sin(90^\circ - \theta_c) = n_1\cos\theta_c = n_1\sqrt{1-\left(\frac{n_2}{n_1}\right)^2} = \sqrt{n_1^2 - n_2^2}$$

于是

$$N.A. = n_0\sin\varphi_{0\max} = \sqrt{n_1^2 - n_2^2} \tag{4.129}$$

式（4.129）表明，只有 $\varphi < \varphi_{0\max}$ 光锥内的光才可能在光纤中发生全反射而向前传播。

对于通信波段的波长之一，当 $\lambda = 1.55\mu m$，光纤的典型折射率 $n_1 = 1.46$，$n_2 = 1.455$，可以

得到 $N.A.=0.12$。

3. 相对折射率

光束在光纤中的传播性质由纤芯和包层的折射率分布决定，工程上定义 Δ 为纤芯和包层间的相对折射率

$$\Delta=\frac{1-\left(\frac{n_2}{n_1}\right)^2}{2} \tag{4.130}$$

当 $\Delta<0.01$ 时，上式简化为

$$\Delta\approx\frac{n_1-n_2}{n_1} \tag{4.131}$$

在光纤中，一般 n_1 只略大于 n_2，对单模光纤来说，一般 $\Delta=0.3\%$，对多模光纤来说，一般 $\Delta=1\%$，于是

$$N.A.=\sqrt{n_1^2-n_2^2}=\sqrt{n_1\Delta(n_1+n_2)}\approx n_1\sqrt{2\Delta} \tag{4.132}$$

式(4.132)所示，即为光纤波导的弱导条件。

弱导的基本含义是指很小的折射率差就能构成良好的光纤波导结构，而且为制造提供了很大的方便。

4. 折射率分布

光纤的折射率分布是指光纤的折射率沿光纤截面在径向的分布。一般情况下，光纤折射率分布的通式为

$$\begin{cases} n(r)=n_1\sqrt{1-2\Delta\left(\dfrac{r}{a}\right)^{\beta}}\ (0<r\leqslant a) \\ n(r)=n_1\sqrt{1-2\Delta}=n_2\quad(r\geqslant a) \end{cases} \tag{4.133}$$

式中：a 为纤芯半径；n_1 为纤芯轴线上的折射率；n_2 为包层折射率；r 的取值范围为 $0\leqslant r\leqslant a$。β 为折射率分布系数，β 的取值不同，折射率分布不同，$\beta=\infty$ 时，折射率为阶跃型分布，如图4-29(a)所示；$\beta=2$ 时，折射率为平方率分布，如图4-29(b)所示；$\beta=1$ 时，折射率为三角型分布，如图4-29(c)所示。

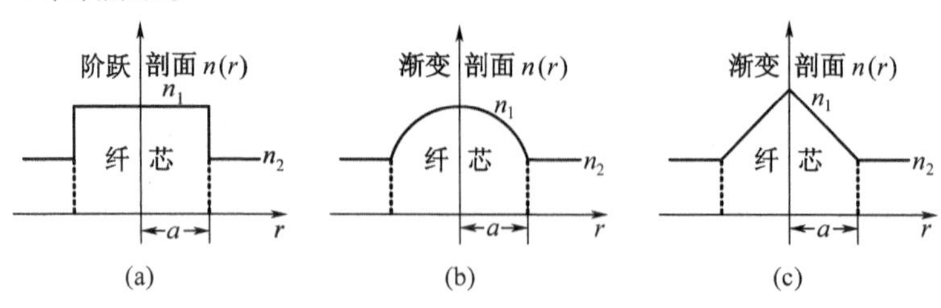

图4-29 光纤的折射率分布

5. 归一化频率

归一化频率是表征光纤中传播模式数量的参数，是光纤最重要的结构参数，其表达式为

$$\nu=\frac{2\pi}{\lambda}n_1a\sqrt{2\Delta}=\frac{2\pi a}{\lambda}N.A. \tag{4.134}$$

式中：λ 为光波的波长(μm)；n_1 为纤芯区域中的最大折射率，对阶跃光纤而言，n_1 为常数，对渐变光纤而言，n_1 为轴心处的折射率；a 为纤芯的半径(μm)；Δ 为光纤的相对折射率；ν 是一个无量纲的参数。

归一化频率的大小决定光纤中传播模式的数量。理论上可以证明，对于阶跃光纤，其传播模式的数量为 $N=\frac{1}{2}\nu^2$，对于渐变光纤，则为 $N=\frac{1}{4}\nu^2$，此外，由归一化频率 ν 值的大小还可以初步确定是否能实现单模传输。若 ν 值小于归一化截止频率 ν_c(2.4048)，则可以实现单模传输。

4.7.4　光在阶跃光纤中传输时的线光学分析

从图4-29(a)可见，在阶跃光纤中，纤芯的折射率可以看成是定值，这样可以方便处理光在光纤中的传输情况。

分析光束在光纤中传播特性的基本方法，有基于几何光学的光射线分析法和基于物理光学的电磁模式分析法，两者之间有很强的互补性；光线分析法直观实用，可方便得到光纤数值孔径和射线分类概念。但由于分析方法自身的近似性，很难说明单模和多模光纤的概念；而电磁理论虽然是最严格的分析方法，但其本身又过于复杂，这里采用光射线分析法。

因为与其他波段的电磁波相比，光波的一个显著特点是波长短，光波波长的尺寸与光学器件及光纤的尺寸相比要小得多，因此，在研究光的传播问题时，通常可以用光射线分析法近似处理光在光纤中的传播，相应的理论称为射线理论。

射线理论的基础是光线方程

$$\frac{\mathrm{d}}{\mathrm{d}s}\left[n(\boldsymbol{r})\frac{\mathrm{d}r}{\mathrm{d}s}\right]=\nabla n(\boldsymbol{r}) \tag{4.135}$$

式中：$\boldsymbol{r}$ 是空间光线上某点的位置矢量；s 是该点沿光线到原点的路径长度；$n(\boldsymbol{r})$ 是折射率的空间分布。应用上式，结合初始条件，原则上就可确定任意已知折射率分布 $n(\boldsymbol{r})$ 介质光线的轨迹。

用射线理论分析光在光纤中的传输时，光纤被视为圆柱状均匀介质。光在光纤中传输时，光的传播轨迹可以在通过光纤轴线的主截面内，如图4-30(a)所示，也可以不在通过光纤轴线的主截面内，如图4-30(b)所示。因此，要准确确定一条光线在光纤中的传播轨迹，必须用两个参量，即光线在界面的入射角 θ 和光线与光纤轴线的夹角 φ，如图4-28所示。

1. 子午光线

如图4-30所示，当入射光线通过光纤轴线，且入射角大于临界角时，光线将在柱体界面上不断发生全反射，形成曲折回路，而且传导光线的轨迹始终在光纤的主截面内，这种光线称为子午光线，包含子午光线的平面称为子午面。

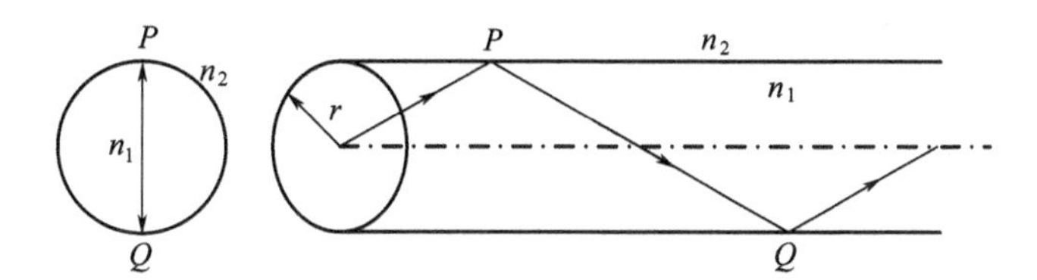

图4-30　阶跃折射率光纤纤芯内光沿子午面传输时的锯齿形轨迹

2. 偏射光线

如图 4 - 31 所示，当入射光线不通过光纤轴线时，传导光线将不在一个平面内，而是按照图中所示的空间折射传播，这种光线称为偏射光线，也称为斜射光线。

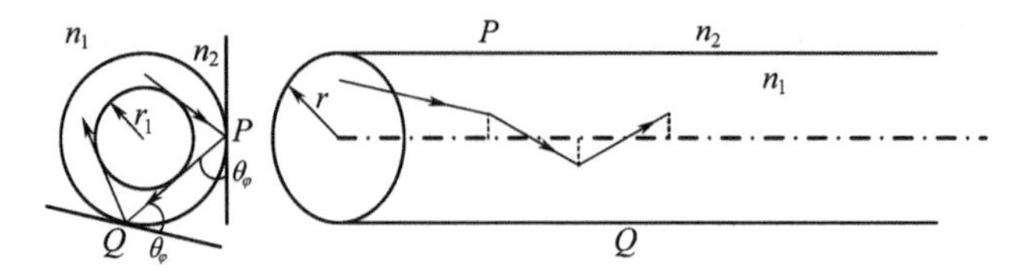

图 4 - 31 阶跃折射率光纤纤芯内光在光纤中传播时的螺旋形轨迹

如果将偏射光线的传播投影到端截面上，就会更清楚地看到传导光线将完全限制在两个共轴圆柱面之间，其中之一是纤芯—包层边界（柱面半径为光纤纤芯半径 a），另一个在纤芯界面，柱面半径用 r_1 表示，两个柱面称为散焦面，从图 4 - 28 可以看出，散焦面的位置由角度 θ_1 和 φ_1 决定。

显然，随着入射角 θ_1 的增大，内散焦面向外扩大并趋近为边界面。在极限情况下，光纤端面的光线入射面与圆柱面相切（$\theta_1 = 90°$），在光纤内传导的光线演变为一条与圆柱表面相切的螺线，此时两个散焦面重合。

3. 偏射光线的射线分析

如图 4 - 32 所示，光线在 A 点以 φ_0 角入射，于 P、Q 等点发生全反射。PP'、QQ' 平行于 OO'，交端面圆周于 P'、Q'（即与轴线），交角为 φ_1，称为折射角（又称为轴线角）；AP 与端面夹角 $\alpha = \dfrac{\pi}{2} - \varphi_1$；入射面与子午面夹角为 γ，折射光线在界面的入射角为 θ_1，由于 α 和 γ 各自所在的平面互相垂直，根据立体几何的原理，有

$$\cos\theta_1 = \cos\alpha\cos\gamma = \sin\varphi_1\cos\gamma \tag{4.136}$$

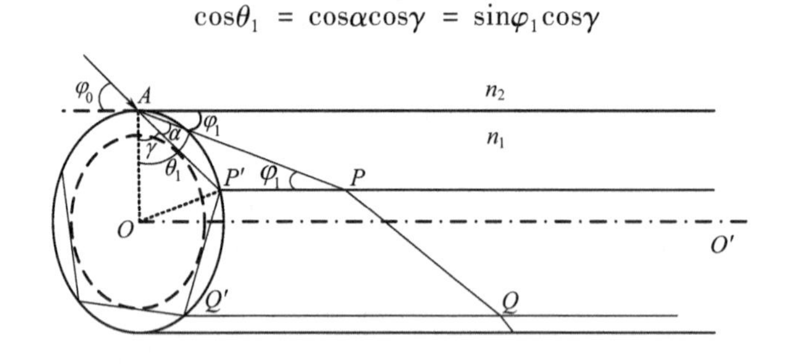

图 4 - 32 阶跃光纤中的偏射光线

当满足全反射条件 $\sin\theta_1 \geqslant n_2/n_1$ 时，即要求 θ_1 满足以下条件：

$$\cos\theta_1 = \sqrt{1 - \sin^2\theta_1} \leqslant \frac{1}{n_1}\sqrt{n_1^2 - n_2^2} \tag{4.137}$$

由式(4.136)可以得到光纤内轴线角 φ_1 的最大允许 $\varphi_{1m}^{(s)}$：

$$\sin\varphi_{1m}^{(s)} = \frac{\cos\theta_{1m}}{\cos\gamma} = \frac{\sqrt{n_1^2 - n_2^2}}{n_1\cos\gamma} = \frac{n_0\sin\varphi_{0m}^{(m)}}{n_1\cos\gamma} \tag{4.138}$$

应用折射定律，当 $n_0 = n_2 = 1$（空气）时，最大入射角为

$$\sin\varphi_{0m}^{(s)} = \frac{n_1}{n_0}\sin\varphi_{1m}^{(s)} = \frac{\sin\varphi_{0m}^{(m)}}{\cos\gamma} \tag{4.139}$$

式中：$\varphi_{0m}^{(s)}$ 是偏射光线 m 阶模式的最大允许入射角，而 $\varphi_{0m}^{(m)}$ 为子午光线 m 阶模式的最大允许入射角。因为 $\cos\gamma<1$，因而 $\sin\varphi_{0m}^{(s)}>\sin\varphi_{0m}^{(m)}$，可见，满足 $\theta_1>\theta_c$ 时，φ_1 依 γ 的取值不同而取直到 $\frac{1}{2}\pi$ 的值：

当 $\gamma=0$ 时，$\sin\varphi_{1m}^{(s)}$ 取最小值 $\frac{n_0}{n_1}\sin\varphi_{0m}^{(m)}$；

当 $\gamma=\arccos\left[\frac{n_0}{n_1}\sin\varphi_{0m}^{(m)}\right]$ 时，$\varphi_{1m}^{(s)}$ 为 $\frac{1}{2}\pi$。

因而 $\theta_1>\theta_c$ 对 φ_1 没有限制。但是否 $\theta_1>\theta_c$ 的光都能形成光导波，还要受 φ_1 取值的限制，也就是说 $\theta_1>\theta_c$ 的光线中，只有某部分 φ_1 相应的光线才能形成导波。

4.7.5　光在渐变折射率光纤中传输时的线光学分析

在阶跃折射率光纤中，与光轴成不同倾角的光线，再通过同样的轴向距离时，光程是不同的。倾角大的光线光程长，倾角小的光线光程短。由此可以设想，如果折射率随离轴的距离增加而减小，那么偏离光轴大的光线虽然走过的路程长，但由于途径的折射率小，就会使大的倾角光线的光程能得到某种程度的补偿，从而减小最大迟延差。渐变折射率光纤正好可以满足这一要求。由于这类问题的复杂性，这里我们只讨论平方律梯度光纤中光波的传播特性。平方律折射率分布光纤的 $n(r)$ 可以表示为

$$n(r) = n(0)\sqrt{1-2\Delta\left(\frac{r}{a}\right)^{\alpha}} \quad (0<r\leqslant a) \tag{4.140}$$

1. 平方律梯度光纤中的光线轨迹

光纤理论可以证明，在平方律光纤中子午光线轨迹按正弦规律变化

$$r = r_0\sin(\Omega z) \tag{4.141}$$

式中：r_0、Ω 由光纤参量决定。

从式(4.141)可见，平方律梯度光纤具有自聚焦性质，又称自聚焦光纤，如图4-33(a)所示。一段 $\Lambda/4$($\Lambda=2\pi/\Omega$)长的自聚焦光纤与光学透镜作用相似，可以会聚光线和成像，两者

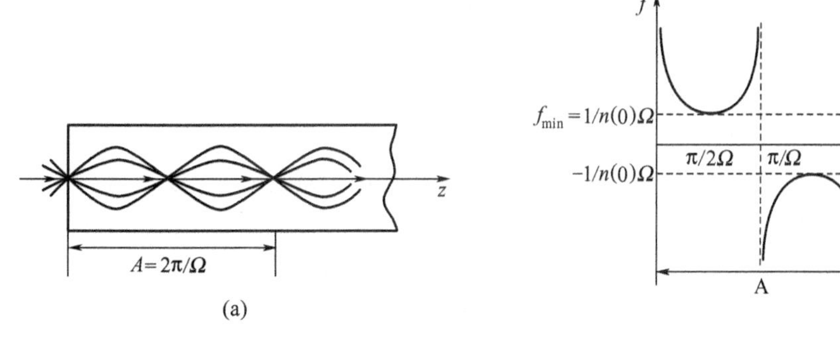

图4-33　自聚焦光纤的透镜特性

(a) 子午光线；(b) f 的周期变化。

的不同之处在于，光学透镜是靠球面的折射来弯曲光线，而自聚焦光纤是靠折射率的梯度变化来弯曲光线。自聚焦透镜的特点是尺寸很小，可获得超短焦距，可弯曲成像等，这些都是一般透镜很难或根本不能做到的。

可以证明，自聚焦透镜的焦距f为

$$f=\frac{1}{n(0)\Omega\sin(\Omega z)} \tag{4.142}$$

f随z的变化如图4-33(b)所示，$z=\Lambda/4$时，$f=f_{\min}$。

2. 平方律折射率分布光纤中光线的群迟延和最大群迟延差

光线经过单位轴向长度所用的时间称为比群迟延$\overline{\tau}$，即单位长度的群迟延。在非均匀介质中，光线轨迹是弯曲的，沿光线轨迹经过距离s所用的时间τ为

$$\tau=\frac{1}{c}\int_0^s n\mathrm{d}s \tag{4.143}$$

式中：c为真空中的光速；n为折射率。

式(4.143)给出的群迟延表达式没有考虑材料的色散，若光在轴向前进的距离为L，对于传导模，详细计算表明最大的群迟延差为

$$\Delta\tau=\tau_{\max}-\tau_{\min}=L(\overline{\tau}_{\max}-\overline{\tau}_{\min})=\frac{n_1L}{2c}\Delta^2=\tau_0\frac{\Delta^2}{2} \tag{4.144}$$

可以看到，平方律分布光纤中的群迟延只有阶梯折射率分布光纤的$\Delta/2$。

4.7.6 光纤的传输特性

光纤传输特性主要是指光纤的损耗特性和带宽特性（即色散特性），光纤特性的好坏直接影响光纤通信的中继距离和传输速率（或脉冲展宽），是设计光纤系统的基本出发点。

1. 光纤的损耗特性

光波在光纤传输过程中，其强度随着传输距离的增加逐渐减弱，光纤对光波产生的衰减作用称为光纤损耗。使用在系统中的光纤，其损耗产生的原因一方面是由于光纤本身的损耗，包括吸收损耗、瑞利散射损耗，以及因结构不完善引起的散射损耗；另一方面是由于作为系统传输线引起的弯曲损耗等。

若P_i、P_o分别为光纤的输入、输出光功率；L是光纤长度；衰减系数α定义为单位长度光纤光功率衰减的分贝数，即

$$\alpha=\frac{10}{L}\log_{10}\frac{P_i}{P_o}\quad(\mathrm{dB/km}) \tag{4.145}$$

光纤衰减有下列两种主要来源：吸收损耗和散射损耗。

1）吸收损耗

吸收损耗意味光波传输过程中有一部分光能量转变为热能，包括光纤玻璃材料本身的固有吸收损耗，以及因杂质引起的吸收损耗。光纤材料的固有吸收又叫本征吸收，在不含任何杂质的纯净材料中也存在这种吸收。固有吸收有两个吸收带，一个吸收带在红外区，吸收峰在波长8~12μm范围，它的尾部拖到光通信所要用的波段范围，但影响不大；另一个吸收带在紫外区，吸收峰在0.1μm附近，吸收很强时，吸收峰的拖尾会到0.7~1.1μm波段里去。

对物质固有吸收来说，在远离峰值区域的1.0~1.6μm波段范围内，固有吸收损耗为低谷

区域。杂质吸收损耗是由光纤材料中铁、钴、镍、铬、铜、钒、镁等金属离子以及水的氢氧根离子的存在造成的附加吸收损耗。目前光纤制造工艺对于金属离子杂质的提纯已经不成问题，可以使它们的影响减到最小；但是氢氧根的影响比较大，这是因为在光纤材料中，以及在光纤制造过程中含有大量的水分，提纯中极难清除干净，最后以氢氧根的形式残留在光纤内。

残留于光纤内的氢氧根离子，使得在波长0.94μm、1.24μm和1.38μm附近出现吸收谐振峰，峰值大小与氢氧根离子浓度密切相关。为减小氢氧根离子的影响，工作波长必须避开吸收峰谐振区域，为此，将工作波长选择在0.85μm、1.3μm和1.55μm附近，分别称它们为第一窗口、第二窗口和第三窗口，如图4-34所示，第一窗口为短波长窗口，通常为多模光纤传输系统选用；第二窗口和第三窗口为长波长窗口，通常为单模光纤传输系统选用。

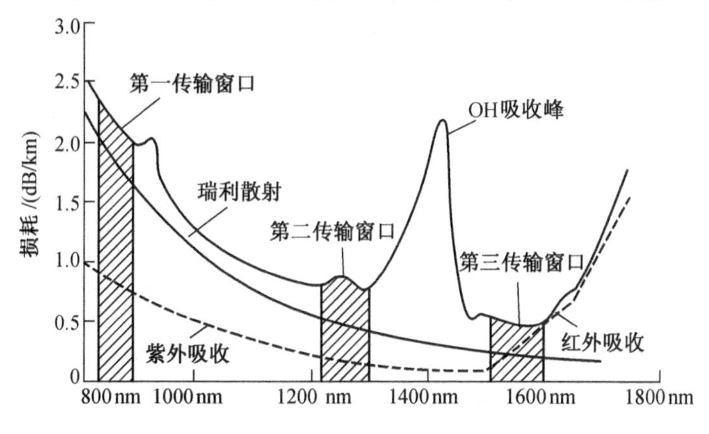

图4-34　光纤窗口

多模光纤一般有两个窗口，即2个最佳的光传输波长，分别是850nm和1300nm，单模光纤也有两个窗口，分别是1310nm和1550nm。对应于这些窗口波长，可以选用适当的光源，将大大降低光能的损耗。

在CATV系统中，一般采用单模1310nm或1550nm系统，其衰减常数一般为：1310nm的衰减常数≤0.36dB/km，1550nm的衰减常数≤0.22dB/km，对于整个窗口波长范围，衰减平滑性一般为：在1285～1330nm/1310nm范围内，衰减最大差为0.05dB/km；在1525－1575nm/1550nm范围内，衰减最大差为0.05dB/km。

2）瑞利散射损耗

当光波照射到比光波长还要小的不均匀微粒时，光波将向四面八方折射，这一物理现象以发现这一现象的物理学家的名字命名，称为瑞利散射。在光纤中，因瑞利散射引起的光波衰减称为瑞利散射损耗。产生瑞利散射损耗的原因是在光纤制造过程中，因冷凝条件不均匀造成材料密度不均匀，以及掺杂时因材料组分中浓度涨落造成浓度的不均匀，以上两种不均匀微粒大小在与光波长可相比拟的范围内，结果都产生折射率分布不均匀，从而引起瑞利散射损耗。瑞利散射是固有的，不能消除。但由于瑞利散射的损耗系数与光波长的四次方成反比，随着工作波长的增加，瑞利散射损耗会迅速降低。因此远距离的光纤通信常应用长波长段波长。掺杂（如掺锗）会对瑞利散射的增加有影响。

3）结构不均匀损耗

这种散射损耗是由于光纤结构的缺陷产生的。结构缺陷包括光纤纤芯与包层交界面的不完整，存在微小的凹凸缺陷，以及芯径与包层直径的微小变化和沿纵轴方向形状的改变等，它们将引起光的散射，产生光纤传输模式散射性的损失。不断提高光纤的制造工艺，采用现代化监测控制技术，可以使结构不完善引起的散射损耗越来越小。现在的光纤制造工艺已经非常先进，这种损耗已经做到0.02dB/km以下，甚至可达到忽略不计的程度。

4）弯曲损耗

弯曲损耗是一种辐射损耗。它是由于光纤的弯曲所产生的损耗，当光纤在集束成缆或在光纤、光缆的敷设、施工、接续中造成光纤的弯曲，其弯曲的曲率半径小到一定程度时，纤芯内的光射线不满足全反射条件，使部分光功率由传输模式转为辐射模式而造成的损耗。弯曲的曲率半径越小，造成的损耗越大。一般认为，当光纤弯曲的曲率半径超过10cm时，弯曲所造成的损耗可以忽略。因此，在工程中必须要保证光缆和光纤在静态和动态时的弯曲曲率半径限值要求，通常动态时的曲率半径限值要大于静态时的曲率半径限值，这是为了确保在施工过程中不会发生光纤断裂损伤。

2. 光纤的色散特性

所谓光纤的色散是指光纤所传输信号的不同模式或不同频率成分，由于其传输速度的不同，从而引起传输信号发生畸变的一种物理现象。简言之，色散就是由于承载传输信号的不同模式或不同频率成分的光波传播速度不同，经光纤传导到达同一终端的时间有先有后，产生的群时延不同，存在时延差，这个时延差就表示色散。光纤的色散特性反映光纤能传输的信息容量，即信号不产生畸变的能力。

光纤的色散会使脉冲信号展宽，即限制了光纤的带宽或传输容量。一般说来，单模光纤的脉冲展宽与色散有下列关系：

$$\Delta\tau = d \cdot L \cdot \delta\lambda \tag{4.146}$$

即由于各传输模经历的光程不同而引起的脉冲展宽。

光脉冲经过光纤传输之后，不但幅度会因衰减而减小，波形也会发生越来越大的失真，产生脉冲展宽现象。光脉冲在光纤中传输后被展宽是由于色散的存在。按照色散的成因，色散可分为多模色散、材料色散、结构色散，这三者对合成色散所起的作用程度依次降低。

多模色散在单模光纤中不存在，而在多模光纤中则是最大的色散成因。

材料色散是光纤材料的折射率随着波长而变化产生的。任何光源发出的光都不是单一波长，而是处于某一波长范围内，并且光受到调制后能够形成边带波。由于这两个原因，光信号的频谱具有某一带宽，在这个宽度范围内折射率不同，导致不同波长信号的群速度参差不齐，产生群时延差，这一现象称为材料色散。

由于光纤的各个模式的群速度随波长而变化，在信号的波长范围内形成群时延差，这就是结构色散。结构色散取决于折射率、相对折射率差、纤芯直径、波长等，它的数值通常小于材料色散。对于单模光纤来说，其色散特性由材料色散特性和结构色散特性相加而成。石英单模光纤的色散特性如图4-35所示。

3. 光纤的带宽特性

光纤的频率响应特性$H(f)$定义为

$$H(f) = \frac{P(f)}{P(0)} = \mathrm{e}^{(f/f_c)^2 \ln 2} \tag{4.147}$$

式中：$P(f)$和$P(0)$分别是光强调制频率为f和0时，光纤输出的交流功率；f_c是半功率点频率。

实验表明，光纤的频率响应特性$H(f)$近似为高斯型，如图4-36所示。

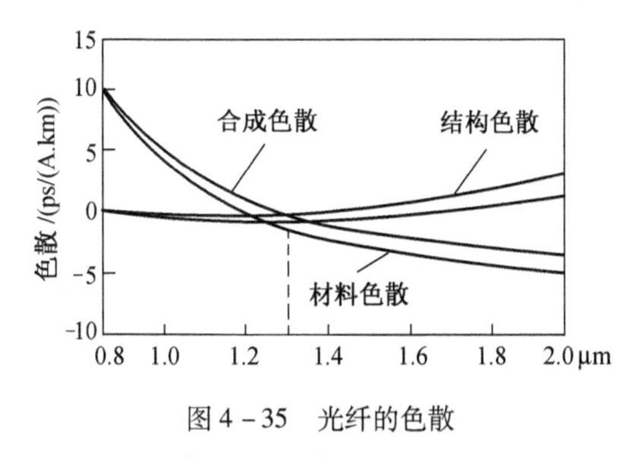

图4-35　光纤的色散

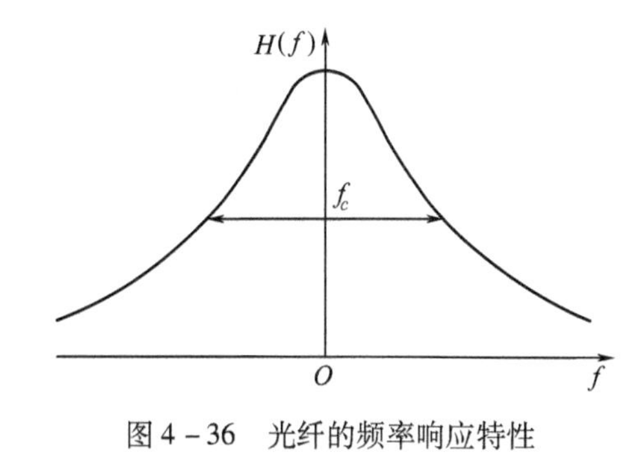

图4-36　光纤的频率响应特性

对式(4.147)取对数,可得

$$10\lg H(f) = 10\lg \frac{P(f_c)}{P(0)} = -3\text{dB} \tag{4.148}$$

因此,f_c 也称为光纤的3dB光带宽。

一般光能量大多采用光电子器件检测,而检测器输出电流正比于被测光功率。因此,对于式(4.148)来说,又有:

$$20\lg \frac{I(f_c)}{I(0)} = -6\text{dB} \tag{4.149}$$

所以,f_c 又称为6dB光带宽。可见3dB光带宽和6dB电带宽的 f_c 是相等的。

第5章　光辐射的调制原理与技术

光辐射的调制实际上就是改变载波的振幅、强度、相位或脉冲信号特性，以达到传递信息的目的。能够完成激光调制过程的装置叫做激光调制器。激光作为载波，实际上是起携带信息的作用，被携带的信息起控制作用，称为调制信号。被调制后的激光称为调制光波或已调光波。例如，在光通信系统中，我们需要把声音、图像、数据等信息加载到光波上进行传输，在接收端再从调制光波中解调出所需信息，这就是一个光辐射的调制与解调过程。

5.1　光辐射调制的基本原理与类型

激光是一种光频波段的电磁波，具有良好的相干性，与无线电波相似。激光具有很高的频率，其频率范围为 $10^{13} \sim 10^{15}$ Hz，可供利用的频带范围很宽，传递信息的容量很大，再加上激光自身的特点，使得其成为传递信息的理想光源。如何将调制信号有效加载到激光光波中，需要从光辐射的表达式中着手。

我们都知道，光波是光频波段的电磁波，而人眼和其他生物的眼睛，以及光电探测器对光波的电场分量比较敏感，因此，通常我们只关注光辐射的电场分量，而光辐射的电场分量可写成：

$$E_0(t) = A_0\cos(\omega_0 t + \varphi_0) \tag{5.1}$$

式中：A_0 为振幅；ω_0 为角频率；φ_0 为相位角，激光器的振荡频率 $f_0 = \dfrac{\omega_0}{2\pi}$。

如果式(5.1)中的 A_0, ω_0, φ_0 均为常数，则式(5.1)表示的是一种未调制的正弦振荡载波。若载波沿 z 轴方向传播，则它沿 x 轴和 y 轴的分量形式为

$$E_x(t) = A_{0x}\cos(\omega_0 t + \varphi_{0x}) \tag{5.2}$$

$$E_y(t) = A_{0y}\cos(\omega_{0y} t + \varphi_{0y}) \tag{5.3}$$

依据式(5.1)光辐射的强度为

$$I(t) = E_0^2(t) = A_0^2\cos^2(\omega_0 t + \varphi_0) \tag{5.4}$$

既然光辐射具有振幅、频率、相位、强度、偏振等参量，因此，如果能够应用某种物理方法改变光辐射的某个参量，使其按照调制信号的规律变化，那么激光束就受到了信号的调制，达到了加载信息的目的。因此，激光调制按被控制参数的不同，可分为调幅、调频、调相、脉冲调制和强度调制等。

5.1.1　振幅调制

使激光载波的振幅 A_0 按调制信号的规律变化的过程叫振幅调制，即调幅。

设调制信号为正弦波

$$E_m(t) = A_m\cos\omega_m t \tag{5.5}$$

式中：A_m、ω_m 分别为调制信号的振幅和圆频率。调制信号就是加载到激光载波上去并被传递的低频信息信号。

图 5－1 所示为载波、调制信号、已调幅波的波形示意图。从图中可以看出，已调幅波维持载波的频率和相位，但因受调制信号的控制，其波形包络与调制信号的形状一样，也就是说，载波的振幅受到调制信号的控制，按调制信号的规律变化。

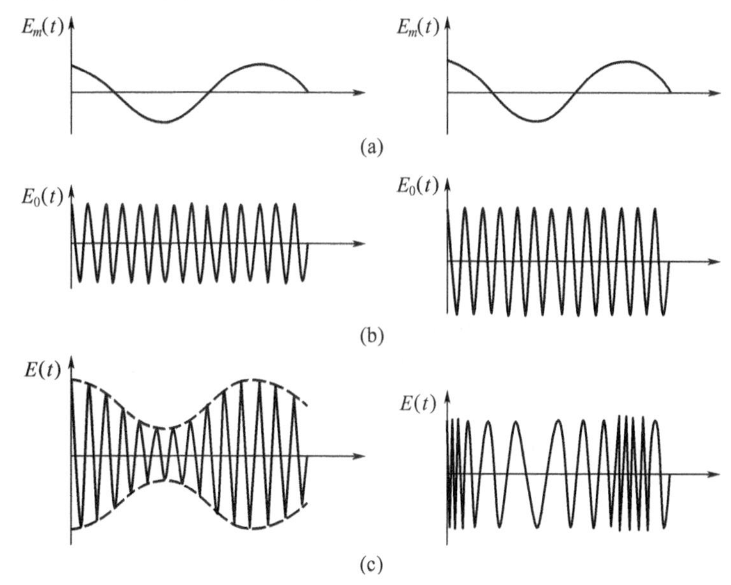

图 5－1　调制信号及调幅波
（a）调制信号；（b）载波信号；（c）已调幅波。

从图 5－1 可以看出，在进行激光束振幅调制后，式(5.1)中的振幅已经不再是一个常量，而是一个比载波多了一个与调制信号成比例的增量 $kE_m(t)$，其中 k 为比例系数。从而调幅波振幅为

$$A(t) = A_0 + kE_m(t) = A_0 + kA_m\cos\omega_m t \tag{5.6}$$

因此，调幅波的电场分量的表达式可写成：

$$E(t) = A(t)\cos(\omega_0 t + \varphi_0) = [A_0 + kA_m\cos\omega_m t]\cos(\omega_0 t + \varphi_0) \tag{5.7}$$

利用三角函数将式(5.7)展开，可以得到

$$E(t) = A_0\cos(\omega_0 t + \varphi_0) + \frac{M_A}{2}A_0\cos[(\omega_0 + \omega_m)t + \varphi_0] + \frac{M_A}{2}A_0\cos[(\omega_0 - \omega_m)t + \varphi_0] \tag{5.8}$$

式中：$M_A = \dfrac{A_m}{A_0}$，称为调幅函数。

从式(5.8)可以看出，调幅波已不再是正弦波，而是多个不同频率的简谐波之和。其中第一项是载波分量，参量未发生变化；第二、三项是因调幅过程而产生的新的振荡，其圆频率分别为$(\omega_0 + \omega_m)$和$(\omega_0 - \omega_m)$，称之为边频分量。其频率可写成

$$\begin{cases} f_1 = \dfrac{\omega_0 + \omega_m}{2\pi} = f_0 + f_m \\ f_1 = \dfrac{\omega_0 - \omega_m}{2\pi} = f_0 - f_m \end{cases} \tag{5.9}$$

其中$f_m=\dfrac{\omega_m}{2\pi}$。可见,调幅振荡的频谱是不连续的,两边频分量对称地分布于载频两侧,其频宽为调制频率的两倍,如图5-2所示。两边频振幅相等,均为$\dfrac{M_A}{2}A_0$。

如果调制信号是一个复杂的周期信号,则调幅振荡的频谱将由载波分量相对称的两个包含若干边频分量的边频带所组成。

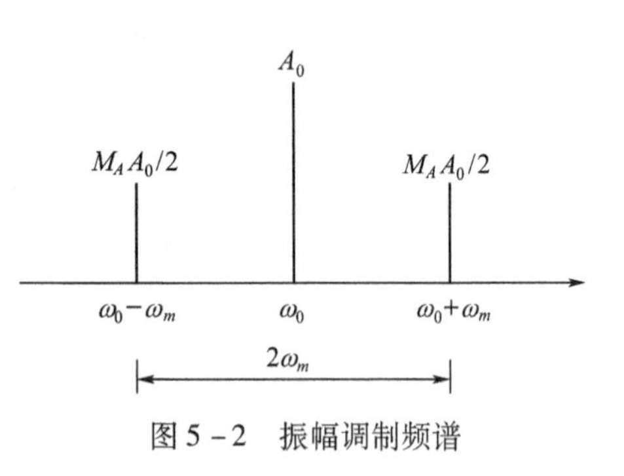

图5-2 振幅调制频谱

5.1.2 频率调制和相位调制

1. 频率调制

频率调制又称调频(FM),它是使高频振荡信号的频率按调制信号的规律变化,而振幅保持恒定的一种调制方式。即式(5.1)中的角频率ω_0不再是常数,而是随调制信号的变化而变化。

如果调制信号$E_m(t)$是一个幅值为A_m、频率为ω_m的余弦信号,其初始相位为0,即

$$E_m(t)=A_m\cos\omega_m t \tag{5.10}$$

而载波信号为

$$E_0(t)=A_0\cos(\omega_0 t+\varphi_0) \tag{5.11}$$

调频时载波的幅度A_0和初始相位角φ_c不变,瞬时频率$\omega(t)$围绕着φ_c随调制信号的电压作线性的变化,因此有:

$$\omega(t)=\omega_0+\Delta\omega(t)=\omega_0+k_fE_m(t)=\omega_0+\Delta\omega_m\cos\omega_m t \tag{5.12}$$

式中:k_f是一个比例常数,其大小由具体的调频电路决定;式(5.12)表示在ω_0的基础上,增加了与调制信号$E_m(t)$成正比的频率偏移。可以看到,频率偏移与调制信号的幅值成正比,与调制信号的频率无关,这是调频波的基本特征之一。

调频信号的瞬时相位$\varphi(t)$是瞬时角频率$\omega(t)$对时间的积分,即

$$\varphi(t)=\int_0^t\omega(t)\mathrm{d}t+\varphi_0 \tag{5.13}$$

式中:φ_0是信号的起始角频率,为分析问题方便,可以设$\varphi_0=0$,此时,式(5.13)可变为

$$\varphi(t)=\int_0^t\omega(t)\mathrm{d}t \tag{5.14}$$

将式(5.12)代入式(5.14)中并积分,可得

$$\varphi(t)=\int_0^t\omega(\tau)d\tau=\omega_0 t+\frac{\Delta\omega_m}{\omega_m}\sin\omega_m t=\omega_0 t+m_f\sin\omega_m t=\varphi_0+\Delta\varphi(t) \tag{5.15}$$

式中:$m_f=\dfrac{\Delta\omega}{\omega_m}$,为调频指数。

因此,调频波的表示式为

$$E_{FM}(t)=A_0\cos(\omega_0 t+m_f\sin\omega_m t) \tag{5.16}$$

图 5－3 画出了频率调制过程中调制信号、调频信号及相应的瞬时频率和瞬时相位波形。

2. 相位调制

相位调制就是使载波相位 $\varphi(t)$ 以未调载波相位 φ_c 为中心，按调制信号规律变化的等幅高频振荡，也就是以式(5.1)中的相位角 $(\omega_0 t+\varphi_0)$ 为中心，相位随调制信号的变化规律而变化。

若调制信号是初始相位为 0 的余弦函数，

$$E_m(t) = A_m\cos\omega_m t \tag{5.17}$$

为分析问题方便，假定载波的初始相位 $\varphi_0=0$，即

$$E_0(t) = A_0\cos\omega_0 t \tag{5.18}$$

则调相波的瞬时相位可写为

$$\begin{aligned}\varphi(t) &= \omega_0 t + \Delta\varphi(t) = \omega_0 t + k_P E_m(t) = \omega_0 t + \Delta\varphi_m\cos\omega_m t \\ &= \omega_0 t + m_P\cos\omega_m t\end{aligned} \tag{5.19}$$

式中：$\Delta\varphi(t)=k_P A_m$，称为最大相偏；m_P 称为调相指数；$k_P=\dfrac{\Delta\varphi(t)}{A_m}$，称为调相灵敏度。因此，则调制波的表达式可以写成：

$$E(t) = A_0\cos(\omega_0 t + m_P\cos\omega_m t) \tag{5.20}$$

图 5－4 所示是相位调制过程中调频信号、调相信号及相应的瞬时频率和瞬时相位的波形图。

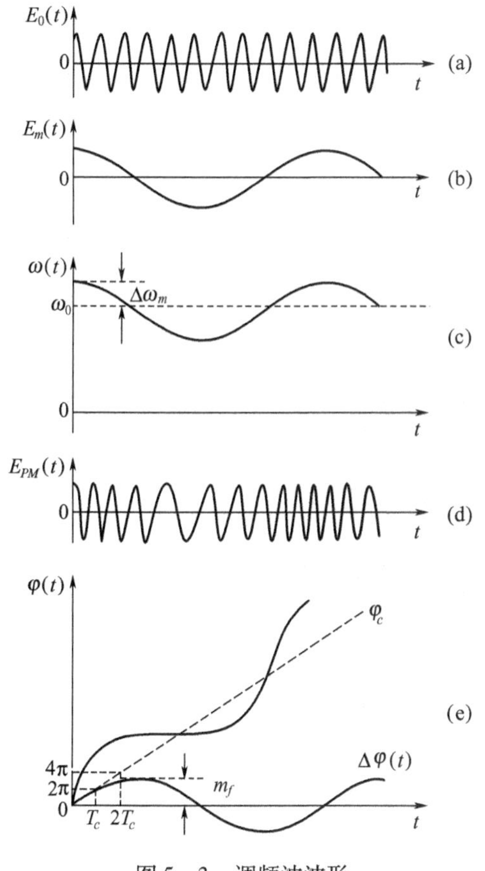

图 5－3　调频波波形

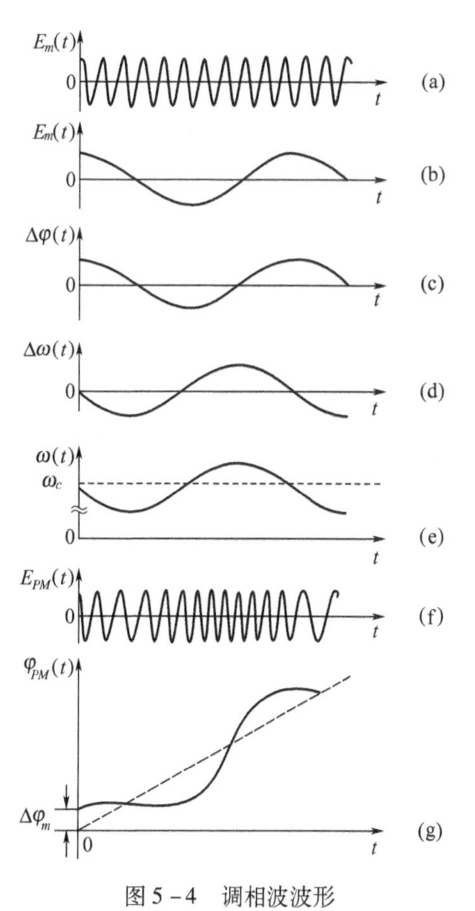

图 5－4　调相波波形

3. 角度调制

从以上讨论可知,虽然频率调制是光载波的频率随调制信号的变化规律而改变,相位调制则是使光载波的相位随调制信号的变化规律而改变,但二者最终都表现为总相角的变化,因此统称为角度调制。

当载波的初相位为0时,角度调制可以用一个统一的表达式来表示:

$$E(t)=A_0\cos(\omega_0 t+m\sin\omega_m t) \tag{5.21}$$

将式(5.21)按三角公式展开,并应用

$$\cos(m\sin\omega_m t)=J_0(m)+2\sum_{n=1}^{\infty}J_{2n}(m)\cos(2n\omega_m t)$$

$$\sin(m\sin\omega_m t)=2\sum_{n=1}^{\infty}J_{2n-1}(m)\sin[(2n-1)\omega_m t]$$

可得

$$E(t)=A_0J_0(m)\cos\omega_0+A_0\sum_{n=1}^{\infty}J_n(m)[\cos(\omega_0+n\omega_m)t+$$
$$(-1)^n\cos(\omega_0-n\omega_m)t] \tag{5.22}$$

可见,在单频余弦波调制时,其角度调制波的频谱是由光载频与在它两边对称分布的无穷多对边频组成,如图5-5所示是单频调制时FM波的振幅谱分布,图中忽略了幅度较小的边频分

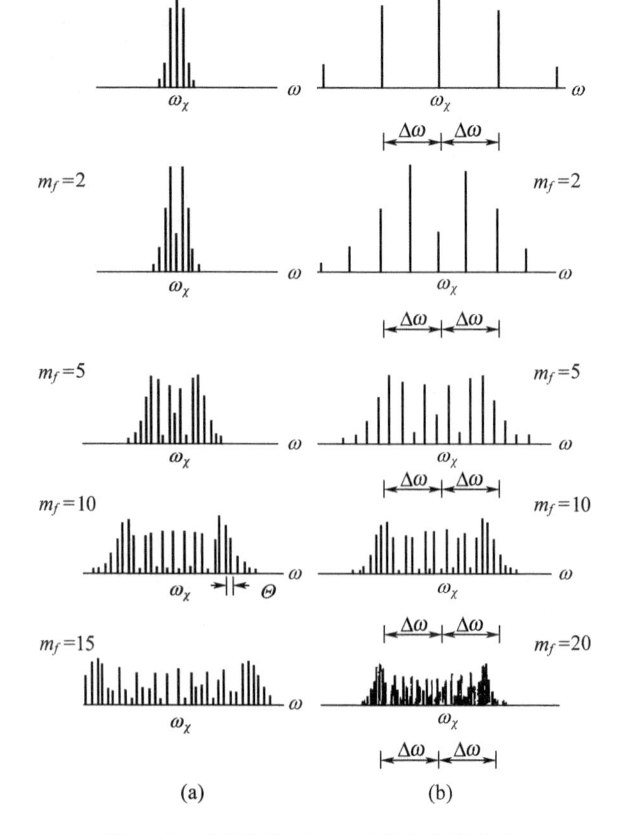

图5-5 单频调制时FM波的振幅谱分布

量。显然,若调制信号不是单频余弦波,则其频谱将更为复杂。

5.1.3　强度调制

强度调制使光载波的强度(光强)随调制信号的规律而变化的一种调制方法,如图5-6所示。

光强定义为光波电场的平方

$$I(t) = E^2(t) = A_0^2\cos^2(\omega_0 t + \varphi_0) \tag{5.23}$$

于是,强度调制的光强可表示为

$$I(t) = \frac{A_0^2}{2}[1 + k_p a(t)]\cos^2(\omega_0 t + \varphi_0) \tag{5.24}$$

式中:k_p 为光强比例系数。

如果调制信号是单频余弦波,则

$$I(t) = \frac{A_0^2}{2}[1 + m_p\cos\omega_m t]\cos^2(\omega_0 t + \varphi_0) \tag{5.25}$$

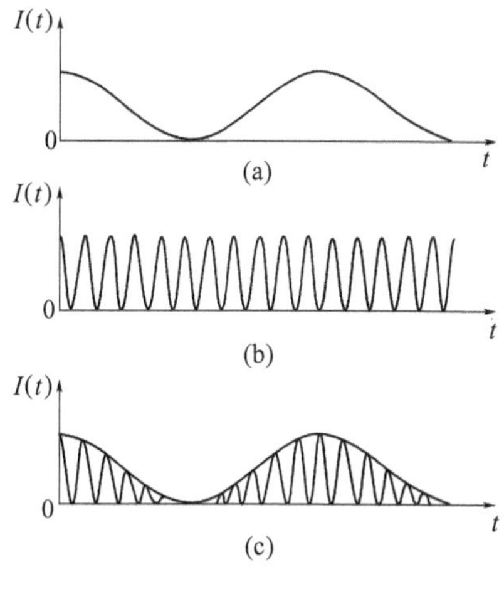

图5-6　强度调制

式中:$m_p = k_p A_m$,称为强度调制系数。

强度调制波的频谱可用前面所述的类似方法求得,其结果与调幅波略有不同,其频谱分布除了载频及对称分布的两边频之外,还有低频 ω_m 和直流分量。

式(5.25)是已调光强度的表示式,它表明已调振荡的强度受到调制信号的控制而变化。强度调制器与幅度调制器在构造上并没有什么不同,其差别在于检测调制光的方法。由于一般光探测器是直接接收所探测的光强,因此激光调制一般都采用强度调制形式。

以上几种调制形式所得到的调制波都是连续振荡的波,称为模拟式调制。在目前的光通信中还广泛采用一种在不连续状态下进行调制的脉冲调制和数字式调制(也称为脉冲编码调制)。它们一般是先进行电调制,再对光载波进行光强度调制。

5.1.4　脉冲调制

脉冲调制是用间歇的周期性脉冲序列作为载波,并使载波的某一参量按调制信号规律变化的调制方法。即先用模拟调制信号对一电脉冲序列的某参量(幅度、宽度、频率、位置等)进行电调制,使之按调制信号规律变化,成为已调脉冲序列,如图5-7所示。然后再用这些已调电脉冲序列对光载波进行强度调制,就可以得到相应变化的光脉冲序列。

如图5-7所示,脉冲调制有脉冲幅度调制、脉冲宽度调制、脉冲频率调制和脉冲位置调制等。脉冲振幅调制简称脉幅调制,如图5-7(b)所示,是对脉冲载波进行调幅的方式。脉冲宽度调制简称脉宽调制,如图5-7(c)所示,是对脉冲载波的脉冲持续时间(脉宽)随调制波的样值而变的脉冲调制方式。脉冲频率调制简称脉频调制,如图5-7(d)所示,是对脉冲载波进行调频的方式。脉冲位置调制简称脉位调制,如图5-7(e)所示,是对脉冲载波的时间位置(脉位)随调制波的样值而变的脉冲调制方式。

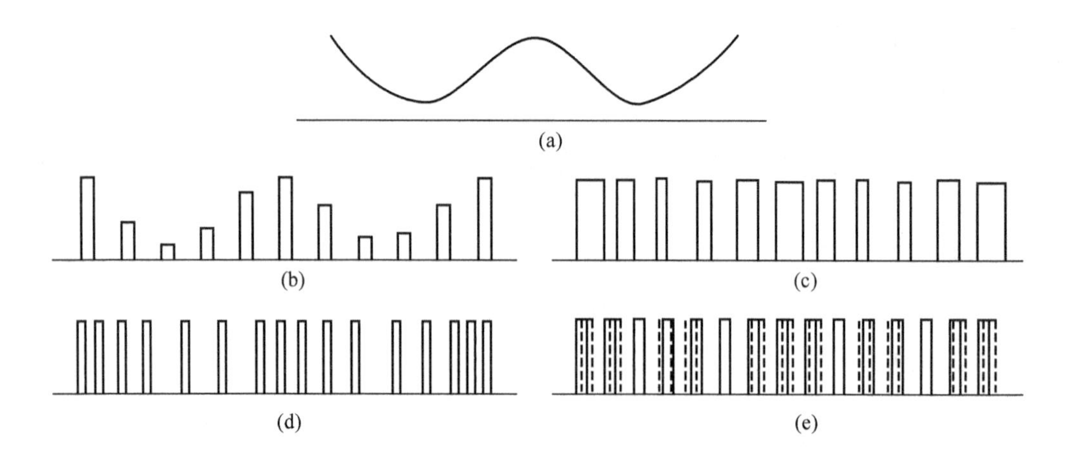

图5-7 脉冲调制形式

（a）调制信号；（b）脉冲幅度调制；（c）脉冲宽度调制；（d）脉冲频率调制；（e）脉冲位置调制。

5.1.5 脉冲编码调制

脉冲编码调制(Pulse-Code Modulation,PCM)是一种模拟信号的数码化调制方法。这种调制方法先将信号的强度依照同样的间距分成数段,先变成电脉冲序列,然后用独特的数码记号(通常是二进制)来量化,再对光载波进行强度调制。

实现脉冲编码调制,必须进行三个过程：抽样、量化和编码。

（1）抽样。抽样就是把连续信号波分割成不连续的脉冲序列,且脉冲序列的幅度与信号波的幅度相对应。也就是说,通过抽样,原来的模拟信号变成一脉幅调制信号。按照抽样定理,只要取样频率比所传递信号的最高频率大两倍以上,就能恢复原信号。

（2）量化。量化就是把抽样后的脉幅调制波作分级取“整”处理,用有限个数的代表值取代抽样值的大小。经抽样再通过量化过程变成数字信号。

（3）编码。编码是把量化后的数字信号变换成相应的二进制码的过程。即用一组等幅度、等宽度的脉冲作为“码子”,用“有”脉冲和“无”脉冲分别表示二进制数码的“1”和“0”。再将这一系列反映数字信号规律的电脉冲加到一个调制器上,以控制激光的输出,由激光载波的极大值代表二进制编码的“1”,而用激光载波的零值代表“0”。这种调制方式具有很强的抗干扰能力,在数字激光通信中得到了广泛的应用。

图5-8所示是一个正弦波被取样和量化为PCM的示意图。正弦波在每段固定时间(图中所示x轴的刻度)内被取一次样,而每一个样本则依照某种运算法(在这个例子中是ceiling函数),选定它们在y轴上的位置。这样便产生完全离散的输入信号的替代物,很容易编码成为数码数据,以作保存或操纵。

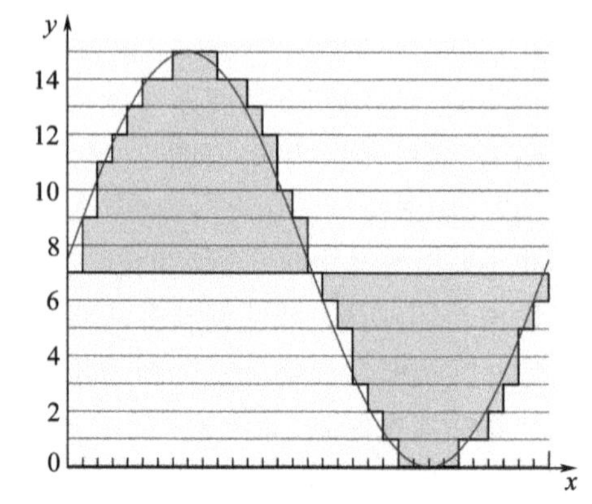

图5-8 模拟信号转换至4-bit PCM的取样和量化

从图5-8可以很清楚看出样本为9、11、12、13、14、14、15、15、15、14…,将它们以二进制编码,就得到一组一组的数字：1001、1011、1100、1101、1110、1111、1111、1111、1110…,这些数码数据可以

被特定用途的DSP或者一般的CPU所处理。

5.1.6　光辐射调制的基本技术

尽管光束调制方式不同,但其调制的工作原理都是基于电光、声光、磁光等各种物理效应。因此,后边分别讨论电光调制、声光调制、磁光调制和直接调制的原理和方法。根据调制器与激光器的关系可以分为内调制和外调制两大类。

所谓内调制是指将欲传输的信号直接加载在激光器中,通过改变激光的输出特性来实现光辐射的调制。实现内调制的方法又可分为两种:一是通过直接控制激光器泵浦电源,调制激光的输出强度,使输出激光的光强受电源控制;二是将调制元件放入激光器谐振腔中,用调制信号控制调制元件物理特性的变化,通过改变谐振腔的参数实现改变激光输出特性而达到调制的目的。例如,半导体激光器通常就是利用调制信号直接控制激光器的偏置电流来实现对所发射激光的强度进行调制,属于第一种内调制情况。内调制具有简单、经济、容易实现等优点。但是,在高速光通信系统或密集波分复用系统中,直接调制带来的频率啁啾却会造成很大的危害。因此,需要将光源与调制器分开设立,即光源的发光是稳定的,调制器设在光源之外,这种调制方法就是外调制,如图5-9所示。外调制技术不仅适用于半导体激光、发光二极管,也适用于其他光源。

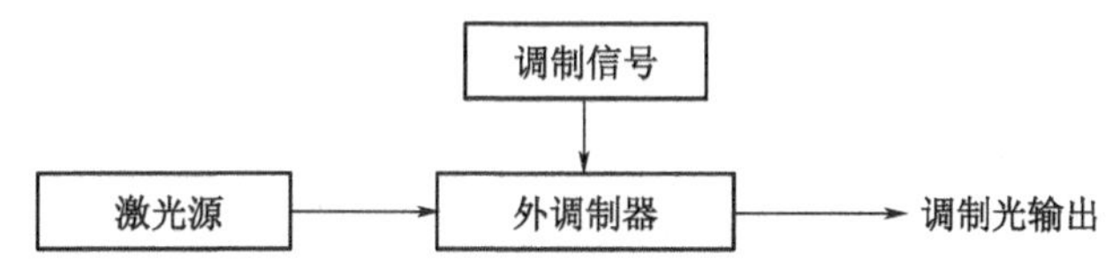

图5-9　外调制结构图

外调制是在激光器谐振腔外的光路上放置调制器,将欲传输的信号加载于调制器上,当激光通过调制器时,它的物理性质,如强度、相位、频率等将发生变化,从而起到加载调制信号的目的,外调制的最大优点是不受外界条件的干扰,是人们比较重视的调制方法。

5.2　机械调制

我们通过一个测量液体浓度的实验装置来说明光辐射的机械调制。图5-10是一个液体浓度测量系统,光源发出的光依次通过斩光盘上的小孔和吸收池中的溶液,最后被光探测器接收。液体的浓度越大,探测器接收到的光电流就越弱,测量仪表上读出的浓度也就越大。但在实际测量中,探测器很容易受到杂散光的干扰,如果不能排除这些干扰,就不能准确测量溶液的浓度。

为了降低(或排除)杂散光对测量结果的影响,一种解决方案就是对光源的出射光进行调制。为此,在光路中加入一个具有等孔间隔的转盘,使电机带动转盘作匀速旋转,这样,进入溶液的光即变成了调制光,其调制频率为$f=nm/60$,式中n是电机每分钟的转数,m是盘子上分布的孔数。当光源经过调制后,探测器输出的信号将会变为如图5-11所示的形式,背景电流是因为杂散光造成的,方波电流是透过溶液的调制光的信号。

设计一个有源带通滤波器,使其中心频率$f_0=nm/60$,该频率是明显区别于杂散光的频率,通频带窄,使得杂散光信号被滤去,方波信号被分出来。由方波幅度可得准确的溶液浓度。

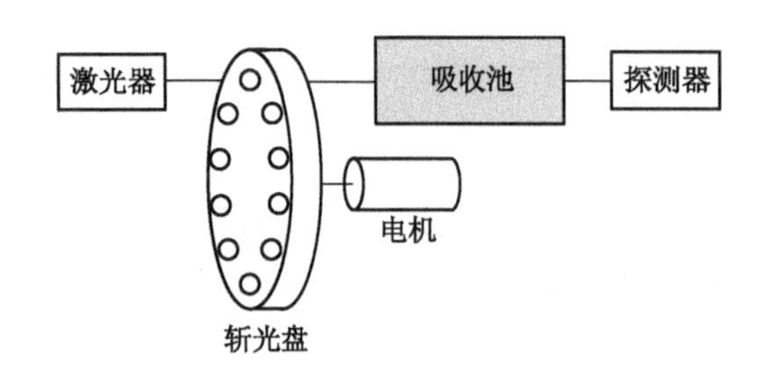

图 5-10 利用调制光测量液体的浓度

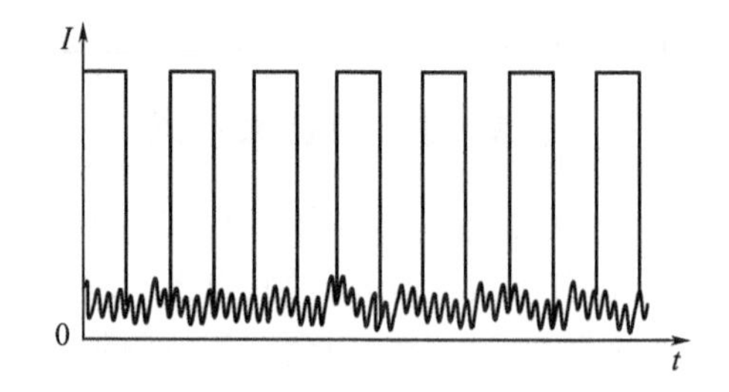

图 5-11 检测器输出的光电流

图 5-10 中电机带动转盘作匀速旋转,是一种机械调制装置。我们将这种以机械的手段达到光辐射调制的方法,称为光辐射的机械调制。

电机带动圆盘的转动是机械调制的一种手段,在实际应用中,还有一些其他的机械调制方法,如图 5-12 所示。

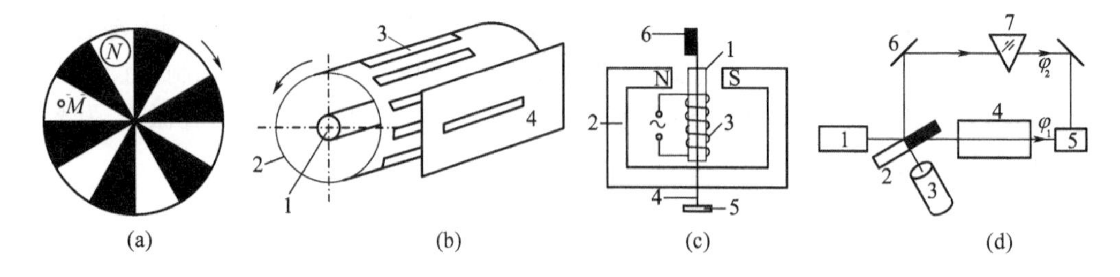

图 5-12 用机械方法调制光通量

(a) 圆盘旋转调制法; (b) 空心鼓旋转调制法; (c) 磁化衔铁振动调制法; (d) 同步电极调制法。

图 5-12(a)所示是一个带有黑白相间的扇形的圆盘,白色为透明部分,黑色部分挡光。当盘旋转时,通过盘的光脉冲周期性地变化。如果光源聚焦在盘上成一极小的圆,如 M 点,则通过盘的光脉冲为矩形波;如果光源在盘上的像较大,如 N 点的圆,则盘旋转时,黑色的扇形逐渐遮盖光斑,通过盘的光通量近似正弦地变化,这种方法称为圆盘旋转调制法。

如果想要得到线调制光源,则如图 5-12(b)所示,可把线光源 1 放在圆筒 2 的中心,在圆筒的表面设置相隔等距离的狭缝 3,鼓的前面放置缝隙光阑 4,当空心鼓旋转时,即可得到线状的调制光,这种方法称为空心鼓旋转调制法。

图 5-12(c)所示,当电磁线圈 3 通电后,振动衔铁 1 被磁化。当线圈中通以交流电时,衔铁上端的磁化极性亦随电流方向的变化而变化。在永久磁铁 2(固定不动)的磁场作用下,衔铁 1 在永久磁铁 2 的 N、S 两极间振动。振动频率由线圈 3 中的交流电源频率决定。衔铁的一端通过簧片 4 固定于底座 5,另一端安装一小旗 6。小旗的位置处于聚光透镜的焦点附近,当衔铁振动时,光通量被断续地遮断。这种方法是靠机械振动遮断光通量进行调制的,被称为磁化衔铁振动调制法。

图 5-12(d)所示的装置中,光源 1 发出的光通量经同步电动机 3 带动的半盘形镜子 2 后, 分成两支光束 ϕ_1 和 ϕ_2。光束 ϕ_1 通过充以被测试液体的液槽 4 后,到达光电器件 5;光束 ϕ_2 经反射镜 6、光楔 7 及反射镜 8 到达光电器件 5。光束 ϕ_1 和 ϕ_2 照射光电器件的时间各占总时间的一半,它们的频率由电动机的转速决定。根据光电器件 5 的输出信号的性能,可以比较 ϕ_1、ϕ_2 而得到测量,且排除了干扰。

机械调制的优点是容易实现,能对辐射的任何光谱成分进行调制,能满足检测的一般需要;缺点是有运动部分,寿命较短,体积较大,有的较重,很难得到高的调制频率。

5.3 电光调制

第4章讲过,在外加强电场的作用下,本来是各向同性的介质可以产生双折射现象,而本来有双折射性质的晶体,其双折射性质也要发生变化,我们将这种现象称为电光效应。折射率的改变与所加外电场的大小成正比的电光效应称为线性电光效应(一次电光效应)或泡克尔斯效应(Pockels),只有那些不具有对称中心的晶体才能产生线性电光效应,如KDP类晶体、铌酸锂晶体($LiNbO_3$)等。一些光学上各向同性的晶体、液体或气体,如钛酸钡($BaTiO_3$)晶体,在强电场作用下会变成光学各向异性体,且外加电场引起的折射率的改变与电场强度的平方成正比,这种电光效应称为二次电光效应或克尔(Kerr)效应。

利用晶体的电光效应进行的光辐射调制就是电光调制。电光效应可实现强度调制和相位调制。本节以KDP(磷酸二氢钾)电光晶体为例,讨论电光调制的基本原理和电光调制器的结构。

KDP晶体是负单轴晶体,其外形如图5-13所示。两端正四棱锥顶点的连线为光轴方向(z轴)。将晶体切成长方体,则两个正方形的端面与光轴垂直,这种切割方式称为z切割。

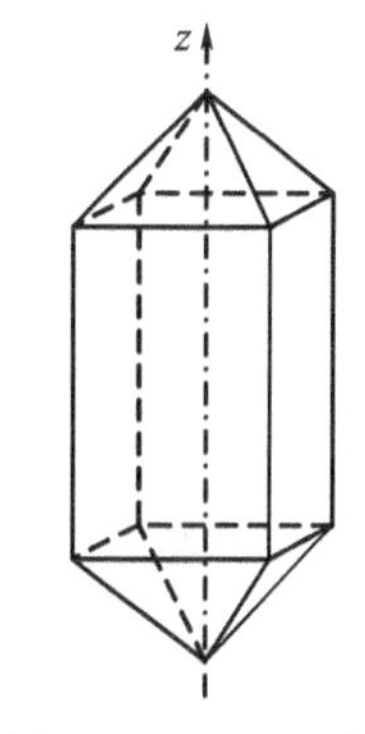

图5-13　KDP晶体

5.3.1 电光强度调制

电光强度调制主要是指利用电光晶体的纵向电光效应和横向电光效应所实现的光辐射调制。所谓纵向电光效应是指电场沿晶体主轴z加载,使电场方向与光束传输方向平行所产生的电光效应;所谓横向电光效应是指加载电场的方向沿着晶体的任一主轴(x轴、y轴或z轴),而光束的传播方向与电场方向垂直时所产生的电光效应。

1. 纵向电光调制

基于纵向电光效应的电光调制系统的结构如图5-14所示,KDP晶体置于两个正交的偏振器之间,其中起偏器P_1的偏振方向平行于电光晶体的x轴,检偏器P_2的偏振方向平行于电光晶体的y轴,在电光晶体和检偏器P_2之间插入$\lambda/4$波片。

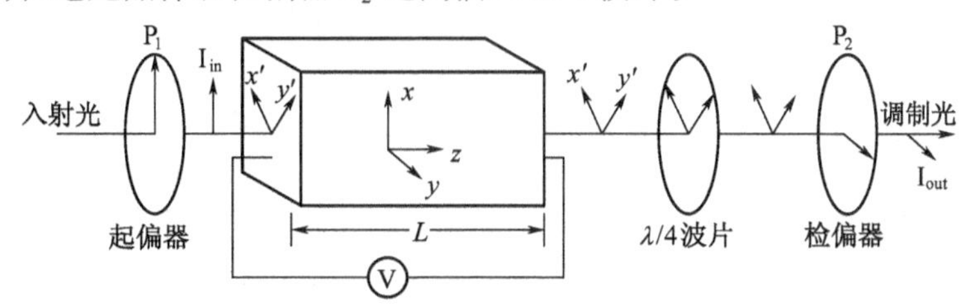

图5-14　纵向电光强度调制原理与结构

当沿晶体z轴方向施加电场后,晶体的感应主轴x'和y'轴分别旋转到与原主轴x和y轴成45°夹角的方向。因此,沿z轴入射的光束经起偏器变成平行于x方向的线偏振光,进入晶体后被分解为沿x'和y'方向的两个分量,其振幅和相位都相同,分别为

$$E_{x'}(0) = A\cos\omega_0 t$$

$$E_{y'}(0) = A\cos\omega_0 t$$

或采用复数表示为

$$E_{x'}(0) = A\exp(\mathrm{i}\omega_0 t)$$

$$E_{y'}(0) = A\exp(\mathrm{i}\omega_0 t)$$

因为光强正比于电场的平方,因此,入射光强度可以写成

$$I_{in} \propto E \cdot E^* = |E_{x'}(0)|^2 + |E_{y'}(0)|^2 = 2A^2 \tag{5.26}$$

根据光在电光晶体中的传输规律,当入射光经过长度为 L 的晶体之后,受晶体电光效应的作用,$E_{x'}$ 和 $E_{y'}$ 两个分量之间产生了一个相位差 $\Delta\varphi$,因此两个方向的电场分量的表达式可写成:

$$E_{x'}(L) = A$$

$$E_{y'}(L) = A\mathrm{e}^{-\mathrm{i}\Delta\varphi}$$

这就是说,通过晶体后的光束在经过检偏器后的总电场强度是 $E_{x'}(L)$ 和 $E_{y'}(L)$ 在 y 方向的投影之和,即

$$(E_y)_0 = \frac{A}{\sqrt{2}}(\mathrm{e}^{-\mathrm{i}\Delta\varphi} - 1)$$

与之相应的输出光强为

$$I_{out} \propto [(E_y)_o \cdot (E_y^*)_o] = \frac{A^2}{2}(\mathrm{e}^{-i\Delta\varphi} - 1)(\mathrm{e}^{\mathrm{i}\Delta\varphi} - 1) = 2A^2\sin^2\left(\frac{\Delta\varphi}{2}\right) \tag{5.27}$$

应用光在电光晶体中传播方面的知识(见第 4 章),比较式(5.26)和式(5.27)可得,经过纵向电光效应后的调制器的透过率为

$$T = \frac{I_{out}}{I_{in}} = \sin^2\left(\frac{\Delta\varphi}{2}\right) = \sin^2\left(\frac{\pi}{2}\frac{V}{V_x}\right) \tag{5.28}$$

式(5.28)表明,基于纵向电光效应的电光晶体的透射率与加载在晶体上的电压具有非线性关系,将该透射率与沿光传播方向加载在晶体上的电压关系作图,即可得到如图 5-15 所示的曲线,这个曲线称为电光强度调制特性曲线。

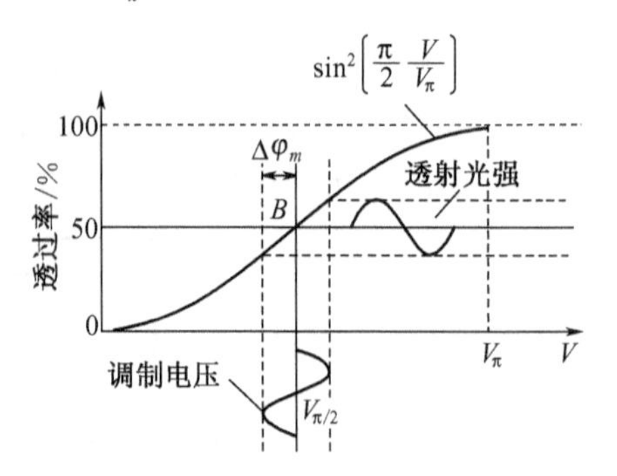

图 5-15 电光调制特性曲线

从图中可以看到,一般情况下,调制器的输出特性与外加电压的关系是非线性的,但在 $\frac{V_\pi}{2}$ 附近有一近似直线部分,这一直线部分称为线性工作区。若调制器工作在非线性区,则调制光强将发生畸变。

为了获得线性调制,可以通过引入一个固定的 $\pi/2$ 相位延迟,使调制器的电压偏值在 $T=50\%$ 的工作点上。常用的办法有两种:一种是在调制晶体上除了施加信号电压之外,再附加一个 $V_{\pi/2}$ 的固定偏压,但此法会增加电路的复杂性,而且工作点的稳定性也差;二是如图5-14所示,在调制器的光路上插入一个 $\lambda/4$ 波片,其快慢轴与晶体的主轴 x 成 45°角,从而使 $E_{x'}$ 和 $E_{y'}$ 两个分量之间产生 $\pi/2$ 的固定相位差。

于是，式(5.28)中的总相位差为

$$\Delta\varphi = \frac{\pi}{2} + \pi\frac{V_m}{V_\pi}\sin\omega_m t = \frac{\pi}{2} + \Delta\varphi_m\sin\omega_m t$$

式中：$\Delta\varphi_m = \pi\frac{V_m}{V_\pi}$，是相应于外加调制信号电压 V_m 的相位差。因此，调制的透过率可表示为

$$T = \frac{I_{out}}{I_{in}} = \sin^2\left(\frac{\pi}{4} + \frac{\Delta\varphi_m}{2}\sin\omega_m t\right) = \frac{1}{2}[1 + \sin(\Delta\varphi_m\sin\omega_m t)] \tag{5.29}$$

利用贝塞尔函数将上式中的 $\sin(\Delta\varphi_m\sin\omega_m t)$ 展开得

$$T = \frac{1}{2} + \sum_{n=0}^{\infty}\{J_{2n+1}(\Delta\varphi_m)[(2n+1)\omega_m t]\} \tag{5.30}$$

可见，基于电光效应的光调制中，输出的调制光含有高次谐波分量，进而使调制光发生畸变。为了获得线性调制，必须将高次谐波控制在允许的范围内。设基频波和高次波的幅值分别为 I_1 和 I_{2n+1}，则高次谐波与基频波成分的比值为

$$\frac{I_{2n+1}}{I_1} = \frac{J_{2n+1}(\Delta\varphi_m)}{J_1(\Delta\varphi_m)} \quad (n = 0,1,2,\cdots) \tag{5.31}$$

若取 $\Delta\varphi_m = 1\text{rad}$，则 $J_1(1) = 0.44$，$J_3(1) = 0.02$，则 $I_3/I_1 = 0.045$，即三次谐波为基波的4.5%。在这个范围内可近似获得线性调制，因而取

$$\Delta\varphi_m = \pi\frac{V_m}{V_z} \leqslant 1\text{rad} \tag{5.32}$$

作为线性调制的判据。此时 $J_1(\Delta\varphi_m) \approx \frac{1}{2}\Delta\varphi_m$，将这个结果代入式(5.30)中，可得

$$T = \frac{I_{out}}{I_{in}} = \frac{1}{2}(1 + \Delta\varphi_m\sin\omega_m t) \tag{5.33}$$

这就是说，为了获得线性调制，要求调制信号不宜过大，也就是通常所说的小信号调制，反之，如果 $\Delta\varphi_m \leqslant 1\text{rad}$ 的条件不能满足，则称为大信号调制。在小信号调制下，调制光的输出就是调制信号 $V = V_m\sin\varphi_m t$ 的线性再现；而大信号调制下，调制光的输出则会发生畸变。

纵向电光调制器具有结构简单、工作稳定、不存在自然双折射的影响等优点。其缺点是半波电压太高，特别是在调制频率较高时，功率损耗比较大。

2. 横向电光调制

因为横向电光效应是电场沿晶体任一主轴施加，而光束传播与电场方向垂直，因此，横向电光效应的运用可以分为三种不同形式：

一是将晶体沿45° - z 切割，沿 z 轴方向加电场，通光方向垂直于 z 轴，并与 x 轴或 y 轴成45°夹角，如图5 - 16(a)所示；二是将晶体沿45° - x 切割，沿 x 方向加电场(即电场方向垂直于光轴)，通光方向垂直于 x 轴，并与 z 轴成45°夹角，如图5 - 16(b)所示；三是将晶体沿 y 方向切割，沿 y 方向加电场(即电场方向垂直于光轴)，通光方向垂直于 y 轴，并与 z 轴成45°夹角，这种情况与第二种情况类似。

本节仅以KDP晶体的第二类运用方式为代表介绍基于横向电光效应的电光调制原理与

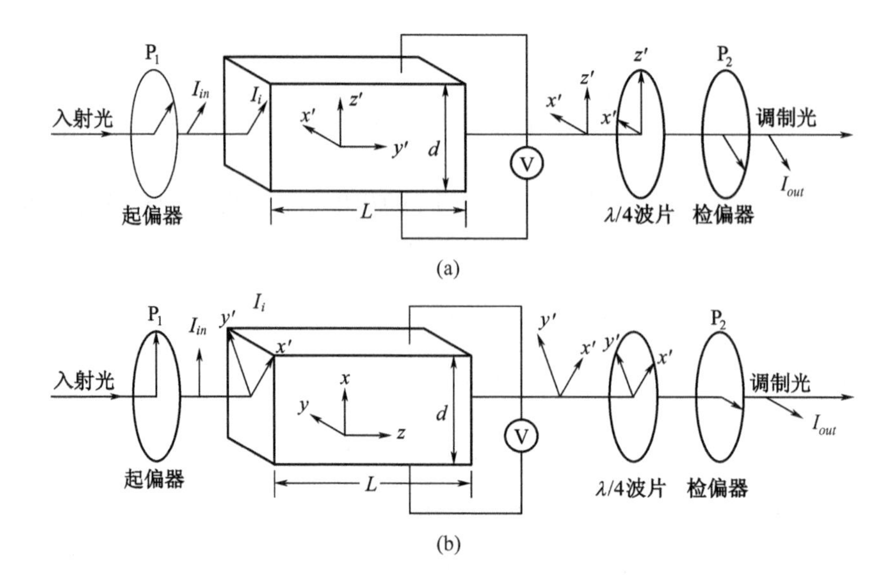

图 5-16　晶体横向电光效应原理图

结构。如图 5-16(b)所示,其中起偏器 P_1 的偏振方向平行于电光晶体的 x 轴,检偏器的偏振方向平行于 y 轴。入射光经起偏器 P_1 后变为振动方向平行于 x 轴的线偏振光,它在晶体的感应轴 x'和 y'轴上的投影的振幅和位相均相等,设分别为

$$\begin{aligned} E_{x'} &= A_0\cos\omega t \\ E_{y'} &= A_0\cos\omega t \end{aligned} \tag{5.34}$$

因此,将位于晶体表面($z=0$)处的光波可以表示为

$$\begin{aligned} E_{x'}(0) &= A \\ E_{y'}(0) &= A \end{aligned} \tag{5.35}$$

所以,入射光的强度是

$$I_{in} \propto E \cdot E^* = |E_{x'}(0)|^2 + |E_{y'}(0)|^2 = 2A^2 \tag{5.36}$$

进入晶体后,入射光将被分解为沿 x'和 y'振动的两个分量,在电场作用下,这两个方向的折射率不同,分别用 $n_{x'}$和 $n_{y'}$表示,因此,当光通过长为 L 的电光晶体后,光在两个方向的传输就会产生光程差,即光在 x'和 y'两分量之间存在相差 δ,因此,当光经过电光晶体后,出射光可以写成

$$\begin{aligned} E_{x'}(L) &= A \\ E_{y'}(L) &= A\mathrm{e}^{-\mathrm{i}\delta} \end{aligned} \tag{5.37}$$

而通过检偏器出射的光,是这两分量在 y 轴上的投影之和

$$E_y(L) = \frac{A}{\sqrt{2}}(\mathrm{e}^{\mathrm{i}\delta} - 1) \tag{5.38}$$

对应的输出光强 I_{out}可写成

$$I_{out} \propto [(E_y)_0 \cdot (E_y)_0^*] = \frac{A^2}{2}[(\mathrm{e}^{-\mathrm{i}\delta} - 1)(\mathrm{e}^{\mathrm{i}\delta} - 1)] = 2A^2\sin^2\frac{\delta}{2} \tag{5.39}$$

由式(5.36)和式(5.39),可得光强的透过率 T 为

$$T = \frac{I_{out}}{I_{in}} = \sin^2 \frac{\delta}{2} \tag{5.40}$$

$$\delta = \frac{2\pi}{\lambda}(n_{x'} - n_{y'})L = \frac{2\pi}{\lambda}n_0^3\gamma_{63}V\frac{L}{\mathrm{d}} \tag{5.41}$$

由此可见,δ 和 V 有关,当电压增加到某一值时,x'、y'方向的偏振光经过晶体后产生$\frac{\lambda}{2}$的光程差,位相差 $\delta=\pi$,$T=100\frac{0}{0}$,这一电压称为半波电压,通常用 V_π或 $V_{\frac{\lambda}{2}}$表示。

V_π 是描述晶体电光效应的重要参数,在应用中,这个电压越小越好,如果 V_π 小,需要的调制信号电压也小,根据半波电压值,我们可以估计出电光效应控制透过强度所需电压。

由式(5.41)可得,半波电压为

$$V_\pi = \frac{\lambda}{2n_0^3\gamma_{22}}\left(\frac{\mathrm{d}}{L}\right) \tag{5.42}$$

式中: d 和 L 分别为晶体的厚度和长度。

由式(5.41)和式(5.42)可得

$$\delta = \pi\frac{V}{V_\pi} \tag{5.43}$$

因此,可以将式(5.40)改写成

$$T = \sin^2\frac{\pi}{2V_\pi}V = \sin^2\frac{\pi}{2V_\pi}(V_0 + V_m\sin\omega t) \tag{5.44}$$

式中: V_0 是直流偏压;$V_m\sin\omega t$ 是交流调制信号,V_m 是其振幅;ω 是调制频率。从式(5.44)可以看出,改变 V_0 或 V_m,透过率将相应地发生变化。

与纵向电光调制相似,在横向电光调制中,晶体透射率 T 与所加载电压 V 的关系也是非线性的,若工作点选择不适合,会使输出信号发生畸变。但在$\frac{V_\pi}{2}$附近有一近似直线区域,这一区域称作线性工作区,由式(5.42)~式(5.44)可以看出,当 $V=\frac{1}{2}V_\pi$时,$\delta=\frac{\pi}{2}$,$T=50\%$。

3. 基于电光强度调制的光通信实验系统

图5-17是一种基于电光强度调制的光通信实验系统示意图。半导体激光器处于稳定工作状态,由激光器产生的激光,经起偏器 P_1 后成线偏振光,线偏振光通过电光晶体时,声源输出一个声音信号,并经过声频放大器放大,以变化的电压形式加载到电光晶体上,这个电压就是需要调制的信号;同时将声音的电信号接入示波器,以方便与检出波的对比。当给电光晶体加上电压后,晶体的折射率及其光学性能发生变化,改变了光波的偏振状态,线偏振光变成了椭圆偏振光;为了选择合适的调制工作点,在电光晶体之后插入一个1/4波片,使通过电光晶体的两束光线的相位延迟$\pi/2$,使调制器工作在线性部分,通过检偏器 P_2 使偏振方法满足检偏器 P_2 的光经过传输光路(例如自由空间、光纤灯)后被平方率光学检波器接收,检测调制后的光信号,并将其转换为电信号用示波器观察。在示波器上可以看到声音的输出信号和检波器检测到的光信号的波形是一致的。

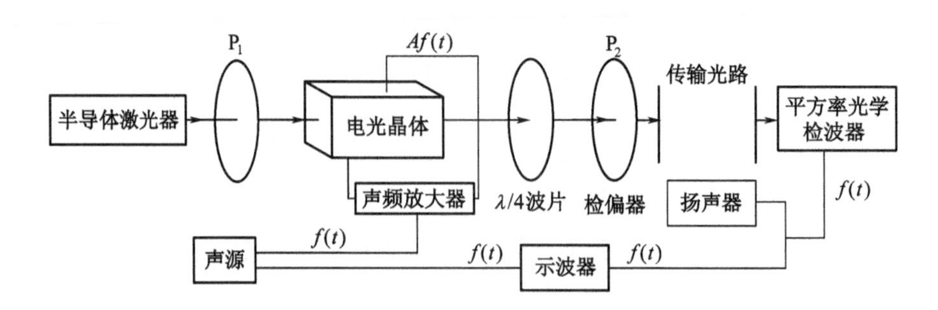

图 5-17 基于电光强度调制的光通信实验系统示意图

5.3.2 电光相位调制

图 5-18 所示是一种电光相位调制的原理图,由起偏器和电光晶体组成。起偏器的偏振方向平行于晶体的感应主轴 x'(也可以平行于 y'),入射到晶体的线偏振光不再分解成 x'、y' 的两个分量,而是沿着 x'(或 y')轴一个方向偏振。因此,外电场不改变出射光的偏振状态,仅改变其相位。

相位的变化为

$$\Delta\varphi_{x'} = -\frac{\omega_0}{c}\Delta n_{x'}L \qquad (5.45)$$

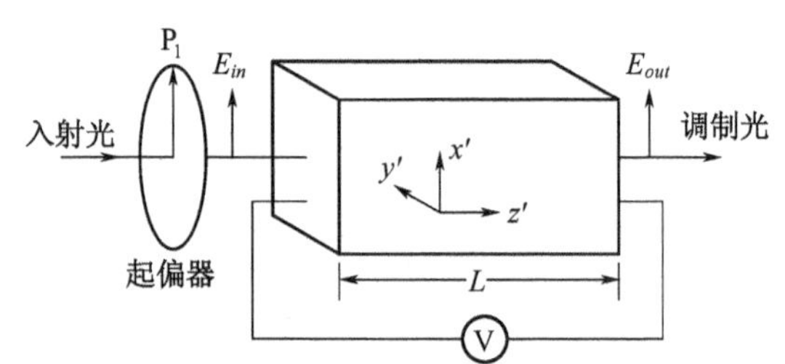

图 5-18 电光相位调制原理图

因光波只沿 x' 方向偏振,根据电场对晶体的作用,相应的折射率为

$$n_{x'} = n_0 - \frac{1}{2}n_0^3\gamma_3 E_z$$

因此,如果沿着 z 方向的电场为

$$E_z = E_m \sin\omega_m t$$

则在晶体入射面($z=0$)处的光场为

$$E_{in} = A_0 \cos\omega_0 t \qquad (5.46)$$

则输出光场($z=L$ 处)就变为

$$E_{out} = A_0 \cos\left[\omega_0 t - \frac{\omega_0}{c}\left(n_0 - \frac{1}{2}n_0^3\gamma_{63}E_m\sin\omega_m t\right)L\right] \qquad (5.47)$$

略去式中对调制效果没有影响的常数项,则式(5.47)可写成

$$E_{out} = A_0\cos(\omega_0 t + m_\varphi \sin\omega_m t) \qquad (5.48)$$

式中:$m_\varphi = \dfrac{\omega_c n_0^3\gamma_{63}E_m L}{2c} = \dfrac{\pi n_0^3\gamma_{63}E_m L}{\lambda}$,称为相位调制系数,用贝塞尔函数展开式(5.48),可以得到式(5.45)的形式。

5.3.3 电光调制器的电学性能

从对电光调制的分析中可知,调制信号频率远低于光波的频率,也就是调制信号的波长

λ_m 远大于光波的波长，且 λ_m 远大于晶体的长度，因而可以认为，在光波通过长度为 L 的晶体时，调制信号电场在晶体各处的分布是均匀的，同时光波在各处所获得的相位延迟也都是相同的，即光波在任一时刻不会受到不同强度或反向调制电场的作用。在这种情况下，装有电极的调制晶体可以等效为一个电容，即可以看成是电路中的一个集总器件，通常称为集总参量调制器。集总参量调制器的频率特性主要受电路参数的影响。

1. 外电路对调制带宽的限制

调制带宽是光调制器的一个重要参数，对于电光调制器来说，晶体的电光效应本身不会限制调制器的频率特性，因为晶格的谐振频率可以达 1THz(10^{12}Hz)，因此，调制器的调制带宽主要受外电路参数的限制。

电光调制器的等效电路如图 5－19 所示，图中 V_s 和 R_s 分别表示调制电压和调制电源内阻，C_0 为调制器的等效电容，R_e 和 R 分别为导线电阻和晶体的直流电阻，从图 5－19 可知，作用到晶体上的实际电压为

$$V=\frac{V_s\left[\dfrac{1}{(1/R)+\mathrm{i}\omega C_0}\right]}{R_s+R_e+\dfrac{1}{(1/R)+\mathrm{i}\omega C_0}}=\frac{u_s R}{R_s+R_e+R+\mathrm{i}\omega C_0(R_sR+R_eR)} \tag{5.49}$$

在低频调制时，一般有 $R\gg R_s+R_e$，$\mathrm{i}\omega C_0$ 也较小，因此信号电压可以有效地加到晶体上。但是，当调制频率增高时，调制晶体的交流阻抗变小，当 $R>(\omega C_0)^{-1}$时，大部分调制电压就降在 R_s 上，调制电源与晶体负载电路之间阻抗不匹配，这时调制效率就要大大降低，甚至不能工作。实现阻抗匹配的办法是在晶体两端并联一电感 L，构成一个并联谐振回路，其谐振频率为 $\omega_0^2=(LC_0)^{-1}$，另外再并联一个分流电阻 R_L，其等效电路如图 5－20 所示。

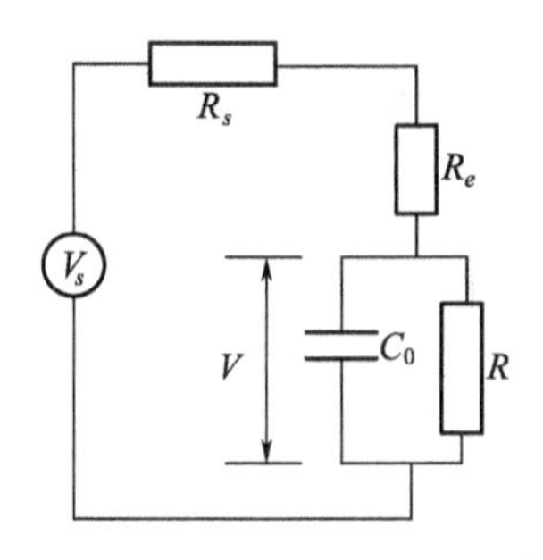

图 5－19　电光调制器的等效电路

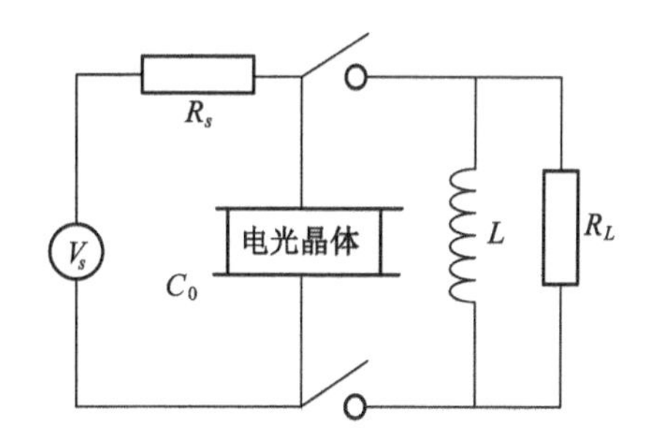

图 5－20　调制器的并联谐振回路

当调制信号频率 $\omega_m=\omega_0$ 时，此电路的阻抗就等于 R_L，若选择 $R_L\gg R_s$，就可使调制电压大部分加到晶体上。这种方法虽然能提高调制效率，但是其谐振回路的带宽是有限的，它的阻抗只在频率间隔 $\Delta\omega\approx 1/R_LC_0$ 的范围内才比较高。因此，欲使调制波不发生畸变，其最大可容许调制带宽（即调制信号占据的频带宽度）必须小于

$$\Delta f_m=\frac{\Delta\omega}{2\pi}\approx\frac{1}{2\pi R_LC_0} \tag{5.50}$$

实际上，对调制器带宽的要求取决于具体的应用。此外，还要求有一定的峰值相位延迟 $\Delta\varphi_m$，与之相应的驱动峰值调制电压为

$$V_m = \frac{\lambda}{2\pi n_o^3 \gamma_{63}} \Delta\varphi_m \tag{5.51}$$

对于 KDP 晶体,为得到最大相位延迟所需要的驱动功率为

$$P = \frac{V_m^2}{2R_L} \tag{5.52}$$

根据式(5.50)和式(5.51),式(5.52)可以进一步写成

$$P = V_m^2 \pi C_0 \Delta f_m = V_m^2 \pi \frac{\varepsilon A}{L} \Delta f_m = \frac{\lambda^2 \varepsilon A \Delta\varphi_m^2}{4\pi L n_o^3 \gamma_{63}} \Delta f_m \tag{5.53}$$

式中:L 为晶体长度;A 为垂直于 L 的截面积;ε 为介电常数。

从式(5.53)可知,当调制晶体的种类、尺寸、激光波长和所要求的相位延迟确定之后,其调制功率与调制带宽成正比关系。

2. 高频调制时渡越时间的影响

当调制频率极高时,在光波通过晶体的渡越时间内,电场可能发生较大的变化,即晶体中不同部位的调制电压不同,特别是当调制周期($2\pi/\omega_m$)与渡越时间 $\tau_d = \frac{nL}{c}$ 可以比拟时,光波在晶体中各部位所受到的调制电场是不同的,相位延迟的积累受到破坏,这时,总的相位延迟应由以下积分得出

$$\Delta\varphi(L) = \int_0^L aE(t')\,\mathrm{d}z \tag{5.54}$$

式中:$E(t')$ 为瞬时电场;$a = \frac{2\pi}{\lambda} n_o^3 \gamma_{63}$。

由于光波通过晶体的时间为 $\tau_d = \frac{nL}{c}$,以及 $\mathrm{d}z = \frac{c\mathrm{d}t}{n}$,因此,式(5.54)可以改写为

$$\Delta\varphi(L) = \frac{ac}{n} \int_{t-\tau_d}^{t} E(t')\,\mathrm{d}t' \tag{5.55}$$

设外加电场为单频正弦信号,于是

$$\Delta\varphi(t) = \frac{ac}{n} \int_{t-\tau_d}^{t} E(t')\,\mathrm{d}t' = \Delta\varphi_0 \frac{1 - \mathrm{e}^{-\mathrm{i}\omega_m \tau_d}}{\mathrm{i}\omega_m \tau_d} \mathrm{e}^{\mathrm{i}\omega_m t} \tag{5.56}$$

式中:$\Delta\varphi_0 = \frac{ac}{n} A_0 \tau_d$,是当 $\omega_m \tau_d \ll 1$ 时的峰值相位延迟;因子 $\gamma = \frac{1 - \mathrm{e}^{-\mathrm{i}\omega_m \tau_d}}{\mathrm{i}\omega_m \tau_d}$ 是表征因渡越时间所引起的峰值相位延迟的减小,故称为高频相位延迟缩减因子。

只有当 $\omega_m \tau_d \ll 1$,即 $\tau_d \ll \frac{T_m}{2\pi}$ 时,$\gamma = 1$,才没有缩减作用,这说明光波在晶体内的渡越时间必须小于调制信号的周期,才能使调制效果不受影响,这意味着对于电光调制器,存在一个最高调制频率的限制。

例如,若取 $|\gamma| = 0.9$ 处为调制限度(对应 $\omega_m \tau_d = \pi/2$),则调制频率的上限为

$$f_m = \frac{\omega_m}{2\pi} = \frac{1}{4\tau_d} = \frac{c}{4nL}$$

对于 KDP 晶体,若取 $n = 1.5$,长度 $L = 1\text{cm}$,则 $f_m = 5 \times 10^9\text{Hz}$。

5.3.4　电光晶体材料简介

KDP 晶体的化学组分是 KH_2PO_4(磷酸二氢钾)。还有 KD^*P(KD_2PO_4,磷酸二氘钾)、ADP($NH_4H_2PO_4$,磷酸二氢铵)都与 KDP 晶体属于同类负单轴晶体,电光效应的特征非常相似,统称为 KDP 类晶体,有关参数如表 5－1 所列。

表 5－1　KDP 类晶体的电光效应参数

晶体	电光系数 γ_{63}/(cm/V)	$\lambda = 0.56\mu m$		$\lambda = 0.6238\mu m$		$\lambda = 1.06\mu m$	
		n_o	$V_{\lambda/2}/V$	n_o	$V_{\lambda/2}/V$	n_o	$V_{\lambda/2}/V$
ADP	8.5×10^{-10}	1.53	10000	1.53	12000	1.51	16000
KDP	10.6×10^{-10}	1.51	8000	1.51	10000	1.49	14000
KD^*P	26.4×10^{-10}	1.52	3000	1.51	3500	1.49	5000

对用于线性电光效应的电光晶体,除要求电光效应强以外,还需综合考虑其他方面的要求,如对使用的波段要有较高的透过率、光学均匀性好、耐压高、对光波和调制波的损耗小、折射率随温度的变化较小、化学性质稳定、易于获得高光学质量的大尺寸晶体等。比较常用的或有发展前途的有:在可见和近红外区主要有 KDP 类晶体(特别是 KD^*P)、$LiTaO_3$、$LiNbO_3$、KTN 等;在中红外区有 GaAs、CuCl、CdTe 等。

KDP 类晶体是在水溶液中生长的,是易于获得大尺寸、高光学质量的晶体。透光范围约为 0.2－1.5μm(KD^*P 的红外透光范围可达 2.15μm),但易潮解,需用防潮措施。KDP 类晶体是应用最广泛的电光晶体。

$LiNbO_3$(LN)也是一种负单轴晶体,透光范围为 0.4～5μm,不易潮解,易加工,使用方便。它的电光系数大,折射率也大,故半波电压较低,也是应用很广泛的电光晶体。

5.4　声 光 调 制

声光调制技术是利用声光相互作用原理,使激光束被超声束调制,通过控制以达到开关调制或强度调制的目的。声光调制器是声光器件(调制、偏转及滤波)中应用最广泛的器件,在激光技术中占有重要地位,已在激光传真,计算机输出显示,数据记录和打印,流速和振动的精密测量,雷达和声呐信号处理等激光技术中得到了应用。

5.4.1　声光效应

声光效应是指光波在介质中传播时,被超声波场衍射或散射的现象。由于声波是一种弹性波,声波在介质中传播会产生弹性应力或应变,这种现象称为弹光效应。介质弹性形变导致介质密度交替变化,从而引起介质折射率的周期变化,并形成折射率光栅。当光波在介质中传播时,就会发生衍射现象,衍射光的强度、频率和方向等将随着超声场的变化而变化。声光调制就是基于这种效应来实现其光调制及光偏转的。

5.4.2 声光调制系统的组成

声光调制是基于声光效应的一种调制技术。由声光介质、电—声换能器、吸声(或反射)装置、耦合介质及驱动电源等组成,其结构如图5-21所示。

各部分的功能如下:

声光介质是声光相互作用的场所。当一束光通过变化的超声场时,由于光和超声场的作用,其出射光是具有随时间变化的各级衍射光,利用衍射光的强度随超声波强度的变化而变化的性质,就可以制成光强度调制器。

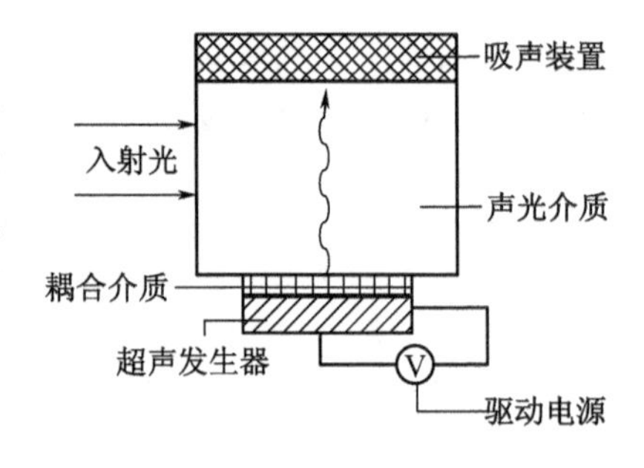

图5-21 声光调制器结构

超声发生器是利用某些压电晶体(石英、$LiNbO_3$等)或压电半导体(CdS,ZnO等)的反压电效应,在外加电场作用下产生机械振动而形成超声波,所以它起着将电功率转换成声功率的作用。

吸声(或反射)装置放置在超声元的对面,用以吸收已通过介质的声波(工作于行波状态),以免返回介质产生干扰,但要使超声场工作在驻波状态,则需要将吸声装置换成声反射装置。

驱动电源用以产生调制电信号并施加于电—声换能器的两端电极上,驱动声光调制器(换能器)工作。

耦合介质。为了能较小损耗地将超声能量传递到声光介质中去,换能器的声阻抗应该尽量接近介质的声阻抗,这样可以减小两者接触界面的反射损耗。实际上,调制器都是在两者之间加一过渡层耦合介质,它起低损耗传能、粘结和电极的作用。

在图5-21所示的装置中,受超声波作用的介质相当于一个衍射光栅,称为超声光栅(图4-16),超声光栅的间距等于声波波长λ_s,当光波通过声光介质时,将被超声光栅衍射,衍射光的强度、频率、方向等都随超声场变化,声光调制就是基于光与超声光栅之间的这种效应的一种光调制技术。

声光调制是利用声光效应将信息加载于光频载波上的一种物理过程。调制信号是以电信号(调幅)形式作用于电声换能器上而转化为以电信号形式变化的超声场,当光波通过声光介质时,由于声光作用,使光载波受到调制而成为“携带”信息的强度调制波。

5.4.3 声光调制器的工作原理

如图5-22(a)所示,在透明介质中,有一束超声波沿oz方向传播,另一束平行光垂直于超声波传播方向(oy方向)入射到介质中,由于声波是弹性纵波,它的存在会使介质(如纯水)密度ρ在时间和空间上发生周期性变化:

$$\rho(z,t) = \rho_0 + \Delta\rho\left(\omega_s t - \frac{2\pi}{\lambda_s}z\right) \tag{5.57}$$

式中:z是沿声波传播方向的空间坐标;ρ是t时刻z处的介质密度;ρ_0为没有超声波存在时的介质密度;ω_s是超声波的角频率;λ_s是超声波波长;$\Delta\rho$是密度变化的幅度。因此介质的折射率随之发生相应变化,即

$$n(z,t) = n_0 + \Delta n\left(\omega_s t - \frac{2\pi}{\lambda_s}z\right) \tag{5.58}$$

式中：n_0 为平均折射率；Δn 为折射率变化的幅度。考虑到光在声光介质中的传播速度远大于声波的传播速度，可认为在声光介质中，由超声波所形成的介质疏密程度的周期性分布，在光波通过声光介质的这段时间内是不随时间改变的，声光介质的折射率仅随位置 z 发生变化，即

$$n(z) = n_0 - \Delta n\sin\left(\frac{2\pi}{\lambda_s}\right)z \tag{5.59}$$

式中：Δn 是因为声波场所引起的介质折射率的变化，其表达式为

$$\Delta n = -\frac{1}{2}n_0^3PS \tag{5.60}$$

式中：S 为超声波引起介质产生的应变，P 为材料的弹光系数。

如图5-22(b)所示，由于声光介质的折射率在空间呈周期性分布，因此，当光束沿垂直于声波方向通过声光介质后，光波波阵面上不同部位经历了不同的光程，波阵面上各点的位相可以由下式给出：

$$\varphi = \varphi_0 + \Delta\varphi = \frac{\omega n_0 L}{c} - \frac{\omega\Delta nL}{c}\sin\left(\frac{2\pi}{\lambda_s}\right)z \tag{5.61}$$

式中：L 是声波宽度；ω 是光波角频率；c 是光速。

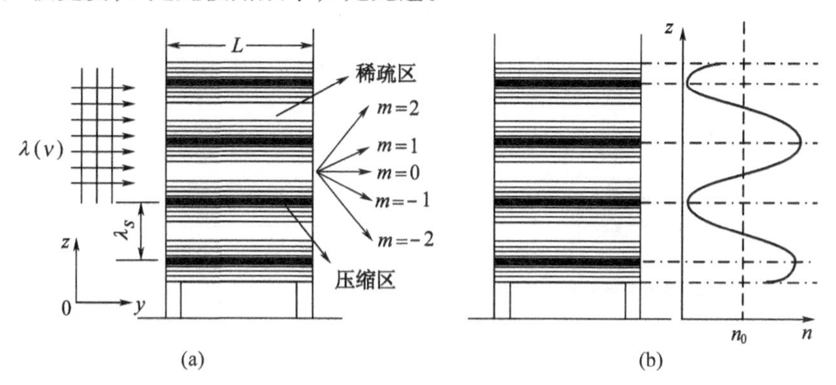

图5-22　声光调制原理

式(5.61)表明，通过声光介质压缩区的光波波阵面将落后于通过稀疏区的波阵面，入射前的平面波阵面变得折皱了，其折皱情况由 $n(z)$ 决定，因此，载有超声波的声光介质可以看成一个位相光栅，光栅常数等于超声波波长，当光波从声束区中射出时，就会产生衍射现象。

平面光栅也称为相位光栅，它的光栅间隔即为超声波的波长，其值为

$$\lambda_s = \frac{\nu_m}{f_m} \tag{5.62}$$

式中：ν_m 为超声波在声光介质中的声速；f_m 为超声波的频率。

衍射光的分布与入射光的角度有关。

1. 基于拉曼—纳斯衍射的声光调制

当激光束垂直入射时，一系列衍射光分布在入射方向的两侧，这种衍射称为拉曼—纳斯衍射，如图5-22(a)所示，衍射的方向角为

$$\sin\theta_m = m\frac{\lambda}{\lambda_s} \tag{5.63}$$

式中：m 为衍射级次；θ_m 为第 m 级衍射角；λ 为入射光波长；各级衍射的频率为 $\nu \pm m\nu_m$，ν 为入射光的频率，各衍射级的强度为

$$E_m = E_i J_m(\Delta\varphi) \tag{5.64}$$

式中：E_i 为入射光束的幅值；J_m 为第 m 级贝塞尔函数；$\Delta\varphi$ 为相位差，其值由式(5.61)确定。

拉曼—纳斯衍射的衍射效率低，光能利用率也低，声光相互作用长度 L 较短，当工作频率较高时，最大允许长度太小，要求的声功率很高，因此拉曼—纳斯型声光调制器只限于低频工作，只具有有限的带宽。

2. 基于布喇格衍射的声光调制

如果改变激光束的入射角，衍射光强度也随之改变。当入射角达到某一特征值 θ_B 时，声光相互作用区域最大，此时一级衍射光的强度为极大值级(0 级光将永久存在)，其他级衍射光则消失，这种情况类似于射线在晶面上的反射，称为布喇格衍射，θ_B 称为布喇格角，如图 5-23(a)所示。此时，光束能量可以得到充分利用，有利于制成各种实用器件。

为便于分析问题方便，将图 5-23(a)简化，略去声光栅结构，只标出入射光、衍射光以及衍射角等信息，如图 5-23(b)所示。在布喇格衍射条件下

$$\sin\theta_B = \frac{\lambda}{2\lambda_s} = \frac{\lambda_0}{2n\lambda_s} \tag{5.65}$$

式中：λ_s 为介质中超声波重心频率波长；λ_0 和 λ 分别为真空中和介质中的光波波长；n 为介质折射率。

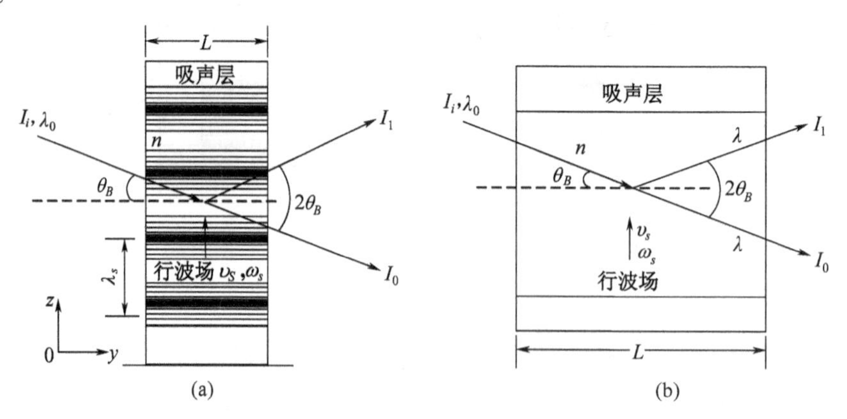

图 5-23 布喇格衍射

在布喇格衍射条件下，θ_B 一般很小，例如，对于在 He-Ne 激光及 70MHz 超声频率工作的钼酸铅声光器件，布喇格角 θ_B 在晶体内仅为 0.16°，在晶体表面的入射角则为 0.30°。因此，式(5.65)可近似为

$$\theta_B \approx \frac{1}{2}\frac{\lambda}{\lambda_s} = \frac{1}{2n}\frac{\lambda_0}{\lambda_s} \tag{5.66}$$

布喇格衍射时，一级衍射强度至关重要，其强度主要取决于衍射效率 η。衍射效率是一级衍射光强度 I_1 与入射光强度 I_i 之比，其值由下式决定：

$$\eta = \frac{I_1}{I_i} = \sin^2\left[\frac{\pi}{\lambda_0}\sqrt{\left(\frac{n^6P^2}{\rho v_s^3}\right)\cdot\frac{P_sL}{2h}}\right] \tag{5.67}$$

式中：h 为声束宽度；L 为声光介质的宽度，亦即声光相互作用长度或器件电极的长度；L/h 为长宽比；P_s 为换能器发出的超声功率；P、ρ 分别为介质的弹光常数和密度；n 为介质的折射率；v_s 为介质中的声速。

从式(5.67)可以看出，当 P_s 改变时，$\frac{I_1}{I_i}$也随之改变，因而通过控制 P_s(即控制加在超声换能器上的电功率)就可以达到控制衍射光强的目的，实现声光调制。

3. 影响声光调制的因素

从式(5.67)可以看出，布喇格衍射效率主要由声光介质的性质、几何尺寸和外界因素三个部分决定。

布喇格衍射的介质性质常用 M_2 表示，定义为

$$M_2 = \frac{n^6P^2}{\rho v_s^3} \tag{5.68}$$

M_2 为声光介质的品质因数或光优指标，反映介质产生声光效应的本领，是选择声光介质的主要指标之一。在实际应用中应该选择 M_2 大的材料，例如钼酸铅晶体的品质因数是熔石英的 23.7 倍，因而，可以在驱动功率较小的条件下，获得较高的衍射效率。

声光介质的几何尺寸，即声光介质的长宽比 L/h 也是影响衍射效率的重要因素。L 和 h 的大小由换能器上所涂的电极尺寸所决定，L/h 值越大，衍射效率越高，L 越大，即晶体越长。但由于工艺与成本的原因，L 不能太大。电极宽度 h 的确定与器件的阻抗有关，它必须与驱动电源的输出阻抗相匹配。因此，必须在统筹考虑的条件下，尽可能选择大的 L/h 值。

外界因素主要是指超声功率对衍射效率的影响。从式(5.67)可知，超声换能器发出的超声功率 P_s 越大，衍射效率就越高，当超声功率 P_s 足够大，使$\left[\frac{\pi}{\sqrt{2}\lambda_0}\sqrt{\left(\frac{L}{h}\right)M_2P_s}\right]$达到$\frac{\pi}{2}$时，$\frac{I_1}{I_i} = 100\%$。但是在实际应用中，超声功率过大会损坏换能器，而且对驱动电路的制造带来困难。

一级光衍射强度大小除了主要决定于上述的衍射效率外，还与 Klein - Cook 常数 θ 及声束发散角 $\Delta\theta_s$、光束发散角 $\Delta\theta_0$ 之比 R 有关。其值如下：

$$\theta = \frac{2\pi\lambda_0 L f_0^2}{n v_s} \tag{5.69}$$

$$R = \frac{\Delta\theta_s}{\Delta\theta_0} = \frac{\pi n d v_s}{4\lambda_0 f_0 L} \tag{5.70}$$

式(5.69)和式(5.70)中：f_0 为超声波中心频率；d 为光束聚焦后在相互作用区的腰部直径。

从式(5.69)可知，一级衍射强度随 θ 增大而上升。在 $2 < \theta < 2\pi$的初始阶段，曲线急剧上升，此后上升缓慢。$\theta = 2$ 时，衍射效率可达 92%，$\theta = 10$ 时衍射效率达 96%。因此，从实用上考虑，一般可以取 $\theta = 8 \sim 10$。

由式(5.70)可知,$R<1$ 时,η 不高;而 $R>2$ 时,η 增加十分缓慢,因此,一般取 $R=1.5\sim2$。

这里需要指出的是,布喇格衍射声光效应中,衍射效率除了与上述因素有关之外,还与声光器件的透射率有关,而透射率则是由材料的自身特点决定的。

4. 声光调制特性曲线

考虑到声光介质的品质因数 M_2,几何尺寸,可以将式(5.67)写成如下形式:

$$\frac{I_1}{I_i}=\sin^2\left(\frac{\pi}{\sqrt{2}\lambda_0}\cdot\sqrt{M_2}\cdot\sqrt{\frac{L}{h}}\cdot\sqrt{P_s}\right) \tag{5.71}$$

当声光调制系统确定后,入射光的波长 λ_0、声光介质的品质因数 M_2、几何尺寸 $\frac{L}{h}$ 等均为常量,令

$$M=\frac{\pi}{\sqrt{2}\lambda_0}\cdot\sqrt{M_2}\cdot\sqrt{\frac{L}{h}} \tag{5.72}$$

则有

$$\frac{I_1}{I_i}=\sin^2(M\cdot\sqrt{P_s}) \tag{5.73}$$

因此,对一个给定的声光调制系统,$\frac{I_1}{I_i}$ 的值取决于超声换能器的超声功率,根据式(5.73)得到 $\frac{I_1}{I_i}$ 与 $\sqrt{P_s}$ 之间的关系曲线,即布喇格声光调制特性曲线,如图 5-24 所示。

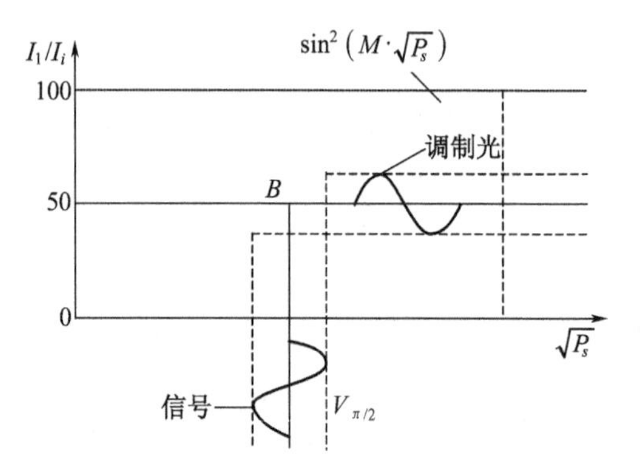

图 5-24 声光调制特性曲线

5.4.4 调制带宽

当声光调制器需多频调制时,调制带宽是声光调制器的另一重要指标。调制带宽取决于换能器带宽及跨越光束的声度越时间,是衡量能否无畸变地传输信息的一个重要指标,但调制带宽受到布喇格带宽的限制。

对于布喇格型声光调制器而言,在理想的平面光波和声波作用下,波矢量是确定的,因此对一定入射角和波长的光波,只能有一个确定频率和波矢的声波才能满足布喇格条件。当采用有限的发射光束和声波场时,波束的有限角将会扩展,因此,在一个有限的声频范围内才能产生布喇格衍射。根据布喇格衍射方程,可以得到允许的声频带宽 Δf_s 与布喇格角的可能变化量 $\Delta\theta_B$ 之间的关系为

$$\Delta f_m=\frac{2nv_s\cos\theta_B}{\lambda}\Delta\theta_B \tag{5.74}$$

式中:$\Delta\theta_B$ 是由于光束和声束的发散所引起的入射角和衍射角的变化量,也就是布喇格角允许的变化量。

设入射光束的发散角为 $\delta\theta_i$,声波束的发散角为 $\delta\theta$,对于衍射受限制的波束,这些波束的发散角与波长和束宽的关系分别近似为

$$\delta\theta_i \approx \frac{2\lambda}{\pi n \omega_0}$$
$$\delta\theta \approx \frac{\lambda_s}{d} \tag{5.75}$$

式中：ω_0 为入射光束的束腰半径；n 为介质的折射率；d 为声束宽度。显然，入射角（光波矢 $\boldsymbol{k}_i$ 与声波矢 $\boldsymbol{k}_s$ 之间的夹角）覆盖范围为

$$\Delta\theta = \delta\theta_i + \delta\theta \tag{5.76}$$

若将 $\delta\theta_i$ 角内传播的入射（发散）光束分解为若干不同方向的平面波，对于光束的每个特定方向的分量在 $\delta\theta$ 范围内就有一个适当频率和波矢的声波可以满足布喇格条件，而声波束因受信号的调制同时包含许多中心频率的声载波的傅里叶频谱分量。因此，对于每个声频率，具有许多波矢方向不同的声波分量都能引起光波的衍射。于是，相应于每一确定角度的入射光，就有一束发散角为 $2\delta\theta$ 的衍射光，如图 5－25 所示。而每一衍射方向对应不同的频移，为了恢复衍射光束的强度调制，必须使不同频移的衍射光分量在平方律探测器中混频。因此，要求两束最边界的衍射光（如图中的 OA' 和 OB'）有一定程度的重叠，这就是要求 $\delta\theta \approx \delta\theta_i$，若取 $\delta\theta \approx \delta\theta_i = \lambda/(\pi n\omega_0)$，则可以得到调制带宽为

$$(\Delta f)_m = \frac{1}{2}\Delta f_s = \frac{2nv_s}{\pi\omega_0}\cos\theta_B \tag{5.77}$$

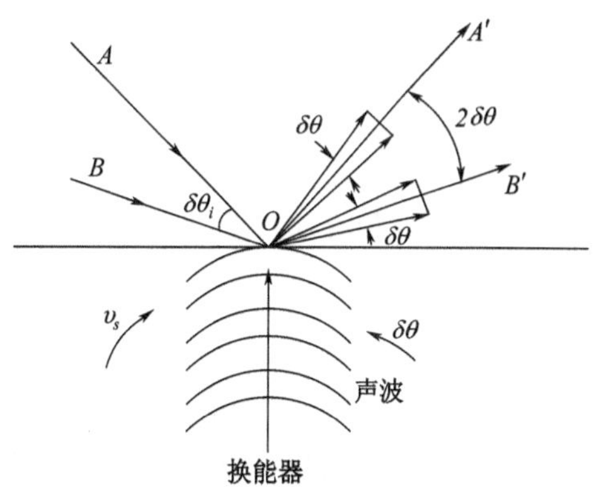

图 5－25　具有波束发散的布喇格衍射

上式表明，声光调制器的带宽与声波穿过光束的度越时间$\left(\frac{\omega_0}{v_s}\right)$成反比，即与光束直径成反比，用宽度小的光束可以得到大的调制带宽。但是光束发散角不能太大，否则，0 级和 1 级衍射光束将有部分重叠，会降低调制器的效率。因此，一般要求 $\delta\theta_i < \theta_B$，于是可得

$$\frac{(\Delta f)_m}{f_s} \approx \frac{\Delta f}{f_s} < \frac{1}{2} \tag{5.78}$$

即最大的调制带宽 $(\Delta f)_m$ 近似等于声频率 f_s 的 1/2。因此，大的调制带宽要采用高频布喇格衍射才能看到。

布喇格声光调制器的调制带宽不如电光调制器，但它的光能利用率高，所需要的驱动功率也远比电光调制器小，在激光打印机、激光印刷设备中被广泛应用。

5.4.5　声光波导调制器

与基于声光布喇格衍射效应的声光调制器应用较为广泛一样，声光布喇格衍射型波导调制器的应用也较声光拉曼—纳斯衍射型波导调制器广泛，因此，本节只讨论声光布喇格衍射型波导调制器。

声光布喇格衍射型波导调制器的结构如图 5－26 所示，由平面波导和交叉电极换能器组成。为了在波导内有效的激起表面弹性波，波导材料一般采用压电材料，其衬底可以是压电材

料,也可以是非压电材料。

图 5 - 26 中所示是 y 切割的 $LiNbO_3$ 压电晶体材料,波导为 Ti 扩散的波导。用光刻法在表面做成交叉电极的电声换能器,整个波导器件可以绕 y 轴旋转,使波导光与电极板条间的夹角可以调节到布喇格角。

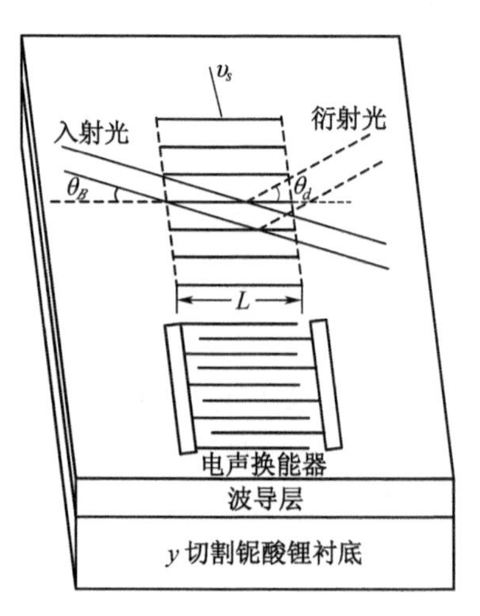

图 5 - 26　声光波布喇格波导调制器

当入射光经棱镜(高折射率的金红石棱镜)耦合通过波导时,换能器产生的超声波会引起波导及衬底折射率的周期性变化,因而,相对于声波波前以 θ_B 入射而言,波导光波穿过输出棱镜时,得到与入射光束成 $2\theta_B$ 角的 1 级衍射光。其光强为

$$I_1 = I_i \sin^2\left(\frac{\Delta\varphi}{2}\right) = I_i \sin BV \qquad (5.79)$$

式中: $\Delta\varphi$ 是在电场作用下,波导光通过长度为 L 距离的相位延迟; B 是比例系数,取决于波导的有效折射率 n_{eff} 等因素。式(5.79)表明,衍射光强 I_1 随电压 V 的变化而变化,从而可实现对波导光的调制。

5.4.6　声光调制的应用

从以上内容可知,激光光束进入声光调制器后,如果入射角满足布喇格衍射条件,即入射角等于布喇格角时,通过声光调制器后的激光束将产生一级光衍射。但这里有一个前提,此时必须在换能器上加入超高频电压,使声光介质内产生超声波,否则衍射是不存在的,当然也就不存在一级光了。因此,可利用换能器上超声波电压来控制一级衍射光。这样就可以实现电—声—光的转换,即由声光调制器的开关进行调制。这种声光转换与激光技术相结合,可以用于各种测试、控制、输出设备及仪器中。

1. 声光调制在激光印刷中的应用

在激光印刷中,激光束的偏转调制器就是应用布喇格衍射原理实现的。由于布喇格角 θ_B 很小,因此,布喇格方程可写成

$$\theta_B = \theta_d = \frac{\lambda f}{2v_s} \qquad (5.80)$$

因此,在布喇格衍射条件下,入射光与衍射光之间的夹角 α 可以写成 $\lambda f/v_s$。当超声波的振荡频率改变 Δf 时,衍射光的偏转角改变量为

$$\Delta\alpha = \frac{\lambda\Delta f}{v_s} \qquad (5.81)$$

利用高频驱动电路可以产生高频电振荡,通过超声换能器形成超声波,通过快速控制超声波实现声光器件调制激光束的目的。改变高频电振荡的频率,超声波的频率也随之变化。激光打印机中,高频正弦波信号发生器分别产生 9 个不同频率的高频电振荡(频率分别为 64 MHz、68 MHz、72 MHz、76 MHz、80 MHz、84 MHz、88 MHz、92 MHz、96 MHz)送到相加电路,经过功率放大后,加到换能器上,使声光器件内形成超声光栅,从而使一束入射光衍射为 9 束光,大大加快了信号的传输速率。

如图 5 - 27 所示,经声光调制后的 9 束衍射光,由转动的多棱镜反射到转动的感光鼓上,

完成曝光过程;对于扫描时的误差,则由光传导棒进行监测修正。其原理是:声光器件出来的零级光经过转动多棱镜沿光传导棒扫描,光传导棒上刻有与字符间距相应的刻线,当零级光照射到刻线时,光束在刻痕处产生散射,由于光传导效应,散射光将被送到棒的两端,照射光电元件。当零级光照射在无刻线处时,光线透过棒,棒内无散射光,此时棒的两端无光,光电元件不受光照。通过这种光电元件受光作用所产生的信号作为同步信号,用来控制高频正弦信号发生器的起停,从而保证纵向间距一致,消除各种因素引起的误差。

2. 声光调制在雷达波谱分析器中的应用

空军飞行员通常需要及时分析射到飞机上的雷达信号,以判断飞机是否被敌方地面站或空—空导弹跟踪,从而采取相应措施。雷达波谱分析器是一种军事上的新式探测器,声光调制技术在这种探测器上有着广泛应用。

雷达波谱分析器可以用来分析雷达信号,图5-28是该分析器的典型光路,光源用632.8nm的He-Ne激光器或830nm的GaAlAs半导体激光器,探测器可用硅光二极管列阵,或电荷耦合器件(CCD),光在波导中传播,并采用聚光光波导进行光聚焦(也可以采用离子注入法逐层注入不同剂量的离子,以产生厚度相等、折射率具有特定分布的透镜来制作会聚透镜)。从半导体激光器发出的光,经过两个光学透镜准直之后,通过声光调制器。外来的雷达信号f_0与本机振荡信号f经混频、放大后,驱动声光调制器,产生超声波。当外来雷达信号f_0变化时,超声波波长λ_s也变化,由$\sin\theta_B=\dfrac{\lambda}{2\lambda_s}$可知,衍射光的角度也将变化。结果,经第三个集成光学透镜聚焦的光,会聚到二极管阵列的不同元件上,如果有几个雷达信号同时射入,则将有几个二极管同时接收到信号,阵列上的每一个元件代表不同的频率,由二极管列阵所获得的信号很容易识别敌方雷达信号。这种雷达波谱分析器构造简单,只需几个光学元件及常规电路。

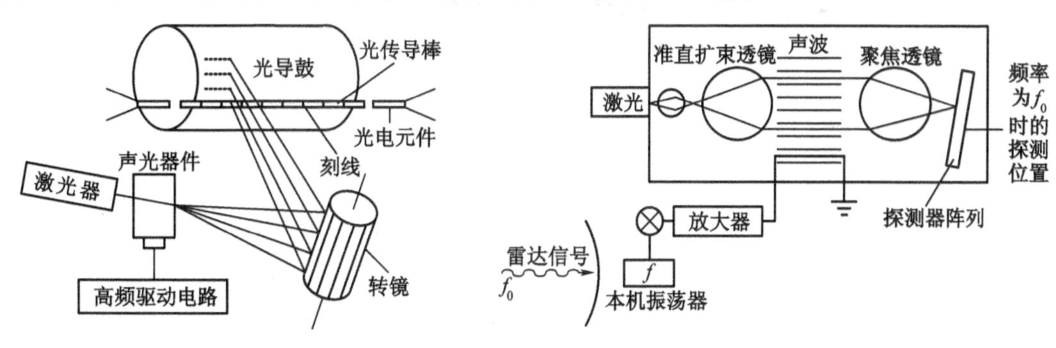

图5-27　激光打印机的信号传输原理

图5-28　雷达波普分析器原理

5.5　磁光调制技术

磁光调制是基于磁光效应的一种光调制方法,主要是应用法拉第旋转效应,它使一束线偏振光在外加磁场作用下的介质中传播时,其偏振方向发生旋转。磁光效应虽然很早就被人们发现,但发现初期一直没有得到实际的应用,直到19世纪中期,人们才开始利用磁光效应来观察磁性材料的磁畴结构,随着激光和光电子技术的深入发展,磁光效应的研究向应用领域发展。目前,磁光波导材料及器件已经在激光、光电子学、光通信、光纤传感、光计算机、光信息存储、激光陀螺等领域得到广泛的应用。

5.5.1 磁光调制器

磁光调制器的作用与电光调制器、声光调制器的作用一样，也是把要传递的信息转换成光载波的强度（光强）等参数随时间的变化，所不同的是磁光调制是将电信号转变成与之对应的交变磁场，由磁光效应改变在介质中传播的光波的偏振态，从而达到改变光强等参量的目的。

1. 磁光调制器的组成

磁光调制器的原理如图 5-29 所示。磁光工作物质置于沿 x 轴方向的光路，其两端放置起偏器和检偏器，高频螺旋形线圈环绕在工作物质棒上，受驱动电源的控制，用于提供平行于 x 轴的信号磁场，为了获得线性调制，在垂直于光传播的方向上加以恒定磁场 H_{dc}，其强度足以使磁光工作物质饱和磁化。工作时，高频信号电流通过线圈会感应出平行于光传播方向的磁场，入射光通过工作介质后，由于法拉第旋转效应，其偏振面发生旋转，旋转角度 θ 的大小与沿光束方向的磁场强度 H 和光在介质中传播的长度 L 的乘积成正比，即

$$\theta = VHL \tag{5.82}$$

式中：V 为维尔德常数，表示在单位磁场强度下线偏振光通过单位长度的磁光介质后偏振方向旋转的角度；维尔德常数 V 与磁光材料的性质有关，对于顺磁、弱磁和抗磁性材料（如重火石玻璃等），V 为常数，即 θ 与磁场强度 H 有线性关系；而对铁磁性或亚铁磁性材料（如 YIG 等立方晶体材料），θ 与 H 不是简单的线性关系。表 5-2 列出了室温下几种常见磁光材料在 1×10^{-4}T 的磁场中和特定波长下的维尔德常数 V。

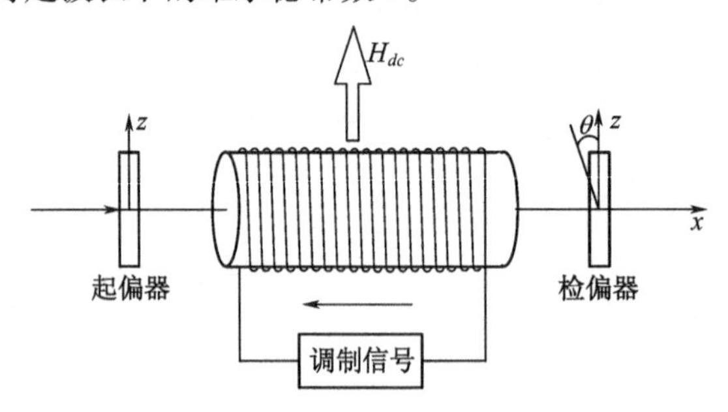

图 5-29 磁光调制器原理示意图

根据法拉第旋转效应，只要用调制信号控制磁场强度的变化，就会使光的偏振面发生相应的变化。但这里因加有恒定磁场 H_{dc}，且与光的通过方向垂直，故旋转角与 H_{dc}成反比：

$$\theta = \theta_s \frac{H_0 \sin\omega_H t}{H_{dc}} L_0 \tag{5.83}$$

式中：θ_s 是单位长度饱和法拉第旋转角；$H_0\sin\omega_H t$ 是调制磁场。如果再通过检偏器，就可以获得一定强度变化的调制光。

表 5-2 几种材料的维尔德常数 （单位：rad/(T·cm)）

物质	λ/(nm)	V	物质	λ/(nm)	V
水	589.3	1.31×10^2	冕玻璃	632.8	$4.36\times10^2 \sim 7.27\times10^2$
二硫化碳	589.3	4.17×10^2	石英	632.8	4.83×10^2
轻火石玻璃	589.3	3.17×10^2	磷素	589.3	12.3×10^2
重火石玻璃	830.0	$8\times10^2 \sim 10\times10^2$			

2. 磁光调制原理

根据马吕斯定律,如果不计光损耗,则通过起偏器,经检偏器输出的光强为

$$I = I_0\cos^2\alpha \tag{5.84}$$

式中:I_0 为起偏器同检偏器的透光轴之间夹角 $\alpha=0$ 或 $\alpha=\pi$ 时的输出光强。若在两个偏振器之间加一个由励磁线圈(调制线圈)、磁光调制晶体和低频信号源组成的低频调制器,则调制励磁线圈所产生的正弦交变磁场 $B=B_0\sin\omega_H t$,能够使磁光调制晶体产生交变的振动面转角 $\theta=\theta_0\sin\omega_H t$,$\theta_0$ 称为调制角幅度。此时输出光强由式(5.84)变为

$$I = I_0\cos^2(\alpha+\theta) = I_0\cos^2(\alpha+\theta_0\sin\omega_H t) \tag{5.85}$$

由式(5.85)可知,当 α 一定时,输出光强 I 仅随 θ 变化,因为 θ 是受交变磁场 B 或信号电流 $i=i_0\sin\omega_H t$控制的,从而使信号电流产生的光振动面旋转,转化为光的强度调制,这就是磁光调制的基本原理。

5.5.2 磁光波导型器件

随着光通信的发展,光波导器件近年来发展迅速,波导器件相对于块状器件而言具有体积小、易集成等优势,磁光波导型器件是光波导器件的一个分支,是利用材料的磁光效应制作的具有各种光信息功能的器件。磁光波导型器件基本的物理原理仍然是法拉第磁光效应,即线偏振光沿着外加磁场方向通过介质时,光束的偏振面将发生旋转的效应。磁光波导型器件包括磁光波导调制器、磁光波导隔离器、磁光波导环行器和磁光波导开关等,这里主要介绍磁光波导调制器和磁光波导开关。

1. 磁光波导调制器

近年来随着对掺铋(Bi)和掺铈(Ce)钇铁石榴石(YIG)薄膜研究的深入,发现各种掺杂的YIG在近红外波段具有大的法拉第角和较小的光吸收,这为磁光波导调制器的实用化提供了条件。这里以磁光波导模式转换调制器为例,讨论磁光波导调制器的工作原理。

图5-30所示为磁光波导模式转换调制器的结构,圆盘形的钆镓石榴石($Gd_3Ga_5O_{12}$-GGG)衬底上,外延生长厚度 $d=3.5\mu m$ 的掺Ga、Se的钇铁石榴石(YIG)磁性膜(折射率 $n=2.12$)作为波导层,在磁性膜表面用光刻法制作一条金属蛇形线路,当电流通过蛇形线路时,蛇形线路中某一条通道中的电流沿 y 方向,则相邻通道中的电流沿 $-y$ 方向,该电流可产生 $+z$、$-z$ 方向交替变化的磁场,磁性薄膜内便可出现沿 $+z$、$-z$ 方向的交替饱和磁化。蛇形磁场变化的周期可以表示为

$$T = \frac{2\pi}{\Delta\beta} \tag{5.86}$$

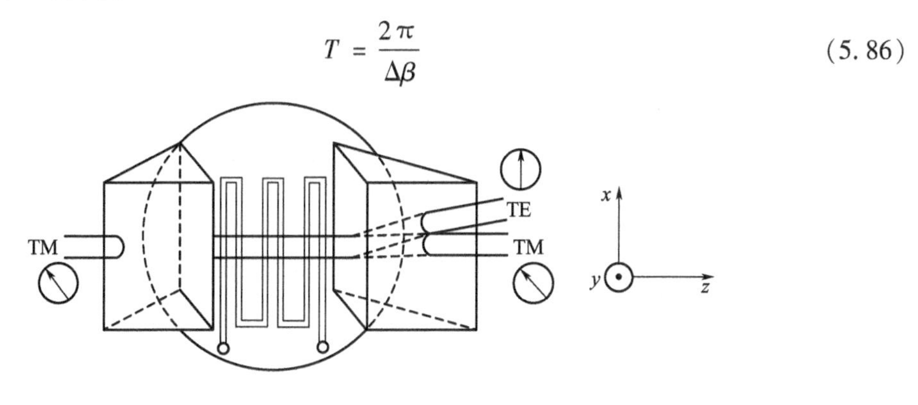

图5-30　磁光波导模式转换调制器

式中：$\Delta\beta$ 为 TE 模和 TM 模传播常数之差。

由于薄膜和衬底之间晶格常数和热膨胀的失配，易磁化的方向处于薄膜平面内，故用小的磁化就可以使磁化强度 M 在薄膜平面内转动。若激光由两个棱镜耦合器输入输出，入射是 TM 模时，由于法拉第磁光效应，随着光波在光波导薄膜中沿 z 方向（磁化方向）的传播，原来处于薄膜平面内的电场矢量（x 方向）就转向薄膜的法线方向（y 方向），即 TM 模逐渐转换成 TE 模。由于磁光效应与磁化强度 M 在光传播方向 z 上的分量 M_z 成正比，因此在 z 轴和 y 轴之间 45°方向上加一直流磁场 H_{dc}后，改变蛇形线路中的电流，就可以改变 M_z 的大小，从而可以改变 TM 模到 TE 模的转化效率，当输入到蛇形线路中的电流大到使 M_z 沿 z 方向饱和时，转换效率达到最大，因此，可以达到光束调制的目的。

若器件蛇形电路的周期 $T=2.5\mu m$，蛇形电路中输入 0.5A 直流电，磁光相互作用长度 $L=6mm$，则可将输入 TM 模的（$\lambda=1.52\mu m$）52%的功率转换到 TE 模上。

磁光波导模式转换调制器的输出耦合器一般使用具有高双折射的金红石棱镜，使输出的 TE 和 TM 模分成两条光束，蛇形电路中的电流频率在 0 ~ 80MHz，均可以观察到两模式的光强度被调制的情况。

2. 磁光波导开关

光开关是新一代全光网络的关键器件，主要用来实现全光层次的路由选择、波长选择、光交叉连接、自愈保护等功能。磁光开关具有开关速度快、稳定性高等优势，而相对于其他的非机械式光开关，磁光开关具有驱动电压低、串扰小等优点，磁光开关将是一种具有竞争力的光开关。目前用于磁光开关的磁光晶体主要是块状的石榴石晶体，体积大、不易集成，波导型的磁光开关还处于实验研究阶段。

Tien 等人最早进行了磁光波导开关的研究，他们发现了可以利用旋转小磁铁来实现光的开断。和调制器不同的是，对于光开关，需要外加平行于光传输和垂直于光传输的场，一个场使 TE - TM 模交换最大，而另一个场则阻止这种变换。交替驱动两个场，光波会随着场的变换而开断。目前磁光波导型开关还有很多问题亟待解决，比如模式转换效率不高、法拉第旋转不够，等等，如何解决这些问题仍是需要进一步研究的课题。

5.5.3 磁光调制技术的应用举例

磁光调制技术主要用于与微小光偏振旋转角有关的测量中。

1. 磁光调制技术在微小光偏振旋转角测量中的应用

微小光偏振旋转角的测量技术是通过测量光束经过某种物质时偏振面的旋转角度来测量物质的活性，这种测量旋光的技术在科学研究、工业和医疗中有广泛的用途，在生物和化学领域以及新兴的生命科学领域中也是重要的测量手段，如物质的纯度控制、糖分测定，不对称合成化合物的纯度测定，制药业中的产物分析和纯度检测，医疗和生化中酶作用的研究，生命科学中研究核糖和核酸以及生命物质中左旋氨基酸的测量，人体血液或尿液中糖分的测定等。据了解，目前已有许多国家规定在制药工业中，必须对有效成分的旋光异构体进行分离，而不能把消旋物以一种纯药物来销售。在工业上，光偏振的测量技术可以实现物理的在线测量，食品工业中的制酒业、制糖业都需要实施监控以提高产品质量。在磁光物质的研制方面，光偏振旋转角的测量技术也有很重要的应用。

磁光调制技术在微小光偏振旋转角测量中的测量精度可以达到亚毫度（10^{-4}度）的量级，而且其结构简单，可以使检偏技术有效地应用到生产线上，使流水线可实行物理上的实时监控。

2. 磁光调制测量在航天器对接中的应用

在大角度范围内高精度测量航天器间存在的滚转角，对航天器的交会对接具有重要意义。就航天器对接过程中最终逼近段航天器间的相对位置姿态的测量而言，现在普遍采用的是基于CCD相机的计算机视觉测量技术，即目标航天器上安装数量有限、几何尺寸及形状已知的特征点，在追踪航天器上安装CCD相机，通过对特征点在CCD相机上所成图像的分析处理得到航天器间的相对位置姿态。根据使用的CCD相机数量，基于CCD相机的计算机视觉测量技术可以简单地分为单目视觉法、双目视觉法和三目视觉法，这些方法各有利弊。

基于法拉第磁光效应的磁光调制技术，是一种有效测量无机械连接的设备间滚转角的新技术，其测量原理如图5-31所示。

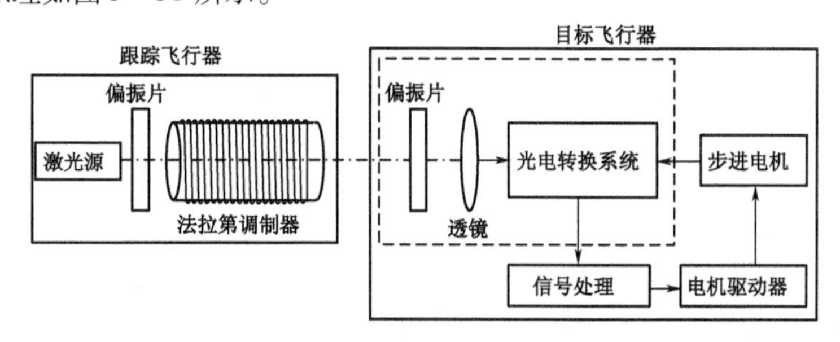

图5-31　航天器间滚转角测量原理示意图

追踪航天器上安装有发射器，目标航天器上安装有接收器。发射器中的激光器发出的激光经过起偏器后成为线偏振光，当线偏振光通过调制器中磁致旋光玻璃时，在激励信号产生的磁场作用下产生法拉第磁致旋光效应；接收器接收到磁光调制后的信号，经光电转换等一系列处理后得到与滚转角相关的电压信号，经过一定的运算获得滚转角；目标航天器在此滚转角信息的控制下逐渐转动，达到与追踪航天器精确对准的目的。

5.6　直接调制原理与技术

直接调制是把要传递的信息转变为电流信号直接改变光辐射源的输出特性，从而获得调制光信号。由于它是在光源内部进行的，因此又称为内调制。根据调制信号的类型，直接调制又可以分为模拟调制和数字调制两种，前者是用连续的模拟信号（如电视、语音等信号）直接对光源进行光强度调制，后者是用脉冲编码调制的数字信号对光源进行强度调制。直接调制技术常用于对半导体光源（如半导体激光（LD）或发光二极管（LED））的调制。

5.6.1　半导体激光器（LD）的直接调制

半导体激光器是电子与光子相互作用并进行能量直接转换的器件，半导体激光器的输出特性，半导体激光器的输出波长、输出功率等都会随着注入电流和工作温度的变化而变化。图5-32所示是中心输出波长为808.5nm的半导体激光器的输出功率与注入电流的关系曲线。从图中可以看到，该半导体激光器有一个阈值电流I_t，当驱动电流小于I_t时，激光器基本上不发光；当驱动电流大于I_t时，开始发射激光，激光输出能量随注入电流的增加而增加，且输出能量与注入电流之间呈很好的线性关系。根据半导体激光的这种特点，如果把调制信号直接加载到激光器的电源上，通过改变半导体激光器的注入电流，就可以直接改变半导体激光器输出光的强度，这本身就是一种调制过程。由于这种调制方式简单，并能保证良好的线性工作区和带宽，因此在光纤通信、光盘和光复印等方面得到了广泛的应用。

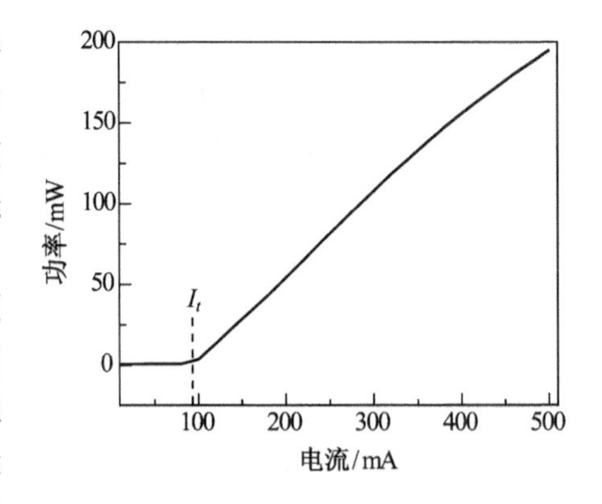

图 5－32　半导体激光器的输出特性

图 5－33 所示是半导体激光器的直接调制原理。图 5－33(a)所示是半导体激光器的直接调制电路，图 5－33(b)所示是半导体激光器的输出功率与调制信号的关系曲线，为了获得线性调制、使工作点处于输出特性曲线的直线部分，必须在加载调制信号电流的同时再加载一适当的偏置电流，这样就可以使输出的光信号不失真。但需要注意的是，要把调制信号源与直流偏置隔离，避免直流偏置源对调制信号源产生影响，当频率较低时，可用电容和电感线圈的串联来实现，如图 5－33(a)所示，当频率很高(>50MHz)时，则必须采用高通滤波电路。另外，偏置电流直接影响半导体激光器的调制性能，通常应选择偏置电流在阈值电流附近而且略高于阈值电流，这样半导体激光器可以获得较高的调制速率。因为在这种情况下，半导体激光器连续发射光信号不需要准备时间(即延迟时间很小)，其调制速率不受激光器中载流子平均寿命的限制；但偏置电流选得太大，又会使激光器的消光比变坏，所以在选择偏置电流时，要综合考虑其影响。

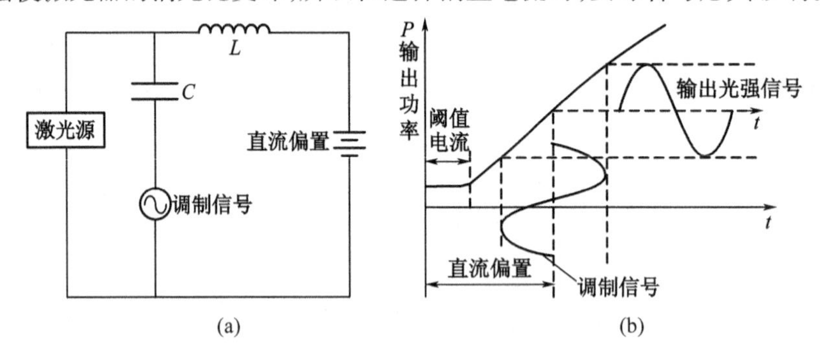

图 5－33　半导体激光器的调制原理与电路

半导体激光器处于连续调制工作状态时，无论有无调制信号，由于有直流偏置，所以功耗较大，甚至引起温升，会影响或破坏器件的正常工作。双异质结激光器的出现，使激光器的阈值电流密度比同质结大大降低，可以在室温下以连续调制方式工作。

要使半导体激光器在高频调制下工作不产生调制畸变，最基本的要求是输出功率要与阈值以上的电流成良好的线性关系；另外，为了尽量不出现张弛振荡，应采用条宽较窄结构的激光器。另外直接调制会使激光器主模的强度下降，而次模的强度相对增加，从而使激光器谱线加宽，而调制所产生的脉冲宽度 Δt 与谱线宽度 $\Delta\nu$ 之间相互制约，构成所谓傅里叶变换的带宽限制，因此，直接调制的半导体激光器的能力受到 $\Delta t \cdot \Delta\nu$ 的限制，故在高频调制下宜采用量子阱激光器或其他外调制半导体激光器。

5.6.2　发光二极管(LED)的直接调制

发光二极管(LED)与半导体激光器(LD)相比，在结构上 LED 没有光学谐振腔，因此，LD

和LED的功率与电流的$P-I$特性曲线有很大的差别，图5－34给出了LED与LD的$P-I$特性曲线，从图中可以看出，LED的发光不受阈值条件的限制，其输出光功率不像LD那样会随注入电流的变化而发生突变，因此，LED的$P-I$曲线近似为直线，只有当电流过大时，由于PN结发热产生饱和现象，使$P-I$曲线的斜率减小。与半导体激光器的内调制原理相似，在发光二极管$P-I$特性曲线的线性关系较好的区域，也可用于光辐射的内调制，其调制原理与调制电路如图5－35所示。

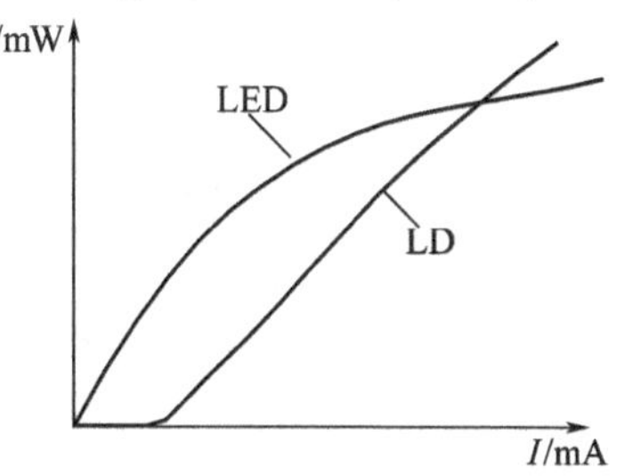

图5－34　LED与LD的$P-I$特性曲线

发光二级管在模拟光纤通信系统中得到了广泛应用，但在数字光纤通信系统中，因为发光二级光的最高调制速率只能达到100 Mb/s而受到限制。

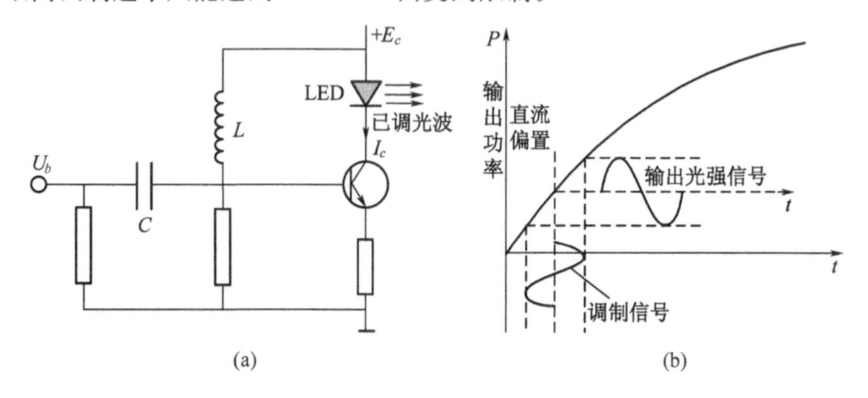

图5－35　发光二极管的调制原理与电路

5.6.3　半导体光源的调制深度

无论是使用LD或LED作光源，都要施加偏置电流I_b，使其工作点处于LD或LED的$P-I$特性曲线的线性区域。半导体光源调制线性的好坏与调制深度m有关，这里将半导体激光器和发光二极管的调制深度分别定义为

$$m_{LD}=\frac{\text{调制电流幅度}}{\text{偏置电流}-\text{阈值电流}}$$

$$m_{LED}=\frac{\text{调制电流幅度}}{\text{偏置电流}}$$

图5－36所示是不同调制信号强度的情况下，对半导体激光器和发光二极管进行注入电流调制时，输出信号与调制信号的偏离情况。从图中可以看出，当m大时，调制信号幅度大，此时线性较差；当m小的时候，虽然线性好，但调制信号幅度小。因此，应选择合适的m值。另外，在模拟调制中，光源器件本身的线性特性是决定模拟调制好坏的主要因素。所以在线性要求较高的应用中，需要进行非线性补偿，即用电子技术校正光源引起的非线性失真。

5.6.4　半导体光源的脉冲编码数字调制

如前所述，数字调制是用二进制数字信号“1”和“0”码对光源发出的光波进行调制。而数字信号大都采用脉冲编码调制，即先将连续的模拟信号通过“抽样”变成一组调幅的脉冲序

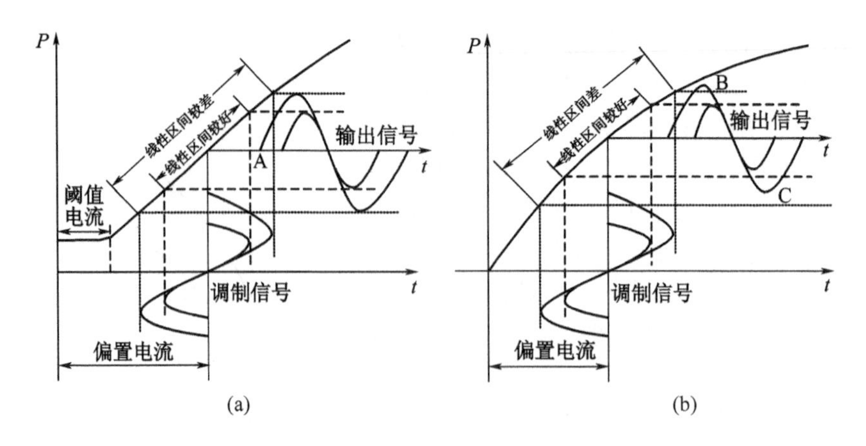

图 5 - 36 调制深度对半导体光源模拟信号强度调制的影响

列，再经过“量化”和“编码”过程，形成一组等幅度、等宽度的矩形脉冲作为“码元”，结果将连续的模拟信号变成了脉冲编码数字信号。然后，再用脉冲编码数字信号对光源进行强度调制，其调制特性曲线如图 5 - 37 所示，图中(a)、(b)分别是半导体激光和发光二极管的数字调制特性曲线。

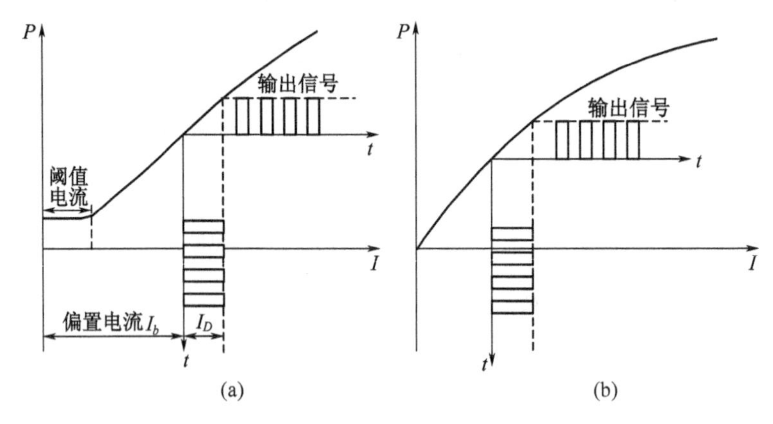

图 5 - 37 数字调制特性

(a) 加 I_b 后 LD 数字调制特性；(b) LED 数字调制特性。

由于数字光通信的突出优点，脉冲编码数字调制有很好的应用前景。首先因为数字光信号在信道上传输过程中引进的噪声和失真，可采用间接中继器的方式去掉，故抗干扰能力强；其次对数字光纤通信系统的线性要求不高，可充分利用半导体光源的发光功率；第三，数字光通信设备便于和脉冲编码电话终端、脉冲编码数字彩色电视终端、电子计算机终端相连接，从而组成既能传输电话、彩色电视，又能传输计算机数据的多媒体综合通信系统。

第6章　光辐射的探测原理与技术

要探知一个客观事物的存在及其特性，一般都是通过测量对探测者所引起的某种效应来完成；光辐射的探测是指利用光与物质相互作用中的一些物理效应，把光辐射转换成易于捕捉或采集的物理量，通过对转换后新的物理量的分析，获得光辐射的信息。从近代测量技术来看，将光辐射的能量转化为电量的形式不仅方便，而且精确，所以大多数光辐射的探测都是把光辐射量转换成电量来实现的，对一些不是直接转换成电量的量（如温度、体积等），通常也是将其间接转换为电量来测量，这种将光辐射量转换为电量形式的探测器，称为光电探测器。本章主要介绍常见光电探测器的物理基础和评价参数。

6.1　光电探测的物理基础

6.1.1　光电发射效应

在光照下，物体向表面以外的空间发射电子（即光电子）的现象，称为光电发射效应。发生光电发射效应的物体，称为光电发射体，在光电管中又称为光阴极。著名的爱因斯坦方程描述了光电效应的物理原理和产生条件。爱因斯坦的光电方程是

$$E_k = h\nu - E_\varphi \tag{6.1}$$

式中：$E_k = \frac{1}{2}mv^2$，是电子离开发射体表面时的动能；m 是电子质量；v 是电子离开时的速度；$h\nu$ 是光子能量；E_φ 是光电发射体的功函数。

式(6.1)的物理意义是：如果发射体内的电子所吸收的光子能量 $h\nu$ 大于发射体的功函数 E_φ，电子就能以相应的速度从发射体表面逸出，因此，光电发射效应发生的条件是

$$\lambda \leqslant \frac{hc}{E_\varphi} = \lambda_c \tag{6.2}$$

λ_c 称为产生光电发射的入射光波的截止频率或截至波长，将普朗克常数 h 和光速 c 代入式(6.2)中，有：

$$\lambda_c(\mu\mathrm{m}) = \frac{1.24}{E_\varphi(\mathrm{eV})} \tag{6.3}$$

可见，E_φ 较小的发射体才能对波长较长的光辐射产生光电发射效应。

6.1.2　光电导效应

光电导效应是内光电效应中的一种。所谓内光电效应，是指受到光照的半导体的电导率发生变化或产生光生电动势的现象。其中，由于光照而引起半导体的电导率发生变化的现象称为光电导效应(Photoconductive Effects)，光电导效应是1873年英国人史密斯首先发现的。

光电导效应的产生是由半导体材料的导电特性决定的。正如前面对半导体的能带理论中所述,半导体材料中的载流子是电子和空穴,在0K时,载流子浓度为0,在0K以上,由于热激发而不断产生热生载流子(电子和空穴),热载流子在扩散过程中,又受到复合作用而消失,在热平衡状态下,单位时间内热生载流子的产生数目正好等于因复合而消失的数目,因此在导带和满带中维持着一个热平衡的电子浓度 n 和空穴浓度 p。

当有光子能量 $h\nu$ 大于或等于半导体禁带宽度 E_g(即 $h\nu \geqslant E_g$)的光照射到半导体上时,价带中的电子会吸收入射光子的能量而跃迁至空带,同时在价带中留下空穴,于是引起半导体电导率 σ 的变化,这就是光电导效应,由光照而使电导率 σ 发生的变化 $\Delta\sigma$ 称为光电导率,简称光电导(Photoconduction)。从这里可以看出,半导体产生光电导效应的条件是入射光的波长 λ 不能大于该半导体的波长限 λ_c,即

$$\lambda(\mu\text{m}) \leqslant \lambda_c = \frac{hc}{E_g(\text{eV})} = \frac{1.24}{E_g(\text{eV})} \tag{6.4}$$

式中:h 为普朗克常数;c 为光速;E_g 的单位是eV。

因此,也可以这样来定义光电导效应:当半导体材料受光照时,由于半导体材料对光子的吸收,从而引起载流子浓度的变化,进而导致材料电导率变化的现象。

6.1.3 光伏效应

P型半导体和N型半导体接触时形成PN结,在PN结的结区会形成一个从N区指向P区的自建电场。当PN结开路时(零偏状态),在热平衡条件下,由于浓度梯度而产生的扩散电流与由于内电场作用而产生的漂移电流相互抵消,总电流为零,也就是说没有净电流流过PN结。

当有光辐射到半导体上,入射光子将与半导体中的电子相互作用,在零偏条件下,如果入射光的波长 λ 满足以下条件

$$\lambda(\mu\text{m}) \leqslant \frac{1.24}{E_i(\text{eV})} \tag{6.5}$$

照射到半导体上的光将会把电子激发到导带,在价带里产生空穴,形成电子—空穴对,称为非平衡载流子或过剩少子,其产生率与光强和光照射到半导体内的深度有关:光辐射越强,过剩少子数目越多,且随着光照射距离的深入迅速衰减,这样,半导体材料的表面和体内就形成了浓度梯度,自然会引起扩散。光照前多子的热平衡浓度本来就很高,光生载流子对多子的浓度影响很小,而少子的热平衡浓度本来很低,光生载流子对其浓度的影响就很大,表面附近的少子浓度会急剧增加。

因此,在P区,光生电子向半导体内扩散,如果P区厚度小于电子扩散长度,那么大部分光生电子将能穿过P区到达PN结(少部分被复合),一旦进入PN结,将在内建电场作用下被迅速扫到N区;同样,在N区,光生空穴向体内扩散到PN结,也因电场力作用被迅速扫到P区。这样,光生电子—空穴对就被内建电场分开,空穴集中在P区,电子集中在N区,半导体两端就会产生P区正、N区负的开路电压,这种光照零偏PN结产生开路电压的现象就称为光伏效应。

事实上,不仅光照零偏PN结会产生光伏效应,光照反偏PN结、PIN结或肖特基势垒都能产生光伏效应,典型的应用器件有光电池和光电二极管,光电池是利用光生伏特效应制成的无

偏压光电转换器件,而光电二极管是在反向偏压下工作的光伏器件。

6.1.4 温差电效应

如图6-1(a)所示,当两种不同的配偶材料(可以是金属或半导体)两端并联熔接时,如果两个接头的温度不同,并联电路中就会产生电动势,回路中就有电流流过,这种电动势称为温差电动势。

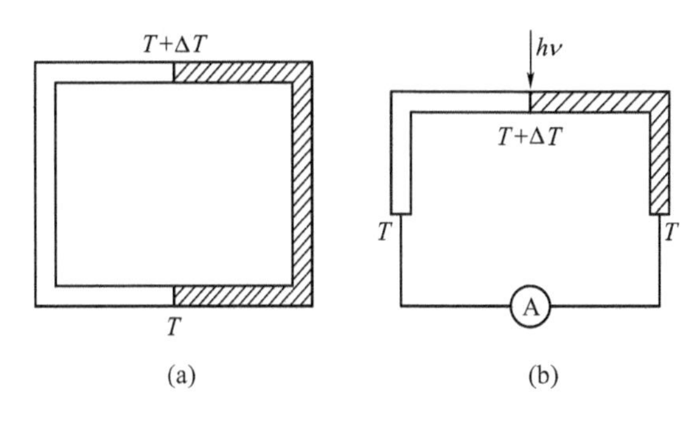

图6-1　温差电效应

如果把冷端分开并与一个电表连接,如图6-1(b)所示,那么当光照熔接端(称为电偶接头)时,吸收光能使电偶接头温度升高,电表就有相应的电流读数,电流的数值间接反映了光照能量的大小,这就是用热电偶来探测光能量的原理。实际应用中,为了提高测量灵敏度,常将若干个热电偶串联起来使用,称为热电堆,它在激光能量计中获得了广泛应用。

6.1.5 热释电效应

当一些晶体受热时,在晶体两端将会产生数量相等而符号相反的电荷,这种由于热变化产生的电极化现象,称为热释电效应。如图6-2(a)所示,通常晶体自发极化所产生的束缚电荷被来自空气中附着在晶体外表面的自由电子所中和,其自发极化电矩不能表现出来;当温度改变时,极化强度发生变化,原先的自由电荷不能再完全屏蔽束缚电荷,于是表面出现自由电荷,如图6-2(b)所示,它们在附近空间形成电场,对带电微粒有吸引或者排斥作用。通过与外电路连接,则可在电路中观测到电流。升温和降温两种情况下电流的方向相反,与铁电体中的压电效应相似,热释电效应中电荷或电流的出现是由于极化改变后对自由电荷的吸引能力发生变化,使在相应表面上自由电荷增加或减少。

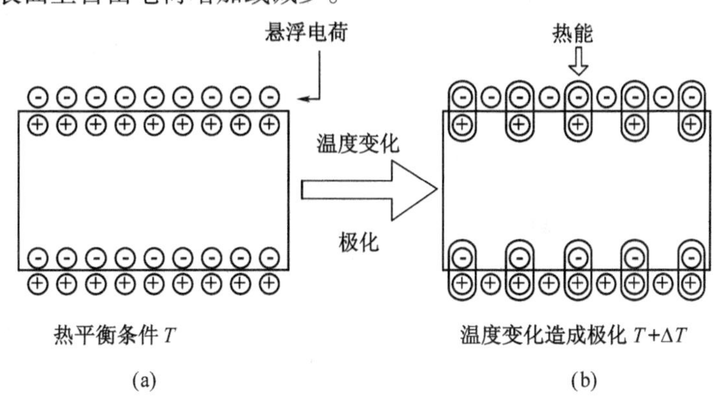

图6-2　热释电效应形成的原理

6.1.6 光子效应和光热效应

前面介绍的几类光电探测器的物理效应总体可以分为两大类，一类是光子效应，一类是光热效应。

基于光电发射效应、光电导效应和光伏效应的探测器有一个共同的特点，就是探测器吸收光子后，直接引起原子或分子的内部电子状态的改变，且光子能量的大小，直接影响内部电子状态改变的大小，而光子能量是 $h\nu$，所以，这类探测器对光波频率具有选择性，一般存在一个截止波长 λ_c（或频率 ν_c），如图 6-3 中的折线所示。因为这类探测器是光子直接与电子相互作用，因此其响应速度一般比较快，这类探测器统称为基于光子效应的探测器，因此，所谓光子效应，是指单个光子的性质对产生的光电子起直接作用的一类光电效应。

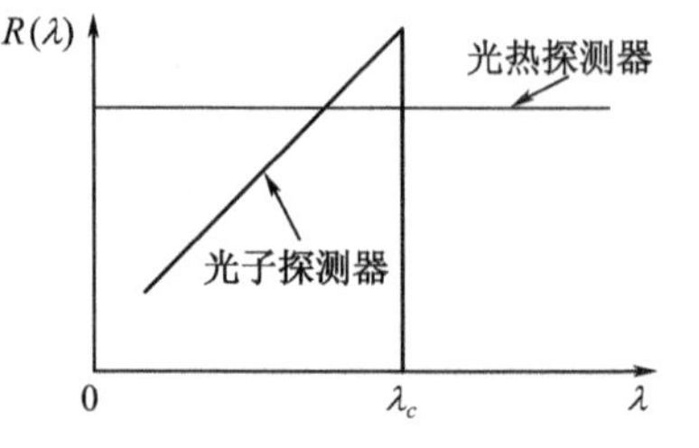

图 6-3 光电探测器的波长响应特性

对基于温差电效应、热释电效应的探测器来说，则是探测元件在吸收光辐射能量后，并不直接引起内部电子状态的改变，而是把吸收的光能变为晶格的热运动能量，引起探测元件温度上升，温度上升的结果又使探测元件的电学性质或其他物理性质发生变化，因此，这类探测器与单光子能量 $h\nu$ 的大小没有直接关系，理论上对光波频率没有选择性，如图6-3中的直线所示。这类探测器统称为基于光热效应的探测器。因为在红外波段，材料的吸收率高，光热效应更强烈，所以光热探测器被广泛用于对红外辐射的探测。因为温度升高是热积累的作用，所以光热效应的响应速度一般比较慢，且容易受环境温度变化的影响。

6.2 光电转换定律

光电探测器是把光辐射量转换为光电流量的器件。在光电转化过程中，可以将光通量（光功率）$P(t)$ 理解为光子流，而光子能量 $h\nu$ 是光能量 E 的基本单元，因此，根据光功率的定义可以将光电转换前的光功率写成

$$P(t) = \frac{\mathrm{d}E}{\mathrm{d}t} = h\nu \frac{\mathrm{d}n_{光}}{\mathrm{d}t} \tag{6.6}$$

式中：$n_{光}$ 是参加光电转化的光子数。

光电转化后的光电流是光生电荷 Q 的时变量，因为 e 是光生电荷的基本单元，因此，可以将光电流写成

$$i(t) = \frac{\mathrm{d}Q}{\mathrm{d}t} = e\frac{\mathrm{d}n_{电}}{\mathrm{d}t} \tag{6.7}$$

式中：$n_{电}$ 是光电转化后的电子数。

基本物理观点告诉我们，光电流 $i(t)$ 应该正比于光功率 $P(t)$，即

$$i(t) = DP(t) \tag{6.8}$$

式中：D 称为探测器的光电转换因子。把式(6.6)和式(6.7)代入式(6.8)，有

$$D = \frac{e}{h\nu}\eta \tag{6.9}$$

式中

$$\eta = \left(\frac{\mathrm{d}n_{电}}{\mathrm{d}t}\right) \Big/ \left(\frac{\mathrm{d}n_{光}}{\mathrm{d}t}\right) \tag{6.10}$$

称为探测器的量子效率,它表示探测器吸收的光子数和激发的电子数之比,是探测器物理性质的函数。

再把式(6.9)代入式(6.8),可得

$$i(t) = \frac{e\eta}{h\nu}P(t) \tag{6.11}$$

式(6.11)所示即为基本的光电转换定律,该定律表明:

(1) 光电探测器对入射光功率有响应,响应量是光电流。因此,一个光子探测器可以视为一个电流源。

(2) 因为光功率 P 正比于光电场的平方,因此,经常把光电探测器称为平方律探测器,或者说,光电探测器本质上一个非线性器件。

6.3　光电探测器的性能参数

光电探测器和其他器件一样,有一套根据实际需要制定的特性参数,是在不断总结各种光电探测器的共同特征的基础上定义的,所以这一套性能参数能够科学地反映各种探测器的共同因素。依据这套参数,人们可以评价探测器性能的优劣,比较不同探测器之间的差异,从而达到根据需要合理选择和正确使用光电探测器的目的。因此,了解光电探测器的各种性能参数对于选择合适的探测器十分重要。

6.3.1　积分灵敏度 R

积分灵敏度也称为响应度,是描述光电探测器光电转换能力的物理量。因为光电探测器在进行光电转换的过程中,光电流 i(或光电压 u)总可以表示成光功率 P 的函数,即 $i=f(P)$ 或 $u=f(P)$,该函数关系称为光电探测器的光电特性,在线性区间内,积分灵敏度 R 被定义为曲线的斜率,即

$$R_i = \frac{\mathrm{d}i}{\mathrm{d}P} = \frac{i}{P} \quad (\text{线性区内}) \quad (\mathrm{A/W}) \tag{6.12}$$

或

$$R_u = \frac{\mathrm{d}u}{\mathrm{d}P} = \frac{u}{P} \quad (\text{线性区内}) \quad (\mathrm{V/W}) \tag{6.13}$$

式中:R_i 和 R_u 分别称为电流和电压灵敏度;i 和 u 均为电表测量的电流、电压有效值。式(6.12)和式(6.13)中的光功率 P 是指分布在某一光谱范围内的总功率。因此,这里的 R_i 和 R_u 又分别称为积分电流灵敏度和积分电压灵敏度。

6.3.2　光谱灵敏度 R_λ 与相对光谱灵敏度 S_λ

1. 光谱灵敏度 R_λ

如果把式(6.12)中的光功率 P 换成波长可变的光谱功率密度 P_λ,由于光电探测器的光谱

选择性，在其他条件不变的情况下，光电流将是光波长的函数，记为 i_λ（或 u_λ），于是光谱灵敏度 R_λ 定义为

$$R_\lambda = \frac{i_\lambda}{P_\lambda} \tag{6.14}$$

如果 R_λ 是常数，则相应的探测器称为无选择性探测器。然而，基于光子效应的探测器都具有波长选择性，即基于光子效应的 R_λ 是随波长变化的，因此，R_λ 更能体现探测器的探测性能。

2. 相对光谱灵敏度 S_λ

式(6.14)对光谱灵敏度的定义在测量上是非常困难的，为此，通常给出探测器的相对光谱灵敏度 S_λ，定义为

$$S_\lambda = \frac{R_\lambda}{R_{\lambda m}} \tag{6.15}$$

式中：$R_{\lambda m}$是指 R_λ 的最大值，相应的波长称为峰值波长。从式(6.15)可以看出，S_λ 是一个无量纲的百分数，绘制出 S_λ 随 λ 的变化曲线，就称为探测器的相对光谱灵敏度曲线，也称为光谱灵敏度曲线。

3. 光谱匹配系数 K

为了说明 R 和 R_λ 与 S_λ 的关系，这里引入相对光谱功率密度函数$f_{\lambda'}$

$$f_{\lambda'} = \frac{P_{\lambda'}}{P_{\lambda' m}} \tag{6.16}$$

把式(6.15)和式(6.16)代入式(6.14)，只要注意到 $\mathrm{d}P_{\lambda'} = P_{\lambda'}\mathrm{d}\lambda'$和 $\mathrm{d}i = i_\lambda \mathrm{d}\lambda'$，就有

$$\mathrm{d}i = S_\lambda R_{\lambda m} \cdot f_{\lambda'} P_{\lambda' m} \cdot \mathrm{d}\lambda' \cdot \mathrm{d}\lambda \tag{6.17}$$

对上式积分，有

$$i = \int_0^\infty \mathrm{d}i = \left(\int_0^\infty S_\lambda R_{\lambda m} f_{\lambda'} P_{\lambda' m} \mathrm{d}\lambda'\right)\mathrm{d}\lambda \tag{6.18}$$

将上式做变形可得

$$i = \int_0^\infty \mathrm{d}i = R_{\lambda m}\mathrm{d}\lambda P_{\lambda' m}\left(\int_0^\infty f_{\lambda'}\mathrm{d}\lambda'\right)\frac{\int_0^\infty s_\lambda f_{\lambda'}\mathrm{d}\lambda'}{\int_0^\infty f_{\lambda'}\mathrm{d}\lambda'} \tag{6.19}$$

式(6.19)中

$$\int_0^\infty f_{\lambda'}\mathrm{d}\lambda' = \frac{1}{P_{\lambda' m}}\int_0^\infty P_{\lambda'}\mathrm{d}\lambda' = \frac{P}{P_{\lambda' m}} \tag{6.20}$$

根据积分灵敏度 R 和光谱灵敏度 R_λ 的定义可知，$R_{im} = R_{\lambda m} \cdot \mathrm{d}\lambda$，由此可以将电流灵敏度 R_i 改写为

$$R_i = \frac{i}{P} = R_{\lambda m}\mathrm{d}\lambda \frac{\int_0^\infty S_\lambda f_{\lambda'}\mathrm{d}\lambda'}{\int_0^\infty f_{\lambda'}\mathrm{d}\lambda'} = R_{im}\frac{\int_0^\infty S_\lambda f_{\lambda'}\mathrm{d}\lambda'}{\int_0^\infty f_{\lambda'}\mathrm{d}\lambda'} \tag{6.21}$$

令式(6.21)中两个积分项的比值为 K,即

$$K = \frac{\int_0^\infty S_\lambda f_{\lambda'} \mathrm{d}\lambda'}{\int_0^\infty f_{\lambda'} \mathrm{d}\lambda'} \tag{6.22}$$

称为光谱利用系数,它表示入射光功率能被响应的百分比。

把式(6.22)用图形(图 6-4)表示出来,可以明显看出,对光电探测器而言,入射光功率的光谱匹配是多么重要。

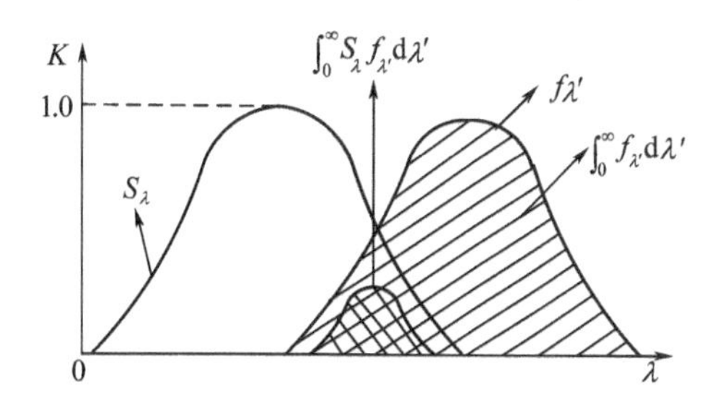

图 6-4　光谱匹配系数 K 的说明

6.3.3　频率响应灵敏度 R_f

对于光电探测器而言,如果入射光是经过调制的光束,光电流 i_f 将随调制频率 f 的升高而下降,这时的灵敏度称为频率响应灵敏度,用 R_f 表示,定义为

$$R_f = \frac{i_f}{P} \tag{6.23}$$

式中:i_f 是光电流时变函数的傅里叶变换,通常情况下

$$i_f = \frac{i(f=0)}{\sqrt{1+(2\pi f\tau)^2}} \tag{6.24}$$

式中:τ称为探测器的响应时间,τ的大小由探测器的材料、结构和外电路决定,把式(6.24)代入式(6.23),得

$$R_f = \frac{R_0}{\sqrt{1+(2\pi f\tau)^2}} \tag{6.25}$$

这就是探测器的频率特性。从式(6.25)可以看出,探测器的频率响应灵敏度 R_f 随 f 的升高而下降的速率与 τ 值的大小有很大的关系。一般规定,R_f 下降到 $0.707R_0$ 时的频率称为探测器的截止响应频率或响应频率,用 f_c 表示,如图 6-5 所示。

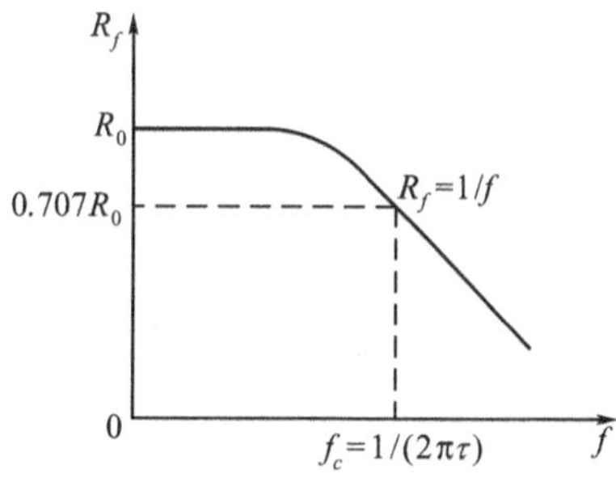

图 6-5　光电探测器的频率响应曲线

从式(6.25)可见,探测器的响应频率 f_c 为

$$f_c = \frac{1}{2\pi\tau} \tag{6.26}$$

一般认为,当 $f < f_c$ 时,光电流能线性再现光功率 P 的变化。

如果是脉冲形式的入射光,则更常用响应时间来描述。探测器对突然光照的输出电流,要经过一定时间才能上升到与这一辐射功率相应的稳定值。当辐射突然降去后,输出电流也需要经过一定时间才能下降到 0。一般而言,上升和下降时间相等,时间常数近似地由式(6.26)决定。

6.3.4 决定光电流 i 的因素

综上所述,光电流 i 是由加载在探测器两端电压 u、入射光光功率 P、光波长 λ 和光强调制频率 f 的函数,即

$$i = F(u,P,\lambda,f) \tag{6.27}$$

以 u、P、λ 为参量,$i=F(f)$ 的关系称为光电频率特性,相应的曲线称为频率特性曲线;同样,$i=F(P)$ 及其对应曲线称为光电特性曲线;$i=F(\lambda)$ 及其对应曲线称为光谱特性曲线;而 $i=F(u)$ 及其对应曲线称为伏安特性曲线。当这些曲线给出时,灵敏度 R 的值就可以从曲线中求出,而且还可以利用这些曲线,尤其是伏安特性曲线来设计探测器的工作电路。

6.3.5 量子效率 η

如果说灵敏度 R 只是从宏观角度描述了光电探测器的光电、光谱以及频率特性,那么量子效率 η 则是对同一个问题的微观描述,指的是在某一特定波长上,单位时间内产生的光电子数与入射光量子数之比,即式(6.10)所表示的物理含义。对理想探测器而言,入射一个光量子就会激发出一个光电子,即 $\eta=1$;而实际探测器的量子效率 $\eta<1$。对于光电转换而言,我们希望其量子效率越高越好。

将光电转换定律的表达式(6.11)和电流灵敏度的表达式(6.12)联立,可以得到量子效率和灵敏度之间的关系:

$$\eta = \frac{h\nu}{e}R_i \tag{6.28}$$

考虑到光谱灵敏度的定义式(6.14)和相对光谱灵敏度的定义式(6.15),可以得到探测器的光谱量子效率

$$\eta_\lambda = \frac{hc}{e\lambda}R_{i\lambda} \tag{6.29}$$

式中:c 是材料中的光速。可见,光谱量子效率正比于灵敏度,而反比于波长。

6.3.6 通量阈 P_{th} 和噪声等效功率 NEP

根据式(6.12)对探测器灵敏度 R 的定义,当入射光功率 $P=0$ 时,光电流 $i=0$。然而实际情况是,当 $P=0$ 时,光电探测器的输出电流并不为0,这个电流称为暗电流或噪声电流,记为 $i_n=\sqrt{\overline{(i_n^2)}}$。显然,这时灵敏度 R 已失去意义,必须定义一个新的参量来描述光电探测器的这种特性。考虑到这个因素,一个光电探测器完成光电转换过程的模型可以用图6-6来表示。

图6-6中的光功率 P_s 和 P_b 分别为信号光功率和背景光功率。可见,即使 P_s 和 P_b 都为0,也会有噪声输出,噪声的存在,限制了探测器探测微弱信号的能力。通常认为,如果信号光功率产生的信号光电流 i_s 等于噪声电流 i_n,那么就认为刚刚能探测到光信号的存在。这里将信号光电流 i_s(或光电压 u_s)与噪声电流 i_n(或噪声电压 u_n)的比值定义为信噪比 SNR:

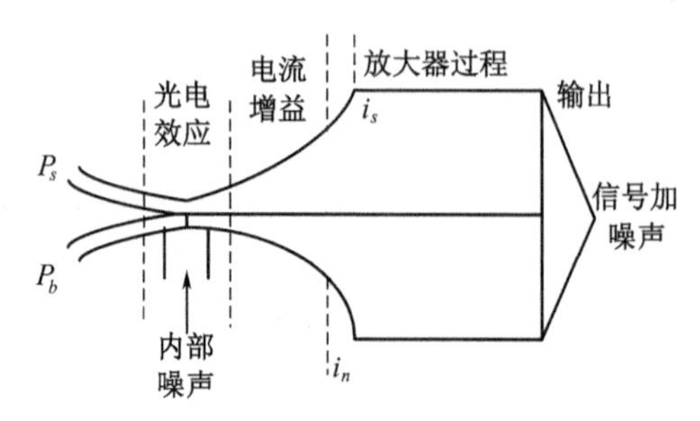

图6-6 包含噪声在内的光电探测过程

$$
\begin{cases}
SNR = \dfrac{i_s}{i_n}（电流信噪比）\\
SNR = \dfrac{u_s}{u_n}（电压信噪比）
\end{cases}
\tag{6.30}
$$

根据式(6.12)对电流灵敏度的定义,将 $SNR = 1$ 时的信号光功率定义为探测器的通量阈 P_{th}

$$P_{th} = \frac{i_n}{R_i} \quad (\mathrm{W}) \tag{6.31}$$

因此,通量阈是探测器所能探测的最小光信号功率。对光电探测器而言,探测器的通量阈越低则表示探测器的探测能力越强。

通量阈还有另一种更通用的表述方法,这就是噪声等效功率 NEP,即

$$NEP = P_{th} \tag{6.32}$$

显然,NEP 越小,表明探测器探测微弱信号的能力越强。所以 NEP 是描述光电探测器探测能力的参数。

6.3.7 归一化探测度 D^*

从前面对噪声等效功率 NEP 的定义可以看出,NEP 越小,探测器的探测能力越高,这不符合人们“越大越好”的习惯,于是取 NEP 的倒数并定义为探测度 D,即

$$D = 1/NEP \quad (\mathrm{W}^{-1}) \tag{6.33}$$

这样,D 值大的探测器表明其探测能力高。

实际使用中,经常需要在同类型的不同探测器之间进行比较,比较结果表明,探测度 D 值大的探测器其探测能力不一定好。究其原因,主要是探测器光敏面的面积 A 和测量带宽 Δf 对 D 值有很大的影响。

我们知道,探测器的噪声等效功率正比于测量带宽,即 $NEP \propto \Delta f$,所以 $i_n \propto (\Delta f)^{1/2}$,于是由 D 的定义可知:

$$D \propto (\Delta f)^{-1/2} \tag{6.34}$$

通常认为探测器的光敏面是由 n 个面积为 A_n 的探测单元组成,因此,对光敏面为 A 的探测器而言:

$$A = nA_n$$

探测器的噪声等效功率 NEP 是每一个单元面积 A_n 独立产生的噪声功率 N_n 之和,因此有:

$$N = nN_n = \frac{A}{A_n}N_n$$

对同一类型探测器而言,N_n/A_n 是个常数,因此,$N \propto A$,所以 $i_n \propto \sqrt{A}$,由 D 的定义可知:

$$D \propto (A)^{-1/2} \tag{6.35}$$

把测量带宽和探测器的面积对探测度 D 的影响统一并考虑,可得

$$D \propto (A\Delta f)^{-1/2} \tag{6.36}$$

为了说明式(6.36)所示的探测器面积和测量带宽对探测度 D 的影响,定义归一化探测度 D^* 为

$$D^{*} = D\sqrt{A\Delta f} \quad (\mathrm{cm \cdot Hz^{1/2}/W}) \tag{6.37}$$

这时就可以说，D^* 大的探测器其探测能力一定好。

考虑到光谱的响应特性，一般给出 D^* 值时注明响应波长 λ、光辐射调制频率 f 及测量带宽 Δf，即 $D^*(\lambda, f, \Delta f)$。

6.3.8 光电探测器的噪声

光电探测器在光电转换时，要受到无用信号的干扰，称为光电探测器的噪声。噪声是一种随机信号，它实质上是物理量围绕其平均值的涨落现象，如图 6－7(b) 所示的波形围绕图 6－7(a) 所示波形的涨落现象。

按照噪声产生的原因，可以分为两大类：一类是外部原因产生的噪声，如人为噪声、自然噪声等，这类噪声具有一定的规律，可以设法减小和消除；另一类是内部原因产生的噪声，如散粒噪声、产生—复合噪声、热噪声、低频噪声等。这类噪声是光电转换物理过程中所固有的，是一种不可能人为消除的输出信号的起伏，是与器件密切相关的一个参量。这是因为在光电转换过程中，半导体中的电子从价带跃迁到导带，或者电子逸出材料表面等过程，都是一系列独立事件，是一种随机的过程，每一瞬间出现多少载流子是不确定的，所以随机的起伏将不可避免地与信号同时出现，尤其在信号较弱时，光电探测器的噪声会显著地影响信号探测的准确性。

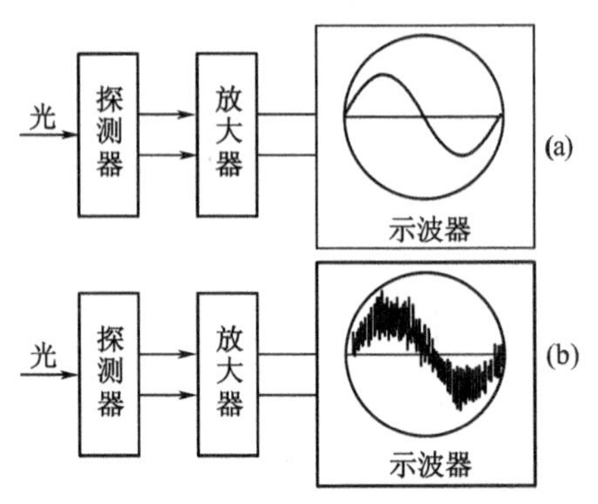

图 6－7 光电探测器的噪声

1. 散粒噪声

从本质上讲，光电探测器的光电转换过程是一个光电子计数的随机过程，式(6.11)表示这一随机过程的统计平均结果。由于随机起伏是一个个的带电粒子(其单元通常是电子电荷量 e)引起的，所以称为散粒噪声。

散粒噪声存在于所有光电探测器中，可以证明，散粒噪声的功率谱为

$$g(f) = e\bar{I}M^2 \tag{6.38}$$

式中：$\bar{I}$是指流过探测器的平均电流；M 是探测器的内增益，对光伏探测器而言，$M=1$，对基于光电导效应的探测器、光电倍增管以及雪崩光电管而言，$M>1$。于是，散粒噪声电流 i_n 或电压 u_n 可以表示为

$$i_n = \sqrt{\overline{i_n^2}} = \sqrt{2e \cdot \bar{I} \cdot \Delta f \cdot M^2} \tag{6.39}$$

$$u_n = i_n R_L = \sqrt{2e \cdot \bar{I} \cdot \Delta f \cdot R_L^2 \cdot M^2} \tag{6.40}$$

式中：e 为电子电荷；Δf 为探测器的工作带宽；R_L 是探测器的回路电阻。

对于光电探测而言，流过探测器的平均光电流$\bar{I}$是由热激发暗电流 I_d、背景光电流 I_b 和信号光电流 I_s 三个部分组成，即：

$$\bar{I} = I_d + I_b + I_s \tag{6.41}$$

I_d、I_b 和 I_s 都满足式(6.11)所示的光电转换关系，分别称为暗电流噪声、背景噪声和信号光子噪声。

如果将背景光电流和信号光电流分别以其对应的光功率形式表示，将式(6.41)代入式(6.39)中，并结合式(6.11)可得

$$i_n = \sqrt{S \cdot e \cdot \left(i_d + \frac{e\eta}{h\nu}P_b + \frac{e\eta}{h\nu}P_s\right) \cdot \Delta f \cdot M^2} \tag{6.42}$$

式(6.42)所示即为光电探测器噪声电流的一般表达式。式中 S 的取值与过程有关，对基于光电发射和光伏效应的探测器而言，$S=2$；对基于光电导效应的光电探测器而言，$S=4$。

2. 产生—复合噪声

半导体中由于载流子产生与复合的随机性而引起的平均载流子浓度的起伏所产生的噪声称为产生—复合噪声，也称为 G－R 噪声(Generation-Recombination Noise)。产生—复合噪声主要存在于光电导探测器中，与前面介绍的散粒噪声本质是相同的，都是由于载流子数随机变化所引起，所以有时也把这种载流子产生和复合的随机起伏引起的噪声归并为散粒噪声。

3. 热噪声

热噪声是由耗散元件中电荷载流子的随机热运动引起。任何一个处于热平衡条件下的电阻，即使没有外加电压，也有一定量的噪声。如图6－8所示，设探测器 AB 两极间的电阻为 R，在绝对温度 T 时，体内的电子处于不断的热运动中，是一团毫无秩序可言的电子运动。

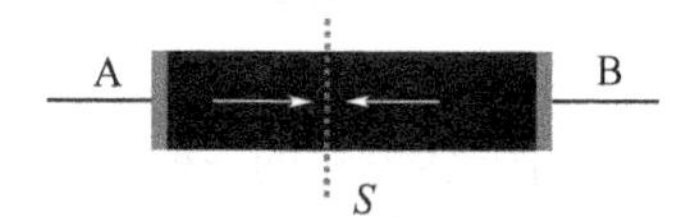

图6－8　热噪声与电压涨落

从时间平均来说，从 A 到 B 的电子和从 B 到 A 的电子数一定相等，不会有电流通过 AB。但如果考虑流过 S 面的电子数的均方偏差，则在 AB 两端就应有电压涨落，这一电压涨落直到1928 年才为琼斯(Johnson)的实验所证实，奈奎斯特(Nyquist)推导出热噪声电压为

$$u_{NJ} = \sqrt{\overline{u_{NJ}^2}} = \sqrt{4 \cdot k \cdot T \cdot \Delta f \cdot R} \tag{6.43}$$

式中：k 为玻耳兹曼常量；Δf 为测量带宽。

如用噪声电流表示则为

$$i_{NJ} = \sqrt{\overline{i_{nJ}^2}} = \sqrt{\frac{4kT\Delta f}{R_L}} \tag{6.44}$$

热噪声属于白噪声频谱。

4. $1/f$ 噪声

$1/f$ 噪声又称为闪烁或低频噪声。这种噪声是由于光敏层的微粒不均匀或不必要的微量杂质的存在，当电流流过时在微粒间发生微火花放电而引起的微电爆脉冲。几乎所有探测器中都存在这种噪声。它主要出现在大约 1kHz 以下的低频频域，而且与光辐射的调制频率 f 成反比，故称为低频噪声或 $1/f$ 噪声。

实验发现，探测器表面的工艺状态(缺陷或不均匀等)对这种噪声的影响很大，所以有时也称为表面噪声或过剩噪声。一般而言，因为 $1/f$ 噪声主要出现在 1kHz 以下的低频区，所以，只要限制低频端的调制频率不低于 1kHz，这种噪声就可以防止。

$1/f$ 噪声的经验公式为

$$i_f = \sqrt{\overline{i_f^2}} = \sqrt{k_1 \frac{I^b \Delta f}{f^a}} \qquad (6.45)$$

式中：k_1 为比例系数，与探测器制造工艺、电极接触情况、半导体表面状态及器件尺寸有关；a 是与探测器材料有关的常数，通常在0.8～1.3之间，大多数材料可近似取 $a=1$；b 与流过探测器的电流 I 有关，通常取 $b=2$。

5. 温度噪声

热探测器通过热导 G 与处于恒定温度的周围环境交换热能。在无辐射存在时，尽管热探测器处于某一平均温度 T_0，但实际上热探测器在 T_0 附近总是有一个小的温度起伏，这种温度起伏可引起热探测器输出噪声，这种因温度起伏引起的噪声称为温度噪声。

理论上可以推导出，由于温度起伏所引起的热探测器温度噪声电流为

$$i_T = \sqrt{\overline{i_T^2}} = \sqrt{4G \cdot k \cdot T^2 \cdot \Delta f} \qquad (6.46)$$

温度噪声电流与热导成正比，与探测器工作温度的平方成正比。主要存在于热探测器中，限制了热探测器所探测的最小辐射能量。

温度噪声与热噪声在产生原因、表示形式上有一定的差别，对于热噪声，材料的温度 T 一定，引起粒子随机性波动，从而产生了随机电流；而对于温度噪声，是因为材料的温度变化，从而导致热流量的变化，这种热流量的变化导致物体的温度噪声产生。

6. 噪声特性

光电导探测器是目前光电探测系统中最为常用的一种探测器，研究表明，光电导探测器的噪声主要是由产生—复合噪声、热噪声和1/f 噪声所组成，各种噪声的贡献如图6－9所示，在低频条件下，噪声以1/f 噪声为主，高频条件下则是以热噪声为主，中间频率段以产生—复合噪声为主。

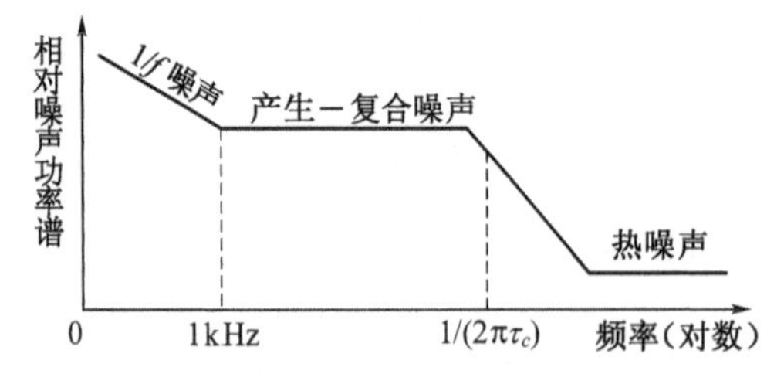

图6－9 光电导探测器的噪声特性

6.4 基于光热效应的探测器

热探测器在光电探测中有重要地位，广泛应用于红外、激光功率和能量的测量。光热探测器工作时无需冷却也无需偏压电源，可以在室温下工作，亦可在高温下工作，具有结构简单、使用方便的优点。从近紫外直到远红外的宽广波段都有几乎均匀的光谱响应，在较宽的频率和温度范围内有较高的探测灵敏度。

6.4.1 热探测器原理概述

热探测器的探测模型如图6－10所示。由热敏元件、热链回路（热导 G）和大热容量的散热器三部分组。

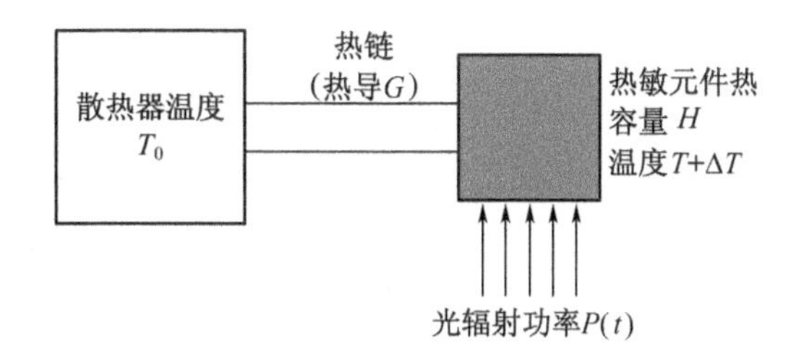

图6-10　热探测器的模型

热链回路以热导G在散热器和热敏元件之间传递热量,假设其热平衡温度为T_0。当功率为$P(t)$的光辐射照射热敏元件时,如果热敏元件吸收系数为a,那么在δt时间内吸收的热量为$\alpha P(t)\delta t$,温度变为$T_0+\Delta T$,假设热链回路造成的热损耗为$G\Delta T\delta t$,于是,使热敏元件温度变化的热量方程可写成

$$H\Delta T = \alpha P(t)\delta t - G\Delta T\delta t \tag{6.47}$$

当$\delta t\to 0$时,式(6.47)变为

$$H\frac{\mathrm{d}}{\mathrm{d}t}(\Delta T) + G\Delta T = \alpha P(t) \tag{6.48}$$

式中:H是热敏元件的热容量。

假定$P(t)=P_0\mathrm{e}^{\mathrm{i}\omega t}$,且在热平衡条件下,

$$\Delta T(t) = \Delta T\mathrm{e}^{\mathrm{j}\omega t} \tag{6.49}$$

把式(6.49)代入式(6.48),有

$$\Delta T(t) = \alpha\frac{P_0\mathrm{e}^{\mathrm{j}\omega t}}{G+\mathrm{j}\omega H} \tag{6.50}$$

$$|\Delta T| = \sqrt{\Delta T\cdot\Delta T^*} = \alpha\frac{P_0}{G\sqrt{1+\omega^2\tau_H^2}} \tag{6.51}$$

如果用单位功率产生的温度变化表示热敏元件的灵敏度R_T,则式(6.51)可以改写为

$$R_T = |\Delta T|/P_0 = \frac{\alpha}{\sqrt{G^2+4\pi^2f^2H^2}} = \frac{\alpha}{G\sqrt{1+4\pi^2f^2\tau_H^2}} \tag{6.52}$$

从式(6.52)可以看出,高的热灵敏度,要求尽量小的H和G。所以,为减小H和G的值,热探测器的热敏元件一般做成小面积、薄片状(可减小H),并采用尽量小的支架(可减小G),同时还可以看出,好的频率响应,要求

$$f < \frac{1}{2\pi\tau_H} \tag{6.53}$$

在式(6.52)中,

$$\tau_H = H/G \tag{6.54}$$

定义为热探测器的时间常数。热探测器中,在H已经很小的情况下,G不可能做得太小,因此τ_H变得较长,实际上,τ_H值在毫秒至秒之间,所以热探测器一般是慢响应探测器。

6.4.2 热敏电阻

热敏电阻是开发早、种类多、发展成熟的光电探测元件。热敏电阻是由 Mn、Ni、Co、Cu 氧化物，或 Ge、Si、InSb(锑化铟)等半导体材料做成的电阻器,利用温度引起电阻变化的原理制成。

热敏电阻的基本工作原理如下：假设电阻中电子和空穴的浓度分别为 n、p,迁移率分别为 μ_n、μ_p,则半导体的电导为

$$\sigma = q(n\mu_n + p\mu_p) \tag{6.55}$$

因为 n、p、μ_n、μ_p 都是依赖于温度 T 的函数,所以电导是温度的函数,因此可由测量电导而推算出温度的高低,并能作出电阻—温度特性曲线,这就是半导体热敏电阻的工作原理。

一般电阻随温度变化的规律是

$$\Delta R = \alpha_T \cdot \Delta T \cdot R \tag{6.56}$$

式中：α_T 称为热敏电阻的温度系数。

根据热敏电阻温度系数的不同,可以将热敏电阻分为三类：正温度系数(PTC)热敏电阻、负温度系数(NTC)热敏电阻和临界温度热敏电阻(CTR)。本节主要介绍 NTC 热敏电阻的工作原理和性能。

1. NTC 热敏电阻

NTC 是英文 Negative Temperature Coefficient 的缩写,意思是负的温度系数,泛指负温度系数很大的半导体材料或元器件。NTC 热敏电阻器通常是以 Mn、Co、Ni 和 Cu 等金属氧化物为主要材料,采用陶瓷工艺制造而成。这些金属氧化物材料在导电方式上完全类似锗、硅等半导体材料,具有半导体性质。温度低时,这些氧化物材料的载流子(电子和空穴)数目少,所以其电阻值较高;随着温度的升高,载流子数目增加,电阻值降低。NTC 热敏电阻器广泛应用于温度测量、温度补偿、抑制浪涌电流等场合。

2. NTC 热敏电阻的几个重要参数

1) 零功率电阻值 R_T

零功率电阻值 R_T 是指在规定温度为 T(K)时,采用引起电阻值变化相对于总的测量误差来说可以忽略不计的测量功率所测得的热敏电阻阻值。

根据国标规定,额定零功率电阻值 R_{25} 是 NTC 热敏电阻在基准温度 25℃时测得的电阻值,这个电阻值是 NTC 热敏电阻的标称电阻值,通常所说的 NTC 热敏电阻的阻值,指的就是这个阻值。

2) 热敏指数 B

热敏指数 B 也称为负温度系数热敏电阻的材料常数,它被定义为两个温度下热敏电阻的零功率电阻值的自然对数之差与两个温度倒数之差的比值,即：

$$B = \frac{\ln R_{T_1} - \ln R_{T_2}}{\dfrac{1}{T_1} - \dfrac{1}{T_2}} = \frac{T_1 T_2}{T_2 - T_1} \ln \frac{R_{T_1}}{R_{T_2}} \tag{6.57}$$

式中：T_1 和 T_2 是两个被指定的温度(K),R_{T_1} 和 R_{T_2} 分别指温度为 T_1 和 T_2 时热敏电阻的零功率电阻值,对于常用的 NTC 热敏电阻,B 值范围一般在 2000K ~ 6000K 之间。除非特别指出,B 值是由 25℃(298.15K)和 50℃(323.15K)的零功率电阻值计算而得到的,B 值在工作温度范围内并不是一个严格的常数。

3）电阻温度系数 α_T

电阻温度系数 α_T 是指在规定温度下，NTC 热敏电阻零功率阻值的相对变化与引起该变化的温度变化值的比值，即：

$$\alpha_T = \frac{1}{R}\frac{\mathrm{d}R_T}{\mathrm{d}T} = -\frac{B}{T^2} \tag{6.58}$$

式中：T 为温度(K)；α_T 是温度为 T 时的零功率电阻温度系数；R_T 是温度为 T 时的零功率电阻值。

4）耗散系数 δ

耗散系数也称为散热系数，是指在规定环境温度下，NTC 热敏电阻中耗散的功率变化与其相应温度变化之比，即：

$$\delta = \frac{\Delta P}{\Delta T} \tag{6.59}$$

式中：ΔP 是 NTC 热敏电阻消耗的功率(mW)；ΔT 是 NTC 热敏电阻消耗功率 ΔP 时，电阻体相应的温度变化(K)。如果在热平衡状态下，热敏电阻的温度为 T_1，环境温度为 T_2，消耗的功率为 P，则三者之间具有以下关系：

$$\delta = \frac{P}{T_1 - T_2} \tag{6.60}$$

在工作温度范围内，δ 随环境温度变化而有所变化。

5）热响应时间常数 τ

热响应时间常数是指在零负载状态下，当热敏电阻的环境温度发生急剧变化时，热敏电阻的温度变化了始末两个温度差的 63.2% 时所需的时间，NTC 热敏电阻的热时间常数与热容量成正比，与其耗散系数成反比，即：

$$\tau = \frac{C}{\delta} \tag{6.61}$$

式中：τ 是热时间常数(s)；C 是 NTC 热敏电阻的热容量。

6）额定功率 P_n

额定功率是指在规定的技术条件下，热敏电阻长期连续工作所允许消耗的功率。在此功率下，电阻体自身温度不超过其最高工作温度。

7）最高工作温度 $T_{\max}$

最高工作温度是指在规定的技术条件下，热敏电阻能长期连续工作所允许的最高温度。一般表示为

$$T_{\max} = T_0 + \frac{P_n}{\delta} \tag{6.62}$$

式中：T_0 是环境温度。

8）测量功率 P_m

测量功率是指热敏电阻在规定的环境温度下，阻体受测量电流加热引起的阻值变化相对于总的测量误差来说可以忽略不计时所消耗的功率。一般要求阻值变化大于 0.1%，此时的测量功率 P_m 为

$$P_m = \frac{\delta}{1000a} \tag{6.63}$$

3. NTC 热敏电阻的电阻—温度特性

NTC 热敏电阻的阻值 R_T 可以由热敏电阻的阻值和温度变化关系的经验公式给出：

$$R_T = A\exp\left(\frac{B}{T}\right) \tag{6.64}$$

式中：A 是与热敏电阻器材料物理特性及几何尺寸有关的系数；B 为热敏指数；T 为温度。因为热敏指数 B 本身也是温度 T 的函数，因此该关系式只在额定温度 T_0 的有限范围内才具有一定的精确度。

对于 B 值相同，阻值不同的热敏电阻来说，其电阻—温度特性曲线如图 6－11(a) 所示。

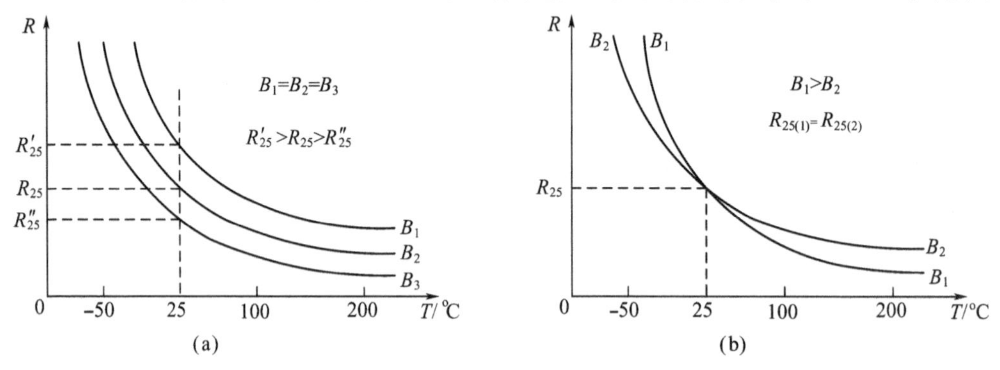

图 6－11 热敏电阻的电阻—温度特性曲线

(a) B 值相同，阻值不同的 $R-T$ 特性曲线；(b) 相同阻值，不同 B 值的 $R-T$ 特性曲线。

但实际上，热敏电阻的 B 值并非是恒定的，其变化大小因材料构成而异，因此在较大的温度范围内应用式(6.64)时，将与实测值之间存在一定误差，为了降低这种误差，经常要将式(6.64)中的 B 值表示为

$$B_T = CT^2 + DT + E \tag{6.65}$$

式中：C、D、E 为常数，可根据以下关系式，按照温度和电阻值的四点数据得到。

$$\begin{cases} B_n = \dfrac{\ln \dfrac{R_n}{R_0}}{\dfrac{1}{T_n} - \dfrac{1}{T_0}} \\ C = \dfrac{(B_1 - B_2)(T_2 - T_3) - (B_2 - B_3)(T_1 - T_2)}{(T_1 - T_2)(T_2 - T_3)(T_1 - T_3)} \\ D = \dfrac{B_1 - B_2 - C(T_1 + T_2)(T_1 - T_2)}{(T_1 - T_2)} \\ E = B_1 - DT_1 - CT_1^2 \end{cases} \tag{6.66}$$

所谓四点数据计算法是先设定四个点的温度和电阻值，如(T_0, R_0)、(T_1, R_1)、(T_2, R_2)和(T_3, R_3)，再根据 T_0，T_1，T_2 和 T_3 四个温度下的电阻值和式(6.66)中的第一式计算出 B_1，B_2，B_3，然后代入式(6.66)中的其他各式计算出 C、D、E 的值。图 6－11(b) 所示是阻值相同、不同 B 值的 NTC 热敏电阻 $R-T$ 特性曲线。

4. 热敏电阻的应用举例

热敏电阻广泛用于制作热敏温度计，热敏温度计的精度可以达到 0.1℃，感温时间可少至

10s以下，不仅适用于粮仓测温仪，同时也可应用于食品储存、医药卫生、科学种田、海洋、深井、高空、冰川等方面的温度测量。热敏温度计的测温原理如图6-12所示，其温度测量范围一般为-10~300℃，也可做到-200~10℃，甚至可用于+300~1200℃环境中作测温用。

图6-12中R_T为NTC热敏电阻器；R_2和R_3是电桥平衡电阻；R_1为起始电阻；R_4为满刻度电阻，校验表头，也称校验电阻；R_7、R_8和W为分压电阻，为电桥提供一个稳定的直流电源，R_6与表头（微安表）串联，起修正表头刻度和限制流经表头电流的作用，R_5与表头并联，起保护作用。在不平衡电桥臂（即R_1、R_T）接入一只热敏元件R_T作温度传感探头。由于热敏电阻器的阻值随温度的变化而变化，因而使接在电桥对角线间的表头指示也相应变化。

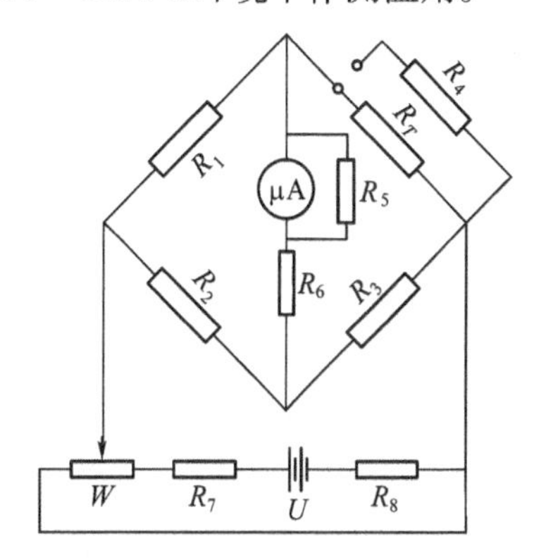

图6-12 热敏电阻温度计电路

5. PTC热敏电阻和CTR热敏电阻

PTC（Positive Temperature Coefficient，正温度系数）热敏电阻是指在某一温度下电阻急剧增加，具有正温度系数的热敏电阻，可专门用作恒定温度传感器。PTC热敏电阻是以钛酸钡（$BaTiO_3$）、钛酸锶（$SrTiO_3$）或钛酸铅（$PbTiO_3$）为主要成分的烧结体，其中掺入微量的Nb（铌）、Ta（钽）、Bi（铋）、Sb（锑）、Y（钇）、La（镧）等氧化物进行原子价控制而使之半导体化，常将这种半导体化的$BaTiO_3$等材料简称为半导体瓷；为提高这种材料的温度系数，通常还添加Mn（锰）、Fe（铁）、Cu（铜）、Cr（铬）的氧化物和起其他作用的添加物，采用一般陶瓷工艺成形、高温烧结而使$BaTiO_3$等及其固溶体半导化，从而得到正温度特性的热敏电阻材料。PTC热敏电阻的温度系数及居里点温度随组分及烧结条件（尤其是冷却温度）不同而变化。

CTR（Critical Temperature Resistor，临界温度）热敏电阻具有负电阻突变特性，在某一温度下，电阻值随温度的增加急剧减小，具有很大的负温度系数，一般是V（钒）、Ba（钡）、Sr（锶）、P（磷）等元素氧化物的混合烧结体，是半玻璃状的半导体，也称CTR为玻璃态热敏电阻。骤变温度随添加Ge（锗）、W（钨）、Mo（钼）等氧化物而变化，这是由于不同杂质的掺入，使氧化钒的晶格间隔不同造成的。若在适当的还原条件下使五氧化二钒变成二氧化钒，则电阻突变温度变大；若进一步还原为三氧化二钒，则突变温度消失。产生电阻突变的温度对应于半玻璃半导体物性急变的位置，因此产生半导体—金属相移。CTR热敏电阻能够在控温报警等领域应用。

6. 热敏电阻的特点

热敏电阻的理论研究和应用开发已取得了引人注目的成果。热敏电阻的主要特点是：

（1）灵敏度较高，其电阻温度系数要比金属大10~100倍以上，能检测出10^{-6}℃的温度变化。

（2）工作温度范围宽，常温器件适用于-55~315℃，高温器件适用温度高于315℃（目前最高可达到2000℃），低温器件适用于-273~55℃。

（3）体积小，能够测量其他温度计无法测量的空隙、腔体及生物体内血管的温度。

（4）使用方便，电阻值可在0.1~100kΩ间任意选择。

（5）易加工成复杂的形状，可大批量生产。

（6）稳定性好、过载能力强。

6.5 基于光电导效应的探测器——光敏电阻

光敏电阻是采用半导体材料制作、基于光电导效应工作的光电元件,其阻值在光照的作用下往往变小,因此,光敏电阻又称为光导管。

6.5.1 光敏电阻的结构

用于制造光敏电阻的材料主要是金属硫化物、硒化物和碲化物等半导体。图6-13(a)是硫化镉光敏电阻的结构示意图。管芯是一块安装在绝缘衬底上的带有两个欧姆接触电极的光电导体,光电导体吸收光子而产生的光电效应,只限于光照的表面薄层,虽然产生的载流子也有少数扩散到内部去,但扩散深度有限,因此光电导体一般都做成薄层。为了获得高的灵敏度,光敏电阻的电极一般采用梳状结构,如图6-13(b)所示,是在一定的掩模下向光电导薄膜上蒸镀金或铟等金属形成。这种梳状电极,由于在间距很近的电极之间有可能采用大的灵敏面积,所以提高了光敏电阻的灵敏度,为避免受潮而影响光敏电阻的灵敏度,整个光敏电阻被封装在具有透光性的密封壳体内。图6-13(c)是光敏电阻的代表符号。

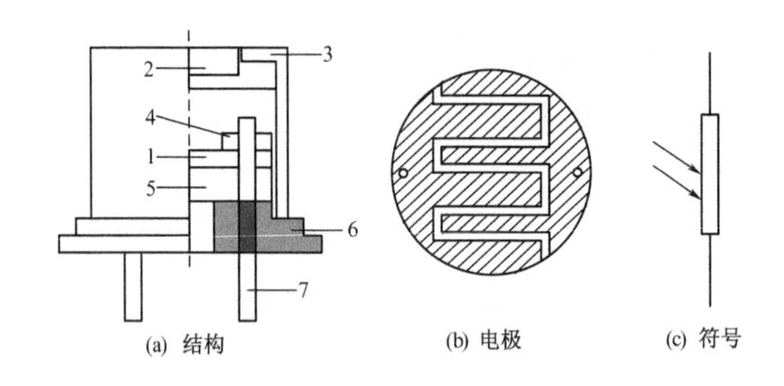

图6-13 硫化锑光敏电阻的结构和符号

1—光导层;2—玻璃窗口;3—金属外壳;4—电极;5—陶瓷基座;6—黑色绝缘玻璃;7—电阻引线。

6.5.2 光敏电阻的光电转换原理

光敏电阻的工作原理如图6-14所示。在黑暗环境里,光敏电阻的阻值很高,当受到光照时,只要光子能量大于半导体材料的禁带宽度,则价带中的电子吸收一个光子的能量后跃迁到导带,并在价带中产生一个带正电荷的空穴,这种由光照产生的电子—空穴对增加了半导体材料中载流子的数目,使其电阻率变小,从而造成光敏电阻阻值下降。光照越强,阻值越低。入射光消失后,由光子激发产生的电子—空穴对将逐渐复合,光敏电阻的阻值也就逐渐恢复原值。在光敏电阻两端的金属电极之间加上电压,其中便有电流通过,受到适当波长的光线照射时,电流就会随光强的增加而变大,从而实现光电转换。光敏电阻没有极性,纯粹是一个电阻器件,使用时既可加直流电压,也可以加交流电压。

以N型材料为例,以图6-14所示的模型来分析光敏电阻的光电转换原理。假设加载在光敏电阻两端的偏置电压为u,光敏电阻的外形尺寸分别为L、W和H,入射光的功率为P且沿

x 方向均匀入射,在此条件下产生的光电流为 i。

如果光电导材料的吸收系数为 α,表面反射率为 R,那么光功率在材料内部沿 x 方向的变化规律可以写成

$$p(x) = Pe^{-\alpha x}(1 - R) \tag{6.67}$$

因为 $L \times W$ 面光照均匀,所以光生面电流密度 J 也沿着 x 方向变化:

$$J = ev_n n(x) \tag{6.68}$$

式中:e 是电子电荷;$v_n = \mu_n u/L$ 是电子沿着外电场方向的漂移速度;$n(x)$ 为电子在 x 处的体密度。

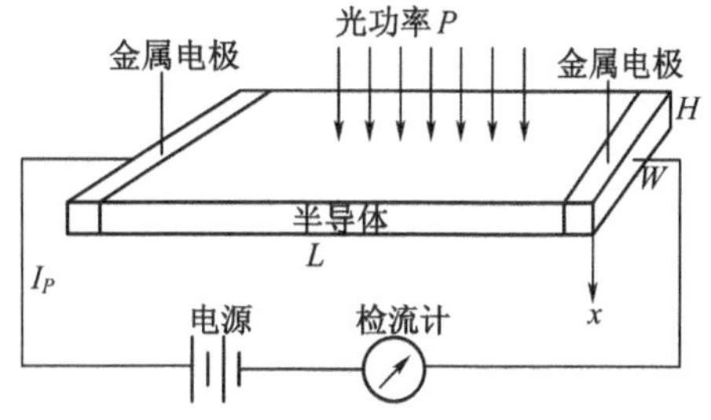

图 6-14　光敏电阻的工作原理与电阻分析模型

流过电极的总电流

$$i = \int_0^H JW\mathrm{d}x = ev_n W\int_0^H n(x)\,\mathrm{d}x \tag{6.69}$$

利用稳态条件下电子产生率和复合率相等的关系,即可求出 $n(x)$。如果电子的平均寿命为τ,那么电子的复合率为 $n(x)/\tau$;而电子的产生率等于单位面积、单位时间吸收的光子数乘以量子效率 η,即 $\alpha\eta P(x)/h\nu WL$,于是

$$n(x) = \frac{\alpha \cdot (1 - R)e\eta \cdot \tau_n \cdot Pe^{-\alpha x}}{h\nu \cdot WL} \tag{6.70}$$

将式(6.70)代入式(6.69),可得

$$i = \frac{e\eta'}{h\nu}M \cdot P \tag{6.71}$$

式中

$$\eta' = \alpha\eta(1 - R)\int_0^H e^{-\alpha x}\mathrm{d}x \tag{6.72}$$

$$M = \frac{\mu_n u}{L^2}\tau_n = \frac{\tau_n}{\tau_P} \tag{6.73}$$

式中:η'为有效量子效率;M 为电荷放大系数,也称为光电导体的光电流内增益。如果 $M>1$,说明载流子已经渡越完毕,但载流子的平均寿命还未终止,这种现象可以理解为光生电子向正极移动,空穴向负极移动。可是空穴的移动可能被晶体缺陷和杂质形成的俘获中心——陷阱所俘获,因此,当电子到达正极消失时,陷阱俘获的正电中心(空穴)仍然留在体内,它又会将负电极的电子感应到半导体中来,被诱导进来的电子又在电场中运动到正极,如此循环直到正电中心消失,这就相当于放大了初始的光生电流。

式(6.71)说明光电导探测器是一个具有电流内增益的探测器,内增益 M 的大小主要由探测器的类型、外偏压 u 和结构尺寸 L 所决定。

6.5.3　光敏电阻的基本特性及主要参数

1. 暗电阻、亮电阻

光敏电阻在室温和全暗条件下测得的稳定电阻值称为暗电阻,或暗阻,此时流过的电流称为暗电流。同样,光敏电阻在室温和一定光照条件下测得的稳定电阻值称为亮电阻或亮阻,此

时流过的电流称为亮电流。

亮电流与暗电流之差称为光电流。显然，光敏电阻的暗阻越大越好，而亮阻越小越好，也就是说暗电流要小，亮电流要大，这样光敏电阻的灵敏度就高。实用的光敏电阻的暗电阻往往超过 1MΩ，甚至高达 100MΩ，而亮电阻则在几千欧以下，暗电阻与亮电阻之比在 $10^2 \sim 10^6$ 之间，可见光敏电阻的灵敏度很高。

2. 伏安特性

在一定照度条件下，光敏电阻两端所加的电压与流过光敏电阻的电流之间的关系，称为光敏电阻的伏安特性。

图 6-15 所示是某光敏电阻的伏安特性曲线。图中曲线 P、P_0、P_1、P_2 分别表示该光敏电阻在照射光功率分别为 P、P_0、P_1、P_2 时的伏安特性。由图中曲线可知，在给定的偏压下，光照度越大，光电流也越大。在一定的光照度下，所加的电压越大，光电流越大，且无饱和现象。但是电压不能无限地增大，因为任何光敏电阻都受额定功率、最高工作电压和额定电流的限制。超过最高工作电压和最大额定电流，可能导致光敏电阻永久性损坏。

3. 光照特性

光敏电阻的光照特性是指在一定的电压条件下，光敏电阻的光电流和光通量之间的关系。不同类型光敏电阻其光照特性不同，但光照特性曲线均呈非线性，如图 6-16 所示，因此光敏电阻不宜作定量检测元件，这是光敏电阻的不足之处。一般在自动控制系统中用作光电开关。

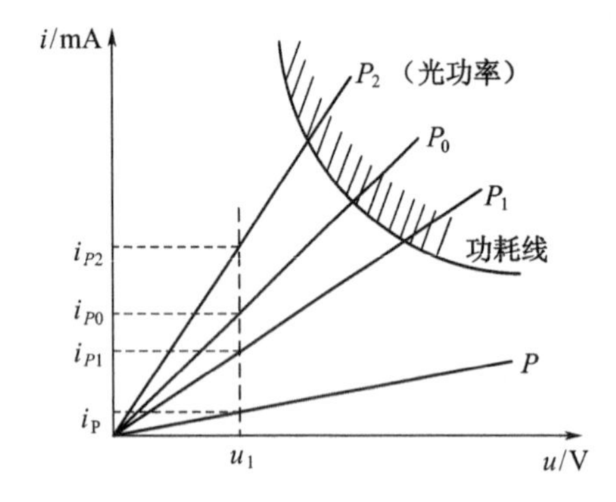

图 6-15　光敏电阻的伏安特性曲线

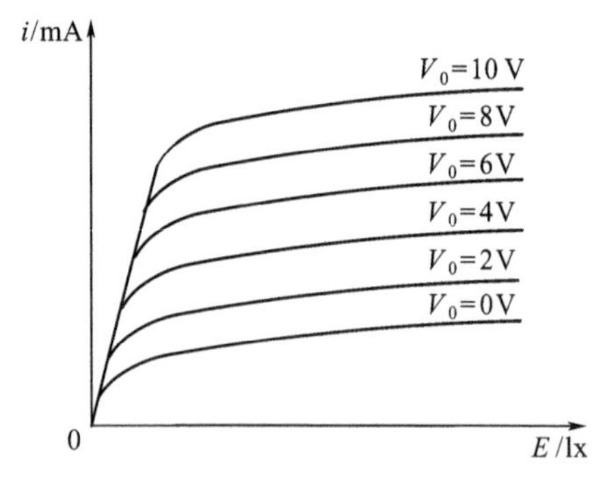

图 6-16　光敏电阻的光照特性曲线

4. 光谱特性

光敏电阻对光波的响应灵敏度随入射光的波长变化而变化的特性称为光谱特性，也称为光谱响应特性。光谱响应特性通常用光谱响应曲线、光谱响应范围以及峰值响应波长来描述。

峰值波长取决于制造光敏电阻所用半导体材料的禁带宽度，其值可由下式估算：

$$\lambda_m(\text{nm}) = \frac{hc}{E_g} = \frac{1.24}{E_g} \times 10^3 \tag{6.74}$$

式中：λ_m 为峰值响应波长(nm)；E_g 为禁带宽度(eV)。

峰值响应波长的光能把电子直接由价带激发到导带。实际的光电半导体中，杂质和晶格缺陷所形成的能级与导带间的禁带宽度比价带与导带间的主禁带宽度要窄得多，因此波长比峰值波长长的光将把这些杂质能级中的电子激发到导带中去，从而使光敏电阻的光谱响应向长波方向有所扩展。另外，由于光敏电阻对波长短的光的吸收系数大，使得表面层附近形成很高的载流子浓度。这样一来，自由载流子在表面层附近复合的速度也快，从而使光敏电阻对波长短于峰值响应波长的光的响应灵敏度降低。综合这两种因素，光敏电阻总是具有一定范围的光谱响应。

利用半导体的掺杂以及用两种半导体材料按一定比例混合并烧结形成固溶体技术，可以使光敏电阻的光谱响应范围，峰值响应波长获得一定程度的改善，从而满足某种特殊需要。

图 6－17 给出了 CdS、TlS、PbS 光敏电阻的典型光谱响应特性曲线。

5. 频率特性

当光敏电阻受到脉冲光照射时，光电流要经过一段时间才能达到稳定值，而在光照停止后，光电流也不立刻为零，这说明光敏电阻具有时延特性。由于不同材料的光敏电阻时延特性不同，所以它们的频率特性也不同，图 6－18 给出 PbS 和 TlS 光敏电阻的相对灵敏度与光强变化频率之间的关系曲线。

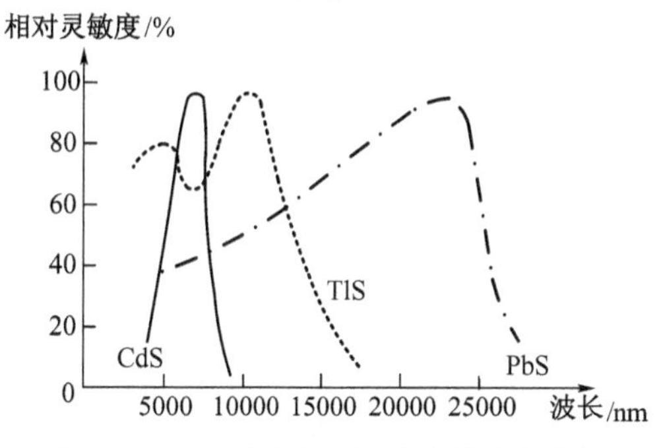

图 6－17　三种光敏电阻的光谱响应特性

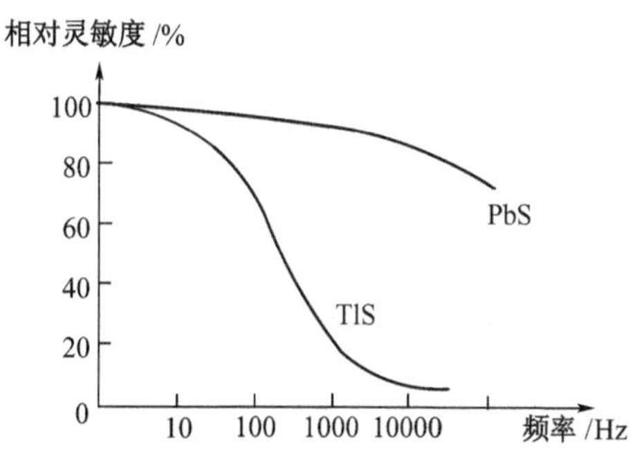

图 6－18　光敏电阻的频率特性

从图中可以看出，PbS 的使用频率比 TlS 高得多，但因为多数光敏电阻的时延都比较大，所以光敏电阻不能用在要求快速响应的场合，这是光敏电阻的一个缺陷。

6. 温度特性

光敏电阻和其他半导体器件一样，其性能（灵敏度、暗电阻）受温度的影响较大，当温度升高时，其暗电阻和灵敏度下降，光谱特性曲线的峰值向波长短的方向移动。图 6－19 是硫化铅光敏电阻的光谱温度特性曲线。

从图中可以看出，PbS 光敏电阻的相对灵敏度随温度上升向短波长方向移动，因此，有时为了提高灵敏度，或为了能接收较长波段的辐射，可以将光敏电阻降温使用。

7. 前历效应

前历效应是指光敏电阻的时间特性与工作前“历史”有关的一种现象。即测试前光敏电阻所处状态对光敏电阻特性的影响。

前历效应有暗态前历效应与亮态前历效应之分，暗态前历效应指光敏电阻测试或工作前处于暗态，当它突然受到光照后光电流上升的快慢程度。一般地，工作电压越低，光照度越低，则暗态前历效应就越重，光电流上升越慢，如图 6－20 所示。

亮态前历效应是指光敏电阻测试或工作前已处于亮态，当照度与工作时所要达到的照度不同时，所出现的一种滞后现象，如图 6－21 所示。

8. 时间响应特性

光敏电阻受光照后或被遮光后，同路电流并不立即增大或减小，而是有一响应时间，这种性质称为光敏电阻的时间响应特性。光敏电阻的响应时间常数由电流上升时间 t_r 和衰减时间 t_f 表示。图 6－22 所示是光敏电阻的时间响应速度的测定电路及其示波器波形，图中给出了 t_r 和 t_f 的定义。通常，CdS 光敏电阻的响应时间约为几十毫秒到几秒；CdSe 光敏电阻的响应时间约为 $10^{-2} \sim 10^{-3}$s；PbS 的响应时间约为 10^{-4}s。

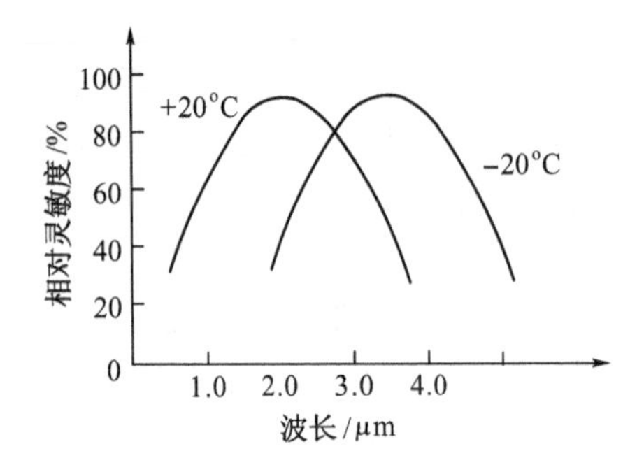

图6-19 PbS的光谱温度特性

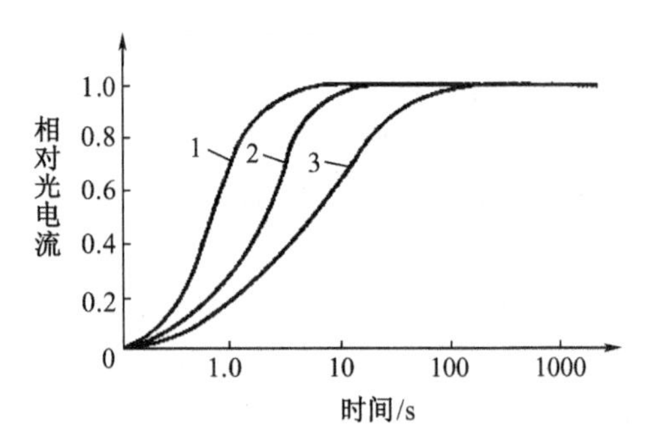

图6-20 光敏电阻暗态前历效应

1—黑暗放置3min后;2—黑暗放置60min后;

3—黑暗放置24h后。

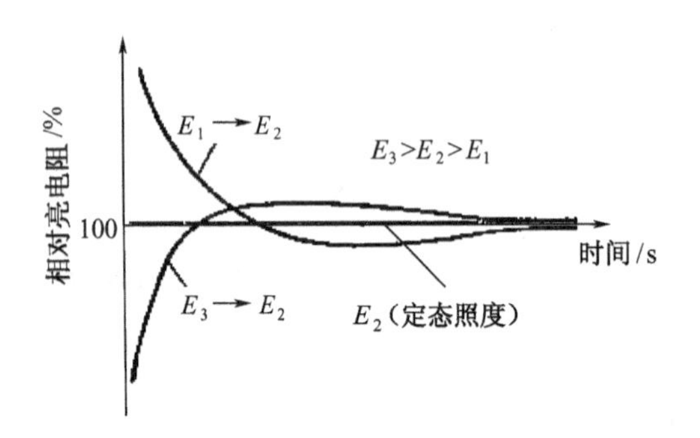

图6-21 光敏电阻的亮态前历效应

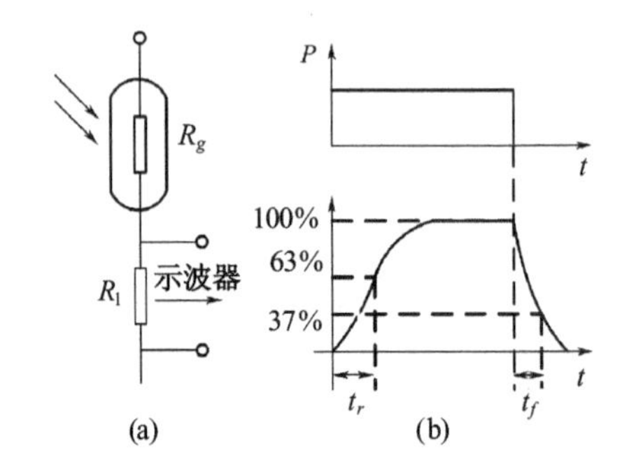

图6-22 光敏电阻时间响应特性测定电路及波形

值得注意的是,光敏电阻的响应时间与入射光的照度、所加电压、负载电阻及照度变化前电阻所经历的时间等因素有关。一般来说,照度越强,响应时间越短;负载电阻越大,t_r越短、t_f延长;暗处放置时间愈长,响应时间也相应延长。实际应用中,尽量提高使用照明度,降低所加电压、施加适当偏置光照、使光敏电阻不是从完全暗状态开始受光照,都可以使光敏电阻的时间响应特性得到一定改善。

6.5.4 偏置电路

光敏电阻的等效电路如图6-23所示,图中R_L是负载电阻,R_g是光照功率为P_0时光敏电阻的亮电阻。

从图可知,光敏电阻两端的电压U_L为

$$U_L = U - IR_L \tag{6.75}$$

当光照发生变化时,光敏电阻的阻值由R_g变为$R_g+\Delta R_g$,相应的电流I变为$I+\Delta I$,于是

$$I + \Delta I = \frac{U}{R_L + R_g + \Delta R_g} \tag{6.76}$$

$$I = \frac{U}{R_L + R_g} \tag{6.77}$$

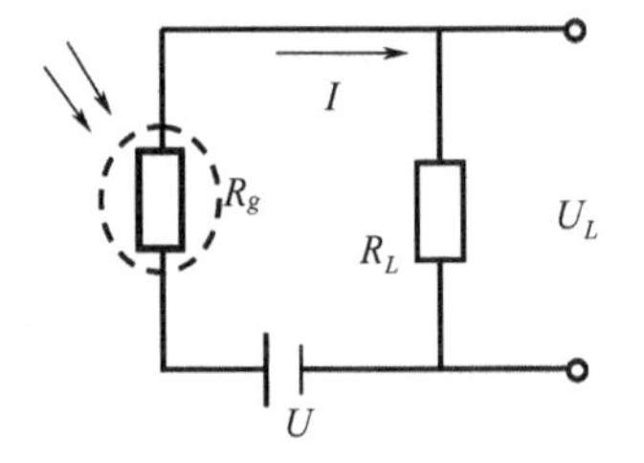

图6-23 光敏电阻工作电路

在$R_L+R_g+\Delta R_g\approx R_L+R_g$的条件下,将式(6.76)和式(6.77)做减法,可得

$$\Delta I = -\frac{U\Delta R_g}{(R_L + R_g)^2} \tag{6.78}$$

式中：负号表示 P 增大，R_g 减小（$\Delta R_g<0$），ΔI 增大。

电流的变化，将引起电压 U_L 的变化，即（6.75）式变为

$$U_L + \Delta U = U - (I + \Delta I)R_L \tag{6.79}$$

把（6.79）式与（6.75）式相减，并利用（6.78）式，可得

$$\Delta U = -\Delta i R_L = \frac{U\Delta R_g R_L}{(R_L + R_g)^2} \tag{6.80}$$

从上式可见，输出电压 ΔU 并不随负载电阻呈线性变化，要想使 ΔU 最大，可以将式（6.80）对 R_L 求导，并令其等于0，即可求出使 ΔU 最大的条件为

$$R_L = R_g \tag{6.81}$$

将 $R_L = R_g$ 的状态称为热敏电阻的匹配工作状态。显然，当入射功率在较大范围变化时，要始终保持匹配工作是困难的，这是光敏电阻的不利因素之一。

6.5.5　典型的光敏电阻

1. 硫化镉（CdS）和硒化镉（CdSe）光敏电阻

CdS 光敏电阻和 CdSe 光敏电阻是最常见的光敏电阻，其光谱响应特性最接近人眼光谱光视效率，在可见光波段范围内的灵敏度最高，因此，被广泛地应用于灯光的自动控制以及照相机的自动测光等。CdS 和 CdSe 光敏电阻的峰值响应波长分别为 0.52μm 和 0.72μm，一般调整 S 和 Se 的比例，可使 Cd(S，Se) 光敏电阻的峰值响应波长大致控制在 0.52～0.72μm 范围内，但这两种光敏电阻的响应时间比较长，约为 50ms。

2. 硫化铅（PbS）光敏电阻

PbS 光明电阻是一种性能优良的近红外探测器件，其波长响应范围在 1μm～3.4μm，峰值响应波长为 2μm，内阻（暗阻）大约为 1MΩ，响应时间约 200μs，室温工作能提供较大的电压输出，广泛应用于遥感技术和武器红外制导等领域。

3. 锑化铟（InSb）光敏电阻

InSb 光敏电阻是经过切片、磨片、抛光，再采用腐蚀的方法减薄到所需要厚度的单晶光敏电阻，制造工艺比较成熟，光敏面的尺寸有 0.5mm×0.5mm 到 8mm×8mm 不等。

InSb 光敏电阻也是一种良好的近红外辐射探测器，是 3～5μm 光谱范围内的主要探测器件之一，虽然也能在室温工作，但噪声较大。在 77K 下，噪声性能大大改善，峰值响应波长为 5μm，它和 PbS 探测器显著的不同在于其内阻低（大约 500Ω），响应时间短（大约 50×10^{-9}s），因而适用于快速红外信号探测。

4. $Hg_xCd_{1-x}Te$ 系列光敏电阻

$Hg_xCd_{1-x}Te$ 系列光敏电阻是一种化合物本征型光电导探测器，是由 HgTe 和 GdTe 两种材料混在一起的固溶体，其禁带宽度随组分比例 x 呈线性变化，一般 x 的变化范围为 0.18～0.4，响应波长为 1～30μm；当 $x=0.2$ 时，响应波长为 8～14μm。

$Hg_xCd_{1-x}Te$ 系列光敏电阻是目前所有红外探测器中性能最优良、最有前途的光电探测器件，尤其是对于 4.8μm 大气窗口波段辐射的探测更为重要。

6.5.6　光敏电阻的使用注意事项

光敏电阻在使用中应注意以下几个问题:

(1) 用于测光的光源光谱特性必须与光敏电阻的光敏特性匹配。

(2) 要防止光敏电阻受杂散光的影响。

(3) 要防止使光敏电阻的电参数(电压、功耗)超过允许值。

(4) 根据不同用途,选用不同特性的光敏电阻。一般而言,用于数字信息传输时,选用亮电阻与暗电阻差别大的光敏电阻为宜,且尽量选用光照指数大的光敏电阻;用于模拟信息传输时,则以选用光照指数小的光敏电阻为好,因为这种光敏电阻的线性特性比较好。

6.6　基于 PN 结光伏效应的探测器

和基于光电导效应的探测器不同,光伏探测器的工作特性要复杂一些,具有不同的工作模式,通常有光电池和光电二极管之分。

6.6.1　PN 结光伏探测器的光电转换规律

PN 结光伏探测器的典型结构如图 6-24(a)所示。假定光生电子—空穴对在 PN 结的结区,即耗尽区内产生,由于内建电场 E_1 的作用,电子向 N 区、空穴向 P 区漂移运动,如图 6-24(b)所示,如果将光伏探测器的两端短路,就可以得到一个流过光伏探测器的光电流,这个光电流称为光伏探测器的短路光电流 I_φ。

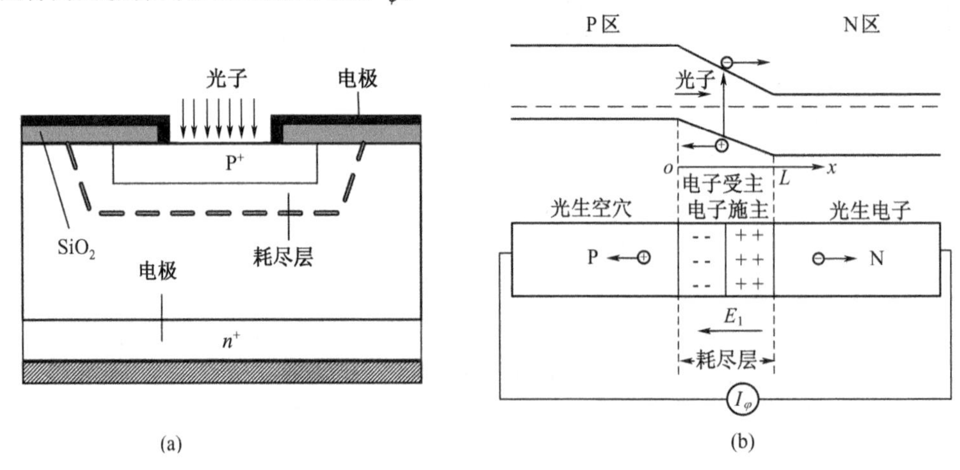

图 6-24　光伏探测器的结构和工作原理

(a) 光伏探测器的典型结构; (b) 光伏探测器的工作原理。

对光伏探测器中光电流形成的过程来说,光伏探测器和光电导探测器有十分类似的情况。因此,可以把讨论光电导探测器的光电转换关系所导出的(6.69)式写为

$$I_\varphi = \int_0^L eM_n \frac{P}{h\nu} \cdot \eta\alpha(1-R)e^{-\alpha x}dx = \int_0^L Q\frac{P}{h\nu}\eta \cdot \alpha(1-R)e^{-\alpha x}dx \tag{6.82}$$

式中: $Q \equiv eM_n$,是光电导探测器中一个光生电子所贡献的总电荷量。从式(6.82)可见,除了 Q 项外,光伏和光导的其他物理量都可以用一种形式描述。因此,现在的问题是在光伏情况下

一个光生电子—空穴对所贡献的总电荷量 Q 应该是多少?

从图6－24(b)可见,在耗尽区中 x 处产生的光生电子—空穴对,空穴向左漂移 x 距离到达 P 区,而电子向右漂移 $(L-x)$ 距离到达N区。电子和空穴在漂移运动时对外回路贡献各自的电流脉冲,若空穴和电子的漂移时间用 t_p 和 t_n 表示,则空穴和电子电流脉冲的强度分别为 e/t_p 和 e/t_n,假定空穴和电子的漂移速度恒定,则它们所贡献的电荷量 Q_p 和 Q_n 分别为

$$Q_P = ex/L \tag{6.83}$$

$$Q_n = e(L-x)/L \tag{6.84}$$

式中 L 是耗尽层宽度。因此,一个电子—空穴对所贡献的总电荷量 Q 为

$$Q = Q_P + Q_N = e \tag{6.85}$$

于是,式(6.82)变成

$$I_\varphi = \frac{e\eta}{h\nu}P \tag{6.86}$$

这个结果告诉我们,光伏探测器的内电流增益等于1,这是和光电导探测器明显不同的地方。

6.6.2 光伏探测器的工作模式

现在我们可以说,一个PN结光伏探测器就等效为一个普通二极管和一个恒流源(光电流源)的并联,如图6－25(b)所示,它的工作模式则由外偏压回路决定。在零偏压时(图6－25(c)),称为光伏工作模式;当外回路采用反偏电压 V 时(图6－25(d)),即外加P端为负,N端为正的电压时,称为光导工作模式。

我们知道,普通二极管的伏安特性为

$$I_D = I_{s0}\left[\exp\left(\frac{eU}{k_BT}\right)-1\right] \tag{6.87}$$

因此,光伏探测器的总伏安特性应为 I_D 和 I_φ 之和,考虑到二者的流动方向,

$$I = I_D - I_\varphi = I_{s0}\left[\exp\left(\frac{eU}{k_BT}\right)-1\right] - I_\varphi \tag{6.88}$$

式中: I 是流过探测器的总电流; I_{s0} 是二极管反向饱和电流; e 是电子电荷; U 是探测器两端电压; k_B 是玻耳兹曼常数; T 是器件的绝对温度。

以式(6.88)中的 I 和 u 为纵横坐标作成曲线,就是光伏探测器的伏安特性曲线,如图6－26所示。

从图中可见,第一象限是正偏压状态, I_D 本来就很大,所以光电流 I_φ 不起重要作用。作为光电探测器,工作在这一区域没有意义。

第三象限里,是反偏压状态。这时, $I_D=I_{s0}$,它是普通二极管中的反向饱和电流,现在称为暗电流(对应于光功率 $P=0$),数值很小,这时的光电流(等于 $I-I_{s0}$)是流过探测器的主要电流,对应于光导工作模式。通常把光导工作模式的光伏探测器称为光电二极管,因为它的外回路特性与光电导探测器十分相似。

在第四象限中,外偏压为0,流过探测器的电流仍为反向光电流,随着光功率的不同,出现明显的非线性。这时探测器的输出是通过负载电阻 R_L 上的电压或流过 R_L 上的电流体现,因此,称为光伏工作模式。通常把光伏工作模式的光伏探测器称为光电池。

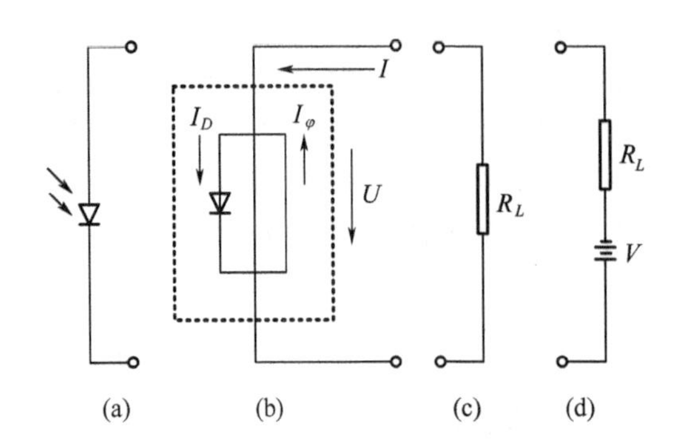

图 6-25 光伏探测器的工作模式
(a) 光伏探测器符号；(b) 等效电路；
(c) 光伏工作模式；(d) 光导工作模式。

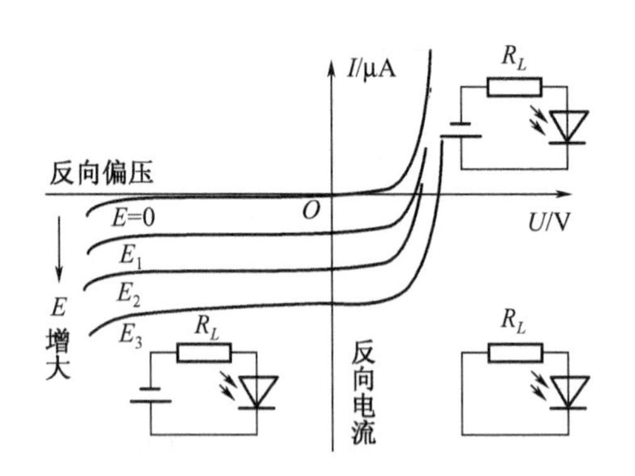

图 6-26 光伏探测器的伏安特性

6.6.3 光电池(太阳电池)

光电池也称光伏电池,工作在图 6-26 所示的第四象限。由于光电池常常用于把太阳能直接变成电能,因此又称为太阳电池。光电池的种类很多,如硒光电池、氧化亚铜光电池、硫化镉光电池、锗光电池、砷化镓光电池、硅光电池等。目前,应用最广、最受重视的是硅光电池。硅光电池的价格便宜,光电转换效率高,光谱响应宽(很适合近红外探测),寿命长,稳定性好,频率特性好,且能耐高能辐射。本节以硅光电池为例讨论光电池的使用特点。

1. 硅光电池的用途和结构

硅光电池的用途大致可分为两类,一类是当光电探测器件使用,另一类是用做电源。

作为光电探测器件,广泛用于近红外辐射的探测器,光电读出,光电耦合,激光准直,光电开关以及电影还声等。这类应用要求光电池照度特性的线性好。

作为电源,广泛用做太阳能电池,作为人造卫星、野外灯塔、无人气象站、微波站等设备的电源使用。此类应用主要要求价廉,输出功率大。

光电池实质上就是大面积的 PN 结。硅光电池的结构如图 6-27 所示,是在 N 型硅片上扩散硼形成 P 型层,并用电极引线把 P 型和 N 型层引出,形成正负电极,为防止表面反射光,提高转换效率,通常在器件受光面上进行氧化,形成 SiO_2 保护膜。光电池的形状,根据需要可以制成方形、矩形、圆形、三角形和环形等。另外,在 P 型硅单晶片上扩展 N 型杂质,也可以制成硅光电池。

2. 短路电流和开路电压

短路电流和开路电压是光电池的两个非常重要的工作状态,它们分别对应于 $R_L=0$ 和 $R_L=\infty$ 的情况。图 6-28 是光电池的等效电路,其中 I_φ 是光电流;I_D 是二极管电流;I_{sh} 是 PN 结漏电流;R_{sh} 为等效泄漏电阻;C_j 为结电容;R_s 为引出电极—管芯接触电阻;R_L 为负载电阻。

一般 I_{sh} 很小,R_{sh} 很大。若不计 I_{sh} 的影响,显然有

$$I_\varphi - I_D - I = 0$$

如果短接 R_L 并忽略 R_s 的影响,从图 6-28 可见,二极管两端的正向电压 $U_1=0$,由式(6.87)可知,此时 $I_D=0$。因此,流过光电池的短路电流 I_{sc} 就是光电流 I_φ,即

$$I_{sc} = I_\varphi \tag{6.89}$$

这表明,光电池的短路电流与入射的光功率成正比。显然,作为光电探测器件,应尽量接近这种工作状态。但是,如果考虑到 R_s 及 R_{sh} 的影响,短路电流的精确表达式应为

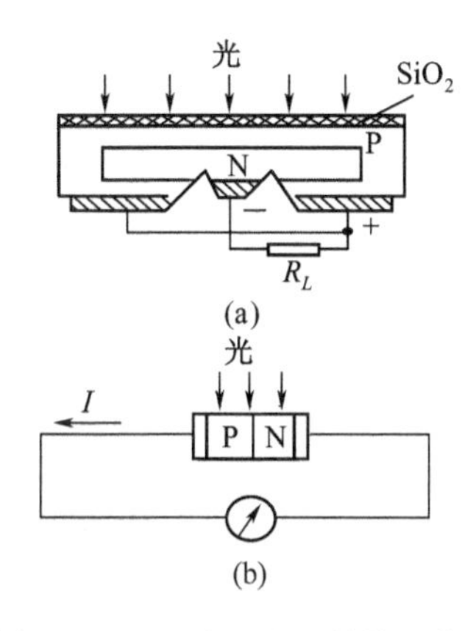

图6－27 硅光电池的结构示意图
（a）光电池的结构；
（b）光电池的工作原理。

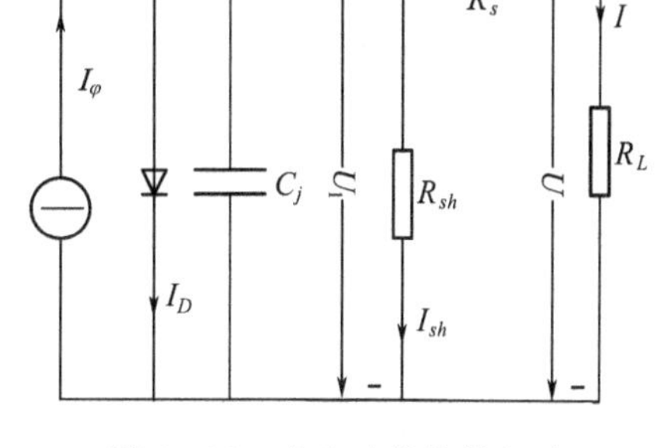

图6－28 光电池的等效电路

$$I_{sc} = I_\varphi - I_{s0}\left[\exp\left(\frac{eU_1}{k_B T}\right) - 1\right] + \frac{U_1}{R_{sh}} \tag{6.90}$$

当负载电阻开路时，$R_L \to \infty$，图6－28中的电流$I=0$，光电池输出电压（即开路电压）U_{oc}就等于U_1。于是由式（6.88）很容易求得

$$U_{oc} = \frac{k_B T}{e}\ln\left(\frac{I_\varphi}{I_s} + 1\right) \tag{6.91}$$

该式表明，光电池的开路电压与光电流的对数成正比。考虑到I_{sh}的影响，开路电压的精确表达式应为

$$U_{oc} = \frac{k_B T}{e}\ln\left(\frac{I_\varphi - I_{sh}}{I_s} + 1\right) \tag{6.92}$$

从式（6.92）可见，当光电流I_φ的值接近漏电流I_{sh}（即$I_\varphi \approx U_{oc}/R_{sh}$）时，开路电压将严重受到$I_{sh}$的影响而大幅度下降。因此，在需要利用开路电压的情况下，应尽量选用I_{sh}小的器件。

一般而言，单片硅光电池的开路电压为0.45～0.6V，短路电流密度为150～300A/m^2。顺便指出，在实际工作中光电池的开路电压和短路电流都不是靠计算而是靠实际测量得到的，测量方法是：在一定光功率照射下，使光电池两端开路，用一高内阻直流毫伏表或电位差计接在光电池两端，测量出开路电压U_{oc}；在同样条件下，将光电池两端用一小于1Ω的低内阻电流表短接，电流表的示值即为短路电流I_{sc}。

3. 输出功率和最佳负载电阻

1）输出功率

在负载电阻既不短路又不开路的情况下，硅光电池就有电输出功率。从等效电路图6－28出发，可以写出其输出功率的一般表达式为

$$P_{out} = UI = U_1 I - I^2 R_s \tag{6.93}$$

而输出电流I为

$$I = I_\varphi - I_D = I_\varphi - I_{s0}\left[\exp\left(\frac{eU_1}{k_B T}\right) - 1\right] \tag{6.94}$$

所以，

$$U_1 = \frac{k_B T}{e}\ln\left(\frac{I_\varphi - I}{I_{s0}} + 1\right) \tag{6.95}$$

将式(6.95)代入式(6.93)，最后得到

$$P_{out} = \frac{k_B T}{e} I\ln\left(\frac{I_\varphi - I}{I_{s0}} + 1\right) - I^2 R_s \tag{6.96}$$

2）最佳负载

我们知道，在一定的光照射功率下，当负载电阻 R_L 由无穷大变到0时，输出电压值将从 U_{oc} 变为0，而输出电流将从0增大到短路电流 I_{sc} 值。显然，只有在某一负载电阻 R_m 下，才能得到的最大的电输出功率

$$P_m = U_m I_m$$

式中：R_m 称为特定照射功率条件下的最佳负载电阻。同一光电池的最佳负载电阻 R_m 是入射光功率的函数，随入射光功率的增大而减小。

P_m/P 是最大电输出功率与入射光功率的比值，定义为光电池的转换效率。硅光电池的理论转换效率可达24%，实际转换效率一般在10%～15%。

3）输出特性

利用光电池的伏安特性曲线，可十分直观地了解光电池的功率输出特性。如图6－29所示，OH 斜线对应着 $R_L = R_H$ 时的负载线，H 为负载线与一定光功率下的伏安特性曲线的交点，从图中可以看出，负载线的斜率为

$$\tan\theta_H = I_H/U_H = 1/R_H$$

由 OI_HHU_H 围成的矩形面积，就是 R_H 负载下的光电池的输出功率。显然，负载电阻变化时，相应的矩形面积随之变化。

最佳负载电阻 R_m 的求法如下：过开路电压 U_{oc} 及短路电流 I_{sc} 做伏安特性曲线的切线，切线相交于 Q 点。连接 OQ 与伏安特性曲线的相交点 m 点，则得

$$R_m = 1/\tan\theta_m \tag{6.97}$$

此时，相应的矩形面积最大，当照射功率增大时，由于 U_{oc} 增加缓慢，而 I_{sc} 明显增长，伏安特性曲线向电流轴方向伸长，因此，R_m 随照射光功率增大而减小。

另外应注意到，图6－29中凹斜线把伏安特性曲线分为两个区：I区，$R_L < R_m$，负载电阻的变化将引起输出电压的大幅度变化，而输出电流却基本不变；II区，$R_L > R_m$，改变负载电阻将引起输出电流的大幅度变化，而输出电压变化很小，实际使用硅光电池时，注意到这个特性是很重要的。

4．光谱、频率响应及温度特性

光电池的光谱响应主要由材料决定。图6－30是两种常用光电池的光谱特性曲线。从图中可见，硒光电池在可见光谱范围内有较高的灵敏度，峰值响应波长在540nm附近。特别适用于测量可见光，如果再配上合适的滤光片，它的光谱灵敏度就与人眼相近，因此可用于客观照度的测量仪器。硅光电池的光谱响应范围要宽得多，从400～1100nm，峰值响应波长在850nm附近，在可见光和近红外波段有广泛应用。

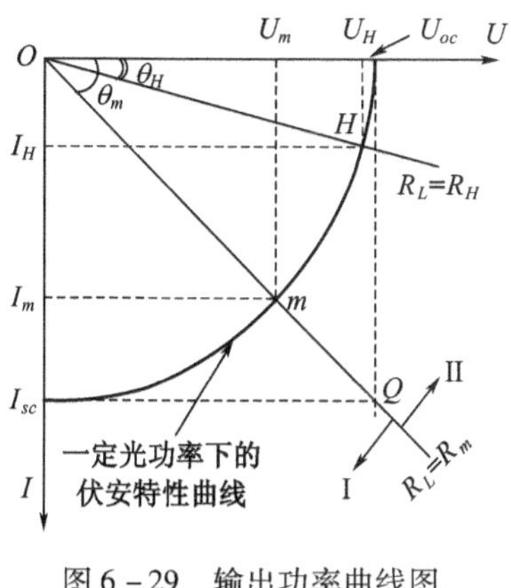

图6-29　输出功率曲线图

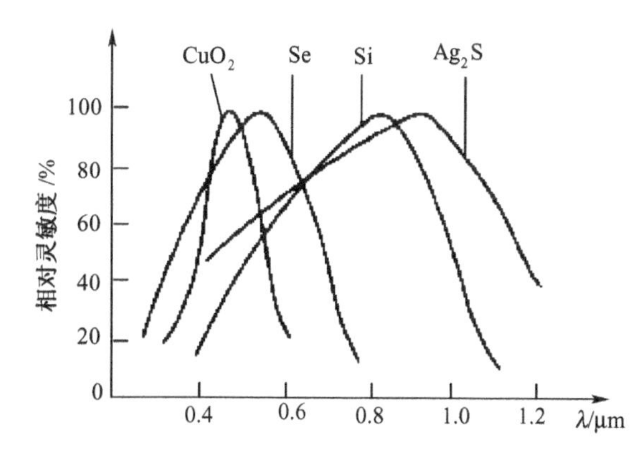

图6-30　几种光电池的光谱特性曲线

光电池的频率特性一般说来不是太好,这有两个方面的原因,其一是光电池的光敏面一般做得较大,因而极间电容较大;其二是光电池工作在第四象限,有较小的正偏压存在,所以光电池的内阻很低,而且随入射光功率的变化而变化。例如,硅光电池在 100mW/cm^2 照射下,内阻为(15~20)Ω/cm^2。当功率很小时,内阻变大,频率特性变坏。在照度较强和负载电阻较小的情况下,硅光电池的截止频率最高可达10~30kHz,在低照度条件应用时,频率特性变差是使用中应注意的问题。

另外,在强光照射或聚光照射情况下,必须考虑光电池的工作温度及散热措施。这是因为,当光电池的结温太高,例如硒光电池的结温超过50℃,硅光电池的结温超过200℃时,就要破坏它们的晶体结构,因此,通常硅光电池使用的温度不允许超过200℃。

5. 使用注意事项

(1) 光电池受强光或聚焦光照射时,要采取散热措施。硒光电池和硅光电池的结温分别超过50℃、200℃时,其晶体结构就会被破坏,造成损坏。

(2) 硅光电池由很薄的硅片制成,极脆,固定不宜用压紧法,而应该用胶粘法,但也不能用环氧树脂、502,而应该用柔软、有弹性的胶合剂,如万能胶、蜂蜡等。

(3) 硅光电池的引线很细,不能承受大的压力。

(4) 表面镀有增透膜,应该避免硬物损伤薄膜。

6.6.4　光电二极管

以光导模式工作的结型光伏型探测器称为光电二极管。光电二极管在微弱、快速光信号探测方面有着非常重要的应用。光电二极管的种类很多,概括起来主要有硅光电二极管、PIN光电二极管、雪崩光电二极管(APD)、肖特基势垒光电二极管、HgCdTe光伏二极管、光子牵引探测器以及光电三极管等。因为制造一般光电二极管的材料几乎全部选用硅或锗的单晶材料,且由于硅器件较之锗器件暗电流和温度系数都小很多,加之制作硅器件采用的平面工艺使其管芯结构很容易精确控制,因此,硅光电二极管得到了广泛应用,本节以硅光电二极管为例讨论光电二极管的工作原理和主要性能。

1. 硅光二极管的结构

硅光电二极管的两种典型结构如图6-31所示。其中图6-31(a)所示是采用N型单晶硅和扩散工艺,称为 P^+N 结构,这种工艺制作的光电二极管为2CU型。而图6-31(b)是采用P型单晶和磷扩散工艺,称 N^+P 结,这种工艺制作的光电二极管为2DU型。光敏芯区外侧的

N^+环区，称为保护环，其目的是切断表面层漏电流，使暗电流明显减小。硅光电二极管的电路中的符号及偏置电路也在图6-31中一并画出。一律采用反向电压偏置。有环极的光电二极管，有三根引出线，通常把N侧电极称为前极，P侧电极称为后极，环极接偏置电源的正极，如果不用环极，把它断开，空着即可。

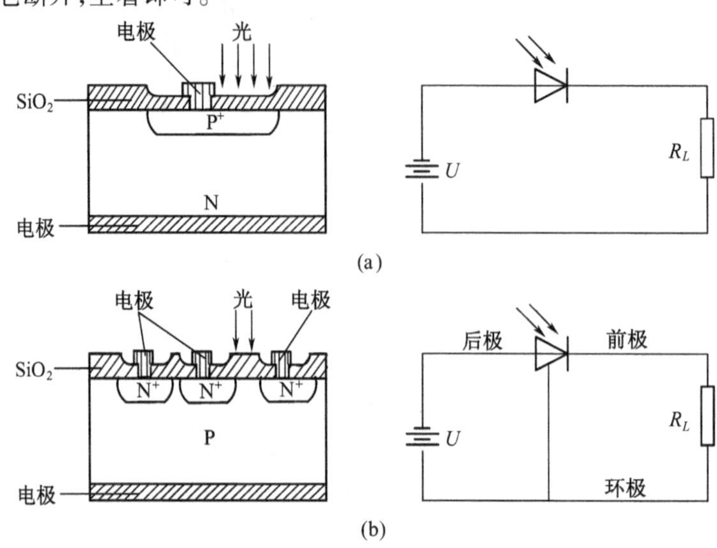

图6-31 硅光电二极管的两种典型结构

(a) P^+N结构(2CU型)；(b) N^+P结构(2DU型)。

硅光电二极管的封装有多种形式。常见的是金属外壳加入射窗口封装，入射窗口又有透镜和平面镜之分。凸透镜有聚光作用，有利于提高灵敏度，而且由于聚焦位置与入射光方向有关，因此还能减小杂散背景光的干扰。缺点是灵敏度随方向而变，因此给对准和可靠性带来问题。采用平面镜窗口的硅光电二极管虽然没有尖锐的对准问题，但易受杂散光干扰的影响。硅光电二极管的外形及灵敏度的方向性如图6-32所示。

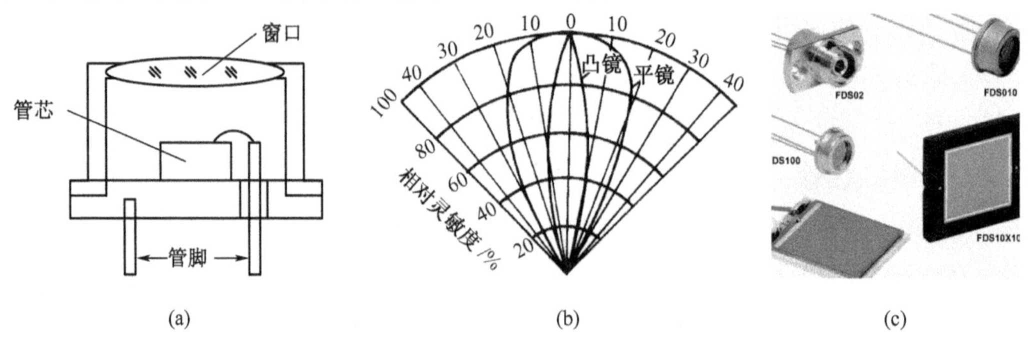

图6-32 硅光电二极管的封装

(a) 硅光二极管的封装；(b) 灵敏度的角变化；(c) 几种实际的硅光电二极管。

2. 光谱响应特性

常温下，硅材料的禁带宽度为1.12eV，长波限约为1.1μm，因此，硅光电二极管具有一定的光谱响应范围，由于入射波长越短，管芯表面的反射损失就越大，从而使实际管芯吸收的能量越少，这就产生了短波限问题，硅光电二极管的短波限约为0.4μm。图6-33给出了两种不同型号的硅光电二极管的光谱响应曲线，其中SM05PD2A型硅光电二极管的光敏面为直径为1.0mm的圆面，光敏面积为0.785mm^2，噪声等效功率为$5.0\times10^{-14}W/Hz^{1/2}$；SM05PD1A型硅光电二极管的

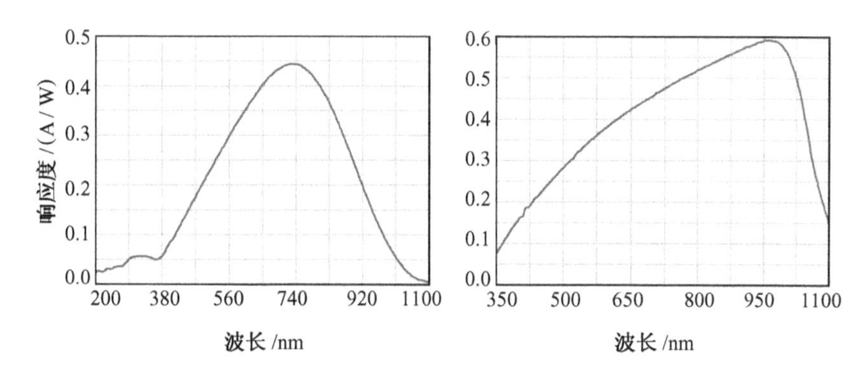

图6-33　硅光电二极管光谱响应

光敏面为3.6mm×3.6mm的正方形,光敏面积为$13mm^2$,噪声等效功率为$1.2\times10^{-14}W/Hz^{1/2}$。

3. 光电转换的伏安特性分析

我们已经知道,光电二极管是一种以光导模式工作的光伏探测器,其等效电路已经在图6-25中给出。因光电二极管总是在反向偏压下工作,所以$I_D=I_{s0}$,I_{s0}和光电流I_φ都是反向电流。为了符合人们通常的观察习惯,将图6-25(b)中的I和U方向倒转,就可以在第一象限位置表示第三象限的伏安特性,如图6-34(a)所示。

其中,弯曲点M'所对应的电压值U'称为曲膝电压。为了分析方便,经线性化处理后的特性曲线如图6-34(b)所示。其中,Q为直流工作点,g,g'和G_L为各斜线与水平轴夹角的正切,其意义是:g是光电二极管的内电导,其值等于管子内阻的倒数;g'是光电二极管的临界电导,显然,如果光电二极管的内电导超过g'值,则表明光电二极管已进入饱和导通的工作状态;G_L为负载电导,其值等于负载电阻值的倒数。

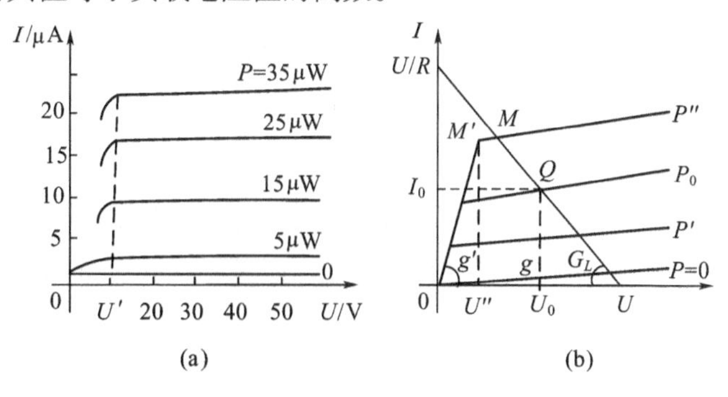

图6-34　光电二极管的伏安特性

(a) 光电二极管的伏安特性;(b) 线性化处理。

4. 频率响应特征

光电二极管的频率响应特性主要由三个因素决定:一是光生载流子在耗尽层附近的扩散时间;二是光生载流子在耗尽层内的漂移时间;三是与负载电阻R_L并联的结电容所决定的电路时间常数。硅光电二极管的频率特性是半导体光电器件中最好的一种,因此特别适宜于快速变化的光信号探测。

1) 扩散时间τ_{dif}

由半导体物理可知,扩散是个慢过程,扩散时间可以写成

$$\tau_{dif}=\frac{d^2}{2D_c} \tag{6.98}$$

式中：d 是扩散进行的距离；D_c 是少数载流子的扩散系数。

如果以 P 型硅为例，电子扩散进行距离为 5μm，扩散系数为 $3.4\times10^{-3}\text{m}^2/\text{s}$，则式（6.98）给出的 $\tau_{dif}=3.7\times10^{-9}\text{s}$。作为高速响应来说，这是一个很可观的时间。因此在制造工艺上，通常将光敏面做得很薄来尽量减小这个时间。由于硅材料对光波的吸收与波长有明显关系，所以不同光波长产生的光生载流子的扩散时间变得与波长有关。在光谱响应范围内，长波长的吸收系数小，入射光可透过 PN 结而达到体内 N 区较深部位，它激发的光生载流子要扩散到 PN 结后才能形成光电流，这一扩散时间限制了对长波长光的频率响应。波长较短的光生载流子大部分产生在 PN 结内，没有体内扩散问题。因而频率响应要好得多，对硅光电二极管来说，由波长不同引起的响应时间差可以达到 100 ~ 1000 倍。

2）耗尽层中的漂移时间 τ_{dr}

如图 6－35 所示，为了估计漂移时间的量级，假设图中 x_P 和 x_N 分别表示 P 区和 N 区内耗尽层宽度，则耗尽层的总宽度 W 可以表示为

$$W=x_P+x_N \tag{6.99}$$

$$x_P=\sqrt{\frac{2\varepsilon U}{eN_a}} \tag{6.100}$$

$$x_N=\sqrt{\frac{2\varepsilon U}{eN_d}} \tag{6.101}$$

式中：ε 为材料的介电常数；N_a 和 N_d 分别为材料中受主和施主杂质浓度；U 为偏压。这里假定偏压 U 比零偏内结电压 U_0 高得多，而且是突变结。

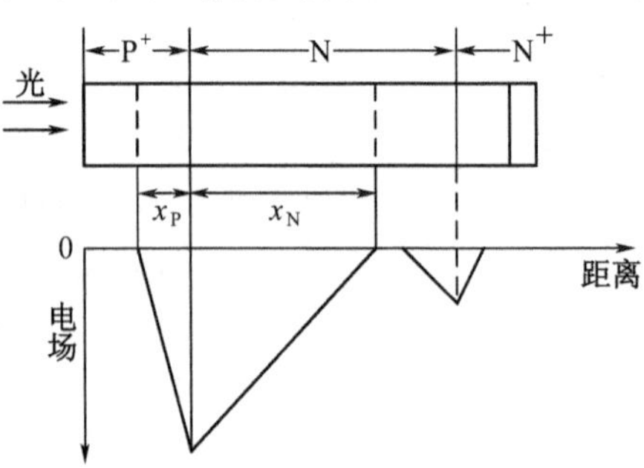

图 6－35 耗尽层的电场分布

为了充分吸收入射光辐射，总是希望耗尽层的总宽度 W 比较宽一些，一般要求

$$W\geqslant\frac{1}{\alpha_\lambda} \tag{6.102}$$

式中：α_λ 是波长 λ 的吸收系数，在耗尽层的总宽度 W 内，由于有高电场的存在，载流子的漂移速度趋于饱和。实际情况下都满足这个条件，因此我们可以把载流子的漂移速度用一个固定的饱和速度 v_{sat} 来估计，于是

$$\tau_{dr}=\frac{W}{v_{sat}} \tag{6.103}$$

对硅光电二极管而言，耗尽层中的电场取 2000V/m，载流子饱和速度取 10^5m/s，如果取 $W=5\mu\text{m}$，则 $\tau_{dr}=5\times10^{-11}\text{s}$。

3）结电容效应

由于结区储存电荷变化，光电二极管对外电路显示出一个与电压结有关的结电容 C_j。对突变结

$$C_j=\frac{A}{2}\sqrt{\frac{2e\varepsilon}{U_0-U}\cdot\left(\frac{N_dN_a}{N_d+N_a}\right)} \tag{6.104}$$

式中：A 是结面积。如果假定 $|U|\geqslant U_0$（U 本身为负值），且对 P^+N 结构，$N_a\gg N_d$，式（6.104）可以简化为

$$C_j = \frac{A}{2}\sqrt{\frac{2e\varepsilon N_d}{U}} \tag{6.105}$$

式中：$\varepsilon = \varepsilon_0\varepsilon_r$。

若 $A = 1\text{mm}^2$，$\varepsilon_r = 11.7$，$N_d = 10^{21}/\text{m}^3$，$V = 10\text{V}$，则 $C_j = 30\text{pF}$。对实际使用来说，要想得到小的电容，应尽可能地选取较高的反偏电压。

4）高频截止频率

考虑到光电二极管的电容效应之后，其高频等效电路可以用图6－36表示。其中图6－36(a)是比较完全的等效电路，R_d 是光电二极管的内阻，也称为暗电阻。由于光电二极管在反偏压状态下工作，可以等效为一个高内阻的电流源。R_s 是体电阻和电极接触电阻，一般很小。考虑到这两个因素之后，工程计算的简化等效电路如图6－36(b)所示。

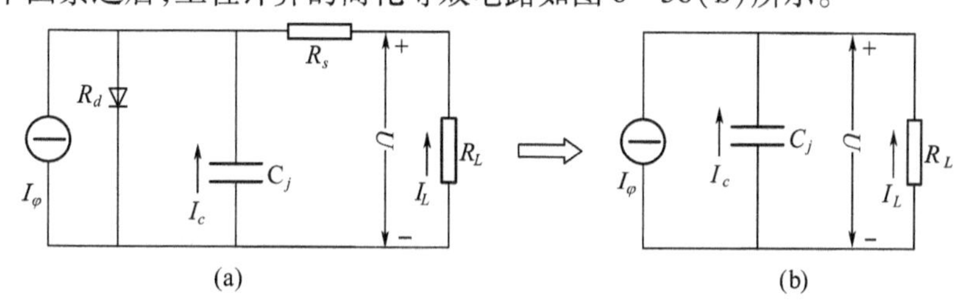

图6－36　光电二极管的高频等效电路

若入射光功率为 $P = P_0 + P_m\sin\omega t$，相应的光电流的交变分量为 $\tilde{I}_\varphi = I_\varphi\sin\omega t$，由图6－36(b)得

$$\tilde{I}_\varphi = \tilde{I}_c + \tilde{I}_L = -\tilde{U}\left(\text{j}\omega C_j + \frac{1}{R_L}\right) \tag{6.106}$$

式中：负号是由于电流和电压的正方向相反所引起的。负载电阻 R_L 上的瞬时电压为

$$\tilde{U} = \frac{\tilde{I}_\varphi}{\dfrac{1}{R_L} + \text{j}\omega C_j} = \frac{\tilde{I}_\varphi R_L}{1 + \text{j}\omega R_L C_j} \tag{6.107}$$

电压有效值为

$$U = \sqrt{\overline{U^2}} = \sqrt{U \cdot U^*} = \frac{I_\varphi R_L}{\sqrt{1 + \text{j}\omega R_L^2 C_j^2}} \tag{6108}$$

可见，U 随频率升高而下降。当 U 下降到 $0.707U$ 时，定义 $\omega = \omega_c$，称为高频截止频率。于是

$$f_c = \frac{1}{2\pi R_L C_j} \tag{6.109}$$

通常又定义电路的时间常数

$$\tau_c = 2.2 R_L C_j \tag{6.110}$$

所以

$$\tau_c = 0.35/f_c \tag{6.111}$$

如果 $C_j=30\text{pF}, R_L=50\Omega$,那么 $f_c\approx10\text{MHz}, \tau_c=3.5\times10^{-9}\text{s}$。

从上述分析可见,载流子扩散时间和电路时间常数大约处于同一个数量级,是决定光电二极管响应速度的主要因素。

5）噪声特性

由于光电二极管常用于微弱光信号探测而言,因此了解它的噪声特征十分必要。图6－37所示是硅光电二极管的噪声等效电路。对高频应用,两个主要的噪声源是散粒噪声$\overline{I_{ns}^2}$和电阻热噪声$\overline{I_{nT}^2}$。

因此,光电二极管的输出噪声电流的有效值为

$$I_n=\sqrt{\overline{I_{ns}^2}+\overline{I_{nT}^2}}=\sqrt{2e(i_s+i_b+i_d)\Delta f+\frac{4k_BT\Delta f}{R_L}} \tag{6.112}$$

相应的噪声电压为

$$U_n=I_nR_L=\sqrt{2e(i_s+i_b+i_d)R_L^2\Delta f+4k_BTR_L\Delta f} \tag{6.113}$$

式中：i_s、i_b、i_d 分别是信号光电流、背景光电流和反向饱和暗电流的平均值。从式(6.112)和式(6.113)可见,从材料及制造工艺上尽量减小 i_d,并合理选取负载电阻 R_L 是减小噪声的有效途径。

5. PIN 硅光电二极管

由于 PN 结耗尽层只有几微米,大部分入射光被中性区吸收,因而光电转换效率低,响应速度慢。为改善器件的特性,在 PN 结中间设置一本征层(I 层),这种结构便是常用的 PIN 光电二极管。

PIN 光电二极管的结构和管内电场分布如图 6－38 所示。中间的 I 层是 N 型掺杂浓度很低的本征半导体,两侧是掺杂浓度很高的 P 型和 N 型半导体,用 P^+ 和 N 表示。I 层很厚,吸收系数很小,入射光很容易进入材料内部被充分吸收而产生大量电子—空穴对,因而大幅提高了光电转换效率。两侧 P^+ 层和 N 层很薄,吸收入射光的比例很小,I 层几乎占据整个耗尽层,因而光生电流中漂移分量占支配地位,从而大大提高了响应速度,这种设计也可以通过控制耗尽层的宽度 W 来改变器件的响应速度。

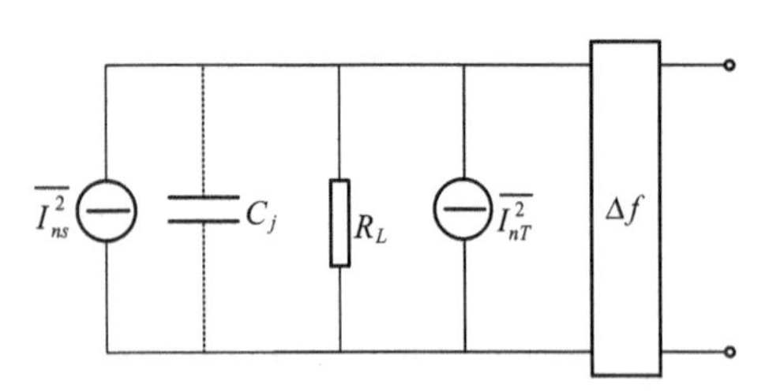

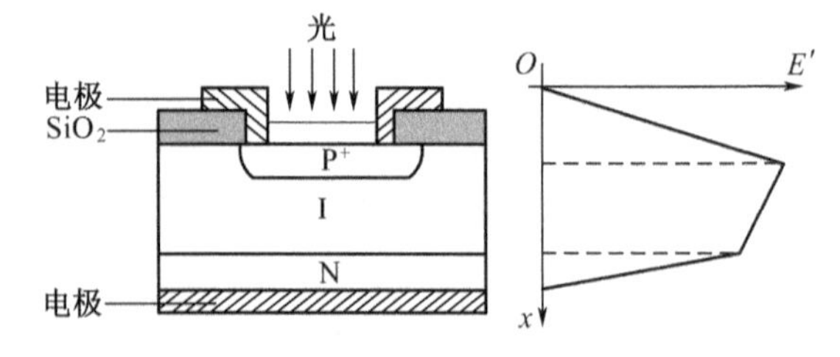

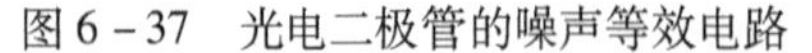

图 6－37 光电二极管的噪声等效电路

图 6－38 PIN 光电二极管管心结构及管内电场分布

性能良好的 PIN 光电二极管,扩散和漂移时间一般在 10^{-10}s 量级,相当于千兆赫频率响应。因此实际应用中决定光电二极管频率响应的主要因素是电路的时间常数 τ_c。PIN 光电二极管的结电容 C_j 一般可控制在 10pF 量级,适当加大反偏压,C_j 还可以更小一些。因此,合理选择负载电阻 R_L 是实际应用中的重要问题。

PIN 光电二极管的上述优点,使它在光通信、光雷达以及其他快速光电自动控制领域得到了非常广泛的应用。

6. 雪崩光电二极管(APD)

雪崩光电二极管(APD)又称累崩光电二极管或崩溃光二极体,其原理类似于光电倍增管,因此也有固态光电倍增管之称。雪崩光电二极管有内部增益或放大作用,一个入射光子可产生10~100对光生电子—空穴对,使光电流大大增加,明显提高光电探测器的灵敏度。下面介绍雪崩光电二极管内部增益的产生机理。

如前所述,在反向偏置二极管的耗尽层中,存在着一相当强的电场,反向偏置电压越高,耗尽层中电场强度越大。如果耗尽层中的电场强度达到非常高时,例如,对半导体硅雪崩光电二极管(Si-APD)来说,电场强度超过10^5V/cm时,在耗尽层中的光生电子和空穴会被强电场加速而获得巨大的动能,它们将与其他的原子发生碰撞而激发产生新的二次碰撞电离的电子—空穴对,这些新产生的电子—空穴对反过来又在耗尽层中被强电场加速而获得足够的动能,再一次又与其他原子发生碰撞电离而激发产生更多的电子—空穴对,这样的碰撞电离一个接一个地不断发生,就形成所谓"雪崩"倍增现象,使光电流放大,如图6-39所示。

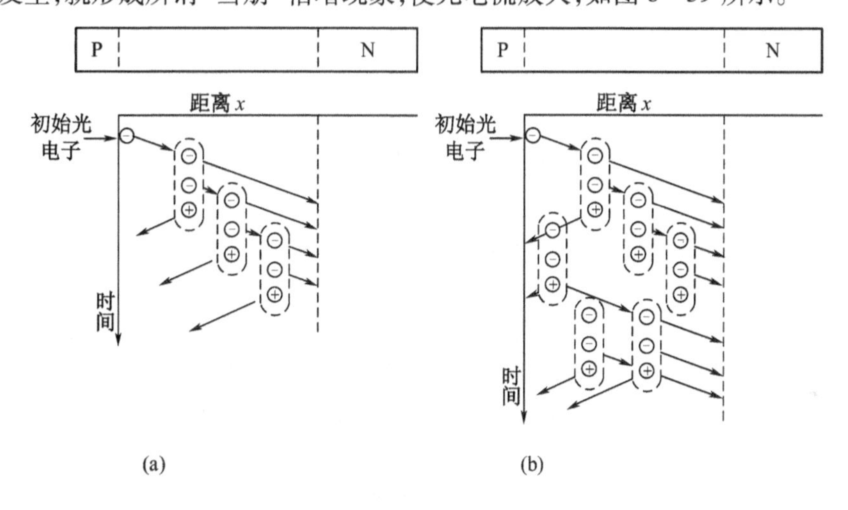

图6-39　雪崩光电二极管工作原理

(a) 只有电子产生电离碰撞;(b) 电子和空穴都参与电离碰撞。

很明显,在半导体中,不仅电子可引起这种雪崩倍增,空穴同样也会造成雪崩倍增,当所加的反向偏置电压低于某个确定电压时,即低于所谓雪崩电压时,由碰撞电离而产生的电子—空穴对的总数是有限的,平均来说正比于入射光子数或初始光生载流子数。一个载流子(电子或空穴)穿过单位距离时,由于碰撞电离所产生的电子—空穴对的平均数,称为载流子的离化率。离化率和耗尽层内的电场强度密切相关,不同的半导体材料,离化率不相同,即使在同一种半导体材料中,不同类型的载流子的离化率也是各不相同,即电子离化率和空穴离化率是彼此不同的。

雪崩光电二极管的一个重要问题是噪声问题。除了一般光电探测器所具有的噪声之外,由于雪崩光电二极管有内部增益,因而还将引入附加噪声。这种附加噪声和雪崩管内的碰撞电离有关。理论证明,如果只有一种载流子引起碰撞电离,则雪崩光电二极管的噪声比较低,其增益带宽才比较大。也就是说,单纯由电子产生碰撞电离而空穴不产生碰撞电离,或者单纯由空穴去产生碰撞电离而电子不产生碰撞电离,这样的雪崩光电二极管的性能才会比较好。反之,若电子和空穴这两种类型的载流子都同时引起碰撞电离,就会使附加噪声增加,从而导致整个雪崩光电二极管性能下降。

很明显,要实现只有一种类型载流子产生碰撞电离,就要求半导体材料的电子离化率和空穴离化率二者的差值越大越好。由于半导体硅的电子离化率和空穴离化率相差较大，因此硅是制作雪崩光电二极管的理想材料之一。

除了半导体材料本身特性外，还可以在工艺结构上采取一些措施尽量保证只有一种类型的载流子能产生碰撞电离。例如，可以设法将雪崩管中的耗尽层分为吸收漂移区和高场倍增区，让入射光尽量在漂移区中被吸收而产生初始光生电子—空穴对，然后只让其中一种类型的载流子进入高场强区域产生倍增。图 6-40(a)所示的达通型硅雪崩光电二极管就是这种结构，其相应各区域的电场分布，如图 6-40(b)所示。

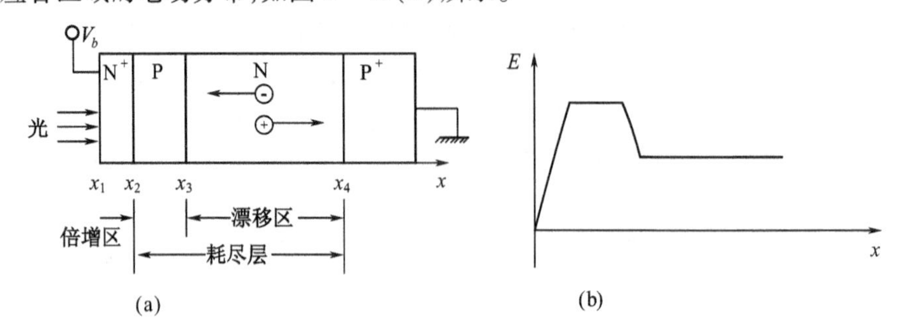

图 6-40 达通型硅雪崩光电二极管
(a) 结构示意图；(b) 相应各区域的电场分布。

达通型硅雪崩光电二极管简称为 RAPD（Reachthrough Avalanche Photodiode）。RAPD 由 $N^+-P-\pi-P^+$层组成，其中 N^+、P^+分别表示重掺杂的 N 型和 P 型半导体，π表示 P 型高阻层。在 x_1 到 x_2 之间是 N^+接触层，x_2 到 x_3 是 P 型倍增区，雪崩倍增主要发生在这一区域。从 x_3 到 x_4 是π漂移区，入射光子大部分在该区域被吸收，π区比 P 区宽得多，x_4 以后是 P^+接触区，为雪崩管的衬底。从这种 $N^+-P-\pi-P^+$结构雪崩管内的电场强度分布图可以看出，在 N^+-P 靠近 P 区一侧电场强度最高，在低压反向偏置时，所加电压大部分降落在该 N^+-P 结区上。当外加反偏压增大时，P 型倍增区将随之加宽，在达通电压 U_{rt}下，一直“拉通达到”(reach-through)近似于本征半导体的π区。正因为如此，所以称为“达通”型雪崩光电二极管。当超过达通电压 U_{rt}后，外加电压将降落在包括整个π区的 PN 结耗尽层上。由于π区比 P 区宽得多，所以此时 P 型倍增区的电场随外加电压增加相对来说变化较慢，于是倍增因子的增加也相对较慢。在正常工作时，虽然π区电场低于 N^+-P 结倍增区电场，但仍然相当高，以便使在该区产生的光生载流子能以略低于产生二次碰撞电离的速度快速运动，这样才能保证雪崩管的快速响应。π区相当宽，能保证入射光绝大部分在该区被吸收，而且只有在该区产生的初始电子—空穴对中的电子才能进入 N^+-P 结高场倍增区去产生碰撞电离，获得增益。在π区产生的空穴是向相反方向运动的，不可能进入高场倍增区，从而抑制了空穴产生碰撞电离的可能性。虽然在 N^+区和 P 区由入射光子所产生的空穴也可能在高场区中发生碰撞电离，但毕竟 N^+和 P 区很窄，所以在该区产生的初始光生空穴是很少的。另外，硅的空穴离化率又比电子离化率小得多，因此，硅雪崩管的空穴在倍增过程中起的作用很小，在倍增区主要靠一种载流子，即π区来的电子产生碰撞电离。如前所述，当只有一种载流子产生碰撞电离时，雪崩管的响应速度就比较快，而由倍增所引入的过剩噪声也就比较小。一般来说，反向电压越高，增益就越大。

APD 载流子的倍增因子 M 的计算公式很多，比较常用的一个经验公式给出 APD 载流子的倍增因子 M 随反向偏压 U 的变化关系

$$M = \frac{1}{1 - \left(\frac{U}{U_B}\right)^n} \tag{6.114}$$

式中：U_B 是体击穿电压；n 是一个与材料性质及注入载流子的类型有关的指数。当外加偏压非常接近于体击穿电压时，二极管获得很高的光电流增益。

由于 APD 的增益与反向偏置和温度的关系很大，因此有必要对反向偏置电压进行控制，以保持增益的稳定。

与真空光电倍增管相比，雪崩光电二极管具有体积小、不需要高压电源等优点，因而更适于实际应用；与一般的半导体光电二极管相比，雪崩光电二极管具有灵敏度高、速度快等优点，特别当系统带宽比较大时，能使系统的探测性能获得大的改善。

6.6.5　光电三极管

光电三极管是在光电二极管的基础上发展起来的半导体光敏器件，具有两个 PN 结，它本身具有放大功能。光电三极管分为 NPN 型和 PNP 型两大类。

PNP 型光电三极管的结构，使用电路及等效电路如图 6-41 所示。从图可见，B、E、C 分别表示光电三极管的基极、发射极和集电极，β 表示光电三极管的放大倍数。

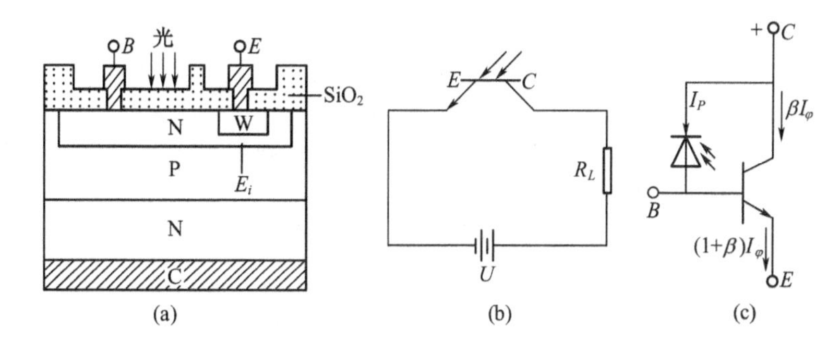

图 6-41　NPN 型 Si 光电三极管的结构、使用电路和等效电路

(a) 硅光电三极管的结构；(b) 使用电路；(c) 等效电路。

光电三极管的光敏面是基极，受光信号的控制。使用时，管子的基极开路，发射极和集电极之间所加的电压使基极与集电极之间的 PN 结（光电二极管）承受反向电压。光电三极管只引出发射极 E 和集电极 C 两个管脚，基极无引出线，因此，光电三极管的外形与光电二极管几乎一样。

光电三极管的作用原理如图 6-41 所示。如图 6-41(a)、(b) 可知，基区和集电结区处于反向偏压状态，内电场 E_i 从集电结指向基区。光照基区，产生光电子—空穴对。光生电子在内电场作用下漂移到集电极，空穴留在基区，使基极与发射极间的电位升高（注意到空穴带正电荷）。根据一般三极管原理，基极电位升高，发射极便有大量电子经基极流向集电极，最后形成光电流。光照越强，由此形成的光电流越大。上述作用的等效电路如图 6-41(c) 所示。光电三极管等效于一个光电二极管与一个一般晶体管基极、集电极并联。集电极—基极间的光电二极管产生的光电流，流入到共

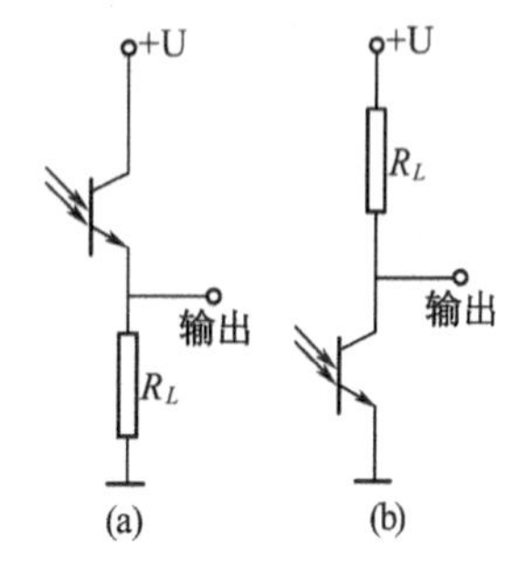

图 6-42　光电三极管的两种基本应用电路

(a) 射极跟随器；

(b) 共发射极电路。

发三极管的基极再得到放大。与一般晶体管不同的是,集电极电流(光电流)由集电结上产生的 I_φ 控制。集电结起双重作用:一是把光信号变成电信号,起光电二极管作用;二是使光电流再放大,起一般晶体管的集电结作用。

一般光电三极管只引出 E、C 两个电极,体积小,广泛应用于光电自动控制技术。也有三个极同时引出的,常用于光信号和电信号的双重控制中。常用的基本电路如图 6-42 所示。其中图(a)相当于发射极跟随器,有光照时、输出高电位;图(b)相当于共射极电路,无光照时,输出高电位。

6.7 基于外光电效应的光电探测器

基于外光电效应的光电探测器也称为光电发射器件,主要包括光电管和光电倍增管。

6.7.1 光电管

光电管是基于外光电效应最基本的光电转换器件。光电管的构造比较简单,其典型结构如图 6-43 所示,由玻璃壳、两个电极(光电阴极和阳极)、引出插脚等组成。光电管分为真空光电管和充气光电管两类。

1. 真空光电管

真空光电管又称电子光电管,由封装于真空管内的光电阴极和阳极构成。当入射光线穿过光窗照到光阴极上时,由于外光电效应,光电子就从极层内发射至真空。在电场的作用下,光电子在极间作加速运动,最后被高电位的阳极接收,在阳极电路内就可测出光电流,其大小取决于光照强度和光阴极的灵敏度等因素。按照光阴极和阳极的形状和设置的不同,真空光电管一般可分为 5 种类型。

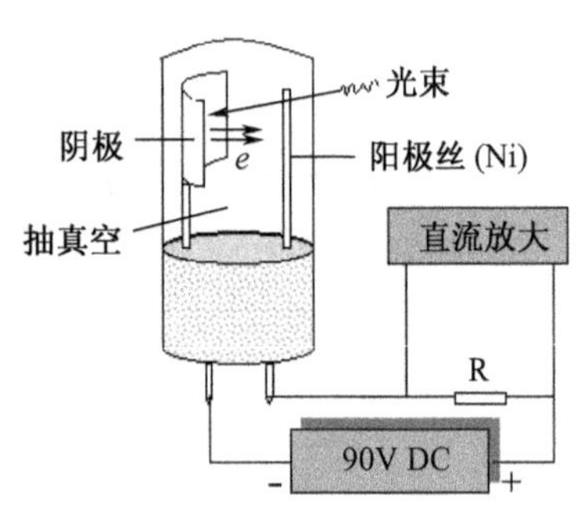

图 6-43 真空光电管

(1) 中心阴极型:这种类型由于阴极面积很小,受照光通量不大,仅适用于低照度探测和光子初速度分布的测量。

(2) 中心阳极型:这种类型由于阴极面积大,对入射聚焦光斑的大小限制不大,又由于光电子从光阴极飞向阳极的路程相同,电子渡越时间的一致性好,其缺点是光电子接收特性差,需要较高的阳极电压。

(3) 半圆柱面阴极型:这种结构有利于增加极间绝缘性能和减少漏电流。

(4) 平行平板极型:这种类型的特点是光电子从阴极飞向阳极基本上保持平行直线的轨迹,电极对于光线入射的一致性好。

(5) 圆筒平板阴极型:它的特点是结构紧凑、体积小、工作稳定。

2. 充气光电管

充气光电管又称离子光电管,由封装于充气管内的光阴极和阳极构成。它不同于真空光电管的是,光电子在电场作用下向阳极运动时与管中气体原子碰撞而发生电离现象。由电离产生的电子和光电子一起都被阳极接收,正离子却反向运动被阴极接收。因此在阳极电路内形成数倍于真空光电管的光电流。

充气光电管的电极结构也不同于真空光电管。常用的电极结构有中心阴极型、半圆柱阴极型和平板阴极型。充气光电管最大缺点是在工作过程中灵敏度衰退很快,其原因是正离子轰击阴极而使发射层的结构被破坏。

充气光电管按管内充气不同可分为单纯气体型和混合气体型。

(1) 单纯气体型:这种类型的光电管多数充氩气,优点是氩原子的原子量小,电离电位低,管子的工作电压不高。有些管内充纯氦或纯氖,使工作电压提高。

(2) 混合气体型:这种类型的管子常选氩氖混合气体,其中氩占10%左右。由于氩原子的存在使处于亚稳态的氖原子碰撞后即能恢复常态,因此减少惰性。

充气光电管的特点是光电阴极面积大,灵敏度较高,暗电流小,光电发射张弛过程极短。但是光电管的体积较大,工作电压高达百伏到数百伏,玻壳容易破碎,目前,这类管子已基本被半导体光电器件所取代。

3. 光电管的工作特性

1) 光电管的光谱特性

光电管的光谱特性是指光电管在工作电压不变的条件下,入射光的波长与其绝对灵敏度(即量子效率)的关系。光电管的光谱特性主要取决于阴极材料,常用的阴极材料有银氧铯光电阴极、锑铯光电阴极、铋银氧铯光电阴极及多碱光电阴极等,前两种阴极使用比较广泛,图6-44给出锑铯光电阴极和银氧铯光电阴极材料光电管的光谱特性曲线。

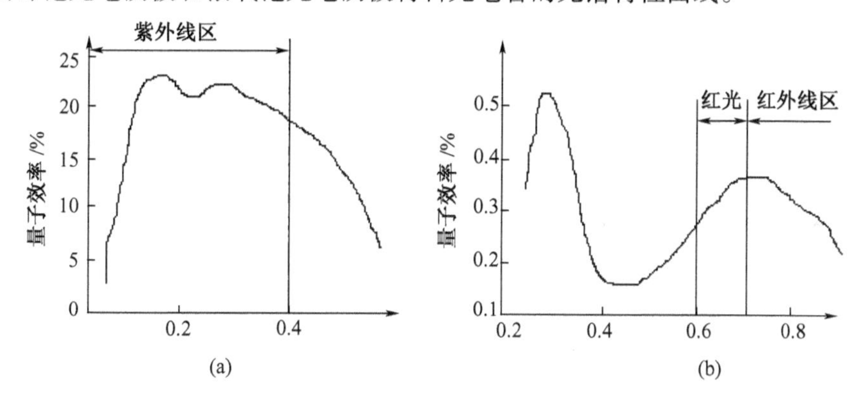

图6-44　两种不同阴极材料光电管的光谱特性曲线
(a) 锑铯光电阴极;(b) 银氧铯光电阴极。

由光电管的光谱特性曲线可以看出,不同阴极材料制成的光电管有着不同的灵敏度较高的区域,应用时应根据所测光谱的波长选用相应的光电管。例如被测光的成分是红光,选用银氧铯阴极光电管就可以得到较高的灵敏度。

2) 光电管的伏安特性

光电管的伏安特性是指在一定光通量照射下,光电管阳极与阴极之间的电压 U_A 与光电流 I_φ 之间的关系,如图6-45所示。光电管在一定光通量照射下,光电管阴极在单位时间内发射一定量的光电子,这些光电子分散在阳极与阴极之间的空间,若在光电管阳极上施加电压 U_A,则光电子被阳极吸引收集,形成回路中的光电流 I_φ;当阳极电压升高,阴极发射的光电子一部分被阳极收集,其余部分仍返回阴极;随着阳极电压的升高,阳极在单位时间内收集到的光电子数增多,光电流 I_φ 也随之增加。如果阳极电压升高到一定数值时,阴极在单位时间内发射的光电子全部被阳极收集,称为饱和状态,以后阳极电压再升高,光电流 I_φ 也不会增加。

3）光电管的光电特性

光电管的光电特性是指在光电管阳极电压和入射光频谱不变的条件下，入射光的光通量 Φ 与光电流 I_φ 之间的关系：在光电管阳极的电压足够大，使光电管工作在饱和状态时，入射光的光通量 Φ 和光电流 I_φ 之间成线性关系，如图 6－46 所示。

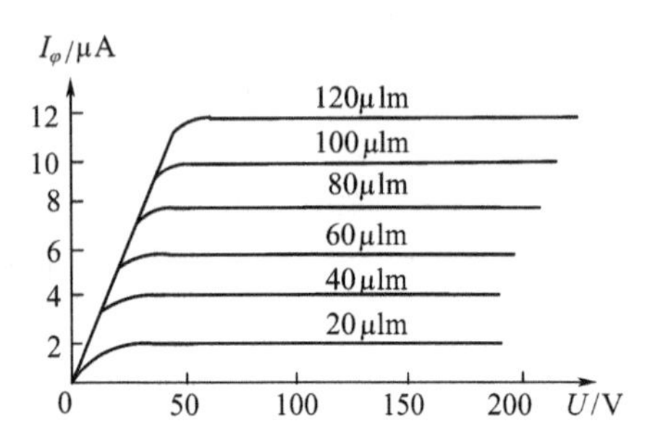

图 6－45　不同光通量下光电管的伏安特性曲线

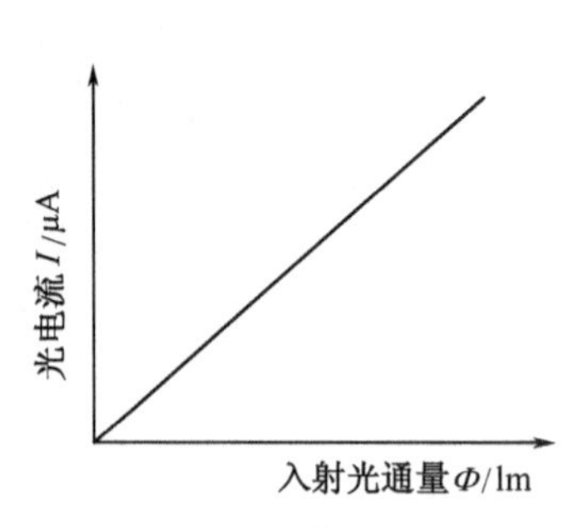

图 6－46　光电管的光电特性

4）暗电流

如果将光电管置于无光的黑暗条件下，当光电管施加正常的使用电压时，光电管产生微弱的电流，此时电流称为暗电流。暗电流的产生主要是由漏电流引起的。

6.7.2　光电倍增管

光电倍增管（Photomultiplier Tube，PMT）是能对光信号能进行“放大”的另一种光电探测器，是一种具有极高灵敏度和超快响应时间的光探测器件，广泛应用于各类微光探测仪器设备中。

1. 光电倍增管的结构与工作原理

光电倍增管是一种电真空器件，由光电阴极、多级打拿极（Dynode）以及阳极组成。打拿极是一种辅助电极，起二次电子发射和电流放大作用。光电倍增管利用的是外光电效应，其工作原理如图 6－47 所示，当光子入射到光电阴极表面上时，使光电阴极发射出光电子。光电子在正的静电场作用下加速，然后撞击到打拿极金属表面上，使打拿极产生二次电子发射，发射出的二次电子又被正静电场加速后撞击到下一个打拿极的金属表面，再一次产生二次电子发射，发射出更多的二次电子。如此经过多级打拿极，使二次发射电子越来越多，从而使光信号或电流得到放大，最后二次发射电子到达阳极被阳极收集，输出被放大了的光电流。

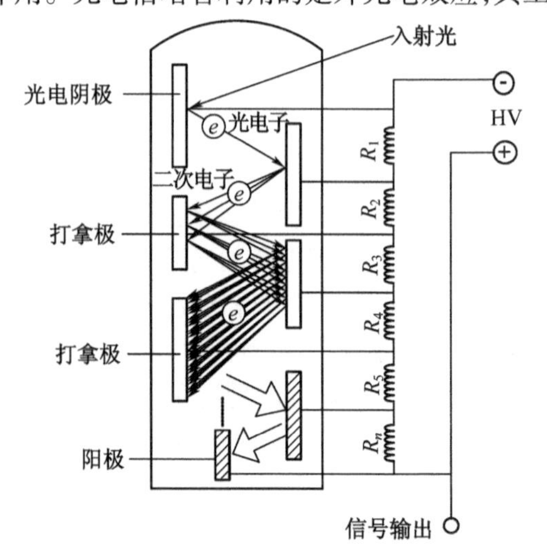

图 6－47　光电倍增管工作原理与电路连接

光电倍增管对光电流的放大倍数与电极间的电压有直接关系，在工作电压范围内，电压愈高，放大倍数越大。光电倍增管典型的电路连接如图 6－47 所示，阴极接负高压，各倍增极由电阻分压器偏置在地和电源电压之间的电位上，阳极通过一个高电阻接到正电压上，通常两极间的电压为 75～100V，为了保持工作过程中各倍增极间分压比不变，应选择分压器的电阻值，使流过分压器的电流为光电倍增管最大工作电流的 20 倍。由于输出的阳极电流往往在微安级，所以可采用小功率高压电源。

2. 光电倍增管的类型

光电倍增管按其接收入射光的方式一般可分成端窗型（CR 系列）和侧窗型（R 系列）两大类。侧窗型光电倍增管是从玻璃壳的侧面接收入射光，端窗型光电倍增管则从玻璃壳的顶部接收入射光。

通常情况下，侧窗型光电倍增管的单价比较便宜（一般数百元/只），在分光光度计、旋光仪和常规光度测定方面具有广泛的应用。大部分的侧窗型光电倍增管使用不透明光阴极（反射式光阴极）和环形聚焦型电子倍增极结构，这种结构能够使其在较低的工作电压下具有较高的灵敏度。端窗型光电倍增管也称顶窗型光电倍增管，其价格一般在千元以上，它是在其入射窗的内表面上沉积了半透明的光阴极（透过式光阴极），这使其具有优于侧窗型的均匀性。端窗型光电倍增管的特点是拥有从几十平方毫米到几百平方厘米的光阴极。

除了按照光窗位置分类之外，光电倍增管还可以按电子倍增系统分类，现在使用的光电倍增管的电子倍增系统有环形聚焦型、盒栅型、直线聚焦型、百叶窗型、细网型、微通道板（MCP）型、金属通道型、混合型等，各种类型有其自身的优势和特点。

3. 光电倍增管的工作特性

1）光谱响应特性

光电倍增管由阴极接收入射光子的能量并将其转换为光电子，其转换效率（阴极灵敏度）随入射光的波长而变，这种光阴极灵敏度与入射光波长之间的关系叫做光谱响应特性，图 6-48 给出了几种不同型号的光电倍增管的光谱响应特性曲线。一般情况下，光谱响应特性的长波段取决于光阴极材料，短波段则取决于入射窗材料。光电倍增管的阴极一般都采用具有低逸出功的碱金属材料。光电倍增管的窗材通常由硼硅玻璃、透紫玻璃（UV 玻璃）、合成石英玻璃和氟化镁（或镁氟化物）玻璃制成。硼硅玻璃窗材料可以透过近红外至可见入射光，而其它三种玻璃材料则可用于对紫外区的探测。

2）光照灵敏度

由于测量光电倍增管的光谱响应特性需要精密的测试系统和很长的测试时间，因此，要为用户提供每一支光电倍增管的光谱响应特性曲线是不现实的，所以，一般是为用户提供阴极和阳极的光照灵敏度。阴极光照灵敏度是指使用色温为 2856K 的钨灯照射光阴极时每单位通量入射光产生的阴极光电子电流，或者一个光子在阴极上能够打出的平均电子数。阳极光照灵敏度是每单位阴极上的入射光能量产生的阳极输出电流（即经过二次发射极倍增的输出电流），或一个光子在阳极上产生的平均电子数阳极灵敏度，也称为光电倍增管的总灵敏度。光电倍增管的最大灵敏度可达 10A/lm，极间电压越高，灵敏度越高；但极间电压也不能太高，太高反而会使阳极电流不稳。另外，由于光电倍增管的灵敏度很高，所以不能受强光照射，否则将会损坏。

3）暗电流

一般在使用光电倍增管时，必须把管子放在暗室里避光使用，使其只对入射光起作用；但由于环境温度、热辐射和其他因素的影响，即使没有光信号输入，加上电压后阳极仍有电流，这种电流称为暗电流，这是热发射或场致发射造成的，这种暗电流通常可以用补偿电路消除。

4）光照特性

光电倍增管的阳极输出电流与照射在光电阴极上光通量之间的关系称为光电倍增管的光

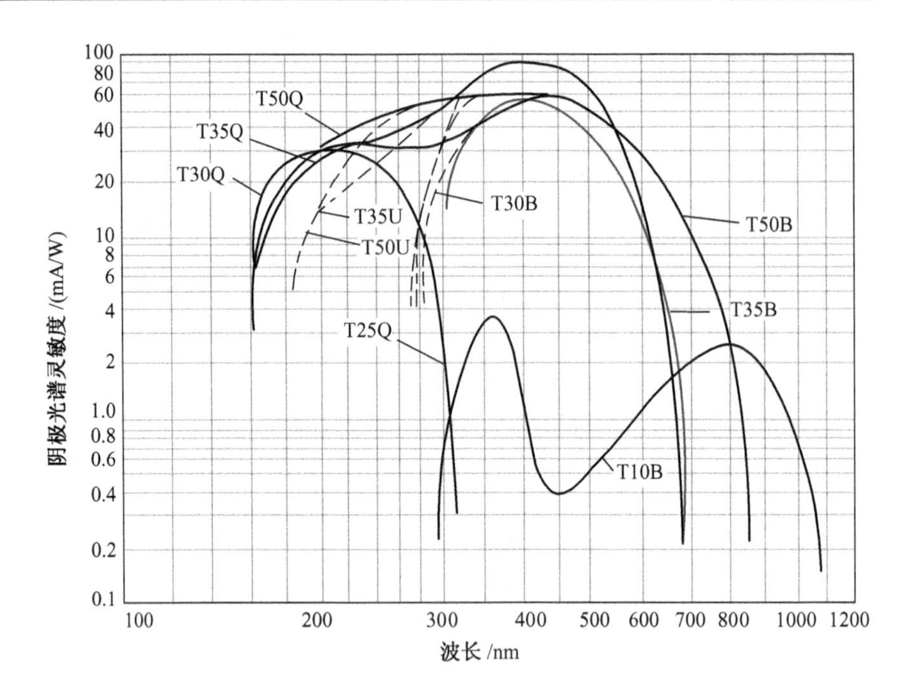

图 6-48 几种不同型号光电倍增管的光谱响应曲线

照特性，对于较好的管子，在很宽的光通量范围内，这个关系是线性的，即入射光通量小于 10^{-4}lm 时，二者之间有较好的线性关系，但是当光通量增大到一定程度时，二者之间开始成非线性关系。图 6-49 所示是一种光电倍增管的光照特性曲线。如果选取偏离直线 3% 作为线性关系的极限，则该光电倍增管满足线性关系的光通量范围在 $10^{-10} \sim 10^{-4}$lm 之间。光照特性曲线的线性范围越宽，就越适用于测量光通量变化大的应用场合。影响光电倍增管光照特性中线性关系的主要原因是空间电荷，当电流增大时，在倍增系统最后两级和阳极附近的空间中出现较强的空间电荷，致使最后两级的电流增益降低，导致光电特性偏离线性关系。因为阳极电压高，比较起来最后两级倍增极间的空间电荷影响大。因此，如果使倍增系统的电压非均匀分配，适当提高最后两级倍增极的电压，可使线性范围扩展。

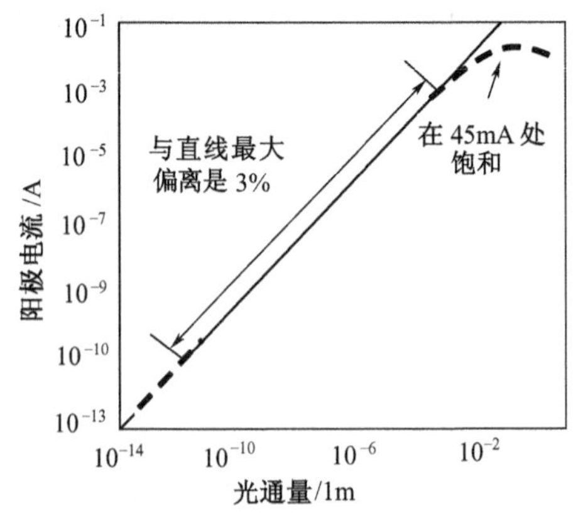

图 6-49 一种光电倍增管的光照特性

5）放大（增益）倍数

在一定工作电压下，光电倍增管阳极输出电流和阴极光电流之比称为光电倍增管的放大倍数或电流增益，用符号 G 表示，

$$G = \frac{I_A}{I_K} = \frac{S_A}{S_K} \tag{6.115}$$

式中：S_A 和 S_K 分别是阳极和阴极灵敏度，放大倍数由倍增系统的倍增能力决定，一般在 $10^5 \sim 10^8$ 之间，是工作电压的函数，放大倍数的稳定性为 1% 左右时，要求加速电压的稳定性要在 0.1% 以内。

6）疲劳特性

光电倍增管的灵敏度随工作时间的延长而下降。若在弱光下工作，且阳极电流不超过额定值，则工作结束后将管子保存在暗室中一段时间，其灵敏度能够恢复到近于初始值。若管子长期连续工作或受强光照射，则灵敏度不可能再恢复，这种现象被称为 PMD 的疲劳特性。因此，管子不使用时，应该存放在黑暗的环境中，使用时切忌强光照射。

7）磁场影响

大多数光电倍增管会受到磁场的影响，磁场会使光电倍增管中的发射电子脱离预定轨道而造成增益损失。这种损失与光电倍增管的型号及其在磁场中的方向有关。一般而言，从阴极到第一倍增极的距离越长，光电倍增管就越容易受到磁场的影响。因此，端窗型，尤其是大口径端窗型光电倍增管在使用中要特别注意这一点。

8）温度特点

降低光电倍增管的使用环境温度可以减少热电子发射，从而降低暗电流。另外，光电倍增管的灵敏度也会受到温度的影响。在紫外和可见光区，光电倍增管的温度系数为负值，到了长度截止波长附近则为正值。由于在长波截止波长附近的温度系数很大，所以在一些应用中应当严格控制光电倍增管的环境温度。

9）滞后特性

当工作电压或入射光发生变化之后，光电倍增管会有一个几秒钟、甚至几十秒钟的不稳定输出过程，在达到稳定状态之前，输出信号会出现一些微过脉冲或欠脉冲现象。这种滞后特性在分光光度测试中应予以重视。滞后特性是由于二次电子偏离预定轨道和电极支撑架，以及玻壳的静电荷等因素所引起的。当工作电压或入射光改变时，就会出现明显的滞后现象。

4. 光电倍增管与雪崩光电二极管的优缺点对比

光电倍增管(PMT)已有60多年的历史，比雪崩光电二极管(APD)长得多。由于 PMT 是电真空器件而又需二次电子发射，因此，它有两大明显的缺点：一是器件的尺寸较大，二是工作时需要高压供电，且供电电流比所需最大光电流大20倍，这给使用造成极大的不方便。正因为如此，当 APD 一出现，就有人断言，APD 将取代 PMT。的确，APD 具有明显的优点，它体积小、重量轻、工作电压低，只需十几伏到 100V 的电压。不仅如此，APD 还价格便宜，响应速度快，动态范围大，抗外部电磁干扰性能好，抗强光损伤性能也比 PMT 好，几乎 PMT 能做的每一件事，似乎 APD 都可以做。但事实并非如此，APD 至今并未全部取代 PMT。

这是因为 PMT 仍然保留有几个独特的优点：一是 PMT 的增益很高，倍增因子可达 $10^3 \sim 10^7$ 倍，此时仍保持相当好的信噪比，而最好的 APD 的倍增因子一般只有几十到 100 倍；二是 PMT 可以探测非常微弱的光信号，甚至微弱到可以探测只有一个光子的光信号，这就是所谓光子计数器或闪烁计数器。而目前最灵敏的 APD，对于微弱到只有几个光子的光信号就无法探测了，一般需要光信号中包含几十上百个光子才能进行探测。

PMT 的灵敏度，或者说它探测最微弱光信号的能力，主要是受器件本身暗电流大小的限制，所谓暗电流，是指在没有任何光照的情况下产生的电流，APD 的暗电流比 PMT 大几百倍，而探测器的噪声正比于暗电流的平方根，所以 APD 的灵敏度要比 PMT 低几十倍。或者说 PMT 的最小可探测功率要比 APD 小几十倍。因此，PMT 适合于探测十分微弱的光信号。

由于 APD 的暗电流和光敏面的大小有关，因此减小面积可降低暗电流，从而提高探测灵敏度。和 APD 不一样，PMT 的光敏面积可以很大，从直径小于 2.54cm 到大于 50.80cm 的都有，而一般的固体光电二极管的最大的光敏面积只有几平方厘米，对于 APD 光敏面则更小，一般直径只能做到1～2mm。当然，近年来也有大光敏面的APD出现，但价格昂贵。

PMT的另一个优点是其封装坚固，适合恶劣条件下使用，例如PMT能承受油井钻探时地下产生的150～200℃的高温；而高温下APD的噪声迅速增加以至无法使用。正因为这样，使PMT至今仍在光电探测器领域占有重要地位，在目前技术条件下，还不可能被APD完全取代。

第7章　光辐射的成像技术

图像是通过视觉感受到的一种信息,获取图像信息是人类文明生存和发展的基本需要。由于自身视觉性能的限制,人类通过直接观察所获得的图像信息是有限的,因此,在很早以前,人们就为开拓自身的视见能力而进行不断探索。望远镜、显微镜的发明和应用为人们延伸视见距离和观察极小物体提供了有效手段,但在扩展视见光范围和视见灵敏度等方面,人们却经历了漫长的探索后才有所进展。这些进展是由光电成像技术的出现与进步带来的,目前光电成像技术已成为信息时代的重要技术。本章主要介绍常见光电成像器件的基本工作原理和各种光电成像系统的结构。

7.1　光电成像技术概述

光电成像是指利用光电效应将可见或非可见的光辐射图像转换或增强为可观察、记录、传输、存储以及可进行处理图像的统称,其目的在于弥补人眼在灵敏度、响应波段以及空间和时间上的局限等方面的不足,目前,各种光电成像技术已经广泛应用于手机摄像头、照相机、科学研究、工业检测等方面。

7.1.1　光电成像技术的发展

光电成像技术是在研究和探索光电效应的进程中产生和推进的。1873年,史密斯发现了光电导现象,随后普朗克于1900年提出了光的量子属性。1916年,爱因斯坦完善了光与物质内部电子能态相互作用的量子理论,揭示了内光电效应的本质。近代物理学的发展和半导体理论的建立以及各类光电器件的发明,开拓了人类探测光子的技术手段,为扩展视见光谱范围创造了基本条件。

在探索内光电效应的同时,研究人员对外光电效应也进行了探索。1887年赫兹发现了紫外辐射对放电过程的影响,次年哈尔瓦克用实验证实了紫外辐射可使金属表面发射负电荷,其后斯托列托夫、勒纳和爱因斯坦相继建立了光电发射的基本定律。在此基础上,1929年科勒制成了第一个实用的光电发射体——银氧铯光阴极,随后利用这一技术成功研制了红外变像管,实现了将不可见的红外图像转换成可见光图像。此后,相继出现了紫外变像管和X射线变像管,使人的视见光谱范围获得了更有成效的扩展。之后,锑铯光阴极、锑钾钠铯多碱光阴极、负电子亲和势镓砷光阴极等高量子效率光阴极的出现,使微光图像的增强技术达到了实用阶段,帮助人类突破了视见灵敏阈值的限制。

在光电成像技术的发展进程中,人类从20世纪30年代开始为扩展视界而致力于电视技术的研究。以弗兰兹沃思开发的光电析像管为起端的电视摄像技术,提供了不必面对目标即可观察的可能性。由于电视效能具有极大的吸引力,促使它的进展极为迅速。在短短的半个多世纪中,电视摄像器件从初期的析像器逐步发展出众多类型的摄像器件,如超正析像管、分流摄像管、视像管、硅电子增强靶摄像管、热释电摄像管等。在发展电真空类型的摄像器件的同时,1970 年由玻伊尔和史密斯开拓出一种具有自扫描功能的电荷耦合器件(CCD),由此标志固体摄像器件的诞生,使电视摄像技术产生了质的飞跃。特别在发展红外 CCD 方面所开拓的凝视红外热成像技术,已成为人类目前扩展视见能力的最有效手段。

7.1.2 光电成像技术的分类

按照工作方式可以将光电成像器件分为直视型和非直视型两大类。

如图 7-1 所示,直视型光电成像器件用于直接观察的仪器中,本身具有图像的转换、增强及显示等功能,由物镜组、像管、高压电源、目镜组组成。它的工作方式是将入射的辐射图像通过外光电效应转换为电子图像,而后由电场或电磁场的聚焦加速作用进行能量增强,最后由二次发射作用进行电子倍增,经过增强的电子图像激发荧光屏产生可见光图像。在直视型光电成像器件中,又可根据其工作的辐射波段区分为两种:一种是接受非可见辐射图像的直视型光电成像器件,例如红外变像管、紫外变像管、X 射线变像管等;另一种是接受微弱可见光图像的直视型光电成像器件,如级联式像增强器、带微通道板的像增强器等。

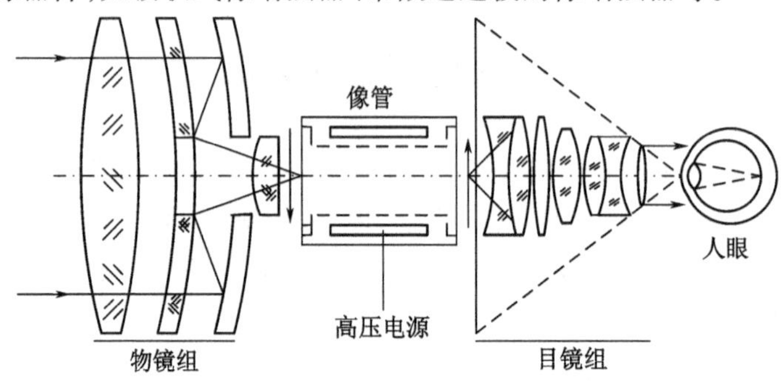

图 7-1 直视型光电成像器

非直视型光电成像器件用于电视摄像和热成像系统中,本身完成的功能是将可见光或辐射图像转换成视频电信号,所获得的电信号通过处理和传输再由显像装置输出图像。其工作方式是接收光学图像或热图像,利用光敏面的光电效应或热电效应转变为电荷图像,然后通过电子束扫描或电荷耦合转移方式,产生视频信号。这类器件只完成摄像功能,不直接输出图像,故称为非直视型光电成像器件。根据成像原理,非直视型光电成像器件又可分为真空成像式和固体成像式。

7.2 真空成像器件

真空成像器件在结构上都具有一个真空管,并将光电成像单元放置于真空管内,所以也可称其为真空光电成像器件。根据管内是否具有扫描单元,又可将真空成像器件分为像管和摄像管两类。像管的主要功能是把不可见的光辐射(红外或紫外)图像或微光图像通过光电阴极和电子光学系统转换成可见光图像;摄像管则是把可见或不可见的光辐射(红外、紫外或 X 射线)的二维图像通过光电靶和电子束扫描后转换成相应的一维视频信号。

7.2.1 像管

直视型电真空成像器件统称为像管,它是用于直视成像系统的光电成像器件。像管包括变像管和像增强器两大类。变像管的主要功能是完成图像的电磁波谱转换;像增强器的主要功能是完成图像的亮度增强。

1. 工作原理

像管实现图像的电磁波谱转换和亮度增强是通过三个环节来完成的。首先将接收到的微弱或不可见的输入辐射图像转换成电子图像,然后使电子图像获得能量或数量增强并聚焦成像,最后将增强的电子图像转换成可见的光学图像。上述三个环节分别由光阴极、电子光学系统和荧光屏完成。如图 7 - 2 所示,这三部分共同封装在一个高真空管壳内。

像管利用外光电效应将输入的辐射图像转换为电子图像,因此像管的输入端面是采用光电发射材料制成的光敏面。该光敏面接收辐射产生电子发射,所发射的电子流密度分布正比于入射的辐射通量分布,由此完成辐射图像转换为电子图像的过程。由于电子发射需要在发射表面有法向电场,所以光敏面应接以负电位,因此光敏面通常称为光阴极。像管中的光阴极根据成像对象的不同有所区别,常见的光阴极有对红外光敏感的银氧铯红外光阴极,对可见光敏感的单碱和多碱金属光阴极,对紫外光敏感的紫外光阴极。

由光阴极的光电发射产生的电子图像,在刚离开光阴极面时是低速运动的电子流,在静电场或电磁复合场的洛伦兹力作用下得到加速并聚焦到荧光屏上,由此完成电子图像的能量增强。像管中特定设置的静电场或电磁复合场称为电子光学系统,由于它具有聚焦作用,故又称为电子透镜。

利用荧光屏可以把电子图像转换成可见的光学图像。荧光屏是由发光材料微晶颗粒沉积而成的薄层。由于荧光屏的电阻率通常介于绝缘体和半导体之间,因此当它受到高速电子轰击时可以积累负电荷,使加在荧光屏上的电压难以提高,为此应在荧光屏上蒸镀一层铝膜引走积累的负电荷,同时也防止光反馈到光阴极。像管中常用的荧光屏材料有多种,基本材料是金属硫化物、氧化物或硅酸盐等晶体。上述材料经掺杂后具有受激发光特性,统称为晶态磷光体。像管中常用的荧光屏不仅应该具有高的转换效率,而且其发射光谱要和眼睛或与之耦合的光阴极的光谱响应相一致。

2. 类型与结构

根据分类标准的不同,像管的类型可以分为多种。

根据像管的工作波段,可将其分为工作于非可见辐射区(近红外、紫外、X 射线、γ 射线)的像管和工作于微弱可见光区的像管,分别称为变像管和像增强器。根据像管的工作方式可分为连续工作像管、选通工作像管、变倍工作像管等。

根据像管的结构,可分为近贴式像管、倒像式像管、静电聚焦式像管、电磁复合聚焦式像管等。

根据像管的发展阶段,可分为第一代级联式像管、第二代带微通道板的像管和第三代负电子亲和势光阴极像管。下面对主要类型像管的结构及特点进行介绍。

1) 近贴式像管

近贴式像管的结构如图 7 - 3 所示,光阴极在输入窗的内表面,荧光屏在输出窗的内表面,阴极和荧光屏相互平行。在光阴极与荧光屏之间施加高压时,两电极间形成纵向均匀电场,由光阴极发射出的电子受电场的作用飞向荧光屏,由于二者的间距很近(一般约 1mm),所以称为近贴式像管。近贴式像管是结构最简单的像管,荧光屏上成正像,且无畸变。但由于受分辨率的限制,极间距离不能太大,又因为受场致发射的限制,极间电压不能太高,因此系统的亮度增益受到限制,像质也受到影响。

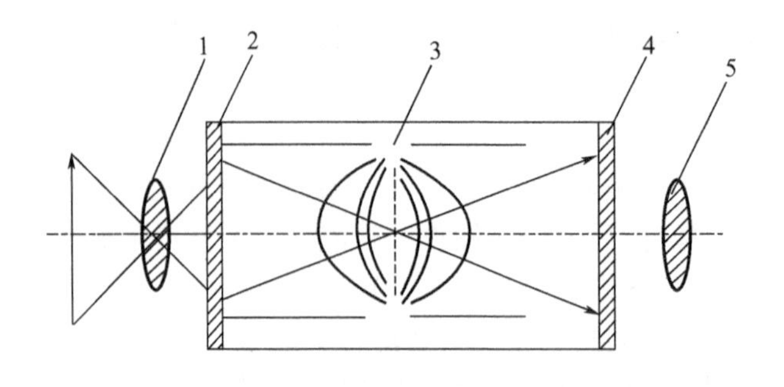

图7-2　像管成像原理示意图
1—物镜；2—光阴极；3—电子透镜；
4—荧光屏；5—目镜。

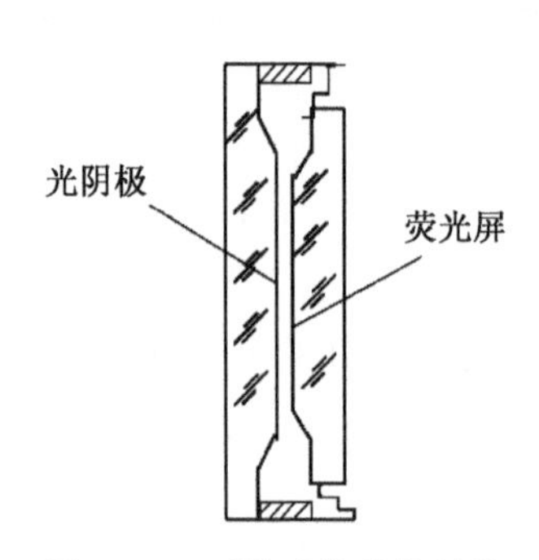

图7-3　近贴式像管的结构

2）静电聚焦倒像式像管

静电聚焦倒像式像管由光阴极和阳极构成静电聚焦系统。如图7-4所示，静电聚焦倒像式像管常用的电极结构有平面光阴极双圆筒系统（图7-4（a））和球面光阴极双球面系统（图7-4（b））。它们都能形成轴对称的静电场，由静电场形成的电子透镜可使光阴极面上的物像发射出来的电子加速并聚焦于荧光屏上，形成倒像。

在通常采用的双球面电极系统中，阳极头部曲面和光阴极球面以及荧光屏都是近似同心球面，由此构成近似的球形对称静电场，使轴外各点的电子主轨迹都近似轴对称，从而使轴外像差（如场曲、像散、畸变等）都比双圆筒系统小。常用的单级静电聚焦倒像式像管的结构如图7-5所示。

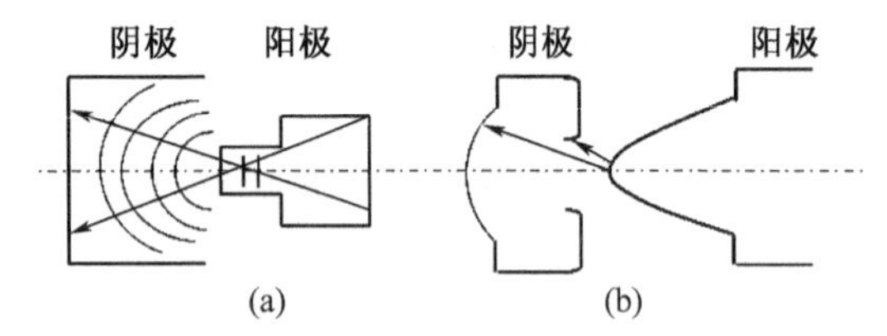

图7-4　静电聚焦倒像式像管电极系统

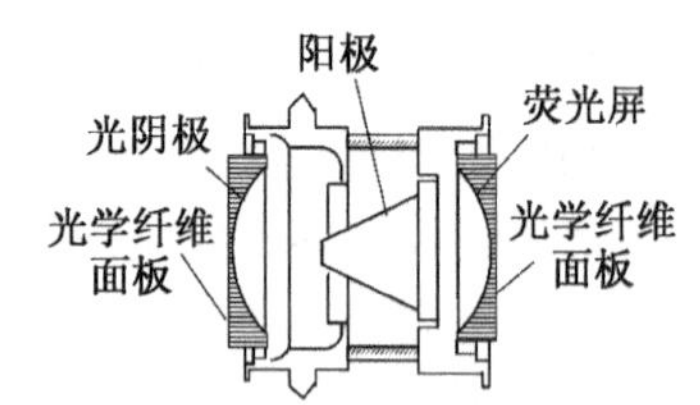

图7-5　单级静电聚焦倒像式像管结构

实际使用中，为了获得更高的亮度增益，将完全相同的单级像管用光学纤维面板进行多级耦合。像管的输入窗和输出窗都是由光学纤维面板制成，以便将球面像转换为平画像来完成级间耦合。由于每级像管都成倒像，所以耦合的级数取单数，这样就可以得到正像，通常，耦合的级数取三级，如图7-6所示。静电聚焦倒像式像管称为第一代像增强器。

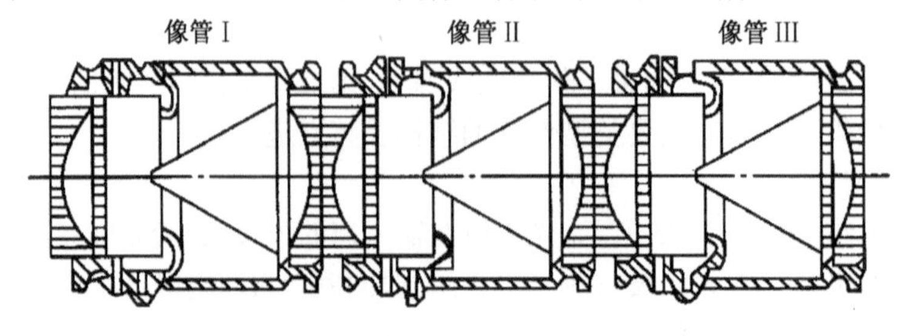

图7-6　第一代三级级联耦合像增强器结构示意图

3）电磁复合聚焦式像管

如图7-7所示，电磁复合聚焦式像管采用平面像场，在平面光阴极和荧光屏之间设置有环形电极，其上加逐步升高的电压，沿管轴建立上升的电位。同时，管壳外设有通以恒定电流的螺旋线圈，形成纵向的均匀电磁场。该电磁场使光阴极发射的电子加速并聚焦到荧光屏上成像。只要严格地控制电压和磁场，就可以得到良好的像面，获得较高的分辨率。但是复合聚焦系统结构复杂、笨重，使用不便，因此通常只在特殊场合，如天文观察时，才使用这种聚焦方式。

4）选通式像管

选通式像管是静电聚焦式像管，它是在普通二电极像管的结构上增加控制栅极构成的，典型结构如图7-8所示。控制栅极由靠近光阴极的栅网和阳极孔栏组成。当栅极电位低于光阴极电位时，形成反向电场使光电发射截止；当正电位的工作脉冲施加在栅极上时，构成聚焦成像的电场，实现了选通式工作状态。选通的工作方式有两种：单脉冲触发式和连续脉冲触发式，前者用于高速摄影中作为电子快门，后者用于主动红外选通成像与测距。

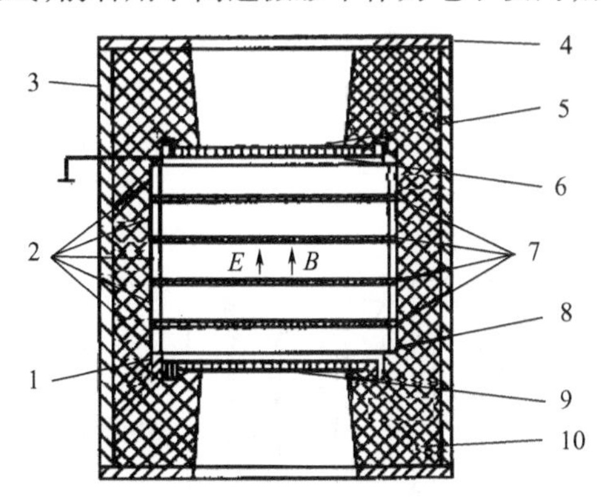

图7-7　电磁复合聚焦式像管示意图

1—阳极；2—绝缘环；3—磁体；4—磁极片；5—输入窗；6—光阴极；7—加速环；8—荧光屏；9—输出窗；10—绝缘材料。

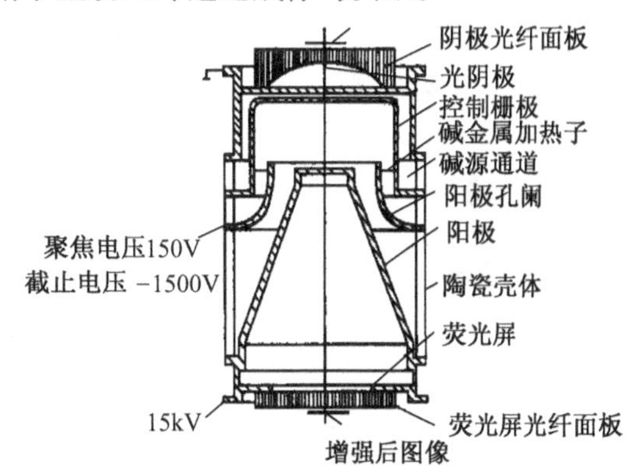

图7-8　选通式像管的结构示意图

5）带有微通道板的像管

带有微通道板的像管称为第二代像管，与第一代像管的根本区别在于，它不是用多级级联实现光电子倍增，而是在单级像管中设置微通道板来实现电子图像倍增。

如图7-9所示，微通道板（Microchannel Plate，MCP）是由大量平行堆集的微细单通道电子倍增器组成的薄板，通道孔径为5～10μm，内壁具有较高二次电子发射系数。在微通道板的两个端面之间施加直流电压形成电场，入射到通道内的电子在电场作用下，碰撞通道内壁产

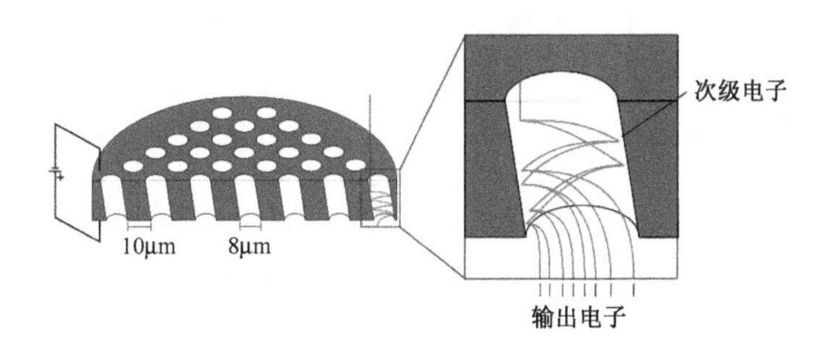

图7-9　微通道板

生二次电子,这些二次电子在电场力加速下不断碰撞通道内壁,直至由通道的输出端出射,实现连续倍增。将 MCP 用于像管中,就可以达到增强电子图像的作用。

第二代像管的结构有两种管型:近贴式和倒像式。近贴式 MCP 像管的结构如图 7-10 所示,微通道板近贴于光阴极和荧光屏之间构成两个近贴空间,又称为双近贴式像管。由于采用了双近贴、均匀场,所以图像无畸变、不倒像且放大率为 1。但是近贴会引起光阴极、微通道、荧光屏三者之间的相互影响,如光阴极和 MCP 之间的近贴。为了避免场致发射,所加电压较低,因而电子到达微通道板的能量也较低,使近贴管的增益受到限制。

图 7-11 所示是第二代静电聚焦倒像式像管的结构。MCP 与光阴极之间采用静电透镜,MCP 置于电子透镜的像面位置,与荧光屏之间是近贴均匀场。为使电子透镜的像面为平面,把阳极孔径置于稍微超前于阴极球面中心的位置。像管中还在阳极与 MCP 之间设置一个消畸变电极,该电极与光阴极电位相近,可使外缘电子收拢以减小鞍形畸形,同时又使电子垂直入射到微通道板输入面以获得均匀的电子倍增。经通道板增强后的电子图像通过近贴聚焦到荧光屏上,由于荧光屏上所呈的像对光阴极上的像来说是倒像,因此称为倒像管。

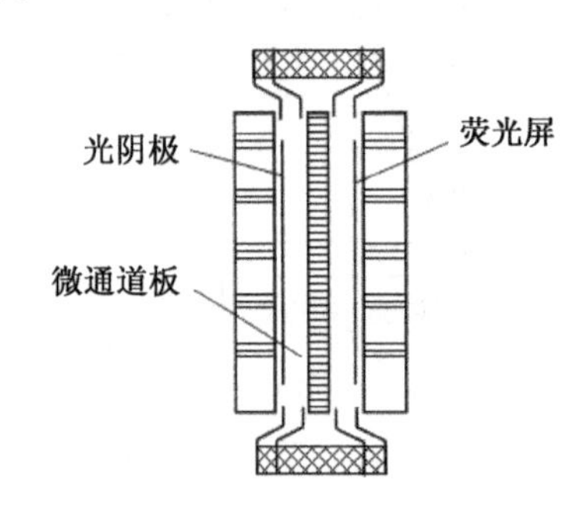

图 7-10 近贴式第二代像管的结构示意图

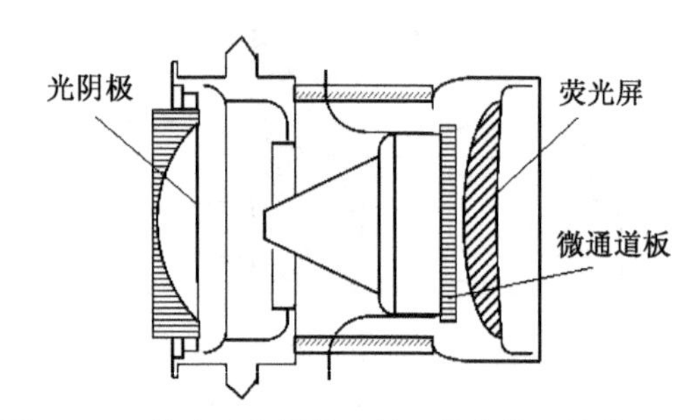

图 7-11 静电聚焦倒像式第二代像管的结构示意图

微通道板的输出端由于连续倍增而使其密度较高、速度快,易于使像管内残余气体分子电离,而电离产生的正离子轰击光阴极则会降低像管的寿命。当微通道板输入端电位低于阳极电位时,会形成一个防止正离子反馈的位垒,这个位垒一方面阻止正离子,另一方面又收集微通道板端面产生的二次电子,消除了光晕现象。与第一代像管相比,第二代像管具有体积小、重量轻、亮度可调、防强光等优点。

6) 负电子亲和势光阴极像管

负电子亲和势光阴极像管被视为第三代像管,它的结构与第二代近贴式像管类似,其根本区别在于光阴极。第二代像管采用的是表面具有正电子亲和势的多晶薄膜结构多碱光阴极,光灵敏度为 250 ~ 550μA/lm;第三代像管采用的是负电子亲和势光阴极,光灵敏度高达 1000μA/lm 以上。第三代像管具有高增益、低噪声的优点;又因为负电子亲和势是热化电子发射,光电子的初动能较低、能量比较集中,因此第三代像管具有较高的图像分辨率。这些特点使第三代像管成为目前性能最优越的直视型光电成像器件。

在第三代像管的基础上,通过改进技术,相继出现了超三代像管、高性能超三代像管和第四代像管等。

3. 主要特性参数

像管既是一个辐射探测器,又是放大器和成像器,其基本参数包括光电参数(如光电阴极灵敏度、亮度、增益等),图像传递性能参数(如放大率、分辨率、传递函数)和噪声参数等。下面分别简述像管的几个主要特征参数。

1）光电阴极灵敏度

表征光电阴极发射(或转换)特性的参量是光电灵敏度,即像管光电阴极产生的光电流与入射辐射通量之比。对微光器件而言,光灵敏度是指用色温 2856K 的标准钨丝白炽灯照射光电阴极时,其上产生的光电流与入射光通量之比。

2）增益

用色温为 2856K 的钨丝白炽灯照射像管的光电阴极,荧光屏输出的光通量与输入到光电阴极的光通量之比即为光通量增益。

3）暗背景光亮度和等效背景光亮度

光电阴极无光照时,处于工作状态的像管荧光屏上的输出光亮度称为暗背景光亮度。等效背景光照度是指产生和暗背景相等的输出光亮度在光电阴极上所需的输入光照度。

4）放大率与畸变

像管的放大率是指荧光屏上输出像的几何大小与光电阴极上输入像的几何大小之比。

像管的畸变是距离光电轴中心不同位置处各点放大率不同的现象,表征为

$$D_r = \frac{\beta_r - \beta_c}{\beta_c} \times 100\% \tag{7.1}$$

式中：D_r 是与光电阴极中心距离为 r 处的畸变;β_r 是与光电阴极中心距离为 r 处的放大率；β_c 是光电阴极中心处的放大率。畸变 D_r 的值可正可负,如图 7－12 所示,D_r 为正值时产生的畸变称为桶形畸变,D_r 为为负值时产生的畸变称为枕形畸变。

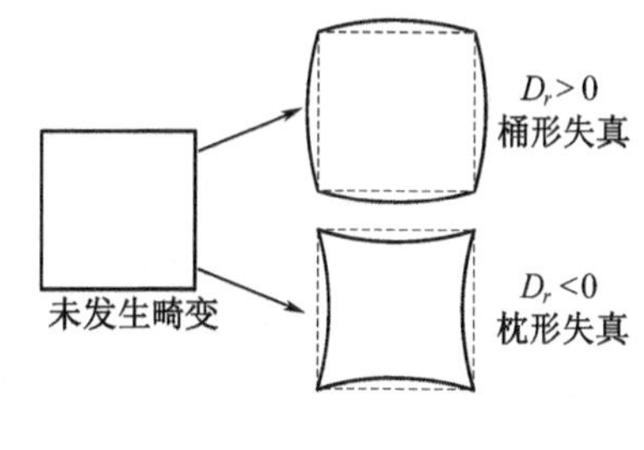

图 7－12　畸变

5）分辨率和调制传递函数

分辨率是指像管分辨相邻两个物点或像点的能力。如果把矩形波空间频率图样投射到光电阴极上,分辨率可用在荧光屏上能分辨的最高空间频率表示。调制传递函数(*MTF*)是荧光屏上输出的正弦波图样的调制度与光电阴极上输入的正弦波图样的调制度之比。

6）光生背景

在有光输入时,处于工作状态的像管荧光屏上存在的随入射光强弱而变化的那部分附加光亮度,称为光生背景。当光电阴极的中心用一个不透明的圆片遮掩,并均匀照明光电阴极,荧光屏中心会出现一个暗斑,暗斑处的输出光亮度与取掉不透明圆片、用同一光源均匀照明光电阴极时荧光屏中心处的输出光亮度之比,即表示光生背景的大小。

7）信噪比及噪声来源

信噪比是评定像管成像质量的综合指标。像管在规定的工作条件下输出的信号与噪声之比即为信噪比。像管的噪声源主要是：由暗背景引起的固定背景噪声;由于光子、光电子的量子特性引起的涨落量子噪声;由于微通道板等增益机构引起的增益噪声;以及荧光屏颗粒结构引起的颗粒噪声。

8）自动光亮度控制特性和最大输出光亮度

像管的自动光亮度控制(ABC)是带电源的像管组件的特性,当输入光照度大于某一规定值时,输出光亮度与输入光照度之间成非线性关系,输出光亮度曲线的最大值称为最大输出光亮度(MOB)。

7.2.2 摄像管

能够输出视频信号的真空光电管称为摄像管,摄像管主要利用了光电靶的作用和电子束的扫描来实现光电转换。摄像管的种类很多,按照光电变换形式进行分类,基本上可以分为两类。一类是利用外光电效应进行光电转换的摄像管,称为光电发射型摄像管,属于这一类的有超正析管、二次电子导电摄像管(SEC)、分流管和硅靶电子倍增管等;另一类是利用内光电效应进行转化的摄像管,统称为视像管,如硫化锑管(Sb_2S_3)、氧化铅管(PbO)、硅靶管和异质结靶管等。光电发射型摄像管的图像质量高,惰性极小,但是结构复杂,体积大,调整麻烦,目前除了在特殊场合应用以外,一般很少应用。视像管结构简单,体积小,使用方便,在电视领域中广泛应用。下面以当前应用较广的光电导摄像管为例,介绍摄像管的工作原理和结构。

1. 结构与组成

如图 7-13 所示,摄像管是一种电真空器件,在其圆柱形玻璃外壳内主要包含了光电靶和电子枪两个部分;在玻璃外壳外部有偏转线圈、聚焦线圈和校正线圈。

电子枪由罩在真空玻璃管内的灯丝、阴极、控制栅极、加速极、聚焦极、网电极等组成;其作用是产生一束很细的聚焦电子束并射向光电靶,在外加偏转磁场的作用下扫描光电靶上的电图像,形成图像信号电流输出。光电靶的作用是将光学图像变成电子图像,然后通过电子束的扫描变成电信号,光电靶的结构如图 7-14 所示。

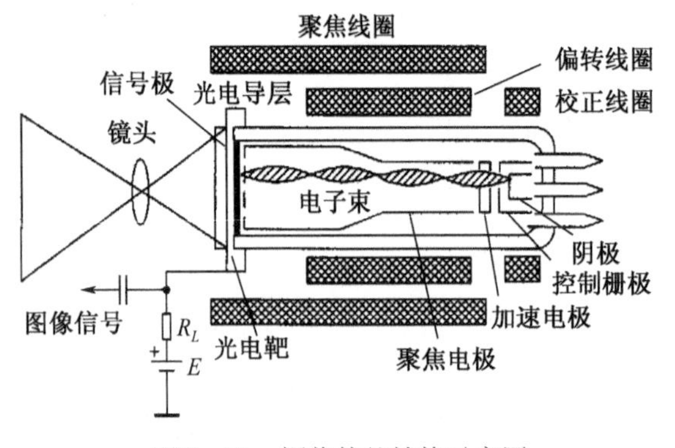

图 7-13 摄像管的结构示意图

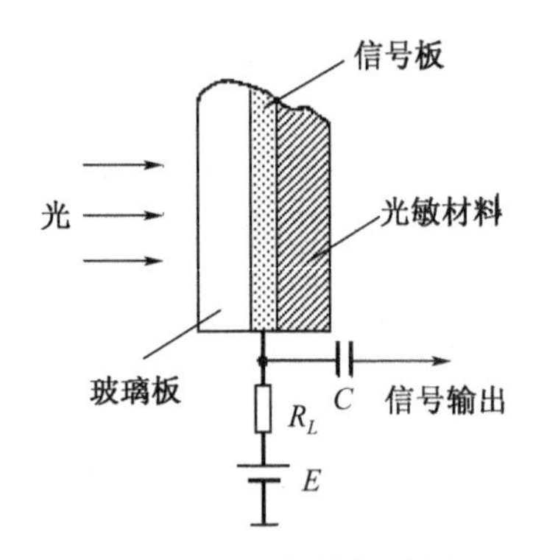

图 7-14 光电靶结构示意图

光电靶中的光敏材料在无光照时具有极高的电阻率,受光照以后电阻率会下降,而且电阻率的变化与光通量成正比。于是,当被摄的光学景物成像于光电靶上时,由于光学图像各部分的亮度不同,靶面上各处的电阻率也不同,图像亮处电阻小,图像暗处电阻大,这样就在靶面上形成了一幅与被摄光学图像明暗分布相对应的电阻大小的分布图案,即电子图像。管外的聚焦线圈用来对电子束进行聚焦,使电子束不致沿径向分散,从而保证摄像管有较高的分解力。偏转线圈有两对,分别用来产生水平偏转磁场和垂直偏转磁场,使管内的电子束在前进过程中实现水平和垂直方向的扫描。校正线圈的作用是将电子束校正到沿管轴方向运动。

2. 工作原理

如图 7-15(b)所示,扫描的实际作用是按顺序将光导薄膜的每个小面元接入回路。当电子束沿水平方向在靶上一行一行地扫描时,相当于将靶面分解成许许多多彼此独立的靶单元,也就是像素单元。每个靶单元等效于一个光敏电阻 R 和一个电容 C 的并联。当电子束扫描到一个靶单元时,相当于将这一单元与电子枪的阴极接通,于是,信号板、靶单元、阴极、靶电源及负载电阻就构成了一个闭合回路。摄像时,外界的光学景物通过摄像机的光学镜头成像于光电靶上，形成一幅电子图像。当电子束按一定顺序在靶面上扫描时，就会轮流接通各个靶单元，形成闭合回路。于是，对应于图像上的亮点，靶单元的等效电阻小，电子束扫描此单元时，在回路中产生的电流大，在负载 R_L 上产生的压降就大，输出电压就小；反之，对应于图像上的暗点，靶单元的等效电阻大，电子束扫描此单元时，在回路中产生的电流小，在负载 R_L 上产生的压降就小，输出电压就大。这样一来，输出信号电压的变化完全反映了图像亮暗的变化，这一信号就称为图像信号。

例如要发送汉字"中"字，则将摄像机对准该字，"中"字经透镜成像后落在摄像管的靶面上。为了便于说明，仅将靶面在垂直方向上分为9格，依次用1、2、3、…、9标注；水平方向上分为12格，依次用 a、b、c、…、l 标注。每一小格构成图像传送的一个基本单位，称为像素。电子束在扫描电路的控制下对光导薄膜扫描，从左到右为一行，即先扫描像素 $1a$，$1b$，…，$1l$，然后返回扫描第二行像素 $2a$，$2b$，…，$2l$，再按照上述法则继续扫描第三行、第四行、……。电子束做水平方向扫描称为行扫描，从左到右称为正程，反之则称为逆程；扫完最后一行后再返回第一行，这样一行接一行地自上而下扫完一遍称为一帧。由光导薄膜的性质可知，有"中"字笔画的单元格和无"中"字笔画的单元格所对应的光导是不同的，因此，光导摄像管的输出信号也随之不同。相应于"中"字的输出信号波形如图7-15(c)所示，这样就完成了图像的光电转换。

由于所传送的图像是活动的，也就是说图像画面上各部分内容是连续不断地变动的，因此，必须对图像在1s内传送很多遍，才能使显像管中重现连续的活动图像。根据人眼的视觉暂留时间，一般规定每秒钟内必须将图像自上而下传送25遍，所以电视传送的帧频达到25Hz。由于每秒对一个像素扫描25次时，人的视觉仍然有闪烁，为此，现在通行的做法是采用隔行扫描的方法来解决此问题。

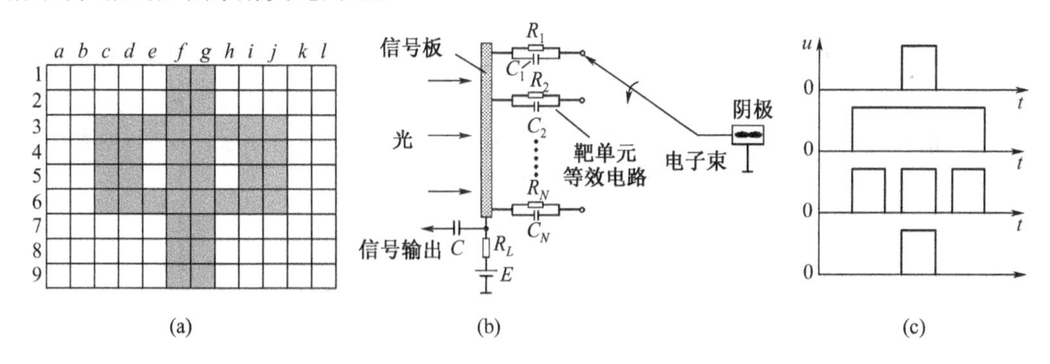

图7-15　电视摄像管的工作原理

(a) 光敏板上的像；(b) 电子束扫描光电靶示意图；(c) 摄像管输出电压。

3. 主要特征参数

摄像管的最主要特性参数是灵敏度、惰性、分辨率和光电转换特性等。其中灵敏度和惰性主要取决于靶面，分辨率主要取决于扫描电子枪。

1) 灵敏度

摄像管的灵敏度 S 定义为输出信号电流与输入光通量(或照度)的比值。其单位为 μA/lm 或 μA/lx。光电导摄像管的灵敏度公式为

$$S = \frac{\mathrm{d}I_S}{\mathrm{d}(N\Phi)} \tag{7.2}$$

式中：N 是靶面的像元总数。由于靶面每个像元接受光照的时间是电子束扫描时间的 N 倍，

所以每个像元在帧周期 T_f内输入的光通量为 $N\Phi$,对应的输出信号电流为 I_s。

2）光电转换特性

摄像管的光电转换特性是表征摄像管输出的光电流与入射的光照度 E 之间的函数关系，通常表示为

$$I_S = kE^{\gamma} \tag{7.3}$$

式中：k 是常数;γ 随不同光敏面材料变化。

3）分辨率

分辨率又称分辨力、鉴别率、鉴别力、分析力、解像力和分辨本领,是指摄影镜头清晰地再现被摄景物纤微细节的能力。显然,分辨率越高的镜头,所拍摄的影像越清晰细腻。分辨率是以人眼做为接收器,所判定的极限分辨能力。通常用光电成像在一定距离内能分辨的等宽黑白条纹数来表示,单位是“线对/毫米”。

4）调制传递函数

当光电成像过程满足线性及时间、空间不变性的成像条件时,可以将它的输入图像分布函数及输出图像分布函数变换为频谱函数来进行分析。输出图像频谱与输入图像频谱之比的函数称为光学传递函数。光学传递函数包括调制传递函数和位相传递函数两部分,由于目前测试位相传递函数的仪器种类较少,测量精度也不高,且位相传递过程对影像的影响较小,所以,目前国内外研究摄影镜头的成像质量时,只研究调制传递函数。

调制传递函数(MTF)是荧光屏上输出的正弦波图样的调制度与光电阴极上输入的正弦波图样的调制度之比。

5）惰性

摄像器件的惰性是指输出信号的变化相对于光照的变化有一定的滞后。当输入照度增加时,输出信号的滞后称为上升惰性;当输入照度减小时,输出信号的滞后称为衰减惰性。摄像管产生惰性的主要原因有两个：一是图像写入时的光电导惰性;二是图像读出时扫描电子束的等效电阻与靶的等效电容所构成的充放电惰性。

6）信噪比

与像管信噪比定义相同,摄像器件的信噪比定义为输出视频信号值与同频带下噪声电平的均方根之比。

7）动态范围

摄像管所能允许的光照强度变化的范围称为动态响应范围,定义为最高入射照度与最低入射照度之比。其下限决定于低照度下的信噪比,而上限决定于靶面存储电荷的能力。

除以上评价摄像管性能的参数外,还有暗电流、畸变、晕光、寿命、机械强度等参数。

7.3 固体成像器件

与真空成像器件不同,固体成像器件不需要在真空玻璃壳内用靶来完成光学图像的转换,再用电子束按顺序进行扫描获得视频信号,其本身就能完成光学图像转换、信息存储和按顺序输出(称自扫描)视频信号的全过程。

与真空摄像器件相比,固体成像器件具有体积小、重量轻、功耗低、耐冲击、可靠性高、寿命长、无像元烧伤和扭曲、不受电磁场干扰、基本不保留残像等优点。固体成像器件主要有三大

类：电荷耦合器件(Charge Coupled Device, CCD)、互补金属氧化物半导体图像传感器(Complementary Metal - Oxide - Semiconductor, CMOS)和电荷注入器件(Charge Injection Device, CID)。

7.3.1 CCD 摄像器件

电荷耦合器件简称为 CCD,是 20 世纪 70 年代发展起来的新型半导体器件,是半导体技术的一次重大突破。CCD 的概念最初是 1970 年美国贝尔实验室 Boyle 和 Smith 提出来,并很快研制出各种用途的 CCD 器件。与其他器件相比,CCD 最突出的特点是它以电荷作为信号,而不是以电流或者电压作为信号,其基本功能是电荷存储和电荷转移,因此,CCD 工作过程就是信号电荷的产生、存储、传输和检测的过程。由于 CCD 具有光电转换、信息存储、延时等功能,而且集成度高、功耗小,因此在固体图像传感、信息存储和处理等方面得到了广泛的应用。

1. CCD 的结构和工作原理

CCD 是按一定规律排列的 MOS(金属—氧化物—半导体)电容器阵列组成的移位寄存器,其基本单元的 MOS 结构如图 7-16 所示,在 P 型硅衬底上用氧化的方法生成一层厚度约为 100μm 的 SiO_2 绝缘层,再在绝缘层上依照一定的次序沉积出细小的金属或多晶硅电极,然后加上输入和输出电路,就构成了 CCD 的基本结构。下面以 P 型 Si 半导体为例,来介绍 CCD 的工作原理。

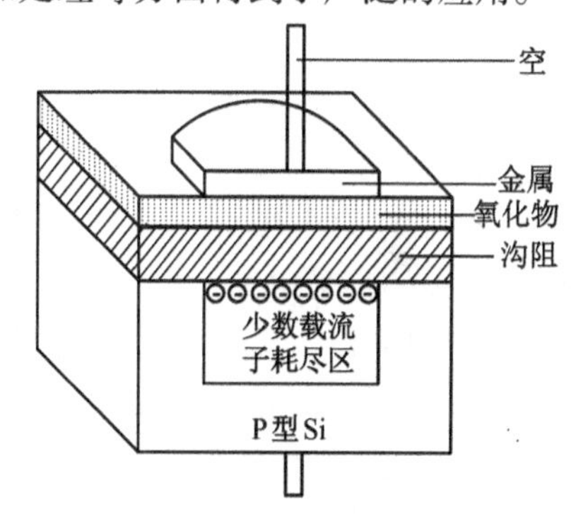

图 7-16　MOS 电容剖面图

1) 电荷存储

与其他电容器一样,MOS 电容器能够存储电荷,其简化结构和工作原理如图 7-17 所示。P 型硅中多数载流子是带正电的空穴,少数载流子是带负电荷的电子。当在金属电极(称为栅极)上加正电压时,电场能够透过 SiO_2 绝缘层对载流子进行排斥或吸引。于是带正电的空穴被排斥到远离电极处,剩下不能移动的带负电的少数载流子紧靠 SiO_2 层形成负电荷层,即耗尽层。这种现象形成了对电子而言的陷阱,电子一旦进入就不能复出,因此又称为电子势阱。当光线投射到 CCD 表面的光敏像素(MOS 电容器)上,光子穿过透明电极及氧化层进入 P 型硅衬底,衬底中处于价带的电子吸收光子能量而跃入导带,形成电子—空穴对。这时,出现的电子被吸引存储在势阱中。随着电子来到势阱中,表面势将降低,耗尽层将减薄。势阱中能够容纳多少电子,取决于势阱的"深浅",即表面势的大小,而表面势又随栅极电压变化,栅极电压越大,势阱越深。

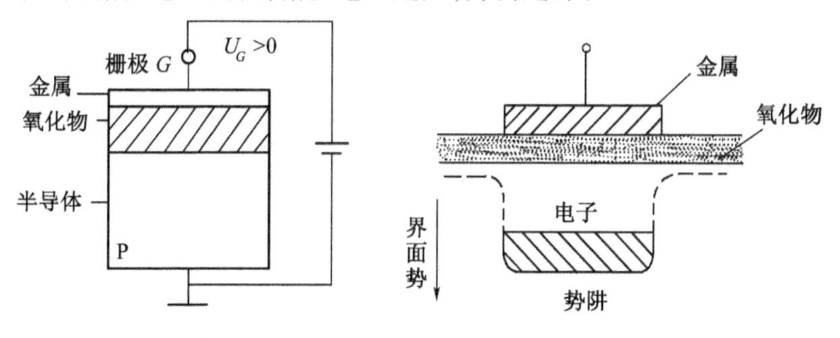

图 7-17　MOS 电容剖面和有信号电荷的势阱

2）电荷的转移与传输

电荷转移是电荷从一个势阱转入相邻的深势阱的过程。其基本思想是通过控制相邻MOS电容栅极电压高低来调节势阱深浅，使信号电荷包由势阱浅的位置流向势阱深的位置。要实现电荷的转移，必须使MOS电容阵列的排列足够紧密，以致相邻MOS电容的势阱相互沟通，即相互耦合。此外，栅极脉冲电压必须严格满足位相时序要求，保证信号转移按确定方向进行。

在CCD的MOS阵列上划分成以几个相邻MOS电荷为一单元的无限循环结构。每一单元称为一位，将每一位中对应位置上的电容栅极分别连到各自共同电极上，此共同电极称相线。一位CCD中所包含的电容个数即为CCD的相数，每相电极连接的电容个数一般来说即为CCD的位数。通常CCD有二相、三相、四相等几种结构，它们所施加的时钟脉冲也分别为二相、三相、四相。当这种时序脉冲加到CCD的无限循环结构上时，将实现信号电荷的定向转移。

三相CCD结构如图7-18所示。每一位也叫一个像元，有三个相邻电极，每隔两个电极的所有电极都接在一起，由三个相位相差120°的时钟脉冲ϕ_1、ϕ_2、ϕ_3来驱动。在时刻t_1，第一相时钟ϕ_1处于高电压，ϕ_2、ϕ_3处于低压，这时第一组电极1、4、7…下面形成深势阱，在这些势阱中可以存储信号电荷。在t_3时刻ϕ_1电压线性减少，ϕ_2为高电压，第一组电极下的势阱变浅，而第二组电极2、5、8…下形成深势阱，信息电荷从第一组电极下面向第二组转移。直到t_4时刻，ϕ_2为高压，ϕ_1、ϕ_3为低压，信息电荷全部转移到第二组电极下面。重复上述类似过程，信息电荷可从ϕ_2电极下势阱转移到ϕ_3电极下势阱，然后再转移到ϕ_1电极下的势阱中。当三相时钟电压循环一个时钟周期，信息电荷向右转移一位（一个像元），以此类推，直到输出。

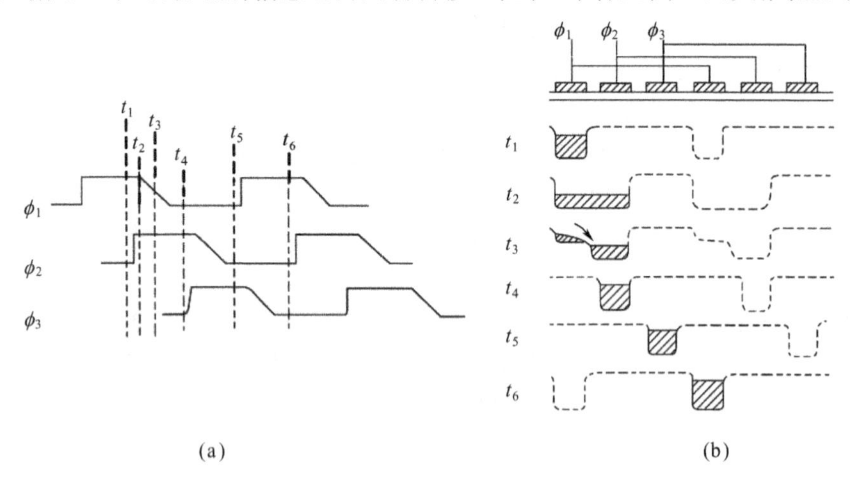

图7-18 三相CCD电极结构及电荷转移

（a）三相栅压波形；（b）电荷转移过程。

3）电荷的读出

CCD的信号电荷传输到输出端被读出的方法主要有输出二极管电流法和浮置栅MOS放大器读取信号电荷法。

输出二极管电流法电荷读出原理如图7-19所示。在线阵CCD末端衬底上扩散形成输出二极管，当对输出二极管加反向偏压时，在PN结区产生耗尽层。当信号电荷通过输出栅OG转移到二极管耗尽区时，信号电荷将作为二极管的少数载流子而形成反向电流输出。输出电流的大小与信号电荷大小成正比，并通过负载电阻 R_L 变为信号电压输出。

图7－20所示是一种浮置栅MOS放大器读取信号电荷法示意图。信号电荷通过输出栅OG被浮置扩散结收集，所收集的信号电荷控制MOS管（集成在基片上）的栅极电压，因此，在MOS管组成的源极跟随器的输出端获得随信号电荷量变化的信号电压。在准备接收下一个信号电荷包之前，必须将浮置扩散结电压恢复到初始状态（无扩散电荷）。为此在MOS输出管栅极上加一个MOS复位管，在复位管栅极上加复位脉冲 ϕ_R 使复位管开启，将信号电荷抽走，使浮置扩散结复位，复位脉冲与转移脉冲同步，从而实现电荷与电压信号之间的转换。

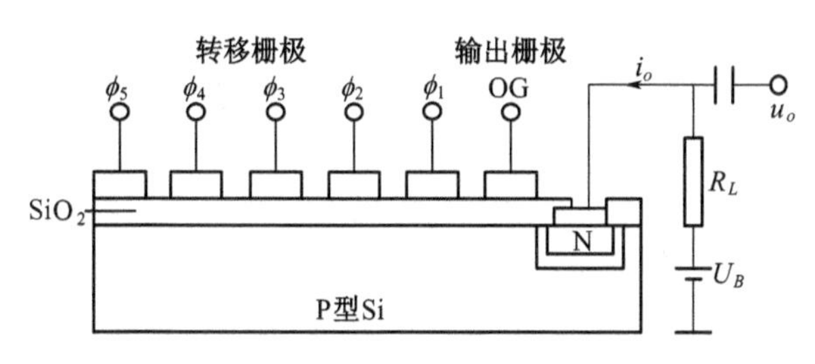

图7－19　输出二极管电流法电荷读出原理

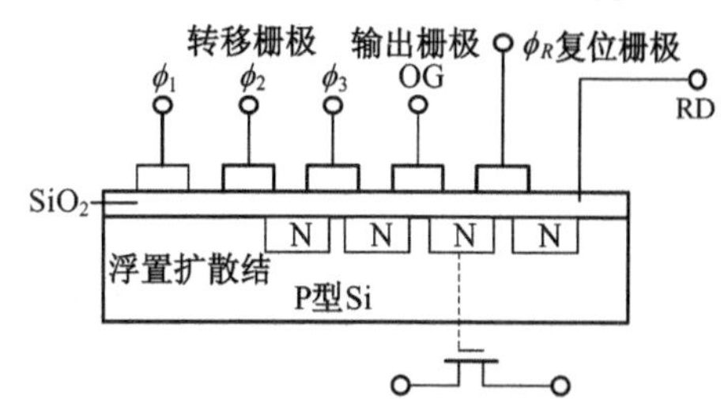

图7－20　浮置栅MOS放大器读取信号电荷法原理

2. CCD摄像器件的分类

按照接收光谱，CCD器件分为黑白CCD、彩色CCD和微光CCD。微光CCD是指能在微光条件下进行摄像的CCD器件，其实质是在物镜与目镜之间放置一个微光像增强器。

按电荷转移沟道的位置，CCD分为两类：表面沟道电荷耦合器件（SCCD）和体内沟道或埋沟道电荷耦合器件（BCCD）。前者信号电荷存储在半导体与绝缘体之间的界面，并沿界面传输；后者信号电荷存储在离半导体表面一定深度的体内，并在半导体内部沿一定方向传输。两种结构各有优缺点，在应用中不能相互代替。SCCD最大优点是制作工艺简单、信号处理容量大，在一些运行速度要求不高的场合具有很大的适应性；BCCD最大优点是噪声低，载流子迁移效率高，可以使其成为低照度下较理想的摄像器件。

按光敏元的排列，CCD分为线阵CCD和面阵CCD。线阵CCD是将光敏元件排列成直线的器件，由MOS的光敏元件阵列、转移栅、读出移位寄存器三部分组成，并分三个区排列，光敏单元与CCD移位寄存器一一对应，光敏单元通过转移栅与移位寄存器相连。图7－21(a)为单排结构，用于低位数CCD传感器。图7－21(b)为双排结构，分为CCD移位寄存器1和CCD移位寄存器2。奇、偶数位置上的光敏单元收到的光生电荷分别送到移位寄存器1、2串行输出，最后上、下输出的光生电荷合二为一，并恢复原来顺序。显然，双排结构的图像分辨率是单排结构的两倍。当光敏元件进行曝光后产生光生电荷。在转移栅的作用下，将光生电荷

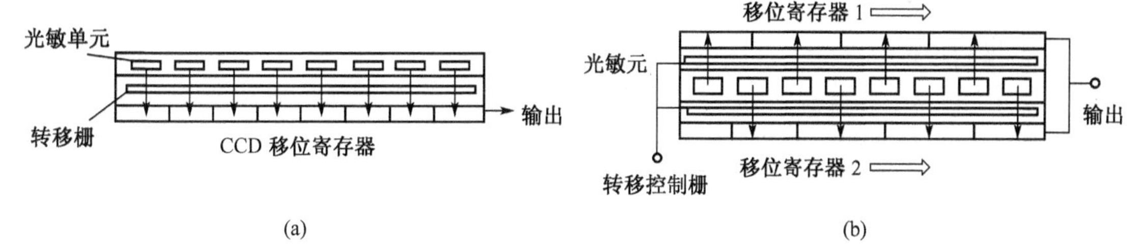

图7－21　线阵CCD结构示意图
（a）单排结构；（b）双排结构。

耦合到各自对应的 CCD 移位寄存器中,这是一个并行转换过程。然后光敏元件进入下一个曝光周期,同时在时钟作用下,从 CCD 移位寄存器中依次输出各位信息直至最后一位,这是一个串行输出的过程。可见,线列阵 CCD 器件输出的信息是一个个脉冲,脉冲幅度取决于对应光敏单元上的受光强度,而输出脉冲的频率则和驱动时钟频率一致。

面阵 CCD 按 X、Y 两个方向,实现了二维图像成像。它把光敏单元按二维矩阵排列,组成了一个光敏元面阵。面阵 CCD 按传输方式分为场传输面阵 CCD 和行传输面阵 CCD 两种(图 7-22)。场传输面阵 CCD 由光敏元面阵、存储器面阵、读出寄存器三部分组成。当光敏元面阵曝光后,产生光生电荷,在转移脉冲作用下,将光敏元面阵区的光生电荷,全部迅速地转移到对应的存储区暂存,因为存储器面阵上覆盖了一层遮光层,可防止外来光线的干扰。然后光敏元面阵进入下一次曝光周期,同时存储器面阵里存储的光生电荷信息从存储器底部开始向下,一排排地移到读出寄存器中,每向下移动一排,在时钟作用下,就从读出寄存器中顺序输出每行中各位的光信息。行传输面阵 CCD 由光敏元件、存储器、转移栅、读出移位寄存器四部分组成。一行光敏元件和一行不透光的存储器元件交替排列,一一对应,二者之间由转移栅控制,最下部是一个水平读出移位寄存器。当光敏元件进行曝光后,产生光生电荷,在转移栅的控制下,光生电荷并行转移到存储器中暂存,然后光敏元件进入下一次曝光周期,同时存储器里的光生电荷信息移到读出移位寄存器中,在时钟作用下,从读出移位寄存器中顺序输出每列中各

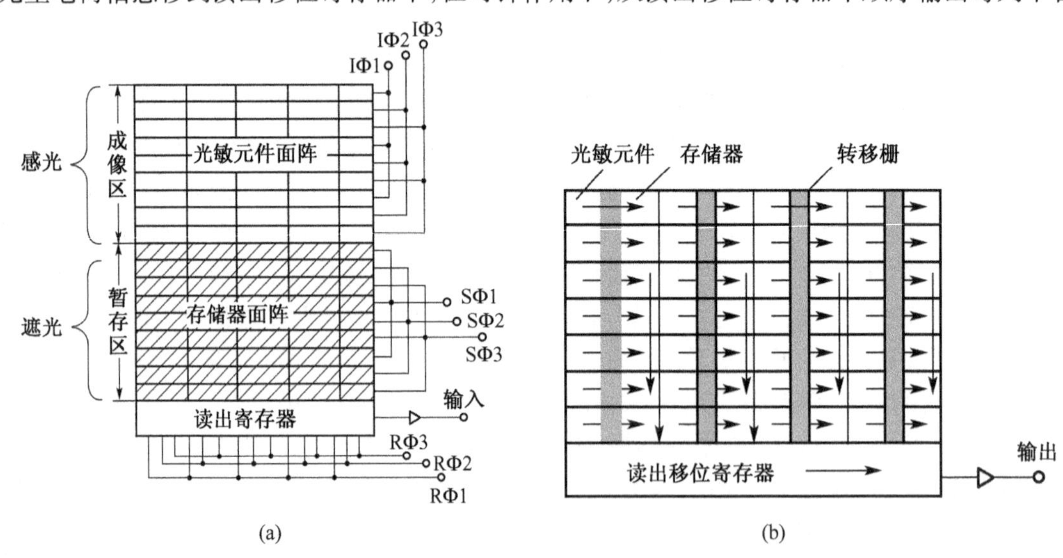

图 7-22 面阵 CCD 结构

(a) 场传输面阵 CCD;(b) 行传输面阵 CCD。

位的光信息。

3. CCD 摄像器件的特征参数

1) 光电转换特性

在 CCD 中,电荷包是由入射光子被硅衬底吸收产生的少数载流子形成的,它具有良好的光电转换特性,光电转换因子 γ 可达 99.7%。

2) 转移效率 η 和转移损失率 ε

电荷转移效率是表征 CCD 性能好坏的重要参数。一次转移后到达下一个势阱中的电荷与原来势阱中的电荷之比称为转移效率,用 η 表示;余下部分没有被转移的被视为损失掉的,同理,将未被转移的电荷与原来势阱中的电荷之比称为转移损失率,用 ε 表示。根据电荷守恒定律,可得

$$\eta = 1 - \varepsilon \tag{7.4}$$

3）工作频率

为避免由于热产生的少数载流子对注入信号的干扰，注入电荷从一个电极转移到另一个电极所使用的时间 t 必须小于少数载流子的平均寿命 τ，即 $t < \tau$。在正常工作条件下，对于三相 CCD，$t = T/3 = 1/(3f)$，故 $f > 1/(3\tau)$，由此确定的频率称为工作频率下限，可见，工作频率的下限与少数载流子的寿命有关。

当工作频率升高时，若电荷本身从一个电极转移到另一个电极所需要的时间(t)大于驱动脉冲使其转移的时间($T/3$)，那么，信号电荷跟不上驱动脉冲的变化，将会使转移效率大大下降。为此，要求 $t \leqslant T/3$，即 $f \leqslant 1/4t$，这就是电荷自身的转移时间对驱动脉冲频率上限的限制。由于电荷转移的快慢与载流子迁移率、电极长度、衬底杂质浓度和温度等因素有关，因此，对于相同的结构设计，N 沟 CCD 比 P 沟 CCD 的工作频率高。

4）暗电流

CCD 成像器件在既无光注入又无电注入情况下的输出信号称暗信号，即暗电流。暗电流是大多数摄像器件所共有的特性，是判断一个摄像器件好坏的重要标准，尤其是暗电流在整个摄像区域不均匀时更是如此。产生暗电流的主要原因有：耗尽的硅衬底中电子自价带至导带的本征跃迁，少数载流子在中性体内的扩散以及 $Si - SiO_2$ 界面引起的暗电流。大多数情况下，以第三种原因产生的暗电流为主。这个暗电流的来源是一定的体内杂质，产生引起暗电流的能带间复合中心。为了减少暗电流，应采用缺陷尽可能少的晶体和减少对晶体的污染。另外，暗电流还与温度有关，温度越高，热激发产生的载流子越多，因而暗电流越大。据计算，温度每降低 10℃，暗电流可降低 1/2。

5）分辨率

分辨率是图像传感器的重要特性。根据奈奎斯特抽样定理，CCD 的极限分辨率是空间抽样频率的 1/2。因此，CCD 的分辨率主要取决于 CCD 芯片的像素数，其次还受到转移传输效率的影响。

线阵 CCD 固体摄像器件向更多位光敏单元发展，像元位数越高的器件具有更高的分辨率。二维面阵 CCD 的输出信号一般遵守电视系统的扫描方式。它在水平方向和垂直方向上的分辨率是不同的，水平分辨率要高于垂直分辨率。为提高 CCD 的水平分辨率，可采用以下两种措施，一是增加光敏单元数量，提高取样频率，减小频谱混叠部分；二是采用前置滤波，即采用光学低通滤波器降低 CCD 上光学图像的频谱宽度，以减小频谱混叠。

6）灵敏度

灵敏度是面阵 CCD 摄像器件的重要参数，是单位光功率所产生的信号电流(单位为 mA/W)；也可称其为 CCD 的响应度，指单位曝光量 CCD 像元输出的信号电压，它反映了 CCD 摄像器件对可见光的灵敏度。

CCD 的灵敏度与以下因素有关：① 开口率，开口率是指感光单元面积与一个像素总面积之比，开口率的大小与 CCD 的类型有关；② 感光单元电极形式和材料对进入 CCD 内的光量有关；③ CCD 内的噪声。

7）动态范围

CCD 成像器件动态范围的上限决定于光敏元满阱信号容量，下限决定于摄像器件能分辨的最小信号，即等效噪声信号，故 CCD 摄像器件的动态范围定义为

$$\text{动态范围} = \frac{\text{光敏元满阱信号}}{\text{等效噪声信号}} \tag{7.5}$$

等效噪声信号指CCD正常工作条件下,无光信号时的总噪声,等效噪声信号可用峰—峰值,也可用均方根值表示。通常CCD摄像器件光敏元的满阱容量为$10^6 \sim 10^7$个电子,均方根总噪声约在10^3个电子量级,故动态范围在$10^3 \sim 10^4$数量级。

7.3.2 CID和CMOS摄像器件

1. CID摄像器件

CID是Charge - Injection Detector的缩写,即电荷注入摄像器件,其光敏单元结构与CCD相似,但是电荷转移仅发生在每个像单元的两个电极之间,从原理上有别于CCD,也是一种实用价值很高的固态面阵摄像传感器。

CID的光敏单元也是MOS电容,在这个MOS电容上加电压时,在电极硅衬底中的多数载流子耗尽并在Si - SiO_2的界面反型区中收集和存储光生少数载流子。当对排列成线阵的MOS电容依次扫描时,存储电荷在传感输出后注入衬底复合掉,或者被收集电极吸收。这种结构称为线阵结构CID。

图7-23所示是带行、列扫描移位寄存器的二维面阵CID像传感器。图中标明了信号电荷的位置和硅表面电势的情况。像单元的右电极和行扫描寄存器连接,左电极和列扫描寄存器连接。设开始扫描时各行电压为高电平,而列电压通过开关$S_1 \sim S_4$接到低于行电压的参考电压V_s上,这时电荷并行注入并存储在右电极下的势阱内。当要输出积分电荷信号时,去掉读出行的电压(X_3),该行像单元中的电荷将转移到左电极下的势阱内。对选中的扫描行由列线检测并读出在某一电平上"晃动"的电荷,然后在列扫描寄存器接通输出视频放大器时输出视频。这得逐行扫描输出各行视频信号,并在下次积分注入前恢复行电压,使电荷又"晃回"原右边电极下的势阱内。

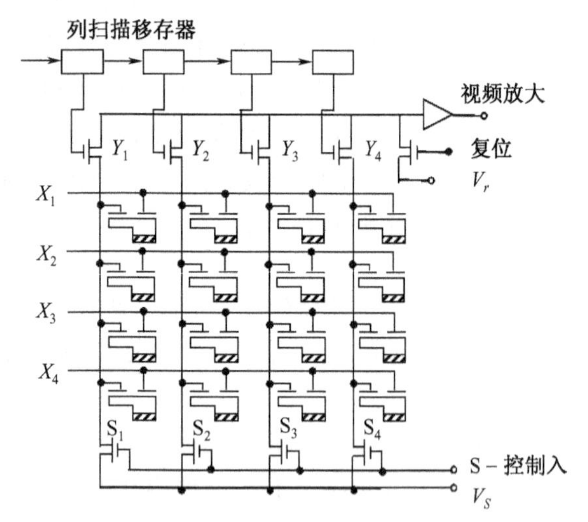

图7-23 并行注入的4×4单元CID面阵像传感器工作示意图

CID中图像信号的电荷检测可以按电流注入的方式检测电流,也可以按像单元检测各电极势阱中电荷转移的感应电压。当电荷注入为信号读出时,必须在注入操作时清除像单元中的信号电荷,这种读出是破坏性读出。另一类读出是在电极势阱间转移时读出像单元存储的信号电荷,这是靠感应电压实现的非破坏性读出。

CID不需要单独的信号电荷存储区,信号电荷的检测发生在像单元上,载流子扩散跨过外延层被外延结收集并得到清除。由于全部硅片面积都可以用于产生光生载流子,所以CID的注入效率、灵敏度和位密度都比CCD器件高。并且,CID的电荷转移仅发生在像单元的两电极之间而不是在像单元之间。在外延收集的像感器中,可以抑制非耗尽区产生的杂散电荷所引起的交叉干扰,且阻止注入电荷向相邻单元扩散。所以CID的串扰信号小,像滞后引起的*MTF*下降低。此外,CID还具有强抗弥散性能等优点,一直为大家所重视。

2. CMOS 摄像器件

CMOS 是 Complementary Metal Oxide Semiconductor 的缩写，意为互补金属氧化物半导体。它是指制造大规模集成电路芯片用的一种技术或用这种技术制造出来的芯片。CMOS 型固体摄像器件是早期开发的一类器件，利用了 CMOS 集成电路的工艺来制作，与大规模集成电路工艺兼容，获得了极大的发展。由于制造工艺技术的发展，特别是固定图像噪声消除电路的采用以及结构的改进，使得 CMOS 摄像器件在当前的单片式彩色摄像机中得到了广泛应用。

随着各种规格的 CMOS 摄像器件及摄像机商品的问世，CMOS 摄像器件已经成为 CCD 摄像器件的一个有力竞争者。CMOS 与 CCD 传感器是当前普遍采用的两种图像传感器，都是利用感光二极管进行光电转换，将图像转换为数字数据，二者的主要差异是数字数据传送的方式不同。CCD 传感器每行中每一个像素的电荷数据都会依次传送到下一个像素，由最底端部分输出，再经由传感器边缘的放大器进行放大输出。而 CMOS 传感器中每个像素都会邻接一个放大器及 A/D 转换电路，用类似内存电路的方式将数据输出。造成这种差异的原因在于，CCD 的特殊工艺可保证数据在传送时不会失真，因此各个像素的数据可汇聚至边缘再进行放大处理；而 CMOS 的数据在传送距离较长时会产生噪声，因此必须先放大，再整合各个像素的数据。

1）CMOS 摄像器件的像素单元

根据像素上电路复杂程度不同，CMOS 成像器件可以分为无源像素（Passive Pixel Sensor，PPS）型和有源像素（Active Pixel Sensor，APS）型两种。按照感光元来分，又有光电二极管感光元和 MOS 感光元。目前实用化的 CMOS 摄像器件是有源像素（APS）型。下面主要阐述 APS 型 CMOS 成像器件。

常见的 APS 器件的像素结构有 PN 结光电二极管式、光电门 + FD 式和掩埋型光电二极管 + FD 式三种。

（1）PN 结光电二极管式。APS 器件的 PN 结光电二极管式像素结构，采用在 PN 结光电二极管上连接放大用 MOS 晶体管栅极的方式，其像素单元如图 7 - 24 所示。经基板与 MOS 晶体管源极——漏极扩散形成光电二极管，事先利用复位晶体管复出电源电压后，才开始存储光电转换的信号电荷。由于光电二极管在复位后出现逆向偏压状态，发挥等价晶体管的作用，随信号电荷的存储变化电压。放大晶体管将该电压放大输出到列信号线。这种像素构造，单位像素的原件数较少，具有可直接利用 CMOS LSI 制造工艺制造图像传感器的优点。

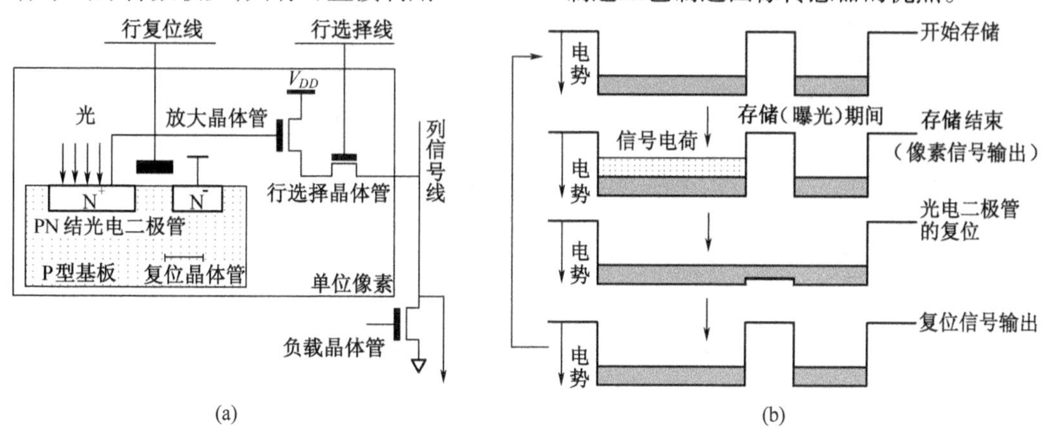

图 7 - 24　PN 结光电二极管式 APS 器件构造与电势图

（a）构造与电路开始存储；（b）动作的电势分布。

（2）光电门+FD式。第二种是在光电二极管上使用光电门的MOS二极管方式，如图7-25所示。这种方式是将在光电门进行光电转换的信号电荷，传送到中间夹读出栅极Tx形成的浮置扩散层（FD），并把FD的电压变化用放大晶体管放大后输出的方式。

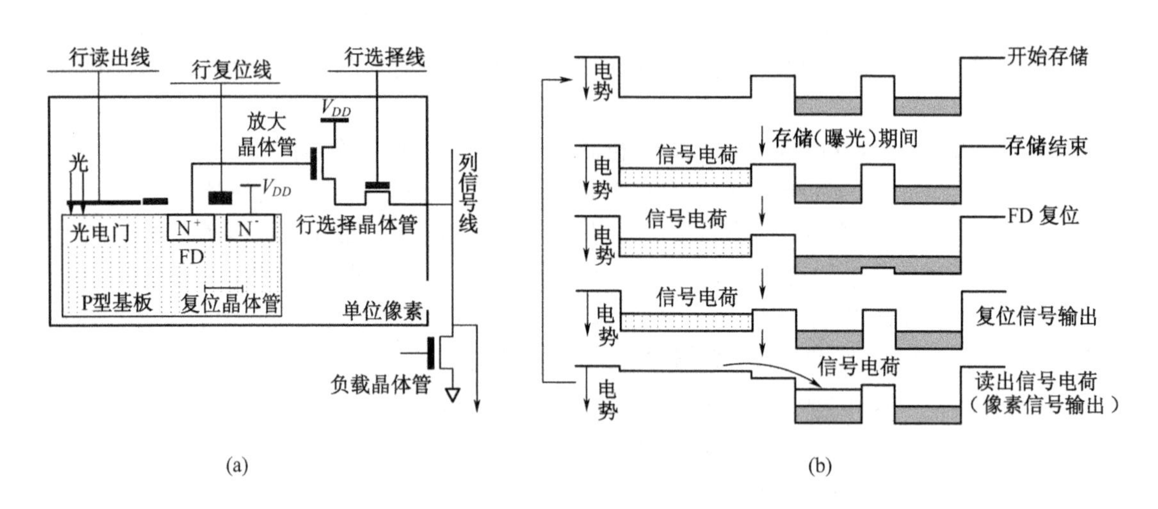

图7-25　光电门+FD式APS器件构造与电势图
（a）构造与电路开始存储；（b）动作的电势分布。

关于信号输出的动作顺序，预先复位FD，当输出复位信号后，立刻从存储完毕的光电门通过Tx读出信号电荷输出像素信号。这种方式的优点是，FD的噪声可以通过像素信号与复位信号的相关双取样（CDS）动作去除。然而，由于在光电门上覆盖控制电势的电极，虽然仅形成薄薄一层，但因为电极材料影响吸收光的感光度，特别造成波长较短的蓝光感光度下降，以及标准CMOS LSI制造工艺必须追加光电门薄电极的制作步骤等问题。

（3）掩埋型光电二极管+FD式。第三种方式是掩埋型光电二极管+FD式，这种方式在CCD图像传感器中经常被利用，其工作原理如图7-26所示。这种方法的优点在于，与CCD图像传感器一样，掩埋型光电二极管可以实现低暗电流，并且没有利用如光电门一样的电极材

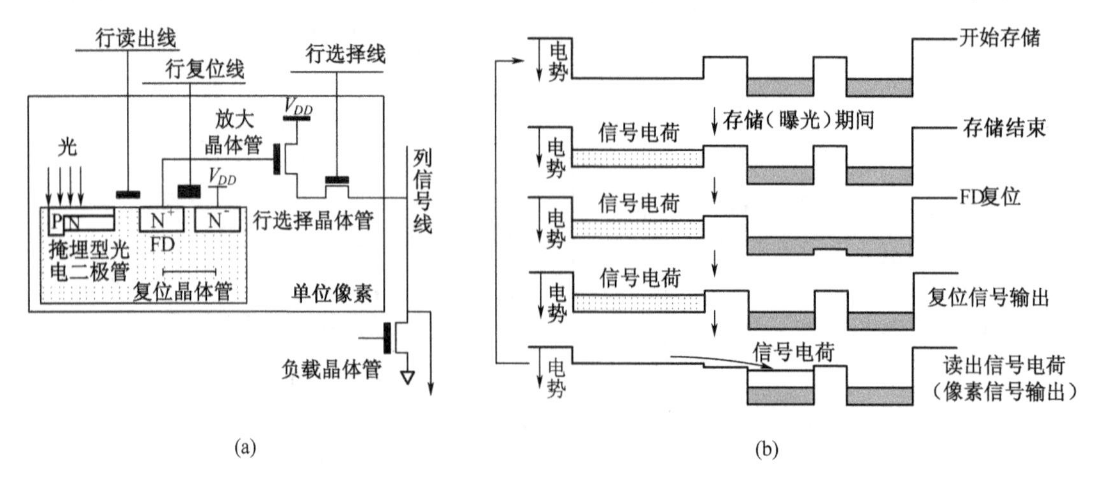

图7-26　掩埋型光电二极管+FD式APS器件构造与电势图
（a）构造与电路开始存储；（b）动作的电势分布。

料来吸收光的现象。因此,不产生复位时的KTC噪声,也与使用光电门方式相同,不过光电二极管单位面积的饱和信号电荷量,与另外两种方式相比偏低。此外,一般认为在读出动作时,光电二极管具有易残留信号电荷出现残像的缺点。

然而,一般认为以上缺点从构造方面下功夫改善,可以达到充分的饱和输出信号与无残像的目标。此外,对于PN结光电二极管方式,一旦增加原件数,制造工艺也必须追加,形成掩埋型光电二极管的工艺。

针对以上介绍的三种构成APS器件的方式,可以从暗电流、饱和信号量、光谱响应特性及噪声等方面,对三种方式进行主观定性评价,评价结果列于表7-1中。可以看出,对一般的照相机而言,比较与感光度和信噪比关系最密切的暗电流特性可以发现掩埋型光电二极管+FD方式最优。

2）CMOS摄像器件的总体结构与工作原理

CMOS摄像器件的总体结构一般由像素(光敏单元)阵列、行选通逻辑、列选通逻辑、定时和控制电路、模拟信号处理器(ASP)和A/D变换等部分组成,如图7-27所示。

表7-1　三种构成APS器件方式的比对表

	暗电流	存储电容	蓝光感光度	KTC
PN结光电二极管	×	○	○	×
光电门+FD	Δ	○	Δ	○
掩埋型光电二极管+FD	○	Δ	○	○
注：○表示优；Δ表示中等；×表示差				

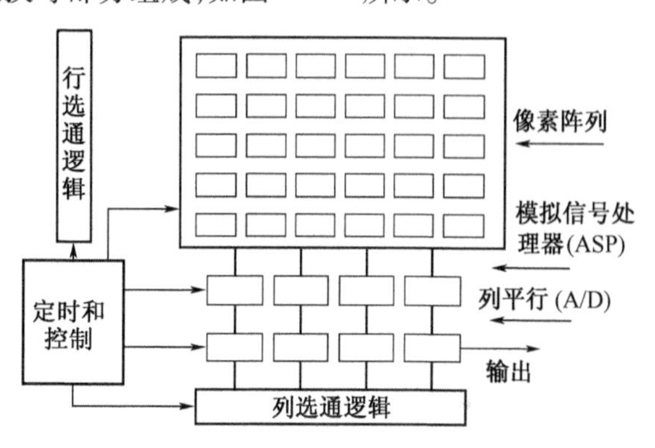

图7-27　CMOS摄像器件总体结构

其工作过程为：外界光照射像素阵列,产生信号电荷,行选通逻辑单元根据需要选通相应的行像素单元,行像素内的信号电荷通过各自所在列的信号总线传输到对应的模拟信号处理器及A/D变换器,转换成相应的数字图像信号输出。行选通单元可以对像素阵列逐行扫描,也可以隔行扫描,隔行扫描可以提高图像的场频,但会降低图像的清晰度。通过行选通逻辑单元和列选通逻辑单元配合,可以实现图像的窗口提取功能,读出感兴趣窗口内像元的图像信息。

3）CMOS与CCD摄像器件的对比

由于数据传送方式不同,CMOS与CCD传感器在效能与应用上有诸多差异,主要体现在以下几个方面。

(1) 灵敏度差异。由于CMOS传感器的每个像素由晶体管与感光二极管构成(含放大器与A/D转换电路),使得每个像素的感光区域远小于像素本身的表面积,因此在像素尺寸相同的情况下,CMOS传感器的灵敏度要低于CCD传感器。

(2) 成本差异。CMOS传感器采用一般半导体电路最常用的CMOS工艺,可以轻易地将周边电路集成到传感器芯片中,以节省外围芯片的成本;而CCD传感器则是采用电荷传递的方式传送数据,只要其中有一个像素不能运行,就会导致一整排的数据不能传送,因此控制CCD传感器的成品率比CMOS传感器困难许多,所以CCD传感器的成本高于CMOS传感器。

(3) 分辨率差异。CMOS 传感器的每个像素都比 CCD 传感器复杂,像素尺寸很难达到 CCD 传感器的水平,因此 CCD 传感器的分辨率通常会优于 CMOS 传感器。

(4) 噪声差异。由于 CMOS 传感器的每个感光二极管都需搭配一个放大器,因此与只有一个放大器放在芯片边缘的 CCD 传感器相比,CMOS 传感器的噪声就会增加很多,影响图像品质。

(5) 功耗差异。CMOS 传感器的图像采集方式为主动式,感光二极管所产生的电荷会直接由晶体管放大输出,而 CCD 传感器为被动式采集,需外加电压让每个像素中的电荷移动。因此 CCD 传感器除了在电源管理电路设计上的难度更高之外,高驱动电压更使其功耗远高于 CMOS 传感器。

综合来看,CCD 传感器在灵敏度、分辨率、噪声控制等方面都优于 CMOS 传感器,而 CMOS 传感器则具有低成本、低功耗,以及高整合度的特点。不过,随着传感器技术的进步,两者的差异有逐渐缩小的态势:CCD 传感器一直在功耗上做改进,以应用于移动通信市场;而 CMOS 传感器则在改善分辨率与灵敏度方面的不足,以应用于更高端的图像产品。

第 8 章　光辐射的显示技术

研究表明，人类利用各种感觉器官从外界获取的信息中，视觉占 60%，听觉占 20%，触觉占 15%，味觉占 3%，嗅觉占 2%。也就是说，人的感觉器官中接受信息最多的是视觉器官（眼睛），因此，图像显示成为光电系统中最重要的内容。显示技术的任务是根据人的心理和生理特点，采用适当的方法改变光的强弱、光的波长（颜色）和光的其他特征以组成不同形式的视觉信息。

8.1　显示技术概述

8.1.1　显示技术

显示技术，顾名思义，是一种将反映客观外界事物的信息，如光学的、电学的、声学的、化学的等，经过变换处理，以图像、图形、数码、字符等形式加以显示，供人观看、分析、利用的一种技术。广义地讲，显示技术，包括原始的各种机械显示技术，典型的例子是，机械式钟表，是一种时间显示装置。现在所谓的显示技术，可以称为电子显示技术或信息显示技术，它是建立在光学、化学、电子学、机械学、声学等科学技术基础上的综合性技术。我们这里所讨论的，就是这种电子显示技术。

显示技术所涉及的学科是多方面的，包括各种发光材料的发光机理的研究、实验；各种显示方式的基本原理及其结构形式，显示用的材料，器件的选用与制作工艺，显示信息的输入、变换、处理与控制，等等。

随着科学技术的发展和经济、军事、社会与人们生活的发展，信息的种类和数量不断增加。据统计，近年来，信息的年增长率达 40%。人们在社会的各种活动中，时时刻刻都在获得各种信息。而我们现在所说的显示技术，是将电子设备输出的电信号转换成视觉可见的图像、图形及字符等光信号的一门技术，是人机交换的窗口，已成为现代人类社会生活不可或缺的部分，是信息时代重要的标志之一。

8.1.2　显示技术的应用

在人们的日常生活中，典型的例子很多，如电视已普及于世界各地的千家万户；电子手表，已成为亿万人的日常用品；电子游戏机，已开始深入家庭；可视电话，逐步兴起等。

在广阔的社会生活中，显示技术也被大量采用。在体育比赛场上，大屏幕图像和数码显示器，用以显示比赛时间进程、比赛成绩；在许多重要会议上，大型电子自动表决器被用来显示选举、表决的结果。

在工农业生产中，广泛采用电视监视生产过程；在利用机器人的许多场合，通过电视帮助指挥、控制操作；在农业选种育种上，用示踪技术显示种子的发育状态。

在交通运输中,在铁路枢纽,显示各条线路上营运的状态;在码头上,显示各个泊位的情况;在机场上,显示各跑道上的情况。

在航天事业中,卫星发射场,用电视显示现场作业情况,在航天测控、指挥中心,用大屏幕显示火箭升空、星箭分离、卫星在轨道上运行的情况;在航天飞船飞行中,显示航天员活动及内外环境。

在科学实验中,处处使用数字电压表、数字频率计、各种示波器;在科研、生产、事业及管理部门,几乎所有的计算机系统都需要使用各种图像、图形、数码、字符显示装置。

在医疗单位,广泛采用超声波检查诊断技术,采用 X 光透视笔录电视,采用 CT 断层扫描等。

在公安系统,采用微光电视装置进行侦察;利用红外成像显示技术进行现场监视、保卫。

在军事上,几乎采用了所有最先进的显示技术,如雷达显示、夜视显示等。

总之,显示技术在国民经济、社会生活和军事领域,都有广泛的应用,起到了重要的作用;已经成为现代人类社会生活不可或缺的技术领域。

8.1.3 显示技术的发展与分类

1897 年,德国的布劳恩发明了阴极射线管(CRT)的雏形。百余年来,CRT 一直占据了光电显示的主导地位,如今其技术已经极其成熟。CRT 作为一种传统的信息显示器件,具有显示质量优良,制作和驱动比较简单,有很好的性能价格比等优点。但 CRT 的显著缺点是体积大、搬动困难,例如,一台 100cm 以上的 CRT,质量要超过 100kg,不能适应现代家庭对高清晰度电视(HDTV)和现代战争对大屏幕显示器的要求。

因此,随着 CRT 应用的延伸,人们期望一种显示质量如同 CRT,而又具有体积小、质量轻、工作电压低、功耗小的新产品。在这种情况下,平板显示技术应运而生,而且获得了快速发展。平板显示在国际上尚没有严格的定义,一般指显示器的厚度小于显示屏幕对角线尺寸四分之一的显示技术。这种显示器厚度较薄,看上去像一块平板,平板显示因此得名。

目前,显示技术发展很快,显示手段种类繁多,新颖的显示器件层出不穷,分类方法也各式各样。

按显示屏幕面积大小可分为小型、中型(约 $0.2m^2$)、大型($1m^2$ 以上)和超大型显示($4m^2$ 以上)。

按结构形状可分为颈瓶状显示器和平板显示器。

按颜色可分为黑白、单色和彩色显示。

按显示内容、形式,可分为数码、字符、轨迹、图表、图形和图像显示。

按所用显示材料,分为固体(晶体和非晶体)、液体、气体、等离子体和液晶等。

按显示发光类别分为自发光型和被动受光型显示。

按成像空间坐标可分为二维平面显示和三维立体显示。

按显示原理可分为电子束显示(亦称 CRT 显示)、真空荧光显示(VFD)、发光二极管显示(LED)或注入电致发光显示、电致发光显示(ELD)、等离子体显示(PDP)、液晶显示(LCD)、激光显示(LD)和电致变色显示(ECD)等。

以上所列各种分类方法,并非尽善尽美,也不十分严格,现将上述分类列于表 8-1。本章介绍几种主要的显示技术。

表8-1　显示器件的分类

按信息转换方式分	按结构特点分		按用途分
	真空型	非真空型	
光学图像转换为光学图像	红外变像管 X射线像增强器 微光像增强器	全息立体显示 双目视差立体显示	夜视仪器、高速摄影、医用显示 三维空间显示
电信号转换为光信号	黑白显像管 彩色显像管 荧光显示管 投影管 光阀 定位管 直观存储管 示波管	液晶显示(LCD) 等离子体显示(PDP) 发光二极管显示(LED) 电致发光显示(LED) 激光显示(LD) 电致变色显示(ECD)	电视、计算机终端、医疗、工业探伤图像显示,仪器仪表数码显示、大屏幕显示 雷达显示 波形显示
电信号转换为电信号	静电印刷管 静电存储显示管 信号转换式存储管 单像管 飞点扫描—光电组合显示装置		记录、印刷、特殊用途

8.2　阴极射线管

阴极射线管(Cathode Ray Tube, CRT),又称显像管、布劳恩管,是一种古老而又充满活力的显示器件,至今已有一百多年的历史,它曾长期统治显示技术领域,直到各种显示器件蓬勃发展的今天,CRT仍占有重要地位。

CRT显示器是一种使用阴极射线管的显示器,主要分为黑白CRT显示器和彩色CRT显示器两大类。它的核心部件是CRT显像管,即阴极射线管。

8.2.1　黑白CRT的构造和工作原理

黑白CRT即单色(Monochrome)CRT,只有单一的电子枪,仅能产生黑白两种颜色。它的主要用途是在电视机中显示图像,以及在工业控制设备中用作监视器。如图8-1所示,黑白CRT主要由圆锥形玻壳、玻壳正面用于显示的荧光屏、封入玻壳中用于发射电子束的电子枪系统和位于玻壳之外控制电子束偏转扫描的磁轭器件四部分组成。

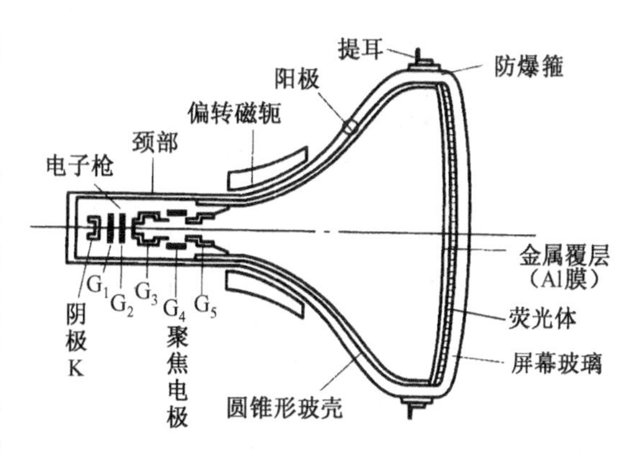

图8-1　单色CRT结构示意图

灯丝、阴极 K、第一控制栅极 G_1（也称调制器）、加速极 G_2（也称屏蔽极）构成发射系统；第二阳极 G_3、聚焦极 G_4、高压阳极 G_5 构成聚焦系统。工作时，电子枪中阴极 K 被灯丝加热至200K 时，阴极 K 大量发射电子。电子束首先由加在第一控制栅极的视频电信号调制，然后经加速和聚焦后，高速轰击荧光屏上的荧光体，荧光体发出可见光。电子束的电流是受显示信号控制的，信号电压高，电子枪发射的电子束流也越大，荧光体发光亮度也越高。最后通过偏转磁轭控制电子束，在荧光屏上从上到下，从左到右依次扫描，从而将原被摄图像或文字完整地显示在荧光屏上。

8.2.2　彩色 CRT 的构造和工作原理

彩色 CRT 利用三基色图像叠加原理实现彩色图像的显示。相对于黑白显示，彩色显示具有更好的显示效果。显示设备中常用的彩色 CRT 有两种，一种是荫罩式彩色 CRT，另一种是电压穿透式彩色 CRT。

荫罩式彩色 CRT 是目前占主导地位的彩色显像管，这种管子的原始设想是德国人弗莱西(Fleshsing)在 1938 年提出的。荫罩式彩色 CRT 的基本结构如图 8-2 所示。

彩色 CRT 是通过红（R）、绿（G）、蓝(B)三基色组合产生彩色视觉效果。荧光屏上的每一个像素由产生红(R)、绿(G)、蓝(B)的三种荧光体组成，同时电子枪中设有三个阴极，分别发射电子束，轰击对应的荧光体。为了防止每个电子束轰击另外两个颜色的荧光体，在荧光面内侧设有选色电极——荫罩。

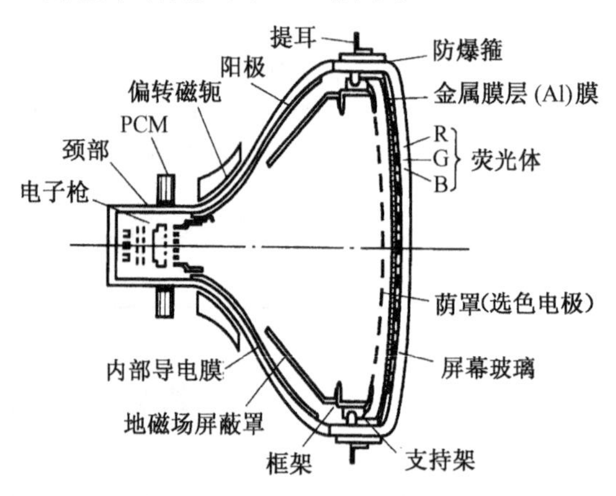

图 8-2　彩色 CRT 的结构示意图

在荫罩型彩色 CRT 中，玻壳荧光屏的内面形成点状红、绿、蓝三色荧光体，荧光面与单色 CRT 相同，在其内侧均有铝膜金属覆层。在离荧光面一定距离处设置荫罩，荫罩焊接在支持框架上，并通过显示屏侧壁内面设置的紧固钉将荫罩固定在显示屏内侧。

彩色 CRT 的工作原理如图 8-3 所示。

图 8-3 所示荫罩与荧光屏的距离可根据几何关系确定：

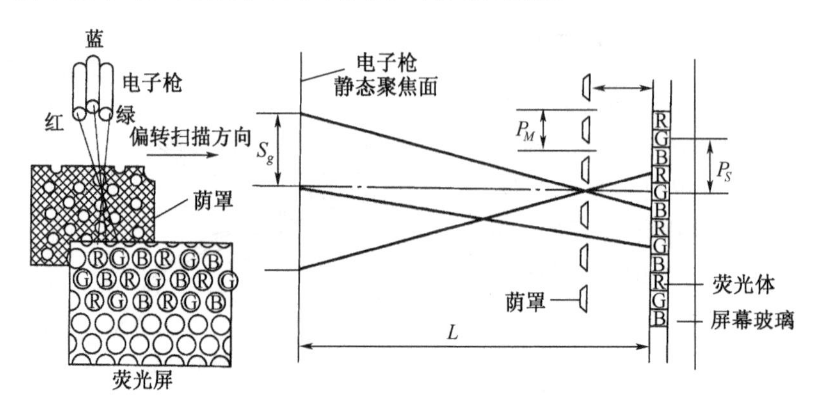

图 8-3　彩色 CRT 工作原理

$$q = L \cdot \frac{P_M}{3S_g} \tag{8.1}$$

$$\lambda = \frac{P_S}{P_M} = \frac{L}{L - q} \tag{8.2}$$

式中：q 为荫罩与荧光屏的距离；λ 为孔距放大率；L 为从电子枪到荧光面的距离；S_g 为电子枪的束间距；P_M 为电子束排列方向的荫罩孔距；P_s 为电子束排列方向的荧光屏上同一色荧光体的点间距。

彩色 CRT 的整体工作过程如下：由灯丝、阴极、控制栅极组成的电子枪，通电后灯丝发热，阴极被激发，发射出电子流，电子流受到带有高电压的内部金属层的加速，经过透镜聚焦形成极细的电子束，在阳极高压作用下，获得巨大的能量，以极高的速度去轰击荧光粉层。这些电子束轰击的目标就是荧光屏上的三原色。为此，电子枪发射的电子束不是一束，而是三束，电子束在偏转磁轭产生的磁场作用下，射向荧光屏的指定位置，轰击各自的荧光粉单元。一般荫罩式 CRT 的内部有一层类似筛子的网罩，电子束通过网眼打在呈三角形排列的荧光点上，以防止每个电子束轰击另外两个颜色的荧光体。受到高速电子束的激发，这些荧光粉单元分别发出强弱不同的红、绿、蓝三种光。根据空间混色法（将三个基色光同时照射同一表面相邻很近的三个点上进行混色的方法）产生丰富的色彩，这种方法利用人的眼睛在超过一定距离后分辨率不高的特性，产生与直接混色法相同的效果。用这种方法可以产生不同色彩的像素，而大量的不同色彩的像素可以组成一张漂亮的画面，而不断交换的画面就成为可动的图像。

8.2.3　CRT 显示器的主要单元

1. 电子枪

电子枪是用来产生电子束的装置。在 CRT 中，为了在屏幕上得到亮而清晰的图像，要求电子枪产生大的电子束电流，并且能够在屏幕上聚成细小的扫描点（约 0.2mm）。此外，由于电子束电流受电信号的调制，因而电子枪应有良好的调制特性。在控制调制信号的过程中，扫描点不应有明显的散焦现象。

图 8－4 所示是电子枪的简易结构。彩色显像管的电子枪一般由灯丝（用 H、HT 或 F 表示）和七个电极构成：三个能分别发射 R、G、B 三基色信号的阴极（分别用 RK、GK、BK 表示），一个控制栅极（也称为调制极，用 G_1 表示），一个加速极（也称为第一阳极，用 G_2 表示），一个聚焦极（也称为第三阳极）和两个高压极（也称为第二、第四阳极，用 G 或 V 表示）。因为高压阳极接的是几千伏的高压，所以高压阳极的插座（俗称高压嘴）是独立装在玻璃锥体的侧面

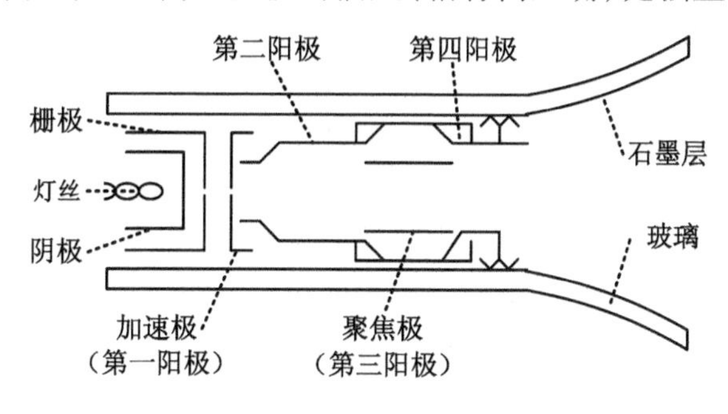

图 8－4　电子枪结构示意图

上，其余各极在管颈末端用金属管脚引出。

阴极为旁热式氧化物阴极，形状为圆筒状，顶端涂有热电子发射能力很强的氧化物，筒内装有加热灯丝。灯丝在电流的加热下，阴极向外发射电子。为了使阴极发射的电子能分别激发三种荧光粉发光，彩色显像管一般具有三个互相独立的阴极，这三个阴极在电子枪内呈一字形排列，彼此间的距离很小，以便于三光束的会聚。

栅极是套在阴极外边的一个圆筒，顶端开有三个直径为0.6~0.8mm的小圆孔供热电子射出。因为控制栅极离阴极很近（0.1~0.2mm），所以控制栅极的电位对通过栅极的热电子数量的大小影响很大。控制栅极对阴极而言通常加有数十伏的负电压，改变该电压的大小就可以控制阴极通过栅极发射的电子数量，从而改变显示器荧光屏上光栅的亮度。

控制栅极的前面是加速极，也是一个顶部开有小圆孔的金属圆筒，其上通常加有几百伏的正电压。它的作用是把电子从阴极表面拉出来，向荧光屏方向作加速运动，形成一束电子流。由此可见，电子束电流的大小不仅和栅负压有关，而且和加速极电压的大小有关。

高压阳极分为两部分，中间用金属条相连，靠近加速极的一部分称为第二阳极，另一部分称为第四阳极。第四阳极与管壁内的石墨导电层用弹性金属片连接，石墨导电层又与高压电极相连接。高压阳极上加有20~35kV的高压。阳极高压可使电子加速至约6×10^7m/s的速度冲射到荧光屏上，激发荧光屏上的荧光粉发光。

聚焦极位于两个高压阳极之间，它是一个直径较大的金属圆筒。由于电子束流是带负电的电子组成，电子之间的相互排斥作用有散焦的趋势，其将扩展到达荧光屏之前的横截面积，该面积的大小决定了显示器显示图像像素的大小，与显示器的分辨率相关。聚焦极的作用就是将这种有散焦趋势的电子束流会聚成一束很细的电子射线。由于非均匀电场对电子束的会聚作用与光学透镜聚焦的作用相类似，所以该电极又称为电子透镜。

2. 玻璃外壳和荧光屏

玻璃外壳包括管颈、玻璃锥体和屏面玻璃三部分。管颈是一个细长的玻璃管子，电子枪安装在管颈内。屏面玻璃内表面沉积一层厚度约为10μm的荧光粉膜，通常称为荧光屏。荧光粉膜上还蒸镀一层1μm厚的铝膜导电层，用来反射荧光粉向显像管内部发射的杂散光，以增加屏幕的亮度；此外，该铝膜还对荧光粉膜起到保护作用，使其不受离子的轰击，避免产生离子斑。玻璃锥体把屏面玻璃和管颈连接起来，里面抽成高度真空，锥体张开角的大小决定了电子束偏转的最大角度。锥体的内、外壁都涂有石墨导电层，内壁的石墨导电层与高压阳极、荧光屏铝膜相连，并在锥体的侧面安装高压嘴以接高压；锥体外壁的石墨导电层与显示器的地线相连，以实现静电屏蔽。

荧光屏上涂有在电子束轰击下可发出R、G、B三基色光的三种荧光粉，三种荧光粉以条状形式排列，中间被石墨粉黑色膜隔开，彼此不相重叠，各自被电子束激发。在这些电子束的激发下，荧光屏可产生三帧互相相嵌重合的光栅，分别重显R、G、B三基色的图像。在正常距离观看时，人眼所感觉到的画面是三基色图像的混合图像，即彩色图像。

为了获得彩色图像，必须保证三个互相独立的阴极所发射出的电子束各自精确地打在相应的荧光粉上。为此，在荧光屏的内侧靠近荧光屏的地方设置一个特殊结构的金属板，称为荫罩板。荫罩板在外观上很像一块铁网板，上面的每一个小槽孔对应着屏幕上的一组条形三色点，如图8-5所示。图8-5(a)所示的荫罩板上每一特定的槽形小孔只与一组条形三色点相关联，并且条形荧光点只能被三条电子束之一所轰击。图8-5(b)是绿电子束轰击绿荧光粉的情况，在这种情况下绿电子枪发射的绿电子束使绿色荧光点受激发光，红色和蓝色的荧光点

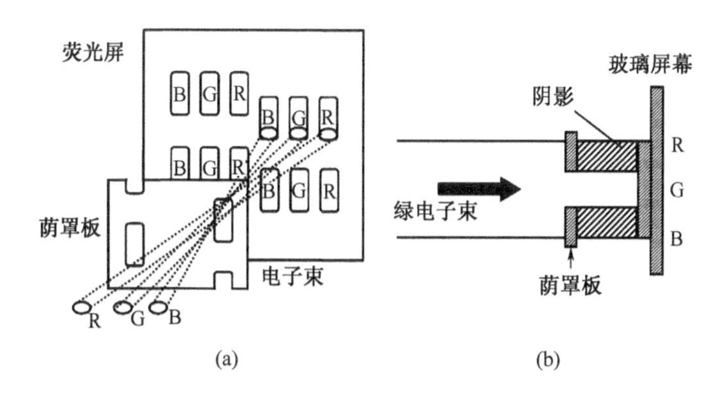

图 8-5　自会聚显像管荫罩板

在荫罩板的阴影内，不会被绿色电子束误击而发光。

除了要保证荧光屏上每种颜色的荧光点仅受其相应的电子束轰击外，当荧光屏在涂敷荧光粉时，荫罩板还被用作掩模，因此荫罩板和荧光屏是一一配对的。荫罩板上网孔尺寸的大小，决定了荧光屏上发光点的大小，该值称为荫罩点距，荫罩点距的大小与彩色显示器的分辨率相关。

3. 偏转机构

彩色 CRT 中的图像是由电子束有规则的轰击显像管上荧光粉发光而形成的，电子束在显像管荧光屏上有规则地运动称为扫描。电子束对荧光屏的扫描是利用电磁偏转的原理来实现的。利用电场使电子束偏转的 CRT 叫做静电偏转 CRT，利用磁场使电子束偏转的叫做磁偏转 CRT。

静电偏转是由安装在 CRT 管颈内聚焦阳极后面的两对相互垂直的偏转板来实现的，在两偏转板电极之间加上电压使通过它们之间的电子束偏转。由于偏转板安装在 CRT 管颈内部，其尺寸就受到管颈空间的限制，因而对电子束的偏转作用也受到了限制。这就使 CRT 的偏转角不可能做得很大，常见的有 30°和 53°两种。磁偏转是基于电子束通过磁场时可在洛伦兹力作用下发生相应的偏转原理实现的。同静电偏转相比，磁偏转角较大，因此在 CRT 显像管中通常采用磁偏转系统。

为了在显像管内部电子束运动的空间产生电磁偏转所需的磁场，在显像管的外部，圆柱形管颈与锥体交界处套有行、场偏转线圈，可为 CRT 提供电子束偏转所需的偏转磁场。偏转线圈有两组，一组为电子束提供水平方向的扫描，称为行扫描（偏转）线圈，另一组为电子束提供垂直方向的扫描，称为场扫描（偏转）线圈。两个线圈套在一起，行偏转线圈在内，场偏转线圈在外。行偏转线圈的平面是水平放置的，分上下两个绕组，彼此并联，它能产生沿垂直方向的磁场。线圈的外侧用铁淦氧磁环屏蔽，使外部的漏磁减少。磁场集中在管颈的内部，受干扰少、效率高。行偏转线圈的前后弯起成喇叭形，这种喇叭形结构的行偏转线圈在安装时能尽量靠近荧光屏，可有效防止荧光屏出现暗角。同时，线圈的前后端翘起，可减少线圈前后端的磁场穿入管颈而影响偏转磁场的均匀性。场偏转线圈绕在磁环上，这样可减少线圈的匝数、导线的长度以及直流电阻值，从而减少损耗并改善场偏转磁场的线性。场偏转线圈也分为两组，相互串联或并联。

在偏转线圈中加入直流电时，行、场偏转线圈将产生垂直和水平方向的偏转磁场。通锯齿波电流时，在显像管内部电子束运动的空间可形成与锯齿波电流成正比的偏转磁场，使电子束向左右及上下方向来回地扫描，在屏亮上形成光栅。

8.2.4 CRT 的特征参数

1. 像素和分辨率

像素是指屏幕能独立控制其颜色与亮度的最小区域。分辨率就是屏幕图像的密度，即显示器屏幕的单位面积上有多少个基本像素点，它们是图像清晰构度的标志，也是描述分辨能力大小的物理量。对于电子显示器件，常用单位面积上的扫描线数和两光点之间的距离来表示分辨率，它们取决于场频和行频的组合。可以把它想象成一个大型的棋盘，而分辨率的表示方式就是每一条水平线上的点数乘以水平线的数目，如 640×480、720×348、1024×768 及 1024×1024 等。以 640×480 的分辨率来说，即每一条线上包含有 640 个像素点，共有 480 条线，也就是说扫描列数为 640 列，行数为 480 行。分辨率越高，屏幕上所能呈现的图像也就越精细。

分辨率不仅与显示尺寸有关，还要受像管点距、视频带宽等因素的影响。知道分辨率、点距和最大显示宽度就能得出像素值。比如一台 17 英寸的 CRT 显示器，一行中能容纳 1421 组三原色，能满足 1280 个像素点的需要，因此这台显示器的理想分辨率是 1024×768，勉强可以达到 1280×1024 的分辨率，但不可能达到 1600×1200 的分辨率。

分辨率的计算方法如下：

$$\frac{\text{最大显示宽度}}{\text{水平点距}} = \text{像素数} \tag{8.3}$$

比如标准 17 英寸 CRT 显示器的最大显示宽度是 320mm，标称点距是 0.28mm，那么首先按 0.28×0.866=0.243 的公式，计算出水平点距，然后按 320÷0.243=1316 的公式得出像素数。

2. 点距

点距是显像管最重要的技术参数之一，单位为 mm。其实最早所说的点距，一般是针对普通的孔状荫罩式显像管来说的，一般公认的点距定义是荧光屏上两个邻近的同色荧光点的直线距离，即两个红色(或绿绿，或蓝色)像素单元之间的距离。从原理上讲，普通显像管的荧光屏里有一个网罩，上面有许多细密的小孔，所以称为“荫罩式显像管”。电子枪发出的射线穿过这些小孔，照射到指定的位置并激发荧光粉，然后就显示出一个点。许多不同颜色的点排列在一起就组成了五彩缤纷的画面。

点距越小越好，点距越小，显示器显示图形越清晰细腻，显示器的档次越高，不过对于显像管的聚焦性能的要求也就越高。几年前，显示器的点距多为 0.31mm 和 0.39mm，现在的 CRT 显示器，点距大都采用 0.28mm。另外，有些显示器采用更小的点距来提高分辨率和图像质量。常见的显示器点距为 0.28mm(水平方向为 0.243mm)。

用显示区域的宽和高分别除以点距，即可得到显示器垂直方向和水平方向上最高可显示的点数。以 17 英寸显示器的点距为例，如果显示器的点距为 0.25mm，则其水平方向最多可以显示 1280 个点，垂直方向最多可以显示 1024 个点，超过这个模式屏幕上的像素会互相干扰，图像就会变得模糊不清。

3. 场频(垂直扫描频率)、行频(水平扫描频率)及视频带宽

有了较好的点距，还需要良好的视频电路与之匹配才能发挥优势。在视频电路特性上主要有视频带宽、场频和行频这些指标。如果说画质等显示效果只能通过主观判断，那么水平扫描频率、垂直扫描频率及视频带宽这三个参数就绝对是显示器的硬指标，并且在很大程度上决定了显示器的档次。

视频带宽是指每秒钟电子枪扫描过图像点的个数,以 MHz 为单位,这是显示器非常重要的一个参数,能够决定显示器性能的好坏。带宽越高表明显示器电路可以处理的频率范围越大,显示器性能越好。高的带宽能处理更高的频率,信号失真也越小,显示的图像质量更好,它反映了显示器的解像能力。

视频带宽的计算方法为

$$\begin{aligned}\text{带宽} &= \text{垂直刷新率} \times \frac{\text{垂直分辨率}}{0.93} \times \frac{\text{水平分辨率}}{0.8} \\ &= \text{水平分辨率} \times \text{垂直分辨率} \times \text{垂直刷新率} \times 1.34\end{aligned} \tag{8.4}$$

垂直像素和水平像素都要除以一个参数,是因为要考虑电子枪从最后一行(列)返回到第一行(列)的回程时间。

场频就是垂直扫描频率,也即屏幕垂直刷新率,通常以 Hz 为单位,它表示屏幕的图像每秒钟重复描绘多少次,也就是指每秒钟屏幕刷新的次数。垂直刷新率越高,屏幕的闪烁现象越不显,眼睛就越不容易疲劳。

行频就是水平扫描频率,指电子枪每秒在屏幕上扫过的水平线数,单位一般是 kHz。场频和行频的关系式一般如下:

$$\text{行频} = \text{场频} \times \text{垂直分辨率} \times 1.04 \tag{8.5}$$

可见行频是一个综合了分辨率和场频的参数,能够比较全面地反映显示器的性能。当在较高分辨率下要提高显示器的刷新率时,可以通过估算行频是否超出频率响应范围来得知显示器是否可以达到想要的刷新率。

4. 刷新率

刷新率是指显示屏幕刷新的速度,它的单位是 Hz。刷新率越低,图像闪烁和抖动得越厉害,眼睛观看时疲劳得越快。刷新率越高,图像显示就越自然、越清晰。刷新率又分水平刷新率和垂直刷新率。水平刷新率又叫行频,它是显示器每秒内水平扫描的次数。垂直刷新率也叫场频,它是由水平刷新率和屏幕分辨率所决定的,垂直刷新率表示屏幕的图像每秒钟重复描绘多少次,也就是指每秒钟屏幕刷新的次数。一般来说,垂直刷新率最好不要低于 80Hz,如能达到 85Hz 以上的刷新频率,就可以完全消除图像闪烁和抖动感,眼睛也不会太容易疲劳。

5. 屏幕尺寸和最大可视面积

屏幕尺寸实际是指显像管尺寸。最大可视面积指显像管可以显示图形的最大范围。屏幕大小通常以对角线的长度衡量,以英寸为单位。一般显示器的最大可视面积都会小于屏幕尺寸,比如,通常所说的 17 英寸、15 英寸,实际上指的是显像管尺寸,而实际可视区域(就是屏幕)远远到不了这个尺寸。例如,14 英寸的显示器可视范围往往只有 12 英寸;15 英寸显示器的可视范围在 13.8 英寸左右,17 英寸显示器的可视区域大多在 15 ~ 16 英寸之间;19 英寸显示器可视区域能够达到 18 英寸左右。

这里顺便提一下偏转角度,也就是常说的可视角度,可视角度在 LCD 方面听得较多,因为 LCD 屏对观看角度十分敏感,超过一定视角就会出现屏幕亮度下降甚至完全看不到屏幕的现象。但对于 CRT 而言,这个问题几乎不存在,纯平显示器的可视范围接近 180°。

6. 亮度

亮度是指显示器荧光屏上荧光粉发光的总能量与其接收的电子束能量之比。所以某一点的光输出正比于电子束电流、高压及停留时间三者的乘积。简单讲,亮度是控制荧光屏发亮的等级。

7. 对比度

对比度是指荧光屏画面上最大亮度与最小亮度之比。一般显示器起码应有 30:1 的对比度。

8. 灰度

在图像显示方式中,灰度是指一系列从纯白到纯黑的等级差别。

9. 余辉时间

荧光屏上的荧光粉在电子束停止轰击后,其光辉并不会立即消失,而是要经历一个逐步消失的过程,在这个过程中观察到的光辉称为余辉。

10. 控制方式

显示器上都会提供控制功能,可以对显示器的各种物理量,如亮度、对比度、色彩、枕形失真和筒形失真等进行设置。CRT 显示器的控制方式可以分为模拟控制和数码控制两种。模拟控制一般是通过旋钮来进行各种设置,控制功能单一,故障率较高;而且模拟控制不具备记忆功能,每次改变显示模式(分辨率、颜色数等)后,都要重新设置。

数码控制根据界面不同又可分普通数码式、屏幕菜单式和单键飞梭式三种。数码控制方式操作简单方便,故障率也较低。数码控制可以记忆各种显示模式下的屏幕参数,在切换显示模式时无须重新进行设置。

11. CRT 涂层

电子束撞击荧光屏和外界光源照射均会使显示器屏幕产生静电、反光、闪烁等现象,不仅干扰图像清晰度,还可能直接危害使用者的视力健康。因此通常的 CRT 均附着表面涂层,以降低不良影响。

目前,主要应用的 CRT 涂层有表面蚀刻涂层、AGAS 涂层、ARAS 涂层和超清晰涂层。

表面蚀刻涂层(Direct Etching Coating),直接蚀刻 CRT 表层,使表面产生微小凹凸,对外界光源照射进行漫反射,降低特定区域的反射强度,减少干扰。

AGAS 涂层(Anti-glare/Anti-static Coating),防眩光、防静电涂层。涂层材料为一种矽涂料,含有电微粒,可以扩散反射光,降低强光干扰。

ARAS 涂层(Anti-reflection/Anti-static Coating),防反射、防静电涂层。涂层材料为多次结构的透明电介质涂料,可有效抑制外界光线的反射现象,且不会扩散反射光。

超清晰涂层(Ultra Clear Coatiing),三星显示器特有的专利技术,由多层透明膜复合而成,可以有效吸收反射光,减少图像投射光纤的变形,且机构强度较佳。

12. 环保认证

由于 CRT 显示器在工作时会产生辐射,长期的辐射会对人体产生危害,为此,国际上有一些低辐射标准,从早期的 EMI 到现在的 MPR - II 及 TCO,如今的显示器大都通过了严格的 TCO - 3 标准。在环保方面要求显示器都符合能源之星的标准,即要求在待机状态下功率不超过 30W,在屏幕长时间没有图像变化时,显示器会自动关闭等。

8.3 等离子体显示

等离子体显示(Plasma Display Panel,PDP)器件是一种自发光显示器件,不需要背景光源,实现了较高的亮度和对比度,没有 LCD 的视角和亮度均匀性问题。同时,三基色共同使用一个等离子体管的设计也使其避免了聚焦和会聚问题，可以实现非常清晰的图像。与 CRT 和 LCD 技术相比，等离子体的屏幕越大，图像的色深和保真度越高。除了亮度、对比度和可视角度优势外，等离子体技术也避免了 LCD 技术中的响应时间问题，而这些特点正是动态视频显示中至关重要的因素。因此，从目前的技术水平看，等离子体显示技术在动态视频显示领域的优势更加明显，更加适合作为家庭影院和大屏幕显示终端使用。

PDP 是一种新型显示器件，其主要特点是整体成扁平状，厚度可以在 10cm 以内，轻而薄，重量只有普通显像管的 1/2。由于它是自发光器件，亮度高、视角宽（可达 160°），可制成纯平面显示器，无几何失真，不受电磁干扰，图像稳定，寿命长。PDP 可以产生亮度均匀、生动逼真的图像。这种器件近年来得到了很快的发展，其性能和质量有了很大的提高，很多高清晰度超薄电视显示器和壁挂式大屏幕彩色电视机采用了这种器件。

PDP 的主要优点可以概括为：固有的存储性能，高亮度，高对比度，能随机书写与擦除，长寿命，大视角以及配计算机时优秀的相互作用能力。

8.3.1　等离子体知识概述

等离子体（Plasma）是由部分电子被剥夺后的原子及原子被电离后产生的正负电子组成的离子化气体状物质，是固态、液态和气态之外的第四种物质存在的状态。其实，等离子体是宇宙中一种常见的物质，在太阳、恒星、闪电中都存在等离子体。在自然界里，炽热的火焰、光辉夺目的闪电，以及绚烂壮丽的极光等都是等离子体作用的结果。用人工方法，如核聚变、核裂变、辉光放电及各种放电都可产生等离子体。等离子体是一种很好的导电体，利用经过巧妙设计的磁场可以捕捉、移动和加速等离子体。现在人们已经掌握利用电场和磁场来控制等离子体的技术，如焊工们用高温等离子体焊接金属。

普通气体温度升高时，气体粒子的热运动加剧，使粒子之间发生强烈碰撞，大量原子或分子中的电子被撞掉，当温度高达百万 K 到 1 亿 K 时，所有气体原子全部电离。电离出的自由电子总的负电量与正离子总的正电量相等。这种高度电离的、宏观上呈中性的气体就是等离子体。

等离子体和普通气体性质不同，普通气体内分子构成，分子之间相互作用力是短程力，仅当分子碰撞时，分子之间的相互作用力才有明显效果，理论上用分子运动论描述。在等离子体中，带电粒子之间的库仑力是长程力，库仑力的作用效果远远超过带电粒子可能发生的局部短程碰撞效果，等离子体中的带电粒子运动时，能引起正电荷或负电荷局部集中，产生电场；电荷定向运动引起电流，产生磁场。电场和磁场要影响其他带电粒子的运动，并伴随着极强的热辐射和热传导；等离子体能被磁场约束作回旋运动等。正是因为等离子体的这些特性，使它区别于普通气体被称为物质的第四态。

等离子体主要具有以下特征：

（1）气体高度电离。在极限情况下，所有中性粒子都被电离。

（2）具有很大的带电粒子浓度，一般为 $10^{16} \sim 10^{15}$ 个/cm^3。由于带正电与带负电的粒子浓度接近，因此等离子体具有导体的特征。

（3）等离子体具有电振荡的特征。在带电粒子穿过等离子体时，能够产生等离子体激元，等离子体激元的能量是量子化的。

（4）等离子体具有加热气体的特征。在高气压收缩等离子体内，气体可被加热到数万摄氏度。

（5）在稳定情况下，气体放电等离子体中的电场相当弱，并且电子与气体原子进行着频繁的碰撞，因此气体在等离子体中的运动可看做是热运动。

8.3.2 PDP 显示屏的基本结构与工作原理

如图 8－6 所示，PDP 显示屏由前玻璃板、后玻璃板和铝基板组成。对于具有 VGA 显示水平的 PDP，其前玻璃板上分别有 480 行扫描和维持透明电极，后玻璃板表面有 2556（852 ×3）行数据电极，这些电极直接与数据驱动电路板相连。根据显示水平的不同，电极数会有变化。

1. 后层玻璃板

如图 8－6（b）所示，后层玻璃板上有寻址电极，其上覆盖一层电介质。红、绿、蓝彩色荧光粉分别排列在不同的寻址电极上，不同荧光粉之间用壁障相间隔。早期 PDP 器件的三种荧光粉的宽度一致，由于红、绿、蓝三种荧光粉发光效率各不相同，三种色光混合产生的彩色范围及亮度均与 CRT 相比差别比较大。为了解决这个问题，后来出现了所谓的“非对称单元结构”的专利技术，该技术根据三种荧光粉的发光效率，将荧光粉以非等宽的形式分布，在彩色还原度和亮度方面比以前的产品有了很大的提高，屏幕峰值亮度可以达到 1000cd/m^2 以上，在带 EMI 滤光玻璃的情况下，整机峰值亮度可以达到 400cd/m^2 以上，在暗室，且无外保护屏的条件下，对比度可达到 10000:1。

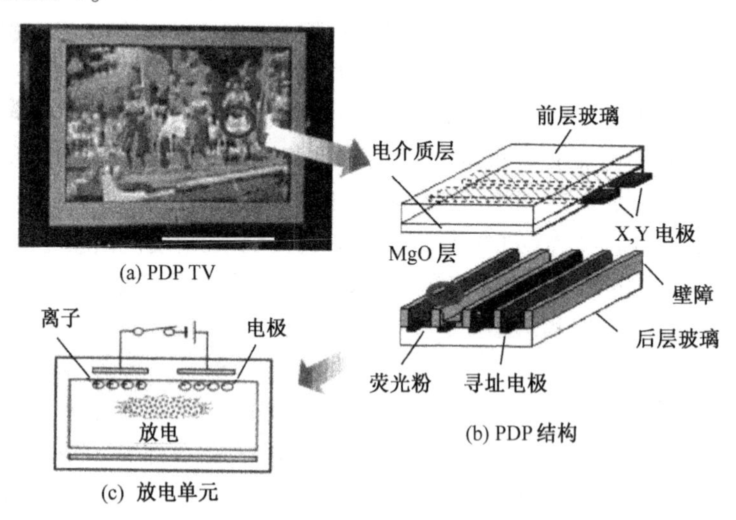

图 8－6　PDP 显示屏的基本结构

2. 前玻璃板

如图 8－6（b）所示，在前玻璃板上，成对地制作有扫描和维持透明电极，其上覆盖一层电介质，MgO 保护层覆盖在电介质上。前、后玻璃板拼装，封口，并充入低压气体，在两玻璃板间放电。

3. 工作原理

前后玻璃板被压紧密封后，抽真空并充以惰性气体（Ne ＋Xe 或 He ＋Xe 或 Ne ＋Ar ＋Xe 等），组成一个复杂的辉光放电器件。若每帧图像由 n 行、每行 m 个像素组成，则需 n 对放电电极。它们水平方向平行，排列均匀，将其中等电位电极连在一起，并以一个端子引出，称为 Z 维持电极；剩余电极分别引出，称为 Y_i（$i=1, 2, \cdots, n$）扫描电极。垂直平行排列的数据电极有 m 组，每组 3 个电极，分别对应三基色，用 X_{jk}（$j=1, 2, \cdots m; k=R, G, B$）表示并分别引出。

正交布置的维持电极和数据电极构成 $n\times3m$ 个小放电管阵列，每个对应一个基色单元，而每个像素的亮度和色调由 $n+3m+1$ 个端口信号控制，放电单元以图 8－6(c)所示的气体放电原理放电。

8.3.3 PDP 板的显示原理

如前所述，PDP 显示板是由两层玻璃叠合，密封而成，当上下玻璃板之间的电极施加一定电压后，电极触电点火，电极表面会产生放电现象，使显示单元内的气体电离产生紫外光，紫外光激发荧光粉产生可见光。

PDP 显示屏是由几百万个像素单元构成的，每个像素单元相当于一个气体放电管，放电管中涂有荧光层并充有惰性气体，主要利用电极加电压、惰性气体电离产生的紫外光激发荧光粉发光制成显示屏。PDP 显示屏的每个发光单元工作原理类似于霓虹灯，在外加电压的作用下气体呈离子状态，并且放电，放电电子使荧光层发光，每个灯管加电后就可以发光。一个像素包括红、绿、蓝三个发光单元，以三基色原理组合形成 256 色光。

1. PDP 像素与发光单元结构

PDP 像素、发光单元结构加图 8－7 所示。电极加电压后，正负电极间激发放出电子，电子轰击惰性气体，发出真空紫外线；真空紫外线射在焚光粉上，使荧光粉发光，进而实现 PDP 发光。这一过程与荧光灯的气体放电过程类似。

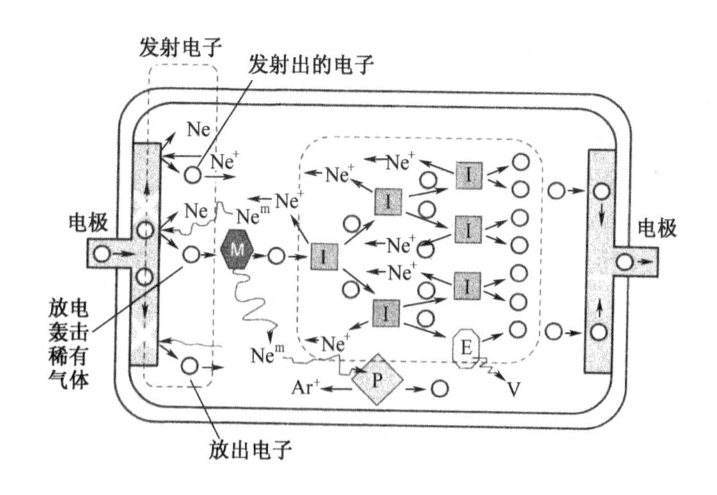

图 8－7　PDP 像素放电、发光单元结构

2. PDP 的显示原理

PDP 显示板的像素实际上类似于微小的氖灯管，其基本结构是在两片玻璃之间设有一排一排的点阵式的驱动电极，其间充满惰性气体。像素单元位于水平和垂直电极的交叉点，要使像素单元发光，可在两个电极之间加上足以使气体电离的电压。颜色是单元内的磷化合物(荧光粉)发出的光产生的，通常等离子体发出的紫外光是不可见光，但涂在显示单元中的红、绿、蓝三种荧光物受到紫外线轰击就会产生红、绿和蓝的颜色。改变一种颜色光的合成比例，就可以得到任意的颜色，这样等离子体显示屏就可以显示彩色图像。

如图 8－8 所示，等离子体显示单元的发光过程分为预备放电、开始放电、放电发光与维持发光和消去放电和 4 个阶段。

预备放电：如图 8－8(a)所示，给扫描/维持电极和维持电极之间加上电压，使单元内的气体开始电离，形成放电的条件。

开始放电：如图 8-8(b)所示，给数据电极与扫描/维持电极之间加上电压，单元内的离子开始放电。

放电发光与维持发光：如图 8-8(c)所示，去掉数据电极上的电压，给扫描/维持电极和维持电极之间加上交流电压，使单元内形成连续放电，从而可以维持发光。

消去放电：如图 8-8(d)所示，去掉加载到扫描/维持电极和维持电极之间的交流信号，在单元内变成弱的放电状态，等待下一个帧周期放电发光的激励信号。

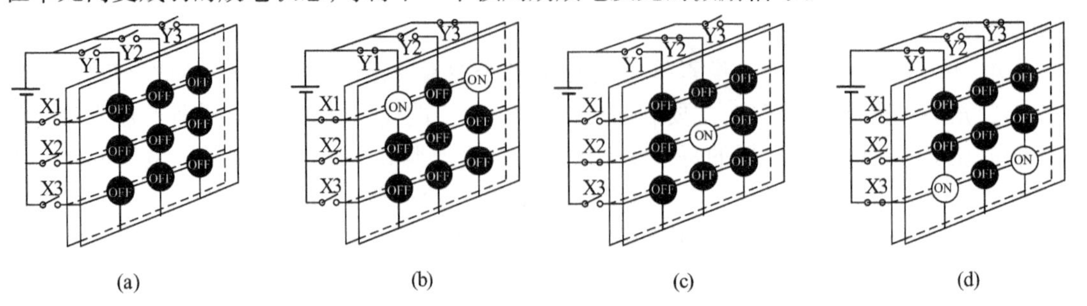

图 8-8 PDP 发光形成图形过程示意图

(a) 预备放电；(b) 开始放电；(c) 放电发光与维持发光；(d) 消去放电。

等离子体显示单元的发光过程如图 8-9 所示。

在显示单元中，加上高电压使电流流过气体而使其原子核的外层电子溢出，这些带负电的粒子便会飞向电极，途中和其他电子碰撞便会提高其能级。电子回复到正常的低能级时，多余的能量就会以光子的形式释放出来。这些光子是否在可见的范围，要根据惰性气体的混合物及其压力而定，直接发光的显示器通常发出的是红色和橙色的可见光，只能作单色显示器。

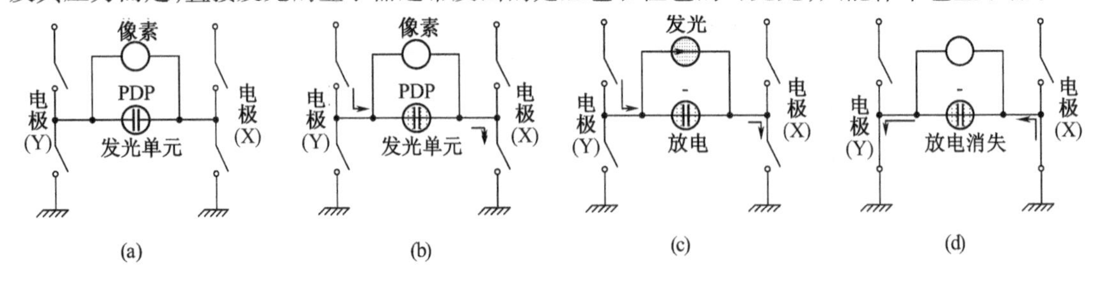

图 8-9 PDP 显示单元的发光过程

等离子体显示板中的每个单元至少含有两个电极和几种惰性气体(氖、氩或氙)的混合物。在电极加上几百伏电压之后，由于电极间放电后轰击电离的结果，惰性气体将处于等离子体状态。这种结果是电子和离子的混合物，它根据带电的正负，流向一个或另一个电极。

在像素单元中产生的电子撞击可以提高仍然留在离子中的电子的能级。经过一段时间之后，这些电子将会回复到它们正常的能级，并且把吸收的能量以光的形式发射出来。发出的光是在可见光的波长范围，还是在紫外线的波长范围，与惰性气体混合物及气体的压力有关。彩色等离子体显示板多使用紫外线。

电离可由直流电压激励产生，也可以由交流电压激励产生。直流电显示的电嵌入等离子体单元采用直接触发等离子体的方式。这样只需产生简单类型的信号，并可减少电子装量的成本。另外，这种方式需要高压驱动，由于电极直接暴露在等离子体中，寿命较短。

如果用氧化镁涂层保护电极,并且装入电介质媒体,那么与气体的耦合是电容性的,所以需要交流电驱动。这时,电极不再暴露在等离子体中,于是就有较长的寿命。这样做的缺点是产生信号触发电压的电路比较复杂,不过这种技术还有一个好处:可以利用它来提高触发电压,就降低了外部输入触发电压。利用这种方法可以把触发电压降至大约 180V,而直流显示器却是 360V,于是简化了驱动电路。

8.3.4 PDP 显示器件的特点

等离子体显示器件具有以下特点:

(1) 高亮度和高对比度。PDP 显示器的亮度可以达到 330 ~ 850cd/m^2;对比度达到 3000 :1。

(2) 纯平面图像无扭曲。PDP 的 RGB 发光栅格在平面中均匀分布,这样就使得 PDP 的图像即使在边缘也没有扭曲现象出现。而在 CRT 显示器件中,由于在边缘的扫描速度不均匀,很难控制到不失真的水平。

(3) 超薄设计、超宽视角。由于 PDP 自身的显示原理,使其整机厚度大大低于传统的 CRT 显示器和投影类显示器。

(4) 具有齐全的输入接口。可连接市面上几乎所有的信号源。PDP 电视具备了 DVD 分量接口、计算机显示器标准 VGA/SVGA 接口、S 端子、HDTV 分量接口等,可接收电视、计算机、VCD、DVD、HDTV 等各种信号源。

(5) 具有良好的防电磁干扰功能。与传统的 CRT 显示器件相比,由于 PDP 的显示原理不需要借助电磁场,所以来自外界的电磁干扰,如发动机、扬声器,甚至地磁场等,对 PDP 的图像没有影响,不会像 CRT 显示器件,容易受电磁场的影响,引起图像变形变色或图像的倾斜。

(6) 环保无辐射。PDP 在结构设计上采用了良好的电磁屏蔽措施,其屏幕前置玻璃也能起到电磁屏蔽和防红外线辐射的作用,对眼睛几乎没有伤害,具有良好的环保特性。

(7) 散热性能好,噪声低。散热问题一直是困扰 PDP 的一个难题,现在已经彻底解决了这一问题,消除了风扇散热系统造成的噪声干扰。

(8) 采用电子寻址方式,图像失真小。PDP 属于固定分辨率显示器件,清晰度高,色纯一致,没有聚焦、会聚问题。

(9) 采用了帧驱动方式,消除了行间闪烁和图像大面积闪烁。

(10) 图像惰性小,重显高速运动物体不会产生拖尾等缺陷。

当然,PDP 显示器件也有其自身的缺陷,主要体现在以下几个方面:

(1) 与 LCD 相比,功耗大,不便于采用电池电源。

(2) 与 CRT 相比,彩色发光效率低。

(3) 与 LCD 相比,驱动电压高。

8.3.5 PDP 显示器件的性能指标

PDP 显示器件的性能指标主要指它的空间分辨率、颜色分辨率和扫描频率。

空间分辨率用像素点的大小或水平方向像素点数与垂直方向像素点的乘积表示。前两代 PDP 显示器件的点距大约为 1.33mm,42 英寸分辨率一般在 852 ×480。第三代的点距为 0.89 ~ 0.99mm,42 英寸分辨率一般在 1024 ×768,50 英寸的产品大多为 1366 ×768。

颜色分辨率指每一个像素点可以有多少种颜色,这是由用来表示一个像素点的二进制位数决定的。扫描频率必须达到一定的值时才不会出现闪烁现象。

购买成熟 PDP 产品时应该注意以下性能指标:

(1) 分辨率:42 英寸分辨率应达到 1024×768,50 英寸的产品应该更高。

(2) 亮度:显示屏亮度不小于 780cd/cm^2,灰度达到 1024 级。

(3) 对比度:标称对比度应达到 3000:1,即标准测试的 650:1。

(4) 兼容性:与个人计算机模式是否兼容,即是否能处理 VGA/SVGA/XGA/SXGA 等模式。

(5) 功耗:功耗越低越好,目前一些产品耗电可低于 300W。

(6) 寿命:产品的使用期至少在 3 万小时以上,最好能达到 10 万小时。

PDP 显示器件使用时应注意以下事项:

(1) 由于等离子体显示是平面设计,而且显示屏上的玻璃极薄,所以,它的表面不能承受太大或太小的大气压力,更不能承受意外的重压。

(2) PDP 显示屏的每一颗像素都是独立发光单元,相比于显像管电视机使用一支电子枪而言,耗电量自然大增,一般 PDP 显示屏的耗电量都达到 300W,是家电中不折不扣的耗电大户,由于发热量大,所以很多 PDP 显示器的背板上装有多组风扇用于散热。

8.4　液晶显示

液晶显示器件(Liquid Crystal Display,LCD)的主要构成材料是液晶,是利用液晶的光学各向异性特性,在电场作用下对外照光进行调制,进而实现信息显示的技术。所谓液晶是指在某一温度范围内,从外观看属于具有流动性的液体,同时又具有光学双折射性的晶体。通常的物质在熔融温度,从固体转变为透明的液体。但一般来说,液晶物质在熔融温度首先变为不透明的浑浊液体,此后通过进一步的升温继续转变为透明液体。因此液晶包括两种含义,其一是指处于固体相和液体相中间状态的液晶相;其二是指具有上述液晶相的物质。

8.4.1　液晶

液晶的发现可追溯到 1888 年,当时奥地利植物学者 Reinitzer 在加热安息香酸胆石醇时,意外发现异常的熔解现象。因为此物质虽在 145℃熔解,却呈现浑浊的糊状,达到 179℃时突然成为透明液体;若从高温往下降温的过程观察,在 179℃突然成为糊状液体,在 145℃时成为固体的结晶,这种过程中液晶分子排列的变化可以用图 8-10 来描述。其后,德国物理学者 Lehmann 利用偏光显微镜观察此安息香酸胆石醇的浑浊状态,发现这种液体具有双折射性。证实此安息香酸胆石醇的浑浊状态是一种"有组织方位性的液体(Crystalline Liquid)",至此才正式确认液晶的存在,并开始了液晶的研究。Lehmann 将其称为 Fliessende Krystalle,英文为 Liquid Crystal,也就是液晶。液晶实质是指一种物质态,因此,也有人称液晶为物质的第四态。

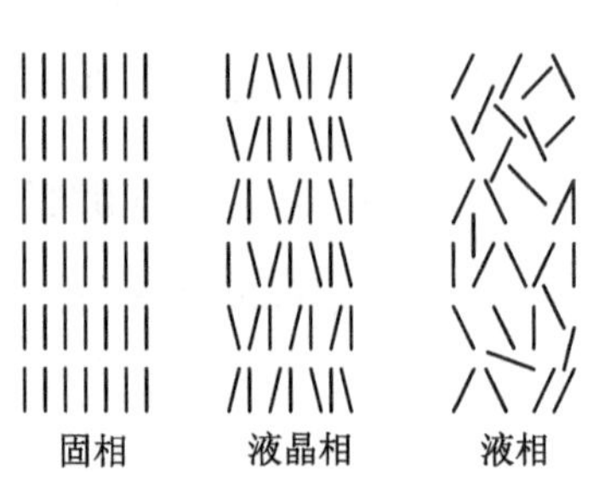

图 8-10　液晶与其固态、液态分子排列对比

液晶被发现后,人们并不知道它有何用途。但液晶的分子排列结构并不像晶体结构那样坚固,因此在磁场、温度、应力等外部刺激下,其分子容易发生再排列,液晶的各种光学性质会发生变化。液晶所具有的这种柔软的分子排列正是其用

于显示器件、光电器件、传感器件的基础。在用于液晶显示的情况下,液晶这种特定的初始分子排列,在电压及热的作用下发生有别于其他分子排列的变化,伴随这种排列的变化,液晶的双折射性、旋光性、二色性、光散射性、旋光分散等各种光学性质的变化可转变为视觉变化,实现图像和数字的显示。也就是说,液晶显示是利用液晶的光变化进行显示,属于非主动发光型显示。经过 40 余年的发展,液晶已形成了一个独立的学科。法国物理学家 P. G. de Gennes 由于对液晶研究方面的卓越贡献而获得了 1991 年诺贝尔物理学奖。

液晶真正用在产品上是在 1973 年。SHARP 公司采用的是扭曲向列型(Twisted Nematic, TN)液晶显示技术,在其生产的小型计算器上首次采用了 LCD。但 TN - LCD 对动、静态影像的显示表现都不理想,而且可视角度小,拖影现象明显,因此仅被应用于计算机面板、电子表及电器零件显示器及早期的低价位笔记本电脑等对图像显示质量要求不高的设备上。其后的 10 年间,液晶显示器技术发展十分缓慢。1985 年,东芝公司推出全球第一台笔记本电脑,液晶显示器立即与笔记本电脑融为一体,但那时的液晶显示器色彩单一,亮度很低,用户所能看到的是没有色度的黑白显示屏。次年,超扭曲向列型(Super Twisted Nematic, STN)液晶显示器出现,从名称上可以看出,STN - LCD 是 TN - LCD 的改进增强型。它的出现首次让 LCD 出现了色彩,主要应用于一些显示屏尺寸较大且要求不高的产品中。尽管实现了彩色输出,STN - LCD 依然存在着视角狭小、图像品质较差、分辨率和彩色深度低等缺点,限制了其应用。1994 年,东芝公司推出了专为笔记本电脑设计的 TFT(Thin Film Transistor)液晶显示屏,成为当今 IT 业界的主流选择。TFT 液晶即薄膜场效应晶体管液晶,是有源矩阵类型液晶显示器中的一种,其具有更高的对比度、更丰富的色彩和更新频率快等特性,俗称“真彩”。相对于 STN 而言,TFT 液晶的主要特点是为每个像素配置一个半导体开关器件,其加工工艺类似于大规模集成电路。由于每个像素都可以通过点脉冲直接控制,因而每个节点都相对独立,并可进行连续控制。这样的设计方法不仅提高了显示屏的反应时间,同时在灰度控制上也可以做到非常精确。近年来,随着制造技术的逐渐完善和新技术的采用,使得产品成品率不断提高、价格不断下降,TFT 液晶显示器在响应时间、对比度、亮度、可视角度方面取得飞速发展,逐渐取代传统的 CRT 显示技术。

8.4.2　液晶的电光效应

作为一种凝聚态物质,液晶的特性与结构介于固态晶体与各向同性液体之间,是有序性的流体。从宏观物理性质看,液晶既具有液体的流动性、黏滞性,又具有晶体的各向异性,能像晶体一样发生双折射、布喇格反射、衍射及旋光效应,也能在外场作用(如电、磁场作用)下产生热光、电光或磁光效应。液晶分子在某种排列状态下,通过施加电场,将向着其他排列状态变化,液晶的光学性质也随之变化。这种通过电学方法,产生光变化的现象称为液晶的电气光学效应,简称液晶的电光效应(Electro-optic Effect)。液晶技术在最近 20 多年来取得了迅速的发展,正是因为液晶材料的电气光学效应被发现,液晶逐渐成了显示工业不可或缺的重要材料,并被广泛地应用在需低电压和轻薄短小的显示组件,如电子表、电子计算器和计算机显示屏幕上。液晶作为一种光电显示材料来说,主要是应用了它的电光效应。

液晶的电光效应主要包括以下几种。

1. 液晶的双折射现象

双折射现象是液晶的重要特性之一,也就是说,液晶会像晶体那样,因折射率的各向异性而发生双折射现象。单轴晶体有两个不同的主折射率,分别为 o 光折射率 n_o 和 e 光折射率

n_e。因折射率的各向异性才导致液晶的双折射性,从而呈现出许多有用的光学性质:如能使入射光的前进方向偏于分子长轴方向;能够改变入射光的偏振状态或方向;能使入射偏振光以左旋光或右旋光进行反射或透射。这些光学性质,都是液晶能作为显示材料应用的重要原因。

2. 电控双折射效应

对液晶施加电场,使液晶的排列方向发生变化,因为排列方向的改变,按照一定的偏振方向入射的光,将在液晶中发生双折射现象。这一效应说明,液晶的光轴可以由外电场改变,光轴的倾斜随电场的变化而变化,因而两双折射光束间的相位差也随之变化,当入射光为复色光时,出射光的颜色也随之变化。因此液晶具有比晶体灵活多变的电旋光性质。

3. 动态散射

当在液晶两极加电压驱动时,由于电光效应,液晶将产生不稳定性,透明的液晶会出现一排排均匀的黑条纹,这些平行条纹彼此间隔数十微米,可以用作光栅。进一步提高电压,液晶不稳定性加强,出现湍流,从而产生强烈的光散射,透明的液晶变得浑浊不透明。断电后液晶又恢复了透明状态,这就是液晶的动态散射(Dynamic Scattering)。液晶材料的动态散射是制造显示器件的重要依据。

4. 旋光效应

在液晶盒中充入向列型液晶,两玻璃片绕在与它们互相垂直的轴向扭转90°,向列型液晶的内部就发生了扭曲,这样就形成了一个具有扭曲排列的向列型液晶的液晶盒。在这样的液晶盒前、后放置起偏振片和检偏振片,并使其偏振化方向平行,在不施加电场时,让一束白光射入,液晶盒会使入射光的偏振光轴顺从液晶分子的扭曲而旋转90°。因而,当光进入检偏振片时,由于偏振光轴互相垂直,光不能通过检偏器,外视场呈暗态;当增加电压超过某一值时,外视场呈亮态。

5. 宾主效应

将二向性染料掺入液晶中,并均匀混合起来,处在液晶分子中的染料分子将顺着液晶指向矢量方向排列。在电压为零时,染料分子与液晶分子都平行于基片排列,对可见光有一个吸收峰,当电压达到某一值时,吸收峰值大为降低,使透射光的光谱发生变化。可见,加外电场就能改变液晶盒的颜色,从而实现彩色显示。由于染料少,且以液晶方向为准,所以染料为“宾”,液晶则为“主”,因此得名“宾主(Guest-Host,G-H)”效应。电控双折射、旋光效应都可以应用于彩色显示的实现。

8.4.3 液晶显示器件的结构与驱动特点

如图8-11所示,典型的LCD是将设有透明电极的两块玻璃基板用环氧类粘合剂以4~6μm间隙进行封合,并把液晶封入其中而成,与液晶相接的玻璃基板表面有使液晶分子取向的膜。如果是彩色显示,在一侧的玻璃基板内面与像素相对应,设有由三基色形成的微彩色滤光片。

LCD是非发光型的。其特点是视感舒适,而且是很紧凑的平板型。LCD的驱动由于模式的不同而多少有点区别,但都有以下特点:

(1) LCD是具有电学双向性的高电阻、电容性器件,其驱动电压是交流的。

(2) 在没有频率相依性的区域,能对施加电压的有效值做出响应(铁电液晶除外)。

(3) LCD是低电压、低功耗工作型,可以用CMOS驱动。

(4) 因为液晶物理性质常数的温度系数比较大,响应速度在低温下较慢。

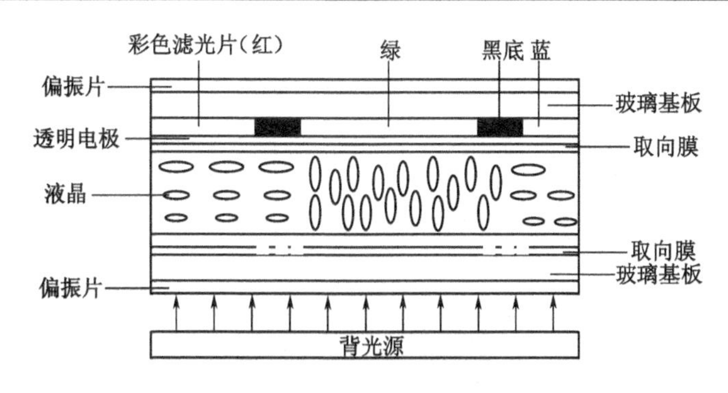

图8－11　典型LCD结构截面

8.4.4　液晶显示器件的种类与工作原理

液晶显示器件种类繁多。

按照显示方式不同,LCD可以分为反射型、透射型和半透型三种。反射型LCD无发光光源,完全依靠外界光线的反射来进行,所以很省电。透射型LCD需要连续使用背光源,所使用的底偏光片是全透偏光片,由于自身带有发光光源,所以不受环境光线的限制。半透型LCD介于以上两者之间,底偏光片能部分反光。一般其内部也自带背光源,在外界光线好时可以关掉,仅通过外界光线反射显示。

从工作模式角度看,液晶显示器件主要包括宾主彩色型(GH－LCD)、电控双折射型(ECB－LCD)、相变液晶型(PC－LCD)、有源矩阵型(AM－LCD)、铁电液晶型(F－LCD)等。其中最主流的是前面提到的扭转向列型(TN－LCD)、超扭转向列型(STN－LCD)和彩色薄膜晶体管型(TFT－LCD)三种。从技术水平和价格层次上看,TN－LCD、STN－LCD、TFT－LCD是依次递增的,下面分别介绍工作原理。

1. TN－LCD

图8－12是一个无源TN－LCD的典型结构。在它的最外侧是偏光片,上下偏光片透振方向互相垂直;在偏光片内侧是经过表面处理、带有定向膜和ITO膜的玻璃基板,上下定向膜的定向方向也相互垂直;在两块间隙5μm左右的玻璃形成的盒内充满正性向列相液晶。由于液晶分子拥有液体的流动特性,很容易顺着定向膜沟纹方向排列。填入后,接近基板沟纹的液晶分子所受束缚力较大,会沿着上下基板沟纹方向排列,而中间部分的液晶分子所受束缚力较小。宏观看来,液晶分子在两片玻璃之间呈90°链状扭曲,液晶指向矢的分布如图8－12(a)所示,故将这种显示器件称为扭曲向列液晶显示器件。

若不施加电场,当通过上偏振片的光进入液晶层后,由于液晶的折射率$n_o \neq n_e$,线性偏振光分解成o光和e光,二者的传播速度不同,但相位相同,因而在任一瞬间o光和e光合成的结果是使偏振光的振动方向发生了变化,通过液晶层的光也被逐渐扭曲,曲于TN－LCD边界条件的限制,当光到达下偏振片时,其光轴振动方向被扭转了90°,与下偏振片的偏振方向一致,因而光可以通过下偏振片而成为亮场,如图8－12(a)所示。

相反地,当液晶盒上施加一个约为2倍阈值电压值时,除电极表面的液晶分子外,液晶盒内两电极之间的液晶分子朝施加电场方向排列,垂直于定向膜,液晶分子的扭曲结构消失。这时,光线不再受液晶分子的影响,透过上偏振片进入液晶层后不发生扭转,因而不能通过下偏振片,因此不能透光,形成暗场,如图8－12(b)所示。利用这种亮暗交替的工作方式,可用作显示用途,这种显示方式的电光响应特性曲线如图8－13所示。

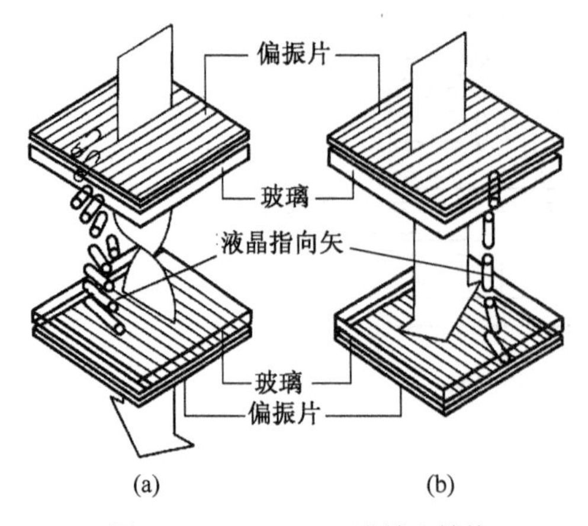

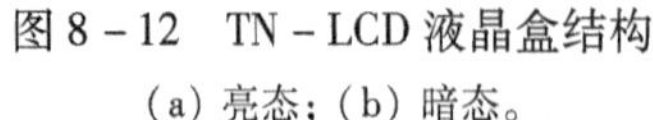

图 8－12 TN－LCD 液晶盒结构

(a) 亮态；(b) 暗态。

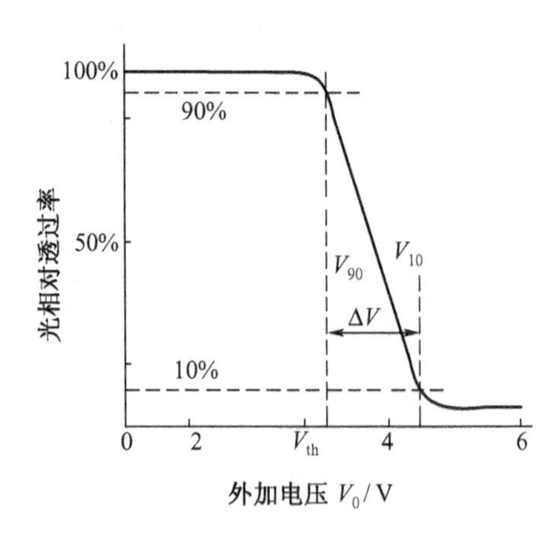

图 8－13 TN－LCD 电光响应特性曲线

在图 8－13 中，V_{90}称为门限电压。V_{10}与V_{90}的比值称为门限电压锐度，该比值越小，扫描线数越多。但是，当V_{10}与V_{90}的比值太小会使扫描线数增加太多时，LCD 的视角和对比度明显变差。

除了亮、暗两种状态外，若使用合适的液晶和合适的电压，也可显示中间色调，即在全“亮”与全“暗”之间产生连续变化的灰度等级。根据上下偏光片之间以及液晶盒内上下基极分子之间的相对位置，TN－LCD 又可分为四种模式：常白型寻常光模式、常白型非寻常光模式、常黑型寻常光模式和常黑型非寻常光模式。

图 8－14 所示是这四种模式的结构图。常白型指在不施加电压时，液晶面板是自然透光的，常黑型指不施加电压时液晶面板无法透光，看起来是黑色。常黑型和常白型在视角特性上

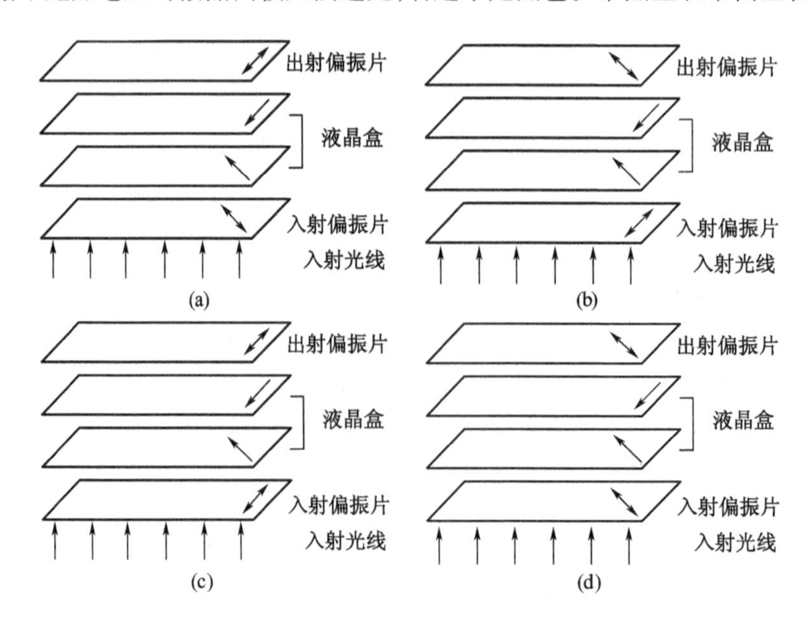

图 8－14 TN－LCD 常用的几种模式

(a) 常白型寻非常光模式；(b) 常白型寻常光模式；(c) 常黑型寻常光模式；(d) 常黑型非寻常光模式。

差别很大，这可以从两种模式对应的状态来理解。对于常黑型器件，一方面液晶盒条件很难控制到极值点，而且极值点对应的也只是一个波长，对可见光范围内其他波长，它只是一个近似值；另一方面，在实际情况下从液晶盒下表面出射的光仍有椭圆偏振光存在，导致了暗态的漏光，使常黑型的器件难以达到高的对比度。而常白型的暗态可以通过增大电压使分子排列最大程度地接近垂直于基片而用下偏光片的消光来实现，从而达到一个漏光较小的黑态。并且，在常白型中椭圆偏振光的影响出现在亮态，故其对比度可以达到较好的水平。

2. STN－LCD

STN－LCD与TN－LCD的显示原理基本相同。与TN－LCD盒相比，STN－LCD盒在结构上有以下几个主要区别：

（1）180°～270°大扭曲角，以实现大容量显示所要求的陡锐电光特性。

（2）高预倾角。由于扭曲角增大引起条纹畸变，预倾角的增大可消除这个别象。

（3）偏光片光轴与分子长轴之间的夹角做了特殊设置。

由于STN－LCD液晶分子的扭曲角更大，相比于TN－LCD，其驱动特性得到明显改善。图8－15给出了STN－LCD与TN－LCD的电光特性曲线，可以看到，对TN型LCD来说，随着驱动电压的升高，电光响应缓慢变化、阈值特性很不明显，这给多路驱动造成了困难。这种局限性在STN－LCD中得到了改进。另外，简单的TN型液晶显示器只能显示明暗两种变化，而STN型LCD的色彩是以橘色和淡绿色为主。如果在传统的单色STN型液晶显示器件内加上彩色滤光片，并将单色显示矩阵中的每一个像素都分成三个子像素，使其分别通过彩色滤光片显示RGB三原色，就可以实现彩色的显示。

3. TFT－LCD

在平板显示器中，显示图像被分割成一个个的像素，由这些像素构成完整图像。这种由点阵构成的图像显示又称为矩阵显示，矩阵显示最简单的方法就是在液晶盒上下两个基板上分别刻出横向和纵向的电极，上下基板之间构成的电极交叉点即是一个二维的显示矩阵。像素上的电压由加在横向电极和纵向电极之间的电压来控制。这种矩阵显示称为无源矩阵显示。无源矩阵显示有分辨率低、灰度层次少、颜色差、存在交叉效应等缺点。克服这些缺点的方法就是在每个交叉点之间加一个非线性的电子元件，这种矩阵显示称为有源矩阵显示。有源矩阵液晶显示是在每个液晶像素上配置一个二端或三端的有源器件，这样每个像素的控制都是相互独立的，从而消除了像素间的交叉效应，实现了高质量图像显示。

有源矩阵液晶显示器根据所采用的有源器件可以分为三端的晶体管驱动和二端的非线性元件驱动两大类。通常在显示矩阵中使用的晶体管均为电压控制型的场效应晶体管，这类器件中的电流是由外加电压引起的电场控制的。利用晶体管的三端有源驱动方式主要包括使用单晶硅金属—氧化物—半导体场效应晶体管和薄膜场效应晶体管（Thin Film Transistor，TFT）两种。

TFT－LCD的结构如图8－16所示。在下玻璃衬底上分布着许多横竖排列并互相绝缘的格状透明金属膜导线，这些导线将下玻璃衬底划分成许多微小格子，称为像素基色单元或子像素单元。每个格子中又有一片与周围导线绝缘的透明金属薄膜电极，称为像素电极或显示电极。在该电极的一角，有制作在玻璃衬底上的TFT场效应管，分别与两根纵横导线连接。其中栅极与横线连接，源极与竖线连接，漏极与透明像素电极连为一体。横线称为栅极扫描线，因起到TFT选通作用又称为选通线；竖线称为源极列线。TFT场效应管的功能就是一个开关管。

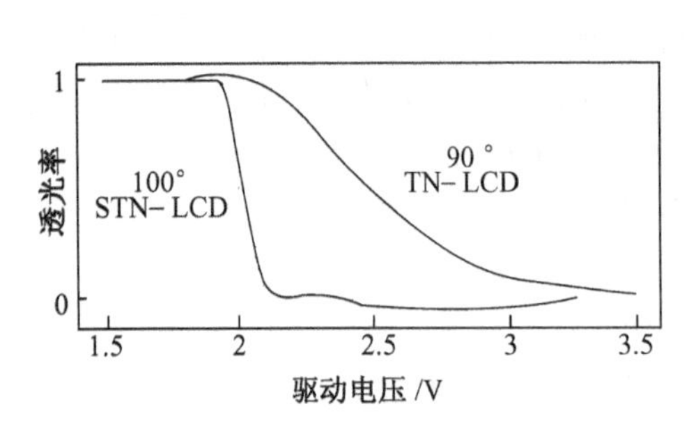

图 8-15 扭曲角与电光曲线的关系

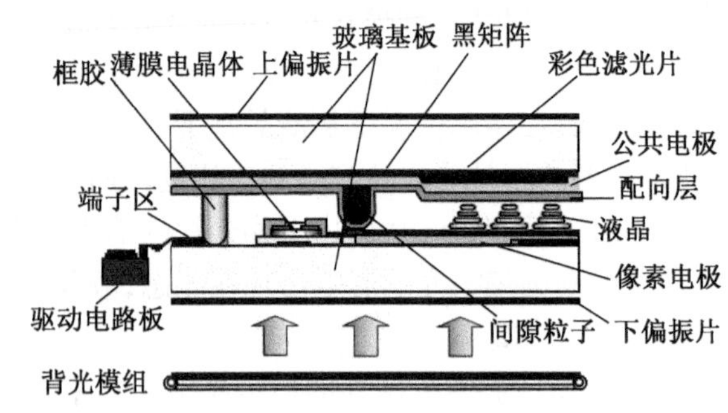

图 8-16 TFT-LCD 结构图

在上玻璃衬底上同样也划分为许多小格子，与下玻璃衬底的一个像素电极相对应。但是它没有独立的电极，只是覆盖一小片 RGB 三基色的透明薄膜滤光片，该滤光片称为彩色滤光片或 RGB 滤色膜，用以还原出正常的彩色。整个上玻璃衬底还均匀覆盖着一层透明导电膜，称为公共电极。公共电极与每个像素电极之间构成一个个小电容，称为存储电容。当在横、竖线上加电压选中某个薄膜晶体管时，TFT 管导电，使该像素电极与公共电极的电容充电形成作用于上下玻璃衬底间液晶分子的电场，从而使该像素电极区变为透光。透过光因覆盖的滤光片颜色不同可以显示出不同的颜色。

总的来说，TFT-LCD 与 TN-LCD 显示原理相似，是通过改变液晶分子的排列状态达到显示目的。不同之处在于，由于场效应晶体管具有电容效应，能够保持电位状态，已经透光的液晶分子会一直保持这种状态，直到场效应管电极下一次加电改变排列状态为止。而对 TN 型液晶，液晶分子一旦没有加电场则立刻返回原来的状态。基于 TFT-LCD 的设计，每个像素都设有一个半导体开关，其工艺类似于大规模集成电路。由于每个像素都可以通过点脉冲直接控制，因而每个节点相对独立，并可以进行连续控制，这样不仅提高了显示屏的反应速度，同时可以精确控制显示灰度，使显示屏具有更高的对比度和更加丰富逼真的色彩。表 8-2 对 TN-LCD、STN-LCD 和 TFT-LCD 的性能做了对比。

表 8-2 三种 LCD 性能比较

	TN-LCD	STN-LCD	TFT-LCD
驱动方式	单纯矩阵驱动	单纯矩阵驱动	主动矩阵驱动
视角大小	小	中等	大
画面对比	最小	中等	最大
反应速度	最慢（无法显示动画）	中等（150ms）	最快（40ms）
显示品质	最差	中等	最佳
颜色	单色或黑色	单色及彩色	彩色
价格	最便宜	中等	最贵
产品应用	电子表、电子计算器、各种汽车、电器产品的数字显示器	移动电话、PDA、电子词典、掌上电脑、低档显示器	笔记本、掌上电脑、PC 显示器、背投电视、汽车导航系统

8.4.5 液晶显示的驱动

LCD 的驱动方式可分为静态驱动、动态驱动（多路或简单矩阵驱动）、有源矩阵驱动和光束扫描驱动四种方式。

1. 静态驱动方式

所谓静态驱动,是指在所显示的像素电极和共用电极上,同时连续地施加驱动电压,直到显示时间结束。由于在显示时间内驱动电压一直保持,故称做静态驱动。下面以最常用的笔段式 TN 液晶显示屏为例进行说明。

笔段式 TN 液晶显示屏是通过段形显示像素实现显示的。段形显示像素是指显示像素为一个长棒形,也称笔段形。在数字显示时,常采用七段电极结构,即每位数由一个“8”字形公共电极和构成“8”字图案的七个段形电极组成,分别设置在两块基板上,如图 8-17 所示。

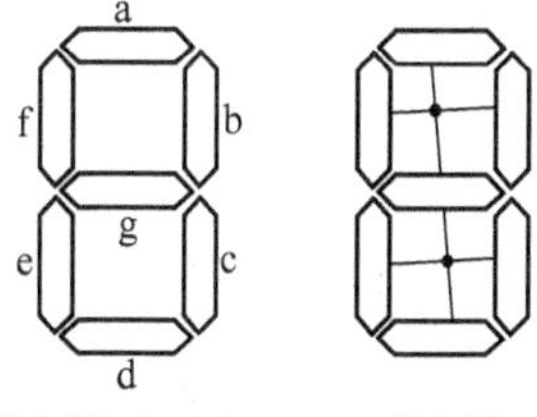

图 8-17　笔段式液晶显示屏的电极

每个笔段的驱动电压为 AC 3 ~ 5V,频率有 32Hz、167Hz、200Hz 几种。工作时在背电极上持续施加占空比为 1/2 的连续方波,在要显示的笔段上施加与背电极上的电压波形相位相反、幅值相等、频率相同的连续方波,则在被显示笔段上加有正、负交替的两倍于方波幅值的电压,该值应大于液晶显示器件的阈值电压;而在不需要显示的笔段上施加一个与背电极上的电压波形相位相同、幅值相等、频率相同的波形,则该笔段上不能形成电场,也就不能显示。

图 8-18 所示是一个笔段电极的液晶显示屏驱动电路原理和波形图。图 8-18(a)是一个异或门的 CMOS 集成电路。输入端 A 是由振荡电路产生的方波振荡脉冲并且直接与液晶显示屏的背电极端连接。输入端 B 可接入高、低电平,用于控制电极的亮与灭。异或门的输出端 C 接液晶显示屏的笔段电极(a、b、c、d、e、f 或 g 端)。从图 8-18 (b)所示的异或门真值表中可以得到液晶显示屏两端的交流驱动波形,如图 8-18(c)中所示。可见,当字段上两个电极的电压相位相同时,两电极之间的电位差为零,该字段不显示;当此字段上两个电极的电压相位相反时,两电极之间的电位差为两倍幅值的方波电压,该字段呈现黑色。

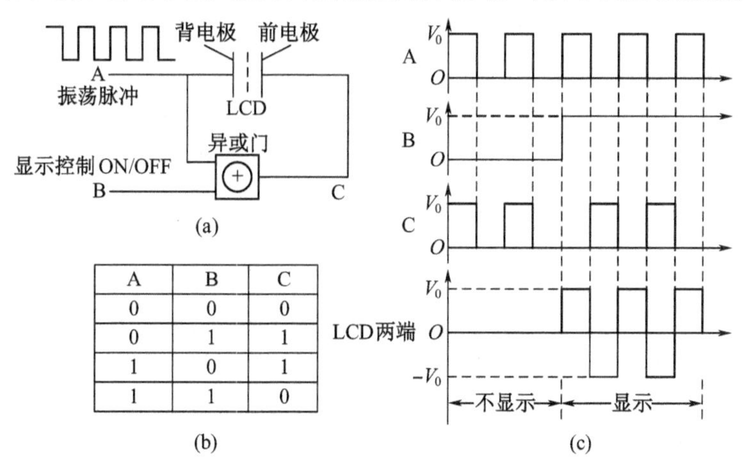

A	B	C
0	0	0
0	1	1
1	0	1
1	1	0

图 8-18　笔段电极的液晶显示屏驱动电路原理和波形图
(a) 驱动回路;(b) 真值表;(c) 静态驱动波形。

笔段式静态驱动具有以下两个特点:

(1) 各电极的驱动相互独立,互不影响。

(2) 在显示期间,驱动电压一直保持,使液晶充分驱动。

与动态驱动相比，静态驱动具有对比度好、亮度高、响应快等优点，但是它的缺点是每个笔段形电极需要一个控制元件。当显示数字的位数很多时，相应的驱动元件数和引线端子数就会太多，因此它的应用受到限制，只适合于位数很少的笔段电极显示。

2. 简单矩阵驱动方式

在静态驱动中，任意文字和图形、图像的显示都要增加必要数目的驱动电路，在成本上不太现实。简单矩阵驱动方式如图 8－19 所示，是由 $m+n$ 个至少一侧为透明的条状行电极和列电极组成，将 $m\times n$ 个交点构成的像素以 $m+n$ 个电路实施驱动。

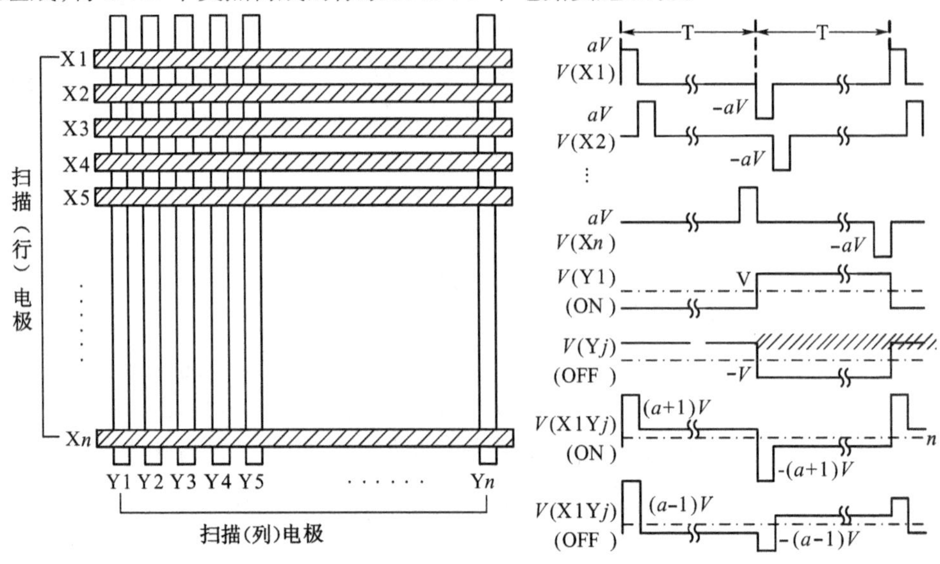

图 8－19 简单矩阵驱动

这样，因为在一个电极上有多个像素相连接，所以施加电压就成为时间分割脉冲，即各像素承受一定周期的间歇式电压激励。一般以 30Hz 以上的帧频对行电极进行逐行扫描（一次一行），对列电极同步施加亮和不亮的信号。将这种驱动方式叫做多路（时间分割）驱动，也叫做无源矩阵驱动。图 8－19 所示的 STN 就是简单矩阵驱动型的实例。

在图 8－19 的驱动波形中，设扫描电极数为 n，那么使对比度最大的条件就是设定峰值，使 a 等于$\sqrt{n}$。

以上是将电极一个一个扫描的方式。除此之外，还有称为“有源寻址（Active Addressing）”和“多行寻址（Multi-Line Addressing）”的方式。这是对多个或全部行电极同时施加互有垂直函数关系的波形电压，而对列电极施加把垂直函数和显示信息信号运算的电压以实施驱动的方式。这种方式对提高高速响应的 STN 模式液晶的对比度非常有效。

3. 有源矩阵驱动方式

在简单矩阵驱动中，若扫描电极增加，则像素液晶的激励时间变短、亮度下降。如果为提高亮度而提高电压，则会使交调失真而使得非显示部分也变亮、对比度下降。有源矩阵驱动用设在各像素的开关进行工作，可以防止交调失真、提高对比度。另外，利用各像素的信号存储电容以加长液晶的激励时间，提高对比度和响应特性等。

有源矩阵驱动也叫主动矩阵驱动或者开关矩阵驱动，是在显示面板的各个像素设置开关和信号存储电容对液晶进行驱动。这种驱动方式有三端型和双端型，三端型使用场效应晶体管，双端型则使用二极管。其中使用场效应晶体管的方式，又以所使用半导体分为 a－Si、p－

Si和单晶硅三种。TFT－LCD是以掺氢 a－Si薄膜晶体管为契机而发展的。使用二极管的方式中有采用 a－Si的环二极管型和具有双向二极管特性的MIM型等。三端型的特点是显示特性优异，双端型的特点是制造成本低廉。

下面以TFT阵列方式为例，介绍有源矩阵型LCD的结构。a－Si TFT阵列是通过精密加工技术成形的，即利用甲硅烷的辉光放电分解法在玻璃基板上形成 a－Si半导体有源层，并利用绝缘膜以及金属层进行和半导体集成电路一样的光刻。

图8－20给出了以TFT为开关组件时的工作原理。利用一次一行方式依次扫描栅极，将一个栅极线上所有的TFT一下子处于导通状态；从取样保持电路通过漏极总线将信号提供给各信号存储电容。各像素的液晶被存储的信号激励至下一个帧扫描时为止。

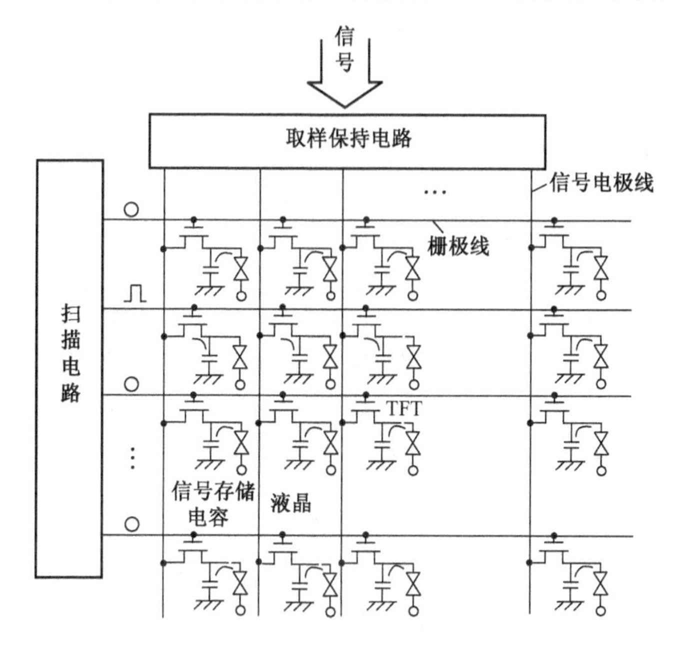

图8－20　TFT－LCD的等效驱动电路结构

TFT－LCD有以下特点：

（1）从原理上没有简单矩阵那样的扫描电极数的限制，可以实现多像素化。

（2）可以控制交调失真，对比度高。

（3）由于液晶激励时间可以很长，亮度高，响应时间也很快。

（4）由于在透明玻璃基板上利用溅射、化学气相沉积（Chemical Vapor Deposition，CVD）等方法成膜，可以实现大型化和彩色化。

（5）可以同时在显示区域外部形成驱动电路，使得接口数骤减，有利于实现高可靠性和低成本。

4. 光束扫描驱动方式

这种工作方式的特点是，在面板上并没有被分割的像素电极，光束点相当于一个像素，通过光束的扫描以形成像素。

8.4.6　液晶显示的技术参数

技术参数是衡量显示器性能高低的重要标准，由于各种显示方式的原理不同，液晶显示器的技术参数也大不一样。

1. 可视面积

液晶显示器所标示的可视面积尺寸就是实际可以使用的屏幕对角线尺寸。一个15.1英寸的液晶显示器约等于17英寸CRT屏幕的可视范围。

2. 点距

液晶显示器的点距是指在水平方向或垂直方向上的有效观察尺寸与相应方向上的像素之比,点距越小显示效果就越好。现在市售产品的点距一般有点28(0.28mm)、点26(0.26mm)、点25(0.25mm)三种。例如,一般14英寸LCD的可视面积为285.7mm×214.3mm,它的最大分辨率为1024×768,那么点距就等于可视宽度除以水平像素(或者可视高度除以垂直像素),即285.7mm/1024=0.279mm(或者是214.3mn/768=0.279mm)。

3. 可视角度

液晶显示器的可视角度左右对称,而上下则不一定对称。由于每个人的视力不同,因此以对比度为准,在最大可视角时所测得的对比度越大越好。当背光源的入射光通过偏光板、液晶及取向膜后,输出光便具备了特定的方向特性,也就是说,大多数从屏幕射出的光具备了垂直方向。假如从一个非常斜的角度观看一个全白的画面,可能会看到黑色或是色彩失真。一般来说,上下角度不大于左右角度。如果可视角度为左右80°,表示在始于屏幕法线80°的位置时可以清晰地看见屏幕图像。但是,由于人的视力范围不同,如果没有站在最佳的可视角度内,所看到的颜色和亮度将会有误差。现在有些厂商开发出各种广视角技术,试图改善液晶显示器的视角特性,如平面控制模式(IPS)、多象限垂直配向(Multi-Domain Alignment,MVA)、TN+FILM等。这些技术都能把液晶显示器的可视角度增加到160°,甚至更多。

4. 亮度

液晶显示器的最大亮度,通常由冷阴极射线管(背光源)来决定,亮度值一般都在200~250cd/m^{2}之间。液晶显示器的亮度若略低,会觉得发暗,而稍亮一些,就会好很多。虽然技术上可以达到更高亮度,但是这并不代表亮度值越高越好,因为太高亮度的显示器有可能使观看者眼睛受伤。

5. 响应时间

响应时间是指液晶显示器各像素点对输入信号反应的速度,即像素内由暗转亮或亮转暗的速度,此值越小越好。如果响应时间太长,就有可能使液晶显示器在显示动态图像时有尾影拖曳的感觉。这是液晶显示器的弱项之一,但随着技术的发展现在已经得到了极大的改善。一般将反应速率分为两个部分,即上升沿时间和下降沿时间,表示时以两者之和为准,一般以20 ms左右为佳。

6. 色彩度

色彩度是LCD的重要指标。LCD面板上是由像素点组成显像的,每个独立的像素色彩是由红、绿、蓝(R、G、B)三种基本色来控制。大部分厂商生产出来的液晶显示器,每个基本色(R、G、B)达到6位,即64种表现度,那么每个独立的像素就有64×64×64=262144种色彩。也有不少厂商使用了所谓的帧频率控制(Frame Rate Control,FRC)技术以仿真的方式来表现出全彩的画面,也就是每个基本色(R、G、B)能达到8位,即256种表现度,那么每个独定的像素就有高达256×256×256=16777216种色彩。

7. 对比度

对比度是最大亮度值(全白)与最小亮度值(全黑)的比值。CRT显示器的对比度通常高达 500:1,以致在 CRT 显示器上呈现真正全黑的画面是很容易的。但对 LCD 来说就不是很容易了,由冷阴极射线管所构成的背光源很难做快速的开关动作,因此背光源始终处于点亮的状态。为了得到全黑画面,液晶模块必须把来自背光源的光完全阻挡,但在物理特性上,这些组件无法完全达到这样的要求,总是会有一些漏光发生。一般来说,人眼可以接受的对比值约为 250:1。

8. 分辨率

TFT 液晶显示器分辨率通常用一个乘积来表示,例如 800×600、1024×768、1280×1024 等,它们分别表示水平方向的像素点数与垂直方向的像素点数,而像素是组成图像的基本单元,也就是说,像素越高,图像就越细腻、越精美。

8.5 发光二极管显示

前面已经介绍过,发光二极管(Light Emitting Diode,LED)是一种固态的半导体器件,可以直接把电转化为光。目前,三基色(R、G、B)LED 均已实现了商品化生产,因此,可以通过一定的控制方式,用于显示文字、文本、图像、图形和行情等各种信息以及电视、录像信号。

8.5.1 LED 显示器件的显示原理

LED 显示屏按使用环境可分为室内屏和室外屏。室内屏按采用的 LED 单点直径可分为 ϕ3mm、ϕ3.75mm、ϕ5mm、ϕ8mm 和 ϕ10mm 等几种规格,室外屏按采用的像素直径有 ϕ19mm、ϕ22mm、ϕ26mm 等规格。

LED 显示屏按显色分为单色屏和彩色屏(含伪色彩屏,即在不同的区域安装不同颜色);按灰度级又可分为 16、32、64、128、256 级灰度屏等。LED 显示屏按显示性能分为文本屏、图文屏、计算机视频屏、电视视频显示屏和行情显示屏等,行情 LED 显示屏一般包括显示证券、利率、期货等用途的 LED 显示屏。

如图 8-21 所示,典型的 LED 显示系统一般由信号控制单元、扫描控制单元和驱动单元以及 LED 阵列组成。信号控制单元可以由单片机系统、独立的微机系统、传呼接收与控制系统等组成。其任务是生成或接收 LED 显示所需要的数字信号,并控制整个 LED 显示系统的各个不同部件按一定的分工和时序协调工作。扫描控制单元主要由译码器组成,用于循环选通 LED 阵列。驱动单元多分为三极管阵列,给 LED 提供大电流。待显示数据就绪后,信号控制单元首先将第一行数据传到扫描控制单元的移位寄存器并锁存,然后由行扫描电路选通 LED 阵列的第一行,持续一定时间后,再用同样方法显示后续行,直至完成一帧显示,如此循环往复。根据人眼视觉暂留时间,屏幕刷新速率 25 帧/s 以上就没有闪烁感。当 LED 显示屏面积很大时为了提高视觉效果,可以分区并行显示。在高速动态显示时,LED 的发光亮度与扫描周期内的发光时间成正比,所以,通过调制 LED 的发光时间与扫描周期的比值(即占空比)可实现灰度显示,不同基色 LED 灰度组合后便调配出多种色彩。

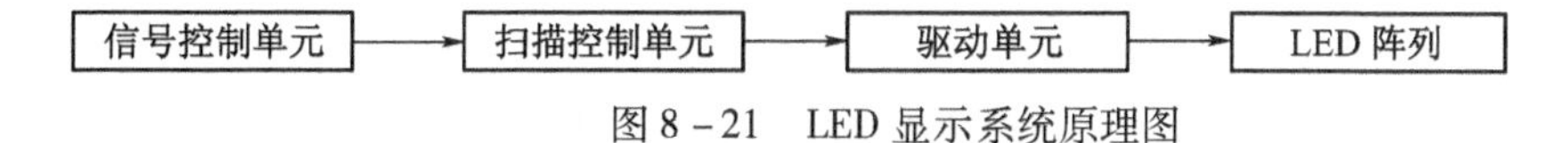

图 8-21 LED 显示系统原理图

8.5.2 LED显示器件的扫描驱动电路

LED显示器件扫描驱动电路实现对显示屏所要显示信息内容的接收、转换及处理功能。一般来说,显示屏的控制系统包括输入接口电路、信号的控制、转换和数字化处理电路、输出接口电路等,涉及的具体技术很多,这里只做简要介绍。

1. 串行传输与并行传输

LED显示屏上数据的传输方式主要有串行和并行两种,目前广为采用的是串行控制技术。在这种控制方式下的显示屏每一个单元内部的驱动电路、各级联单元之间每个时钟仅传送一位数据。采用这种方式,可采用的驱动IC种类较多,不同显示单元之间的连线较少,可减少显示单元上的数据传输驱动元件,从而提高整个系统的可靠性和工程实现的难易度。

2. 动态扫描与静态锁存

信息的刷新原理有动态扫描技术和静态锁存技术,一般室内显示屏多采用动态扫描技术,若干行发光二极管共用一行驱动寄存器,根据发光二极管像素数目,具体有1/4、1/16扫描等。室外显示屏基本上采用的是静态锁存技术,即每一个发光二极管都对应有一个驱动寄存器。相对于扫描而言,静态驱动方式控制简单,静态锁存控制的驱动寄存器无须频繁动作,但驱动电路复杂。

3. γ校正技术

所谓γ校正就是对色度曲线的选择,不同的色度曲线对图像颜色、亮度、对比度有极大影响。在不同情况下适当调整色度曲线可以达到最佳质量画面。γ校正一般有模拟校正和数字校正两种处理方法。目前有些厂家在全彩屏的每一控制板内都嵌入了γ校正功能,可以灵活选择所要的色度,其曲线数值在控制板上存储,且对红、绿、蓝三基色的色度曲线分别单独存储。

4. 输入接口技术

目前显示屏在信号输入接口上可以满足全数字化信号输入、模拟信号输入、全数字化信号和模拟信号二者兼容的输入以及高清晰度电视(HDTV)信号输入等多种方式。全数字化信号输入方式接收外部全数字化输入信号,在使用多媒体卡的显示屏系统中,控制系统的输入接口即为全数字化信号输入方式。多媒体卡将视频模拟信号及计算机自身的信号转换成符合控制系统输入要求的数字信号,这种形式显示计算机信息时效果很好。在显示视频图像时,如果由于计算机本身及软件的性能不好,容易出现图像模糊及马赛克等现象。

模拟信号输入方式只能接收外部模拟输入信号,这种输入方式的显示屏增加了模/数转换电路,将视频信号或来自计算机显卡的模拟信号转换为全数字信号后进行处理。在显示视频图像时效果很好,但显示计算机信息有时会出现局部拖尾。将全数字化信号和模拟信号二者兼容的输入方式是输入方式的有机结合,在显示视频图像和计算机信息时均能达到理想的显示效果。在此基础上,增加部分转换电路,将高清晰度电视信号还原成红、绿、蓝三基色数字信号及外同步信号,可显示高清晰度电视的图像。

8.5.3 LED显示器的技术指标

1. 室内屏系列

室内屏面积一般在十几平方米以下,点密度高,在非阳光直射或灯光照明环境下使用,观看距离在几米以外,屏体不具备密封防水能力。根据控制方式和显示颜色,又可以分为室内全彩色视频屏、室内双基色视频屏和室内单色屏。下面分述这几种室内屏的特点及技术参数。

(1) 室内全彩色视频屏,其特点是:

① 采用独立研发的逐点矫正技术,保证点与点之间均匀一致。

② 显示面板的发光点采用柱状平头的发光二极管,经测试,纵向、横向全视角均可达到150°。

③ 构成灯板的反射罩经开模制作,与发光点无缝吻合,成品可做到表面高度误差极小。

④ 采用发光二极管,发光亮度为发光晶片亮度的6~8倍。

⑤ 发光二极管的热量主要从金属管脚散失,决定了显示面板具有良好的散热性能。

⑥ 不良发光二极管可逐个更换,不影响其他发光二极管的使用,降低维护成本。

⑦ 采用最新技术的视频控制系统,显示颜色艳丽清晰。

室内全彩色视频屏的主要技术参数如表8-3所列。

表8-3　室内全彩色视频屏的主要技术参数

技术要素	技术参数		技术要素	技术参数	
基色	RGB(全彩色)	RGB(全彩色)	物理像素密度/(点/m^2)	17200	10000
像素直径/mm	5.00	8.00	虚拟像素密度/(点/m^2)	16384	40000
像素间距/mm	7.62	10.00	峰值功耗/(W/m^2)	850	750
像素组成	1R1G1B	2R1G1B虚拟像素	平均功耗/(W/m^2)	350	320
单元面板点数/点	32×32	32×16	质量/(kg/m^2)	<36	<36
单元面板尺寸/mm	245×245	320×160	可视角度/(°)	150	150
单元面板质量/g	1100	850	最高亮度/(cd/m^2)	1700	800

(2) 室内双基色视频屏,其特点是:

① 显示模块采用大厂产品,整屏亮度和发光一致性好。

② 系统稳定成熟,安装简单,无需调试,故障率极低。

③ 采用最新技术水平的视频控制系统,显示颜色艳丽清晰。

室内双基色视频屏主要技术参数如表8-4所列。

表8-4　室内双基色视频屏的主要技术参数

技术要素	技术参数		技术要素	技术参数	
基色	RG(红绿双基色)	RG(红绿双基色)	单元面板质量/g	800	500
像素直径/mm	3.75	5.00	物理像素密度/(点/m^2)	43000	17200
像素间距/mm	4.75	7.62	峰值功耗/(W/m^2)	700	350
像素组成	1R1G	1R1G	平均功耗/(W/m^2)	300	200
单元面板点数/点	64×32(或80×32)	80×32	可视角度/(°)	150	
单元面板尺寸/mm	306×153(或382×153)	612×245	通信距离/m	100(无中继)	

（3）室内单色屏，其特点是：

① 显示模块采用大厂产品，整屏亮度和发光一致性好。

② 系统稳定成熟，安装简单，无需调试，故障率极低。

③ 根据不同使用要求，可采用同步或异步方式。

表8－5所列是室内单色屏的主要技术参数。

表8－5 室内单色屏的主要技术参数

技术要素	技术参数			技术要素	技术参数		
基色	单色	单色	单色	单元面板质量/g	700	900	1500
像素直径/mm	3.0	3.75	5.00	像素密度/（点/m^2）	62500	43000	17200
像素间距/mm	4.0	4.75	7.62	峰值功耗/（W/m^2）	500	350	200
像素组成	1R	1R	1R	平均功耗/（W/m^2）	350	200	100
单元面板点数/点	64×32	64×32	80×32	可视角度/（°）	150		
单元面板尺寸/mm	306×153	612×245		通信距离/m	100（无中继）		

2. 半室外屏系列

半室外屏一般使用发光单灯组成发光点，适用于亮度较高又可以防水的环境，如房檐下、橱窗内、光线强烈的大厅等。点间距一般为7.62～10mm；发光颜色一般为单红色或红/绿双基色；控制方式根据使用要求，有异步、同步图文、视频等。

表8－6所列是半室外屏的主要技术参数。

表8－6 半室外屏的主要技术参数

技术要素	技术参数		技术要素	技术参数	
基色	单色/双基色	单色/双基色	像素密度/（点/m^2）	17200	10000
像素直径/mm	5.00	5.00	峰值功耗/（W/m^2）	400	300
像素间距/mm	7.62	10.00	平均功耗/（W/m^2）	250	200
像素组成	1R	1R	水平可视角度/（°）	60～70	
单元面板点数/点	80×32	32×16	垂直可视角度/（°）	45～60	
单元面板尺寸/mm	612×245	320×160	最高亮度/（cd/m^2）	3000	1800
单元面板质量/g	1700	1000			

3. 室外屏系列

室外屏的屏幕面积一般在10m^2以上，亮度较高，可以在阳光直射环境下使用，观看距离一般在十几米以外，屏体具备密封防水能力。根据控制方式和显示颜色，又可分为室外全彩色视频屏和室外双基色视频屏。

（1）室外全彩色视频屏，具有以下特点：

① 显示面板的发光点采用纯色超高亮度的发光二极管，显示效果真实自然。

② 灯板为箱体结构，安装方便，外观平整。

③ 采用最新技术水平的视频控制系统，显示颜色艳丽清晰。

表8－7列出了室外全彩色视频屏的主要技术参数。

表 8-7 室外全彩色视频屏的主要技术参数

技术要素	技术参数		技术要素	技术参数	
基色	RGB(全彩色)	RGB(全彩色)	像素密度/(点/m^2)	2500	1600
像素直径/mm	15.00	18.00	峰值功耗/(W/m^2)	1000	800
像素间距/mm	20	25	平均功耗/(W/m^2)	380	350
像素组成	2R1G1B	2R1G1B	质量/(kg/ m^2)	<42	<40
单元面板点数/点	32×16	32×16	水平可视角度/(°)	70	
单元面板尺寸/mm	640×320	800×400	垂直可视角度/(°)	45	
单元面板质量/g	1500	1000	最高亮度/(cd/m^2)	7000	800

(2) 室外双基色视频屏,其特点如下:

① 灯板为箱体结构,安装方便,外观平整。

② 采用最新技术水平的视频控制系统,显示颜色艳丽清晰。

表 8-8 列出了室外双基色视频屏的主要技术参数。

表 8-8 室外双基色视频屏的主要技术参数

技术要素	技术参数			技术要素	技术参数		
基色	RG(双基色)	RG(双基色)	RG(双基色)	像素密度/(点/m^2)	7600	4096	2048
像素间距/mm	11.5	16.0	22.0	峰值功耗/(W/m^2)	800	600	500
像素组成	2R1G	2R1G	2R4G	平均功耗/(W/m^2)	300	250	150
单元面板点数/点	32×16	32×16	32×16	可视角度/(°)	70		
单元面板尺寸/mm	368×184	512×256	704×352	通信距离/m	100(无中继)		
单元面板质量/g	1000	1500	2300				

8.6 数字光处理显示

数字光处理显示(Digital Light Processing,DLP)是美国得克萨斯仪器公司(简称得州仪器公司)基于其开发的数字微镜器件(Digital Micromirror Device,DMD)来完成可视数字信息显示的技术。

DMD 是一种基于半导体制造技术,由高速数字式光反射开关阵列组成的器件。在 DMD 的基础上,采用二进制脉宽调制技术精确地控制光的灰度等级,再加上图像处理、存储器、光源和光学系统就可以组成 DLP 显示系统。DLP 显示技术能投射大屏幕、高亮度、无缝、高对比度彩色图像。1994 年,DLP 技术首次用于数字投影机;次年,出现了第一家 DLP 投影机用户;1996 年 3 月,以 DLP 为商标的数字投影机产品开始销售;1998 年,DLP 投影技术获得了美国电视艺术与科学院的艾美(Emmy)奖。

目前,DLP 数字投影机已经广泛应用于会议室、教学及各种比赛场所、数字电视显示、家庭影院和数字影院等各个方面。

8.6.1 DMD 的结构

DLP 的核心部件是 DMD,它是一种二进制脉宽调制的数字光开关,是目前世界上最复杂的光开关器件。DMD 采用微电子机械原理,利用铝溅射工艺,在半导体硅片上生成方形微镜面。DMD 器件的每一个微镜面的尺寸是 16μm×16μm 或更小,只相当于人们头发丝直径的 1/5。每一个微镜面之间的间隔是 1μm。微镜面的中心间距为 17μm,更小 DMD 器件的微镜面的中心间距为 13.68 μm 或 13.8 μm。数以百万计的微镜面用铰链结构建造在由硅片衬托的 CMOS 存储器上。利用静电原理,可以使每一个微镜面沿着它的对角线轴线翻转 +10°或 -10°,小尺寸新型产品的翻转角度为 +12°和 -12°,如图 8-22 所示。

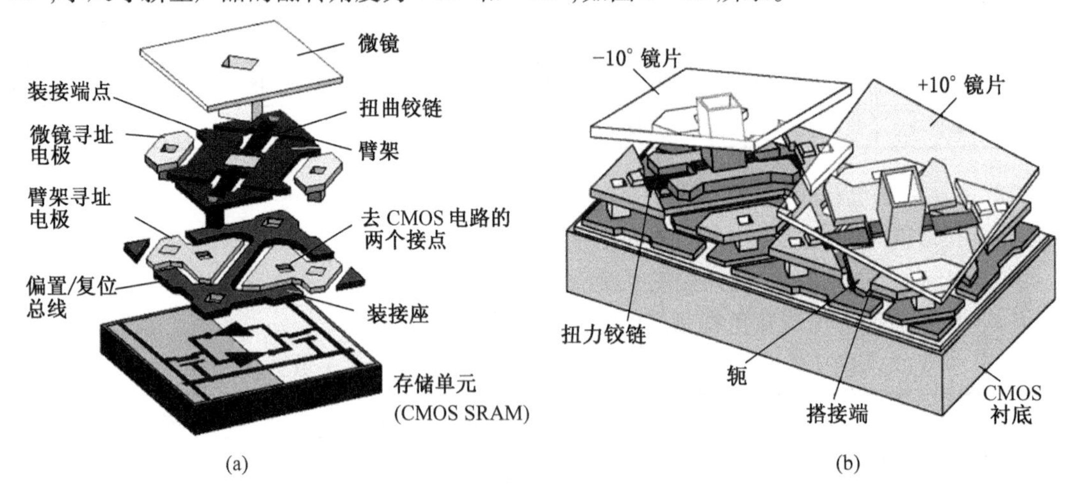

图 8-22 DMD 器件
(a) DMD 器件的结构; (b) DMD 器件的微镜片位置。

当受到光源照射时,每一个微镜面可以反射一个像素的光。当微镜面为 +10°时,镜面对着光源,反射光可以通过投影镜头投向屏幕,形成一个亮点;当微镜面为 -10°时,镜面背向光源,反射光则不能通过投影镜头而被光吸收装置所吸收,在屏幕上形成一个黑点。这样就控制了每个像素光线的开关通断。改变每个像素光线通断时间的长短,即可实现光的脉冲宽度调制,形成不同亮度、灰度和对比度的图像。在不受静电作用力和不工作时,微镜面则保持在 0°位置。

自 2000 年以来,DMD 器件的成品率和产量都有了大幅度提高,产品优良率达到了 40%。由于采用了直径 6~8 英寸的更大尺寸的硅晶体材料,并且提高了封装效率,使得 DMD 器件的生产成本和市场价格有了大幅度下降。

8.6.2 DLP 投影机的工作原理

通过对每一个镜片下的存储单元以二进制平面信号进行电子化寻址,DMD 阵列上的每个镜片被以静电方式倾斜为开或关态。镜片可以在 1s 内开关 1000 多次,这一相当快的速度允许数字灰度等级和颜色再现。来自投影灯的光线通过聚光透镜以及颜色滤波系统后,被直接照射在 DMD 上。当镜片在开的位置上时,它们通过投影透镜将光反射到屏幕上形成一个数字的方形像素投影图像。

图 8-23 DLP 工作原理

如图 8-23 所示,入射光射到三个镜片像素上,两个外面的镜片设置为开,反射光线通过投影镜头然后投射在屏幕上,这两个"开"状态的镜片产生方形白色像素图形。中央镜片倾斜到

“关”的位置，这一镜片将入射光反射偏离开投影镜头而射入光吸收器，以致在那个特别的像素上没有光反射上去，形成一个方形、黑色像素图像。同理，剩下的镜片像素将光线反射到屏幕上或反射离开镜片，并利用一个彩色滤光系统，使一幅全彩色数字图像被投影到屏幕上。

8.6.3　DLP 投影机的主要工作方式

按 DMD 装置的数目，DLP 投影机分为单片 DLP 投影系统、双片 DLP 投影系统和三片 DLP 投影系统。其中单片式主要应用于便携式投影产品中，三片式主要应用于超高亮度投影机，双片式则主要应用于大型拼接显示墙。

单片 DLP 投影机的工作原理如图 8－24 所示。投影灯泡发出的光被弧形灯碗反射后输出到聚光透镜，经聚光后由反射镜反射到红外、紫外线滤波器滤掉红外线光和紫外线光，之后进入匀光器件——实心光导管（也称聚光棒或积分棒）。光线经过光导管后被均匀化，照射到被称做色轮的分光器件上，把白光分解为红、绿、蓝三种基色光。红、绿、蓝三基色光经过反射镜到中继透镜，被聚焦后入射到总反射棱镜。总反射棱镜的作用是调整光线入射 DMD 器件上的入射角，使得 DMD 上的微镜片转动时可以将光线准确地射入或偏离投影透镜，从而在投影屏幕上形成图像。

色轮是在一个圆环状盘上面等分为三个区域，每个区域涂红、绿、蓝滤色材料的分光器件。色轮的旋转速度与视频信号是同步的，当某一瞬间红光射到 DMD，DMD 上的微镜片阵列根据视频信号中要显示的红光的信息，将一部分微镜片转动到开启状态，使视频信号中的红光成分显示到屏幕上形成红光的图像。对绿光和蓝光也是如此，这样就形成彩色图像。由于色轮被等分成三个区域，当一种颜色的光通过时，其他两色被阻挡，因此灯泡发出的白光只有 1/3 被利用，所以单片 DLP 投影机的光利用率低，图像的亮度低，对比度小，彩色还原性差。为了提高图像质量，可以对色轮进行改进。从提高亮度的角度，将三段式改为四段式，即增加一个透明区域，可以透过一部分白光使显示的亮度提高。另外，为改善色还原性，还可以将色轮改进为六段式，将其做成红、绿、蓝三基色和它们相应的补色（青、品红、黄）。这种 DLP 单片式投影机的色饱和度和色域有较好的提高，同时亮度相对于三段式色轮也提高了 20% ~40%。

三片式 DLP 投影机的工作原理如图 8－25 所示。可以看到，三片式 DLP 投影机不再用色轮作为分色器件，投影灯发出的白光由光学分色棱镜分成红、绿、蓝三基色光，因此光的利用率是单片 DLP 投影机的 3 倍，图像的亮度高，对比度大，色彩还原性好。

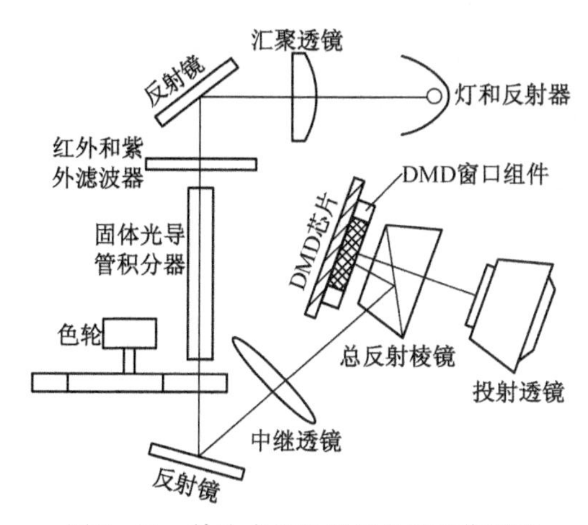

图 8－24　单片式 DLP 投影机的工作原理

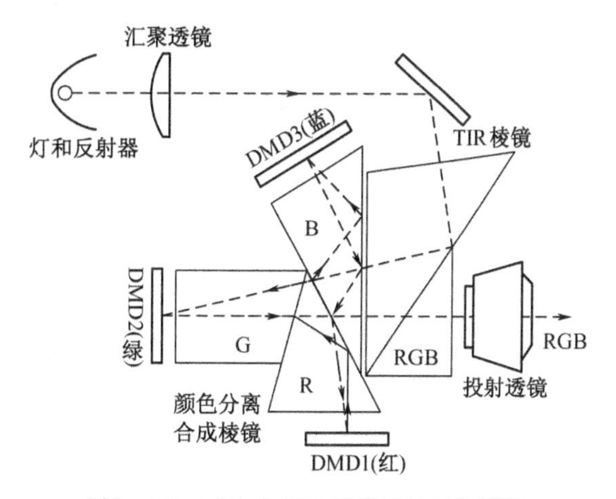

图 8－25　三片式 DLP 投影机的工作原理

8.6.4 DLP 显示技术的特点

1. 高光效率和高亮度

由于 DMD 是半导体反射器件,光效率高于 60% ,因此 DLP 投影系统可以从光源获得更高的光输出。一些便携式 DLP 投影机的光效率达到了 10 lm/W 的水平。松下公司生产的 PT-9610E型和美国科视公司的 Roadie S12 型 DLP 投影机的最大光输出为 12000ANSI 流明,巴可公司生产的 ELM R18 DLP 投影机的最大光输出则达到了 17500ANSI 流明。

2. 高填充系数

1.1 英寸 DMD 器件微镜面的面积为 16μm×16 μm,每个微镜面之间的间隔为 1μm,因此微镜器件 90% 的面积可以有效地反射光线而投射到屏幕上,或者说填充系数为 90% ,被人们称为无缝图像。DMD 器件的高填充系数还可以提供更高的主观视觉分辨率,使人几乎看不到单个的像素。

3. 工作电压低

DMD 器件是在硅片上以 CMOS 工艺做成的,可以用 5V 的低电压工作。驱动电路易于集成,可以降低芯片的制造成本。

4. 全数字化显示

由于 DMD 器件微镜面的翻转是由每个像素的取址电压来驱动的,所以可以由数字电视信号直接转换成数字驱动信号,而不需要在显示之前将数字信号转换成模拟信号的 D/A 转换。DMD 器件的光输出也是二进制脉宽调制数字化的,所以在人们观看 DMD 器件输出的图像时,人的眼睛既是数字图像输出光线的接收器,又是数字图像到模拟图像的转换器,这样就实现了数字电视信号的全数字化显示。

5. 彩色还原范围宽

由于 DMD 器件的高反射率,合成的彩色图像有更广的色域和更高的色饱和度。DLP 投影机的重显彩色范围比传统的模拟投影机要高出数倍。

6. 高稳定性和长寿命

DLP 投影机所产生的图像由内部配置的 DMD 器件所固定,工作极为稳定可靠,可以得到无需调整的高质量图像。并且,DMD 器件是类似于在硅片上制成的集成电路器件,有长寿命的特点。得州仪器公司称 DMD 器件的寿命大于 10 万小时。

7. 重量轻体积小

单片式的 DLP 投影机采用单面板设计,大大减小了整个投影机的质量和体积。PLUS V-1080 和 V-807 DLP 投影机的质量只有 0.9kg,两款投影机的体积都是 180mm×141mm×45mm。

8.7 电泳显示

电泳显示(Electrophoretic Display,EPD)是另一种极具吸引力的柔性显示技术,即通常所说的电子纸和电子油墨技术。

8.7.1 电泳显示技术的发展

电子墨水概念的提出可追溯到 20 世纪 70 年代,1975 年,施乐公司 PARC 研究员 Nick

Sheridon 率先提出电子纸的概念;1976—1977 年,2000 年诺贝尔化学奖的三位得主共同署名发表有关导电聚合物的重要论文,为实现电子纸显示提供了柔性基材。当时电泳显示作为一种非发光平面显示,因可以通过电子学方法寻址和擦涂,并具有视角宽、对比度高、容易实现大平面显示等特点,被认为是最有发展潜力的平面显示技术之一。但是,当时的材料满足不了EPD 技术的要求,存在电泳基液中颗粒团聚和沉淀等现象,从而导致可靠性差、寿命短等缺点,使该技术的工业化进程受到严重限制。1997 年,Comiskey 等人采用电泳基液微胶囊化的方法解决了颗粒在大于微胶囊尺度范围的团聚和沉淀问题,而且在微胶囊内实现了双稳态电泳显示。此外,微胶囊化的电泳基液可以通过打印或印刷的方法涂覆在柔性基体材料上,进而实现柔性显示。微胶囊化电泳显示被认为是当前最具发展前途的电子纸显示技术之一。同年4 月,美国 E - Ink 公司成立,并全力研究电子纸的商品化,于 1999 年推出了名为 Immedia 的用于户外广告的电子纸。2000 年 11 月,E - Ink 和朗讯科技公司正式宣布已开发成功第一张利用电子墨水和塑料晶体管制成的可卷曲的电子纸和电子墨水。1998 年 5 月,E - Ink 与 Toppan Printing 合作,开始利用 Toppan Printing 的滤镜技术生产彩色电子纸。2001 年 6 月,E - Ink 宣布推出 Ink - h - Motion 技术,使电子纸上可显示活动影像。2002 年 3 月召开的东京的国际书展上,出现了第一张彩色电子纸。2004 年,由 E - Ink 和 Philips 提供技术支持、Sony 生产的世界上"第一本"实际商用的电子书问世,极大地轰动了整个 IT 业界。Sony 的这本电子书被命名为 LIBRIe,产品长 190mm、宽 126mm、质量为 190g,防反射显示屏达到 4 级灰度和 800 × 600 的分辨率标准。在此之后,Sharp、Toshiba、Panasonic、Hitachi 和 Fujitsu 等日本电子公司纷纷效仿,短短的一年之内电子书产品遍地开花。在技术上,电子纸也一改以往对比度低、只能显示黑白文字等缺陷,出现了能显示彩色漫画、耗电低、面积大、折叠以后不会使字体变形、像纸张一样柔软的产品。

8.7.2 电泳显示原理

电泳图像显示技术是利用胶体化学中的电泳原理,把带电的颜料固体颗粒稳定地分散在含染料的非水体系分散介质中,使分散相与分散介质呈强烈反差。在电场作用下,带电颜料离子移动到电极表面上而显示出图像。

如图 8 - 26 所示,图(a)所示是电泳图像显示器匣体的基本结构。两平行电极(其中一块是透明电极,通常采用导电玻璃)间距为 25 ~ 100 μm,其间充满悬浮液。悬浮液为带色的粒子弥散在被着色的非水悬浮液中构成,带色粒子尺寸在亚微米量级,并带有相同极性的电荷。假设粒子带负电,若把透明电极接电源正极而把另一电极接负极,那么颜料粒子就会在电场力的作用下向正极方向移动并附着在透明电极上,这时观察者将看到颜料的色彩,如图8 - 26(b)所示。反之,如果将透明电极接负极,则颜料颗粒就会远离观察者,此时看到的是非水介质呈现的颜色。

悬浮液(或电泳显示液)是由多种物质组成的,主要包括非水介质、可溶的染料、稳定剂以及亚微米的颜料粒子。悬浮液的成分和性质在很大程度上决定着电泳显示器件的寿命、光学特性以及响应时间等重要性能指标。在理想情况下,颜料应具有重力稳定性和胶状稳定性,并且流体和颜料之间的相互作用必须受到控制以保持颜料颗粒在电场作用下能迅速运动。此外,悬浮液的各组成部分之间及其与显示器件中出现的其他材料之间要具有化学相容性。但是,电泳显示液作为一种悬浮液属于热力学亚稳态体系,由于它存在巨大的表面积和表面自由能,因此会自发地聚结成大颗粒;并且会由于颗粒密度大于分散介质的密度而导致重力沉降,使悬浮液产生分层现象。特别当器件工作在外加电场条件下时,若电压超过某一临界值,液体就会发生湍流干扰颜料粒子的整齐排布,从而导致图像边缘模糊不清、颜色深浅不一。因此,EPD 器件的发展一度陷入低迷时期。

直到 1997 年,麻省理工学院媒体实验室提出了微胶囊化电泳显示技术(Encapsulated Electrophoretic Display),创新性地把电泳基液微胶囊化。该方法不仅抑制了电泳胶粒在大于胶囊尺度范围内的团聚、沉积等缺点,而且在微胶囊内实现了电泳显示,提高了稳定性和使用寿命。并且,微胶囊化的电泳基液可以通过打印或印刷的方法涂覆在柔性基体材料上,使实现柔性显示成为可能。

电子墨水是化学、物理和电子学相融合产生的新材料。它实际上是一种液体,其中包含了几百万个细小的球状微胶囊,胶囊尺寸与头发直径大小相当。每个微胶囊有透明的外壳,内部充满深色染料溶液和悬浮于其中的大量带正电荷的白色二氧化钛微粒。这些微胶囊夹在两块透明导电柔性塑料膜中间,在没有电场的情况下,白色微粒在布朗运动的作用下随机分布,显示中间色;当上极板带正电荷时,白色二氧化钛微粒向下极板运动,使得上极板呈现染料溶液的颜色(深色);当上极板带负电荷时,白色二氧化钛微粒则向上极板运动,使上极板呈现二氧化钛微粒的颜色(白色)。也就是说,在电场的作用下,白色颗粒能够感应电荷朝不同的方向运动,并根据人们的设定不断地改变所显示的图案和文字,如图 8-27 所示。并且,电子墨水的颜色并不仅限于显示黑白图像,只要调整颗粒内的染料和微型粒子的颜色,便能够使其展现五彩缤纷的色彩和图案。

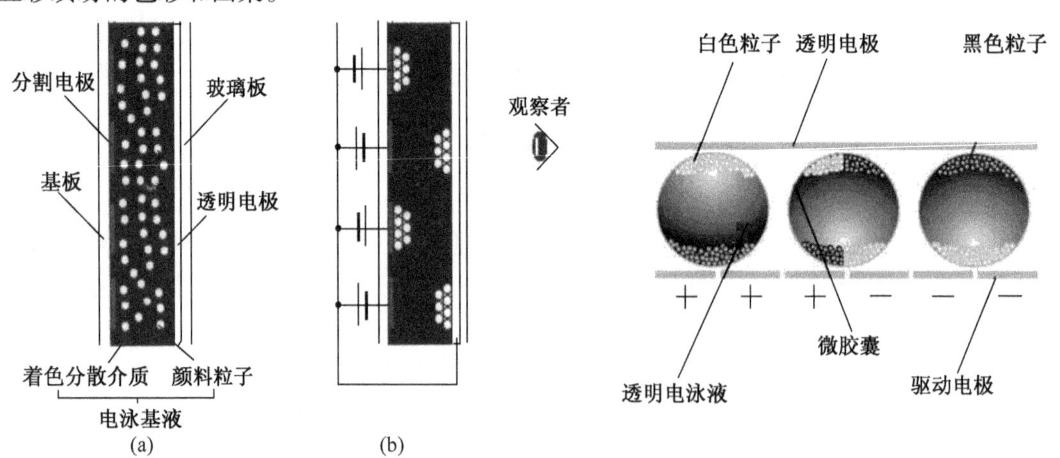

图 8-26 电泳显示的基本结构和工作原理

图 8-27 微胶囊电子墨水显示原理

8.7.3 影响 EPD 显示性能的因素

除驱动电路外,电子墨水系统是 EPD 的核心材料,因此影响 EPD 显示性能的因素主要包括以下几点。

1. 颜料颗粒

颜料颗粒包括颗粒的大小及聚集状态、颗粒的密度及介电常数、颗粒的色泽、折射率等光学性质、颗粒的表面电荷状态及 Zeta 电势以及是否容易吸附带电基团等性质。

2. 有机介质

有机介质是组成电泳的基液,因此,有机介质的黏度、物理性质(如可溶解染料的能力)、光学性质(如透明度及折射率)、化学性质、介电性质等都对EPD的显示性能造成很大的影响。

3. 微胶囊

包括微胶囊的大小及均匀性、囊壁厚度、透明度、电学性质、机械强度等性质。

4. 外加电场

主要是施加电场的强度和频率。

8.7.4 EPD显示技术的优势

与传统的液晶显示技术相比,EPD(电子纸)具有以下优势。

(1) 不同于液晶显示器,EPD显示技术不存在屏幕刷新,因此在显示静止内容时电子纸基本上不消耗任何电能,这对于极端重视耗电量的移动性产品来说非常具有吸引力。

(2) EPD在显示对比度方面,达到甚至超过了印刷纸张的对比度,这就意味着其天生是为了电子阅读准备的。

(3) 与传统显示技术不同,电子纸轻便,并且可以像真正的纸张那样任意折叠弯曲。

(4) 虽然前期的产品价格相对较高,但是总体上说电子纸是一种成本低廉的显示技术,批量生产之后,其价格可以控制在相当低的水平上。

第9章　光信息存储技术

信息的采集、传输、处理、存储与显示是密不可分的，光信息系统中不仅需要信号的产生、加载、传输、接收，还需要把所获得的信息记录下来，以便长久保存或交流。光存储系统就是完成这一功能的信息光电子系统。随着人们对记录内容与记录质量要求的不断提高，光存储的容量需求越来越大，这无疑给信息存储提出了严峻的挑战。目前信息存储技术的记录方式正由磁记录经磁光记录向全光记录发展，大容量、高速度、高密度、高稳定性和可靠性的存储系统竞相推出。

9.1　光存储技术概述

当今社会的一大特点就是信息技术的飞速增长，据统计，科技文献的数量大约每7年增加1倍，而一般的情报资料则以每2~3年翻一番的速度增加。大量资料的存储、分析、检索和传播，迫切需要高密度、大容量的存储介质和管理系统。磁存储和光存储作为当今数据存储的两种常用方式，具有各自的特点。磁存储应用较早，适合与计算机联用，信息存取方便、可靠，技术相对成熟；光存储则是随着激光技术的不断成熟，尤其是半导体激光器的应用发展和壮大的，从最初的微缩照相发展成为快捷、方便、容量巨大的存储技术。

9.1.1　光存储技术的概念

光存储技术是利用激光与介质的相互作用实现的，通常包括信息写入和读出两个过程。信息的写入是利用激光的单色性和相干性，将要存储的信息通过调制激光聚焦到记录介质上，使介质的光照微区发生物理或化学变化，从而完成信息的记录；而信息的读出是利用低功率密度的激光扫描信息轨道，根据光电探测器检测信息记录区和未记录区反射光的特征，例如光强、光的相位或者光的偏振状态将发生某种变化，再通过电子系统处理可以再现原始记录的数据信息。光存储所使用的记录介质包括光盘、光卡、光带等，光盘以其记录密度高、存储量大而成为使用的主流。

在信息存储的实际操作中，一般用计算机来处理信息，所以要在存储介质上面存储数据、音频和视频等信息，首先要将信息转化为二进制数据。现在常见的CD光盘、DVD光盘等光存储介质，与软盘、硬盘相同，都是以二进制数据的形式来存储信息的。绝大部分商品化光盘存储系统中所用的记录介质的记录机理都是热致效应：利用从激光束吸收的能量，作为高度集中的、强大的热源，促使介质局部熔化或蒸发，通常称为烧蚀记录。写入信息时，主机送来的数据经编码后送入光调制器，使激光源输出强度不同的光束。调制后的激光束通过光路系统，经物镜聚焦后照射到介质上，存储介质经激光照射后被烧蚀出小凹坑，所以在存储介质上，存在被烧蚀和未烧蚀两种不同的状态，这两种状态对应着两种不同的二进制数据。读取信息时，激光扫描介质，在凹坑处由于反射光与入射光相互抵消入射光不返回，而在未烧蚀的无凹坑处，入射光大部分返回。这样，根据光束反射能力的不同，就可以把存储介质上的二进制信息读出，然后再将这些二进制代码转换成原来的信息，实现对数据的读取。

9.1.2　光存储技术的发展

人类最早用石头和甲骨来记载和传播信息，之后又改用竹简与绢绸。到公元105年蔡伦发明造纸术以后，纸张便成为人类记载和传播知识信息的主要载体。纸张这种具有几千年历史，而至今仍然被广泛使用的存储媒体，为人类的文明做出了不可估量的贡献，但纸张存储的缺点是存储密度低，占用体积大，而且不易被检索和永久保存。

1928年，缩微胶卷的出现极大提高了存储密度，它是用照相或电子方法将印刷品或其他资料进行高度缩小复制的过程。那时，用连续自动照相机在16mm胶片上拍摄文件，用来复制银行转账和结算支票，不久这种方法被推广到商业、政府、教育和其他领域。到20世纪后期，出现了多种缩微方法，如用连续媒质制成的缩微胶卷、用自动检索系统中的可编码单张缩微胶片等。可以说微缩胶片是光存储的最早形式，具有存储密度高、成本低的优点，但用这种技术存储的资料不能被修改和补充，也不易于自动检索，仍然不能满足办公自动化和高速发展的现代文明的需要。

随着激光技术的产生和机械电子类单元技术的运用，光存储技术逐渐发展并日趋成熟。光存储技术的先驱应该是荷兰飞利浦公司，它在20世纪60年代末开始进行激光束记录和重放多媒体信息的研究，并于1972年获得了成功。1978年，飞利浦公司成功推出激光视盘（Laser Vision Disc，LD）系统，揭开了光存储技术的序幕。与今天的光存储产品是一样，LD系统由驱动器和LD光盘两部分组成。不同的是LD光盘直径较大，为12英寸，两面都可以记录信息，但是它记录的信号是模拟信号。区别于数字信号借助"0"和"1"的不同组合来表示不同的信息，模拟信号则是通过频率调制、线性叠加以及行限幅放大来表示信息。在LD光盘中，限幅后的信号以0.5μm宽的凹坑长短来表示，凹坑的长短与反馈激光的稳定时间一一对应。1982年，飞利浦与索尼联手推出CD－DA激光唱盘的红皮书（Red Book）标准，一种不同于LD的新型激光唱盘由此诞生。CD－DA激光唱盘引入了数字化处理技术。原始的模拟音频信号，首先通过脉冲编码技术进行数字化处理，再经过调制编码后记录到光盘上，CD－DA因此成为世界上第一种数字光盘。数字技术的引入有效避免了信号干扰和噪声的困扰，即便盘片本身存在一些先天缺陷、划伤或者污渍，可能引发的错误也能够被主动校正。CD－DA在技术和商业上都获得了巨大的成功，同年10月，索尼推出第一台CD播放机，CD由此成为数字音频唱片的事实标准，直到今天依然是该领域的绝对主宰。

CD－DA系统的数字化技术，使得它与计算机具有先天的关联性，只要将CD唱片中的音乐文件用数据文件替代，便能够得到一种适用于计算机的大容量存储介质，光存储技术由此开始进入IT领域。1985年，飞利浦与索尼联手推出针对计算机数据承载的CD－ROM标准黄皮书（Yellow Book），对CD－ROM的技术和规格作了严格的定义。但是生产初期不同厂商的产品因采用不同的文件结构而混乱不堪，后来ISO提出一套统一的方案，即"ISO9660"标准。因此，CD－ROM必须符合两项标准：一是飞利浦、索尼制定的黄皮书，二就是附加的ISO9660文件格式。然而在CD－ROM标准制定完毕后，相当长一段时间被束之高阁，这是由于当时的计算机仍处于DOS时代，软件普遍很小，CD－ROM毫无用武之地。90年代之后，这种情况才开始得到改变。1991年，多媒体PC工作组颁布了第一代多媒体PC标准，由于CD－ROM光盘在该领域的明显优势，多媒体PC的理念自然带动了CD－ROM的流行，软件产品开始以光盘介质发行，计算机光驱开始出现。

但是，计算机用户只能被动地在光驱上读取数据，并不能将计算机中的数据写入到光盘中，这样的“光存储技术”显然是不完善的。CD－R 标准正是为解决这个问题而提出的，它允许用户将数据写入专门的 CD－R 光盘，实现真正的“数据存储”。在此基础上，1996 年 10 月，飞利浦、索尼、惠普、三菱和理光五家公司共同推出 CD－RW（CD－Rewritable）标准：以可恢复的材料代替不可恢复的有机染料作为光盘的记录层；刻录时，高强度的激光聚焦到记录层上，记录层受热后会在“晶态”与“非晶态”间反复转换，由此实现数据的多次写入和擦除。可以说，LD 开创了光存储时代，CD－DA 引入了数字技术，CD－ROM 则向目标迈出了实质性的一步，而 CD－R 和 CD－RW 让光存储技术变得丰满起来。

随着光学技术、材料科学、微电子技术、计算机与自动控制技术的发展，新介质材料和新存储方式不断提出，光存储在记录密度和容量、数据传输速率等关键性能上还有巨大的发展空间。要提高光盘的存储密度和容量，首先考虑缩小光盘上信息点的宽度，使一定面积的光盘面可以容纳更多信息点。缩短激光器的波长和增大物镜数值孔径，是当今提高光盘存储密度和容量的主流思想和技术。从第一代 CD 光盘经历 VCD、DVD 光盘到最新一代的蓝光光盘，使用的激光器波长从 830nm 减小到 405nm，物镜数值孔径从 0.38nm 增大到 0.85nm，最短信息坑长度从 0.8μm 减小到 0.16μm，光盘容量从最初的 650MB 提高到目前的 25GB。继蓝光技术之后，采用传统方法提高光盘存储容量变得非常困难，因此，若要进一步提高光存储的密度和容量，必须考虑新的技术思路。例如，采用多阶存储技术代替二阶存储，利用光在空间的互不干扰视线三维光存储；采用近场超分辨率技术取代传统的远场技术，利用光学非辐射场与光学超衍射极限分辨率的研究成果改进光盘的读写系统和记录介质的性能结构，突破传统光学衍射极限的光斑尺寸，以实现高密度信息存储。除此之外，利用当代物理学的其他成就，例如以量子效应代替目前的光热效应实现数据的写入与读出，从理论上将存储密度提高到分子量级甚至原子量级；或采用光子俘获存储原理、共振荧光、光子诱发光致变色的化学效应、双光子三维体相光致变色效应等也能提高存储容量。另外，对光存储技术中的其他相关问题也应当进一步考虑，如提高传输读写速率、降低生产成本、进一步提高 DVD 光盘质量、改善数据可靠性等，这些都是未来要解决的问题。

9.1.3 光存储技术的特点

与磁存储技术相比，光存储技术具有以下特点。

1. 记录密度高、存储容量大

光盘存储密度是指记录介质单位长度或单位面积内所能存储的二进制位数，前者称线密度，后者是面密度。由于使用相干性好的激光作为光源，可以把光聚焦成直径约为 1μm 的光点进行记录，即存储一位信息所需要的介质面积仅约为 $1\mu m^2$。光盘的线密记录密度可以达到 10^3B/mm，面密度一般为 $10^5 \sim 10^6 B/mm^2$，这样的存储密度是普通磁盘的 10～100 倍。我国花了 14 年方才出版齐的中国百科全书共 1.2×10^8 字，而一张 CD－ROM 光盘可存储 3 亿个汉字，也就是说，全部的百科全书还装不满一张 CD－ROM。

2. 非接触式读/写信息

光盘采用非接触式读写，光盘机中的光头与光盘间距有 1～2mm 的距离。这种结构带来了一系列优点：首先，由于无接触，光头不会磨损或划伤盘面，所以可靠性高、寿命长，记录的信息不会因为反复读取而产生衰减；第二，记录介质上附有透明保护层，因而光盘表面上的灰尘和划痕对记录信息影响很小，提高光盘的可靠性的同时降低了光盘保存的条件；第三，焦距的改变可以改变记录层的相对位置，这使光存储实现多层记录成为可能；第四，光盘可以自由更换，给用户带来使用方便的同时，也等于无限制地扩大了系统的存储容量。

3. 数据传输速率高

激光是一种高强度光源，聚焦激光光斑具有很高的功率，因而光学记录能达到相当高的速度。数据传输速率可达每秒几十 MB 至几百 MB 量级，并最终希望达到每秒 GB、TB 量级。

4. 易于和计算机联机使用

光存储技术的一个显著优点是容易和计算机联机使用，这一特点显著扩大了光存储设备的应用领域。

5. 信息位价格低

一张 CD 光盘的容量近 700MB，售价仅需 3 元左右，每 MB 仅需几分钱；一张 DVD 容量可达 4.7GB，而售价也仅 5 元左右，每 MB 存储容量不足 1 分钱。简单的压制工艺使得光存储的位信息价格低廉，为光盘产品的大量推广应用创造了必要的条件。

当然，光存储技术目前还有不足之处。光学头无论体积还是质量，都比磁头大，这影响光盘的寻址速度，从而影响其记录速度。另外，由于光盘记录密度如此之高，基本存储单元每位只占约 $1\mu m^2$ 的面积，所以盘片上极小的缺陷也会引起错误，使得光盘的原生误码率比较高，必须采用强有力的误码校正措施，从而增加了成本。在科学技术不断发展和进步的过程中，随着技术难点的攻克，光存储的性能必将进一步完善和提高。

9.2　光盘存储系统及工作原理

光盘存储器将光学、电子和机械部件结合到一起，形成一个有机的整体，以完成与写入、读出数据有关的基本功能，并实现自检操作。

9.2.1　光盘存储器的结构

图 9-1 所示是光盘数据存储系统的工作原理。从图中可以看到，系统的功能部件包括以下几个部分。

（1）激光光源和与之相连的形成读、写光点的光学系统。通过光学系统可以将数据写入光盘或从光盘中读出。

（2）检测和校正读/写光点与数据通道之间定位误差的光电系统。通过光检测器产生聚焦伺服与跟踪伺服信号，根据这些信号在与光盘垂直的方向和沿光盘半径方向移动聚焦透镜或使跟踪反射镜偏转，即可相应地实现聚焦控制和跟踪控制，把激光聚焦在光盘的记录层上，使光点中心与信道中心吻合。

（3）检测和读出数据的光电系统。通过数据光检测器产生数据信号，在记录过程中还产生对凹坑（或其他信息标志）的监测信号。

（4）移动光头的机构。上述的激光光源、光学元件和光检测器组成了小巧的光学读/写头，即光学头，简称光头。光头安置在平台或小车上，并与直线电机连接，以便在径向读/写数据，校正光盘的偏心。

（5）写/读数据通道中的编/译码电路，以及误差检验与校正（即 ECC）电路。

（6）光盘，即数据存储媒体。

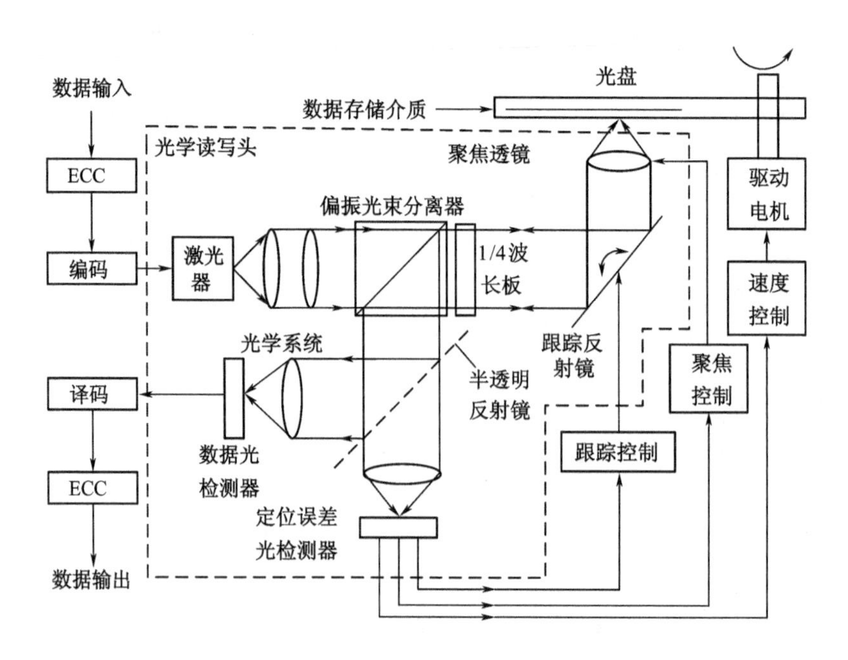

图 9－1　光盘数据存储系统工作原理图

（7）光盘旋转机构。由直流电机转动光盘，通过旋转编码器产生伺服信号，控制光盘的转速，以便进行读/写操作。

（8）光盘机的电子线路，包括控制所有运动机构的伺服电路和把数据传送到光盘以及从光盘上输出数据的通道电路。

在上述光盘驱动器的结构中，光头是最关键的部件，在性能上占有重要位置。在光盘技术中，为研制光头投入的力量一般最大。光头虽然很小，却是集合了光、机、电为一体的高科技产品。

9.2.2　光头的分类及结构

光盘的光头相当于磁盘驱动器的磁头，是信息读出和写入的通道。根据用途和功能，对光头有不同的要求。只读式光盘所用光头追求的重点是小型化和低价格。一次写入式和可擦式光盘的光头，特别是用于数据存储时，要求能高速传输读取数据，因此希望光头重量轻、厚度薄。对于可擦重光盘来说，还要求能够制成各种复杂且稳定的光学系统。要满足以上要求可以有不同的实现方法，例如使光学零件集成化、全息元件化以减少零件数量；采用分离型光学系统，争取实现薄膜整体化光头等。从光头的结构来看，可以分为以下几类。

1. 普通光头

如图 9－2 所示，光头由半导体激光器、准直物镜、分束棱镜、聚焦物镜和误差探测光学系统组成。由于光头各部分均由较大的研磨光学元件组成，体积和重量都较大，所以严重影响寻址速度。这是最初采用的且比较成熟的一种光头。

2. 分离式光头

为了减少光头可移动部分的重量，可以将聚焦物镜和跟踪反射镜与光头其他部分分离开来，如图 9－3 所示。光源、光束系统和探测光路固定不动，两者之间通过精密导轨实现光的耦合。这样就可以使可动光头的重量减轻，提高光头的飞行速度，有利于快速存取的实现。

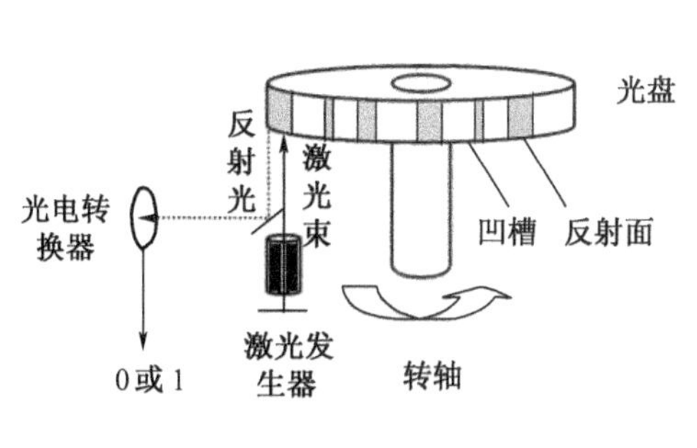

图 9－2　普通光头

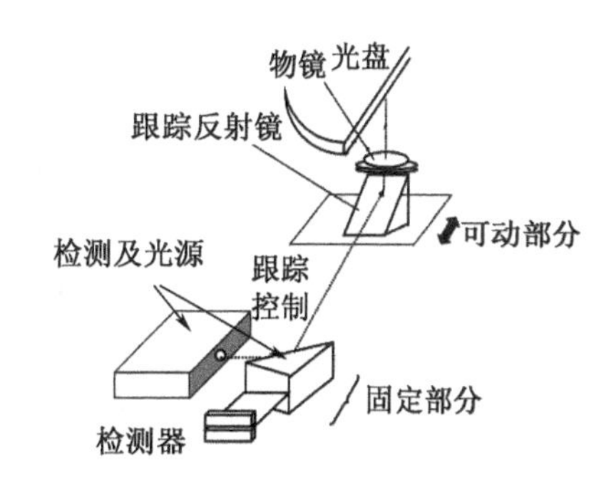

图 9－3　分离式光头

3. 光纤光头

光纤光头的原理和分离式光头相同,也是设想把光盘物镜和其他部分分离开来,但是两者之间的光能耦合用光纤来实现。光纤的柔韧性可以降低对机械精度的要求,但是光纤的光能耦合效率较低,从而对光源的输出功率有更高的要求。

4. 全息光头

普通光头由体积和重量较大的研磨光学元件组成,不利于实现小型化和轻量化,而分离式光头和光纤光头都存在能量耦合的问题,因此可以利用全息元件制成的新型光头。全息元件是一种具有分束、焦点误差检测和跟踪误差检测三种功能的复合功能元件,且不受光源波长变化的影响。这样可以大大简化光头结构,降低光头重量。全息元件是采用传统光学元件以来的一次革命。

5. 集成光头

集成光头是一种由分束光栅和抛物面形波导镜面组成的光头。这种类型的光头从光源到检测、分束、汇聚等功能系统都集成在一块基片上,整个光头成为一个模块。这样可以大幅度降低光头的体积和重量,达到与磁头可比的程度,同时也提高了可靠性。

9.2.3　光盘衬盘

1. 衬盘规格

光盘衬盘厚度为 12mm,外形很像一张透明唱片,其直径 ϕ 按 1984 年 ISO/X3B11 推荐的国际标准,共有 356,300,200,130,120 等规格,分别对应 ϕ(英制单位 in)14″,12″,8″,5.25″,5″。近年来民间又开发了小型光盘衬盘,直径 ϕ 为 3.5″、2.5″及 1.8″等。ISO 是国际标准组织的简称,它管辖的信息部代号是 X3;X3B11 是信息部所属光盘技术委员会的代号。以下内容凡标有“ISO”符号的数据,都表示 ISO/X3B11 推荐的国际标准值。

光盘衬盘上分布着间距为 1.6μm(ISO)的顶刻沟槽,同心圆或螺旋线结构都可。槽宽约 0.8μm,槽深取 $\lambda/8n$,n 是衬盘的折射率。目前半导体激光器波长 λ = 830nm,衬盘 n = 1.49 时,槽深为 70nm。信息可以记录在槽内或在两槽之间的岸上。

2. 衬盘材料

衬盘材料应满足以下要求:

(1) 物化特性。物理化学特性要求比重小,吸水率、成型收缩率尽可能低;用它制备光盘时脱气时间短;抗溶剂性应强。

(2) 光学性能。要求衬盘材料对紫外光透射性能好;对写、读、擦波长吸收系数小;双折射低;透光均匀;材料中应当没有气泡、缺陷、杂质、凝胶胶粒等,否则会引起读、写、擦光束的衍射或消光,从而导致信号失真或信息误传。

(3) 耐热性能。材料抗热变形性的能力要强,热膨胀率应低;软化温度、热变形温度应尽可能高;洛氏硬度应强,断裂生长百分率应高。

表 9-1 列出了国际上几种衬盘材料的测试结果,表中列举材料的全名如下:PMMA 是聚甲基丙烯酸甲酯(Polymer-thymethacrylate);PC 是聚碳酸酯(Polycarbonate);APO 是非晶态聚烯烃(Amorphous Polyolefin)。一般只读存储和一次写入光盘的衬盘材料选用 PMMA;可擦重写、直接重写相变光盘衬盘材料选用 PC;磁光光盘衬盘选用 PC 及钢化玻璃;APO 是新开发的材料,从吸水指标来看,是很有希望的材料。

表 9-1 几种常用衬盘材料性能参数的对比

性能指标 \ 衬盘材料		PMMA		PC	APO	钢化玻璃
		I	II			
物化性能	密度/(g/cm^3)	1.19	1.19	1.2	1.05	2.5
	吸水率[24h,25℃]/%	2	0.5	0.15	<0.01	~0
	成型收缩率/%	0.6	0.5	0.5~0.7	0.5~0.6	/
	达到 1.33×10^4 Pa 的时间/min	~1000	~500	522	53	快
	抗溶剂性能	弱	良	强		强
光学特性	折射率	1.49	1.49	1.58	1.55	1.45~1.57
	透光率(紫外)/%	92	92	88	92	~90
	吸收系数/mm^{-1}	2.73×10^{-3}	1.41×10^{-4}	2.44×10^{-2}		
	双折射	<20	<20	<50	<20	~0
	光弹性系数/($\times10^{-7}$cm^2/kg)	6	6	80	6	0.2
耐热性能	热膨胀率/($\times10^{-6}$cm^2/℃)	80	70	60~70	/	3~12
	热传导率/(4.19×10^{-2}W/(m·K))	4~6	4~6	4.7	/	12~19
	蒸汽透过率/(24h,g/m^2)	2.8	2.8	3.6	/	
	软化温度/℃	110	133	154	150	/
	热变形温度/mPa	95~105	120~130	120~132	/	

9.2.4 光盘存储的数据通路

光盘存储的数据通路如图 9-4 所示。用户数据通过接口被送进输入缓冲器,缓冲器可以提供“弹性”存储能力,以适应变化着的输入数据速率。数据从输入缓冲器以称为子块的字符组形式进入记录格式器,每个子块要通过错误检测与校正编码器,加入奇偶校验位,以便随后读出时进行错误保护。记录格式器将子块组成地址块,并加入地址信息,以便读出时进行数据检索。最后,记录格式器将地址块编组成若干字节的面向用户的数据块,这就是读出时可随机检索的最小数据单元。

格式化数据从记录格式器被送到光盘机的记录电路,该电路将数据编成记录代码,并加上特殊的同步符号,以便在读出时识别子块和地址块的起始位置。经过格式化和编码的数据从记录电路被送往写/读站,完成把数据记录到光盘上或自其上读出数据的功能。

读出电路检测并解调从光盘上来的反射光,将信号送至控制部件的读出格式器。后者校正数据中的任何错误,去除记录时所加的用于识别信道的地址信息,并重新组织位序列,使之

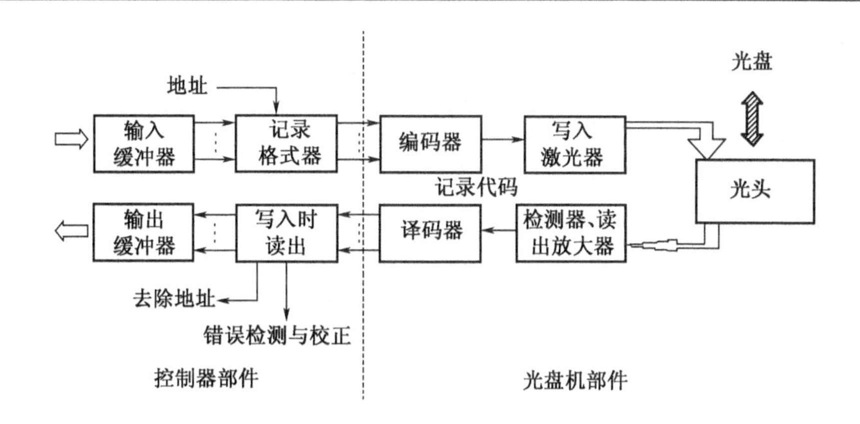

图9-4　数字光盘的数据流

与输入到记录格式器的序列一致。最终的读出数据被送到输出缓冲器,缓冲器按要求的数据速率将数据传给用户。

9.2.5　光盘的读写原理

如前所述,利用激光的单色性和相干性,把光束聚焦成直径为1μm左右的微小光点,使能量高度集中,并在存储介质上产生物理、化学的变化,以进行记录;用微小的光点在介质上扫描,根据反射光的变化读出记录的数据,这就是光盘最基本的动作。

在采用半导体激光器做光源的情况下,为记录输入的数据,信号先要通过误差检测与校正电路和编码电路,直接调制半导体激光器的输出。经过调制的高强度激光束经由光学系统会聚、平行校正,并通过跟踪反射镜被导向聚焦于透镜。后者被安装在音圈型制动器内,它在原理和光学质量上与高倍数显微镜的物镜相似,数值孔径在0.45~0.65之间。透镜将调制过的待记录的光束聚焦成直径约为1μm的光点,且正好落在数据存储介质的平面上。当高强度写入光点通过存储介质时,有一定宽度和间隔的记录光脉冲就在介质上形成一连串的物理标志。它们是相对于周围的背景在光学上能显示出反差的微小区域,如表面上的黑色线状单元或凹坑。若在光盘旋转过程中,载有光头的小车做匀速直线运动,那么这些物理标志形成等节距的螺旋线信道;如果在记录数据时小车停止不动,只有在每一转结束时写入光束才断开,小车将光头定位到下一个信道位置上,然后开始记录新的数据,这时形成的信息道就是同心圆。在最简单的情况下,存储介质是金属薄膜介质,此时上述物理标志就是金属薄膜上被融化了的或被烧蚀掉的微米大小的孔,有孔即代表在数据道上存储了二进制代码1,无孔则代表0。

记录的凹坑如图9-5所示。好的凹坑具有清晰的、界限分明的边缘,其长度等于光脉冲宽度乘以介质的扫描速度。但是不管凹坑的长度如何,其宽度皆均匀一致。好的凹坑在读出时能够产生高的信噪比,而当凹坑具有模糊的前沿或后沿,其长、宽明显失真时,读出时就会产生噪声或误码。写入时如果记录光点散焦,就会产生这样的问题。如果是数字记录,凹坑的有无相应地代表1和0;如果是模拟记录,凹坑的长度和

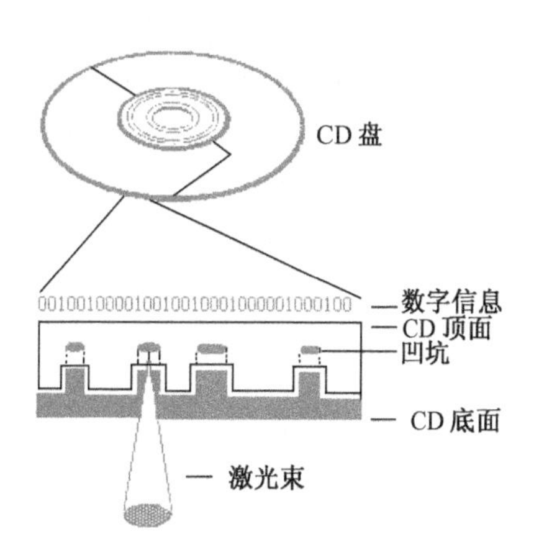

图9-5　光盘上的凹坑与读出光点

间隔则代表视频信息。凹坑的深度约为激光波长的1/4。

为了读出存储的数据，在半导体激光器上施加一较低的直流电压，产生相应的小功率连续波输出。读出光束的功率要经过慎重选择，必须小于存储介质的记录阈值，以免破坏盘面上原来已经写入的信息。读出光束同样要经过光学系统，最后在存储介质面上聚焦成微米量级的读出光点。根据数据道上光学标志的有无情况，读出光束的反射光的强度受到相应的调制。被调制的反射光由聚焦透镜收集，经由跟踪反射镜导向1/4波长板和偏振光束分离器。由于半导体激光器的输出是平面偏振光束，因而，把1/4波长板和偏振光束分离器组合在一起，就能够把反射回来的读出光束分离出来，并把它引导至光检测元件。用一个半透明反射镜，可以把反射的读出光束在数据光检测器和定位误差光检测器之间分离开来。在实践中，可以将这两个光检测器合二为一，也就无需用半透明反射镜分配光束。

在数据道上没有凹坑的地方，入射的读出光束被反射，其中大部分被反射回到物镜；如有凹坑，则从凹坑反射回来的激光与从凹坑周围反射回来的激光相比，二者光路长度相差1/2波长，因而相互干涉相消，使得入射光有相当一部分没有返回物镜，因此，光检测器的输出可减小到没有凹坑时的1/10，这样，反射光的强度依照有无凹坑而变化。根据这一原理，就可以读出光盘上记录的凹坑信号。光检测器将介质上反射率的变化转变为电信号，经过数据检测、译码、误差检验和校正电路，把读出的数据导至光盘存储系统的输出部位。类似于磁面存储中的磁通翻转，光信息的变化发生在光学标志的边缘部分，在那里，反射率由高变低或由低变高，数据道的光学性能产生突变。每当在存储媒体的数据道上遇到反射率急剧变化时，数据光检测器即输出电压峰值，这就是从凹坑上读出信号的特征。

9.2.6 光盘的特性参数

用来衡量光盘存储器特征和性能的主要参数、指标如下。

(1) 光盘类型：只读式、只写一次式、可擦重写式。

(2) 光盘直径：在一定程度上可以决定光盘机的大小、规模和用途。

(3) 存储密度：指在存储介质的单位长度或单位面积内所能存储的二进制数的位数。光盘的线密度一般可以达到1000B/mm，道密度一般为600道/mm，面密度可达$10^7 \sim 10^8$B/mm^2。

(4) 存储容量：指的是可以存储在光盘中数据的总量，通常以二进制数的位数、字节数等数据单位表示。

(5) 数据传输速率：单位时间内从数据源传输到光盘的二进制数的位数或字节数，一般可达20~50MB/s。采用多路传输时，可以大大提高数据传输速率。

(6) 存取时间：把信息写入光盘或是从光盘上读出信息所需要的时间。

(7) 信噪比：信号电平与噪声电平之比，以dB表示。

(8) 误码率：从光盘上读出信息时，出现差错的位数与读出的总位数之比。

(9) 存储每位信息的价格：即价格/位，决定着一种存储器的经济效益和性能价格比，是竞争中能否取胜的一个重要因素。

9.2.7 光盘的类型

根据性能和用途，光盘存储器大致可以分为以下几种类型：只读存储光盘(Read Only Memory，ROM)、一次写入多次读出光盘(Write Once Read Many，WORM)、可擦重写光盘(Re-write，RW)和直接重写光盘(Overwrite，OW)。这些类型的系统结构十分相似，反应了光学记录和检索中的主要技术。它们的作用都是使激光在旋转的光盘表面聚焦,通过检测从光盘反射光的强弱,以读出记录的信息。目前,前两类光盘应用最为广泛,RW 光盘也已商用化,但 OW 光盘尚未大规模上市,需要进一步开发。

虽然上述存储光盘在读出方面大体相似,但是在写入方面因为记录介质的不同而存在较大的机理上的差别,分别在下文中予以详细介绍。

9.3　只读存储光盘

只读存储光盘系统已经实现了商品化生产,LD、CD、CD - ROM、VCD、DVD - ROM 等就是最好的应用。光盘上的信息在生产过程中用金属母盘模压实现,盘上的数据是用一系列被压制在透明塑料衬底上的凹坑来表示的。模压复制光盘的优点是生产成本低,缺点是不能修改或写入新的信息,使用者无法用来保存自己的内容。由于只读式光盘的存储量大,成本低,因此是发行多媒体节目的优选载体。目前,大量的文献资料、视听材料、教育节目、影视节目、游戏、图书、计算机软件都是用它来发行的。

9.3.1　ROM 的存储原理

图 9 - 6 是只读存储光盘的刻录示意图。将事先记录在主磁带上的视频或音频信息通过信号发生器、前置放大器去驱动电光或声光调制器,使经过调制的激光束以不同的功率密度聚焦在有光刻胶的玻璃衬盘上,使光刻胶曝光,之后经过显影、刻蚀,制成主盘(又称母盘,Master),再经喷镀、电镀等工序制成副盘(又称印模,Stamper),然后再经过“2P”注塑形成 ROM 光盘。

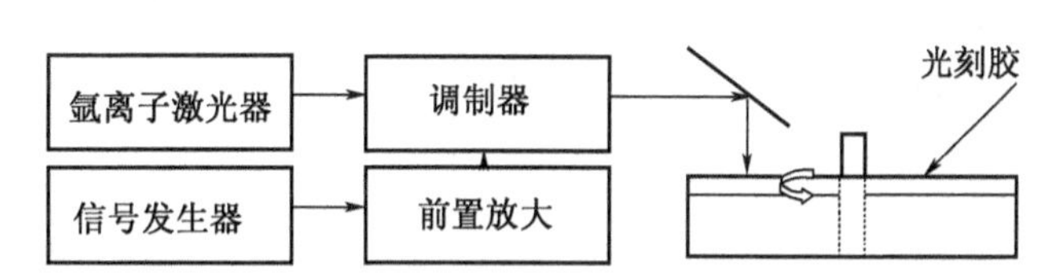

图 9 - 6　ROM 刻录示意图

9.3.2　主盘与副盘制备

ROM 光盘的主盘与副盘制备一般经过如图 9 - 7 所示的工序。

1. 衬盘甩胶

对衬盘进行精密研磨、抛光后进行超声清洗,得到规格统一、表面清洁的衬盘;在此衬盘上洒以光刻胶,放入高速离心机中甩胶,在衬盘表面形成一层均匀的光刻胶膜;取出衬盘并放入烘箱中进行前烘,得到与衬底附着良好且致密的光刻胶膜。

2. 调制曝光

将膜片置入高精度激光刻录机中,按预定调制信号进行信息写入。若衬盘以恒定角速度旋转,同时刻录机的光学头沿径向匀速平移,则可在甩胶的盘片上刻录出螺旋形的信息道。

3. 显影刻蚀

将刻有信息的盘片放入显影液中进行监控显影,若所用光刻胶为正性光刻胶,则曝光部分脱落(若为负性光刻胶,不曝光部分脱落),于是各信息道出现符合调制信号的信息凹坑,凹坑的形状、深度及坑间距与携带信息有关。这种携带有调制信息的有凹凸信息结构的盘片就是主盘。由于此过程中所用的光刻胶一般为正性,因而所得主盘为正像主盘。

4. 喷镀银层

在主盘表面喷镀一层银膜,一方面用来提高信息结构的反射率,以便检验主盘质量;另一方面,作为下一步电镀镍的电极之一。

5. 电镀镍层

在喷镀银膜的盘片表面用电解的方法镀镍,使得主盘上长出一层厚度符合要求的金属镍膜。

6. 镍膜剥离

将上述盘片经过化学处理,使得镍膜从主盘剥脱,形成一个副盘。

7. 制作正盘

每一个主盘都可以通过上述5、6步骤的重复,制得若干个负像子盘;而每一个负盘又都可以通过5、6步骤的重复,制得若干个正像子盘。

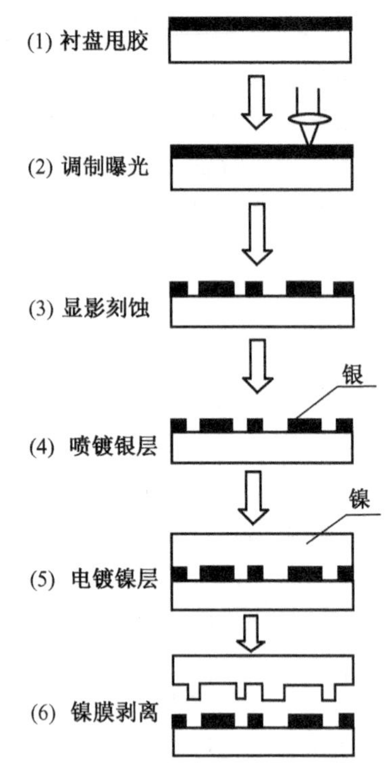

图9-7 ROM主盘、副盘的制备过程

9.3.3 ROM的“2P”复制

将上述所得正像或副像子盘作为“印模”(Stamper),加工中心孔和外圆后装入“2P”喷塑器中,经进一步的“2P”复制过程来制作批量ROM光盘。“2P”是Photoplymerization(光致聚合作用)一词的缩写,其物理过程如图9-8所示。

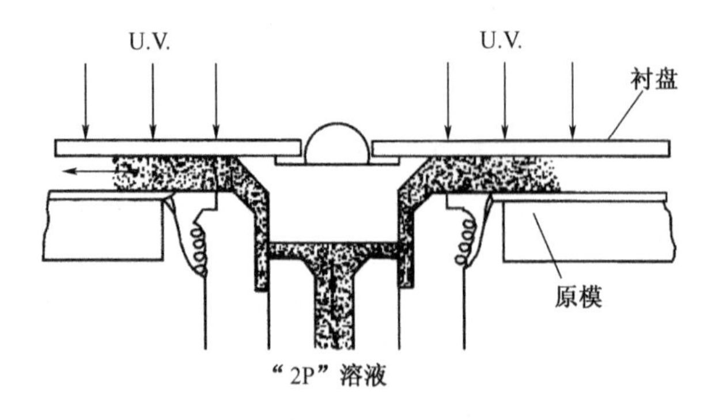

图9-8 “2P”过程示意图

总的来讲,只读存储光盘的记录介质是光刻胶,记录方式是用声光调制的氩离子激光将信息刻录在介质上,然后制成主盘及副盘,再利用副盘作为原模大量复制视频录像盘或数字音像唱片。一个原模一般可复制至少5000片盘片。用户只要有一台播放机就能享受光盘上的逼真音、像节目。但是这样的光盘系统只能读取,不能录入。用户想自行录像(兼录音),必须采用一次写入的光盘系统。

9.4　一次写入光盘

一次写入多次读出光盘(WORM)是用汇聚的激光束的热能,使材料的形状发生永久性变化而进行记录的,所以是记录后不能在原址重新写入的不可逆记录系统。这种只能写入一次、主要用于多次读出的技术,与只读式光盘的不同之处在于可以由用户将数据直接写入光盘,消除了母盘制造的过程。

飞利浦公司于1991年制定出只写一次的CD－R的光盘标准,满足用户自己制作CD－RPM、CD－DA、VCD光盘的要求。CD－R是英文CD Recordable的简称,意思是可记录CD,中文简称为刻录机。CD－R的外观尺寸与CD－ROM驱动器基本相同,唯一的附加功能是可以把激光强度调制成比通常用于读出时更大的输出功率。在提高了的激光功率下,就可以在光盘的灵敏层上“写入”可用光学方法读出的结果,实现对数据的存储。因此,刻录机不仅可以刻录CD－R光盘,而且还可以当作CD－ROM驱动器来使用。CD－R光盘只允许写一次,因此刻好的CD－R光盘无法改写,但是可以像CD－ROM盘片一样,在CD－ROM驱动器和CD－R刻录机上反复读取。

由于制作材料与普通CD－ROM盘片不同,所以CD－R不适合于大量制作的产品。但是,在少量制作时CD－R呈现出许多的优越性,如成本低,制作一张光盘的费用基本上就是材料费,省去了传统工艺中制作母盘的额外开销;可以不必一次把盘全部写满等。由于CD－R光盘上的数据无法被修改,因此具有极高的安全性,在银行、证券、保险、法律、医疗领域以及档案馆、图书馆、出版社、政府机关和军事部门的信息存储、管理及传递中获得了极为广泛的应用。

9.4.1　一次写入方式

一次写入光盘是利用激光光斑在存储介质的微区产生不可逆物理化学变化进行信息记录的盘片,其记录方式主要有以下几种。

(1) 烧蚀型。如图9－9(a)所示,存储介质可以是金属、半导体合金、金属氧化物或有机染料。利用介质的热效应,使介质的微区熔化、蒸发,以形成信息坑孔。

(2) 起泡型。如图9－9(b)所示,存储介质由聚合物—高熔点金属两层薄膜组成。激光照射使聚合物分解排出气体,两层间形成的气泡使上层薄膜隆起,与周围形成反射率的差异而实现信息的记录。

(3) 熔绒型。如图9－9(c)所示,存储介质用离子刻蚀的硅,表面呈现绒状结构。激光光斑使照射部分的绒面熔成镜面,实现反差记录。

(4) 合金化型。如图9－9(d)所示,用PtSi、Rh－Si或Au－Si制成双层结构,激光加热的微区熔成合金,从而形成反差记录。

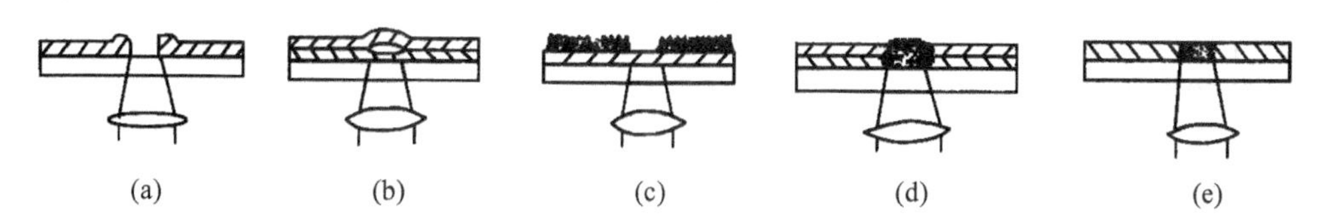

图9－9　一次写入方式

（5）相变型。如图9－9(e)所示，存储介质多用硫属化合物或金属合金制成薄膜，利用金属的热效应和光效应使被照微区发生非晶相到晶相的相变。

在上述各类一次写入光盘中，以烧蚀型记录方式率先推出商品。本节将以此为实例，着重讨论光盘的介质优选、存储原理以及结构的优化设计。

9.4.2 写/读光盘对存储介质的基本要求

光盘读写对存储介质有多方面的要求，综括起来主要有以下几点。

（1）分辨率及信息凹坑的规整几何形状。这是为了保证光盘能在高存储密度的情况下获得较小的原始误码率。图9－10表示出已记录的信息坑孔，坑孔边缘形状不规整的偏差程度用δ表示。当读取激光束从信息道的无记录区扫入或扫出信息凹坑时，定为读取信号为“1”，否则为“0”。这样得到的读取信号波形如图9－10下方曲线所示。若存储密度为10^8B/cm^2，每信息位仅占有1μm^{2}的面积。存储介质应能保持这些显微坑孔的规整几何形状并以更高精度分辨它们的位置，这就要求边缘偏差δ落在±10μm以内，以保证原始误码率小于10^{-8}。

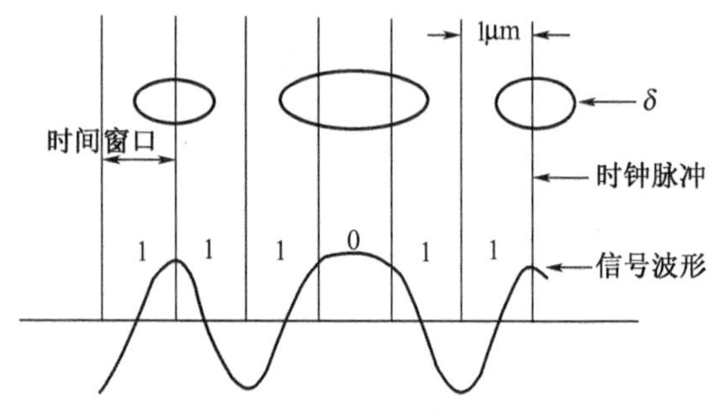

图9－10 读取分辨率示意图

（2）没有中间处理过程。存储介质要能实时记录数据并及时读出信息，不需要任何中间处理过程，只有这样才可能使光盘能实现写后直读（即Direct Read After Write，DRAW）以保证记录数据的实时检验。

（3）较好的记录阈值.记录阈值是指在存储介质中形成规整信息标志所需要的最小激光功率密度。只有适当的记录阈值可以使信息被读出次数大于10^8次仍不会使信息凹坑发生退化。记录阈值过高或过低都会影响凹坑质量和读出效果。

（4）记录灵敏度。要求存储介质对所用的激光波长吸收系数大、光响应特性好，能在较高的数据传输速率、保证波形不失真的情况下，用很小的激光功率形成可靠的记录标志。如用波长830nm、到达盘面功率10mW左右、脉宽可调的激光对高速转动的多元半导体盘片记录时，可获得每秒几兆字节的数据速率。

（5）较高的反衬度。反衬度是指信道上记录微区与未记录区的反射率对比度。存储介质以及经过优化设计的光盘应有尽可能高的反衬度，以便读出信噪比（SNR）达到最佳值。

（6）稳定的抗显微腐蚀能力。存储介质应做到大面积成膜均匀、致密性好、显微缺陷密度小、抗缺陷性能强，从而得到低于10^{-4}数量级的原始误码率及至少10年的存储寿命。

（7）与预格式化衬盘相容。一次写入光盘可用来存储和检索文档资料，因此光盘上应有地址的码，包括信道号、扇区号及同步信号等。这些码都以标准格式预先刻录并复制在光盘的衬盘上。存储介质应与预格式化衬盘实现力、热及光学的匹配，以保证轨道跟踪的顺利进行并能实现在任一轨道的任一扇区进行信息的读和写。

（8）高生产率、低成本。

9.4.3 WORM光盘的存储原理

利用激光热效应对存储介质单层薄膜进行烧蚀，当存储介质吸收激光能量超过存储介质的熔点时，将形成信息坑孔。

常用 WORM 光盘以聚甲基丙烯酸酯（PMMA）材料为材底，厚度 1.2mm，上面溅射介质薄层。用波长 830nm 的激光聚焦在 $1\mu m^2$ 微小范围内，温度呈高斯型空间分布；当中心温度超过介质熔点 T_m 时，在介质表面形成一熔融区，周围的表面张力将此熔融区拉开成孔；激光脉冲撤去，孔的边缘凝固，在记录介质膜上形成与输入信息相应的坑孔。

但是这样记录的信息，很难满足上述写/读光盘对存储介质的要求。对于入射到膜面的激光能量（E_0），一部分在膜面反射（E_R）、大部分被薄膜吸收（E_A），还有一部分在薄膜中因径向热扩散而损失（ΔE），剩余的部分才透射到衬盘之中（E_T），即

$$E_0 = E_R + E_A + E_T + \Delta E \tag{9.1}$$

若要存储介质的灵敏度高，式(9.1)中的 E_A 应尽量地大，以更快更好地吸收能量，使光斑中心的温度尽快超过介质的熔点，为此 E_R、E_T 及 ΔE 都应尽可能地小。要使 E_R 最小，必须使从记录层上下两个界面反射回来的光实现相消干涉。由于反射光只在上界面有半波损失，从而求得记录层厚度最小值为 $\lambda/2n_1$，其中 n_1 为介质层折射率，λ 为入射光波长；又因为此时上下界面能量差很大，因而很难实现明显的消反，为此需要在记录层和衬底层之间加入一层金属铝反射层，在新的相消条件下算得记录厚度下限为 $\lambda/4n_1$。加入铝反射层之后 E_R 得到明显减小，但由于铝是热的良导体，反而会使 E_T 加大，为此，还应在记录层和反射层间加入一层热障层（一般选透明介质 SiO_2），其折射率为 n_2，厚度为 d_2。它可以充分阻挡介质层吸收的能量向衬盘传导，此时根据消反条件，得到最小厚度应满足

$$n_1 d_1 + n_2 d_2 = \frac{\lambda}{4} \tag{9.2}$$

这样就形成了记录层、热障层和反射层这种三层结构的存储介质，如图 9－11(a)所示。目前，实用化 WORM 光盘均为三层式，主要采用空气夹层式（图 9－11(b)）和直接封闭式（图 9－11(c)）两种基本结构，且均已商品化。

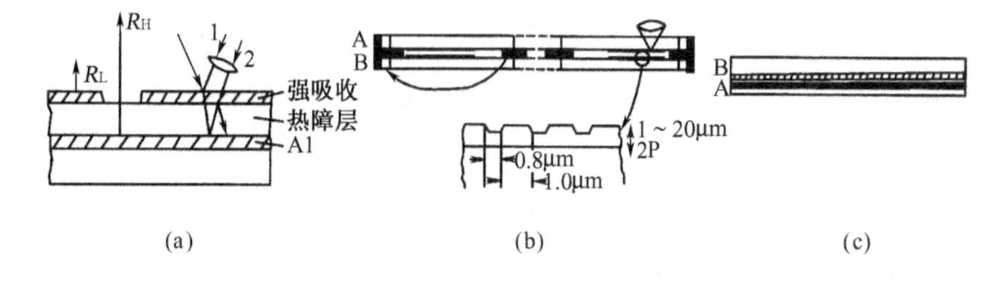

图 9－11　一次写入光盘结构
(a) 三层结构；(b) 空气夹层式；(c) 直接封闭式。

在吸收强、热导低的记录介质中，刻蚀信息坑所需的激光能量主要与介质的熔化（气化）热、光效率、热效率有关。对于选定的介质材料，其熔化（气化）热已固定，因而为了提高介质的存储灵敏度，要求光效率与热效率都尽量接近 100%，为此有效提高光效率与热效率成为光盘优化设计的中心。提高光效率的关键包括：记录层和热障层介质的光学常量和热学常量应选配得当，记录层和热障层的厚度应满足反射光的干涉相消条件；提高热效率的关键就是要使信息坑孔形成的时间 τ_s 小于热障层的热扩散时间常量 τ_D，为此热障层的厚度应大于 $\sqrt{K_D \tau_s}$（K_D 为热障层热扩散系数），还应该选择热障系数大的衬盘材料。

9.5 可擦重写光盘

可擦重写光盘(RW)是可以写入、擦除、重写的可逆型记录系统,利用激光照射引起介质的可逆性物理变化进行记录。用户除了可在这种光盘上写入、读出信息外,还可以将已经记录在光盘上的信息擦除掉,然后再写入新的信息。擦除与写入需要两束激光、两次动作才能完成,即先用一束"擦激光"将某一信道上的信息擦除,然后再用另一束"写激光"将新信息写入。

目前,主要有磁光(MO)记录和相变(PCD)记录两种类型。磁光型是利用激光与磁性材料共同作用的结果来记录信息的,是磁技术和光技术相结合的产物。它用来记录信息的媒体与软盘相似,但是信息记录密度和容量却比软磁盘高得多。相变型光盘仅用光学技术来实现读/写,所以读/写光头可以做得比磁光型简单,存储时间也可以缩短。

9.5.1 可擦重写相变光盘存储原理

RW 相变光盘是利用记录介质在两个稳定态之间的可逆相结构变化来实现反复的写和擦。常见的相结构变化有下列几种:

(1) 晶态 I⇔晶态 II 之间的可逆相变,这种相变反衬度太小,没有实用价值。

(2) 非晶态 I⇔非晶态 II 之间的可逆相变,这种相变反衬度也太小,没有实用价值。

(3) 发生玻璃态⇔晶态之间的可逆相变,这种相变有实用价值。

1. 激光热致相变可擦重写光存储

该类存储盘所用相变介质(多元半导体的晶态和非晶态)都是共价键结构,其晶态长程有序,非晶态因键长和键角发生畸变,原子组态出现各种缺陷,因而短程有序。这类介质中原子受到键长和键角的约束,平均配位数为 2.45,配位数大于此值为过约束,小于此值为欠约束。蒸发、溅射等淀积的非晶态记录介质是无定形态,不稳定,可以通过晶化过程进入结晶态,也可以通过玻璃化过程进入玻璃态,即通过读、写、擦等初始化过程进入晶态或玻璃态。由于两态光学参量差异很大,所以可获得较大的反衬度和信噪比。因此记录介质的可逆相变选定为玻璃态和晶态之间的反复转变:写信息时吸收能量从晶态进入玻璃态,擦除信息时从玻璃态回到晶态。从激光热效应导致可逆相变的角度来看,材料设计应考虑响应灵敏度、热稳定性、相变速率及反衬度等要求。

由于碲、硒基及碲硒基等硫系元素半导体具有二度配位数的共价键结构,欠约束,其无序态原子排列成链状结构,且具有生性活泼的孤对电子,容易因激发而使介质发生相结构的变化,因而对光的响应十分灵敏,常被选作可逆相变光记录介质的基质材料。材料的晶化温度和晶化激活能越高,热稳定性越好。为了改变硫系元素半导体晶化温度偏低、稳定性差等缺陷,需掺入过约束元素,形成以 GeTe、InTe、SbTe、InSe、SbSe 为基的二元无序体系。无序体系的热稳定性越好,晶化就越困难。为了解决增强热稳定性和加快晶化速率的矛盾,在制备过程中要掺入能起成核或起催化作用的 Cu、Ag、Au 等一价元素,或 Ni、Co、Pd 等过渡金属,以加快相变速率,因而形成三元结构体系。同时,为了增加介质分别处于玻璃态和晶态的反射率对比度,制备时还需掺入一些对反衬度有增强效应的元素。这样就形成了三元或多元合金光记录介质。研究表明,只要材料的设计满足一定条件,可以既增强介质玻璃态的稳定性,又提高其晶化速率。应注意的是,以上掺入的元素应尽可能避免在晶化过程中发生相分离,因为相分离一旦出现,光盘的擦、写循环次数会降低。组分符合电子计量比的介质在晶化过程中没有相分离,只有共晶相,从玻璃态到晶态的相转变过程也较快。

近红外波段的激光作用在介质上,能加剧介质中原子、分子的振动,从而加速相变的进行,因此近红外激光对介质的作用以热效应为主。在写入、读出及擦除信息的三种不同的激光脉冲作用下,介质内部发生的相应相变过程如下。

1)信息的记录

对应介质从晶态向玻璃态的转变。选用功率密度高、脉宽为几十至几百纳秒的激光脉冲,使光斑微区因介质温度刹那间超过熔点 T_m 而进入液相,再经过液相快淬完成到达玻璃态的相转变。如介质的熔点 $T_m = 600℃$,激光的脉宽 $\tau = 100ns$,则快淬过程的冷却速率约为 $6\times10^9℃/s$,从而很快就使介质的光照微区进入玻璃态。

2)信息的读出

用低功率密度、短脉宽的激光扫描信息道,从反射率的大小辨别写入的信息。一般介质处在玻璃态(即写入态)时反射率小,处在晶态(即擦除态)时反射率大。在读出过程中,介质的相结构保持不变。

3)信息的擦除

对应介质从玻璃态向晶态的转变。选用中等功率密度、较宽脉冲的激光,使光斑微区因介质温度升至接近 T_m 处,再通过成核—生长完成晶化。在此过程中,光诱导缺陷中心可以成为新的成核中心,因此激光作用使成核速率、生长速度大大增加,从而导致激光热晶化比单纯热晶化的速率要高。

总之,激光热致相变中通过成核—生长过程完成晶化:随着温度的升高,非晶薄膜中有晶核形成,晶粒随温度升高而长大。激光作用使这一过程速度很快。

2. 激光光致相变可擦重写光存储

随着激光波长移向短波,激光的光致相结构变化效应逐渐明显,相变机制也与热相变的机制不同。研究表明,符合化学计量比的介质不仅可以用单纯加热的方式使之晶化,还可以不加热,通过激光束或电子束的粒子作用在极短时间内完成晶化的全过程。这一过程中,介质在光激发作用下通过无原子扩散的直接固态相变实现从玻璃态到晶态的突发性转变,在晶化突然发生的瞬间,介质中光照微区的温度还来不及升高至晶化温度之上,因而相变速度极快。

图9-12所示是在高功率密度的激光脉冲作用下,介质内部发生的带间吸收和自由载流子吸收。由于入射激光束不与非晶网络直接作用,光子能量几乎直接用来激发电子,用 N 表示任一时刻的受激载流子浓度。若激光束的光子能量是 $\hbar\omega$,介质的吸收功率密度就是 ρ,则自由载流了的产生率 $R_e=\rho/\hbar\omega$。用 R_r 表示电子与空穴的复合率,R_c 表示电子与网络作用时将能量传递给声子的概率。在高功率密度的激光作用下,$R_e \gg R_r$,$R_c \gg R_e$。可见,这时介质内部的光吸收由带间吸收为主变为以由自由载流子吸收为主,而且吸收系数随着激光功率的增加而增加,结果导致自由载流子浓度猛增,从而使得电子—电子碰撞的概率(正比于 N^2)远远超过电子—网络碰撞的概率(正比于 N),自由载流子吸收的光能远比它与网络作用损失的能量为高,

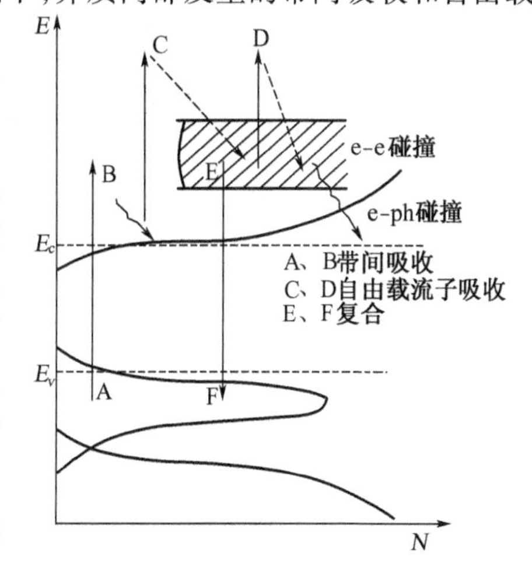

图9-12 光致相变介质内部光吸收过程

形成温度很高的电子—空穴等离子体，但网络的温度变化不大。

激光脉冲结束后，等离子体中的过热电子在与声子相作用（e - ph 碰撞）过程中将能量传递给网络，或与空穴复合而释放能量，最终使介质回到自由能最低的晶态。对于组分符合化学计量比的介质，在光晶化的过程中没有长程原子扩散，只有原胞范围内原子位置的重新调整。所以光晶化的机制是一种无扩散的跃迁复合机制。它利用弛豫过程和复合过程释放的能量促成网络原胞内原子位置的调整以及键角畸变的消失从而完成晶化全过程。

可见，光致晶化过程包括光致突发晶化和声子参与的弛豫过程，前者需时在 $10^{-9} \sim 10^{-12}$s 量级，后者约几十纳秒。它与激光热致晶化过程的对比见表 9 - 2。

表 9 - 2　激光热致晶化与光致晶化过程对比

	热致晶化	光致晶化
本质	扩散型成核、长大式晶化过程	非扩散型跃迁、复合式晶化过程
条件	符合或不符合化学计量比的组分；所有的亚稳相	符合化学计量比的组分；直接固态相变、无需成核
起因	热致起伏	激光束激发或电子束激发
耦合性质	相分离、原子扩散；原子振动；分子振动	无相分离、无扩散；原子位置调整；键角畸变消失
自持效应	不重要	自持晶化，重要
穿透深度	整体效应	激光束：10nm ~ 500nm；电子束：1μm ~ 2μm
晶化时间	较长的退火过程（0.5μs ~ 1ms）	突发作用（1ns ~ 1ps）+ 弛豫过程（10ns ~ 200ns）

3. 可擦重写光盘存储机构

可擦重写光盘在记录信息时一般需要先将信道上原有信息擦除，然后再写入新信息。这可以是一束激光的两次动作，也可以是两束激光的一次动作，即用擦除光束和之后写入光束的协调动作来完成擦、写功能。图 9 - 13 是可擦重写光盘存储机构与信息存储过程示意图。图 9 - 13(a) 中的虚线方框内是一个双光束光学头，或叫光学读写头。1、2 和 3 分别为写入激光光斑、擦除激光光斑和写入的信息道，激光聚焦在盘面上的写入光斑 1′、擦除光斑 2′和写入的信息 3′，都在图 9 - 13（b）中放大示出。读写头中左侧以半导体激光器 λ_1 为光源的光路是写读光路；右侧以 λ_2 为光源的光路是擦除光路。

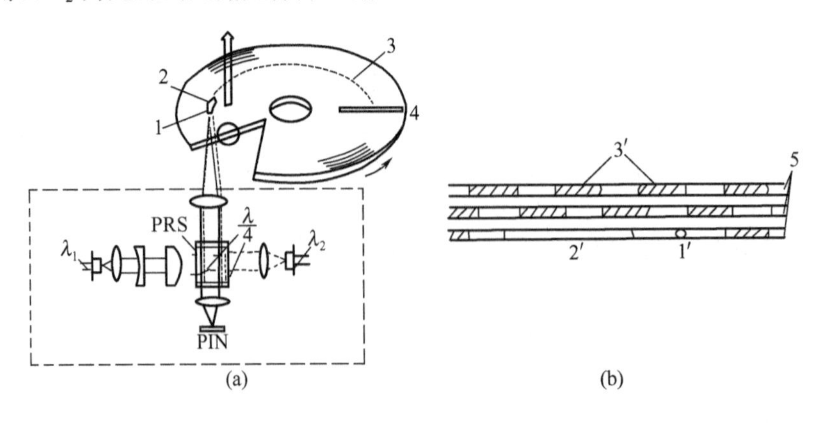

图 9 - 13　可擦重写光盘存储机构与信息存储过程示意图

由于擦信号脉冲宽度较大，必然影响光盘数据传输速率的提高，并带来光盘驱动器设计与制作上的复杂性。为了能像磁盘那样具有在记录新信息的同时自动擦除旧信息，就必须寻找快速晶化，也就是快擦除的光存储材料，实现真正的直接重写光盘存储。

9.5.2　可擦重写磁光光盘存储

磁光记录方法由来已久。早在1957年，美国Bell实验室H. Williams用热笔在MnBi薄膜上记录，并利用法拉第效应读出。1958年，L. Mayer用居里点记录，1960年Miyata用Kerr角方法读出。1965年开始用补偿点记录；1971—1973年P. Chaudhali用GdCo做磁光存储器件；1978年日本某公司研究所在TbFe薄膜上，用半导体激光器件实现信息的存储；这些工作开辟了利用稀土—过渡金属（RE－TM）磁性非晶薄膜实现磁光存储的新纪元。目前，磁光薄膜的记录方式有补偿点记录和居里点记录两类，前者以稀土—钴合金为主，后者则多为稀土—铁合金。

下面我们以补偿点写入的磁介质为例来讨论磁光记录介质的读、写、擦原理。

GdCo薄膜是利用补偿点写入的典型材料。Gd和Co的磁化强度对温度有不同的依赖关系，见图9－14(a)。在补偿点，它们的正、负磁化强度正好等值反向，净磁化强度为零。图9－14(b)示出GdCo的矫顽力H_c随温度的变化，在室温附近H_c很大，但在室温以上，H_c随温度的升高按指数规律很快减小。因此，可以选择Gd－Co的组分，使T_{comp}正好落在室温以下，这样就可以在比室温略高的情况下，如70℃～80℃之间，使H_c降至极小值。补偿点写入正是利用了这一特性。

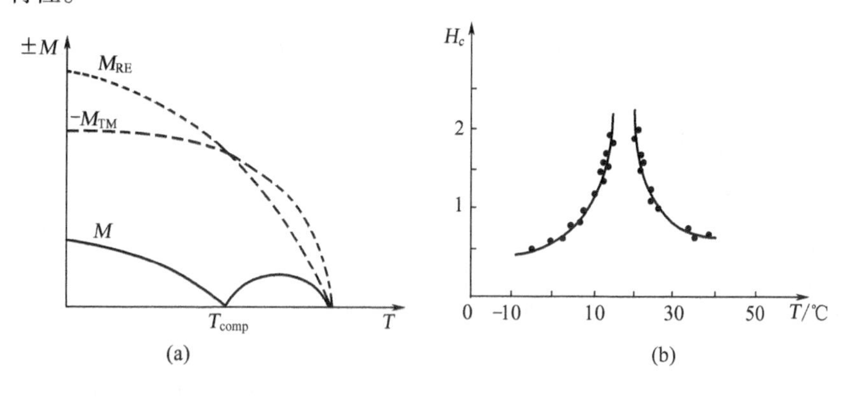

图9－14　GdCo磁学特性与温度的依赖关系
(a) 磁化强度；(b) 矫顽力。

1. 信息的写入

GdCo有一垂直于薄膜表面的易磁化轴。在写入信息之前，用一定强度的磁场H_0对介质进行初始磁化，使各磁畴单元具有相同的磁化方向。在写入信息时，磁光读写头的脉冲激光聚焦在介质表面，光照微斑因升温而迅速退磁，此时通过读写头中的线圈施加一反偏磁场，就可使光照区微斑反向磁化，如图9－15(a)所示，而无光照的相邻磁畴磁化方向仍保持原来的方向，从而实现磁化方向相反的反差记录。

2. 信息的读出

信息读出是利用Kerr效应检测记录单元的磁化方向。1877年Kerr发现，若用线偏振光扫描录有信息的信道，光束到达磁化方向向上的微斑，经反射后，偏振方向会绕反射线右旋一个角度θ_k，如图9－15(b)所示。反之，若光扫到磁化方向向下的微斑，反射光的偏振方向则左旋一个θ_k，以$-\theta_k$表示。实际测试时，使检偏器的主截面调到与$-\theta_k$对应的偏振方向相垂直

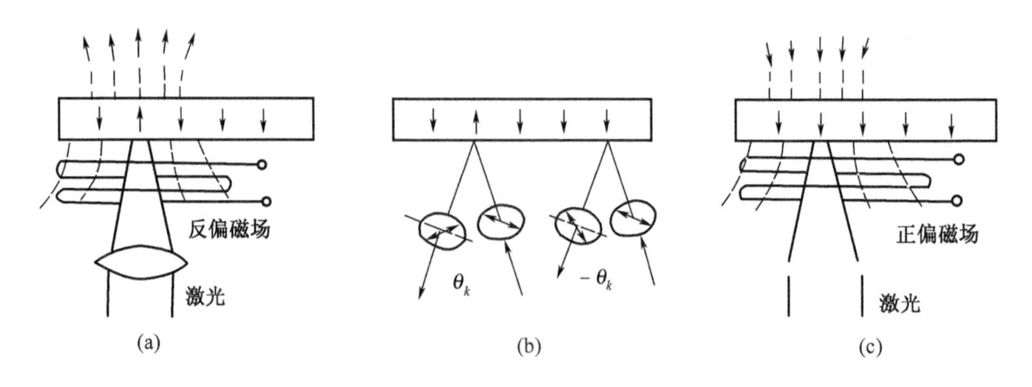

图 9－15 磁光介质的写、读、擦原理示意图
(a) 写入；(b) 读出；(c) 擦除。

的方位,则来自向下磁化微斑的反射光不能通过检偏器到达探测器,而从向上磁化微斑反射的光束则可以通过 $\sin(2\theta_k)$ 的分量,这样探测器就有效地读出了写入的信号。

实际应用时,光盘的信噪比与 Kerr 角的大小密切相关,若反射光强度为 I,且光盘的本底噪声主要来自散射效应,则信噪比可近似表示为

$$SNR \propto \sqrt{I\theta_k} \tag{9.3}$$

实用磁光盘的 Kerr 角数值不大,一般只有零点几度,为此磁光盘的信噪比需落在 45 ~ 50dB 的范围内。要获得较高的信噪比,必须进行大 θ_k 角的材料研究。

3. 信息的擦除

擦除信息时,如图 9－15(c)所示,用原来的写入光束扫描信息道,并施加与初始 H_0 方向相同的偏置磁场,则记录单元的磁化方向又会恢复原状。由于翻转磁畴的磁化方向速率有限,故磁光光盘一般也需要两次动作来写入信息。即第一转,擦除信息道上的信息;第二转,写入新的信息。

对于稀土—铁合金磁光介质,其写、读、擦原理与补偿点记录方式一样,所不同的是,这类介质有一个居里点 T_C。当介质微斑温度高于 T_C 时,该区的矫顽力 H_C 很快下降至极小值。因此在记录时,应使光照微斑的温度升至 T_C 以上,再用偏置磁场实现反向磁化。这种记录方式叫居里点写入。

有些稀土—铁钴合金材料,既可用补偿点写入,又可用居里点写入,如 1989 年美国 IBM 开发的 Cd－TbFeCo,选定组分为 $(Gd_{85}Tb_{15})_{25}(FeCo)_{75}$ 时,它的补偿温度是 13℃,而居里点却高达接近 300℃,显然后者不实用。近年来,美、日等国都在加紧开发可以实现直接重写的磁光介质,如 TbFeCo 及 Gd－TbFeCo 等。

9.6 DVD 光盘技术

DVD 原名是 Digital Video Disc 的缩写,意思是"数字电视光盘(系统)",这是为了与 Video CD 相区别。实际上 DVD 不仅仅是用来存放电视节目,同样可以用来存储其他类型的数据,因此又把 Digital Video Disc 更改为 Digital Versatile Disc,缩写仍然是 DVD。与以往的光盘存储介质相比,DVD 采用波长更短的激光、更有效的调制方式和更强的纠错方法,因此具有更高的道密度和位密度,并支持双层双面结构。在与 CD 大小相同的盘片上,DVD 可以提供相当于普通

CD 8～25 倍的存储量，以及9倍以上的读取速度。DVD 与新一代音频、视频处理技术相结合，可提供近乎完美的声音和影像；与计算机技术结合，可提供新的海量存储介质。

DVD 有五种格式，即 DVD－VIDEO（又可分为电影格式及个人计算机格式）、DVD－ROM、DVD－R、DVD－RAM、DVD－AUDIO。前两种是目前的主流应用，后三种属于高端产品。从功能角度出发，与 CD 光盘的比较如表 9－3 所示。

以目前应用最广的家用影音光盘 DVD－Video 为例，下面介绍 DVD 光盘的物理结构和数据结构。

表 9－3　DVD 与 VCD 产品比较

DVD（Digital Versatile Disc）	CD（Compact Disc）
DVD－ROM	CD－ROM
DVD－Video	Video CD
DVD－Audio	CD－Audio
DVD－Recordable	CD－R
DVD－RAM	CD－MO

9.6.1　DVD 光盘的物理结构

从外观和尺寸方面来看，DVD 盘与现在广泛使用的 CD 盘没有什么差别。其直径为 80mm 或 120mm，厚度为 1.2mm，内孔直径为 15mm。不同的是，光盘光道之间的间距由 CD 盘的 1.6 μm 缩小到 DVD 盘的 0.74 μm；记录信息的最小凹凸坑长度由 CD 盘的 0.83 μm 缩小到 0.4 μm；CD 盘使用的红外激光器波长为 780～790nm 而 DVD 光盘技术中使用激光器波长为 635～650nm。这是使 DVD 盘的存储容量提升的部分原因。除此之外，为提高存储容量，DVD 盘片还采取了提高盘面利用率、减少纠错码长度、修改信号调制方式等措施。按单面/双面与单层/双层结构的各种组合，DVD 可以分为单面单层、单面双层、双面单层和双面双层四种基本物理结构（图 9－16）。无论是单层光盘还是双层光盘都由两片基片粘合而成，每片基片的厚度均为 0.6mm，因此 DVD 盘的厚度都是 1.2mm。

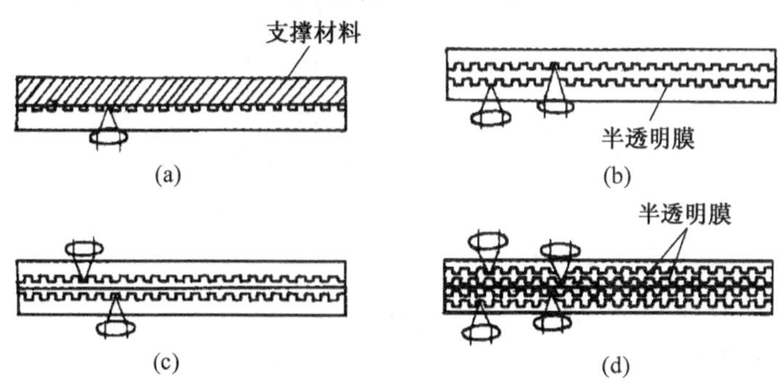

图 9－16　DVD 盘片四种结构

（a）DVD－5 单面盘 4.7GB；（b）DVD－9 单面双层盘 8.5GB；
（c）DVD－10 双面盘 9.4GB；（d）DVD－17 双面双层盘 17GB。

单面 DVD 光盘可能有一个或两个记录层，与 CD 一样，激光器从光盘的下面读取单面盘上的数据。单面单层 SSSL（Single Sided，Single Layer）光盘 DVD5（简称 D5）总容量达 4.7GB，可存储播放 133min 的视频数据。单面双层 SSDL（Single Sided，Double Layer）光盘 DVD9（简称 D9）总容量达 8.54GB，可以存储大约播放 241min 的视频数据。双层光盘有两种方案，一种是将两层记录层都放在一片片基上，而另一片是空白片基，然后粘合。这种方案在实际生产时因工艺要求高，良品率低而不被采用。另一方案是将两层记录层分别放在上下两片片基，将下面的记录层制成半透明层，上面的记录层制成反射层，然后将两片片基粘合，这是目前 DVD－9 普遍采用的方案。读取双层光盘时，激光束先到达记录层（下层）称为 0 层读取数据，然后透过它读取上层（1 层，即反射层）的数据。因此，0 层是半透明层，又称半反射层。读 0 层时总是从内圈开始，并从里往外读取；读取 1 层有两种方法：外圈开始、并从外向里移动逆光路径法和内圈开始、并从里向外移动的顺光路径法。顺光路径两层记录层的螺旋轨道与单层光盘是一样的，而逆光路径 1 层的螺旋轨道是反向的，因此，逆光路径双层光盘也被称为逆向螺旋双层盘。由于采用顺光路径时激光头需要从外圈回到内圈，在播放视频节目时将会有一个小小的停顿，因此厂商一般愿意采用逆光路径的方式。

双面 DVD 光盘上的数据分别存放在光盘的上下两面。双面单层 DSSL（Double Sided，Single Layer）光盘 DVD10（简称 D10）总容量达 9.4GB，可以存储大约播放 266min 的视频数据。读取双面盘上的数据有两种方法：① 在播放完盘上第一面的节目后，将盘片从播放机中取出，翻面后再放入播放机中继续播放第二面上的节目；② 在播放机中装两个读激光器，分别从盘的上下两面读取数据，或者在播放机中只装一个读激光器，但在读完盘的第一面后可以自动地跳到盘片的另一面继续播放。如果采取后一种方案，则读完盘的第一面后不需要将盘取出翻面。但播放机需要有这种功能。双面双层 DSDL（Double Sided，Double Layer）光盘 DVD18（简称 D18）总容量达 17GB，可以储存播放 482min 的视频数据。由于双面双层盘片是由两片分别有两层记录层的片基粘合而成，所以生产这种盘片对生产工艺要求很高，这意味着生产成本也比较高。因此，除非有特殊需要，一般厂商不采用 DVD－18 格式。

9.6.2 DVD 光盘的数据结构

DVD 光盘上有浏览数据（Navigation Data，即处理回放数据）和播放数据（Presentation Data，即音频、视频、子图等数据）两种数据结构。用户可以按照浏览数据中的控制信息，播放演播数据中的音频、视频和子图等数据。浏览数据主要控制如何回放演播数据，它由视频管理器信息（VMGI）、视频节目集信息（VTSI）、程序链信息（PGCI）、演播控制信息（PCI）和数据搜索信息（DSI）等五个部分组成。播放数据由音频、视频和子图组成。它至少含有一个节目。一个节目至少包含一个程序链（PGC）。一个程序链由程序链信息和视频对象集中的单元组成。程序链信息又由前命令、后命令及单元（cell）组成的程序组成，这些单元指向视频对象中的单元，这样就定义了回放这些单元的顺序。

在数据组织方式上，DVD 光盘与 CD 光盘相似，每一层均分为导入区（Lead－in Area）、数据区（Program Area）和导出区（Lead－out Area）三个区域。对双层逆光路径盘而言，还有一个中间区（Middle Area）。

DVD 光盘上的数据是按扇区（Sector）形式组织的，扇区之间没有间隙，并按如下方式连续地存放在盘上：对于单层光盘，从导入区的开始处到导出区的结束处；对于双层光盘的 0 层，从导入区的开始处到中间区的结束处；对于双层光盘的 1 层，从中间区的开始处到导出区的结束处。对于采用逆光道路径方式的双层光盘，1 层中间区开始处的扇区号由 0 层数据区的最后一个扇区号按位取反而得到，此后的扇区号就连续增加直至 1 层导出区的结束处。

一个扇区根据其组成方式和所处的信号处理阶段分别叫做用户扇区（User Sector）、数据扇区（Data Sector）、记录扇区（Recording Sector）和物理扇区（Physical Sector）。用户扇区也叫用户数据或主数据，由 2048 个用户字节组成。为形成数据扇区，在用户扇区的开头加上 4 个字节的上去标识码用于标识扇区格式、轨道方式、数据种类、层数、扇区数等信息，2 个字节用于ID误码探测（IED），6个字节用于拷贝保护信息（CPR）；而在扇区末尾加上4个字节的误码探测（EDC）。这样2064个字节排列12行×172列的阵列结构，再将其中的2048字节的主数据进行专门的扰频编码就得到数据扇区。连续16个数据扇区组合在一起形成一个误码校正块（ECC block），然后进行误码校正编码。每一列计算出一个16字节的校验码（PO）在ECC block底部形成16行新增PO行；对ECC block块中的208行（192+16）每一行经计算得到一个10个字节的校验码（PI），这样得到一个208×182阵列的完整ECC block块。对于该阵列以行为单位进行交叉排列，按顺序每隔12行数据插入一行PO，将16行PO分别插入到数据行中形成16个新的扇区——记录扇区，这样每个记录扇区有13行和182列，这种将PO行分插到各个扇区的方式有利于纠错特征的进一步发挥。物理扇区是指将记录扇区记录到DVD光盘上的数据结构。将记录扇区从中间分开成两个半帧，然后将数据进行8-16调制变换，将8比特字节变成16位，同步字变成32位同步码，形成具有2个同步帧的物理扇区。一个物理扇区共有4836个字节、38688个数据通道位，相当于调制前的2418字节。物理扇区的数据一行接一行变成通道数据输出记录到DVD光盘上，数据记录过程中采用NRZI变换（与CD类似），在DVD光盘上从坑到岛或从岛到坑的变换代表1，不变换代表0。总之，DVD在开发初期就考虑到与计算机数据的兼容实用，因而其数据的基本机构、数据的处理过程、纠错方式都以扇区的方式来进行。

9.7　光信息存储新技术

通过前面的叙述可知，要继续提高光存储的密度和容量，可以通过缩小记录点、复用、增加存储维度等途径实现。除光盘存储技术之外，还有其他的一些高密度光存储技术，如光全息存储、光致变色存储、电子俘获光存储、持续光谱烧孔存储技术等，在本节中分别予以简要介绍。

9.7.1　光全息存储

光全息存储是20世纪60年代随着激光全息术的发展而出现的一种先进的存储方式。在各种未来高密度光存储技术中，全息光存储以其所具有的高存储容量、高存储密度、高信息存储冗余度和超快存取速度等优点一直为人们所重视。早在20世纪70年代，全息工作者就认为全息图能存储海量的信息并提出了许多海量数据全息存储系统的设想，但由于当时的技术和材料均不够完善，而其他技术尚能满足早期需求，因而全息存储器的发展及实用化迟滞不前。近年来，随着并行高速计算机对海量存储器的呼唤和光计算研究的日益高涨，使全息存储再掀高潮。人们尝试用棒形和纤维形细晶体取代块状晶体，采用页堆叠的方式进行厚全息图记录，以获得更好的角度选择性、波长度选择性及更高的衍射效率；还尝试采用施加静电场和改变光偏振方向的方法对光折变记录材料进行非破坏性读出。

1. 光全息存储原理

在全息光存储中，数据信息是以全息图的形式被记录在存储材料中。由于全息存储材料上保存数据信息的全息图所记录的是物光和参考光的干涉图样，因此它不仅保存了物光的振幅信息，还保存了其完整的空间位相信息，这是由全息方法本身的物理特性所决定的。全息图记录与再现的基本原理如图9-17所示，来自物方携带有调制信号的光称为物光，另一束光称为参考光。物光和参考光是由同一激光器输出的激光束经分光镜而得到的，因此满足形成干涉所需的相干条件。令物光和参考光在全息光存储材料中相遇并发生干涉，干涉图样会使存储材料的化学或物理特性发生改变,存储材料在折射率或者吸收率上的相应变化就作为干涉图样的复制品存储下来。

普通全息存储中存储和再现的是事物本身的全息图像,这是一种模拟存储方式,而全息光盘存储则是数字存储方式。需要存储的数字信息经过编码后组成二维数据页,并被送到空间光调制器中。组成二维数据页的"0"、"1"分别对应空间光调制器像素阵列上的亮点和暗点,从而在其上形成一幅二维数据页图像。从激光器发出的激光穿过空间光调制器被二维数据页图像所调制,在存储材料中和参考光相遇,实现对数字信息的存储。当读出数据页时,用和存储该数据页所用参考光相同的光照射存储材料,光束与存储材料中的干涉图样(全息图)发生衍射,衍射光成像于光电探测器阵列上被转变为电信号,再通过后续处理还原所记录的信息。采用不同角度的参考光可以在同一存储材料的同一位置存储另外一幅完全不同的全息图,这就是全息光存储的一个重要技术特征——复用技术。

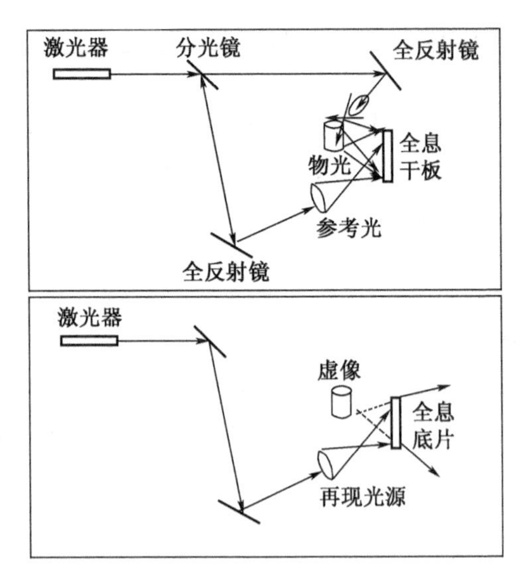

图 9-17 全息图的记录与再现

2. 光全息存储材料

全息光存储的存储容量、传输速度、存储数据的稳定性和系统体积都受制于存储材料,因此,研制开发合适的存储材料是全息光存储技术中最为关键的问题之一。对全息光存储材料性能的要求是高的光学质量、折射率变化大、高灵敏度和稳定的存储性能。存储材料具有高的光学质量和低散射性,可以保证携带数据信息的物光波前不失真,并可以使来自散射光的噪声变得容易处理;折射率变化大可以保证足够的动态范围以复用多幅全息图;高灵敏度可令存储材料在一定激光功率下反应速度更快,而稳定的存储性能则可以使存储数据在后续读出和存储其他数据时避免被破坏。

目前,人们常用的全息存储材料包括银盐材料、光致抗蚀剂、光导热塑材料、重铬酸盐明胶、光致聚合物、光致变色材料等。

银盐材料是传统的全息记录材料。超微粒的银盐乳胶有很高的感光灵敏度和分辨率以及较宽广的光谱灵敏范围,并且重复性好、保存期长,具有很强的通用性。它既可以用来记录振幅型全息图,也可以记录高衍射效率的位相型全息图。超微粒的银盐乳胶已经具有成熟的制备技术,并具有可靠、稳定的商品化产品——全息干板。这种材料的缺点主要在于:不能擦除后重复使用,湿显影处理程序较为繁琐,且对于位相型全息图,其较高的衍射效率往往带来噪声的增加和图像质量的下降。

光致抗蚀剂是一种可以制备浮雕型位相全息图的高分子感光材料。这种材料也可以旋涂在基片上制成干板,光照射后,随着曝光量的不同,发生化学变化的部分将具有不同的溶解力,选用合适的溶剂显影,便可制成表面具有凹凸的浮雕相位型全息图。采用光致抗蚀剂来记录全息图有着令人看好的应用潜力,在全息光存储中的只读存储方面,采用这种方法记录的全息图可以铸模制成标准母盘,实现大批量、低成本的复制生产。

光导热塑材料是另外一种记录浮雕型位相全息图的记录材料,是在电照相基础上发展起来的一种全息记录材料。但由于这种材料分辨率不够高,且高质量导电薄膜制造困难,因此使用有限。

重铬酸盐明胶(DCG)是在明胶中浸入 $Cr_2O_2^{-7}$ 离子构成的位相型全息记录材料。它的光学性能良好,被光照的部分不会变黑,因此再现全息图时不吸收光,是一种理想的位相型全息记录材料。采用硬化 DCG 记录的折射率调制型全息图具有良好的光学性质,分辨率达到理论值的90%,并且背景散射小于信号的 10^{-4}。但是这种材料再现性差、光谱敏感范围有限、对空气的湿气抵抗力差,即便如此,该材料依然被广泛应用于全息存储、各种全息元件的制作等方面。

光致聚合物是近来在全息存储材料领域的一个研究的热点,主要由单体、聚合体和光敏剂组成。记录光照射聚合物后,光敏剂被激发引发曝光过程,然后自由基引发单体分子聚合,最后在材料中形成位相型全息图。光致聚合物具有较高感光灵敏度、高分辨率、高衍射效率以及高信噪比,可用完全干法处理及快速显影,记录的全息图具有很高的几何保真度,并易于长期保存。光致聚合物的主要缺点在于其体积容易受到影响而发生变化,如果能够解决这一问题,光致聚合物将是一种非常理想的全息光存储材料。

光致变色材料也可以用于全息光存储,这是由于光致变色膜层内的分子极化特性发生改变,会导致膜层折射率的变化。光致变色材料具有无颗粒特征,分辨率仅受记录光波长和光学系统的影响。但是光致变色材料存储的全息图衍射效率并不高,限制了其在全息光存储领域的应用。

光折变材料是另一种优良的全息光存储材料,是通过光折变效应来存储全息图的,即当受到非均匀的光强度照射时,材料局部折射率的变化与入射光强成正比。光折变材料具有动态范围大、存储持久性长、可以固定以及生产工艺成熟等优点,且有机光折变聚合物没有光致聚合物的体积变化问题。因此,从目前的研究情况看,光折变材料非常适合于全息光存储。光折变材料主要有无机存储材料和有机存储材料两类。常见的光折变无机材料主要有掺铁铅酸钾晶体、铌酸锶钡和钛酸钡,而常见的有机光折变聚合物则有 PMMA:DTNB:C60 和 PQ/PMMA 等。

3. 全息存储系统

如前所述,全息存储技术的基本概念是把存储的信息构成一个像,将此像作为全息记录系统中的物,并把物存储于全息图中。由于在具体的存储器中被存储的信息是可以以电子信号的形式传递的,因此需要用一个称为组页器的特殊器件来呈现信息。例如,一张由白点和黑点的列阵组成的透明片,每一点表示一个二进制信息元,例如白点为二进制信息“1”,黑点为“0”。如果将信息存储页从全息图上读出,其一级再现像就被聚焦在探测器阵列上。探测器阵列由光电二极管列阵组成,每只二极管与原组页器透明片上一个单元相对应,组页器和探测器列阵实际上就是电—光和光—电接口。

图9-18所示的组页器、全息图、探测器列阵,是所有块状(页状)结构全息存储器中的基本存储单元,更复杂的海量存储器是以此为基础加上一些附加器件构成的,这些附加器件是用来对能并行地存储许多页的存储面上的大量全息图进行寻址的。

通常采用在激光器输出光束中配置一个 $x-y$ 光束偏转器,使写入光束同参考光束重叠在存储面上任何(x,y)点,从而可在存储面上记录许多并行排列的小全息图列阵。读出时,每一个小全息图被一束方向与记录该小全息图的参考光束相同的激光束所照射,而其再现页(信息)则成像在同一个探测器列阵上(即不管小全息图在存储面上的位置如何,其再现像始终成在同一个位置上),所以只要用一只探测器来探测由所有小全息图再现出的各个像。由此可

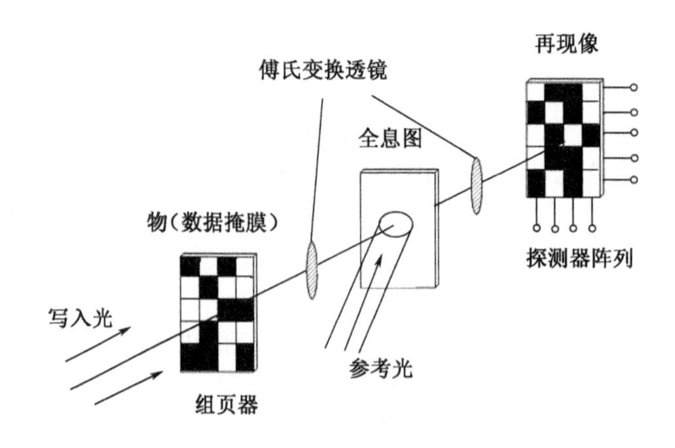

图 9-18 块状结构全息存储器

知，激光束对全息图的寻址是由 $x-y$ 光束偏转器来控制的，此偏转器即为存储器的寻址单元，它能控制激光束射向每一个所需的小全息图上。在随机存取存储器中，激光束是在相同的随机存取时间内被导向和作用在所需的小全息图位置上的。

将存储面划分成许多可选择的寻址的页（小全息图）而不采用存储所有页（信息）的一个单一的大全息图的理由是，要求块状信息可选择性地擦除和读出。可选择性地擦除部分信息只可能利用许多不相连的小全息图，现在还没有什么方法可选择性地擦除叠加在同一个全息图上的部分图像。此外，一些关系到部件的提供、全息图的衍射效率等实际问题，也要求采用上述方法。

实际上，在全息海量存储器中，要使光束偏转器将物光和参考光精确地交于存储面上的各点来记录小全息图，还要配置一个蝇眼透镜（微透镜列阵，如短焦距玻璃透镜列阵、单片模压塑料透镜列阵、渐变折射率光纤列阵等）。图 9-19 是配置蝇眼透镜的傅里叶变换全息存储器。在这种存储器的光路中，用一个光束偏转器来控制参考光束和写入光束，使写入光束投射在蝇眼透镜的一个微透镜上。蝇眼透镜中微透镜的数目与存储面上的小全息图的总数相同，它的作用是扩展输入的准直光束，再经透镜 L_2、L_3 的作用使之成为方向与微透镜的位置相关的平行光，照明 L_3 后面组页器的整个孔径。透过组页器的物光束经透镜 L_4、L_5 的傅里叶变换，汇聚在存储面 H 上的一个小区域并同照射在该处的平行参考光束叠加，形成一个小全息图。存储面上各个微元与微透镜阵列单元的位置一一对应。若用记录时的参考光作为读出光束来照射各小全息图，则可从探测器列阵逐个输出对应于被存储的各页信息。

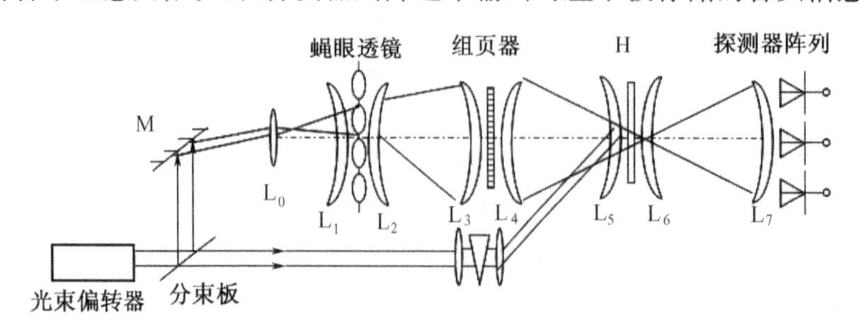

图 9-19 配置蝇眼透镜的傅里叶变换全息存储器

图 9-20 所示的是二维随机存取存储器的光路，在这种系统中薄记录介质可以是热塑料或高分辨率照相底片。从图中可以看到，所有光全息存储器中的基本部分是光源、光束偏转

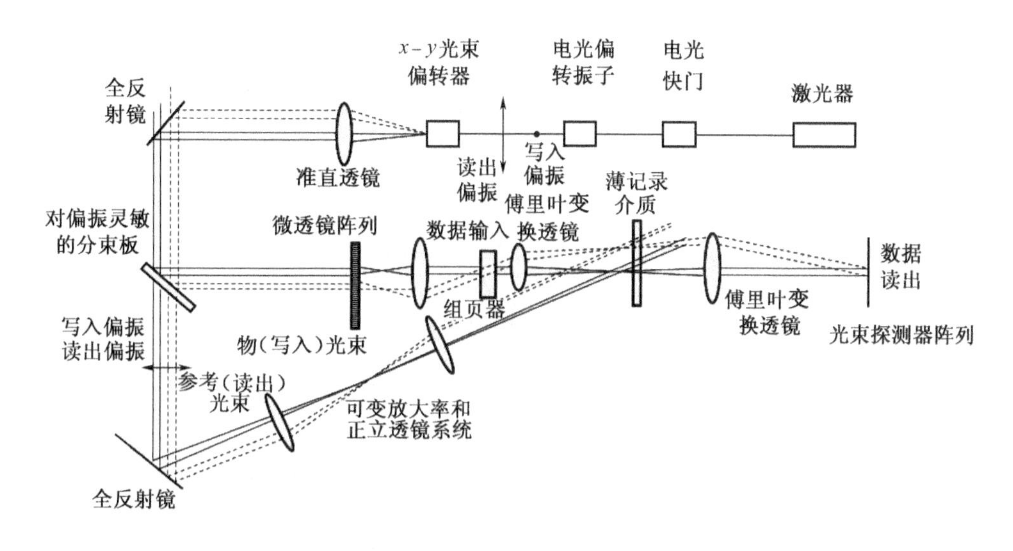

图9-20　二维随机存取存储器的光路

器、记录介质和探测器列阵,这些部件用各种通常的光学和电子的部件互相连接。图中所示的是一种典型的配置,根据存储器的性质,还可以有其他的配置。

存储器的操作是靠电光偏振转子来控制光束的偏振方向以实现写入和读出的。因设计的分束板不反射平行于入射面振动的偏振光束,故写入时用垂直于入射面振动的光束,读出时用平行振动的偏振光束。在写入过程中,记录介质上物光的复振幅分布是组页器中数据页的傅里叶变换(近似),该振幅花样与参考光束在记录面上相干涉而形成全息图。系统的光学元件可使物光束与参考光束相交于光束偏转器所选定的存储面上任何一个地址的存储介质上,这样,物光束和参考光束就自动地相互跟踪。在数据页再现的读出过程中,只有参考光出现,而此光束照射记录介质后就被全息图上的光栅衍射出记录时物光的频谱(傅里叶变换),该频谱再经其后的傅里叶变换透镜就再现出原始物光的复振幅,其光斑(数字数据)花样就照射在光电探测器阵列上并被读出。

图9-21所示的是三维随机存取存储器的光路,在这一系统中的厚记录介质可以是电光晶体或光致变色晶体。许多三维存储系统已经被设计出来,这些系统在厚记录介质内同一个位置重叠许多全息图,是通过对其中每一个全息图使用不同方向的参考光实现记录的。这些全息图由于体性质而呈现十分强的角选择性,也就是说,要读出其中一个全息图,一定要用与该全息图相应的参考光束照明。该参考光束的入射角度则要求处在对该全息图而言的布喇格角附近的角度范围内,否则,再现数据的强度将随角度的偏离而很快下降。而且,全息图越厚,再现的角度范围就变得越窄。在单一的体位置上重叠许多个全息图将引入一个额外问题——在光折变介质的体积中写入一个新的全息图而不影响原来在那里的全息图,该问题已通过在铌酸锂晶体中外加一电场的方法获得解决。它可大大增加写入的灵敏度,而对擦除的灵敏度保持不变或变为更低的值,当新的全息图写入时,在该位置的其他全息图仅仅稍有擦除。在掺有0.01%铁的铌酸锂晶体中已可以记录500多个全息图,每一个全息图的衍射效率大于2.5%。在重叠的全息图中,选择性地擦除其中一个全息图的问题则通过写入一个折射率变化可抵消该全息图折射率变化的互补全息图而获得解决。

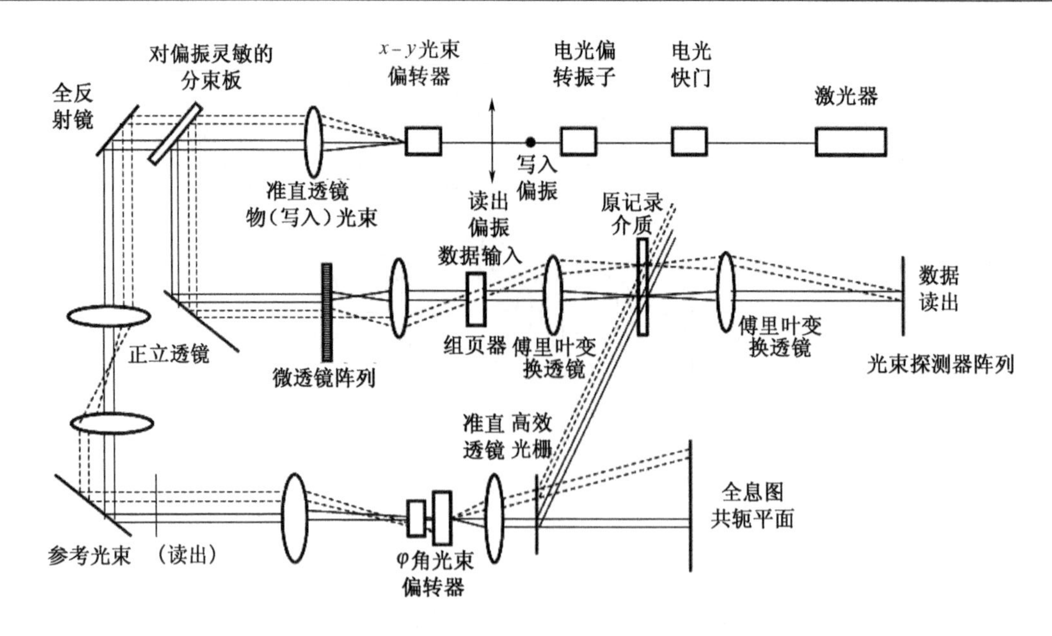

图9-21 三维随机存取存储器的光路

9.7.2 光致变色存储

1. 概述

某些无机和有机化合物,在光的作用下,它的吸收谱发生可逆变化,这就是光致变色现象。这种现象可用下式表示:

$$A \xleftrightarrow{h\nu} B \tag{9.4}$$

例如,用紫外光照在无色物质A上,物质A就变到准稳态B而着色:如再用可见光照射或加热,物质B又重新回到无色的A状态。光致变色必须是一种可逆的化学反应,这是一个重要的判断标准。如果在光的作用下也能发生其他导致颜色变化的化学反应,但如果是不可逆的,就不属于光致变色的范畴。

具有光致变色性能的材料有很多种,日常生活中见得最多的变色太阳镜就是由光致变色玻璃制成的。对于光致变色材料的研究,可以追溯到20世纪初期,当时曾作为材料合成的一个环节而展开了研究,迎来了最初的发展。经历了30年代的研究低潮后,直到50年代,研究再次兴起,进行了多种新的光致变色化合物的合成和反应机理研究,探讨了显示材料、非银盐记录材料应用的可能性。然而,很多研究因没有开发出实用化材料而中断,进入80年代后,对光致变色的研究再次高涨。这主要有两个原因,一是由于IBM公司发表的称为下一代光记录技术的PSHB(持续光谱烧孔)方法中应用了光致变色材料;另一个原因是1978年Heller开发出了耐光性能好的光致变色化合物俘精酸酐,开始进行作为可擦除光记录材料的探讨和材料的合成。我国也将对光致变色材料的研究列入了863高科技计划。目前在我国和一些发达国家,关于新的光致变色材料的开发、材料的结构分析和光化学过程等方面的研究十分活跃。

除应用于光量调节用的滤波片、显示器、光量计、照相印刷用的记录介质、装饰用的涂料等领域外,由于光致变色材料特别是有机化合物是通过光子以分子单位进行变化的,因此分辨率非常高,具有作为高密度信息存储的可逆存储介质的可能性,因此更受人们的青睐。

2. 光致变色存储的工作原理

如图 9－22 所示，设存储介质具有两个吸收带，在波长 λ_1 的光照射下，介质由状态 1 完全变到状态 2；同样，在波长 λ_2 的光照射下，介质由状态 2 完全返回到状态 1。

我们可以用下述方法进行记录，首先用波长 λ_1 的光（擦除光）照射，将记录介质由状态 1 变到状态 2。记录时，通过波长 λ_2 的光（写入光）做二进制编码的信息写入，使被 λ_2 照射到的那一部分由状态 2 变到状态 1 而记录了二进制编码的“1”；未被 λ_2 光照射的另一部分仍为状态 2，它对应于二进制编码“0”。信息的读出可以用读出透射率变化的方法，也可以用读出折射率变化的方法。

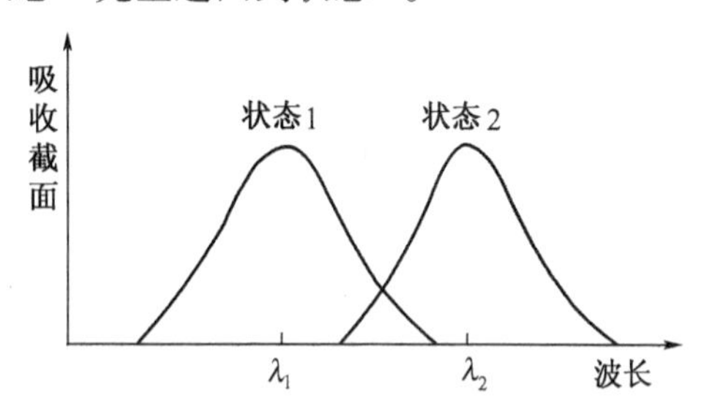

图 9－22　光致变色存储原理

读出透射率变化是利用波长 λ_2 的光照射、测量透射率变化而读出信息的。当 λ_2 的光照射到编码为“0”处（状态 2）时，因吸收大而透射率很小。当 λ_2 的光照射到编码为“1”处（状态 1）时，因无吸收而透射率大。从而根据透射率的大小，就能测得已记录的信息。这种方法有一个致命的缺点，就是为了保持必要的探测灵敏度，要求读出光 λ_2 的光强不能太弱，但是不太弱的读出光会引起光致变色反应，在多次读出后会破坏原先记录的数据（被称为破坏性读出）。为了克服这个缺点，需要开发出具有阈值的光致变色化合物，即读出光强在阈值以下时，不会产生光致变色反应。

读出折射率变化是利用波长不在两个吸收谱中的光的照射、测量其折射率的变化而读出信息的，这是因为吸收谱的变化必然会产生折射率的变化。从原理上来说，折射率变化这一物理量是能够测出的。由于在读出折射率变化量时，所使用的读出光的波长可以远离 λ_1 和 λ_2，因而解决了破坏性读出的问题。但要测出状态 1 和状态 2 的拆射率的不同，就要加大记录介质的厚度，这样就要求写入光的能量密度和功率提高数倍。

3. 光致变色记录材料的实用化条件

要使所开发的光致变色材料符合光记录介质的要求，进而达到实用化阶段，必须解决以下几个问题。

1）光致变色材料应与半导体激光波长输出波长相匹配

目前使用的半导体激光器的输出波长为 830nm 和 780nm，因此要求光致变色材料的变色波长落在这些波长上。当然，随着半导体激光器的输出波长的不断增多以及非线性光学元件的开发，对光致变色材料的变色波长的要求也就可以放宽。

2）非破坏性读出

非破坏性读出就是在读出信息时不破坏已经记录的信息。这就要求开发出具有阈值的光致变色材料，或者通过读出透射率以外的物理量，诸如折射率、反射率等物理量来读出信息。

3）记录的热稳定性

在很多光致变色材料的两种状态中，其中一种往往不是热稳定的，即使在黑暗环境下也会慢慢地向另一种状态改变。这就意味着热的不稳定性会使记录的信息丢失，需要有措施防止这种现象的产生。

4）反复写、擦的稳定材料

满足上述条件的光致变色材料可以作为光记录的一次写入型记录材料来使用。如将光致变色材料用作可擦除光记录材料,那就必须具有反复写、擦的稳定性。

9.7.3 电子俘获光存储

1. 概述

未来大容量计算系统的存储器必须具备存储密度高、存储速率快、寿命长三大特点。目前的三类光存储器(ROM,WORM 和 RW)中,RW 光盘虽存储密度较高,但数据存取速率仍低于磁盘,并且仍然存在着热诱导介质物理性能的退化对读、写、擦循环次数影响的问题,因而稳定性和寿命仍然有待提高。美国马里兰州正在 Optex 公司开发了一种新型的可控重写光存储介质即电子俘获材料。与磁光型和相变型光存储技术不同,电子俘获光存储是通过低能激光去俘获光盘特定斑点处的电子来实现存储,它是一种高度局域化的光电子过程。理论上,它的读、写、擦循环不受介质物理性能退化的影响。通过实际测试,Optex 公司宣布,最新开发的多层电子俘获三维光盘样品写、读、擦次数已达 10^8 以上,且写、读、擦的速率快至纳秒量级。并且,借助于电子俘获材料的固有线性,可以使存储密度远远高于其他类型的光存储介质。总而言之,电子俘获光存储技术具有很大潜力,可能满足理想存储的三点要求。

2. 电子俘获光存储技术的基本原理

电子俘获是一种光激励发光现象。光激励发光是指材料受到辐照时,产生的自由电子和空穴被俘获在晶体内部的陷阱中,从而将辐照能量存储起来,当受到波长比辐照光长的光激励时,这些电子和空穴脱离陷阱而复合发光,因而这种材料被称为“电子俘获材料”。

一种新开发的电子俘获材料的能级分布如图 9 - 23 所示,能带 E 存在于两类稀土原子之中。在能带 E 内,两类稀土原子在共同能量处取得联系,因而能带 E 也被称为联系带,它位于基态 G 之上约 2.5eV 处。能级 T 只存在于其中一类稀土原子之中,处于 T 能级中的电子不允许再做移动和交换,因而处于 T 能级的稀土原子是一种电子陷阱,位于能带 E 之下约 1eV 的位置处。由此可见,电子一旦落入这种陷阱中,就不可能因为热运动而跃至能带 E 并返回到基态进行复合。

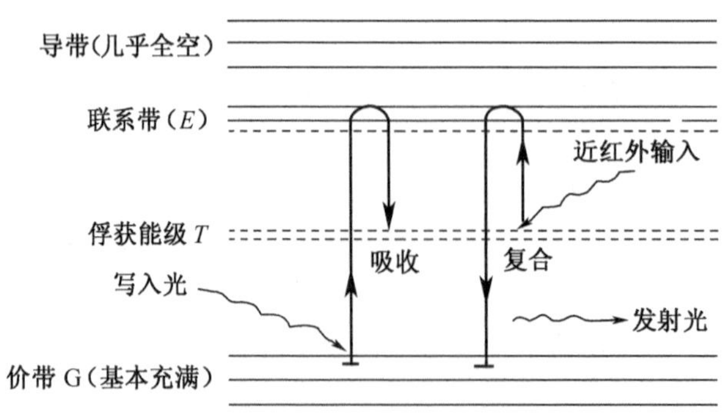

图 9 - 23　一种电子俘获材料的能级结构

在电子俘获光存储技术中,二进制信息位“1”的写入是以记录点局域位置处的陷阱对电子的俘获(即电子对陷阱的填充)来表征的。当用一束光子能量对应于电子跃迁能量范围内的激光进行辐照时,基态的电子被激发到能带 E 中,稍作停留后下落,并被 T 能级处的陷阱俘获(图 9 - 23)。这样,被电子填充了的陷阱就代表二进制信息位“1”的存入。写入光束中断后,陷阱中被俘获的电子不可能自由地返回基态 G 去进行复合,这表明被存入的信息应能长期保存。读出已被存入的信息位“1”(或证明存储单元局域位置中电子陷阱已被电子所填充)

是借助于一束近红外光的照射来实现(其光波波长对应于足以使被俘获电子逃逸出陷阱并跃入能带 E 之中的光子能量)。通过近红外辐照,光斑局域位置处已被俘获的电子获得光子能量后跃迁到能带 E 中,再与另一种稀土原子取得联系后返回基态 G,同时发射出与跃迁过程所损失的能量相对应的波长的光,对这种光的探测就能证实存储单元局域位置处陷阱被电子所填充或二进制信息位"1"的存入。显然,信息的读出是以陷阱对电子的释放为基础的,因而对信息位"1"的每一次读出(或访问)会引起存储单元局域位置中被俘获电子的减少,这样多次读出(或选用适当大功率光一次读出)会使被俘获电子基本耗尽,这对应于信息的擦除。

3. 典型电子俘获光存储材料

1) MFX 型电子俘获材料(M = Ca,Sr,Ba;X - C1,Br,I)

以 BaFBr 为代表,常用于 X 射线或紫外光影像存储。读出光波长在 400 ~ 700nm 之间,读出发光波长为 380 ~ 400nm 之间的蓝紫色发光。该种材料是研究最早、具有最强实用化程度的电子俘获材料之一,其光激励发光机理的研究,奠定了电子俘获光存储机理。目前这种材料是最接近于实用的,采用高温固相反应法能制备出纯度较高的样品。

日本和美国的一些公司已经推出使用 MFX 型电子俘获材料做成像、存储器件的医用光透视仪等产品。MFX 型材料的存储优点是灵敏、可反复使用、易于集成数字系统等,缺点是读出信号的持续读出衰减快,重复读的次数有限。并且,重复需要在较高温度下进行热漂白和光漂白,因此在配套技术方面仍需要突破。

2) AES 型电子俘获材料(AE = Ca,Sr)

例如 SrS:Eu,Sm 等。该类材料的写入光波长在紫外或蓝光区,读出光在近红外区域,读出发光波长范围从绿光到红光。除了用于光信息存储外,该材料还广泛应用于光信息处理中。研究表明,关于共掺杂稀土离子的机理比较复杂,目前还不能完全说明电子俘获释放的过程。另外,不同稀土离子的掺杂作用没有明确的规律,这些问题都直接影响到这种材料的光存储性能。

材料改进方面,有报道发现在该类材料中掺入 Mn 等过渡元素离子,可以提高光激励发光亮度,增加陷阱稳定性。制备方法上,使用电子束蒸发制备成薄膜有利于提高存储分辨率以方便应用;或者用固源分子束外延的方法,在 MgO 衬底上生长纳米尺寸单一晶相的 SrS:En,Sm 晶粒,最后制成高分辨率的薄膜。针对该类材料易潮解、热稳定性差的弱点,用溶胶凝胶法将 CaS:Eu,Sm 嵌入到染料中,可增强光激励发光强度,改善材料的稳定性。这些在材料和器件制备方面的改进极大优化了这类电子俘获材料的实用性。另外,由于理论上激励波长和余辉是矛盾的关系,因此通过合适的途径和手段既能满足有效激励波长,又具有比较深的陷阱获得尽可能短的余辉,是一项很有意义的工作。

3) AH 型电子俘获材料(A = Na,K,Rb,Cs;H = F,C1,Br)

典型的有 KChEu、CsBr:Eu 等。其写入波长为 X 射线或紫外光,读出光波长范围从绿光到红光,读出发光波长范围从蓝光到绿光。该类型为新兴的一类电子俘获存储材料,一般具有较深的陷阱,读出衰减较慢。

对这种电子浮获材料存储机理的研究表明,制备的混晶样品中,晶格的缺陷,主要是阴离子空位参与电子俘获,因此可形成紫外光存储,并与 X 射线存储具有相似的特征。在材料改进方面,新研究的 KCI:Eu,KBr:Eu 等的紫外(X 射线)存储,具有相对较缓慢的读出衰减,可更好地弥补 BaFBr 的较快衰减特性。而 CsBr:Eu,CsBr:Eu 等材料的激励光波段在 600 ~ 700nm 处,与廉价的半导体激光器更为匹配。这类材料虽然容易制备成单晶,但是掺杂后易潮解且部分材料还可能具有放射性,因此不利于民用。此外,部分材料的有效原子系数小,不利于做高能射线存储,也限制了其使用范围。

4）玻璃陶瓷电子俘获材料

玻璃陶瓷材料为近年来最新投入研究的电子俘获光存储材料,已有报道用于电子俘获的玻璃陶瓷材料有硼酸盐玻璃陶瓷、氟铝酸盐玻璃陶瓷和氟锆酸盐玻璃陶瓷等,氟氧化物玻璃陶瓷的研究目前正在进行中。由于玻璃陶瓷材料均匀且各向同性,不存在双折射及光散射现象,因此能得到更高的空间分辨率。而且,玻璃陶瓷经过高温烧结后性质稳定,易于存放和加工,以此为基质可以克服以往电子俘获材料稳定性不好的缺点。另外,玻璃陶瓷材料在信息读出的空间分辨率上比晶体材料具有很大的优势,在稳定性、可加工性等性能上也比晶体材料好。X射线在玻璃中的穿透深度有赖于它的能量大小,利用玻璃纤维还可以实现能量选择的功能,用在承受高强度的射线的场合。虽然目前在玻璃陶瓷中观察到的光激励发光较BaFBr晶体材料来说强度还很弱,但是,这一类电子俘获材料具有很大的研究发展空间。

9.7.4 持续光谱烧孔存储

1. 概述

自从1974年首先在有机分子材料中发现持续光谱烧孔(Persistent Spectral Hole Burning, PSHB)现象以来,固体的光谱烧孔研究已经引起人们越来越浓厚的兴趣,逐渐形成一个新的研究领域。这主要归于两方面原因:一方面是与研究用途有关,光谱烧孔是研究非晶态动力学、固体和表面能量转移和低温光电效应的重要方法,对固体以及固体缺陷基本性质感兴趣的研究人员正利用这种技术来探测周围局部区域、衰减机制、格位对称性、外场和弛豫效应;另一方面与其重大的应用可能性有关,由于可以产生大量频畴孔,烧孔效应已成为实现高性能光存储和并行光学处理的一种途径。

在光存储技术中,由于光的衍射现象,光不可能聚焦在一个体积小于$10^{-12}cm^3$左右的材料上,因此目前的光存储系统存在一个大小约为$10^8 B/cm^2$的存储密度上限。与此相对应,1B所占据的空间含有$10^6 \sim 10^7$个分子。如果能将一个分子用做1B的存储元件,这就可能在目前光存储系统的基础上提高记录密度$10^6 \sim 10^7$倍。为了实现分子级存储,除了要求稳定性之外,还要求具备选择或识别每个分子的方法。持续烧孔光谱技术正是利用光活性分子所处的周围环境的不同而引起对应能量的差别来识别不同分子的。但是PSHB技术的分辨率并不太高,一般来说,对应于一个能量状态仍然有$10^3 \sim 10^4$个分子,因而PSHB技术只能识别一个分子集团。应用PSHB技术,可以在一个记录斑点中通过对光的频率(或波长)的扫描来记录多重信息。理论上估计,记录密度可达$10^{11} \sim 10^{12} bit/cm^2$。

2. PSHB光存储基本原理

光子烧孔大致可分为两类,即化学烧孔和物理烧孔,现重点介绍化学烧孔。能够产生PSHB现象的物质系统必须由客体分子(光活性分子)和主体分子(透明固体基质)两部分组成。客体分子均匀地分散在固体基质中,低温下,在激光诱导下发生具有位置选择性的光化学反应,引起在非均匀的宽带吸收光谱带上有选择性地产生一个均匀光谱孔。为了防止PSHB过程中光活性分子能量的转移,要求其分子浓度小于$10^{-4} \sim 10^{-6} mol/L$。

下面根据图9-24来说明PSHB光存储过程。一方面,由于存在应力等外界因素,同一类客体分子可以具有不同的局域环境,对应于不同谐振频率的基本谱线。考虑到分子的量子态受到来自周围的微扰,它们不可能保持无限长寿命,因而基本谱线要发生均匀展宽,线宽为

$\Delta\omega_h$；另一方面，所有均匀吸收带的叠加形成了连续的非均匀展宽，线宽为 $\Delta\omega_i$。在 $\Delta\omega_i \ll \Delta\omega_h$ 的条件下，可以利用调谐激光器在低温（<10K）下将激光频率（或波长）调谐至非均匀吸收带范围内的任何一个频率 ν_L，对 PSHB 物质系统进行强辐照。此时，只有激发能与入射光能量相同的客体分子才能被选择性激发，然后进一步导致光化学变化（同时也伴随着光物理变化），从而产生了一种与原来分子具有完全不同的电子结构的光化学产物。在此基础上，当用弱光去检测这个物质系统的光谱吸收时，由于已产生光化学反应的客体分子对吸收已不做贡献，因而在非均匀吸收带内与激光频率相对应的频率 ν_L 位置处，光吸收减弱或消失，从而形成了缺口（光谱烧孔），如图 9-24(a) 所示。在同一测点上，利用可调谐激光器对非均匀吸收带范围内的频率进行扫描，就会在同一测点上得到一系列的光谱孔，按孔的有和无编译成二进制码“1”和“0”，就实现了 PSHB 频率域内的多重存储，如图 9-24 (b) 所示。其多重度取决于 $\Delta\omega_i/\Delta\omega_h$ 的比值。这种高密度存储方式可在原来的二维存储中增加一个频率维度，从而提高光存储密度。

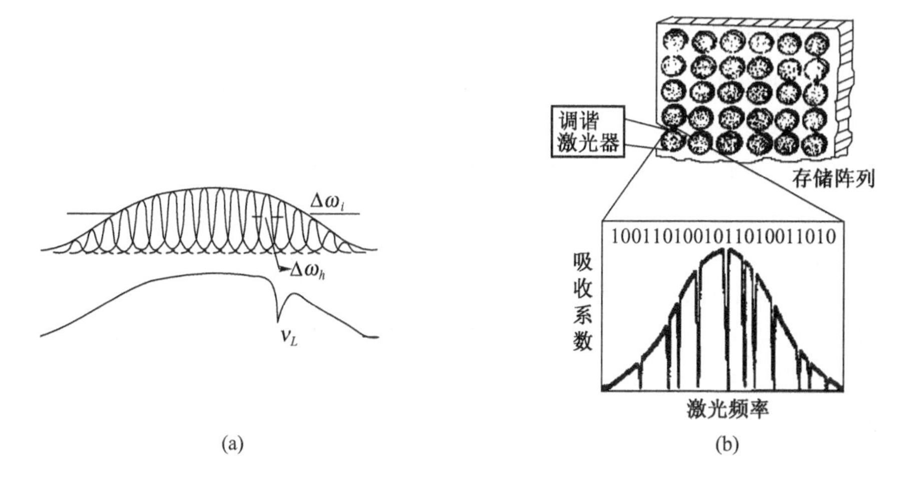

图 9-24　PSHB 光存储示意图

3. PSHB 材料和研究现状

为保持 PSHB 存储的高密度和高速率存取的优点，作为 PSHB 的客体应符合两点要求：具有尖锐的光谱孔（即尽可能为零声子孔）和具有高的光谱烧孔速率（即光化学反应极灵敏）。显然，两点要求是不相容的，所以将频率选择的单重激发态作为光化学反应态是很难实现 PSHB 的，必须通过系间串越或隧道穿透转变到某一个准稳态然后进行光化学反应或通过双光子过程实现，与之相对应的材料分别叫做单光子和双光子（光子选通型）材料。

单光子 PSHB 存储的缺点是没有反应阈值，无论读出光多么微弱，它总是以同样几率引起光化学反应，因而已被记录的信息在多次重复读出后会受到破坏，所以从实用性来看，必须采用光子选通型材料，即同时用两种频率的光才能产生 PSHB 的材料。目前正在研究中的几类光子选通型 PHB 材料有 Sm^{2+}:BaClF、Sm^{2+}:CaF_2、Co^{2+}:$LiGa_5O_8$、咔唑/硼酸玻璃、TZT/$CHCl_3$/PMMA 系统等。中国科学院长春固体物理研究所在 Sm^{2+}: BaClF 系统中加入适量 Br 后组成的新材料 Sm^{2+}: $BaFCl_{0.5}Br_{0.5}$中发现，该材料在 77K 的温度下非均匀线宽增加近 20 倍。因而将烧孔温度提高到 77K 后，在非均匀带内能烧出 20 个孔，这是我国关于无机 PSHB 材料的最早报道。但是由于存在烧孔时间过长（达若干分钟）等问题，所以距离实用化还需要做很多的研究工作。

作为存储器,它对存储介质特性的具体要求与所采用的写入/读出的具体方法有关。对于PSHB材料来说,必须满足下述条件才能达到实用化的要求:① 量子产额高,摩尔吸光系数大;② 吸收线宽和孔宽的比值大;③ 能承受多次读出操作;④ 能高速形成孔;⑤ 孔的形成是可逆的;⑥ 能使用半导体激光器形成孔;⑦ 光学质量好,在室温下是固体且能以胶片状使用;⑧ 能在高于77K的温度下形成孔且形成的孔能在室温下保存。由于选通型PHB过程十分复杂并且主要性能参数之间都是互相制约的,所以该技术不但与材料的性质有关,也与和实际的存储系统相一致的特定写读条件有关,因此要找到一个合适的选通型PHB材料的确非常困难。信息处理的高速化和信息存储的高密度化是今后信息社会发展的关键,将持续光谱烧孔应用到光信息存储领域,其波长多重度的特点是当前光记录系统所没有的,可以说处于绝对优越的地位,因而前景是非常诱人的。但是,在通向实用化的道路上还有许多困难的课题有待解决,技术涉及到激光光谱、固体物性物理、低温物理、化学和高分子材料等领域。

9.7.5 其他光存储技术

通过前面的叙述可知,要继续提高光存储的密度和容量,可以通过缩小记录点、复用、增加存储维度等途径实现。除了前面提到的光全息存储、光致变色存储、电子俘获光存储、持续光谱烧孔存储技术外,还有其他的一些高密度光存储技术,在本节中予以简要介绍。

1. 蓝光存储

在全球光存储市场,DVD-ROM驱动器在价格上已经逼近CD-ROM驱动器,可擦写的DVD-RW和DVD+RW驱动器产品也在纷纷上市。当前的DVD技术虽然是CD技术的超越,不过由于它们都采用红色激光波段进行数据的读取和刻写,使得这种超越的步伐还算不上太大。新一代蓝光DVD技术采用全新的蓝色激光波段进行工作,使高密度光存储的技术获得了快速发展。

传统DVD需要光头发出红色激光(波长为650nm)来读取或写入数据,而蓝光或称蓝光盘(Blue-ray Disc,BD)技术则利用波长较短(450nm)的蓝色激光读取和写入数据,因此而得名蓝光存储。通常来说,波长越短的激光能够在单位面积上记录或读取更多的信息,因此蓝光极大地提高了光盘的存储容量,为光存储产品来提供了一个跳跃式发展的机会。1998年,飞利浦与索尼公司率先在发表的下一代光盘技术论文中提到蓝光技术,并着手开发单面单层实现23~25GB的方案。2002年2月,以索尼、飞利浦、松下公司为核心,联合日立、先锋、三星、LG、夏普和汤姆逊公司共同发布了0.9版的BD技术标准。随后在2002年6月向外正式发售BD规范1.0版,标志着BD的设计已经完全确立下来。2003年,蓝光激光头达到投产水平,但是适合投放市场的蓝光产品在2006年才开始出现。在中国市场,2006年7月明基公司第一个推出了成型的蓝光产品,2007年底索尼公司在中国推出第一款配置蓝光DVD的高清播放器。2008年2月,东芝公司宣布放弃HD-DVD格式,表明HD-DVD和BD这场持续了数年的规格之争最终以蓝光的胜利而告终。

蓝光光盘之所以发展如此迅速,与其优越的性能有着密不可分的联系。表9-4中列出了蓝光光盘与红光光盘的一些技术参数,从表中很容易比较出蓝光光盘的优异之处。

(1) 采用波长更短的蓝紫光作为读写光源,通过广角镜头上的数字光圈,成功地使聚焦的光点尺寸进一步缩小。由于波长较短,蓝光能够读取一个200nm的点,而红色激光只能读写350nm的点,所以蓝光光盘可存储的信息数量自然更多。

表9－4　蓝光光盘与红光光盘技术参数比较

主要技术参数	蓝光光盘	红光光盘
激光波长	405nm(蓝紫激光)	650nm(红色激光)
记录容量(单层)	23.3GB/25GB/27GB	4.7GB
资料迁移速率	36MB/s	11.08MB/s
碟片直径	120mm	120mm
碟片厚度	1.2mm	1.2mm
开口率(NA)	0.85	0.65
资料追踪格式	凹槽记录(槽内)	凹槽记录(槽内)
最小信息记长度	0.16μm/0.149μm /0.138μm	0.4μm
轨道间距	0.32μm	0.74μm
视频记录格式	MPEGⅡ视频、MPEGⅣ视频	MPEGⅡ视频
音频记录格式	AC－3、MPEGⅠ、Layer2	AC－3、MPEGⅠ、Layer2

(2) 之前的红光光盘单面的存储量可以达到4.7 GB,但是如果将蓝光技术应用在开发多层光碟上,就能够制作出存储量高达45GB的双层光碟,而在四层架构上将可以实现90GB的高容量。随着蓝光技术的成熟,上述两种蓝光光盘出现在市场上将成为现实。

(3) 在资料迁移速度上,红光光盘数据迁移速率为11.08 MB/s,而蓝光光盘的数据迁移速率可以到达36.00MB/s,这样的传输速度可以使得蓝光光盘用于录制数字高清晰度影像和非压缩的高清晰度图像。

(4) 在蓝光光盘的表面有一层0.1mm的保护膜,这层保护膜可以大大减少光盘在使用过程中因为摇动而产生的失常现象,提高了蓝光光盘的读取质量。另外,这样的特点还有助于增加光盘上记录数据的密度。

(5) 蓝光光盘的轨道间距减小到0.32μm,大约只有红光光盘轨道间距的1/2,这可以让蓝光光盘在相同的盘片面积上有更多的数据记录轨道。

(6) 蓝光光盘采用数字影像记录与播送通用的MPEGⅡ视频压缩标准,可以同时记录高画质的数字影像及其他数据,并且可以维持其高影像品质。

(7) 除了在技术参数上的这些优点之外,蓝光光盘还具有高效耐用的性能,支持信息的反复记录,重复读写值超过1000次以上。此外,高性能的光盘结构不受外界温度变化的影响,在常温下可以保存30年以上,这对于档案工作来说无疑是一个十分有利的条件。

2. 近场光存储

为突破衍射分辨率极限,研究人员提出了近场光存储。其主要原理是使用锥尖光纤作为数据读写的光头,而且将光纤与光盘之间距离控制在纳米级,使从光纤中射出的光在没有扩散之前就接触到盘面,故称作近场记录。光与物体相互作用时,一种情况下光是可以向远处传播的传播场,另一种情况下光是被局限在物体表面,在物体之外迅速衰减的非辐射隐失场。利用近场隐失场可以获得超衍射极限的分辨率。与传统的光存储方式相比,近场光存储的存储容量大大提高。当光斑直径小于半个波长时,存储密度就会提高几个数量级,可达到100GB

以上。

目前国内外对近场光存储的研究主要集中在以下三个方面。

1）固体浸没透镜（SIL）近场存储

此技术主要依靠提高光学头的有效数值孔径来减小读写光斑的直径。固体浸没透镜与记录介质间的距离在近场范围内，聚焦在SIL底面的光斑通过近场耦合，传输隐失场的光，在介质中记录信息。理论上光斑直径为125nm，相应存储密度为6.2GB/cm^2，且存储速度快。目前SIL存储还处在实验阶段。

2）超分辨率近场结构（Super - RENS）存储

Super - RENS存储是传统的高分辨率光盘存储技术与近场光学技术的结合。它具有多层膜系，在距记录层20nm处用Sb或AgO_x材料做掩膜层，作用与纳米孔径相同，故称为孔径开关层。在激光的照射下，孔径开关层动态地产生非线性效应和表面等离子激元场增强效应，这样记录光束直径突破电磁衍射限制，在记录介质上形成纳米尺寸的记录点。将Super - RENS技术与蓝光技术相结合以实现超高密度存储，是目前研究的一个热点。

3）探针扫描显微术（PSM）近场存储

它是基于原子刻度上的操作，借助于近场光学探针将分辨率提高到原子水平的一种方法。蔡定平等人利用这种方法在一次性商用存储光盘上存入小于100nm的信息点；Partovi等人采用直径为250nm的小孔径激光（波长为980nm）获得了250nm的记录点；Gorecki等人利用集成PD的VCSEL作为光源获得200nm的记录光斑直径。目前这种存储方法离商用化还有一些问题需要解决。

3. 多阶光存储

多阶光存储是目前国内外光存储研究的重点之一，它可以大大地提高存储容量和数据传输率。在传统的光存储系统（CD、DVD、蓝光等）中，二元数据序列存储在记录介质中，其记录符只有两种不同的物理状态，例如在只读光盘中就是将二元数据序列调制后转换成盘基上坑岸的交替变化。从本质上来看，传统光存储是二阶存储，所记录的数据可通过对坑岸边沿进行检测来恢复。如果改变二元记录符的形貌使得读出信号呈现多阶特性，或者直接采用多阶记录介质，则可实现多阶光存储。前者称为信号多阶光存储，后者称为介质多阶光存储。与二阶存储系统相比，多阶光存储能够将更多的信息存储在同样大小的记录符上，并且它能够与其它提高存储密度的方法并行使用，如应用在多层存储、近场存储和全息存储等光存储系统中。

1）信号多阶光存储

信号多阶存储通常使用传统的饱和存储介质，其记录符仅有两种不同的物理状态，通过改变记录符的形貌（大小）可以获得多阶信号，从而实现多阶存储。

1995年，索尼公司研究了一种利用信息坑长度的变化来实现多阶光存储的技术，被称为单载波独立坑形边缘调制存储（Single Carrier Independent Pit Edge Recording，SCIPER）。在该技术中，信息坑的起始边缘和结束边沿相对于时钟边沿都可以按一定的步长变化，在固定的采样时刻从不同起始边沿采样得到的射频信号是不同的，由此可以判断当前信息坑起始边沿所记录的阶次。信息坑的结束边沿也采用类似方法处理。假设信息坑的起始边缘和结束边沿的可能位置数均为8，那么一个信息坑的边沿变化可能出现64种状态，即一个信息坑可存储6bit信息，远高于传统光盘的记录密度。此外，索尼公司在利用SCIPER多阶技术提高线密度的同时，还研究了径向部分响应技术，通过对相邻道之间的记录数据进行预编码来消除道间串扰，将道间距减小为原来的1/2。这两种技术结合在一起称为SCIPER－RPR技术，可以显著地提高只读光盘的面密度。2002年，索尼公司和夏普公司利用纳米精度级的工作台，配合使用电子束母盘刻录技术实现了25GB/in^{2}的记录密度，2003年提高到40GB/in^2。

除上述坑边缘调制方法外，1997年美国Calimetrics公司还提出了坑深调制（PDM）的多阶只读光盘存储方案。与相同参数的传统只读光盘相比，8阶PDM技术可以实现约三倍的存储容量。坑深调制多阶技术的关键在于通过模压形成具有多种坑深的只读盘片。若要精确控制信息坑的深度，则对生产工艺的要求很高，且阶数越多难度越大，因此批量生产的成品率难以保证。2000年，该公司又提出了用于DVD－R/RW盘片的记录符大小调制（Mark-size Modulation）多阶技术，称为ML技术，并成功地实现了基于DVD的8阶ML技术。在普通DVD－R/RW盘片上进行多阶读写，每个记录符可存储2.5bit的信息，盘片容量达到了7GB，数据传输率也得到大幅度地提高。最新研究表明，8阶ML技术应用于数值孔径0.65和0.85的蓝光DVD系统，可分别得到22GB和34GB的容量。

2）介质多阶光存储

介质多阶存储中，记录符通常是多种不同的物理状态与多阶信号相对应，且存储介质通常是新型记录材料，如电子俘获材料、光致变色材料和部分晶化相变材料等。与信号多阶存储相比，介质多阶存储被认为是直接的多阶存储。由于记录介质的不饱和记录特性，介质多阶存储能够同时将信息记录在记录符的时间长度和信号幅值中，即能形成具有不同长度且幅值不同的记录符，这是信号多阶存储不能实现的。

1992年，美国Optex通信公司提出了电子俘获多阶光存储（ETOM）技术，首次利用不饱和记录介质实现了可擦写式多阶存储。ETOM光盘的记录介质是一种与光反应的荧光材料，该材料掺杂有两种稀土元素。写入时，用蓝色激光照射盘片，在第一种掺杂离子中处于低能态的电子被激发至高能态并被第二种掺杂离子俘获，保持被俘获状态直至被读取。由于被俘获电子的数量与蓝色写入激光的光强成比例，因此写入过程是线性的。读出时，用红色激光将被俘获的电子释放到原来的低能级状态，存储的能量以荧光的形式释放出来，供后续信号探测。由于发出的荧光光强与被俘获的电子数量成比例，因此该方法能够产生多种不同的光强对应于多阶记录的各阶。ETOM技术反应速度很快，可以实现纳秒量级的读写时间；此外，由于记录材料是不饱和记录介质，所以该技术易于实现多阶游程存储（信息同时记录了记录符的长度维和幅值纬，称为多阶游程存储）。但该技术需要同时使用两个激光器，难以与现有的二阶系统兼容，且光盘上记录的数据在读取后将自动消失。不管怎样，作为早期的一种多阶光存储技术方案，对今后的多阶光存储研究具有重要的借鉴意义。

不同于电子俘获多阶光存储技术，清华大学光盘国家工程研究中心（OMNERC）提出了光致变色多阶光存储技术。如9.7.2节中所述，在不同波长光照射下，光致变色材料能够在不同物理状态之间发生快速可逆转换。理论分析和实验研究表明，光致变色数字存储的反应程度（参与反应的分子数）与所吸收的光子数成比例，通过控制写入激光的能量可以在光致变色材料上实现多阶光存储。目前，采用与DVD系统相同的激光波长和数值孔径，已成功地实现了8阶幅值调制光致变色存储，并有望实现超过15GB的存储容量。光致变色多阶技术与现有的光盘系统有较好的兼容性，具有相当广阔的应用前景。

2003年，Arizona大学的研究人员通过改变写入激光的脉冲个数和占空比，成功地将信息记录在具有不同长度、不同读出信号幅值的记录符中，实现了部分晶化多阶存储技术。实验中得到的三个阶次信号的幅值等间隔分布，且读出信号的时间长度与记录符的长度也对应。部分晶化多阶技术是多阶游程存储技术的首次实现,可以获得比传统调制系统高得多的记录密度。多阶游程技术本质上是一种两维存储技术,是传统二阶存储中游程长度调制技术和信号多阶存储中幅值调制技术的综合。目前尚未有更高阶次的多阶游程存储的实验报道。

事实上,在通信系统中多阶数字传输技术已经相当成熟,将多阶概念从通信系统移植到存储系统则需要科研人员更为细致深入的工作。随着信号检测处理与编码技术的发展,多阶技术有望在未来大容量光存储系统中扮演重要角色。

第 10 章　光电子技术应用举例

当今时代正在从工业社会向信息社会过渡，在这个社会大变革时期，光电子技术迅速发展，不断渗透到国民经济的各个方面，成为信息社会的支柱技术之一。

10.1　光电子技术在光纤通信领域的应用

光纤通信是以光为载波，利用纯度极高的玻璃拉制成极细的光导纤维作为传输媒介，通过光电变换，用光来传输信息的通信系统。光纤通信作为信息化的主要技术支柱之一，是本世纪最重要的战略性产业。光纤通信技术和计算机技术是信息化的两大核心支柱，计算机负责把信息数字化，输入网络中；光纤则是担负着信息传输的重任。当代社会和经济发展中，信息容量日益剧增，为提高信息的传输速度和容量，光纤通信被广泛地应用于信息化的发展，成为继微电子技术之后信息领域中的重要技术。

10.1.1　光纤通信的发展

1966 年英籍华人高锟(Charles Kao) 发表论文提出用石英制作玻璃丝(光纤)，其损耗可达 20dB/km，可实现大容量的光纤通信。当时，世界上只有少数人相信，如英国的标准电信实验室(STL) 、美国的 Corning 玻璃公司，Bell 实验室等。2010 年高锟因发明光纤获得诺贝尔奖。

1970 年，Corning 公司研制出损失低达 20dB/km，长约 30m 的石英光纤，据说花费了 3000 万美元。

1976 年 Bell 实验室在华盛顿亚特兰大建立了一条实验线路，传输速率仅 45Mb/s，只能传输数百路电话，而用同轴电缆可传输 1800 路电话。因为当时尚无通信用的激光器，而是用发光二极管(LED) 做光纤通信的光源，所以速率很低。

1984 年左右，通信用的半导体激光器研制成功，光纤通信的速率达到 144 Mb/s，可传输 1920 路电话。

1992 年一根光纤传输速率达到 2.5Gb/s，相当于 3 万余路电话。

1996 年，各种波长的激光器研制成功，可实现多波长多通道的光纤通信，即所谓波分复用(WDM)技术，也就是在 1 根光纤内，传输多个不同波长的光信号，波分复用技术使光纤通信的传输容量倍增。

在 2000 年，利用 WDM 技术，一根光纤的传输速率达到 640Gb/s。有人对高锟 1976 年发明了光纤，而 2010 年才获得诺贝尔奖有很大的疑问。事实上，从以上光纤发展史可以看出，尽管光纤的容量很大，没有高速度的激光器和微电子仍不能发挥光纤超大容量的作用。现在电子器件的速率才达到吉比特/ 秒量级，各种波长的高速激光器的出现使光纤传输达到太比特/ 秒量级(1Tb/s = 1000Gb/s) ，人们才认识到光纤的发明引发了通信技术的一场革命。

10.1.2 光纤通信系统的基本组成

最基本的光纤通信系统的组成如图 10－1 所示,由数据源、光发送端、光学信道和光接收机组成。其中数据源包括所有的信号源,它们是话音、图像、数据等经过信源编码所得到的信号;光发送机和调制器则负责将信号转变成适合于在光纤上传输的光信号,先后用过的光波有 0.85、1.31 和 1.55 三个低损耗窗口。光学信道包括最基本的光纤,还有中继放大器 EDFA 等;而光学接收机则接收光信号,并从中提取信息,然后转变成电信号,最后得到对应的话音、图像、数据等信息。在光纤通信系统中,光纤中传输的是二进制光脉冲“0”码和“1”码,由二进制数字信号对光源进行通断调制产生。数字信号是对连续变化的模拟信号进行抽样、量化和编码产生,称为 PCM(Pulse Code Modulation),即脉冲编码调制。这种电的数字信号称为数字基带信号,由 PCM 电端机产生。

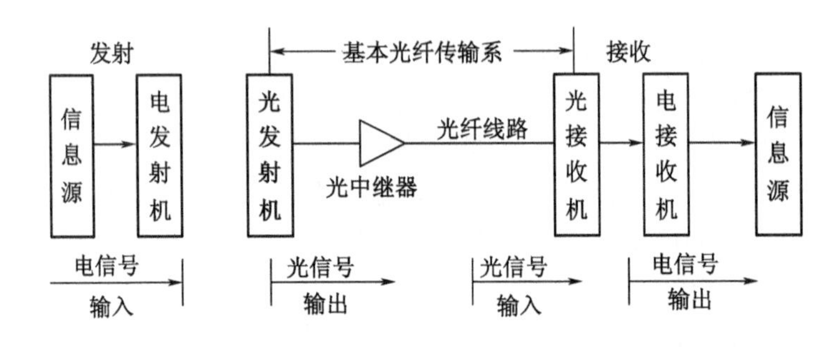

图 10－1 光纤通信系统的基本组成

1. 光发射机

光发射机是实现电/光转换的光端机。它由光源、驱动器和调制器组成。其功能是将来自于电端机的电信号对光源发出的光波进行调制,成为已调光波,然后再将已调的光信号耦合到光纤或光缆中传输。电端机就是常规的电子通信设备。光发射机的原理图如图 10－2 所示。

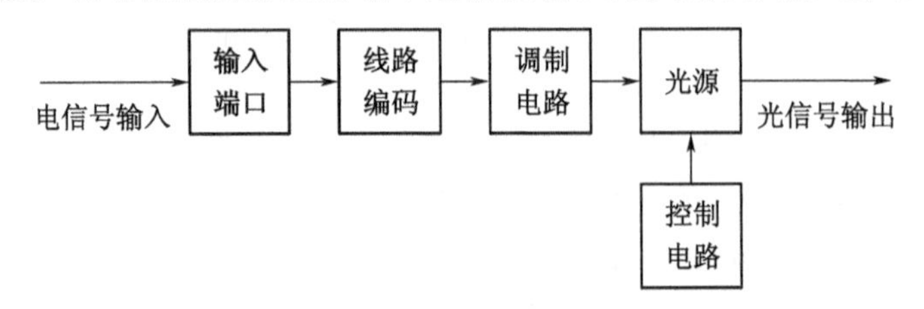

图 10－2 光发射机原理框图

光源是光发射机的核心,其性能好坏将对光纤通信系统产生很大的影响。目前光纤通信系统使用的光源都是由半导体材料制成的,而半导体光源分两种：发光二极管 LED 和激光管 LD。半导体激光器发出的是激光,发光功率大、谱线宽度窄,但电路结构复杂、温度特性差;而半导体发光二极管发出的是荧光,发光功率不大、谱线宽度宽,但电路结构简单、寿命长、价格便宜,二者在实验室中都经常用到。

2. 光纤线路

光纤线路的功能是把来自光发射机的光信号,以尽可能小的畸变(失真)和衰减传输到光接收机。光纤线路由光纤、光纤接头和光纤连接器组成。光纤是光纤线路的主体,接头和连接器是不可缺少的器件。实际工程中使用的是容纳许多根光纤的光缆。石英光纤在近红外波段，除杂质吸收蜂外，其损耗随波长的增加而减小，在0.85μm，1.3μm和1.55μm有三个损耗很小的波长窗口。在这三个波长窗口损耗分别小于2dB/km，0.4dB/km和0.2dB/km。根据光纤传输特性的特点，光纤通信系统的工作波长都选择在0.85nm，1.3μm或1.55μm，特别是1.3μm和1.55μm应用更加广泛，因此，作为光源的激光器的发射波长和作为光检测器的光电二极管的波长响应，都要和光纤这三个波长窗口相一致。

3. 中继器

含有光中继器的光纤传输系统称为光纤中继通信。光信号在光纤中传输一定的距离后，由于受到光纤衰减和色散的影响会产生能量衰减和波形失真，为保证通信质量，必须对衰减和失真达到一定程度的光信号及时进行放大和恢复。中继器由光检测器、光源和判决再生电路组成。它的作用有两个：一个是补偿光信号在光纤中传输时受到的衰减；另一个是对波形失真的脉冲进行整形。

4. 光纤连接器、耦合器等无源器件

由于光纤或光缆的长度受光纤拉制工艺和光缆施工条件的限制，且光纤的拉制长度也是有限度的。因此一条光纤线路可能存在多根光纤相连接的问题。于是，光纤间的连接、光纤与光端机的连接及耦合，对光纤连接器、耦合器等无源器件的使用是必不可少的。

5. 光接收端机

光接收机是实现光/电转换的光端机，其原理如图10－3所示。它由光检测器和光放大器组成。其功能是将光纤或光缆传输来的光信号，经光检测器转变为电信号，然后再将微弱的电信号经放大电路放大到足够的电平，送到接收端的电端机去。

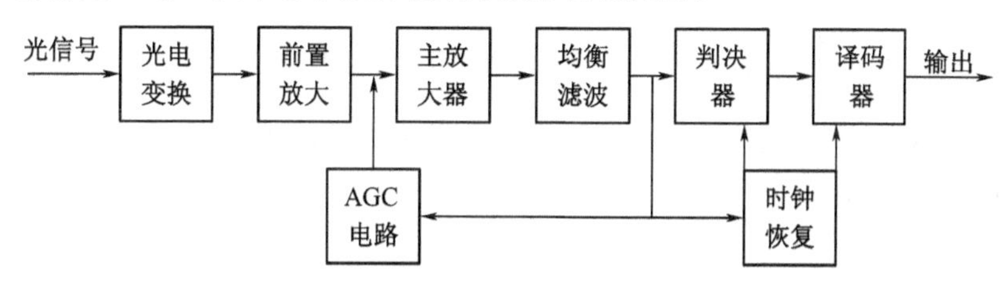

图10－3　光接收机电路原理方框图

10.2　光电子技术在光纤传感领域的应用

通过光导纤维把输入变量转换成调制的光信号的传感器称为光纤传感器。在光通信迅猛发展的带动下，光纤传感器作为传感器家族中年轻的一员，以其在抗电磁干扰、轻巧、灵敏度等方面独一无二的优势，在光(纤)层析成像技术(OCT，OPT)、智能材料(Smart Materials)、光纤陀螺与惯导系统(IFOG，IMIU)和常规工业工程传感等领域得到了广泛的应用。另外，由于光纤通信市场需求的带动以及传感技术的特殊要求，新型光纤传感器件和特种光纤的研究成果也层出不穷。

10.2.1　光纤布喇格光栅传感器的原理

光纤布喇格光栅FBG于1978年问世，这种简单的固有传感元件，可利用硅光纤的紫外光敏性写入光纤芯内，图10－4所示是光纤光栅的基本原理。

常见的FBG传感器通过测量布喇格波长的漂移实现对被测量的检测，光栅布喇格波长

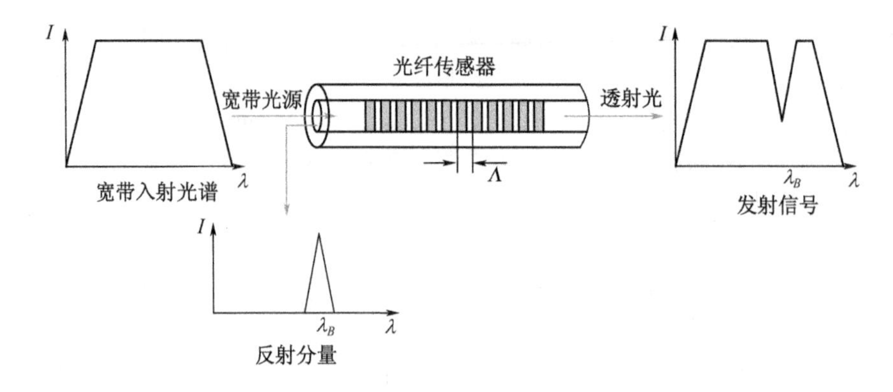

图 10-4 基本的光纤光栅传感原理

(λ_B)条件可以由式(10.1)表示:

$$\lambda_B = 2n\Lambda \tag{10.1}$$

式中:λ 是光栅周期;n 是光栅材质的折射率。

当宽谱光源入射到光纤中,光栅将反射其中以布喇格波长 λ_B 为中心波长的窄谱分量。在透射谱中,这一部分分量将消失,λ_B 随应力与温度的漂移为

$$\Delta\lambda_B = 2n\Lambda\left\{\left\{1 - \left(\frac{n^2}{2}\right)[P_{12} - \nu(P_{11} + P_{12})]\right\}\cdot \varepsilon + \left[\alpha + \frac{1}{n}\cdot\frac{\mathrm{d}n}{\mathrm{d}T}\right]\Delta T\right\} \tag{10.2}$$

式中:ε 是外加应力;P_{ij}是光纤的光弹张量系数;ν 是泊松比;α 是光纤材料(如石英)的热膨胀系数;ΔT 是温度变化量;$\frac{n^2}{2}[P_{12} - \nu(P_{11} + P_{12})]$因子的典型值为 0.22。

因此,可以推导出在常温和常应力条件下的 FBG 应力和温度响应条件为

$$\frac{1}{\lambda_B}\frac{\delta\lambda_B}{\delta\varepsilon} = 0.78\times10^{-6}\mu\varepsilon \tag{10.3}$$

$$\frac{1}{\lambda_B}\frac{\delta\lambda_B}{\delta T} = 6.67\times10^{-6} \tag{10.4}$$

1pm 的波长分辨率大致对应于 1.3μm 处 0.1℃或 1με 的温度和应力测量精度。

光纤光栅除了具备光纤传感器的全部优点之外,还拥有自定标和易于在同一根光纤内集成多个传感器复用的特点。图 10-5 是光纤光栅传感器在一根光纤内实现多点测量的例子。

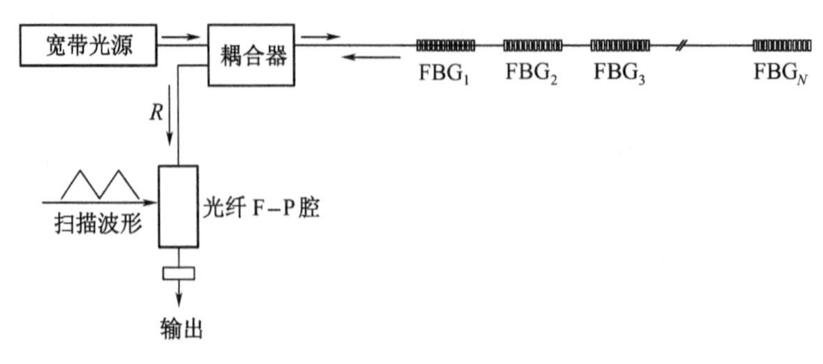

图 10-5 单根光纤实现多点测量

光栅传感器可拓展的应用领域有许多,如将分布式光纤光栅传感器嵌入材料中形成智能材料,可对大型构件的载荷、应力、温度和振动等参数进行实时安全监测;光栅也可以代替其他类型结构的光纤传感器,用于化学、压力和加速度传感中。图 10 - 6 是传统阻抗计与 FBG 传感器测试结果的比较。美国的 Micron - Optics 公司所研制的 FBG 应用系统 Si425,可同时测量多达 4 路 512 个 FBG 传感器,扫描范围 50nm,分辨率 1pm,测量频率可达 244Hz。

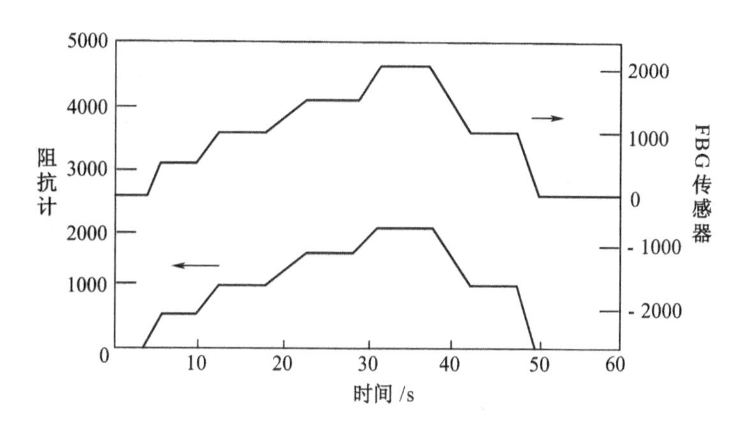

图 10 - 6　FBG 传感器与传统传感器信号的比较

10.2.2　分布式光纤传感器的原理

分布式光纤传感系统通常有三种类型:拉曼型、布里渊型和 FBG 型。

拉曼型分布式光纤传感系统是基于光纤拉曼散射效应的连续型传感器,其工作原理如图 10 - 7 所示。

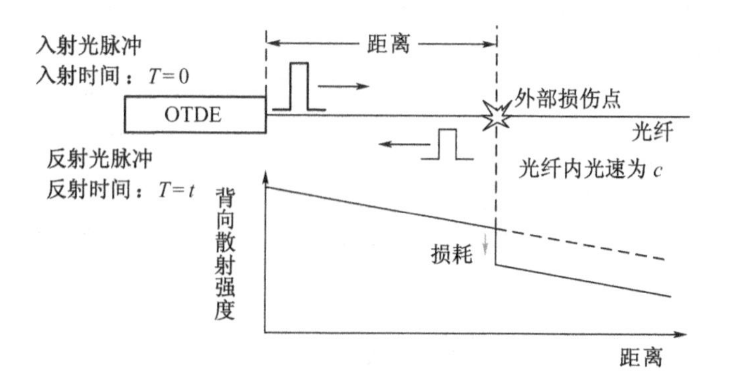

图 10 - 7　拉曼型分布式传感器工作原理

三种类型的传感系统的应用都已实现了商品化,其中尤以拉曼型分布式传感系统最为成熟,已成功地装载于 A340 运输机上。

FBG 型分布式传感系统在应力多点分布式测量中有独到的优点,并可同时完成温度和应力的双参量测量,为 FBG 应用开辟了更为广阔的前景。

10.2.3　光纤传感器产品的应用与开发

根据当前的应用热点领域和技术类型,光纤传感器的应用开发可大致分为四个大的方向:光(纤)层析成像分析技术(OCT)、光纤智能材料、光纤陀螺与惯导系统以及常规工业工程传感器。

1. 光层析成像技术

光纤层析成像分析技术从兴起到应用不过只有二三十年的时间，根据不同的原理和应用场合，可将光纤层析技术分为光相干层析成像分析（OCT）和光过程层析成像分析技术（OPT）。

OCT 源于 X 射线层析成像分析（CT），其基本原理如图 10－8 所示。

当 X 射线或光线传输经过被测样品时，不同的样品材料对射线的吸收特性有不同，因此对经过样品的射线或光线进行测量、分析，并根据预定的拓扑结构和设计进行解算就可以得到所需要的样品参数。

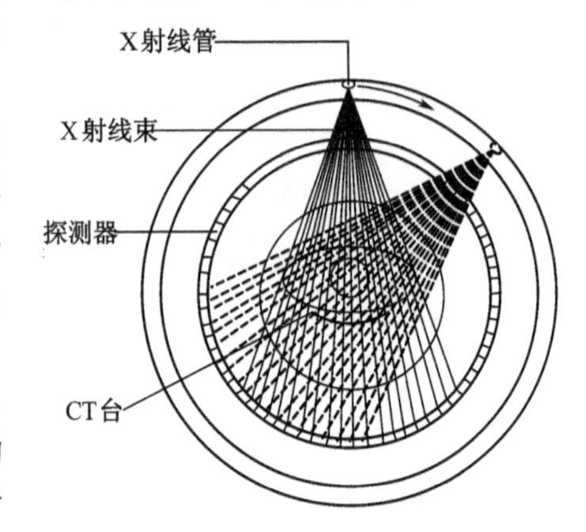

图 10－8　CT 的基本原理

OCT 主要应用于生物、医学、化学分析等领域，如视网膜扫描、胃肠内视和用于实现彩色多普勒（CDOCT）血流成像等。其工作原理基于光的相干检测原理，基本系统结构如图 10－9 所示。

OCT 为生物细胞和机体的活性检测提供了一种有效的方式，世界上有许多国家都开发出相应的产品。德国的科学家近期推出了一台可用作皮肤癌诊断的 OCT 设备。此外，利用 OCT 可以实现深度测量（约 1mm）的优势，已有实例应用于对生长中的细胞进行观察和监测中。

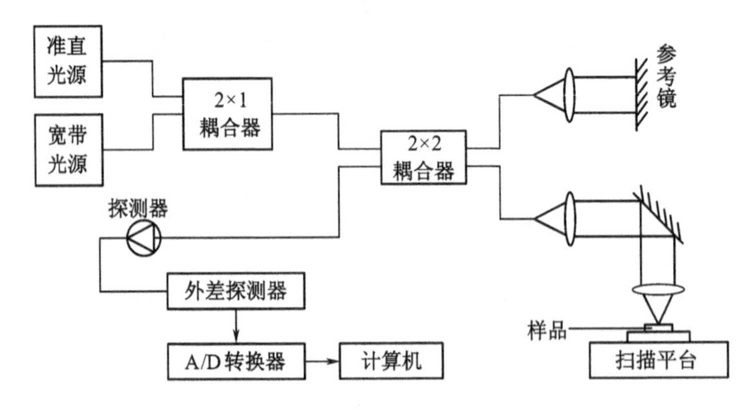

图 10－9　光相干层析成像系统基本结构

而 OPT 则面向工业工程——油井、管线等场所，高精度地解决流体的过程测量问题。由于 OPT 所关心的是光线路径上的积分过程，因此相关的系统集成设计、测量理论分析中的单元分割与信号处理都是关键。图 10－10 简单描绘了传统 OPT 的测量原理，由于 OPT 具有适用于狭小的或不规则的空间、安全性高、测量区域不受电磁干扰以及可组成测量网络的多项长处，为工业过程的安全测量提供了一种优良的手段。

2. 智能材料

智能材料是指将敏感元件嵌入被测构件机体和材料中，从而在构件或材料常规工作的同时实现对其安全运转、故障等的实时监控。其中，光纤和电导线与多种材料的有效结合是关键问题之一，尤其是实现与纺织材料的自动化编织，图 10－11 展示了一件嵌入光纤和电导线的背心。其中光纤和电导线的嵌入均已实现了自动化，为智能型服装的商业化解决了又一难题。

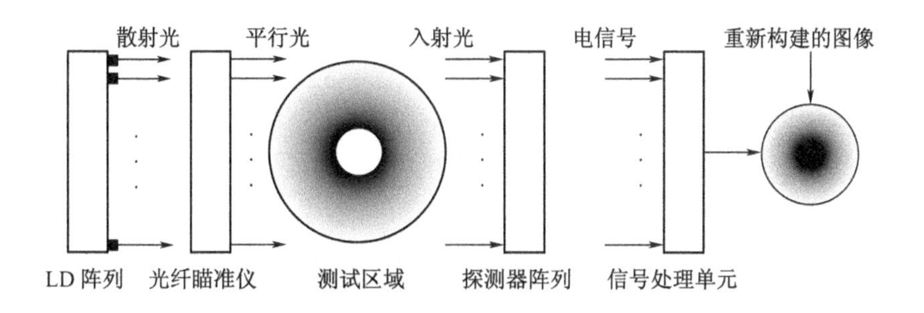

图10-10　OPT 基本测量原理

智能材料作为桥梁、大坝等混凝土大型建筑的监测系统已在国外多处工程中通过安装测试并付诸应用。此外，智能材料在航空航天领域的应用也日趋广泛，尤其是采用光纤光栅和光纤分布式应力、温度测量系统进行恶劣环境条件——高温、变形的多参量监测取得了明显的效果。

3. 光纤陀螺

光纤陀螺（FOG）是一种利用萨格奈克（Sagnac）效应测量旋转角速率的新型全固态惯性仪表。由于光纤陀螺与机电陀螺或激光陀螺相比具有体积小、质量轻、成本低等优点，因此，自从1976年Vali和Shoahil提出光纤陀螺的概念以来，经过30多年的发展，光纤陀螺已在航空航天、武器导航、机器人控制、石油钻井及雷达等领域获得了广泛的应用。

各种类型的光纤陀螺，其基本原理都是利用Sagnac效应，只是各自所采用的位相或频率解调方式不同，或者对光纤陀螺的噪声补偿方法不同而已。根据sagnac效应，当一环形光路在惯性空间绕垂直于光路平面的轴转动时，光路内相向传播的两列光波之间，将因光波的惯性运动而产生光程差，从而导致两束相干光波的干涉。该光程差对应的位相差与旋转角速率之间有一定的内在联系，通过对干涉光强信号的检测和解调，即可确定旋转角速率。

图10-12所示是干涉式光纤陀螺的原理图。光源发出的光经分束器分为两束后，进入一半径为R的单模光纤环（Fiber Coil）中，分别沿顺时针方向（CW）及逆时针方向（CCW）反向传输，最后同向回到分束器形成干涉。显然，当环形光路相对于惯性参照系静止时，经顺、逆时针方向传播的光波回到分束器时有相同的光程，即两束光波的光程差等于0；当环行光路绕垂直于所在平面并通过环心的轴以角速度ω旋转时，则沿顺、逆时针方向传播的两波列光波在环

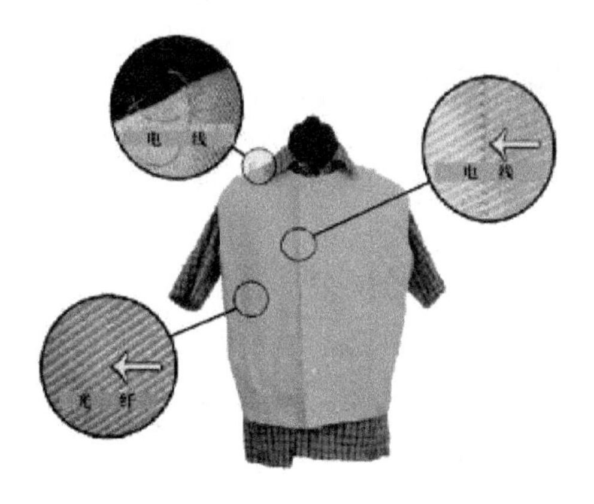

图10-11　智能背心

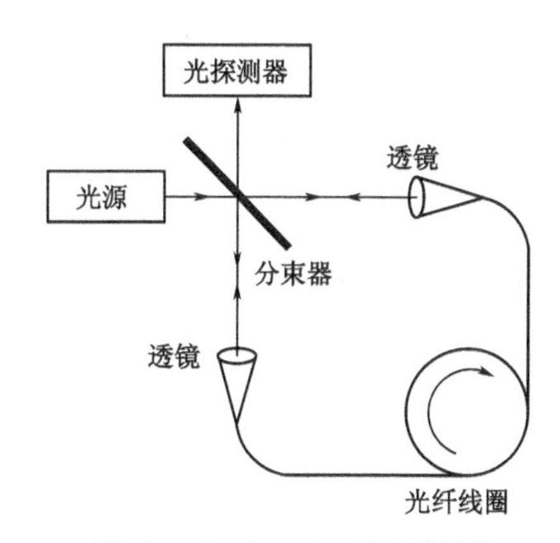

图10-12　I-FOG 的标准结构

路中传播一周产生的光程差为

$$\Delta L = 2R\omega t = \frac{4\pi R^2}{c}\omega = \frac{4A}{c}\omega \tag{10.5}$$

式中：$A=\pi R^2$，为环形光路的面积；c 为真空中的光速。

对应于一个有 N 圈光纤组成的光纤环，相当于两列反向光波在环路中传播 N 周，产生总的 Sagnac 相移为

$$\Delta\varphi = K\cdot N\cdot \Delta L = \frac{2\pi}{\lambda}\cdot\frac{4NA}{c}\omega = \frac{8\pi A\omega}{\lambda c} = \frac{4\pi LR}{\lambda c}\omega \tag{10.6}$$

式中：K 为波数；L 是绕在光纤环上的光纤总长度；λ 是真空中的波长。根据式(10.6)，只要测得相移 $\Delta\varphi$，即可求出转动角速度 ω。

10.3 光电子技术在激光雷达中的应用

激光雷达是传统雷达技术与现代激光技术、光电探测技术相结合的产物，是以光频波段进行工作的雷达。它以激光作为电磁辐射源，利用激光回波信号进行测距和定向，并通过位置、径向速度以及目标物体的光散射特性来识别物体，是一种极为重要的主动遥感工具。与普通雷达相比，它具有较高的时空分辨率、较高的测量精度以及较强的抗干扰能力，能够在复杂的电磁环境下进行观测，并且具有从近地面的低层大气到一百多千米的高层大气之间区域的观测能力，是常规观测方式和被动遥感手段一个很好的补充。激光雷达不仅能够直接测量气溶胶和云，而且根据不同的大气成分与激光具有不同的相互作用过程，激光雷达通过接收作用后的回波信号就能够测量获取大气的相关参数，如温度、湿度、压强、风场、污染气体含量、高空金属离子含量等。

激光雷达既可以以传统的地基、机载的方式进行大气参数变化的观测，也可以以星载的方式对整个地球进行数年的观测，目前美国已经实现了激光雷达的星载计划(CALIPSO)，欧洲太空局(ESA)也正在研制更为复杂的星载多普勒激光雷达测风系统(ALADIN)。激光雷达还可用于湍流和包括水循环与臭氧变换在内的边界层日循环的研究以及示踪气体的排放速率和浓度方面的研究，如激光雷达的观测数据已经证明臭氧层空洞的存在。激光雷达用于研究极地同温层云，根据极地同温层云的散射特点，对极地同温层云进行分类。带有偏振信息的激光雷达则可以通过激光的退偏信息，获取云中水的相态。激光雷达可以对火山喷发后同温层气溶胶、沙尘气溶胶、森林大火造成的烟雾的含量和输运过程进行研究。荧光激光雷达亦可用于中间层金属离子的探测，并进而获得高空风场和重力波信息。

10.3.1 激光雷达系统的结构与探测原理

激光雷达系统主体由激光发射、信号接收和数据采集及控制三部分组成。激光发射部分主要有激光器、分光片及导向镜等，其核心是激光器系统。信号接收部分主要包括接收望远镜、分光单元、滤光片及探测器等。数据采集及控制部分主要包括前置放大器、A/D 模数转换器或多道光子计数器、同步触发控制器及主控计算机，如图 10－13 所示。

激光雷达遥感的基本原理是激光与气体分子或悬浮在大气中的气溶胶颗粒进行相互作用，如图 10－14 所示，系统接收作用后的激光雷达回波信号，通过分析回波信号反演待测的大

气参数。具体工作时，激光雷达将激光器产生的激光脉冲经扩束，并压缩发散角后发射到大气中，激光遇到待测气体分子时产生散射。其中气体散射中的后向散射部分的激光能量沿着激光发射方向被接收望远镜接收。望远镜的接收视场角一般由小孔光阑控制，使其稍微大于激光发散角。接收到的激光能量被传输到光电探测器，将光信号转换为电信号，电信号被数据采集系统记录，数据采集系统记录的数据序列包含有不同的距离信息。激光雷达接收到的后向散射信号来自不同的距离，由于激光从距离较远处的目标返回到接收器需要一定的时间，在光速已知的条件下，利用从发出激光到接收到返回光的时间间隔就可以确定散射体与激光雷达之间的距离。

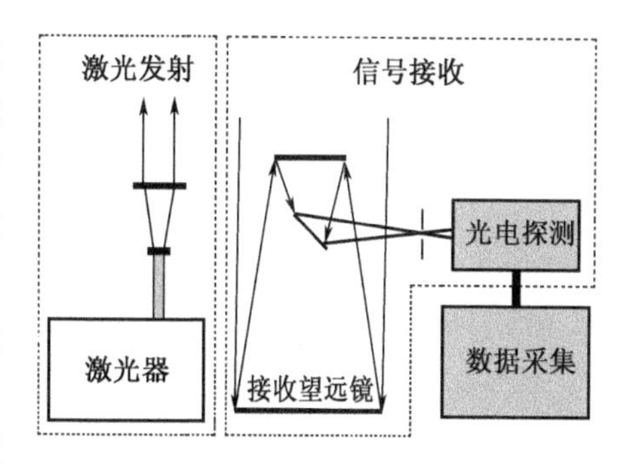

图 10－13　激光雷达的基本组成

随着激光雷达技术的发展，不同测量目的的激光雷达又有各自不同的组成部分，如使用光谱信息的激光雷达（多普勒激光雷达、转动激光雷达、荧光激光雷达）必须包含光谱分析仪，用于污染气体测量的差分吸收激光雷达必须包含两个波长的发射激光，用于云退偏测量的偏振激光雷达必须包含有偏振器。

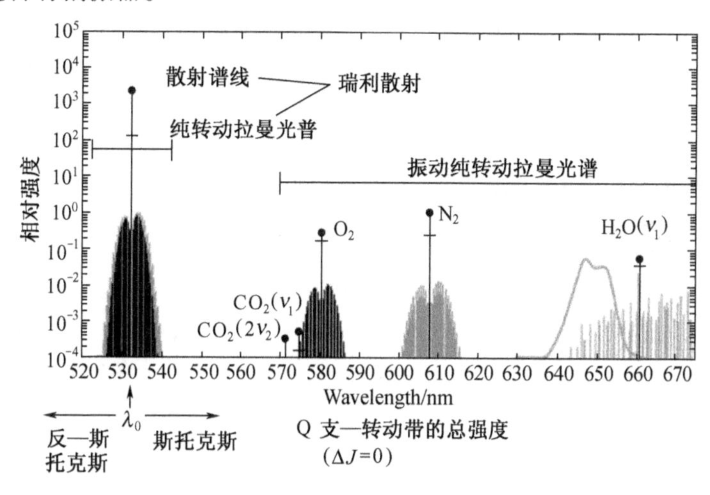

图 10－14　大气主要成分与波长为 532nm 的激光作用后的回波波长

10.3.2　瑞利—拉曼—米散射激光雷达系统

图 10－15 所示是一种瑞利—拉曼—米散射激光雷达（RRML）系统。

发射系统采用波长为 532nm 的激光，通过全反镜垂直向上射入大气，激光雷达回波信号中包含有 532mn 高层的瑞利散射与 532nm 低层的米散射信号，以及 607nm 的拉曼散射信号。

接收系统采用卡塞格林望远镜接收大气后向散射信号，然后经准直镜后变为平行光，平行光再经过 607nm 波长全反、532nm 波长高透的分色镜进行分离，607nm 散射光信号由拉曼通道接收，随后 532nm 散射光再经 96% 透射，4% 反射的分束镜分为高低两路，532nm 高层散射信号被瑞利通道接收，532nm 低层散射信号由米通道进行接收。其中，米散射信号采集使用 PCI－9812 型 A/D 数据采集卡，瑞利和拉曼高层回波信号由于强度很微弱，为提高其信噪比，采用高灵敏度、高量子效率的光电倍增管，结合 P7882 型光子计数卡进行光子计数检测。

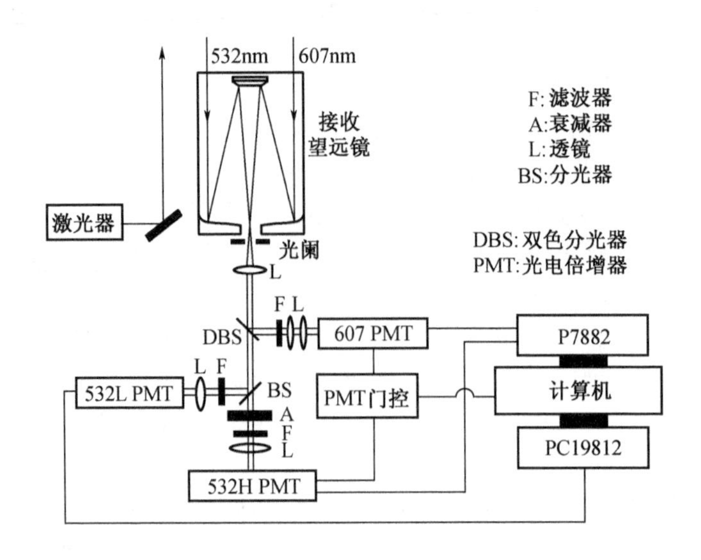

图 10-15 瑞利—拉曼—米散射激光雷达(RRML)系统结构图

为防止低层大气的强回波信号引起探测器饱和,利用光电倍增管门控实现对光电倍增管增益的控制,探测 532nm 高层通道瑞利信号的光电倍增管门控的开门高度一般为 20km,可以保证光电倍增管线性工作,同时避开低层气溶胶回波信号对分子瑞利信号的干扰。最后,所有采集的信号数据通过计算机进行保存处理。

10.3.3 瑞利激光雷达的反演原理

1. 激光雷达的瑞利散射原理

19 世纪末英国科学家瑞利在反复研究和计算的基础上发现:即使是均匀介质,由于介质中分子质点不停的热运动,破坏了分子间固定的位置关系,也会产生一种分子散射。瑞利经过计算认为,分子散射光的强度与入射光的波长有关,进而提出了著名的瑞利散射公式,即四次幂的瑞利定律:

$$I_r(\lambda) \propto \frac{I_{in}(\lambda)}{\lambda_4} \tag{10.7}$$

式中:$I_r(\lambda)$为瑞利散射强度;$I_{in}(\lambda)$为入射光强度;λ 为入射光波长。

对于激光雷达而言,激光光束在大气中传播时,除了被大气选择性吸收以外,还会发生散射作用。散射作用并不引起激光光束总能量的损耗,但会改变激光光束能量的空间分布,所以经过散射后,原来传播方向上激光的光束能量会发生衰减,如图 10-16 所示。

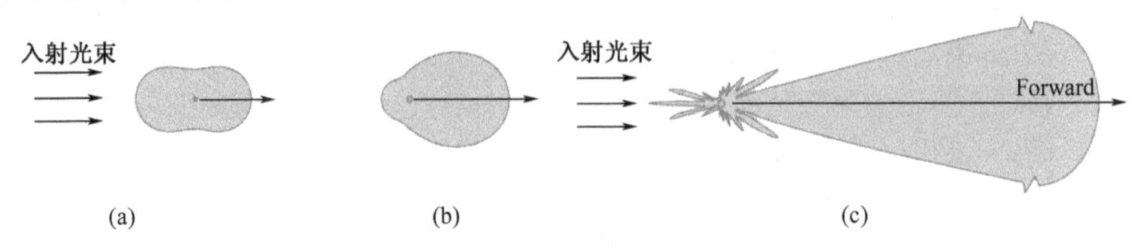

图 10-16 瑞利散射

被散射的激光波长与引起散射的粒子尺寸有关,当激光波长比粒子半径大得多时,所产生的散射称为瑞利散射,由于此时散射元基本上是大气中的气体分子,因此有时也称瑞利散射为分子散射,一般发生在上层大气中。下面具体描述激光雷达的瑞利散射原理:对一波长为 λ 的单色激光束,在非均匀介质内传播距离 x 后,由于散射作用,将使激光光束沿 x 方向衰减为

$$P_\lambda(x) = P_\lambda(0)\exp[-\gamma(\lambda)x] \tag{10.8}$$

式中:$P_\lambda(0)$ 和 $P_\lambda(x)$ 分别为在散射前和经过 x 距离后散射的激光功率;$\gamma(\lambda)$ 为散射系数。

激光被散射的过程,可以看作激光的光子与散射粒子之间的碰撞。为了简单起见,只考虑弹性碰撞过程,因此,激光在被散射后,只改变原来激光的传播方向,而不改变激光总能量的光谱分布。

设有一个小体元 $\mathrm{d}v$,其中包含 $N_S = n_S\mathrm{d}v$ 个散射粒子,如果它受到光谱照度为 $E_i(x,\lambda)$ 的平行单色激光的照射。沿路径 $\mathrm{d}x$ 被散射的功率 $\mathrm{d}P_S$ 在沿空间方向 φ(散射角)的单位立体角内,小体元内被粒子散射掉的某一波长激光功率,与散射粒子数目成正比,即

$$\frac{\mathrm{d}[\mathrm{d}P_S(\lambda)]}{\mathrm{d}\Omega} = I_S(\lambda) = \alpha_\lambda(\varphi)n_S P_i(\lambda)\mathrm{d}x \tag{10.9}$$

式中:$I_s(\lambda)$ 是散射的辐射强度;$\alpha_\lambda(\varphi)$ 是比例系数,它是散射角 φ 和波长的函数;n_S 是散射粒子的浓度;$P_i(\lambda)\mathrm{d}x$ 是入射到厚度为 $\mathrm{d}x$ 的体积元上的某一波长的激光光束功率。只考虑散射,忽略吸收,则有下式:

$$P_i(\lambda) = P_S(\lambda) + P_\tau(\lambda) \tag{10.10}$$

式中:$P_i(\lambda)$ 为入射光功率;$P_S(\lambda)$ 为光散射功率;$P_\tau(\lambda)$ 为透射光功率。因此被散射的激光功率就是

$$\mathrm{d}^2P_S(\lambda) = P_i(\lambda)\alpha_\lambda(\varphi)n_S\mathrm{d}\Omega\mathrm{d}x = -\mathrm{d}^2P_\tau(\lambda) \tag{10.11}$$

因为 $\mathrm{d}\Omega = \sin\varphi\mathrm{d}\varphi\mathrm{d}\theta$,所以上式对 Ω 积分即得

$$\mathrm{d}P_\tau(\lambda) = -P_i(\lambda)n_S\left[\int_0^{2\pi}\mathrm{d}\theta\int_0^{\pi}\alpha_\lambda(\varphi)\sin\varphi\mathrm{d}\varphi\right]\mathrm{d}x \tag{10.12}$$

再对 $\mathrm{d}x$ 积分,得

$$\frac{P_\tau(\lambda)}{P_i(\lambda)} = \exp\left[-(n_S 2\pi x)\int_0^{\pi}\alpha_\lambda(\varphi)\sin\varphi\mathrm{d}\varphi\right] \tag{10.13}$$

与式(10.8)比较得出

$$\gamma(\lambda) = 2\pi n_S\int_0^{\pi}\alpha_\lambda(\varphi)\sin\varphi\mathrm{d}\varphi \tag{10.14}$$

令

$$\gamma(\lambda) = n_S\beta(\lambda) \tag{10.15}$$

式中:$\beta(\lambda)$ 是每个散射粒子对入射激光的散射截面,一般称为微分散射截面。如以介质和散射粒子的相关参数给出式(10.13)的积分,则在激光波长比粒子半径大很多的情况下,可以证明,散射系数为

$$\gamma(\lambda) = \frac{4\pi^2 n_S V_S((n^2 - n_0^2)^2)}{(n^2 + 2n_0^2)^2}\frac{1}{\lambda^4} \tag{10.16}$$

式中：$\gamma(\lambda)$是散射系数；n_S 是散射粒子的浓度；V_S 是散射粒子团的体积；λ 是激光的波长；n 是散射粒子的折射率；n_0 是支撑粒子的媒质折射率。如此得到激光雷达的瑞利散射系数。

2. 瑞利激光雷达方程

激光雷达方程最简单的形式可写为

$$P(z) = KG(z)\beta(z)\alpha(z) \tag{10.17}$$

方程左边 $P(z)$为从距离 R 处接收的功率，其中，前两个因子之积 $KG(z)$完全由雷达设备参数（如激光发射功率、脉冲宽度、波长、接收望远镜的口径面积等）和距离决定，可以通过实验确定。方程右边的后两个因子 $\beta(z)$ 和 $\alpha(z)$ 分别称为后向散射系数和消光因子，它们包含了大气的相关信息。

大气中，激光被空气分子和气溶胶粒子散射，后向散射系数 $\beta(z,\lambda)$ 可表示为分子和气溶胶粒子的后向散射截面之和：

$$\beta(z,\lambda) = \beta_m(z,\lambda) + \beta_a(z,\lambda) \tag{10.18}$$

公式中的下标 m 和 a 分别代表空气分子和气溶胶。

消光因子$\alpha(z)$，表示激光能量在雷达与散射体之间往返的路程上的损失。消光因子 $\alpha(z)$ 在 0 ~ 1 之间取值，可由下式表示

$$\alpha(z,\lambda) = \exp\left[-2\int_0^z \sigma(z,\lambda)\,\mathrm{d}z\right] \tag{10.19}$$

式中：$\sigma(z,\lambda)$为消光系数，由激光传输路径上空气分子和气溶胶的状态决定。把上式中的定积分 $\int_0^z \sigma(z,\lambda)\,\mathrm{d}z$ 称为大气光学厚度。

激光雷达一般接收的能量用光子数表示，通常把激光雷达方程式写成

$$P(z) = \frac{E_0}{h\nu}\frac{A}{(R\sec\varphi)^2}\eta_0\beta(z)\Delta r\sec\varphi\exp\left[-2\int_0^z \sigma(z)\,\mathrm{d}z\sec\varphi\right] \tag{10.20}$$

式中：$P(R)$为高度 z 处接收到的光子个数；A 为接收望远系统的面积；z 是垂直高度；Δr 为垂直方向上探测高度分辨率；η_0 为光学效率；E_0 为发射激光单脉冲能量；$h\nu$ 为单光子能量；φ 为发射激光仰角；$\sigma(z)$为大气总的消光系数。

3. 瑞利激光雷达探测密度、温度原理

瑞利散射激光雷达适合于探测 30km 以上高度大气温度的分布。其主要原理是：30km 以上大气中气溶胶含量很低，其 Mie 散射信号相对于大气分子的瑞利散射信号而言可以忽略，此时，可以近似认为大气回波信号仅包括瑞利散射信号。若已知某一高度上的大气密度，根据以上激光雷达方程及瑞利散射方程，便可求得大气密度廓线。

大气密度 $N(z)$可由瑞利激光雷达的回波信号 $S(z)$表示：

$$N(z) = \frac{S(z) \times z^2}{S(z_0) \times z_0^2} \times N(z_0) \times Q^2(z,z_0) \tag{10.21}$$

然后结合理想气体状态方程和大气静力学方程：

$$p(z) = kN(z)T(z)$$

$$dp(z) = -\rho(z)g(z)dz$$

$$\rho(z) = N(z)M \tag{10.22}$$

最后通过密度 $N(z)$ 求得对应高度的温度 $T(z)$：

$$T(z) = \frac{T(z_0)N(z_0) + \dfrac{M}{k}\int_z^{z_0} g(z')N(z')dz'}{N(z)} \tag{10.23}$$

其中 $N(z)$ 和 $N(z_0)$ 分别是对应高度 z 和 z_0 上的大气分子密度，z_0 为参考高度；$S(z)$ 和 $S(z_0)$ 分别为对应高度 z 和 z_0 上的大气回波信号；$Q^2(z,z_0)$ 为高度 z 至 z_0 的大气双程透过率；$p(z)$ 为高度 z 上的大气压强；k 为玻耳兹曼常数；$\rho(z)$ 为高度 z 上的质量密度；$g(z)$ 为高度 z 上的重力加速度；M 为大气分子的平均分子量；$T(z)$ 和 $T(z_0)$ 分别是对应高度 z 和 z_0 上的大气温度。

10.4　光电子技术在激光制导领域的应用

激光制导是利用目标漫反射的特定编码和波长的激光回波信号，通过接收装置形成制导指令，导引武器飞向目标的一个制导过程。目前，主要使用的激光制导武器有激光制导炸弹、激光制导炮弹、激光制导导弹。其中，激光制导导弹又包括激光制导反坦克导弹、激光制导空对地导弹和激光制导地对空导弹等。

激光制导武器具有制导精度高，抗干扰能力强，可与红外或雷达等构成复合制导，且制导系统的体积小、重量轻，因此激光制导技术得到了各国的重视。

10.4.1　激光制导的物理原理

图10－17为激光制导示意图，在一架飞机上装一台激光器，向目标发射激光，另一架飞机向目标发射激光制导导弹，激光制导导弹前端有一凸透镜，在透镜后的焦平面上置一四象限光电探测器，即其光敏面被划割为靠得很近、但不相连的四等分1、2、3、4，如图10－18(a)所示，照射到目标上的激光光斑被目标反射，经导弹前端透镜成像在四象限光电探测器的光敏面上，若光斑正好落在四象限中心，如图10－18(b)所示，那么1、2、3、4象限输出信号，如光电流（或光电压）完全相等，因此有

$$\begin{cases}(I_1 + I_2) - (I_3 + I_4) = 0 \\ (I_1 + I_4) - (I_2 + I_3) = 0\end{cases} \tag{10.24}$$

说明导弹正好对准了目标，无误差信号产生。

若导弹在左右方向上有误差，光斑将不在四象限光敏面中心，向左或向右偏移，如图10－18(c)所示，因此有

$$\begin{cases}(I_1 + I_2) - (I_3 + I_4) = 0 \\ (I_1 + I_4) - (I_2 + I_3) \neq 0\end{cases} \tag{10.25}$$

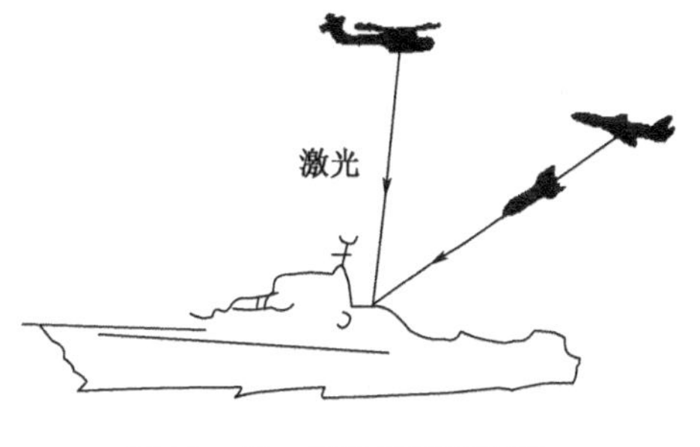

图10－17　激光制导示意图

此时有左右误差信号输出，此信号经放大控制导弹垂直尾舵，校正导弹的左右方位状态。若导弹在上、下或俯仰位置上有偏差，如图 10－18(d)所示，光斑将向上、或向下偏移，因此有

$$\begin{cases}(I_1+I_2)-(I_3+I_4)\neq 0\\(I_1+I_4)-(I_2+I_3)=0\end{cases}\tag{10.26}$$

此时有俯仰误差信号输出，此信号经放大控制导弹水平尾舵，校正导弹俯仰状态。

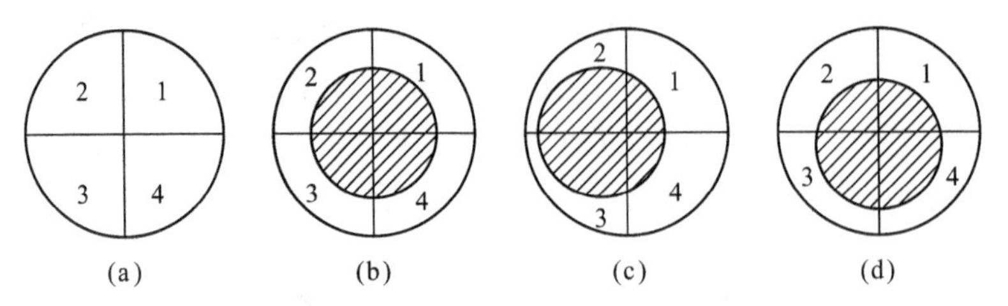

图 10－18　四象限光电探测器

光电探测器种类繁多，如电真空器件中的光电管和光电倍增管，其原理基于外光电效应，即入射光子打在其阴极材料上，将其内部电子轰击出来形成光电流，又如半导体光电器件中的光敏电阻、光电池，其原理基于内光电效应，即入射光子将某些半导体光电材料内部电子从低能态激发到高能态，从而改变了材料的导电性能，检测出这种性能的改变，就可探测出光信号。

10.4.2　激光制导的分类

激光制导通常分为激光寻的制导和激光驾束制导两大类。

激光寻的制导是由弹外或弹上激光目标指示器发射的激光束照射目标，弹上激光寻的器接收目标漫反射的回波信号，制导系统形成对目标的跟踪和对弹的控制信号，从而将弹准确地导向目标。按照激光源所在位置的不同，寻的制导又可分为主动寻的、半主动寻的两类。其中主动寻的制导方式的激光源和寻的器均设置在弹上，当导弹发射后，能主动地寻找要攻击的目标，是一种真正实现发射后不管的制导方式。由于电源设备大而重、激光成像扫描速度较慢等因素，该制导方式尚处于研制阶段。而半主动寻的制导方式的激光源和寻的器分开放置，寻的器在弹上，激光源放在弹外的载体上，这种制导技术已经相当成熟，其制导武器在多次实战中取得了惊人的战绩，目前常用于三弹，即激光制导炸弹、导弹和炮弹。

激光驾束制导顾名思义就是导弹"骑"着激光束飞行，激光束指向哪里，导弹就飞到哪里。显然，这种制导方式不同于激光寻的制导，它是由地面激光发射系统向目标发射扫描编码脉冲激光束，当导弹偏离激光束中心时，由弹上激光接收机和解算装置检测出飞行误差，形成控制信号，控制导弹沿瞄准线飞行。激光驾束制导武器必须在通视条件下才能实现，因而适合在近程作战使用。

10.4.3　激光寻的制导武器

激光寻的制导武器系统一般由弹体(如导弹、炸弹、炮弹等)、弹体的载体(如飞机、坦克等)和激光目标指示器三部分组成。其作战原理如图 10－19 所示。

当执行战斗任务时，安装有激光照射源的载体在空中或地面向攻击目标发射激光束，当安装在导弹上的导引头捕获到从目标反射回来的激光束后，导弹就飞向目标并将其摧毁。

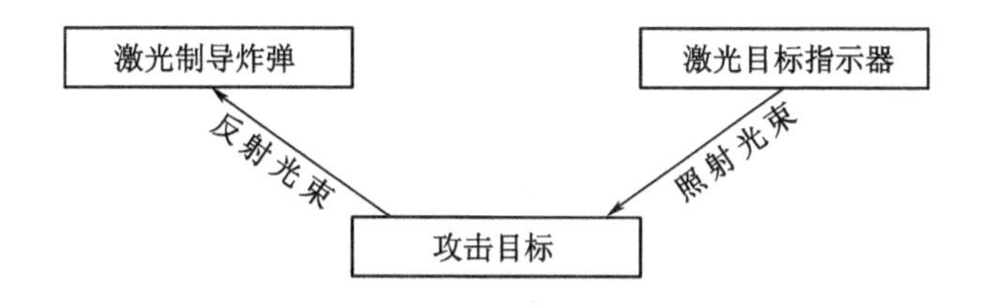

图 10-19　激光制导武器作战示意图

不同的激光制导武器，其寻的器的结构一般各不相同，但基本工作原理相同，图 10-20 为激光半主动寻的制导系统的组成示意图。

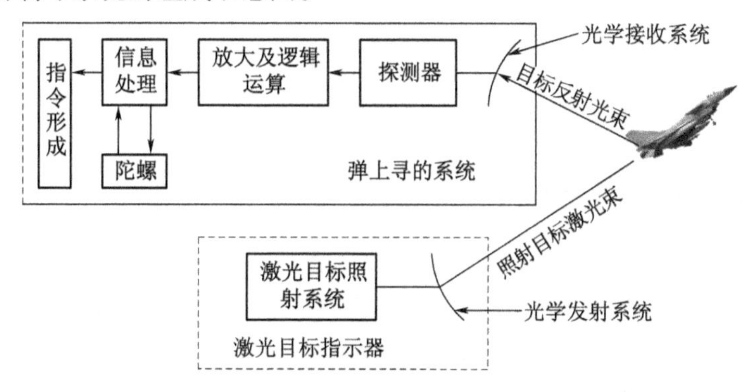

图 10-20　激光半主动寻的系统

图 10-20 下面虚线内为激光目标指示器，它的任务是向被攻击目标发射激光束，为制导武器指示目标。其上面虚线内为弹上寻的系统，是激光制导武器系统的核心部件。由于该系统建立在弹体上，必须具有能够在非常苛刻和十分恶劣的环境下连续正常工作的能力。弹上寻的系统一般由探测器、放大及逻辑运算器、信息处理器、指令形成器和陀螺稳定平台组成。

10.4.4　激光驾束制导武器

激光驾束制导是遥控制导中的一种，通常是由控制站发出引导波束，导弹在引导波束中飞行，依靠弹上的设备感受其在波束中的位置，并产生引导指令，最终将导弹引向目标，如图 10-21 所示。激光驾束制导具有制导精度高、不易受敌方干扰和制导设备轻等优点，在反坦克导弹中得到了应用。

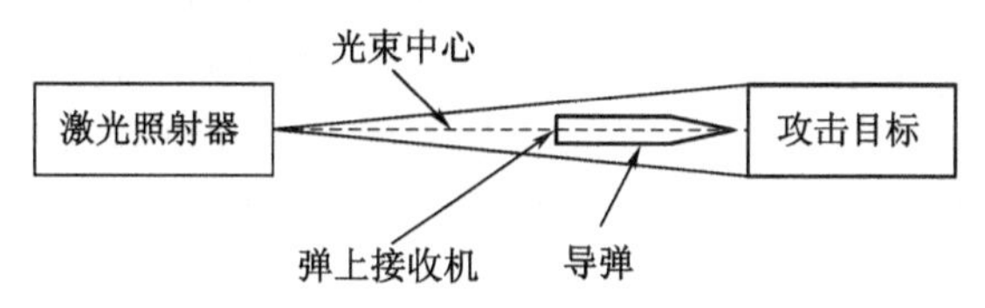

图 10-21　激光架束制导示意图

激光驾束制导具有瞄准与跟踪、激光发射与编码、弹上接收与译码、角误差指令形成与控制四大功能。图 10-22 是一种便携式激光驾束制导系统的原理图。利用光学系统瞄准目标，形成瞄准线并把它作为坐标基准线，当目标移动时，瞄准线不断跟踪目标。将激光束的中心线与瞄准线重合，并使光束在瞄准线的垂直平面内进行空间编码后向目标方向照射。弹上的激光接收机接收到激光信息并译码，测出导弹偏离瞄准线的方向和大小，形成控制指令，控制导弹沿着激光束的中心线飞行，直至击中目标。

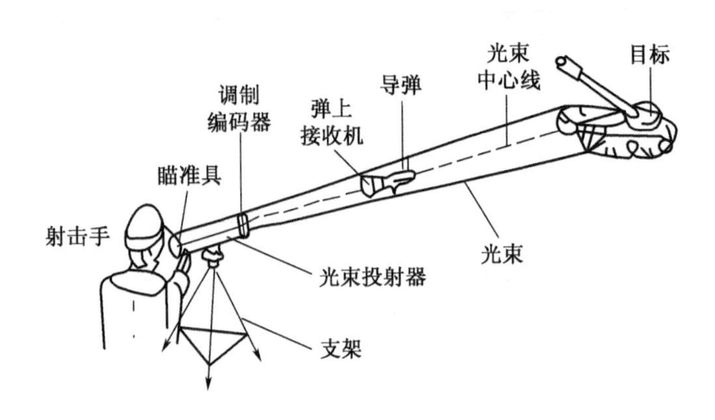

图 10-22 便携式激光驾束制导系统

10.4.5 激光制导武器的发展趋势

根据现代战争对武器装备的要求和新技术的发展，今后激光制导武器的发展将呈现出激光波长向中长波段和连续波段，激光指示系统向高性能目标捕获和跟踪，适应恶劣天气条件下的综合制导技术和系列化、通用化及标准化等方向发展。

1. 激光波长向中、长波段和连续可调方向发展

目前激光半主动寻的制导的目标指示器和激光驾束制导的照射系统多使用 1.06μm 的掺钕钇铝石榴石激光器和 0.9μm 的半导体激光器，而 1.06μm 和 0.9μm 的激光对大气和战场烟雾的穿透能力差，因而缺乏足够的军事对抗能力。因此，各国在努力改进 1.06μm 和 0.9μm 激光器的同时，均在努力发展中、长波段的激光指示器和照射系统，如二氧化碳、金绿宝石等激光器。由于二氧化碳气体激光器的输出功率、脉冲重复频率和大气穿透能力均高于掺钕钇铝石榴石激光器和半导体激光器，并且有较好的背景抑制能力、目标背景对比度和目标识别能力，同时又能与热成像共容，可实现复合制导，因此将会得到越来越广泛的使用；金绿宝石激光器的输出波长在 0.7 ~0.8μm 之间且连续可调，故具有较强的军事对抗能力。

2. 发展高性能目标识别捕获和跟踪激光指示系统

激光制导武器的精度现在已不成问题，下一步需要解决的是使其具有能在低空（雷达盲区）、远距离、夜晚及能见度差的恶劣天气中攻击单个点目标的能力，为此必须研制高性能的目标识别捕获和跟踪激光指示系统。如美国为“海尔法”导弹研制的目标捕获识别和指示系统就是可昼夜使用的高性能激光目标指示系统。它能在直升机的强烈振动环境下，保持瞄准线的稳定，并且激光光轴与电视和目视光学瞄准线是准直的，从而保证了激光束精确指示目标。

3. 发展复合制导技术

在恶劣的天气（雨、雾、雪等）和严重的战场烟尘环境中，采用单一的激光制导体制攻击目标往往难以奏效。如在北约对南联盟的空袭中，原设想在头几天用激光制导武器深入南联盟境内实施大面积精确打击，但由于开战后南联盟境内天气不好，气象恶劣，使以激光制导为基础的精确攻击弹药无法实现精确瞄准和命中，于是不得不依赖其他精确制导武器。为了提高激光制导武器的全天候作战能力，必须要采用复合制导方式，视气候条件或作战环境的不同而采用不同的制导体制或更换不同制导体制的导引头。如美国为了使“小牛”导弹适应在白天、黑夜、不良气象

等各种条件下的作战,研制了电视、红外成像和激光三类制导装置;“海尔法”导弹具有激光制导和红外制导两种导引头;GBU-15航弹具有红外、电视和激光等多种导引头。

4. 不断采用更为先进的技术

为了使激光制导武器具有更高的制导精度、更大的轰炸威力及更好的低空、超低空作战能力,无论是导引头还是照射器都在不断地采用更为先进的技术。随着大规模集成电路专用计算机芯片的研制成功和全息透镜等光学技术的发展,导引头和指示器的瞄准及跟踪精度将会大大提高;随着高重复频率激光器的研制成功并投入使用,激光半主动寻的制导武器将能够打击飞机、导弹等快速运动目标。

5. 向系列化、通用化、标准化及组件化方向发展

当前,不论是激光制导所用的照射器还是导引头等部件,都在朝着系列化、通用化、组件化、标准化及多功能的方向发展,以使同一照射器可供不同型号的制导炸弹使用以及同一激光寻的导引头可与不同的弹体组合使用,从而实现对不同型号的导弹、炸弹或炮弹的匹配性并且便于使用、维修。

10.5 光电子技术在遥感技术中的应用

简单地说,所谓遥感就是从远处探测、感知物体,也就是不直接接触物体,从远处通过探测仪器接收来自标地物的电磁波信息,经过对信息的处理,识别地物信息。通常把用不同高度的平台使用传感器收集地物的电磁波信息,并将这些信息传输到地面并加以处理,从而达到对地物的识别与监测的全过程称为遥感技术。

一般把收集电磁波信息的仪器叫做传感器,安置传感器的地方叫做平台。遥感技术是光电子技术的一种典型应用,其基本过程可以用图10-23来概括。

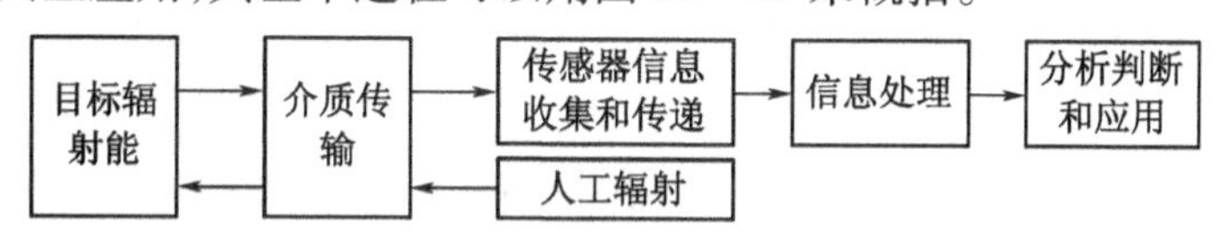

图10-23 遥感过程

10.5.1 遥感技术的分类

根据分类的标准不同,遥感技术的分类有多种。

按运载工具分,遥感可分为地面遥感、航空遥感和航天遥感。

按电磁波波段分,遥感可分为可见光遥感、红外遥感、微波遥感等。

按遥感资料的获取不同,遥感技术可分为成像方式和非成像方式两大类。

按传感器的工作形式,把成像方式又分为被动式和主动式两类,其中被动式传感器又可分为光学摄影和扫描成像两类。按传感器收集记录的遥感信息传输到地面的方式,可分为直接传输方式(记录在胶片或磁带上的遥感信息,当运载工具返回地面时取得资料)和视频传输方式(成像系统将地物的电磁波通过光电倍增管将光的强度信号变为电信号,直接或者暂存后发回地面接收站,地面接收站将其记录在磁带上,或者通过电子成像系统还原成地物的影像)。

按遥感的对象和目的可分为地球资源遥感技术(如地质、森林、土地利用、农业)、环境遥感技术(研究地球及其周围的自然环境)、气象遥感技术、海洋遥感技术等。

10.5.2 遥感技术系统

遥感技术系统主要由遥感平台、传感器以及遥感信息的传输与处理装置三部分组成。

1. 遥感平台

遥感平台是指装载各种遥感仪器的运载工具。根据运载工具的地空位置,可分为地面运载工具、空中运载工具和空间运载工具。主要的地面运载工具有遥感艇、遥感汽车;空中运载工具有气球、飞艇和飞机等;空间运载工具有航天飞机、宇宙飞船和卫星。

2. 传感器

传感器是记录地物反射或发射电磁波能量的装置,是遥感技术系统的核心部分。常见的传感器有航空摄影机、多光谱摄影机、红外扫描仪、多光谱扫描仪、反束光导管摄像机,以及航空测视雷达等。

(1) 航空摄影机。能够使用不同性能的感光胶片进行摄影,可以拍摄黑白相片、彩色相片、黑白红外相片和彩色红外相片等,进而记录遥感信息。

(2) 多光谱摄影机。又称为多波段摄影机,它是采用不同的滤光片与胶片组合,同时对一个地区进行摄影,可获得同一地区不同光谱段的相片,这类摄影机根据其结构特点,可以分为多镜头型、多相机型和光束分离型三种。

(3) 红外扫描仪。采用光学—机械扫描方法,把各种目标的热辐射变成探测器的电信号、然后用磁带记录这些电信号,并通过光电显示技术回放成相片。新一代红外扫描仪已经可以将光电信号转换成数字图像进行显示或存储。

(4) 多光谱扫描仪。这是一种把来自目标的辐射(反射或发射)分成几个不同的光谱段,使用探测器同时识别的一种传感器。传感器通过滤光片分光,以光学原理摄影成像,工作波段从可见光到近红外。

(5) 反束光导管摄像机。实质上是一种电视摄像机,不过在装置上有些差别,因而在精度上就有些不同,

(6) 航空测视雷达。是一种主动式传感器,即雷达本身向目标物发射微波,微波遇到目标物后发生反射和散射,然后接收沿发射方向返回(即后向散射)的微波能量,经过接收器和电子放大设备处理,最后转换成图像。

3. 遥感信息的传输与处理

遥感信息的传输分直接回收和视频传输两种方式。直接回收是指传感器将地物的反射或发射电磁波的信息记录在胶卷上或磁带上,待运载工具返回地面时回收;视频传输是指传感器将接收到的电磁波信息,经过光、电转换,通过无线电将数据传送到地面接收站。

地面接收站接收到的遥感信息,由于受到多种因素的影响,使所反映的地物的几何特性发生一些变化,因此,必须通过适当的处理,经过一系列校正后才能使用。

10.5.3 红外扫描成像遥感仪

红外扫描成像遥感仪是一种摄取远距离目标图像数据的仪器,分为光机扫描仪和推帚式扫描仪。光机扫描仪的原理如图 10 – 24 所示,在飞机或卫星上摄取地面辐射图像,常采用行扫描原理,摄取一幅平面图像,需要完成两个互相垂直方向上的扫描运动,由于飞机或卫星相对地面的运动,它实现了飞行方向的一维扫描,仪器内设置的机械运动反射镜可完成垂直于飞行方向的另一维扫描,控制扫描镜的转速,在扫完一行地面时,平台正好向前运动了像元所对

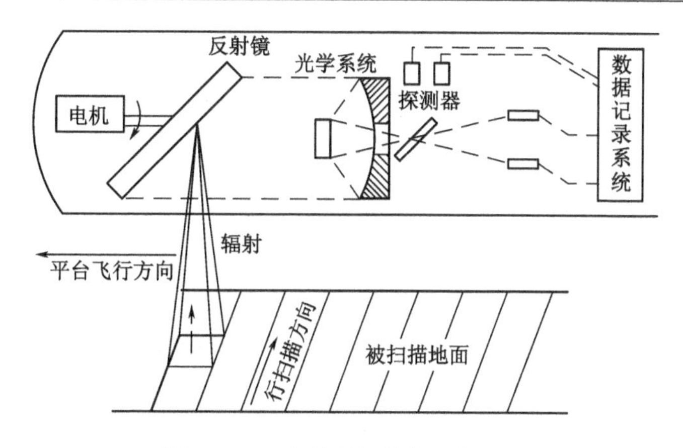

图10－24　红外行扫描仪工作原理

应的地面距离，并使下一行很好邻接，这样探测器不断输出的电信号就反映出地面的图像数据。这种光电式行扫描成像仪不受辐射波段的限制，可摄取各个波长的辐射图像，而且可直接产生图像数据，不论是远距离传送或用计算机进行图像处理都十分方便。

10.5.4　遥感技术的特性

遥感作为一门对地观测综合性技术，它的出现和发展既是人们认识和探索自然界的客观需要，更有其他技术手段与之无法比拟的特点。

1. 空域特性

遥感技术具有视域范围大的空域特性。运用遥感技术从飞机或卫星上获取地面的航空相片、卫星图像，比在地球上观察视域范围要大得多，为人们宏观地研究地面各种自然现象及其分布规律提供了条件。

例如，航空相片可提供地面景物的相片并可供立体观察，图像清晰逼真，信息丰富。一张比例尺为1:35000的23cm×23cm的航空相片，可以表示地面60多平方千米的实况，而且可以将连续的相片镶嵌为更大区域的相片图，以便纵观全区进行分析和研究。而卫星图像的视域范围则更大，一张陆地卫星多光谱扫描图像，可以表示地面34225km^{2}的范围，相当于我国海南岛的面积，对宏观研究各种自然现象和规律提供了有利条件。

2. 光谱特性

遥感技术的探测波段从可见光向两侧延伸，扩大了对地物特性的研究区域。遥感技术不仅能获得地物在可见光波段的电磁波信息，而且还可以获得紫外、红外、微波等波段的信息，使肉眼观察不到或未被认识地物的一些特性和现象，能在不同波段的相片上观察到。

3. 时相特性

遥感技术具有瞬间成像和周期成像的能力，有利于动态监测和研究。遥感技术通过对不同时间的成像资料对比，可以研究地物的现状和动态变化，如可以及时地发现森林火灾，森林与农作物病虫害，洪水、污染、地震等灾害的前兆，为灾害预报提供科学依据和资料。

10.6　光电子技术在医学与生物学领域的应用

生物学或生命科学是激光光电子学及其技术的重要应用领域。从发展来看，在21世纪，所有的科学技术都将围绕人与人类的发展问题，寻找各自的存在意义与发展面，光电子技术已广泛应用或渗透到生物科学和医学的诸多方面，由此所形成了所谓的生物医学光子学的新兴学科门类。本节介绍光电子技术在医学和生物学应用方面的情况，主要介绍光活检技术、非消融性光疗技术以及生物光子技术。

10.6.1 光活检技术

光活检旨在为临床组织病理学提供无损、实时、精确和客观的先进活检手段，从而实现利用光学技术来诊断人类的各种疾病。光活检技术集当代光电子学、光谱术、显微术和计算机技术为一体，以其极高的分辨率、灵敏度、精确度以及无损、安全、快速等优点而成为当前国际上发展迅速的新开拓领域，近年来倍受关注，并得到了广泛的研究和开发。

1. 光活检原理

如图 10－25 所示，在光活检中可以通过对组织中反射光、透射光、散射光或是组织被激发光激发后所产生的荧光（包括自体荧光和药物荧光）检测和成像来实现对人体不同组织的病理诊断。光活检技术从根本上摆脱了长期以来依靠医生目视经验观察、诊断和取样活检的传统组织病理学诊断方法，依据人体不同组织所特有的光学特性实时鉴别和诊断出被检组织所处的不同生理状态，包括正常组织、良性病变组织、早期癌变组织、动脉粥样硬化和组织的功能状态等，从而实现组织病理的早期诊断，这在临床医学应用中具有重大意义和实用价值。

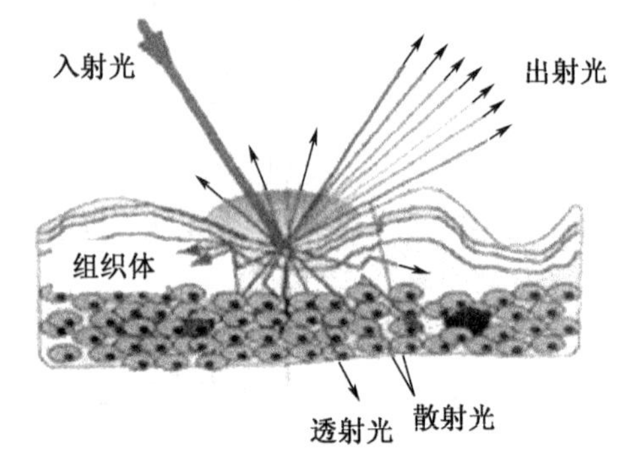

图 10－25 光活检中的光探测及荧光示意图

2. 光活检的优点

与传统的手术活检相比较，光活检是一种非侵入式的组织病理分析方法。它能克服手术活检过程中可能引起的组织体生物化学性质的改变，由此导致病理分析结果的不可靠性；与 X 射线、CT 和 MRI 等检查相比，它不仅能避免离子辐射，而且能实现病理的早期诊断。其次，手术活检取样具有很大的随机性，往往因为只能从所选择的部位上取出少量的组织体，并不一定能准确地反映出病灶组织的真实情况，很大的程度上取决于医生的临床经验。与此相反，光活检不需要取出组织样品，同时光活检的灵敏度很高，能够诊断出各种早期的组织病变，分析结果的准确性与病变组织的大小无关。另外，手术活检取出组织样品之后，病理分析需要花费很多的时间，严重地限制了实时报告结果的要求，更为关键的是医生在施行手术过程中无法及时得到病理分析的反馈结果，因此不能有效地实现手术过程中对病灶的精确切除，而光活检能为组织的病理分析提供实时、客观的结果。最后，在病理分析过程，根据已经建立的组织学进行比较判断，医生的主观性很大，特别是对于一些临床特殊的疑难病例，传统的病理分析就更加暴露出它的局限性。所以从根本上说，手术活检是将摘取出来的离体组织样品送到仪器上进行分析，而光活检是将检测系统的探头在人体体表或通过内窥镜的活检通道伸入到人体体腔内进行快速、准确的病理分析。

3. 光活检的实用技术及其应用

光活检的实用技术大致可分成两大类：光谱诊断技术和光学成像技术。

光谱诊断技术的原理是光在组织或细胞中经历一系列吸收和散射后，由于生物体内的吸收因子和散射因子会对光子的传输产生调制，因而出射光中携带着与吸收和散射相关的组织生化信息，其中吸收主要源于组织体内的生色团，散射源于细胞膜电位或细胞膨胀，生色团又可分为氧合血红蛋白、脱氧血红蛋白、细胞色素氧化酶等内源性生色团和荧光探针、染料等外源性生色团。组织光谱诊断包括吸收（反射）光谱、近红外光谱、激光诱导荧光光谱、弹性散射光谱和拉曼散射光谱等。激光光谱以其极高的光谱和时间分辨率、灵敏度、精确度以及无损、安全、快速等优点而成为光活检中的重要研究领域。

组织的光学成像技术包括利用光学相干层析成像、激光散斑成像、扩散光子密度波成像、激发扫描共聚焦显微成像等光学功能成像，实现对细胞或组织功能参数（如血氧含量、血容量、钙离子浓度等）生理生化参数变化的成像监测或检测，以及利用激光诱导荧光光谱成像、荧光寿命成像、偏振干涉成像、超声调制光学成像、时间分辨和非线性光学成像等，实现病变的早期诊断与精确定位。同时有可能实时确定病灶的边界，以指示手术操作。不同的光活检技术在信号强度、设备造价和复杂程度等方面有各自的优点和缺点，所以它们在组织病理诊断和功能监测的应用中并不是一种相互取代关系，而是互补关系。如图 10－26 所示，荧光光谱成像技术可以实现对早期肿瘤的诊断和定位。但如果利用拉曼光谱和光学相干层析成像技术，则可以分别给出病变组织不同发展阶段和在组织结构等方面的更多诊断信息。

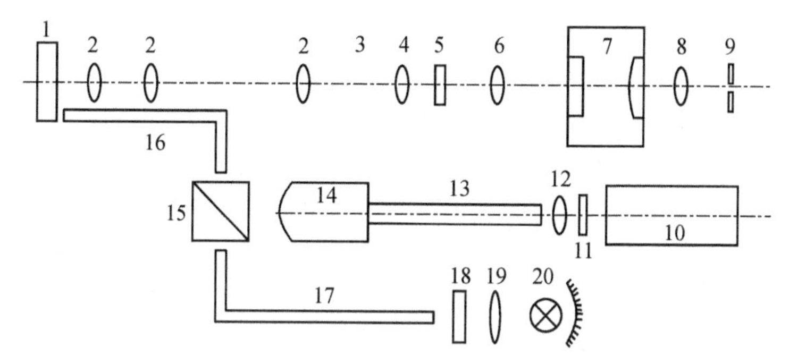

图 10－26　鼻咽癌荧光光谱诊断成像系统示意图

1—保护玻璃；2—组合物镜；3—视场光阑；4—目镜；5—栅滤光片；6—转换透镜；7—像增强器；8—目镜；9—出瞳；10—氩离子激光器；11—滤光片；12—耦合透镜；13—石英光导纤维；14—短焦距透镜；15—立方棱镜；16—鼻咽内镜传光束；17—外接传光束；18—隔热玻璃；19—聚光镜；20—白光光源。

10.6.2　非消融性光疗技术

20 世纪 80 年代末期出现的激光消融换肤技术是目前治疗光老化皮肤的最有效的方法，并已被证明是有效的和可以重复的一项医疗美容技术。但是这一技术是有损的，即它需要消融皮肤，由此形成的伤口必然给患者带来痛苦和潜在危险（如感染、疤痕等），并且患者需要较长的复原时间。非消融性光疗技术是 20 世纪 90 年代末开发的一项新的皮肤医疗美容技术，它具有不影响患者的工作时间，几乎无副作用和疼痛等优点。它的出现源于激光消融换肤技术的发展。

1. 非消融性光疗技术的原理

由于皮肤中的多数病损常处于真皮层中，并不需要破坏表皮层，也不需要破坏病损组织周围的正常组织，而只需使病损目标组织凝固坏死就能达到理想的治疗效果，犹如我们常说的“隔墙打物”，即在不破坏表皮层和周围正常组织的前提下，仅对真皮层中的病损目标组织形成特异性破坏。

非消融性光疗技术的基本作用机制是光诱导的选择性光热解效应。一般哺乳动物的组织被加热到70℃~100℃会造成蛋白变性,生物组织吸收光子后将产生热量,导致温度升高,达到蛋白变性时,组织将凝固坏死。利用这一光热效应,使病损组织选择性吸收相应光能,达到这一温度,实现治疗目的。其次,它利用了生物组织不同组分如水、黑色素、血红蛋白等对不同波长的光辐射的吸收各不相同的特性。通过选择真皮层中病损组织有最大光学吸收,而表皮层和周围正常组织对该波长的光吸收相对而言较小的波长,可以实现对病损组织的选择性破坏。这是因为病损目标组织吸收更多的光能后温度升高至组织凝固坏死所需的阈值,而表皮层和周围正常组织的温度还处于这一阈值之下,因而能选择性地热破坏病损组织而不会损伤周围的正常组织。最后,必须考虑脉冲光的脉冲持续时间。这是由于表皮层和周围正常组织与病损组织之间的温度差异会造成两者之间的热传递,热能从病损组织扩散到周围,使表皮层和周围正常组织吸收热能后进一步升温。因此,如果光脉冲辐射时间太长,表皮层和周围正常组织也可能因热扩散吸收了过多的热能,从而使温度超过凝固坏死的阈值,造成损伤,这是成功实施该类光热治疗技术所必须避免的。

在理想的情况下,在光辐射过程中,仅是真皮层中的病损目标组织对某一波长的光辐射有吸收,而没有热从病损目标组织向周围扩散,由此形成的温度分布如图10-27所示。

图中T_0表示辐射曝光前正常组织和病损组织的温度都为体温,在辐射曝光过程中和辐射曝光刚结束时,病损目标组织的温度分别迅速上升至T_1和T_2,而周围正常组织的温度保持不变。T_3,T_4,T_5温度分布曲线表示经过热扩散过程,病损目标组织的温度逐渐下降,而表皮和周围正常组织的温度逐渐升高,最后,它们温度逐渐趋向相等(T_6),并逐渐降低至体温。

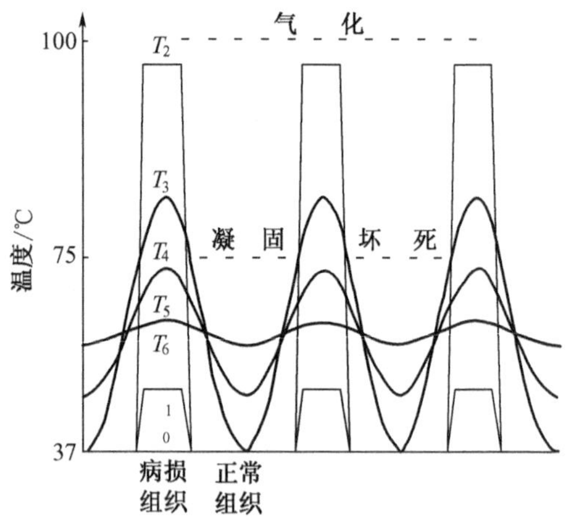

图10-27 选择性光热解作用中生物组织温度分布

2. 非消融性光疗技术进展

实际上在可见光和近红外光范围内,表皮层和正常组织与许多病损目标组织对某一特定波长的光辐射吸收的差异并不是足够大,造成两者之间温度的差异不明显,因此在一定程度上限制了非消融性光疗技术在临床上的应用。为了解决这一矛盾,在实际应用时使用了皮肤冷却技术来保护表皮层。目前使用的冷却方式主要有接触式冷却和制冷剂喷雾式冷却。使用冷却技术的优点除了保护表皮层外,还可以对许多抗激光治疗的病损目标组织使用更大的光剂量及减少治疗后的疼痛和肿胀。

多种光源已被用于非消融性光疗技术的研究。1320nm的Nd:YAG激光是第一种用于非消融性治疗光老化皮肤的激光。585nm的染料激光、1064nm的Nd:YAG激光和1540nm的铒玻璃激光也先后用于这一项研究。此外,还有非激光的强脉冲光系统。由于强脉冲光源能辐射出宽光谱的光,辐射波长、能量密度、脉冲数和脉冲持续时间等参数在一定范围内可根据需要进行多种组合,因此在临床应用上,它具有自身的有利因素。

经过几年的发展,非消融性的光疗技术取得了一定的进展。但我们更应该看到这一技术目前存在的问题。首先,组织中不同组分对各种波长光的特异性吸收性质还需要进一步的研究。只有对各种组分的特异性吸收性质有了充分的认识,才能更准确地选择对病损目标组织实现特异性热破坏的理想波长。其次,要进行各种非消融性光源的对比研究,目前,各种光源选用不同的治疗参数,治疗结果各不相同,缺乏对比性。确切的作用机制值得深入研究,以便确定统一的治疗标准。最后,激光生物效应需进一步探索。组织活检的结果与实际效果并不完全相符,疗效的判定方法也因此缺乏说服力,病损目标组织凝固坏死后组织自身的修复过程尚需进一步研究。

10.6.3　生物光子技术

光学与光子学基础研究的成果,特别是激光光电子技术的进步,产生了许多基于光学的新的生物学研究技术和方法,为生物学研究提供了前所未有的可能性和深入性,使某些原来未知的生物过程和新药物得以发现。激光光电子技术或光子技术已成为现代生命科学研究的重要工具,并为生物工程技术研究带来了革命性的变化。涉及生物学应用的光子技术有许多方面,本节简要介绍显微成像和细胞操纵技术。

1. 激光扫描共焦显微术

光学显微镜与激光、计算机和数字图像处理相结合的光学显微成像技术是于1957年发明而直到1980年代才兴起的。共聚焦显微镜系在显微镜的基础上配置激光光源、扫描装置、共轭聚焦装置和检测系统而成的新型显微镜,如图10－28所示。

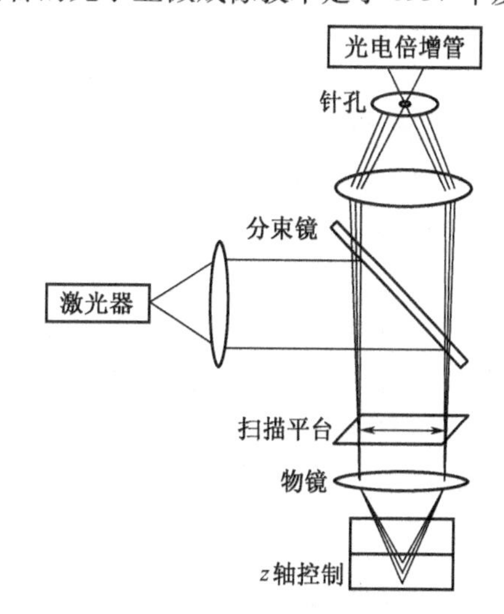

图10－28　激光扫描共焦显微镜光路示意图

图中光路结构上的核心是所谓双针孔的物像共轭设计,放置在探测器前面的共聚焦针孔使物镜焦点处所发出的荧光能通过针孔到达探测器,而焦点外上、下、左、右的点不能在探测针孔处成像,因此大大减小了闪烁和散射光所形成的噪声。通过横向扫描,得到的共聚焦图像是标本的光学横截面(被焦平面切割的断层)。如果逐步调节样品z轴(光轴)位置,可产生高信噪比的样品多幅断层图像。共聚焦显微镜的分辨率大约比普通显微镜高1.4倍,可取代活组织(如皮肤)的切片检查,被形象地称为显微CT。共聚焦显微镜使用紫外或可见光激发荧光探针,可进行弱光检测、活细胞定量分析和重复性极佳的荧光定量分析;可得到细胞或组织内部微细结构的荧光图像,在亚细胞水平上观察诸如Ca^{2+}、pH值、膜电位等生理信号及细胞形态的变化,以及离体观测基因表达的规律,成为生物化学、细胞生物学、发育生物学和神经生物学等生物医学研究领域中新一代强有力的工具。

2. 多光子荧光显微术

飞秒脉冲激光在物镜的焦点附近非常微小的区域内因强度极高而发生双光子吸收,产生相应的荧光信号。在焦点区域外,由于光强较弱而不发生双光子吸收,从而没有荧光信号。因此,不需要共焦荧光显微术中的空间滤波器。而且,由于采用长波长激发,更是可以获得比单光子激发更深的成像深度,更低的光毒性与光漂白,因而成为近年来生命科学研究的重要手段,也因此成为光学显微技术研究的热点。

3. 近场光学扫描显微术

近场光学扫描显微术是利用光从纳米尺度的针尖发射,并通过测量针尖附近的几十个纳米范围内反射、透射或荧光信号,来推断针尖附近局部的光学性质。借助扫描隧道显微镜和原子力显微镜发展起来的技术,针尖能以原子尺度的精确度进行扫描,进而可以获得20nm的空间分辨率。与光谱技术及弱信号检测技术相结合,则能够实现原子尺度上的光谱学。

4. 显微操纵技术——光镊

光对物体有作用力是麦克斯韦早在1873年在电磁理论中就给出预言的,但直到1960年激光发明后,才有可能利用聚焦的强激光光束来研究电磁辐射的压力作用。据估算,当太阳光垂直入射地球表面时,其产生的光压仅为0. 5dyn /m^2;而将10mW的He - Ne激光束聚焦为1lm的光斑时,其焦面上所产生的光压可达10^6 dyn /m^2。因而实验上容易证实:直径在几个微米的聚苯乙烯球可以被光束移动,甚至可以抵抗重力而被悬浮或提升。

生物细胞多为透明的球状体,其折射率通常大于周围介质的折射率。分析结果表明:光场强度分布不均匀所产生的合力将使该球体被趋向光场内较亮的地方。如聚焦的高斯光束在其焦斑处可形成一个三维的约束势阱,粒子若落在势阱中,则处于一种稳定的状态,如果没有外界很强的干扰,粒子不会偏离这个势阱;当移动光斑时,粒子也将随之移动。因此,聚焦的光斑所起的作用就如同镊子一般,常称为"光镊"或"光钳",这样的光阱施加于被约束的粒子的力,除了与所用激光的波长、功率、束腰半径有关外,还与粒子的大小、吸收系数、相对折射率等因素相关,可以按一定的方法进行严格的计算,也可以利用粒子在已知黏滞系数的液体中的拖拽实验直接进行测量。与光镊类似的是所谓的光扳手:扭转光束可使粒子产生转动。

如今,利用光镊可以在水中拖动细菌,能够终止精子的游动,或者停住细胞内的水疱,还可以拉伸、弯曲或扭转DNA或RNA,或者大分子的组合,包括各类蛋白质等。光镊技术特别适于研究细胞及亚细胞水平的力学和动力学问题,在显微镜下可以提供相应的运动图像,从而对其中的生物过程有更好和更深入的了解。各种光镊装置已成功捕获各类染色体、病毒、细胞,从而在细胞融合技术、导入外源基因、切割染色体等生物工程中获得广泛应用。

10. 6. 4 医用微光机电系统(MOEMS)

胶囊型内窥镜已经问世。最近国外出现的一种胶囊型内窥镜,与一般内窥镜比较可完全避免病人在检查过程中所产生的痛苦,这种带有摄像机的胶囊型内窥镜其直径0. 9cm,长2. 3cm,病人吞下后,可在食道、胃、肠、十二指肠、小肠、大肠等处拍摄图像。胶囊型内窥镜完成摄像任务后,便随着排泄物排到体外。

胶囊型内窥镜使用CCD或CMOS摄像机,所需的电能由自身电池或从体外用微波形式输送,其运行速度和方向等均可以从体外控制,所拍摄的图像也用微波传送到体外的控制装置里,传送到记录显示系统或直接通过打印机获取图像,或者经过计算机进行图像处理,获取更多的信息。

图10 - 29所示的胶囊将光、机、电微系统集成在一个胶囊内。胶囊被患者吞服后就会随消化道的不断蠕动向前推进,通过微型摄像机拍摄图像,并通过微波技术把照片传送出来,8h内能向数据记录仪传送5万~6万幅图片。

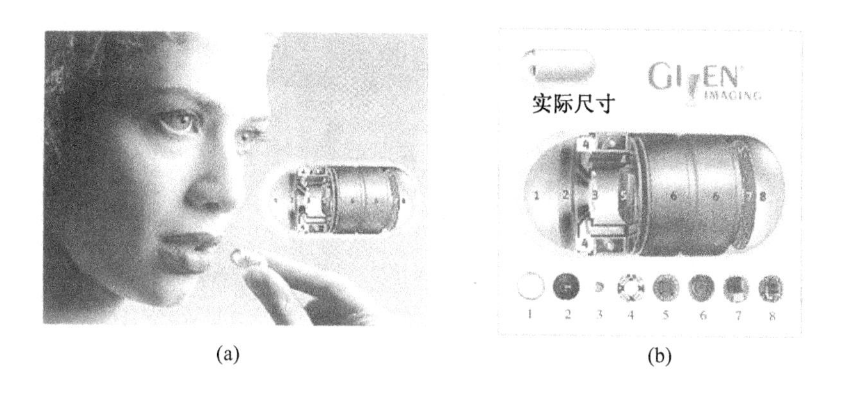

(a)　　(b)

图 10 - 29　胶囊型内窥镜的应用及其内部结构

1—光学圆盖；2—透镜固定环；3—透镜；4—照明发光二极管；5—互补金属氧化物半导体成像器；6—电池；7—专用集成电路；8—天线。

参 考 文 献

[1] 安毓英,刘继芳,李庆辉.光电子技术.北京:电子工业出版社,2002.
[2] 汪桂华.光电子器件.北京:国防工业出版社,2009.
[3] 江文杰,曾学文,施建华.光电技术.北京:科学出版社,2009.
[4] 朱京平.光电子技术基础.北京:科学出版社,2009.
[5] 梅遂生.光电子技术.北京:国防工业出版社,2008.
[6] 陈振官,陈宏威.光电子电路及制作实例.北京:国防工业出版社,2007.
[7] 李家泽,阎吉祥.光电子学基础.北京:北京理工大学出版社,2007.
[8] 姚建铨,于意仲.光电子技术.北京:高等教育出版社,2006.
[9] 石晓光,王蓟,叶文.红外物理.北京:兵器工业出版社,2006.
[10] 张永林,狄红卫.光电子技术.北京:高等教育出版社,2005.
[11] 杨小丽.光电子技术基础.北京:北京邮电大学出版社,2005.
[12] 孙凤九.应用光电子技术基础.沈阳:东北大学出版社,2005.
[13] 王雨三,张中华,林殿阳.光电子学原理与应用.哈尔滨:哈尔滨工业大学出版社,2002.
[14] (日)神保孝至.光电子学.邵春林,邵颖志译.北京:科学出版社,2001.
[15] 毕克允.微电子技术.北京:国际工业出版社,2000.
[16] 明海,张国平,谢建平.光电子技术.合肥:中国科学技术大学出版社,1998.
[17] 石顺详,过巳吉.光电子技术及其应用.成都:电子科技大学出版社,1994.
[18] 王国文,王兰萍,许祖华.激光与光电子技术.上海:上海科学技术出版社,1994.
[19] 史泾珊,郑绳楦.光电子学及其应用.北京:机械工业出版社,1991.
[20] 徐淦卿.光电子学.南京:东南大学出版社,1990.
[21] 彭江得.光电子技术基础.北京:清华大学出版社,1988.
[22] (日)四尺润金.光电子学.史一京,石忠诚译.北京:人民邮电出版社,1983.
[23] 李文峰,顾洁,赵亚辉.光电显示技术.北京:清华大学出版社,2010.
[24] 杨志勇,黄先祥,周召发,等.方波磁光调制测量在航天器对接中的应用.光学精密工程,2012,20(8):1732-1739.
[25] 钱惠国,吴琼.线阵CCD在声光调制实验中的应用.大学物理实验,2012,25(4):23-25.
[26] 孙羽.光纤通信技术及应用探究.信息通信,2012,13(4):171-173.
[27] 李健,陈雄杰,何文奎.光纤传感器的研究与应用.辽宁化工,2012,41(7):683-684.
[28] 屈娥,赵宏.光电子产业发展动态研究.科讯技术,2012,12:7-8.
[29] 孟甜甜,符照森,刘辉,等.基于磁光调制原理的高精度偏振角测量方法模拟与实验研究.西北大学学报(自然科学版),2011,41(6):964-968.
[30] 赵梓森.光纤通信的过去、现在和未来.光学学报,2011,31(9):0900109-1-0900109-3.
[31] 李浩虎,余笑寒,何建华.上海光源介绍.现代物理知识,2010,22(3):14-19.
[32] 郝秀晴,陈根祥。可调谐半导体激光器的发展及应用.光通信技术,2010,11:PP.1-7.
[33] 刘海霞,盖磊,刘光娟,等.声光衍射及实验研究.实验室研究与探索,2009,28(1):56-59.
[34] 尹自强,史磊,文歧业.磁光波导型器件研究进展.中国科技博览,2009,9:172-172.
[35] 中国科学技术大学,中国科学院基础科学局.合肥同步辐射光源.大科学装置,2008,23(6):561-564.

[36] 杨鹏,王宇志,李 琳,等.主动成像激光雷达.红外与激光工程,2008,37(增刊):115-119.
[37] 杨传铮,程国峰,黄月鸿.同步辐射的基本知识(第一讲同步辐射光源的原理、构造和特征).理化检验-物理分册,2008,44(1):28-33.
[38] 杨传铮,程国峰,黄月鸿.同步辐射的基本知识(第二讲 同步辐射光源的原理、构造和特征(续)).理化检验-物理分册,2008,44(2):103-106.
[39] 程开富.半导体光电子激光器技术的发展.电子元器件应用,2008,10(8):78-80.
[40] 何文瑶.光电子技术发展态势分析.科技进步与对策,2008,25(9):194-196.
[41] 彭文胜,王建中.光电导效应及其应用探究.高等函授学报(自然科学版),2007,21(6):32-35.
[42] 卿秀华,张日峯.电光调制实验系统的设计.武汉科技学院学报,2007,20(9):36-38.
[43] 陈世伟.激光制导技术发展概述.制导与引信,2007,28(3):10-15.
[44] 杨永昌,王凯,吴慧峰.光电子产业及其发展趋势.西安航空技术高等专科学校学报,2007,25(5):11-13.
[45] 马玲,沈小丰,王杰.电光调制系统设计.电子工程师,2007,33(3):38-40.
[46] 岳丛建,琚爱堂,王铁云,等.可调谐半导体激光器.长治学院学报,2007,24(2):14-17.
[47] 袁迎辉,林子瑜.高光谱遥感技术综述.中国水运,2007,7(8):155-157.
[48] 刘兰芳,陈刚,金国良.光纤陀螺仪基本原理与分类.现代防御技术,2007,35(2):59-64.
[49] 范保虎,赵长明,马国强.激光制导技术在现代武器中的应用与发展.控制与制导,2006,5:47-50.
[50] 余长青.光伏效应的产生机理及应用.黔南民族师范学院学报,2006,3:21-23.
[51] 阳涉,瞿荣辉,刘锐,等.声光调制光纤器件及其应用.2006,43(1):67-70.
[52] 王昕.光电显示技术发展研究.2006,2(3):9-13.
[53] 陈和,李曙光,袁波江,等.电光相位调制的 Nd:YAG 激光时空相干性变化的研究.激光与红外,2005,35(10):758-761.
[54] 牛荣健.光纤传输特性及相关技术分析.重庆职业技术学院学报,2005,14(2):121-123.
[55] 李石华,王金亮,毕艳,等.遥感图像分类方法研究综述.国土资源遥感,2005,2:1-6.
[56] 谢树森,李晖,李步洪,等.光电子技术在保健医疗和生物学应用中的进展.物理,2005,34(12):927-933.
[57] 刘颂豪.光电子技术与产业.激光与光电子学进展,2004,41(4):1-13.
[58] 何慧灵,赵春梅,陈丹,等.光纤传感器现状.激光与光电子学进展,2004,41(3):39-42.
[59] 张健亮,陈康民.PIN 结光电二极管的工艺原理和制造.中国集成电路,2004,64:72-74
[60] 曹允.交流粉末电致发光显示板及其应用.光电子技术,2002,22(1):18-21.
[61] 王启明.半导体物理效应与光电子高技术产业.物理,2002,31(7):409-414.
[62] 姜德生,何伟.光纤光栅传感器的应用概况.光电子·激光,2002,13(4):420-430.
[63] 黄湘宁.光电探测器的噪声分析.青海师范大学学报(自然科学版),2002,4:48-50.
[64] 倪新蕾.电光调制及其应用.中山大学学报论丛,2002,22(1):34-36.
[65] 钱小陵,常悦.磁光调制技术在光偏振微小旋转角精密测量中的应用.首都师范大学学报(自然科学版),2001, 22(1):46-54.
[66] 林涛,郑智伟,薛唯.薄膜电致发光及其发展状况.现代显示,2001,28:35-40.
[67] 徐冠华.论热红外遥感中的基础研究.中国科学(E 辑),2000,30(Z):1-5.
[68] 曹跃祖.声光调制原理及应用.现代物理知识,2000,Z:99-100.
[69] 李清泉,李必军,陈静.激光雷达测量技术及其应用研究.武汉测绘科技大学学报,2000,25(5):387-392.
[70] 张宏斌,邱昆,周东.光纤传输特性及其在光网中的应用设计分析.电子科技大学学报,2000,29(4):342-346.
[71] 杨世荣.激光制导的物理原理.工科物理,1997,2:30-30.

[72] 干福熹. 光电子技术和产业的发展. 中国科学院院刊,1996,5: 366 - 367.
[73] 房丰洲,张国雄. 声光调制激光测量技术. 制造技术与机床,1996,6: 8 - 10.
[74] 胡德敬,华金龙,武威,王存国. 新型磁光调制装置及其实验研究. 应用激光,1995,15(2): 76 - 78.
[75] 雷肇棣. 光电探测器原理及应用. 物理,1994,23(4): 219 - 226.
[76] 蒋秉植. 法拉第磁光效应测量方法及其应用. 电测与仪表,1985,1: 42 - 47.
[77] 蒋秉植. 法拉第磁光效应测量方法及其应用(下). 电测与仪表,1985,2: 23 - 29.
[78] 王子孟. PIN 硅光电二极管的原理和应用. 光学仪器,1984,6(4): 1 - 9.
[79] 董孝义,盛秋琴,杨性愉. 声光调制. 物理实验,1983,3(2): 52 - 54.
[80] 雷桂林,鲍世远,张彪. 立体角及其在物理中的应用. 甘肃教育学院学报(自然科学版),1992,2: 51 - 56.
[81] 李浩虎,余笑寒,何建华. 上海光源介绍. 现代物理知识,2010,22(3): 14 - 19.
[82] 朱亚静. 高温地物目标短波红外遥感识别及温度反演. 吉林: 吉林大学,2012.
[83] 田力. 南京上空中层大气瑞利激光雷达探测研究. 南京: 南京信息工程大学,2012.
[84] 龙强. 基于激光雷达的低层大气光学特性探测研究. 南京: 南京信息工程大学,2012.
[85] 李博. 基于电光相位调制和非线性效应的时间透镜的研究. 北京: 北京交通大学,2011.
[86] 孙德伟. 空间红外遥感器机械系统及其关键技术研究. 哈尔滨: 哈尔滨工业大学,2011.
[87] 边振. 基于遥感技术的荒漠化监测方法研究. 北京: 北京农业大学,2011.
[88] 娄永美. 基于专利分析的技术发展趋势研究. 北京: 北京工业大学,2011.
[89] 高志伟. 声光波导调制器中光波导的研究. 天津: 天津大学,2010.
[90] 李丹. 磁光调制偏振测量. 西安: 西北大学,2010.
[91] 秦福莹. 热红外遥感地表温度反演方法应用与对比分析研究. 呼和浩特: 内蒙古师范大学,2008.
[92] 刘立明. 发光二极管及半导体激光器特性参数测试研究. 浙江: 浙江大学,2007.
[93] 赵慧. 热红外遥感影像中温度信息的提取研究. 武汉: 武汉大学,2005.
[94] 张乐. 激光雷达发射和接收光学系统研究,长沙: 国防科学技术大学,2004.